北京2022年冬奥会和冬残奥会

气象保障服务成果

业务服务卷

中国气象局

气象出版社
China Meteorological Press

内容简介

本书聚焦北京2022年冬奥会和冬残奥会气象保障服务业务工作，从综合气象观测、气象预报预测、气象服务三个方面对相关业务服务工作成果进行总结，以助力其在后冬奥时代将继续发挥效益。综合气象观测篇主要从气象观测系统布局和建设、观测产品研发和应用、观测系统运行保障等方面介绍了冬奥气象探测建设运行情况；气象预报预测篇介绍了气象部门围绕提高冬奥气象预报技术难题，发展一整套无缝隙精细化数值预报模式技术和释用技术的情况；气象服务篇介绍了气象部门在"申办、筹办、举办"全过程，从"竞赛、保赛、观赛"三方面开展气象服务的相关技术、产品和业务系统的情况。本书可供气象防灾减灾、城市安全运行、重大活动保障、竞技体育服务等相关管理和业务人员学习参考。

图书在版编目（CIP）数据

北京2022年冬奥会和冬残奥会气象保障服务成果. 业务服务卷 / 中国气象局编著. -- 北京 : 气象出版社, 2022.9

ISBN 978-7-5029-7783-2

Ⅰ. ①北… Ⅱ. ①中… Ⅲ. ①冬季奥运会－气象服务－研究成果－汇编－北京－2022②世界残疾人运动会－奥运会－气象服务－研究成果－汇编－北京－2022 Ⅳ. ①P451

中国版本图书馆CIP数据核字(2022)第151384号

北京2022年冬奥会和冬残奥会气象保障服务成果·业务服务卷

Beijing 2022 Nian Dong'aohui he Dongcan'aohui Qixiang Baozhang Fuwu Chengguo · Yewu Fuwu Juan

中国气象局　编著

出版发行：气象出版社
地　　址：北京市海淀区中关村南大街46号　　**邮　　编**：100081
电　　话：010-68407112（总编室）　010-68408042（发行部）
网　　址：http://www.qxcbs.com　　E-mail：qxcbs@cma.gov.cn
责任编辑：周　露　张盼娟　杨泽彬　刘瑞婷　颜娇珑　杨　辉　　**终　　审**：吴晓鹏
责任校对：张硕杰　　**责任技编**：赵相宁
封面设计：楠竹文化
印　　刷：中煤（北京）印务有限公司
开　　本：787 mm×1092 mm　1/16　　**印　　张**：30.25
字　　数：750千字
版　　次：2022年9月第1版　　**印　　次**：2022年9月第1次印刷
定　　价：245.00元

《北京 2022 年冬奥会和冬残奥会气象保障服务成果》

总　编　委　会

主　　编：余　勇　黎　健

成　　员：张祖强　张　晶　王志华　曾　琮　王亚伟　张志刚　裴　翀
张跃堂　郭雪飞　林吉东　李照荣　曲晓波　梁　丰　刘　强
郭树军　方　翔　张恒德　肖　潺　唐世浩　罗　兵　陆其峰
邵　楠　赵志强　朱小祥　郭彩丽　彭莹辉　王晓江　蔡　军

本卷编写组[1]

综合气象观测篇

组　　长：曹晓钟　裴　翀　梁　丰　郭树军　毛冬艳　李　麟　王晓江

成　　员：马晓青　幺伦韬　王柏林　王倩倩　王　辉　王　新　王　静
王箫鹏　王蕙莹　方　萌　尹佳莉　权建农　师春香　吕　峰
朱建华　朱　晨　朱　智　刘旭林　刘　杨　刘金城　刘晓宏
安文献　孙玉稳　孙　帅　孙海燕　李　林　李　琦　杨光林
杨和平　杨　洋　吴晓京　佘万明　宋巧云　张　争　张　宇
张治国　张　晋　张雪芬　张　鹏　陈羿辰　陈　婧　陈　楠
茆佳佳　范存群　范雪波　金　龙　庞　晶　郑旭东　郎淑歌
赵现纲　赵建明　赵煜飞　赵德龙　荆俊山　柯　玲　姚　聃
秦彦硕　贾树泽　徐鸣一　高　岑　郭小璇　郭建侠　黄梦宇
曹广真　常　晨　崔　炜　商　建　梁　宏　葛　文　蒋　涛
韩　帅　韩　琦　程志刚　焦志敏　谢利子　蔡　淼　樊　武
潘　旸　魏立川

---

① 各篇编写成员按姓氏笔画排序。

气象预报预测篇

组　　长： 张志刚　梁丰　郭树军　陆其峰　张恒德　肖潺　赵志强

成　　员： 于波　马建立　马晓青　王玉虹　王在文　王丽华　王英杰
王宗敏　王婧卓　王颖　王新龙　邓国　卢冰　卢俐
田东晓　田志广　付宗钰　仲跻芹　向亮　全继萍　刘一鸣
刘卫国　刘亚楠　刘郁珏　刘香娥　刘凑华　刘媛媛　刘慧
孙成云　孙健　孙海燕　孙超　孙晶　李冉　李江波
李宗涛　李莉　李晓莉　李超　李靖　杨秋岩　杨璐
时少英　佟华　余东昌　谷永利　宋林烨　张玉涛　张芳
张芳华　张英娟　张南　张莉　张博　张潇潇　陈子健
陈昊明　陈明轩　陈法敬　陈静　陈霞　范敏　季崇萍
周宁芳　孟慧芳　赵文芳　赵亮　赵崇博　赵滨　郝翠
荆浩　胡争光　施洪波　姚勇　秦宝国　秦睿　桂海林
徐拥军　高丽　高辉　郭锐　唐健　黄丽萍　曹晓冲
龚志强　盛黎　程丛兰　窦以文　蔡芗宁　翟佳龙　翟亮
缪宇鹏　薛红喜　戴晴

气象服务篇

组　　长： 王亚伟　刘强　郭树军　赵志强　方翔　肖潺　朱小祥
王晓江

成　　员： 丁秋实　丁德平　于长文　于超　马凡舒　马姗姗　马俊岭
马晓青　马新成　马梁臣　王飞　王文峰　王宗敏　王晓江
王维国　王媛媛　王燕娜　王冀　孔凡超　甘璐　古月
叶彩华　田东霞　史月琴　白韧　冯蕾　邢佩　巩建波
吕梦瑶　乔媛　伍永学　向亮　刘丹　刘文军　刘刚
刘香娥　刘博　刘蓉娜　闫非　闫巍　孙成云　孙锐
杜佳　李迅　李佳英　李宗涛　李超　李喆　李辉
杨宁　杨杰　杨宜昌　杨秋岩　杨晓丹　杨静超　时少英
吴宏议　吴瑞霞　何孟洁　何娜　何晖　闵晶晶　张子曰

张礼春	张芳华	张英娟	张金龙	张健南	张　曼	张潇潇
陈羿辰	陈　峪	陈　辉	陈　雷	武艳娟	苗志成	范增禄
金晨曦	周　希	周毓荃	郑　巍	宛　霞	孟金平	赵　玮
赵　松	赵海江	赵　琳	赵德龙	荆　浩	胡向峰	胡瑞卿
段　文	段宇辉	段欲晓	段雯瑜	施洪波	秦庆昌	聂东莲
桂海林	贾　良	徐　玥	高　歌	郭文利	郭　宏	郭　锐
郭　蕊	唐雅慧	陶　玥	姬雪帅	黄若男	黄明明	黄　钰
黄梦宇	渠寒花	梁　科	扈　勇	董晓波	董鹏捷	董　颜
韩　超	程月星	虞海燕	窦以文	翟　亮	薛志磊	薛学武
薛禄宇	穆启占	戴　健				

总　序

时光荏苒，白驹过隙。转眼间，北京 2022 年冬奥会和冬残奥会胜利落下帷幕已近半年。在习近平总书记亲自谋划、亲自部署、亲自推动下，这场自北京申办冬奥成功后，历经 7 年艰辛努力成功举办的奥运盛会，全国人民团结一心，众志成城，向世界奉献了一届简约、安全、精彩的冬奥盛会和冬残奥盛会，全面兑现了对国际社会的庄严承诺，为促进世界奥林匹克运动发展、增进世界人民团结友谊作出了重要贡献，北京成为全球首个“双奥之城”。北京冬奥会和冬残奥会在大陆性冬季风气候条件下举办，举办期间更容易受到低温、大风等天气影响，不同于夏奥会，气象保障服务工作少有经验可借鉴。且冬奥会冰雪项目多集中在室外山地进行，地形复杂、局地小气候特征明显，在申办冬奥之前，我国冬奥气象服务几乎算得上“从零开始”——“赛区观测零基础、山地预报零积累、冬奥服务零经验、冬奥人才零储备”，这使得做到监测精密、预报精准、服务精细面临前所未有的困难和挑战。

道阻且长，行则将至。在党中央的坚强领导下，在北京冬奥组委、北京市委市政府、河北省委省政府以及相关部门的大力支持下，全国气象部门深入贯彻习近平总书记关于北京 2022 年冬奥会和冬残奥会系列重要指示和对气象工作重要指示精神，认真落实党中央、国务院决策部署，举全部门之力，集气象行业之智，心怀“国之大者”，牢牢把握“简约、安全、精彩”办赛要求，坚持“三个赛区、一个标准”，尽职尽责、凝心聚力，圆满完成了各项气象保障服务任务，赢得国际国内广泛赞誉。

成功的气象保障服务离不开组织管理的统筹协调。2016 年 7 月，北京冬奥会气象服务领导小组成立，拉开北京冬奥气象服务筹备的大幕。2017 年 6 月，中国气象局举全部门之力成立冬奥气象中心，滚动跟踪了解气象服务需求。2020 年 10 月，首次由第 24 届冬奥会工作领导小组设立了北京冬奥会气象服务协调小组，凝聚各方面力量，统筹协调北京冬奥会跨区域、跨部门、跨军地的气象保障服务各项任务，研究解决北京冬奥会气象设施建设、气象科研、气象预报和气象服务保障等重大事项和重大问题。不断健全的组织保障机制，以及北京冬奥会、冬残奥会从申办、筹备到实施全过程中逐步修订完善的各类工作方案、实施方案、应急预案等，撑起了冬奥气象保障服务工作的“四梁八柱”，为圆满完成各项任务奠定了坚实基础。

成功的气象保障服务离不开业务技术的不断完善。气象部门始终以监测精密、预报精准、服务精细为目标，建成了相较历届冬奥会更为完善精密的气象观测系统——“多要素、三维、秒级”立体气象监测网络，首次建成“百米级、分钟级”冬奥气象预报服务系统，实施“智慧冬奥 2022 天气预报示范计划”为精细化气象预报服务提供有力支撑，建成智慧化、数字化冬奥气象服务网站和手机客户端，全面融入北京冬奥会和冬残奥会服务体系。北京冬奥会和冬残奥会气象保障服务的成功，彰显了中国气象科学技术的现代化能力和水平。

成功的气象保障服务离不开气象科技的不断创新。作为“科技冬奥”领导小组成员单位，中国气象局积极参与“科技冬奥（2022）行动计划”

和国家重点研发计划“科技冬奥”重点专项的组织实施，通过组建创新团队勇闯“无人区”，联合国内外高水平科学家开展冬奥气象服务保障关键技术攻关，攻克了一批关键技术，多项技术成果在北京冬奥会和冬残奥会落地应用，充分发挥冬奥气象的科技创新支撑作用。

成功的气象保障服务离不开各个团队的无私奉献。聚焦气象保障服务各个环节组成的组织管理、预报预测、探测运维、信息网络、科研攻关、城市服务、人工影响天气等一系列工作团队，团结协作、恪尽职守、奋发有为，以高度的责任感、使命感、荣誉感，全力以赴，不断攻坚克难。在北京冬奥会和冬残奥会气象保障服务全过程中，全体气象工作者践行初心使命，在一次又一次的挑战中迎难而上，凝练出团结一心、紧密协作的大局意识，敢打硬仗、能打胜仗的工作作风，善于钻研、精益求精的工匠精神，充分展现了气象人爱岗敬业的良好形象，彰显了气象人无私奉献的精神品质，弘扬了气象人严谨科学、开拓创新、担当作为的优秀品格，向世界展示了中国气象工作者的良好风貌。

成功的气象保障服务离不开新闻媒体的关注支持。气象宣传科普工作者上下联动、内外联合，充分利用各类宣传平台，全方位展示冬奥气象科技成效，多视角报道精彩气象保障服务，立体化呈现气象工作者胸怀大局、自信开放、迎难而上、追求卓越的精神面貌。中央以及北京和河北地方主流媒体持续深度宣传报道气象保障服务各项工作，为圆满完成冬奥气象服务保障各项任务营造了良好舆论氛围。

为了总结凝练好北京冬奥会和冬残奥会气象保障服务的宝贵经验，管理好、运用好北京冬奥气象服务遗产，中国气象局组织编写了《北京2022年冬奥会和冬残奥会气象保障服务成果》丛书，分为组织管理卷、业务服务卷、科技支撑卷、团队工作卷和宣传科普卷，分别从5个方面全面总结了从北京申奥到办奥的经验成果。这些经验成果“生”于奥运，却不止于奥运。

站在新的历史起点上，气象部门将以更加昂扬的姿态，持续深入贯彻习近平总书记关于气象工作的重要指示精神，传承“胸怀大局、自信开放、迎难而上、追求卓越、共创未来”的北京冬奥精神，对标《气象高质量发展纲要（2022—2035 年）》目标要求，大力加强北京冬奥会和冬残奥会气象保障服务成果的推广应用，奋进新征程、建功新时代，为推动我国气象高质量发展，为实现中华民族伟大复兴作出新的更大贡献。

中国气象局党组书记、局长

2022 年 8 月

前 言

北京2022年冬奥会、冬残奥会在大陆性冬季风气候条件下举办，举办期间更容易受到低温、大风等天气影响。特别是雪上项目所在的北京延庆赛区、河北张家口赛区山地地形复杂、局地天气变化剧烈，气象保障服务难度和挑战更大。自2013年11月中国政府提出北京市、河北张家口市联合申办2022年冬奥会开始，到2022年3月北京冬奥会和冬残奥会成功举办，气象部门坚决贯彻党中央国务院决策部署，按照“一刻也不能停，一步也不能错，一天也误不起”的要求，集部门之力全力做好北京冬奥会气象保障服务工作。建成了相较历届冬奥会更为精密的气象观测系统，首次实现了复杂山地“百米级、分钟级”气象预报，建成了智慧化、数字化冬奥气象服务网站和手机客户端，气象监测预报服务等工作全面保障了北京冬奥会和冬残奥会圆满顺利举办。

北京2022年冬奥会、冬残奥会气象保障服务创造了许多生动实践，为气象部门提供了一次提升气象技术水平，促进实现更高水平现代化的难得机遇，也提供了一次全面检验气象现代化成果的机会。为全面总结凝练好北京冬奥会气象观测、预报、服务方面的先进技术方法和宝贵经验成果，我们从气象观测、预报预测、气象服务三个方面对相关业务服务工作的成果进行总结，包括了综合气象观测篇、气象预报预测篇、气象服务篇，编制《北京 2022 年冬奥会和冬残奥会气象保障服务成果·业务服务卷》，作为全套丛书五卷之一出版发行。

综合气象观测篇包含 5 章 21 节，主要从气象观测系统建设和运行原则、布局和建设、产品研发和应用、观测系统运行保障等方面全面介绍了北京冬奥会综合观测系统建设运行情况。通过案例对新设备、新技术、新产品在冬奥气象保障服务中的应用效益进行了科学评估。

气象预报预测篇包含 5 章 18 节，重点介绍气象部门围绕提高冬奥气象精准预报技术水平，发展的一整套无缝隙精细化数值预报模式技术和释用技术。对智慧冬奥 2022 天气预报示范技术的组织过程、示范产品及检验情况进行了详细介绍，对冬奥气象信息网络及业务平台建设和运行进行了总结。同时针对北京冬奥会开闭幕式和赛事期间高影响天气预报预测工作做了技术复盘总结。

气象服务篇包含 5 章 35 节，聚焦“申办、筹办、举办”全过程，从“竞赛、保赛、观赛”三方面开展气象服务的相关技术、服务产品和业务系统的情况。重点介绍面向赛事现场、北京冬奥会主运行中心、城市运行等不同需求开展针对性、特色化气象预报服务工作情况。同时，从不同阶段对北京冬奥会和冬残奥会人工影响天气业务服务工作进行了系统梳理。

2022 年北京冬奥会、冬残奥会综合气象观测、气象预报预测、气象服务等方面的技术成果将在后冬奥时代继续发挥效益，我们将传承好冬奥精神，深入贯彻习近平总书记关于气象工作的重要指示精神，对标《气象高质量发展纲要（2022—2035 年）》目标要求，奋勇争先、砥砺前行，努力实现监测精密、预报精准、服务精细，不断推动气象高质量发展。

目　录

气象预报预测篇

气象服务篇

综　述

气象条件是历届冬奥会成功举办关键因素之一。北京 2022 年冬奥会、冬残奥会是第一次在我国举办的冬季奥运会，70% 的冬奥赛事是在室外场馆进行，这些室外场馆地处地形复杂的山区。同时，我国气象部门从未开展过类似的气象保障工作，监测空白、技术积累少、服务经验严重缺乏，北京冬奥会气象监测精密、预报精准、服务精细面临前所未有的困难和挑战。针对这些挑战，气象部门深入贯彻习近平总书记关于冬奥会筹办和气象工作重要指示精神，认真落实党中央国务院决策部署，迎难而上，不断强化气象综合观测、预报预测、气象服务等方面的技术方法研究应用，为成功保障北京冬奥会和冬残奥会提供了科技支撑。

一、气象条件是历届冬奥会成功举办的重要条件之一

自 1924 年法国夏蒙尼第一届冬奥会到 2018 年韩国平昌第二十三届冬奥会，天气一直是影响历届冬奥会承办顺利与否的重要因素。

1928 年瑞士圣莫里茨冬奥会——“直到赛事开始的第一天，天气一直都是完美的；但开幕式当晚恶劣的暴风雪席卷而来”。

1998 年日本长野冬奥会——“从开幕式当天一直到闭幕式前四天，各种极端天气包括大雪和暴风雪到气温升高和雷暴，一直困扰着赛事”。

2010 年加拿大温哥华冬奥会——“温哥华有史以来最温暖的二月天气记录迫使奥林匹克委员会不断应对和调整”。

2014 年俄罗斯索契冬奥会——由于气温过高，比赛进行了调整；过高气温，会使雪质变得非常松软，进而影响比赛成绩。

2018 年韩国平昌冬奥会——为 1994 年冬奥会以来最冷的一届，由于风力较大，体感温度更是低至 –20 ℃，平昌的寒冷天气成了各国运动员最为关注的热点话题。

由此可见，恶劣天气是冬季奥林匹克运动会组织委员会面临的最大挑战之一。除了对所有的户外比赛（安全和公平的比赛场地、运动员的发挥和表现等）有明显影响外，恶劣天气还会影响到备战冬奥会的可能性（场馆建设、制冰造雪等）、户外开（闭）幕式、运动员和观众的交通接驳以及观众观赛的舒适度，还会影响电视转播效果等。为此，从第一届冬奥会开始，天气风险管理始终是冬奥组委的核心任务之一。

二、气象条件对北京冬奥会和冬残奥会筹办工作的主要影响

在北京 2022 年冬奥会和冬残奥会正式比赛阶段，天气对赛会顺利举办的不利影响主要有五个方面。

（一）影响开（闭）幕式等重大活动顺利举办

开（闭）幕式是冬奥会气象服务的关键环节之一。寒潮、大风、降雪（雨）等都会对开（闭）幕式以及大规模演练、彩排、文艺表演等活动造成不利影响。

1. 伤亡事故风险

大风天气使焰火燃放火灾风险增大，也会对大型装置道具、威亚等吊装设备稳定性构成威胁，造成其倒伏或者脱落。降水造成电气设备受潮短路，引发火灾或者漏电。低温造成设备控制失灵或损坏，同时蓄电设备性能下降，耗电过快。

2. 影响演出和观看

参演人员行进、表演动作会受到风的影响产生变形，演员服装、手持道具、旗帜存在脱落风险。低温、低能见度天气对现场观看体验有一定影响。降雪虽然能烘托气氛，但参演人员易滑倒受伤。

（二）影响各类赛事的顺利举行

北京 2022 年冬奥会赛事项目共设 7 个大项、15 个分项和 109 个小项，产生 109 块金牌，其中，易受天气影响的主要是雪上及滑行项目，分别为 66 项和 10 项，占比 2/3 以上。影响比赛的气象条件是多方面的，主要影响因素包括风、温度、降雨、降雪、沙尘、低能见度、湿度、日照等。

1. 影响比赛赛程

高影响天气往往可能会造成竞赛的暂停、推迟、延期或提前，甚至取消。

回顾近五届冬奥会，都出现过不少因为天气原因导致比赛延期甚至取消的情况。如 2018 年平昌冬奥会期间，大风、低温及降雪天气造成 17 项赛事调整、1 项官训取消。

不同雪上项目对不同天气条件的影响都有相应的要求，当出现相应的天气时，裁判长或组委会会根据情况来调整赛程。

2. 影响运动员的安全

雪上项目具有跳点高，滑行速度快，空中动作惊险等特点。因此，风、能见度、降雪、

温度等气象要素的变化都会给运动员的人身安全造成影响。

跳台滑雪是公认的最易受天气影响的比赛之一。跳台滑雪对瞬时风速要求极高，要求瞬时风速＜ 4 m/s、无横风，否则运动员在空中的方向和视线都会受影响，一旦失控非常危险。其他如高山滑雪、空中技巧等高速滑行和跳跃的项目，也很容易受到风的影响造成动作失控而导致严重后果。

如果气温过低，可能会造成运动员的冻伤；例如越野滑雪仅对气温有明确的要求，当气温降至 –20 ℃以下时，便要考虑是否应该延迟或终止比赛。当气温过高时，雪会融化、甚至会变成雪泥，对滑雪运动员控制转弯动作影响极大。

如果出现降雪天气，由于新雪过于蓬松，不利于运动员掌握平衡；暴雪还会使雪道变得模糊，影响运动员的视野，极容易发生危险。

当赛事期间出现大风、较强降雪、过低温度时，对于自由式滑雪和单板滑雪运动员的体能和技术动作都会产生较大影响，增加运动员受伤的风险。

3. 影响比赛的成绩和公平性

雪上项目大多是按顺序出发，由于天气条件的不断变化，使得每个运动员的比赛环境不同，因而对比赛的成绩造成影响。

以跳台滑雪为例，适当逆风对选手相对有利，乘风之势可飞得更远，裁判会相应扣分；相反，则有加分。

2014 年索契冬奥会因气温过高，排在后面出场的选手在滑行时地面雪质变得非常松软，进而影响比赛成绩。

冬季两项是越野滑雪与射击两种完全不同的项目相结合的比赛。如果在大雾天气里比赛，受影响最大的当属冬季两项。

4. 影响运动员比赛器械的准备和使用

冰雪项目作为器械运动，对气象要素十分敏感，一旦由于气象条件变化，使用了不适宜的器械，往往会导致比赛成绩的巨大差异。

过低的气温会改变赛道雪的结构，会造成雪面冰晶更加锋利，加速雪板和雪橇的磨损。同时，如果持续低温天气，则会导致雪质变硬，使摩擦力变小，滑行速度变快，可能会造成运动员失控摔倒而危及生命安全。

雪温和雪质对运动员雪板打蜡的种类和多少有直接影响。一旦判断失误，直接影响比赛成绩。

雪车雪橇比赛最理想的天气是晴天，气温 0 ℃或低于 0 ℃。当天气条件改变，会对赛道冰况产生很大影响，运动员会实时监视天气来确定所要使用的滑行装置。

5. 影响医疗救援

按照冬奥会要求，雪上项目一定要有直升机医疗救援。由于直升机飞行高度低，绕行和续航能力弱，在山地无论是起飞、降落还是空中飞行均对气象条件十分敏感，山地气象条件复杂，增大了紧急救援风险。

（三）影响赛场设施的建设和维护

1. 造雪、保雪、除雪等雪务工作直接受气象条件影响

气象条件直接影响冬奥会的造雪进度和质量。由于北京冬残奥会在 3 月份举行，如果出现天气过暖，会使赛道积雪融化；特别是如果出现沙尘天气或降雨天气，融化速度会明显加快，影响赛事顺利举行。

2010 年温哥华冬奥会，由于赛前气温过高，使本来多雪的奥运赛场出现了无雪，温度过高也无法造雪，组委会不得不动用军队从几百千米以外运雪。

2. 赛场临时设施易受到恶劣天气的影响

按照国际奥委会要求，很多奥运场馆设施需要临时搭建，这样的建筑对于大风、大雪等恶劣天气的抵御能力更弱。存在大风刮落广告牌、仪器设备，大雪压塌临时棚建等风险，引发人员安全事故。

2018 年平昌冬奥会期间就因为受强风天气影响，一些赛场设施被严重破坏。

3. 水、暖、电等设施易受到恶劣天气的影响

恶劣天气既有可能损坏供水、供暖、供电等设施，寒冷的天气又会增加它们的供应需求和难度。

大风也会影响索道的运行，没有索道，即使具备比赛气象条件，运动员也很难到达竞赛项目出发区。

（四）影响交通、物流等

贵宾、运动员、官员、媒体记者及观众等往返于酒店、奥运村、场馆、重要交通枢纽等，交通出行安全和效率深受天气影响。赛程的调整必然给交通带来调整，如果伴随大雾、降雪、冰冻等天气，交通压力加大，也会影响到餐饮、住宿、物流、医疗、票务、应急救援等。

（五）极端天气可能引发负面舆情

突发的极端天气导致赛事调整甚至取消，会给运动员备赛、电视转播、观众安置等带来连锁影响，处置不力容易引发负面舆情。

三、天气对北京 2022 年冬奥会和冬残奥会可能的影响及采取的对策举措

（一）北京冬奥会期间气候特征

北京冬奥会是在大陆性冬季风气候条件下举办的冬奥会。与过去举办冬奥会国家的海洋

性气候冬季湿冷、降水偏多、强冷空气活动少、温度变化小的气候特点相比，大陆性冬季季风气候具有大风、干燥、寒冷、少降水等特征。尤其是延庆赛区、张家口赛区虽然高度落差大、雪期长，适合开展高山滑雪，但地形复杂、局地天气变化差异较大。

历史资料显示，北京冬奥会和冬残奥会期间大风、低温、温度偏高、降雪（雨）、大雾、沙尘等高影响天气都有可能发生，尤其是风和温度变化将是北京冬奥会面临的主要天气风险。

（二）重点关注的天气

1. 大风

张家口赛场海拔在 1 600～2 000 m，延庆高山滑雪中心海拔在 1 300～2 200 m，而平昌赛场最高海拔只有约 1 300m。对比 2018 年平昌冬奥会同期，延庆和张家口赛区风速均较平昌赛区偏大，大风对北京冬奥会和冬残奥会的潜在影响风险更大。

以延庆高山滑雪中心为例，根据 2018—2020 年气象资料，北京冬奥会和冬残奥会赛事期间，山顶出发区平均风速 10.7 m/s，极大风速曾达到 40.0 m/s，极大风速≥ 17.0 m/s 出现概率为 41%。高山滑雪项目受到风的影响风险极大。

受地理位置及复杂的山地地形影响，张家口赛区也容易出现大风天气，日平均最大风速曾达到 20.6 m/s（8 级），日极大风速 29.1 m/s（11 级），大风风险较大。

2. 低温

最近 4 年 2 月 4—20 日冬奥会比赛期间，张家口赛区平均每年受到 2～4 次显著冷空气影响，极端最低气温达到 –31.9 ℃（2019 年 2 月 7 日 05 时），2021 年的最低气温为 –28.1 ℃。低温风险不容忽视。

张家口崇礼跳台滑雪中心还存在冷池现象。即日落后，在没有明显天气变化的情况下，受地形和逆温影响，温度会在短时间内明显下降，最大小时降温可达到 10 ℃左右，对比赛和观赛都会造成影响。

3. 降水

张家口赛区以降雪为主，每年平均有 2～3 次降雪天气过程，日最大降雪量为 10.7 mm（暴雪），强降雪将给赛场的运维、交通带来压力，给赛时训练、比赛造成一定的影响。

延庆高山滑雪中心受山地气候的影响，降雪明显多于周边地区。2020 年 2 月 13 日后半夜至 14 日出现暴雪，降雪时，能见度低于 100 m；高山滑雪中心山顶降雪 20～30 mm（最大积雪深度 20 cm 左右），结束区附近 25.6 mm（最大积雪深度 20 cm 左右）。

此外，北京冬残奥会在 3 月份举行，当出现暖冬时，延庆地区会出现降雨，这会对赛道造成非常不利的影响。2007 年 3 月 4 日，延庆地区曾出现日降水量 21.5 mm 的雨夹雪天气。

4. 高温融雪

近 4 年，北京冬奥会期间张家口赛区的极端最高气温曾达到 9.6 ℃（2021 年 2 月 20 日）；

同期，延庆高山滑雪中心白天气温升至最高，早晨 0℃层高度升至 1 900 m 左右，出现了明显的高温融雪，对“相约北京”系列冬季体育赛事造成了较大的影响。

北京冬残奥会在 3 月份举行，高温融雪风险更大。

5. 沙尘和沙尘暴

张家口赛区沙尘天气 2 月份较少，3 月份较多；延庆赛区类似。2021 年 2 月 18—20 日的沙尘天气过程不仅使得赛道变脏，而且加速赛道雪的融化。

6. 其他极端天气

如大雾等，只是偶尔出现。但延庆赛区地处深山区，一旦出现，影响较大，要特别引起重视。

（三）北京冬奥会气象服务任务艰巨

气象条件对冬奥会成功举办影响很大，北京冬奥会气象保障服务要求高、难度大，做好北京冬奥会的气象保障服务是一项光荣而艰巨的任务。

1. 气象服务需求

概括起来，气象要为北京冬奥会做好以下几个方面的保障服务。

一是赛事组织运行气象保障，为赛事的顺利进行提供准确的天气预报和气象信息。

二是场馆运行及维护气象保障，包括造雪、保雪、除雪等雪务工作，索道、防护设施、临时设施、供水、供电、通信设施、转播设施，交通、餐饮、住宿、物流、医疗、票务、应急救援等，为这些领域提供精细的气象信息。

三是重大专项活动气象保障，为开（闭）幕式及配套的前期大规模演练、彩排、文艺表演，冬奥火炬传递活动等做好气象保障。

四是观赛和转播等气象服务，虽然因为新冠肺炎疫情影响，国外观众不能现场观赛，但记者、国内观众现场观赛和场外观众通过电视转播观赛的气象服务也是十分重要的。

五是超大城市安全运行气象服务，加强北京冬奥会场馆周边的城市生命线系统（供电、供水、供暖、通信等）气象服务，提供包括扫雪铲冰、极端低温和覆冰条件下电力输送、供气以及森林和城市火灾等专项气象预报，以及反恐应急、突发事件应急气象服务支撑。

2. 做好北京冬奥会气象服务主要技术支撑

一是加强气象探测系统建设。精密的冬奥气象观测系统是基础，没有专业的、有针对性的冬奥气象观测系统，做好冬奥气象保障就是空中楼阁。观测系统的建设要解决冬奥赛场三维、秒级的气象要素观测，满足赛事对气象环境的实时需求；同时，要在更大范围内建设满足为提供精细预报而开展的气象观测系统。可以说，冬奥气象观测系统建设既是冬奥气象保障最先行的建设项目，也几乎是北京冬奥会其他保障系统最先行的建设项目。

二是提高预报能力和水平。精准的冬奥气象预报是核心，赛程的安排和调整、运动员的安全和比赛的公平、各种应对措施的制定等，都需要精准的气象预报保障，预报的时空尺度要达到“百米级、分钟级”。山地复杂地形的预报技术在我国几乎是空白，也是世界性难题，但这是做好冬奥气象保障必须攻克的难关。冬奥气象保障技术的研究是国家“科技冬奥”第一个得到支持的项目。

三是完善气象信息网络系统。高速安全的冬奥气象信息网络系统是保障，观测数据的传输处理、预报产品的制作和计算、服务信息的加工和提供、不同场景的会商和沟通等，都需要有安全可靠的信息系统做支撑。冬奥气象信息网络系统建设必将带来气象科技的一次新的提升。

四是做好冬奥气象服务。精细的冬奥气象服务是全方位的，有比赛、有运维、有大型活动、有媒体、有观众等。能否发挥气象工作的效益，气象服务是“最后一公里”。利用现代信息技术和融媒体技术，提供针对性、分众化、精细化、智慧型的专项服务产品，实现智能、快捷、多样的气象服务信息的实时获取，是提升冬奥气象服务能力的有效途径。

综合气象观测篇

第 1 章　建设和运行原则

需求引领，应用为本。围绕北京冬奥组委、精细化预报及专业服务的需求，联合冬奥气象预报服务团队，以“一场一策”的标准开展气象观测系统设计建设，组织实施复杂地形下的精细化三维气象观测试验，深入分析影响赛区主要天气系统和局地地形特征间的相互作用机理，统筹谋划“三维、秒级、多要素”立体监测体系布局。

科技创新，自主可控。为提升综合观测气象保障能力，深化“观测即服务”理念，联合厂家强化观测软硬件自主研发，突破现有常规观测业务技术瓶颈；自主创新，实现“星地空”多种新观测产品实时服务；紧跟信息技术前沿，推进观测数据从设备端到服务系统显示的全流程监控；为实现冬奥赛区精细化气象观测保障提供科技支撑。

集约建设，提高效能。按照一站多用、一网多能、多网融合的理念，在冬奥综合观测系统建设过程中，既具备了北京冬奥组委等服务方所需的赛时“秒级、三维”精细化观测功能，又具有为交通、扫雪铲冰等应急救援提供专业气象监测的能力，还统筹考虑了山地模型建立、预报模式检验、服务效果评估等同步应用的需求。

预防为主，及时处置。以安全为底线，加强顶层设计，编制气象观测服务保障风险隐患防范清单，对探测故障等 8 类风险事件应对进行情景模拟；围绕观测“无天窗”目标，明确了冬奥核心观测数据三级备份策略；赛时保障中，探测、信息端各运行监控岗与前方保障团队高效互动，强化提前预判机制、构建“一站一策”保障方案。

可持续性利用，绿色发展。根据“绿色办奥”理念开展气象观测系统建设，既要考虑当前冬奥气象服务需求，探索解决我国冰雪赛事保障以及山地观测难题，提供经验借鉴；又要着眼于长远，服务于首都重大活动常态化的保障需求。

第 2 章　观测系统布局及建设

2.1　总体布局

冬奥会申办成功时期（“十二五”末期），北京地区拥有地面气象站 348 个，主要分布在城六区；拥有交通气象站 28 个，主要分布在城区以及东南部地区，对西北部交通影响较大的降雪、大风、道路结冰等天气监测能力较弱。大气垂直探测方面有 1 部 C 波段多普勒天气雷达、1 部 S 波段多普勒天气雷达、5 部 X 波段双偏振雷达、7 部风廓线雷达、2 台微波辐射计，初步组成北京市垂直气象探测网。延庆核心赛区仅有 2014 年为申报冬奥会提供了前期数据支撑建设的 4 套自动气象站。

“十三五”期间在北京市、河北省人民政府及中国气象局联合支持下，重点强化了赛事三大赛区（北京赛区、延庆赛区和张家口赛区）及周边的地面、垂直及雷达气象监测站网建设。新增地面气象观测站达到 181 个，新增天气雷达有 6 部（S 波段 1 部、X 波段 5 部）、11 部地基垂直设备等；在冬奥会正式举办期间，实现复杂地形下多尺度、多要素、多手段、三维气象综合观测网稳定运行（图 2.1.1）。

为做好北京地区各冬奥场馆气象观测保障工作，重点新建冬奥地面气象站 43 个（延庆赛区 26 个、北京赛区 17 个），北京赛区站网间距从 4.71 km 提升为 3.51 km，延庆赛区地面站网间距从 1.14 km 提升到 0.45 km；部署垂直设备 49 部（延庆赛区 47 部、北京赛区 2 部），新建天气雷达 4 部（S 波段 1 部、X 波段 3 部）。此部分内容将在 2.2 及 2.3 节重点介绍。

为满足延庆赛区周边精细化预报、雪上赛事特殊服务和人工增雪监测需求，对 2 个国家级气象站进行了设备更新，28 个省级气象站进行了雪深、雪温、能见度等观测要素的增加；地面站网间距从 7.31 km 提升到 4.82 km。

为做好冬奥会期间交通及航空紧急救援等气象专业要素监测，保障冬奥会期间市民和观赛群众安全出行，在北京—延庆重点路段及点位建设交通气象观测站 10 套、航空气象监测站 2 套。

为做好张家口核心赛区及周边的气象观测保障工作，新建地面气象站 44 个，部署垂直设备 5 部，新建天气雷达 2 部（S 波段 1 部、X 波段 1 部）。为做好冬奥会期间交通及航空紧急救援等气象专业要素监测，保障冬奥会期间市民和观赛群众安全出行，在张家口赛区周边部署常规气象站 70 套，在赛区和张家口市区部署航空站 4 套（图 2.1.2）。

张家口赛区及周边气象观测设备建设完成后，张家口区域所有各类气象观测设备共约 580 套，张家口市总面积约为 3.6 万 km^2，平均站距约 8 km。云顶滑雪公园场馆群共建设 22 套气象观测设备，平均站距 700 m；古杨树场馆群共建设 22 套气象观测设备，平均站距 260 m。

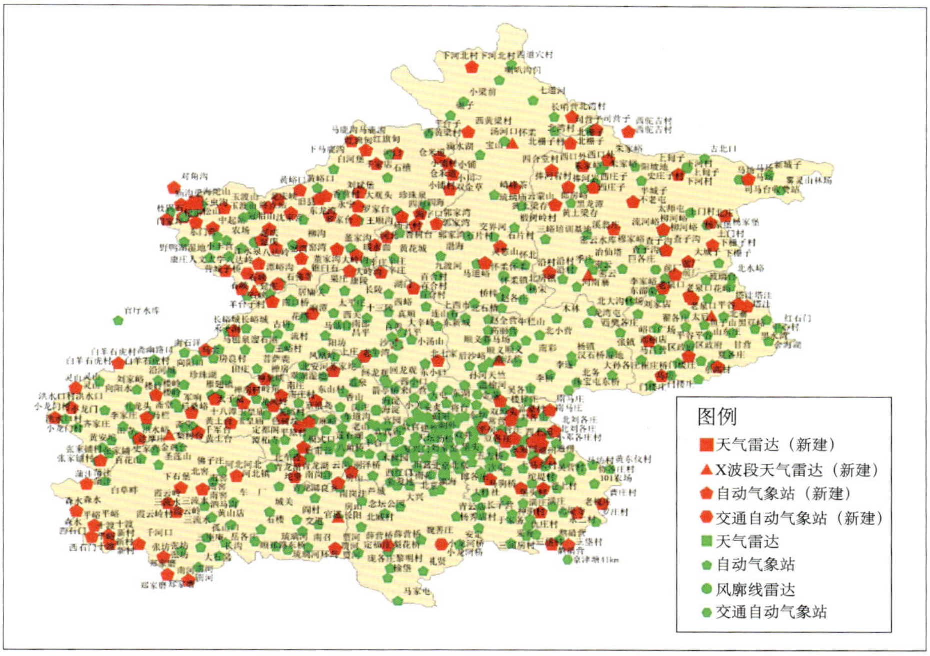

图 2.1.1　冬奥会期间北京地区地面观测系统总体分布示意图

（红色图标表示“十三五”期间新增）

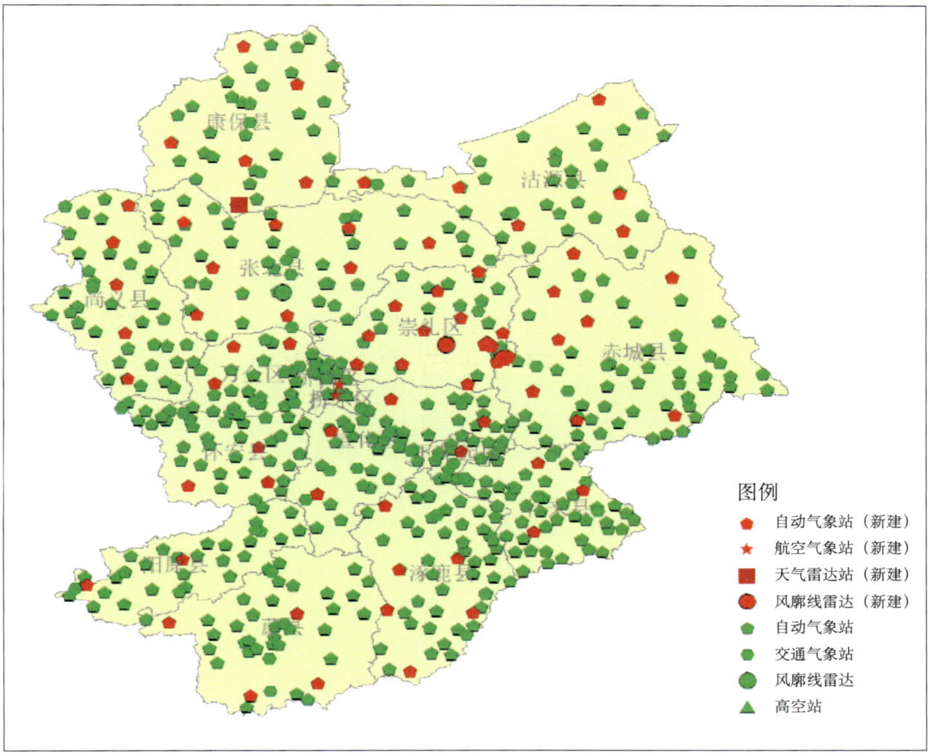

图 2.1.2　张家口赛区及周边观测系统布局图

2.2 北京赛区观测系统

2.2.1 地面观测系统

北京城区共涉及 6 处保障场馆（所），分别为石景山单板跳台（首钢滑雪大跳台）滑雪赛场及朝阳国家体育场开（闭）幕式场馆及室内场馆（国家游泳中心、国家体育馆、五棵松体育馆、首都体育馆、国家速滑馆）关键赛区。根据各场馆气象服务需求，于 2017 年在石景山单板跳台滑雪赛场建设 3 座测风站及 1 套地面站；2019—2021 年升级了北京城区 4 处区域自动气象站，同时新建国家体育场开（闭）幕式场馆气象观测站。具体站点信息情况如图 2.2.1 和表 2.2.1 所示。

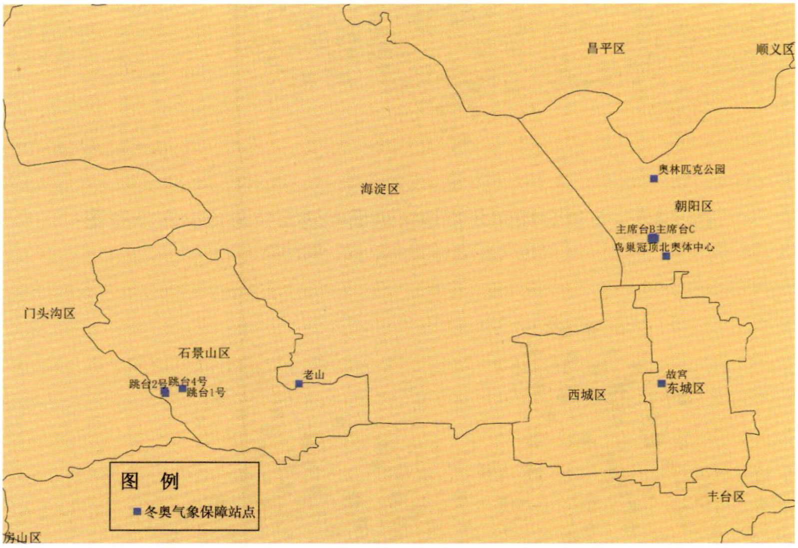

图 2.2.1 北京赛区地面观测系统布局示意图

表 2.2.1 北京赛区地面观测站点信息表

序号	场馆	站名	站号	观测要素	观测频次	传输方式	数据格式
1	首钢滑雪大跳台（4 个）	跳台 1 号站	A1105	温度、湿度、风向、风速、气压、称重雨量、能见度	1 min/ 次	4G	打包 Z/BUFR
2		跳台 2 号站	A1106	风向、风速	1 min/ 次	4G	打包 Z/BUFR
3		跳台 3 号站（已拆除）	A1107	风向、风速	1 min/ 次	4G	打包 Z/BUFR
4		跳台 4 号站	A1108	风向、风速	1 min/ 次	4G	打包 Z/BUFR

续表

序号	场馆	站名	站号	观测要素	观测频次	传输方式	数据格式
5	国家体育场（9个）	朝阳零层便携气象站	A0714	温度、湿度、风向、风速	1 min/次	4G	打包 Z/BUFR
6		朝阳国家体育场冠顶东气象观测站	A0710	温度、湿度、风向、风速	1 min/次	4G	打包 Z/BUFR
7		朝阳国家体育场冠顶西气象观测站	A0711	温度、湿度、风向、风速	1 min/次	4G	打包 Z/BUFR
8		朝阳国家体育场冠顶南气象观测站	A0712	温度、湿度、风向、风速	1 min/次	4G	打包 Z/BUFR
9		朝阳国家体育场冠顶北气象观测站	A0713	温度、湿度、风向、风速	1 min/次	4G	打包 Z/BUFR
10		国家体育场主席台1号站	A0715	温度、湿度、风向、风速	1 min/次	4G	打包 Z/BUFR
11		国家体育场主席台2号站	A0716	温度、湿度、风向、风速	1 min/次	4G	打包 Z/BUFR
12		国家体育场主席台3号站（已拆除）	A0717	温度、湿度、风向、风速	1 min/次	4G	打包 Z/BUFR
13		国家体育场主席台4号站（已拆除）	A0718	温度、湿度、风向、风速	1 min/次	4G	打包 Z/BUFR
14	场馆周边（4个）	老山站	A1019	温度、湿度、风向、风速、气压、雨量、能见度、雪面温度（红外）、紫外、总辐射、积雪深度、降水现象	1 min/次	4G	打包 Z/BUFR

续表

序号	场馆	站名	站号	观测要素	观测频次	传输方式	数据格式
15	场馆周边（4 个）	故宫站	A1076	温度、湿度、风向、风速、气压、雨量、能见度、雪面温度（红外）、紫外、总辐射、积雪深度、降水现象	1 min/ 次	4G	打包 Z/BUFR
16		奥体中心站	A1007	温度、湿度、风向、风速、气压、雨量、能见度、雪面温度（红外）、紫外、总辐射、积雪深度、降水现象	1 min/ 次	4G	打包 Z/BUFR
17		奥林匹克森林公园站	A1017	温度、湿度、风向、风速、气压、雨量、能见度、雪面温度（红外）、紫外、总辐射、积雪深度、降水现象	1 min/ 次	4G	打包 Z/BUFR

为做好单板滑雪大跳台赛事气象观测服务，规划建设 1 个地面自动气象站和 3 个铁塔测风站（海拔高度分别为 25 m、48 m、48 m）。

为保障冬奥会和冬残奥会开（闭）幕式顺利举行，提高开（闭）幕式期间的气象服务水平，2020 年 1 月在国家体育场场馆新建 6 部四要素气象站（风速、风向、温度、湿度），其中 4 部位于顶部内圈正北（低）、正东（高）、正南（低）和正西（高）四处，2 部位于二层看台（2021 年更新为 4 部）。

为保障北京城区各场馆气象服务顺利进行，将原有 4 个区域自动气象站进行了升级改造，新增雪温、雪深、能见度、降水现象等要素，为气象服务提供数据支撑。

（1）使用仪器设备情况（表 2.2.2）

表 2.2.2 北京赛区地面观测设备情况信息表

序号	站址	设备名称	型号
1	跳台 1 号站	自动气象站	DZZ5
2	跳台 2 号站、跳台 4 号站	自动气象站	DZZ5
3	国家体育场冠顶站点（4 个）	自动气象站	CAMS620-WS

续表

序号	站址	设备名称	型号
4	国家体育场零层站点	自动气象站	DZB1
5	国家体育场主席台站点（2个）	自动气象站	CAMS620-WS
6	场馆周边（4个）	自动气象站	DZZ5

（2）设备改进优化情况

根据北京冬奥组委对首钢比赛场地及国家体育场开（闭）幕式气象服务的不同要求，进行了专业设备定制。其中，首钢比赛场地根据测风塔的位置、高度等不同情况，定制专门测风设备；针对国家体育场主体结构的要求及现场特殊环境对观测设备稳定性、安全性的要求，设计出特殊固定结构的便携式自动气象站，既保证观测数据的稳定可靠，同时兼顾观测设备的安全，又便于设备维护与调整（图 2.2.2）。

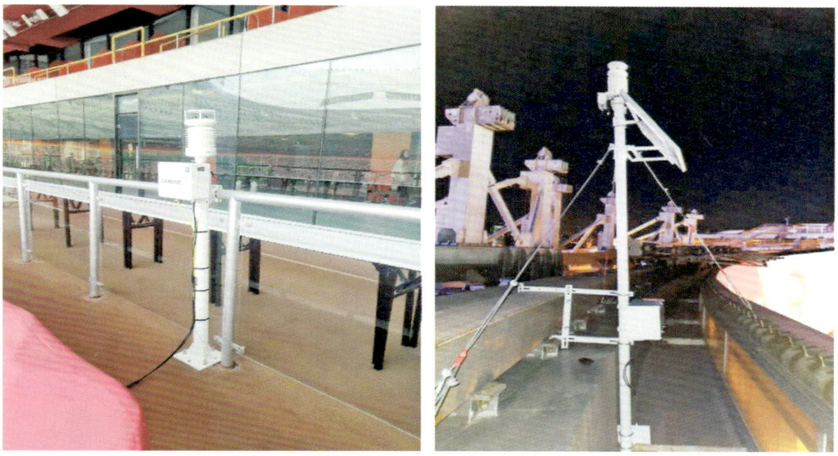

(a) (b)

图 2.2.2 国家体育场看台自动气象站（a）和冠顶自动气象站（b）示意图

（3）新设备应用情况

根据开（闭）幕式活动对风观测要素精细化的需求，采用了精度为 0.01 m/s 的超声风传感器，该传感器精度更高、结构更加紧凑，设备对周围整体布局影响更小。

2.2.2 垂直观测系统

北京 2022 年冬奥会开（闭）幕式位于国家体育场，该场馆及周边地区的气象条件直接影响开（闭）幕式的顺利举办。场馆周边的气象条件（雾霾、降雪）将对交通产生影响；该场地内的风向、风速将给高空表演、焰火燃放等带来风险；冬季的温度将给演员表演和观众带来影响。因此，有必要全面开展开（闭）幕式期间精细化气象监测，确定各类气象风险源、风险事件、薄弱环节、重点防护目标等，以提高开（闭）幕式期间的安全水平，为冬奥会顺利、安全的举办提供科学保障。

国家体育场内布设了 2 部激光测风雷达用于采集场馆内微尺度不同梯度风要素数据。其中，1 部激光雷达（Wind Smarter-2H 型号）安装在零层正北向跑道内层场地，1 部激光雷达（Wind Analyzer-50H 型号）安装在一层西南方向媒体区（表 2.2.3）。2 部激光测风雷达分布情况如图 2.2.3 所示。设备采用交流电供电方式，观测数据通过 4G 无线传输。

图 2.2.3　国家体育场内垂直观测设备分布图

表 2.2.3　北京赛区垂直观测设备情况信息表

序号	站址	设备名称	型号
1	国家体育场	激光测风雷达	WindSmarter-2H
2	国家体育场	激光测风雷达	WindAnalyzer-50H

2.3　延庆赛区观测系统

2.3.1　地面观测系统

2014 年 9 月在延庆赛区启动建设了 4 套自动气象站，为申报冬奥会提供了前期的数据支撑。2017 年开始全面建设延庆赛区梯度观测系统，根据各赛事方对气象要素需求的变化，每年的观测站址会有所调整、观测要素也不断增加。2018—2019 年开展赛道部分站点建设及赛区周边站点建设。2020 年 1 月，在延庆赛区举办的“十四冬”（第十四届全国冬季运动会）测试赛后，延庆高山滑雪赛场场地施工基本结束，观测点站址相对固定下来，形成了初步的延庆赛区梯度自动气象站观测系统。在 2020—2021 年“相约北京”等重大比赛项目期间进行了改进完善。其中核心站点有 26 个，具体如表 2.3.1 和图 2.3.1 所示。建设历程详见附录 A（表 A1）。

表 2.3.1　延庆赛区地面观测站点信息表

<table>
<tr><th>序号</th><th>场馆</th><th>站名</th><th>站号</th><th>观测要素</th><th>观测频次</th><th>传输方式</th><th>数据格式</th></tr>
<tr><td>1</td><td rowspan="12">国家高山滑雪中心（22 个）</td><td>竞速 1 号站</td><td>A1701</td><td rowspan="3">温度、湿度、气压、机械风向、风速、称重降水、能见度、降水现象、总辐射、紫外辐射、近地层地温、浅层地温、黑球温度、雪深、红外雪温、超声风向、风速（17 要素）</td><td>1 min/ 次、10 min/ 次</td><td>4G/ 北斗</td><td>打包 Z/ BUFR</td></tr>
<tr><td>2</td><td>竞速 2 号站</td><td>A1702</td><td>1 min/ 次、10 min/ 次</td><td>4G/ 北斗</td><td>打包 Z/ BUFR</td></tr>
<tr><td>3</td><td>竞速 3 号站</td><td>A1703</td><td>1 min/ 次、10 min/ 次</td><td>4G/ 北斗</td><td>打包 Z/ BUFR</td></tr>
<tr><td>4</td><td>竞速 4 号站</td><td>A1704</td><td>温度、湿度、气压、风向、风速、能见度（6 要素）</td><td>1 min/ 次、10 min/ 次</td><td>4G/ 北斗</td><td>打包 Z/ BUFR</td></tr>
<tr><td>5</td><td>竞速 5 号站</td><td>A1705</td><td>温度、湿度、气压、机械风向、风速、称重降水、能见度、降水现象、总辐射、紫外辐射、近地层地温、浅层地温、黑球温度、雪深、红外雪温、超声风向、风速（17 要素）</td><td>1 min/ 次、10 min/ 次</td><td>4G/ 北斗</td><td>打包 Z/ BUFR</td></tr>
<tr><td>6</td><td>竞速 6 号站</td><td>A1706</td><td>温度、湿度、气压、风向、风速、能见度（6 要素）</td><td>1 min/ 次、10 min/ 次</td><td>4G/ 北斗</td><td>打包 Z/ BUFR</td></tr>
<tr><td>7</td><td>竞速 7 号站</td><td>A1707</td><td rowspan="2">温度、湿度、气压、机械风向、风速、称重降水、能见度、降水现象、总辐射、紫外辐射、近地层地温、浅层地温、黑球温度、雪深、红外雪温、超声风向、风速（17 要素）</td><td>10 min/ 次</td><td>北斗</td><td>打包 Z/ BUFR</td></tr>
<tr><td>8</td><td>竞速 8 号站</td><td>A1708</td><td>1 min/ 次、10 min/ 次</td><td>4G/ 北斗</td><td>打包 Z/ BUFR</td></tr>
<tr><td>9</td><td>竞技 1 号站</td><td>A1710</td><td rowspan="4">温度、湿度、气压、机械风向、风速、称重降水、能见度、降水现象、总辐射、紫外辐射、近地层地温、黑球温度、雪深、红外雪温、超声风向、风速（16 要素）</td><td>1 min/ 次、10 min/ 次</td><td>4G/ 北斗</td><td>打包 Z/ BUFR</td></tr>
<tr><td>10</td><td>竞技 2 号站</td><td>A1711</td><td>1 min/ 次、10 min/ 次</td><td>4G/ 北斗</td><td>打包 Z/ BUFR</td></tr>
<tr><td>11</td><td>竞技 3 号站</td><td>A1712</td><td>1 min/ 次、10 min/ 次</td><td>4G/ 北斗</td><td>打包 Z/ BUFR</td></tr>
<tr><td>12</td><td>竞速 1 号站（无锡）</td><td>A1701</td><td>1 min/ 次、10 min/ 次</td><td>4G/ 北斗</td><td>打包 Z/ BUFR</td></tr>
</table>

续表

序号	场馆	站名	站号	观测要素	观测频次	传输方式	数据格式
13	国家高山滑雪中心（22 个）	团体 1 号	A1713	温度、气压、湿度、风速、风向（5 要素）	10 min/ 次	北斗	打包 Z/BUFR
14		山顶站	A1733	温度、气压、湿度、机械风向、风速、超声风速、风向（7 要素）	1 min/ 次	4G	打包 Z/BUFR
15		G 索站	A1734	温度、气压、湿度、风速、风向（5 要素）	1 min/ 次	4G	打包 Z/BUFR
16		竞速 4 号站（便携）	A1717	温度、气压、湿度、风速、风向（5 要素）	1 min/ 次	4G	打包 Z/BUFR
17		竞速 1 号站（便携，已拆除）	A1718	温度、气压、湿度、风速、风向（5 要素）	1 min/ 次	4G	打包 Z/BUFR
18		竞速 5 号站（便携）	A1716	温度、气压、湿度、风速、风向（5 要素）	1 min/ 次	4G	打包 Z/BUFR
19		竞速 6 号站（便携）	A1715	温度、气压、湿度、风速、风向（5 要素）	1 min/ 次	4G	打包 Z/BUFR
20		长虫沟	A1490	温度、湿度、风向、风速、气压、称重雨量、雪深、红外雪温、能见度、总辐射、紫外辐射、降水现象（12 要素）	10 min/ 次	北斗	打包 Z/BUFR
21		小海陀	A1492	温度、湿度、风向、风速、气压、称重雨量、雪深、红外雪温、能见度、总辐射、紫外辐射、降水现象（12 要素）	10 min/ 次	北斗	打包 Z/BUFR
22		二海陀	A1491	温度、湿度、风向、风速、气压、称重雨量、雪深、红外雪温、能见度、总辐射、紫外辐射、降水现象（12 要素）	10 min/ 次	北斗	打包 Z/BUFR
23	国家雪车雪橇中心（4 个）	雪车雪橇 1（便携，已拆除）	A1730	温度、气压、湿度、风速、风向（5 要素）	1 min/ 次	4G	打包 Z/BUFR
24		雪车雪橇 2	A1731	温度、气压、湿度、风速、风向（5 要素）	1 min/ 次	4G	打包 Z/BUFR

续表

序号	场馆	站名	站号	观测要素	观测频次	传输方式	数据格式
25	国家雪车雪橇中心（4个）	西大庄科	A1489	温度、湿度、气压、风向、风速、雨量、总辐射、紫外辐射、能见度、光合有效辐射、雪深（11要素）	1 min/次	4G	打包Z/BUFR
26		西大庄科（便携）	A0482	温度、气压、湿度、风速、风向（5要素）	1 min/次	4G	打包Z/BUFR

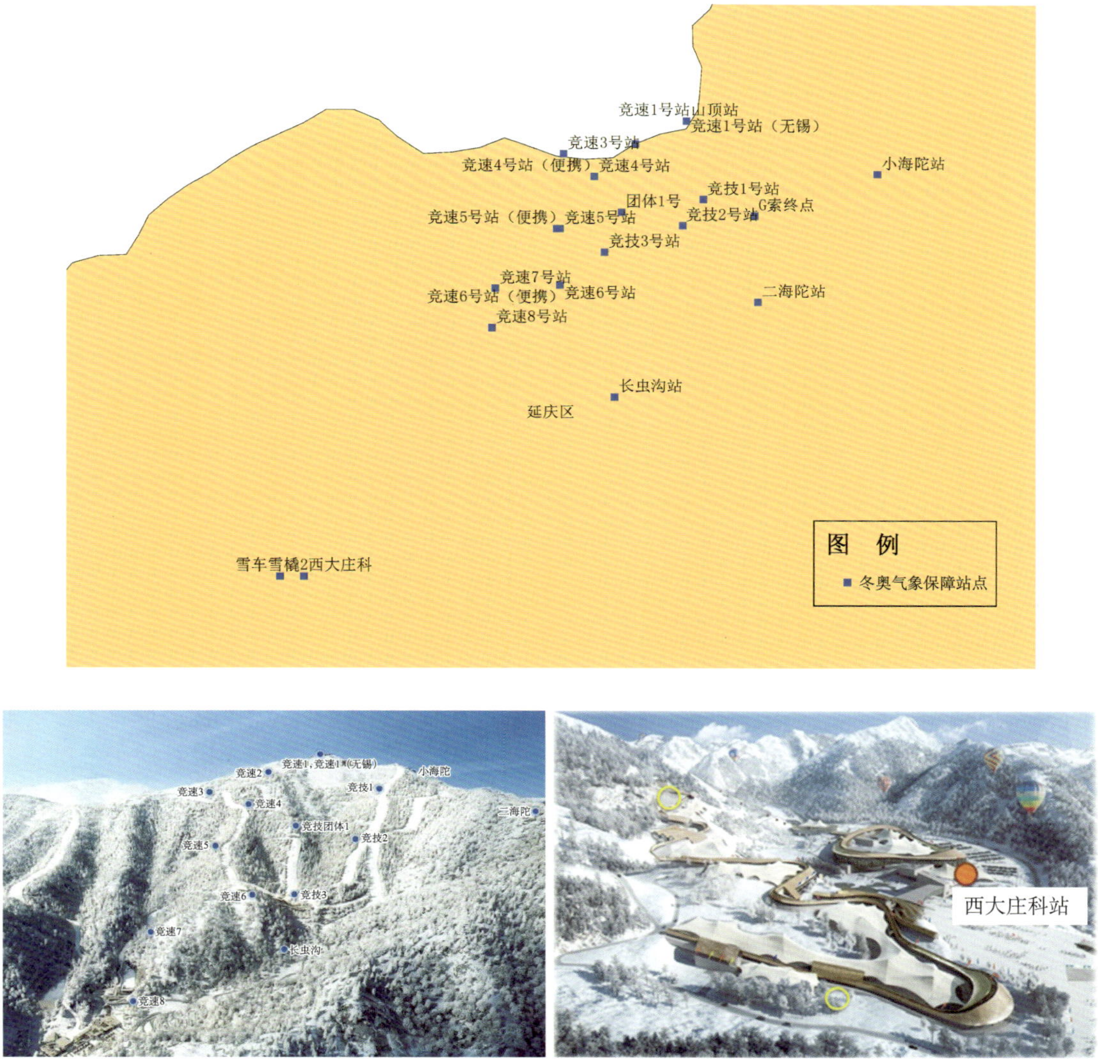

图 2.3.1　延庆赛区地面观测系统布局示意图

（1）使用仪器设备情况

延庆赛区所用设备情况如表 2.3.2 所示。

表 2.3.2　延庆赛区地面观测设备情况信息表

序号	站址	设备名称	型号
1	竞速 1、2、3、5、7、8 站	自动气象站	DZZ5
2	竞速 4、6 站	自动气象站	DZZ5
3	竞技 1、2、3 站，团体 1、竞速 1（无锡）站	自动气象站	DZZ4
4	山顶站	自动气象站	DZZ5
5	G 索终点站，便携 4、5、6 站，雪车雪橇 2 站，西大庄科（便携）站	自动气象站	DZB1
6	长虫沟、小海陀、二海陀	自动气象站	DZZ5
7	西大庄科	自动气象站	DZZ5

（2）设备改进优化情况

北京市气象局联合设备厂家，对冬奥地面气象观测保障设备进行改进和优化。

①同站异电，分级保障不同要素。山区冬季因雨雪等天气易造成光照不足，因此太阳能无法支撑核心要素（温压湿风）稳定供电，为了解决部分站点多达 17 种气象观测要素的供电需求，积极协调站点附近可提供交流电的供方（铁塔公司及北控造雪机供电系统）。针对铁塔站点较少但供电稳定、北控造雪机站点广泛但供电稳定性较差的特点，结合气象站点位置采取“同站异电”模式，进行供电系统改造。分两种情况：对于铁塔可供电站点，采取太阳能及铁塔交流电双路供电保障；对于铁塔不能保障的站点，采取风、温等高影响要素太阳能挂接独立供电，其他要素由北控造雪机供电系统挂接保障，通过同站异电方式，优化供电要素挂接方式，尽力确保核心高影响观测要素数据稳定传输，降低造雪期间北控交流电不稳定带来的不利影响。

②研发山地便携钢结构设备基础综合架，提高冬奥多要素传感器建设效率。设计新型高山环境专用钢结构基础，大大减少占地面积，实现能见度、辐射等 8 类传感器及主机箱、北斗通信设备等附属设备快速抱杆组装，极大提高场地协调成本及建设效率，且便于站址迁移及后续要素扩展功能（图 2.3.2）。

③首次在 12 套赛道自动气象站加装状态监控模块。从运行环境入手，提前研判，确保恶劣环境下观测数据不断。针对赛道交通、通信、电力一直未得到较好保障且观测要素多、观测环境复杂的现状，为强化数据时效性保障，对自动气象站运行环境增加实时获取运行状态信息、采集器自身供电电压状态、采集器存储芯片工作状态等信息；通过远程实时监控，提前并精准获取故障信息，提高维护能力。此外，联合厂家，针对要素多次的增加、调整、格式变化等工作，实现远程程序升级、远程控制等功能，在疫情防控及交通不便的背景下，极大提高设备改造效率（图 2.3.3）。

(a)　　(b)

图 2.3.2　延庆赛区地面自动气象站钢架结构实物图（a）和模型图（b）

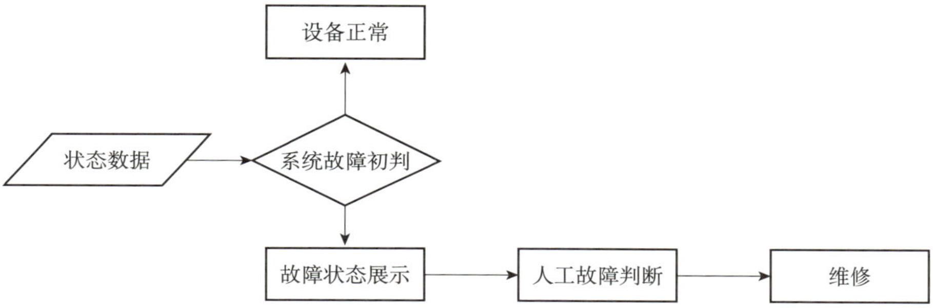

图 2.3.3　自动气象站状态监控工作流程图

④首次实现“秒级风”监测，助力精准服务。现行业务观测中，极大风风速为小时内出现的最大瞬时风速，极大风风向与之对应，采集算法是从 1 h 内以 1 min 为步长，滑动挑取 00 分至当前分钟的最大值，即每小时只输出一个时刻的极大风风向风速值，该时效远不能满足冬奥分钟级精准窗口期的寻找。为此，联合厂家升级自动气象站采集器程序算法，改为每秒采集一次风向风速瞬时值，每分钟挑取 60 s 内的最大风速值及其对应风向，作为分钟极大风输出，实时服务赛事冬奥气象预报团队及全程。首次开展秒级风、分钟极大风实时采集及传输，为冬奥气象预报技术研发和服务保障提供精细高质量天气“背景”数据（图 2.3.4）。

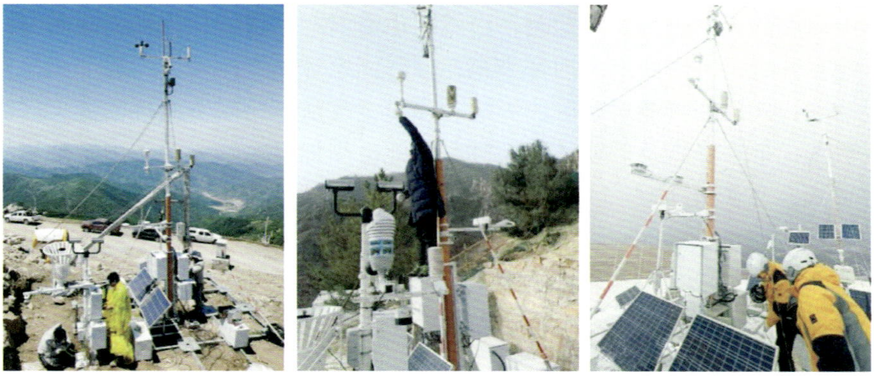

图 2.3.4　升级多要素自动气象站及改造自动气象站“秒级风”

（3）新设备应用情况

加热超声风与传统机械风传感器同址布设，最大程度保障赛事关键要素。为解决延庆赛区站点在雨雪低温天气或造雪环境下机械风传感器易被冻结的问题，不间断提供稳定可靠的风观测数据，在 11 个站（7 个竞速站、3 个竞技站及西大庄科站）布设加热超声风传感器；在机械风传感器的风杯被冰冻结情况下运行良好，数据可替代机械风传感器的数据而使用，在多次雨雪天气过程中发挥了显著效益。例如，在 2021 年 11 月 6 日，北京市气象台发布暴雪黄色预警信号，北京市气象局启动Ⅲ级应急响应状态。国家高山滑雪中心竞速赛道和周边站自 6 日 14 时开始，陆续出现 10 余站机械风传感器结冰冻结现象，供电正常的加热超声风设备（10 站）均运行正常，在应对此次降雪过程中对风的观测发挥了主力军作用，收集到宝贵的一手观测资料（图 2.3.5）。

图 2.3.5　测试赛期间维护遭遇寒流结冰的机械风传感器

2.3.2　垂直观测系统

根据延庆赛区赛事可能会受到大风、降水、低能见度等高影响天气的影响，结合赛区主要影响的天气系统，进行观测设备布局建设。当西来系统过山后影响延庆赛区时，考虑组网天气雷达对中尺度的天气进行实时监测，沿着高山滑雪赛道进行梯度加密观测；当偏南暖湿气流北上影响赛区时，考虑西南方向怀来东花园、闫家坪站点的雷达、温湿风等探测实时监测天气发展情况，来预判可能对赛区的影响；当冷空气从东路南下出现回流天气时，偏东风会影响延庆赛区，带来降雪及低能见度天气，因此也须加强东南方向张山营观测站的加密探测。详见附录 A（表 A2）。

以延庆赛区为中心，在周边 50 km 范围内构建覆盖中、小、微三个尺度的综合监测网（图 2.3.6），实现三维风场、温湿度场、云宏微观结构、辐射与湍流等多要素观测，提升海陀山高影响天气（降水、降雪、低云、雾、大风等）的监测预警能力。

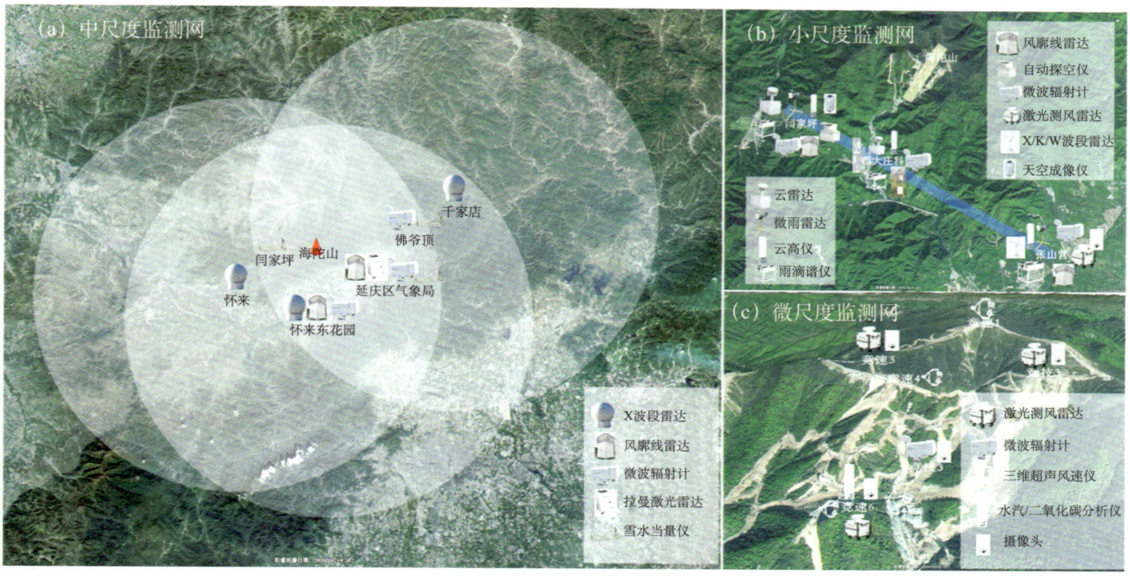

图 2.3.6　延庆赛区多维度立体监测网

2.3.2.1　构建延庆核心赛区中尺度监测网（20～50 km）

以延庆赛区为中心，在周边 20～50 km 范围内构建覆盖西南、东南及东北三个主要来向的天气尺度垂直监测网。主要观测站点有 5 个，分别为西南方向张家口怀来及东花园站、东南方向延庆站、东北方向千家店站和佛爷顶站，垂直设备共计 13 部。

雷达监测（4 部天气雷达）：3 部 X 波段天气雷达分别位于张家口怀来、怀来东花园（车载）及延庆千家店站，水平探测距离为 75 km，可实现对上游西南天气系统影响下低空垂直 0.01～3 km 小尺度天气的实时监测；1 部 S 波段天气雷达为专为冬奥建设的海陀山雷达，具体情况见 2.3.3 节。

大气温湿度廓线监测（3 台微波辐射计）：分别位于怀来东花园、延庆站及佛爷顶站，可实现对西南、东南及东北三个方向的温、湿、水汽垂直 10 km 廓线分布的实时监测。

风场垂直观测设备（2 部风廓线雷达）：利用位于怀来东花园和延庆站的风廓线雷达，可实现对延庆地区及上游风场的垂直观测。

大气成分垂直监测（1 部拉曼激光雷达）：位于延庆站，可实现对延庆地区气溶胶、边界层高度等要素的垂直观测。

云降水相关监测：1 部微雨雷达（怀来东花园）可实现探测云的垂直结构、天气现象及云水含量等信息；2 台 SPA 雪水当量仪位于延庆站、佛爷顶站，可实时监测雪深、雪密度、雪水含量、雪水当量等。

2.3.2.2　构建延庆核心赛区小尺度监测网（5～10 km）

以延庆赛区为中心，在周边 5～10 km 范围内构建小尺度天气监测网，主要有 3 个气象观测新装备部署的观测站，分别位于西大庄科、闫家坪和张山营综合垂直观测站，包含 24 部设备（表 2.3.3）。

表 2.3.3　垂直观测系统设备列表

观测目标	观测设备	数量	仪器所在站点	仪器型号 / 厂家	传输时效与仪器分辨率	传输方式及数据格式	所属尺度监测网
云雾及降水监测	S 波段天气雷达	1	海陀山顶	CINRAD/SA-D	6 min，250 m	专线，二进制格式	中尺度
	X 波段天气雷达	3	张家口怀来、怀来东花园、延庆千家店	XDP937S/CLC-12SZ	3 min，75 m；4.5 min，150 m	专线，二进制格式	中尺度
	K 波段微雨雷达	3	怀来东花园、闫家坪、张山营	MRR-2/Metek	1 min，200 m	FTP 传输，文本格式	中、小尺度
	Ka 波段云雷达	2	西大庄科、闫家坪	HMB-KST	0.25 s，30 m	FTP 传输，二进制格式	小尺度
	X/Ka/W 波段雷达	1	张山营	试验型	1.4 s，30 m	FTP 传输，二进制格式	小尺度
	激光云高仪	3	西大庄科、闫家坪、张山营	CL31	16 s，10 m	FTP 传输，文本格式	小尺度
	雨滴谱仪	3	西大庄科、闫家坪、张山营	2DVD	<0.18 mm（水平），<0.2 mm（垂直）	FTP 传输，文本格式	小尺度
	天气现象仪	1	西大庄科	HY-WP2A	30 min，图片展示	无线传输，图片格式	小尺度
	全天空成像仪	1	闫家坪	ASI-16/EKO	5 s	FTP 传输，图片格式	小尺度
	雾滴谱仪	1	闫家坪	FM-120/DMT	1 s	无线传输	小尺度
	降雪显微观测仪	1	闫家坪	SPI/ 北京市人工影响天气中心	1 min	无线传输	小尺度
	连续流量扩散云室冰核观测仪	1	闫家坪	CFDC	10 min	无线传输	小尺度
	基于膜采样的离线式冰核观测仪	1	闫家坪	FINDA/ 北京市人工影响天气中心	24 h	无线传输	小尺度

续表

观测目标	观测设备	数量	仪器所在站点	仪器型号 / 厂家	传输时效与仪器分辨率	传输方式及数据格式	所属尺度监测网
云雾及降水监测	CCN 计数器	1	闫家坪	CCN-100	1 s	无线传输	小尺度
	雪水当量仪	3	延庆站、佛爷顶、闫家坪	SPA-2	30 min	无线传输，文本格式	中、小尺度
温度湿度廓线	微波辐射计	4	怀来东花园、西大庄科、闫家坪、张山营、竞技 3	MP3000/Radiometrics，MWP967 KV	2 min；1 min（中兵）；50 m（<0.5 km）/ 100 m（0.5～2 km）/ 250 m（2～10 km）	FTP 传输，文本格式	中、小尺度
	大气辐射干涉仪	1	西大庄科	AERI	5 min，～10 m（近地表）/ ～300 m（3 km 高度）	本地存储，二进制格式	小尺度
垂直风场	风廓线雷达	4	怀来东花园、延庆站、闫家坪、张山营	Airda-3000A；CFL-03	2 min，50 m（<1 km）/100 m（1～4.8 km）；6 min，100 m（0.1～5 km）	FTP 传输，文本格式	中、小尺度
	激光测风雷达	4	张山营、竞速 3、竞速 6、竞技 1	WindPrint S4000（3 部），NJ DWL-21	3～5 s，26 m（青岛）；3～5 s，20 m（Leosphere）	无线传输，文本格式	小、微尺度
	自动探空仪	1	闫家坪	CF18ZDTK-4V-300	2～6 次 /d	无线传输，文本格式	小尺度
大气成分垂直廓线	拉曼激光雷达	1	延庆站	Raymetrics LR321- D300	2 min	无线传输，文本格式	中尺度

续表

观测目标	观测设备	数量	仪器所在站点	仪器型号 / 厂家	传输时效与仪器分辨率	传输方式及数据格式	所属尺度监测网
湍流监测	涡动相关仪	1	西大庄科	CSAT3/ Campbell，LI7500DS/LI-COR	30 min	无线传输，文本格式	小尺度
	三维超声风速仪	5	竞速 1、竞速 4、竞速 6、张山营、闫家坪	CSAT3/ Campbell	1 min	无线传输，文本格式	小、微尺度
	水汽 / 二氧化碳分析仪	1	竞速 6	LI7500DS/LI-COR	1 min	无线传输，文本格式	微尺度

云降水的相关观测设备：包括 X/Ka/W 波段雷达 1 部、云雷达 2 部、微雨雷达 2 部、云高仪 3 部、天气现象仪 1 部、全天空成像仪 1 部和雨滴谱仪 3 部、雾滴谱仪 1 部、雪水当量仪 1 部，可探测云降水的垂直结构、天气现象、云水含量和雨雪谱等信息，也可实时监测雪深、雪密度、雪水含量、雪水当量等。其中，X/Ka/W 波段雷达和云雷达探测距离为 30 km，日常采用 THI 垂直对空、在重点区域或者协同观测区域可以采用 PPI（水平横向扫描）、RHI（垂直切向扫描）进行多部协同观测。

风场垂直观测设备：主要有风廓线雷达 2 部、自动探空仪 1 部、激光测风仪 1 部、三维超声风速仪 1 部、涡动相关仪 1 部，获取山谷入口和山谷内风场特征。

大气温湿度廓线观测设备（微波辐射计 3 台、大气辐射干涉仪 1 部）：可实现对延庆赛区周边温、湿、水汽及气溶胶垂直廓线分布的实时连续监测。

2.3.2.3 构建延庆核心赛区微尺度监测网（＜5 km）

以延庆高山滑雪赛道为中心，借助铁塔公司部分站点的供电通信及场地条件，在适当点位增设垂直观测设备实现赛区精细化立体观测，实现 5 km 范围内构建微尺度天气监测网，垂直观测设备共计 8 部（表 2.3.3）。

三维精细风场监测（3 部激光测风雷达）：高山滑雪赛道选取竞速 3、竞速 6、竞技 1 号站三个点位，依托附近铁塔放置 3 部同型号的多普勒激光测风雷达，联合观测（覆盖范围 2 km×2 km、三机协同 PPI/RHI 扫描）获取赛区上空精细的风场结构。

赛道大气温湿廓线垂直监测（1 部微波辐射计）：因赛区各站点水平距离不大，考虑到温湿度分布在水平方向差异不大，而垂直差异较大，因此在中部竞技 3 号站位置，依托铁塔放置微波辐射计 1 部，可代表整个高山滑雪赛道的垂直温湿度场特征。

赛道湍流通量监测（3 套三维超声风速仪和 1 套水汽 / 二氧化碳分析仪）：选取赛道 3 个点位（竞速 1、竞速 4、竞速 6 号站），依托铁塔架设 3 套三维超声风速仪、1 套水汽 / 二氧化碳分析仪（安装于竞速 6 号站），实现对赛区微尺度梯度精细化风场和湍流特征监测。

云微物理观测（1 套连续降雪显微观测仪、1 套连续流量扩散云室冰核观测仪、1 套基于膜采样的离线式冰核观测仪、1 套 CCN 计数器）：基于闫家坪站云微物理观测平台，监测延庆赛区上游降雪粒子微观图像、宽温谱大气冰核特征、大气气溶胶成分和数浓度等特征。

设备改进优化情况包括以下方面：

①改造竞速 6 号站的测风激光雷达减弱信号干扰。竞速 6 号站的激光测风雷达安装于电信运营商信号基站塔下，由于信号基站发射的信号频率与激光测风雷达的频率非常接近，设备无法提取有效的观测信号，导致观测结果质量很差。为屏蔽信号基站的影响，利用铜箔纸和锡箔纸等屏蔽材料，将竞速 6 号站的激光测风雷达的平衡探测器、射频线等受信号影响的电子设备包起来，屏蔽信号基站的信号干扰，获取较高质量的观测数据。

②西大庄科站云高仪改造。由于西大庄科站场地限制，无法存放电脑，而云高仪的观测需要用电脑接收观测数据并传输到北京市气象信息中心。为此，将云高仪的数据采集器更换为可以本地存储和数据传输的采集器，这样就可以利用数据采集器将云高仪的观测资料传输到北京市气象信息中心，实现了云高仪的无电脑运行。

2.3.3 雷达观测系统

2.3.3.1 海陀山新一代天气雷达

（1）建设基本情况

北京市气象局联合设备厂家共同完成海陀山新一代天气雷达系统建设，该系统于 2019 年 11 月中旬建成，并具备探测运行能力。2020 年 7 月，中国气象局气象探测中心组织完成雷达站现场测试；北京市气象局分别于 2020 年 8 月和 12 月组织完成雷达站现场验收和业务试运行验收工作。经中国气象局综合观测司批准，海陀山新一代天气雷达系统于 2021 年 1 月 1 日正式业务运行，为进一步做好北京 2022 年冬奥会和冬残奥会气象保障服务工作提供了重要的观测设备和技术支撑。详见附录 A（表 A3）。

海陀山 S 波段双偏振天气雷达站（Z9024）为无人值守站，雷达站位于北京市延庆区海陀山顶峰东北侧近坡，距离延庆国家基本气象站直线距离为 18.2 km，距离市区道路（G110）最小直线距离为 9.6 km。雷达天线馈源水平海拔高度为 2 203.2 m，雷达工作中心频率为 2 800 MHz。雷达主机房高度 5.4 m（雷达天线罩顶部距雷达站地面高度约 15 m），采用与雷达天线平台直连结构。该雷达系统较常规 S 波段多普勒天气雷达增加了垂直探测通道，能够同时获取降水粒子在雷达水平和垂直偏振电磁波方向上的回波特征，实现降水云团特征和降水粒子类别的精细化探测，为进一步提升气象服务能力和水平提供重要设备支撑。

因地制宜，大胆创新。充分考虑雷达站所在的海陀山低温、高湿、大风等特殊运行环境，为进一步提升天线伺服系统结构稳定性和雷达天线罩及机房温、湿运行环境的可靠性，雷达天线部分（天线罩、天线和天线座）采用直接安装在雷达机房顶部特殊结构，取消了常规雷达天线罩下方支撑铁塔。

为提升海陀山天气雷达站无人值守运行可靠性，分别在雷达设备机房和北京市气象探测中心业务值班室部署一套雷达 RPG 和 PUP 系统。其中海陀山雷达设备机房内布设的 RPG 和

PUP 系统主要用于现场维修、维护雷达系统使用；北京市气象探测中心业务值班室内布设的 RPG 和 PUP 系统主要用于基数据处理和业务传输使用（图 2.3.7～图 2.3.11）。

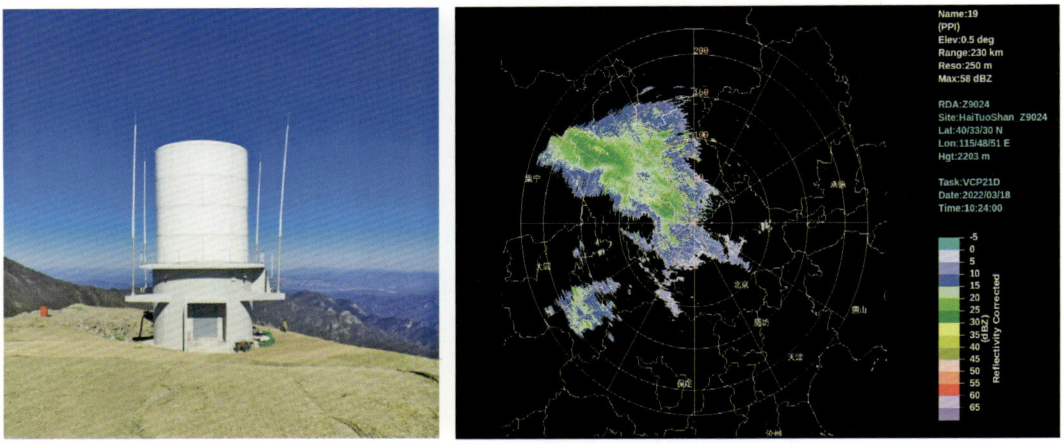

(a)　　(b)

图 2.3.7　北京海陀山新一代天气雷达站外观图（a）、北京 2022 年冬奥会期间（2022 年 2 月 13 日 11 时）海陀山天气雷达 0.5° 仰角 19 号产品图（b）

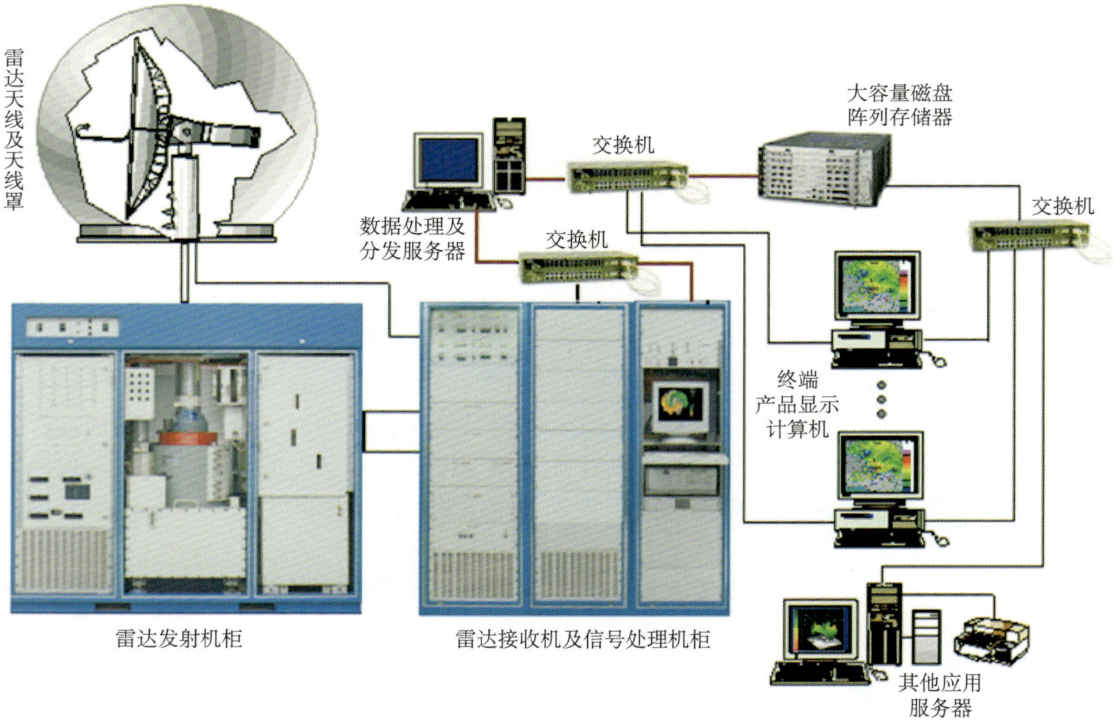

图 2.3.8　海陀山新一代天气雷达系统基本结构框图

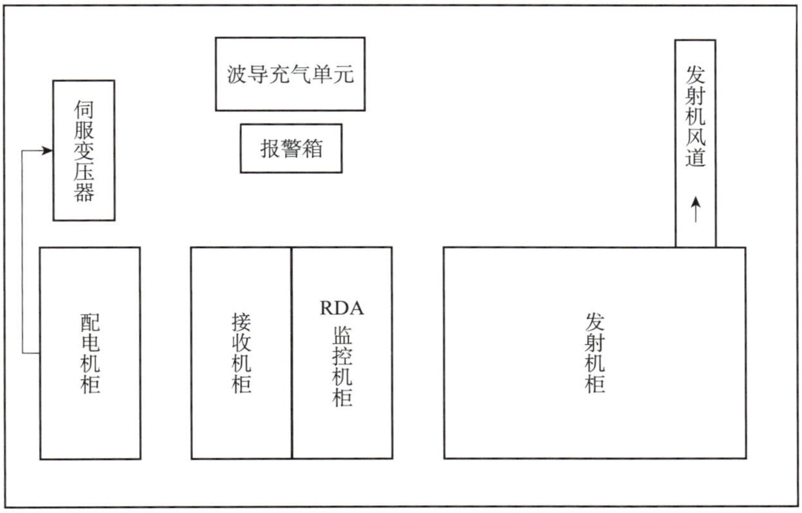

图 2.3.9 海陀山新一代天气雷达机房内雷达系统基本布局图

图 2.3.10 海陀山新一代天气雷达站机房实景图

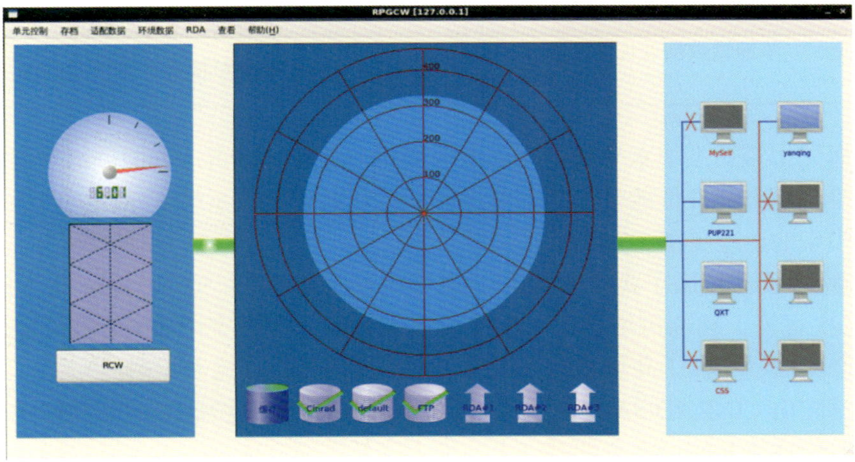

图 2.3.11 海陀山新一代天气雷达系统 RPG 和 PUP 分布

（2）雷达系统设备及性能优势

海陀山新一代天气雷达为 S 波段双偏振雷达系统。雷达采用双发双收的模式，即发射机通过水平和垂直极化的方式发射电磁波，再通过双通道接收机接收信号，并经数字信号处理器对信号处理。

双偏振雷达设备优势。海陀山双偏振雷达系统较常规单偏振多普勒天气雷达系统的馈线系统、发射机、接收机、数字中频系统、信号处理系统、标定系统和气象雷达处理软件等多个系统组件进行了升级优化，各系统组件主要升级优化内容及性能优势见表 2.3.4。

表 2.3.4　双偏振雷达系统主要组件升级优化内容

系统组件	双偏振升级	性能和质量改进
馈线系统	单水平支路升级为水平 + 垂直双支路	支持在线切换单双偏振模式
发射机	增加实时信号采样通道	相噪 / 地物抑制指标提高； 功率稳定度提高； 极限改善因子提高
接收机	由单通道升级为双接收通道	双通道一致性好，接收机增益更稳定
数字中频系统	单通道升级为四通道处理	动态范围扩大； 灵敏度提高
信号处理系统	多普勒算法升级为双偏振信号处理算法	动态杂波识别和过滤； 相位编码解距离模糊； 多阶算法计算相关系数； 海杂波过滤
标定系统	增加标定通道	调高标定的精度和稳定性
气象雷达软件	单偏振数据处理扩展为双偏振数据处理系统	升级为全 Linux 平台， 兼容单偏振，扩展双偏振

为提升海陀山雷达系统水平和垂直双通道幅相一致性，对雷达的关键部件增加了温度补偿功能，减少环境对部件性能带来的不利影响；将双通道接收系统置于同一电磁环境下，减少电磁干扰带来的误差（图 2.3.12）。

海陀山雷达系统采用了高度集成化、故障率低（MTBF≥50 000 h）、高性能处理能力（每秒 512 亿次运算）和高可维护性（网络接口）的四通道数字中频 / 信号处理器，扩大了雷达系统动态范围、增强了高灵敏度并提升了可扩展信号处理能力（图 2.3.13）。

另外，海陀山 CINRAD/SA-D 伺服系统采用了金属丝免维护版本的低频柱式汇流环，在保证该组件工作性能和使用寿命的基础上，大大降低了原有碳刷式汇流环的维护难度，提升了运行的稳定性（图 2.3.14）。

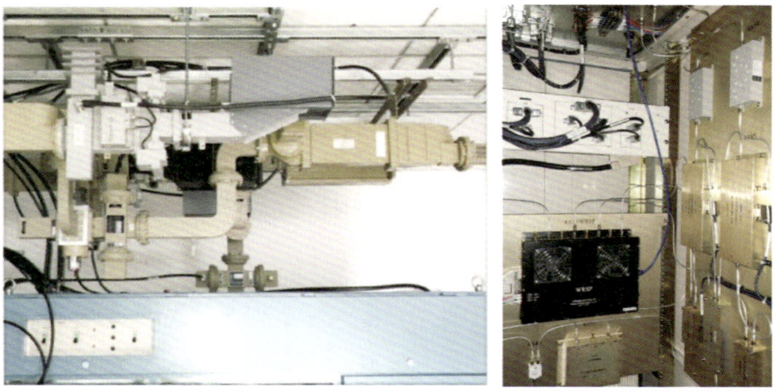

图 2.3.12　海陀山雷达系统接收机主通道关键部件

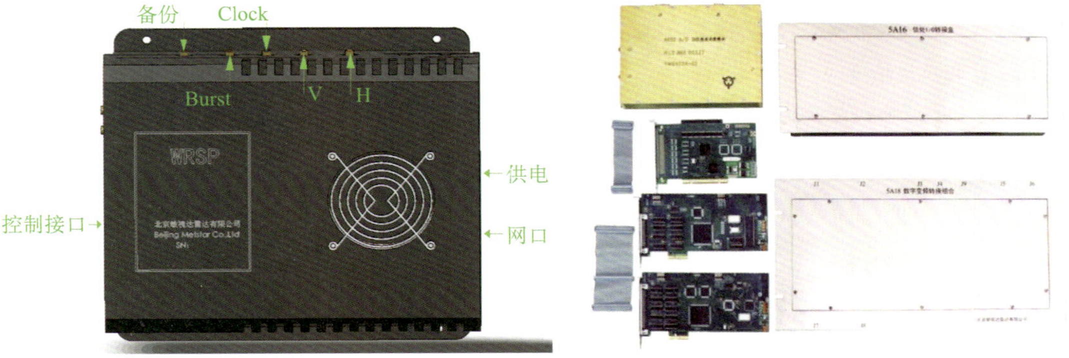

(a)　　(b)

图 2.3.13　海陀山雷达系统（a）和常规单偏振雷达（b）数字中频 / 信号处理器

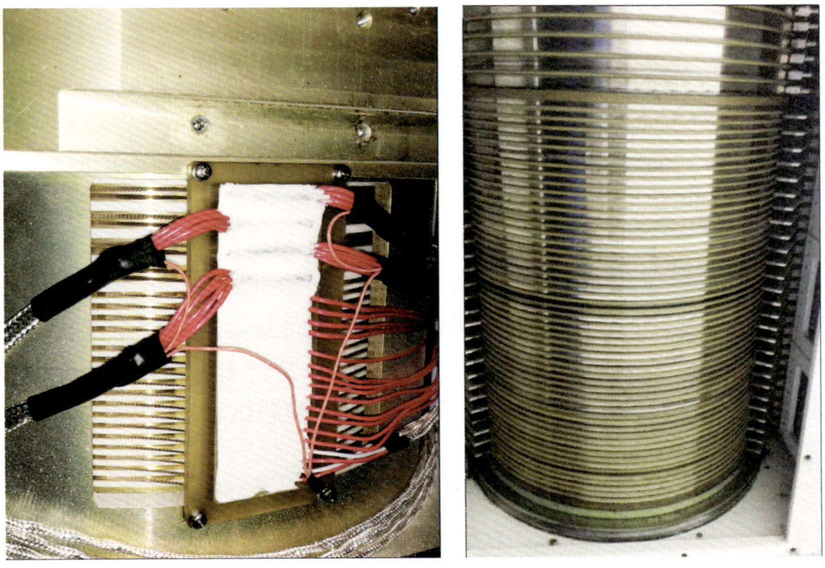

(a)　　(b)

图 2.3.14　海陀山雷达系统金属丝式（a）和常规碳刷式汇流环（b）

优化后性能参数。海陀山双偏振雷达系统采用双发双收两种工作模式，除了可以获取单偏振的水平极化幅度外，还增加了垂直极化的幅度、两通道的幅度差异和相位差异等物理量。另外，通过对雷达系统多个组件进行升级优化，相应的性能指标也有一定的改进，具体见表 2.3.5。海陀山雷达系统现场测试结果表明该双偏振雷达系统的相关性能参数均达到了表 2.3.4 中双偏振雷达性能指标。该天气雷达动态范围、灵敏度、径向分辨率以及双通道一致性性能指标的提升，为最大程度上发挥双偏振雷达对粒子相态精细化识别和降水定量估测的优势提供了支撑。

表 2.3.5　单、双偏振雷达系统主要组件升级优化内容

主要参数	单偏振雷达	双偏振雷达
接收机动态范围	≥85 dB	≥95 dB
接收机灵敏度	窄脉冲：≤−107 dBm； 宽脉冲：≤−112 dBm	窄脉冲：≤−110 dBm； 宽脉冲：≤−114 dBm
相位噪声	≤0.15°	≤0.10°
基数据径向分辨率	1 000 m	250 m
波束宽度一致性	无	≤0.1°
双通道隔离度	无	≥35 dB
双通道幅度一致性	无	≤0.2 dB（标准差）
双通道相位一致性	无	≤2°（标准差）

打造海陀山天气雷达无人值守远程监控系统。海陀山雷达系统部署了雷达核心组件供电远控系统、雷达系统运行参数监控的天气雷达标准输出控制系统、雷达站防雷系统和雷达站安防、消防系统运行的远程监控平台，并布设了具备供电自启和可远程调温的精密空调系统。雷达核心组件供电远控系统的前后端核心软件分别部署于雷达前端雷达数据采集子系统（RDA）业务值班计算机系统，通过通信网络，业务人员可以实现雷达发射机、高压通断等供电的远程操控，为开展雷达远程维护提供了重要技术和系统支撑。天气雷达标准输出控制系统同步解析雷达运行状态文件，实时监控并合理地可视化提供雷达天线罩温湿度、天线伺服、雷达机房温湿度、雷达 UPS 系统供电输入和输出以及雷达系统全参数的运行状态，并具备实时弹窗和参数项字体变红提供状态异常信息和异常初步诊断功能。同时，能够同步监视雷达性能标定维护全过程，全天候记录雷达各个体扫总体状态性能必具备台账查询功能（图 2.3.15～图 2.3.16）。

在北京 2022 年冬奥会和冬残奥会期间，海陀山雷达经受住了在高寒、高海拔气候条件下的考验，运行稳定、参数可靠，无故障运行 1 440 h，在 2 月 17 日和 3 月 11 日两次重大天气过程中，海陀山天气雷达发挥了非常重要的作用，为北京冬奥会延庆赛区的高山滑雪赛事提供了非常准确和及时的气象预报服务，受到了北京冬奥组委的好评和肯定。

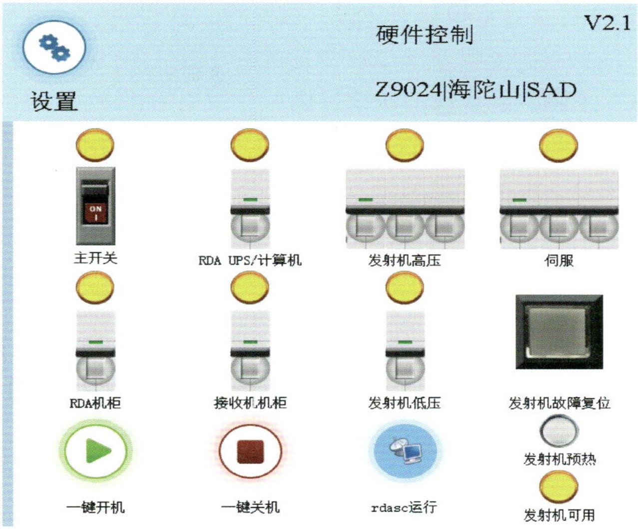

图 2.3.15　海陀山雷达系统部署的雷达核心组件供电远控系统

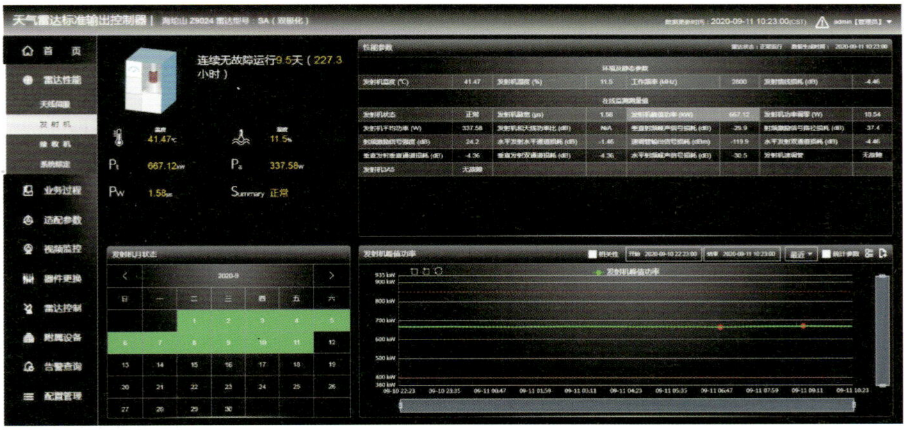

图 2.3.16　海陀山天气雷达实时运行状态监控系统（天气雷达标准输出控制器）

2.3.3.2　X 波段天气雷达

冬奥赛事保障前期北京新建成投入使用 3 部 X 波段天气雷达，分别位于张家口怀来、怀来东花园（车载）及北京延庆千家店（图 2.3.17、图 2.3.18）。

按照 2017 年 9 月 18 日北京市政府专题会要求，北京市气象局依托“十三五”工程项目开展北京境内山区自动气象站和 X 波段雷达建设，并就在河北省境内建站事宜征求中国气象局意见。2017 年 9 月 27 日，北京市气象局联合河北省气象局召开京冀交界山区气象观测能力提升研讨会。根据北京市防汛工作需要和市领导指示，北京市气象局与河北省气象局经前期调研共同编制了《京冀交界山区气象灾害易发区河北境内观测能力提升建设方案》，并由北京市气象局于 2018 年 6 月就该方案向北京市政府呈文《关于建设气象观测站点的请示》。张家口怀来 X 波段天气雷达由北京市财政投资，预算为 436 万元，在北京周边河北境内由河北省气象局于 2020 年 7 月 2 日组织完成建设并试运行，建设内容主要包括 X 波段雷达设备、雷达组网应用系统、信息基础支撑系统以及雷达配套土建工程等 4 部分，实现了实时观测上游天气情况和“客水”来源、降水量的建设目标。

东花园（车载）X 波段天气雷达投资估算 300 万元，于 2019 年 5 月完成招标采购，北京市气象局与南京恩瑞特实业有限公司签订《北京市气象局气象服务能力提升和冬奥气象服务保障工程项目（车载 X 波段全固态双偏振雷达改造项目）》合同及补充协议。2020 年 8 月 28 日设备运抵东花园站，9 月 3 日完成整体安装，开始标定、调试和试运行，各项指标稳定、偏振参数正常，数据实时传回北京市气象信息中心，9 月 29 日该雷达通过初步验收，系统进入试运行阶段。该雷达采用全相参脉冲多普勒（PD）体制，技术上应用高稳定全固态发射机、低噪声大动态数字接收机、低副瓣天线、数字信号处理、实时图像显示、在线标校等新技术，具有灵敏度高、动态范围大、可靠性高、使用维护方便等特点。系统设计了完善的故障自动检测系统和远程控制系统，方便用户使用，达到了无人值守、全天候运行的要求。软件间采用松散的耦合关系，通过开放的接口传递数据和消息。在冬奥气象保障、冬奥测试赛和冬奥联合观测试验期间，该雷达作为北京组网 X 波段雷达补充，主要执行冬奥赛区 RHI 扫描，与冬奥赛区毫米波云雷达、微雨雷达、微波辐射计等垂直观测设备联合观测，构建多波段、高时空分辨率的三维雷达观测网，为冬奥赛区提供实时的降雪云系宏微观产品。

延庆千家店雷达建设项目为“北京市 X 波段双偏振多普勒天气雷达组网建设项目（二期）”计划建设的 4 部雷达之一。该站原计划建设在延庆清水顶，后因涉及长城保护范围问题，重新选择千家店人工影响天气（简称“人影”）炮点为新址进行建设，重新申报新站址频率，与所在区文物保护和政府部门沟通，2020 年 12 月取得变更环境影响报告书的批复后，千家店雷达站开始建设。2021 年 4 月完成雷达吊装；6 月完成通电、配套设施及网络建设，投入试运行；9 月完成环评验收和雷达现场测试；11 月完成项目现场验收。详见附录 A（表 A4）。

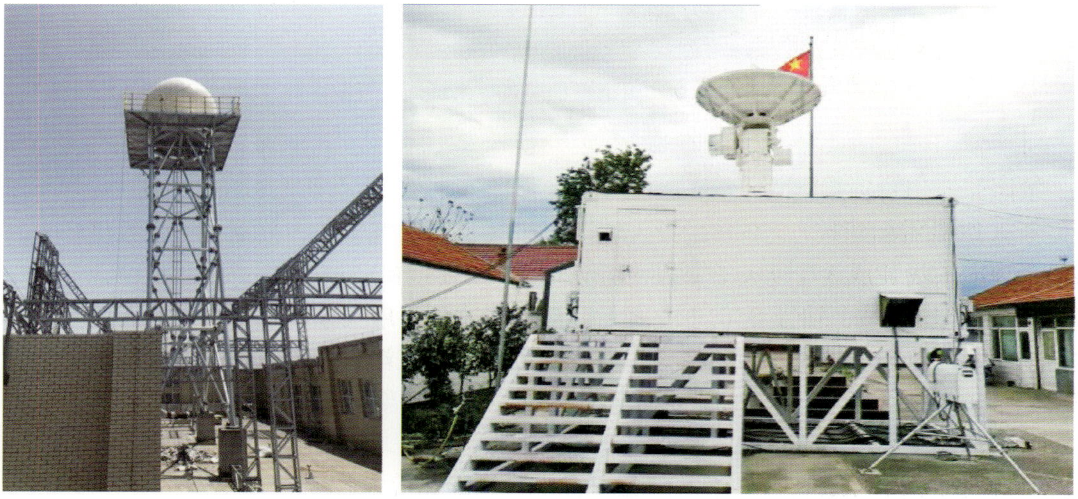

(a) (b)

图 2.3.17　张家口怀来（a）、东花园车载（b）X 波段天气雷达站外观图

图 2.3.18 北京延庆千家店 X 波段天气雷达站外观图

2.4 张家口赛区观测系统

张家口赛区综合气象观测系统从 2014 年开始建设，于 2021 年底结束。8 年期间，核心赛区站点不断地增加、改建、迁建 97 站次，最终完成 44 套核心区气象观测站建设。同时，完成了康保天气雷达、崇礼风廓线雷达、激光测风雷达、微波辐射计、云雷达及赛区周边 70 套自动气象站的建设，构建了张家口赛区综合立体气象观测站网（图 2.4.1）。核心区自动气象站风数据全部实现秒级采集和输出；微波辐射计空间分辨率为 50 m，时间分辨率为 2 min；激光雷达空间分辨率为 30 m，时间分辨率为 2～3 s；云雷达空间分辨率为 30 m，时间分辨率为 1～3 min，数据均能实时上传更新。整个观测系统日数据量约 20 GB。

2.4.1 地面观测系统

2.4.1.1 核心赛区气象观测站建设

（1）2014 年新建 4 个 9 要素站、4 个测风站。

按照张家口市委市政府“在太子城区域增设一个全要素自动气象站”的要求，于 10 月下旬在太舞滑雪场建成一个 9 要素自动气象站（太舞站，站号 B3120）。于 10 月底至 11 月初在云顶滑雪场建成 3 个 9 要素自动气象站（云顶山顶站，站号 B3017；云顶山腰站，站号 B3018；云顶山底站，站号 B3019）。随后，按照张家口市申奥办安排，在古杨树跳台滑雪场的山顶左侧、右侧及山腰、山底建成 4 个测风站（跳台 L 站，站号 B3215；跳台 R 站，站号 B3217；跳台 M 站，站号 B3216；跳台山底站，站号 B3218）。

（2）2016 年改建 4 个、新建 3 个测风站。

2016 年 9 月，根据北京冬奥组委规划建设和可持续发展部安排（冬奥组委规文〔2016〕175 号），崇礼区气象局对古杨树跳台滑雪场原有 4 个测风站进行了改造（主要是风杆高度由 3 m 改为 10 m），并在山顶、起跳点、K 点新建了 3 个测风站（跳台山顶站，站号 B3157；

图 2.4.1　张家口赛区观测系统位置图

（a）古杨树场馆群；（b）云顶滑雪公园场馆群

跳台起点站，站号 B3158；跳台终点站，站号 B3159）。

（3）2017 年共建成 14 个站。

其中，云顶滑雪公园 6 个（云顶 1、2、3、4、5、6 号站），国家冬季两项中心 5 个（冬两 1、2、3、4、5 号站），国家越野滑雪中心 3 个（越野 1、2、3 号站）。

（4）2018 年完成云顶 5 号站和跳台起跳点、跳台山底测风站迁建并在障碍追逐赛道新建 4 个测风站（云顶 7、8、9、10 号站）。

（5）2019 年新建 6 个测风站、1 个多要素站。

新建 6 个测风站（云顶 11、12、13、14、15、16 号站）、1 个多要素站（云顶大酒店站）。

（6）2020 年改建 1 个、迁建 1 个多要素站。

完成云顶 6 号气象站基础加固维修工作，迁建冬两 1 号站。

（7）2021 年新建 8 个（个别站迁建）、改建 36 个站。

新建了云顶 17 号站（云顶滑雪公园空中技巧赛道出发区）、云顶 18 号站（云顶滑雪公园空中技巧赛道起跳点）、大跳台起跳点站、标准台起跳点站、跳台起跳点站和跳台 K 点站共 6 个站，并对个别站进行了迁建；建成张家口赛区冬奥村气象站和张家口赛区颁奖广场气象站。完成 36 个站风传感器加热改造。

2.4.1.2 赛区周边气象观测站建设

按照河北省第 24 届冬奥会工作领导小组印发的《2022 年冬奥会张家口赛区水电气信及其他配套设施建设规划》（冀冬奥〔2016〕8 号），在张家口赛区建设 70 套 7 要素自动气象站。

（1）项目建设实施方案编制报批。为做好项目建设实施方案编制工作，组织有关人员组成编写组。一是对前期规划站点进行再复核，确定拟选建设地点的可行性；二是对设备发展现状进行调查、咨询，并对相应设备进行前期调研；三是根据布局原则要求，结合实际，适当调整布局；四是经过专家论证和报批。

（2）项目公开招标。于 2018 年 5 月 9 日通过公开招标，确定项目中标单位。

（3）项目建设。组建项目实施工作组，制定项目执行时间进度计划表，于 2018 年 9 月完成建设任务，并于 12 月 20 日完成项目验收。

在张家口区域共建成 70 个 7 要素自动气象站，观测要素包括气温、湿度、风向、风速、气压、降水量和雪深。

2.4.2 垂直观测系统

2.4.2.1 崇礼风廓线雷达

2018 年 5 月 25 日编制完成《崇礼风廓线雷达建设项目可行性研究报告》，6 月 12 日获河北省气象局批复同意，2019 年 3 月 13 日编制完成《崇礼风廓线雷达建设项目实施方案》。2019 年 6 月 18 日，经中国气象局政府采购中心公开招标，确定北京无线电测量研究所为本项目中标单位，并按照合同要求完成项目建设。2019 年 9 月 26 日，由河北省气象局观测与网络处组织完成项目验收（图 2.4.2）。

图 2.4.2 崇礼风廓线雷达实景图

2.4.2.2 崇礼微波辐射计

2018 年 3 月 20 日编制完成《崇礼微波辐射计建设项目实施方案》，于 2018 年 5 月 7 日获河北省气象局批复同意。2018 年 6 月 19 日通过公开招标，确定北京爱尔达电子设备有限公司为本项目中标单位。2018 年 9 月完成项目建设，2019 年 11 月 14 日完成项目验收（图 2.4.3）。

图 2.4.3 崇礼微波辐射计实景图

2.4.2.3 崇礼 GNSS/MET 站

张家口市气象局于 2018 年 4 月 26 日编制完成《崇礼 GNSS/MET 站建设项目实施方案》。按照《河北省财政厅关于限额以下政府采购项目选择采购方式的通知》（冀财采〔2018〕14 号）相关要求，采用协议供货方式，确定北京麦格天渱科技发展有限公司为设备供货单位，张家口华舟建筑工程有限公司为设备基础建设单位。2018 年 8 月完成项目建设，2018 年 10 月完成项目验收（图 2.4.4）。

图 2.4.4 崇礼 GNSS/MET 站实景图

2.4.2.4 崇礼云雷达

张家口市气象局于2018年3月14日编制完成《崇礼云雷达建设项目实施方案》，于2018年6月20日通过公开招标，确定北京爱尔达电子设备有限公司为本项目中标单位。2018年10月完成项目建设，2019年11月14日完成项目验收（图2.4.5）。

图2.4.5 崇礼云雷达实景图

2.4.2.5 崇礼激光测风雷达

张家口市气象局于2018年5月28日编制完成《崇礼多普勒激光测风雷达建设项目可行性研究报告》，2019年3月13日编制完成《崇礼多普勒激光测风雷达建设项目实施方案》。2019年4月12日，经中国气象局政府采购中心公开招标，确定青岛华航环境科技有限责任公司为本项目中标单位。2019年8月完成项目建设，2019年9月26日由河北省气象局观测与网络处组织完成项目验收（图2.4.6）。

图2.4.6 崇礼激光测风雷达实景图

2.4.2.6 张家口大气探测基地

河北省人工影响天气中心在张家口大气探测基地常年安装布设 Ka 波段云雷达 1 台，用于崇礼地区上游云结构垂直探测。2019—2021 年，连续三年在张家口大气探测基地安装布设微波辐射计 1 台，用于崇礼地区上游大气垂直廓线探测；安装布设微雨雷达 1 台，用于崇礼地区上游降水特征垂直探测；安装布设激光云高仪 1 台，用于崇礼地区上游云结构垂直探测（图 2.4.7）。

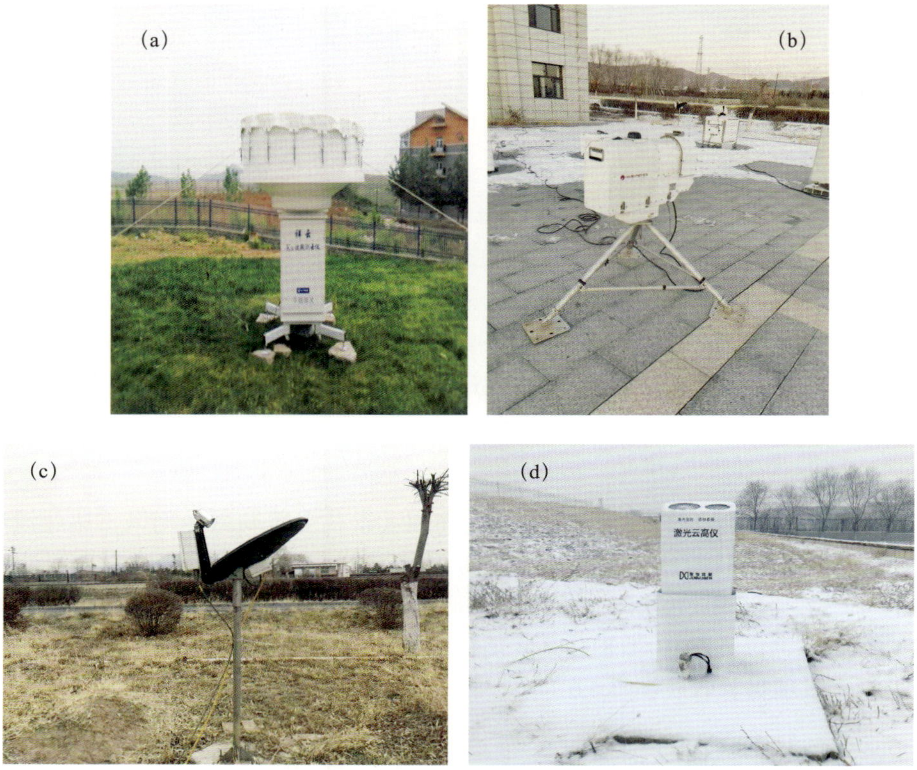

图 2.4.7 张家口大气探测基地 Ka 波段云雷达（a）、微波辐射计（b）、微雨雷达（c）及激光云高仪（d）

2.4.3 雷达观测系统

2.4.3.1 康保新一代天气雷达

（1）雷达出厂测试、安装调试、现场测试、业务试运行验收

2019 年 6 月 26—27 日，中国气象局气象探测中心在北京敏视达雷达有限公司组织测试组对张家口（康保）新一代天气雷达系统进行出厂测试，雷达通过出厂测试。

2019 年 9 月 23 日—10 月 17 日，北京敏视达雷达有限公司在张家口组织对张家口（康保）新一代天气雷达系统进行安装、现场调试，调试期间无重大故障，雷达性能参数、定标检验、功能、产品生成均满足运行要求，调试工作顺利完成并开机试运行。

2020 年 6 月 3—6 日，中国气象局气象探测中心组织测试组对张家口（康保）CINRAD/

SA 新一代天气雷达系统进行现场测试。测试组专家依据《S 波段 CINRAD/SA 型号雷达系统购销合同》技术要求，对雷达性能参数、定标检验、功能、产品生成和文档资料进行了测试、检查，并进行了 24 h 连续运行拷机检验和拷机后主要性能参数的复测。测试结果均满足《新一代天气雷达业务运行准入测试大纲》和合同规定的技术指标要求，测试组同意张家口（康保）S 波段 CINRAD/SA 型号雷达系统通过现场测试（图 2.4.8）。

图 2.4.8 康保 S 波段天气雷达

2021 年 12 月 21 日，河北省气象局组织召开张家口（康保）新一代天气雷达业务试运行验收会。验收组听取了张家口市气象局所做的张家口（康保）新一代天气雷达系统建设工作报告、设备运行情况报告及现场测试报告等，张家口（康保）新一代天气雷达系统通过业务试运行验收。

（2）附属设备安装调试

2019 年 9 月 27 日，维谛技术有限公司完成 UPS 电源设备安装验收，现场调试运行正常。2019 年 10 月 8 日，军辉（北京）动力科技有限公司完成威尔逊柴油发电机组（160 kVA）组装运行。

2.4.3.2 围场 X 波段天气雷达

围场雷达站建设项目于 2018 年 12 月完成雷达设备采购，总投资 350 万元。雷达站基础设施建设项目于 2019 年完成环境影响评价备案、水土保持方案批复、风景名胜区建设项目选址核准、草地征占用审批，于 2019 年底取得建设项目选址意见书。2020 年 3 月取得建设用地规划许可证，8 月完成土地证办理，9 月完成建设工程规划许可证办理，同月完成项目公开招投标及施工合同签订，受冬季停工期和疫情影响至 2021 年 5 月 21 日才取得建设工程施工许可证，项目正式开工建设。

由于项目建设地址位于坝上地区，受气候因素影响施工期短，全年施工期仅 5 个月。通过倒排工期、联合施工等方式在保证工程质量和安全的前提下开展联合施工，最终于 2021

年 11 月初完成设备安装调试，进入业务试运行阶段（图 2.4.9）。

图 2.4.9　围场 X 波段天气雷达

2.4.4　移动气象应急监测系统

建设移动气象应急监测系统，在赛区建设 1 套气象装备应急保障系统、1 套气象应急监测预警移动指挥系统以及 16 套便携式自动气象监测站。2019 年 4 月，编制完成《张家口市气象局冬奥会移动气象应急保障监测系统建设项目实施方案》。2019 年 8 月 30 日，通过公开招标确定中标单位。各中标单位均按照合同约定按时完成项目建设，2020 年 8 月 31 日完成项目验收（图 2.4.10）。

图 2.4.10　张家口赛区移动气象应急监测系统

2.5　应急加密观测

2.5.1　加密机制流程

根据地面、探空及卫星气象应急观测管理办法等文件要求，因重大专项服务需要或重大科研需要开展的地面气象应急观测，由承担单位与相关省（区、市）气象局协调后，可向中国气象局综合观测司提出申请，再由综合观测司下发地面、探空及卫星加密指令，各省

（区、市）按要求进行加密工作。

2.5.2 星地空加密

结合冬奥会重大活动时间节点（开（闭）幕式等）及高影响天气，2022 年 1 月 27 日—3 月 13 日期间采用定时、临时两种方式启动加密观测。在中国气象局综合观测司的协调下，京晋冀蒙四省（市、区）共计 137 个国家气象站联合开展地面加密观测 3 463 站次，提供了降雪、沙尘等高影响天气的高时空分辨率人工观测数据。冬奥赛事期间，北京南郊、河北张家口探空站联合开展探空加密观测 54 站次，增补了关键日期每日 14 时大气温湿度廓线监测数据。在国家卫星气象中心的支持下，FY-4B 卫星对京冀地区开展了持续 46 天逐分钟的加密观测，提供了冬奥赛区 100 m 分辨率卫星云图。

北京市在冬（残）奥赛事期间（2022 年 1 月 20 日—3 月 14 日）共发布了 6 次地面气象应急加密观测指令，2 次加密探空气象探测指令。按照实际情况，地面气象应急观测指令重点关注天气现象、积雪深度、降水量、道路结冰、视程障碍类天气现象（重点是沙尘）等加密要素，形式为非定时监测的内容通过会商系统和北京地区短时临近天气监测预警一体化平台报告与定时监测的内容依托 ISOS（地面观测业务平台）输入上传加密观测数据相结合。

为做好冬奥会和冬残奥会气象服务保障，根据中国气象局综合观测司发布的地面应急观测指令（2022 年第 4、6 号）、加密高空气象探测指令（2022 年第 1、2 号），并结合河北省气象服务需求，河北省气象局组织开展了两次地面和两次高空应急加密观测。所有加密观测时次详见表 2.5.1 和表 2.5.2。

表 2.5.1 地面加密观测列表

<table>
<tr><th>序号</th><th>时间</th><th>理由</th><th>涉及地区</th><th>台站 / 站次</th></tr>
<tr><td>1</td><td>1 月 21 日 08 时—22 日 20 时</td><td>应对降雪天气</td><td>北京</td><td>20 个国家站 /260 站次</td></tr>
<tr><td>2</td><td>1 月 30 日 16 时—31 日 02 时</td><td>应对降雪天气</td><td>北京</td><td rowspan="2">137 个国家站 /1 059 站次</td></tr>
<tr><td>3</td><td>1 月 30 日 17 时—2 月 1 日 08 时</td><td>应对沙尘天气</td><td>北京、河北（承德、张家口、保定）、山西（大同、朔州、沂州）、内蒙古（呼和浩特、包头、鄂尔多斯、锡林郭勒、巴彦淖尔）</td></tr>
<tr><td>4</td><td>2 月 12 日 05 时—15 日 14 时</td><td>应对降雪天气</td><td>北京</td><td>20 个国家站 /728 站次</td></tr>
<tr><td>5</td><td>2 月 12 日 05 时—14 日 20 时</td><td>应对降雪天气</td><td>河北石家庄、张家口、承德、秦皇岛、唐山、廊坊、保定、衡水、沧州、雄安新区等 10 个地市</td><td>109 个国家站 /1 635 站次</td></tr>
</table>

续表

序号	时间	理由	涉及地区	台站 / 站次
6	3 月 3 日 08 时—4 日 20 时	应对沙尘天气	北京、河北（承德、张家口、保定）、内蒙古（呼和浩特、包头、鄂尔多斯、锡林郭勒、巴彦淖尔、阿拉善）	108 个国家站 /1 296 站次
7	3 月 11 日 20 时—12 日 11 时	应对雨雪天气	北京	20 个国家站 /120 站次

表 2.5.2　京冀探空加密观测列表

序号	时间	理由	涉及地区	台站 / 站次
1	1 月 21—22 日 1 月 26—2 月 4 日 2 月 18—20 日 3 月 2—4 日 3 月 11—13 日	保障冬（残）奥会开（闭）幕式气象服务	北京、河北	南郊观象台、张家口 /42 站次
2	2 月 12—17 日	冬奥气象保障服务	北京、河北	南郊观象台、张家口 /12 站次

2.6　飞机观测系统

在地面观测和垂直观测基础上，北京 2 架和河北 2 架人影作业飞机与两个赛区地面观测点统一构成北京冬奥会延庆和张家口赛区空地立体化综合外场观测网。其中北京运 -12（B-3830）和空中国王（B-3587）作业飞机都停靠在距离海陀山区东南方向 64 km 的沙河机场，搭载云粒子组合探头（CAPS）、降水粒子探头（PIP）、快速云滴粒子探头（FCDP）、云粒子组合探头（3V-CPI）、高分辨率降水粒子探头（HVPS）等云物理探测仪器。河北作业飞机运 -12（B-3765）进驻张家口宁远机场，另一架空中国王（B-3523）作业飞机停靠在石家庄正定机场，分别搭载 DMT 和 SPEC 云物理探测等设备。北京冬奥会人影保障工作开展过程中，每年按时对作业飞机搭载的探测设备进行维护标定，随时关注作业飞机探测设备运行状况，为飞机观测正常开展提供有力保障。

第 3 章　观测产品研发与应用

3.1　地面观测产品

3.1.1　地面天气现象观测产品

根据北京冬奥组委及国际奥委会对冬奥气象数据实时气象服务的需求，确定以 ODF（Olympic Data Feed）报文形式服务。北京市气象局联合天气现象仪厂家，利用延庆、朝阳、海淀、石景山 4 个国家级站点天气现象仪、降水现象仪及 ISOS 自动判识的视程障碍现象等多源观测数据设计识别算法，并充分考虑国际习惯制定识别规则，自动生成关键站点逐小时中英文天气现象信息（表 3.1.1）；再汇聚气象实况要素及北京冬奥组委冰温、雪温要素后自动形成 ODF 实况报文，实时向国际奥委会（IOC）的奥林匹克网站和电视频道、北京冬奥会官网等 8 个应用场景提供服务。全自动化的观测数据服务流程得到北京冬奥组委技术部高度肯定。

天气现象视频智能观测仪设备及图片产品见图 3.1.1。

(a)

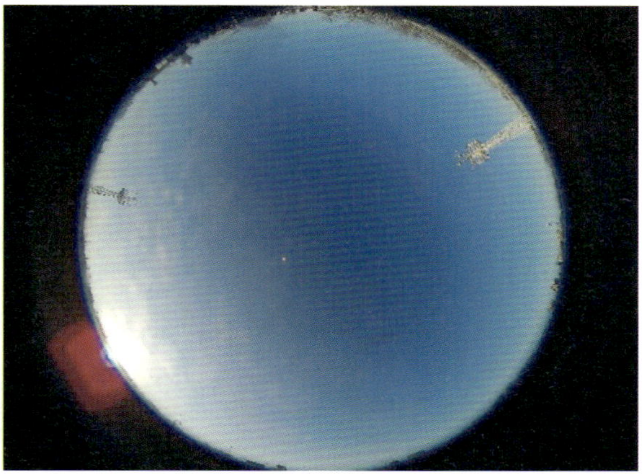

(b)

图 3.1.1　天气现象视频智能观测仪设备图（a）、产品图（b）

ODF 中天气现象实况（Weather Conditions）所有取值及转换规则参照《降水量等级》（GB/T 28592—2012）制定；英文表述（ENG Description）规则参照《天气预报基本术语》（GB/T 35663—2017）及国际惯例制定，见表 3.1.1。

表 3.1.1　多源观测数据判识天空状况规则

天空状况（中文）	天空状况（英文）	对应云量
晴	clear（夜间）	0%～24%
	sunny（白天）	
晴间多云	mostly clear（夜间）	25%～54%
	mostly sunny（白天）	
多云间晴	partly cloudy	55%～74%
多云	mostly cloudy	75%～84%
阴	overcast	85%～100%

编制程序实现判识数据提取，形成报文上传至 ODF。流程设计如图 3.1.2 所示。

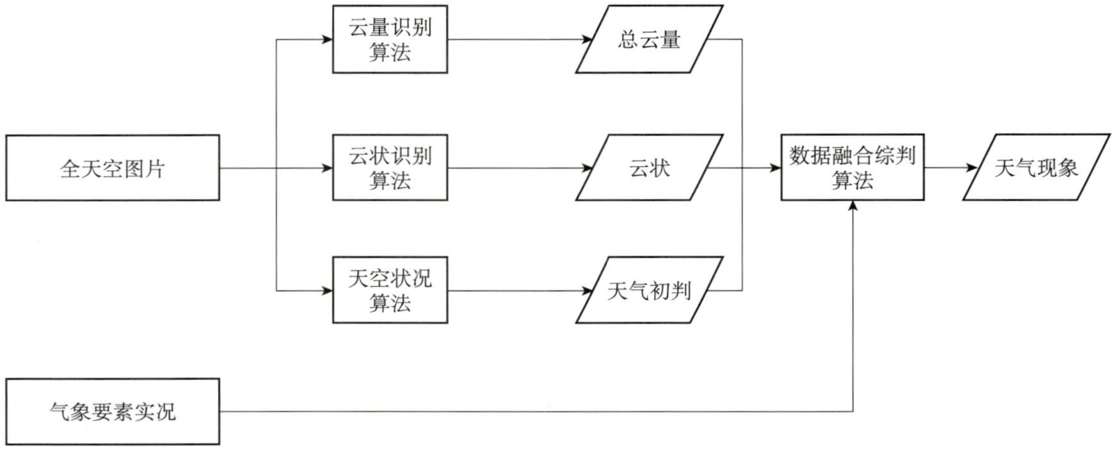

图 3.1.2　天气现象判识数据提取流程

ODF 天气现象的自动提取实现，充分整合现有数据资源，在保证要素间内部一致性的前提下，形成多源观测数据融合的天气现象识别算法，为实现多要素的自定义组合观测提供了技术参考。

赛事期间，上报 DT_WEATHER 产品（实况类）106 份，为各比赛场馆的赛事气象服务提供了准确、及时、可靠的云天实况与天气现象资料。

3.1.2　赛道三维秒级风

冬奥会多项雪上项目一项比赛仅在十几秒或几十秒内完成，如跳台滑雪完成一项比赛在 15 s 左右。常规地面自动气象站给出的通常是分钟数据，如 2 min 平均风、2 min 内最大风等要素，即使是秒级数据，也是分钟传输逐秒数据，难以满足比赛实时实况数据服务需求。因此，京冀两省（市）气象局联合设备厂家研发了秒级风服务产品。

（1）延庆赛区

秒级风、分钟极大风观测产品。针对冬奥会赛事对于现场及周边区域风要素观测的特殊需求，首次开展秒级风（每秒一次采集当前风向和风速）、分钟极大风（每分钟输出一次60 s内的60个数据中的最大风向和风速，作为分钟极大风）实时采集及传输，从而能够实现在比赛过程中根据瞬时风的变化对赛事安排做出及时调整，为冬奥气象预报技术研发和服务保障提供精细高质量天气背景数据。

在现有观测站程序的基础上，增加秒级风速、风向的实时采样记录，并基于秒级风计算分钟内极大风数据，增加对应的原始采样文件记录每秒的风速、风向原始采样数据，增加秒级风速、风向编码及协议，支持将秒级风速、风向完整有效地上传至远端中心系统。所有的秒级风及分钟内极大风均支持历史数据补调且支持1年的历史数据存储能力，机械风和超声风传感器上均可实现。在保障赛事安全、为赛事提供重要数据支撑的基础上，还可以应用于后续的风模型研究（图3.1.3）。

所有高山滑雪赛道自动气象站升级后都具备输出秒级风的功能，填补了国内的空白。为提升赛事实时预报能力，保障赛事安全提供重要数据支持。

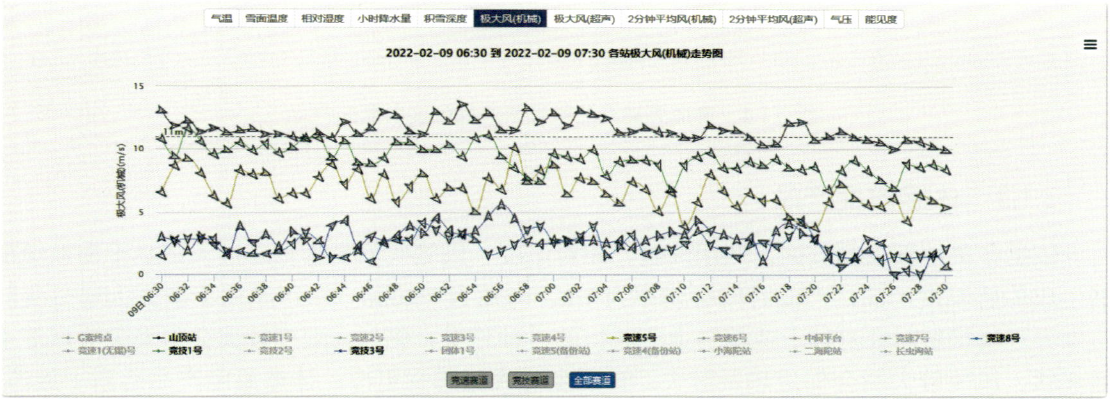

图3.1.3 延庆赛区各站极大风（机械风）实时观测数据界面

（2）张家口赛区

秒级传输三维秒级风服务产品。为了给对风要求较高的比赛项目如跳台滑雪、空中技巧、U型场地技巧等提供实时气象服务，河北省气象局在3条赛道起点、起跳点等6个关键点位部署了6套三维超声风速仪。超声风观测资料通过互联网外网、业务专网分别传输到河北省气象局租赁的外网服务器和河北省气象局内网服务器，两个服务器互为备份，同时满足内、外网用户需求。数据每5 s传输入库。

基于SQL-Server，分别建立基于BS和CS架构的三维风显示平台，逐秒刷新显示过去5 s最新数据，用于气象预报员实时监视赛道风场变化。输出产品包括：过去60 min、30 min、10 min、1 min内逐秒风向风速，逐10 s滑动平均风速、平均风向、阵风风速，以及超阈秒（给定时段内超过比赛阈值的秒数）及其占比等产品（图3.1.4）。

秒级传输三维秒级风服务产品在冬奥会现场服务中发挥了重要作用，尤其是在对风要求十分苛刻的如跳台滑雪、空中技巧滑雪等腾空类项目中。气象预报员根据超阈秒数及其占比，判断比赛窗口期的多少和长短，为竞赛团队提供了直接有效的服务，有力保障了比赛顺利进行。

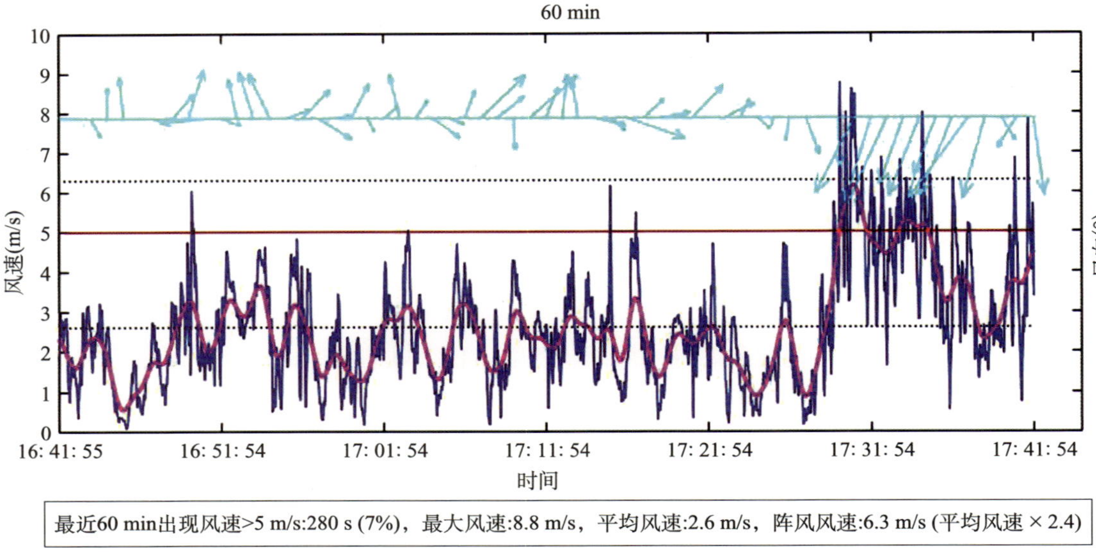

图 3.1.4　赛道关键点三维超声风速仪实时展示产品

3.1.3　体感温度产品

依据冬奥地面观测数据，利用气温、相对湿度、风等气象要素，通过人体热平衡数学模型生成体感温度产品。产品时间分辨率为 1 h，时效为 20 min。该产品用于表征人通过皮肤与外界环境接触时在身体上或精神上所获得的一种感受，例如，湿度较大会引发关节疼等不适症状，风速较大时会促进热量散失，日照少时人体感觉更冷。体感温度产品适用于旅游、户外运动等场景。冬奥赛时该产品以廓线、站点分布的形式提供。

3.1.4　区分雨雪相态的降水量产品

利用降水量结合天气现象仪判识的降水类天气现象，对台站 3、6、24 h 时间段内降水相态进行区分，并统计不同相态的累积降水量，共分三类：“雨”，表示统计时间段内全部为雨或偶尔有雨夹雪；“雨 + 雪”，表示统计时间段内全部为雨夹雪，或既出现雨，又出现雪，或三种情况均出现；“雪”，表示统计时间段内全部为雪或偶尔有雨夹雪。根据降水量进行颜色着色，直观显示降水相态和强度。产品时间分辨率为 1 h，时效为 20 min，覆盖范围为全国有降水天气现象观测的 2 423 个国家级站。该产品用一张图直观显示一段时间内哪些站点为纯雨站，哪些为纯雪站，哪些站点存在雨雪相态转换，有助于气象预报员了解复杂降水相态的区域（图 3.1.5）。

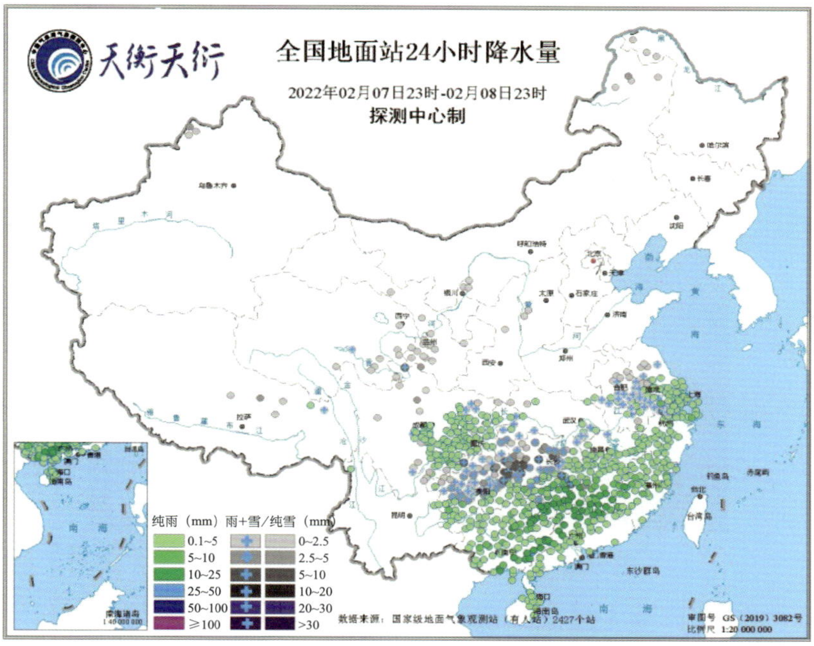

图 3.1.5　全国地面气象站不同雨雪相态 24 h 累计降水图

3.2　垂直观测产品

3.2.1　三维风场观测产品

（1）延庆赛区

针对高山滑雪项目对风的高敏感服务需求，基于三部激光测风雷达协同观测技术，研发精细三维风场、风廓线等风的产品。一是在赛道 2 km×2 km 范围内的三个站点（竞速 3、竞速 6、竞技 1 号站）布设三部国产同型号（青岛 WindPrint S4000）激光测风雷达（两站最大间距为 1.3 km），首次开展三部激光测风雷达实时机械协同扫描观测。二是通过试验测试，确定协同扫描模式为每 10 min 完成一次 PPI+RHI 扫描，即包含 10 个仰角的 PPI 和 1 个方位角的 RHI 扫描。三是研发产品算法，利用奇异值分解（SVD）等方法，研发风垂直廓线（线）、水平二维风场（面）、垂直剖面风场（面）、三维风场（体）的反演算法和质控算法，并将代码编译实现并行计算，最大可能提高计算效率，每次协同扫描模式后 3 min 内，将 4 种协同观测产品实时提供到气象预报团队桌面。四是根据气象预报团队需求和意见，采取动态流场等方式定制各产品显示方案，具体包括分辨率为 26 m 的单点廓线产品、分辨率为 100 m 的水平二维风场产品及区域内三维风场。数字及图形可视化的服务为山地风场预报、直升机救援服务提供资料支撑（图 3.2.1 和表 3.2.1）。

图 3.2.1 三部激光测风雷达协同观测示意图

表 3.2.1 三部激光测风雷达协同观测扫描方案

雷达	扫描方案概述	详细扫描方案
竞速 3	10 个仰角 PPI+1 个方位角 RHI	10 个仰角（−20°、−15°、−10°、−5°、0°、10°、20°、30°、40°、60°）PPI，方位角范围：120°～210°，间隔 2°； 1 个方位角（195°）RHI，仰角范围：−20°～90°，间隔 3°
竞速 6	10 个仰角 PPI+1 个方位角 RHI	10 个仰角（15°～60°，间隔 5°）PPI，方位角范围：0°～90°，间隔 2°； 1 个方位角（15°）RHI，仰角范围：0°～90°，间隔 2°
竞技 1	10 个仰角 PPI	10 个仰角（−20°、−15°、−10°、−5°、0°、10°、20°、30°、40°、60°）PPI，方位角范围：180°～315°，间隔 3°

（2）张家口赛区

跳台比赛对竞赛场地（FOP 区）风向风速的要求极为苛刻，超过 4 m/s 的阈值风速或者严重的侧风就有可能影响比赛的顺利进行，类似坡面障碍技巧、自由式滑雪和自由式空中技巧等项目也对风速有着苛刻的要求，以及气象预报员对复杂地形风场的研究，根据《北京冬奥组委体育部关于进一步加强雪上场馆赛道上风的监测预报能力的函》及《冬奥气象中心关于加强冬奥赛区雪上场馆风观测的通知》要求，张家口赛区云顶滑雪公园、古杨树跳台滑雪中心分别开展三维风场观测和部署。因此，河北省气象局牵头研发了赛场三维风场服务产品。

云顶滑雪公园主要针对坡面障碍技巧、自由式滑雪和自由式空中技巧项目，跳台针对 FOP 区获取运动员滑行和飞行轨迹上三维风场，气象预报员针对复杂地形风场观测实验，在张家口赛区部署了连续激光测风雷达和脉冲激光测风雷达 12 台。观测资料通过互联网外网、业务专网分别传输到河北省气象局租赁的外网服务器和河北省气象局内网服务器，两个服务器互为备份，同时满足内、外网用户需求。数据实时传输入库。

复杂地形风场的研究，通过新型观测资料数据库，将激光雷达风廓线模式数据通过综合光学探测系统平台（图 3.2.2）进行实时显示，共有 7 个站点，输出产品包括风羽、风矢、水平风速、垂直风速和载噪比。数据更新与观测数据同步。

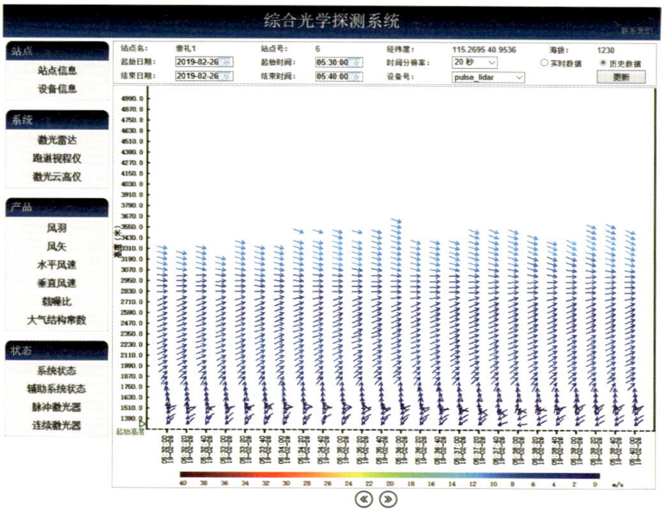

图 3.2.2　综合光学探测系统平台

基于 Python 程序对实时观测数据进行处理分析，通过网页平台实时展示，更新频率与仪器观测频率一致，1～2 min 一个仰角，为气象预报员实时提供云顶滑雪公园和跳台滑雪中心两个场馆的三维风场变化。输出产品主要包括平面径向风和不同仰角时的三维径向风。气象预报员通过实时的径向风变化，快速判断迎风和侧风情况，为竞赛团队提供直接有效的三维风场信息（图 3.2.3）。

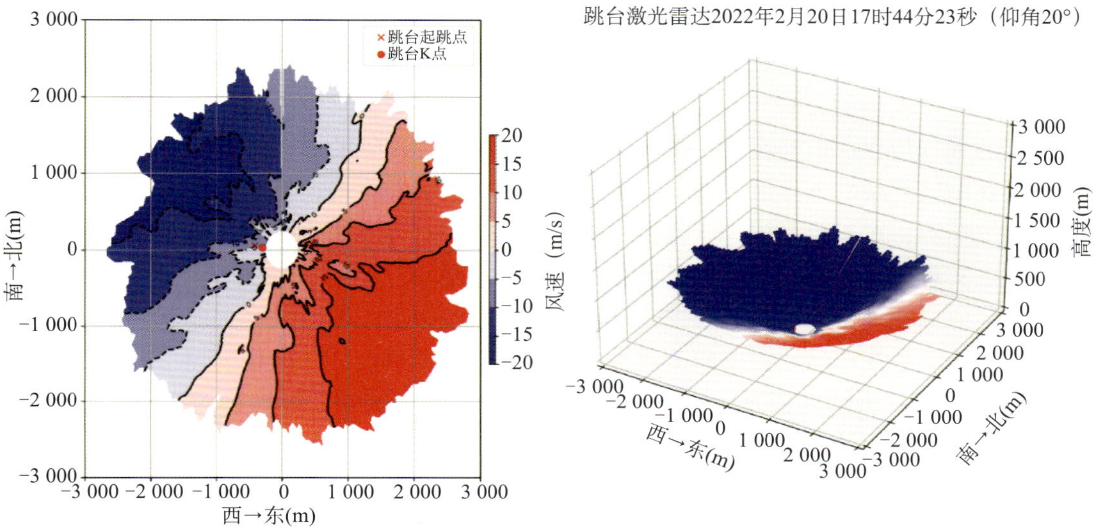

图 3.2.3　跳台激光测风雷达三维风场实时展示产品

（3）北京赛区

利用朝阳站（鸟巢北偏东 30°，距离 5 km）和丰台站多普勒激光测风雷达，为北京冬奥会开（闭）幕式全天提供了 3 km 以下分钟级风速、风向精细化观测服务，有力支撑了冬奥气象服务保障。图 3.2.4 为 3 月 13 日 12—20 时北京冬残奥会闭幕式朝阳站观测数据，可以看出受低层云影响，朝阳站激光测风雷达最大探测距离约为 500 m，10 min 平均风速为 3～7 m/s，南风（170°～185°）。

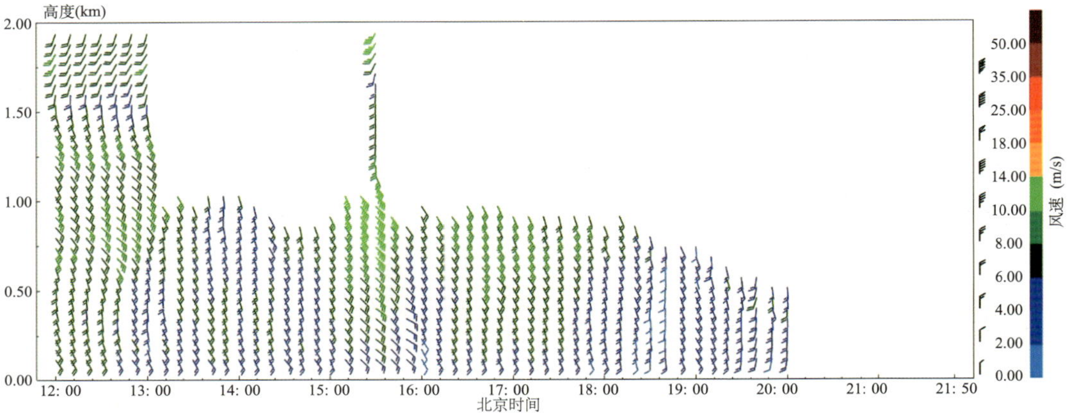

图 3.2.4　3 月 13 日 12—20 时（北京时间）朝阳站激光测风雷达风羽图

3.2.2　温湿廓线产品

微波辐射计可以实时获取地面到 10 km 高度以内的温度和湿度廓线，与气球探空和大气辐射干涉仪相比有一定的优势。微波辐射计和大气辐射干涉仪是遥感大气温度湿度廓线的重要手段，具有时间分辨率高，无人值守观测的优势。微波辐射计受云的影响较小，可以实现有云情况下大气廓线的观测。大气辐射干涉仪大约有 2 500 个波谱通道，可以得到精细的大气温度湿度廓线信息，有效地捕捉大气边界层的发展和演变过程，但其缺点是仅可以获取晴空和光学厚度较小的云底以下的大气廓线。气球探空是直接接触大气的探测手段，可以得到最真实的大气信息。但其在上升过程中不断漂移，往往得到的不是站点上空的垂直廓线信息，尤其在山区复杂的下垫面条件下，所获取的参数代表性有待评估。而且探空无法实现时间上的连续探测，对于边界层的快速演变、锋面过境等过程不能连续监测。因而，利用微波辐射计可以实现对海陀山区大气温湿状态的全天候监测。

根据热成风原理，利用风廓线雷达风场数据和微波辐射计温度数据，生成分钟级、高垂直分辨率的温度平流产品。温度的冷暖平流是表明大气斜压性的一种度量，与大尺度天气系统的发生发展有着密切的关系，通过分析温度平流的分布结构，可揭示大气层结的稳定性变化。

3.2.3　水凝物相态分类产品

在延庆赛区，由于冬季降水云系以固态粒子为主，并且粒子直径和形状差异较小，因此对各种水凝物粒子相态分类具有较大的难度，加之如何验证，尤其是精确到雷达波束水平上，这是一个世界性难题。北京市气象局主要是利用 X 波段偏振雷达、云雷达、微波辐射计等设备联合观测反演水凝物，用于冬奥赛区降雪云系水凝物粒子相态监测，并利用地面、飞机和模式等手段来进行验证和对比。这里主要用到了基于多源数据融合的降雪云系水凝物粒子相态分类技术，利用 X 波段偏振雷达与 Ka 波段云雷达、微波辐射计和地基降雪粒子图像等数据，开展质控融合分析，主要包括毫米波衰减订正、温度垂直廓线校准和多源数据时空匹配融合，采用 X、Ka 双波长雷达模糊逻辑等算法，实现对降雪云系的水凝物粒子分类，自动识别“过冷云雾、雪花、霰、雪 + 霰”等相态，用于人工影响天气作业中降雪云系微物理过程分析。该技术的核心是如何确定各种水凝物粒子识别参数及其范围和识别结果如何验证，北京市气象局统计分析了 2016—2020 年 42 次不同类型降雪过程的地面观测数据，最后给出了不同水凝物粒子相态对应的 X、Ka 雷达参数范围，并建立了飞机垂直探测的空地联合观测方案，获取了冬奥赛区上空降雪云系水凝物粒子相态图像，确保了基于多源数据融合的降雪云系水凝物粒子相态分类结果具有较高可靠性（图 3.2.5～图 3.2.8）。

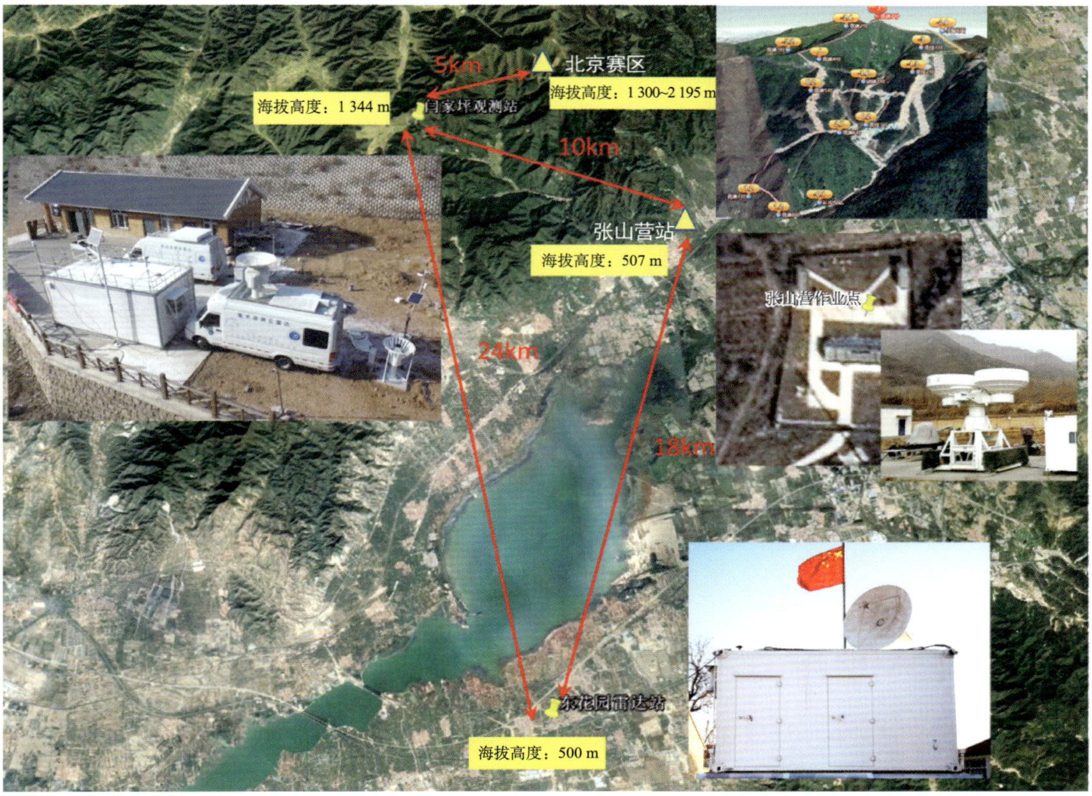

图 3.2.5　综合观测系统布局图

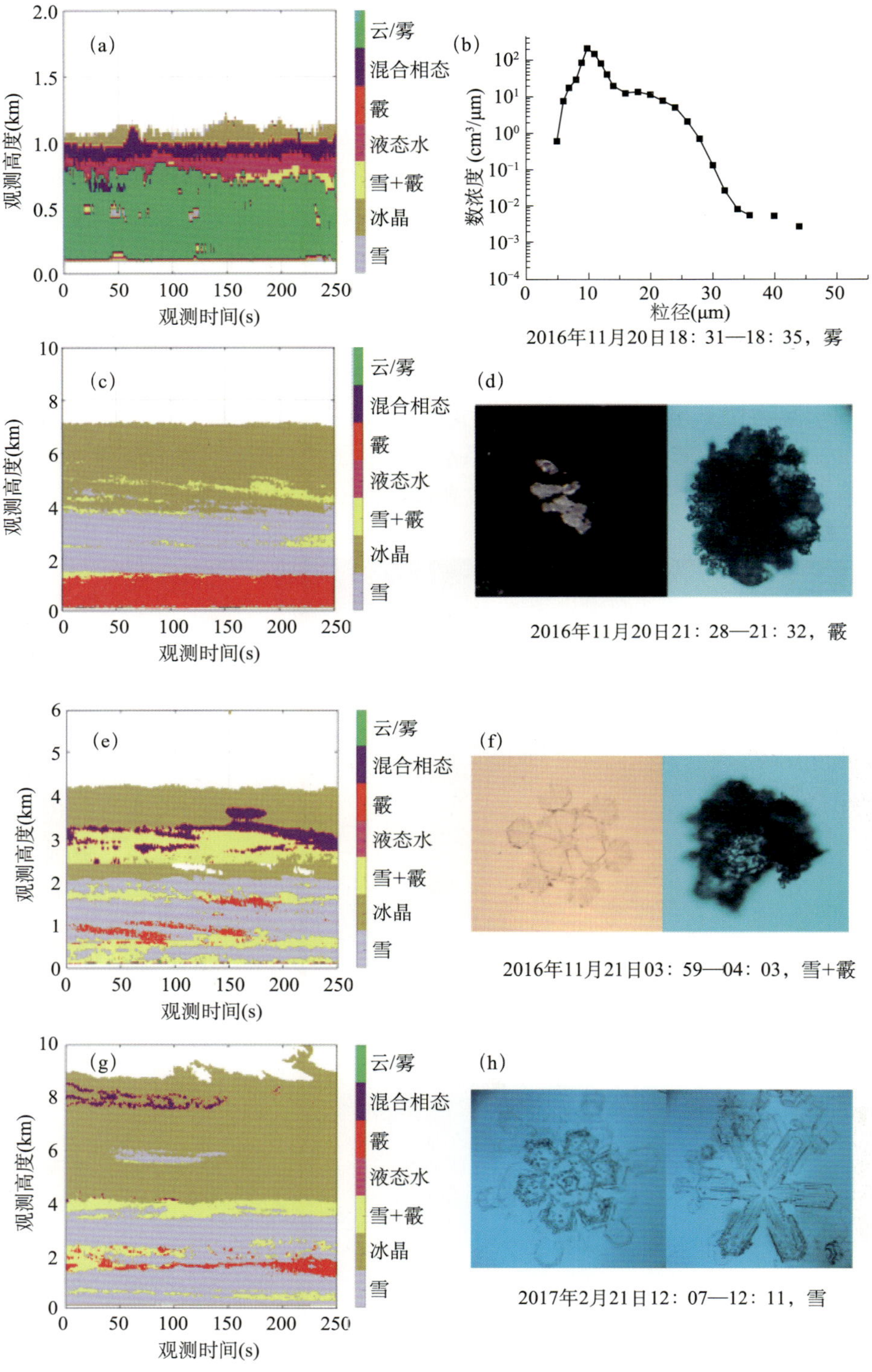

图 3.2.6　冬季云系水凝物粒子相态分类结果（近地面）和其对应时段地面实测粒子相态

（a）（c）（e）（g）：云雷达识别结果；（b）（d）（f）（h）：对应时段地面设备观测结果

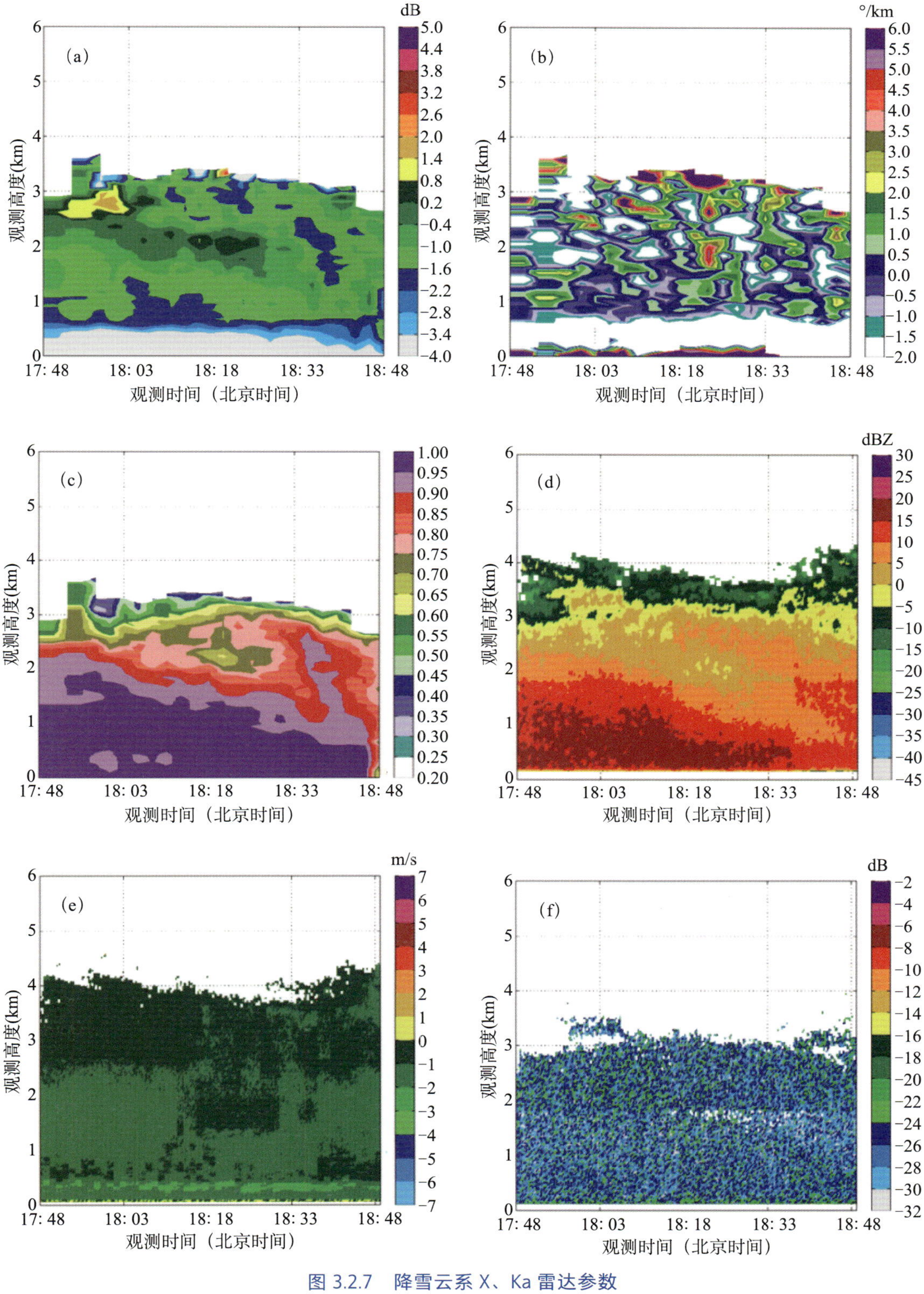

图 3.2.7　降雪云系 X、Ka 雷达参数

（a）～（c）：X 波段偏振雷达差分反射率 ZDR、单位差分传播相移 Kdp 和相关系数 ρ；

（d）～（f）：Ka 云雷达反射率 Z、速度 V 和退偏振比 LDR

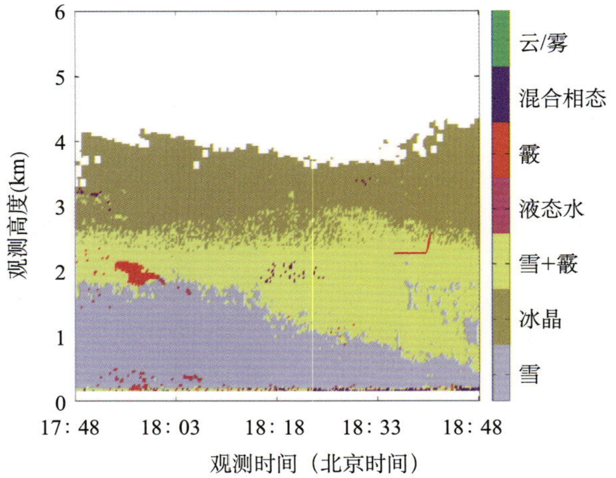

图 3.2.8　基于多源数据融合的降雪云系水凝物粒子相态分类结果

（1）云水相态识别。基于毫米波云雷达基数据和谱数据，结合微波辐射计温度数据，利用模糊逻辑法，对云粒子相态的垂直结构进行分类，获得在垂直探测方向上云中粒子的结构与分布特征，可用于识别降雪类型、起止时间以及演变过程，解决业务中降水的自动识别问题。已在冬奥会期间几次降雪过程中应用。

（2）GNSS/MET 水汽。基于地基冬奥赛区及周边地区 40 余站 GNSS/MET 观测数据，采用双差网解技术和内符合误差质量控制等技术，生成逐小时高精大气可降水量产品数据，形成二维水汽空间分布图，实时监测大气水汽变化特征。冬奥赛区及周边 GNSS/MET 站空间分布见图 3.2.9。2 月 12—13 日冬奥会期间出现降雪天气过程，在此过程中水汽从赛区南面保定和石家庄方向向北推进，大气可降水量空间分布中心最大值超过 20 mm，赛区大气可降水量基本在 5 mm 以上，冬季降雪水汽条件较好（图 3.2.9）。

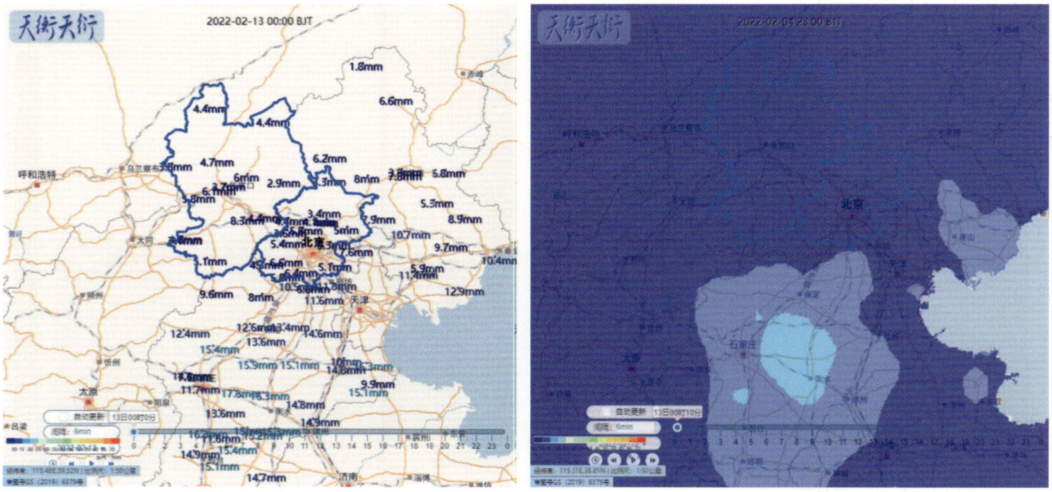

(a)　　(b)

图 3.2.9　冬奥赛区水汽站分布（a）和 2 月 13 日 00 时水汽分布图（b）

3.2.4　气溶胶激光雷达分钟级廓线

冬奥特别工作状态期间，中国气象局气象探测中心使用海淀和延庆 2 部气溶胶激光雷达每日 2 次为《冬奥气象服务监测快报》和 1 次为《冬奥气象服务监测日报》提供服务材料。并在开（闭）幕式当天及 2 月 12—13 日京津冀降雪天气过程期间和 1 月 22 日北京及周边地区雾霾过程期间，提供高精度、高时空分辨率的气溶胶激光雷达后向散射系数、退偏振比数据，为北京 2022 年冬奥会保障提供了重要支持。

3.2.5　多要素廓线组合

基于同址地基遥感垂直观测设备（微波辐射计、毫米波云雷达、风廓线雷达、气溶胶激光雷达）协同观测，将温度、湿度、风、水凝物、气溶胶等观测要素融合在一张图上，形成分钟级、多要素垂直廓线组合产品。该产品将动力、热力、水汽条件在时间、高度上同步进行配置展示，可多方位、精细化、综合地跟踪和捕捉天气过程演变特征，节省服务时间，提高服务效率，并在冬奥气象保障服务中得到应用。

3.3　雷达观测实况产品

3.3.1　云宏微观特征产品

在垂直探测系统中，毫米波云雷达具有很好的灵敏度和空间分辨率，既可以探测晴空云的微小粒子结构和微物理特性，也能用于弱降水或降雪系统的宏观结构观测和微物理参数反演。微雨雷达作为一种垂直指向的连续波雷达，波长为 1.25 cm、频率为 24.15 GHz 的 K 波段测雨雷达，波长介于毫米波段和厘米波段之间，除了常规反射率、速度、谱宽等基本产品外，还可以提供垂直方向上 DSD 的连续遥感，对于探测较大粒子的降水时可以和云雷达相互配合补充。因此，云雷达、微雨雷达联合微波辐射计可以给出降水云系宏观结构参数和一些微观二次产品，主要包括云顶高度、云底高度、粒子有效半径、冰水含量、液态水含量、不同高度层粒子谱分布等（图 3.3.1、图 3.3.2）。

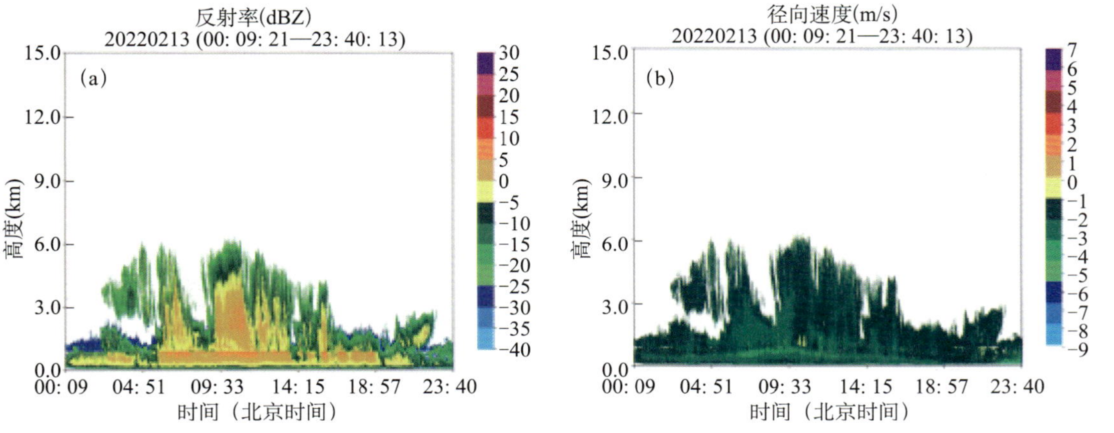

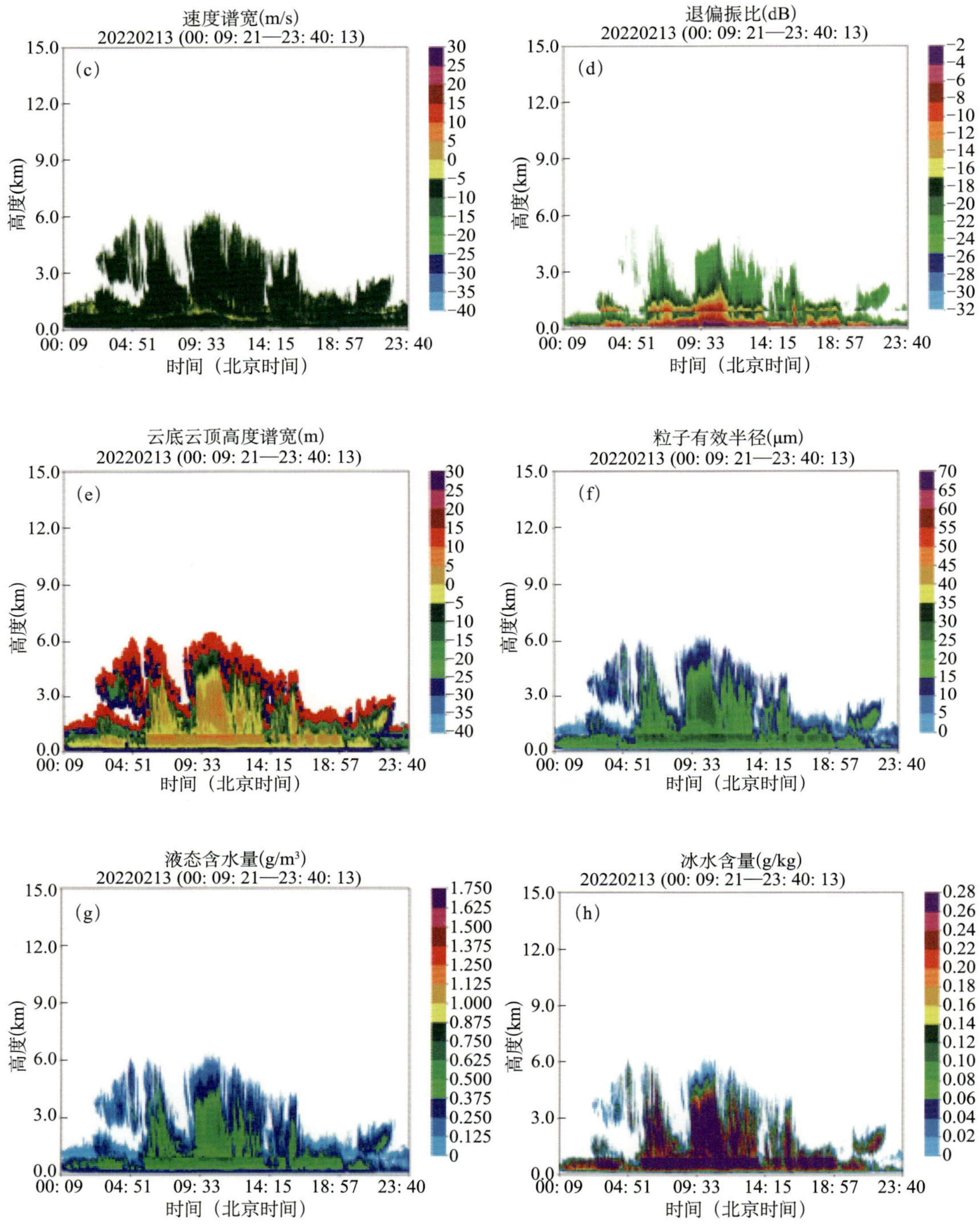

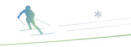

图 3.3.1　2022 年 2 月 1 日降雪过程雷达观测产品

（a）反射率；（b）径向速度；（c）速度谱宽；（d）退偏振比；（e）云顶云底高度谱宽；（f）粒子有效半径；（g）液态水含量；（h）冰水含量

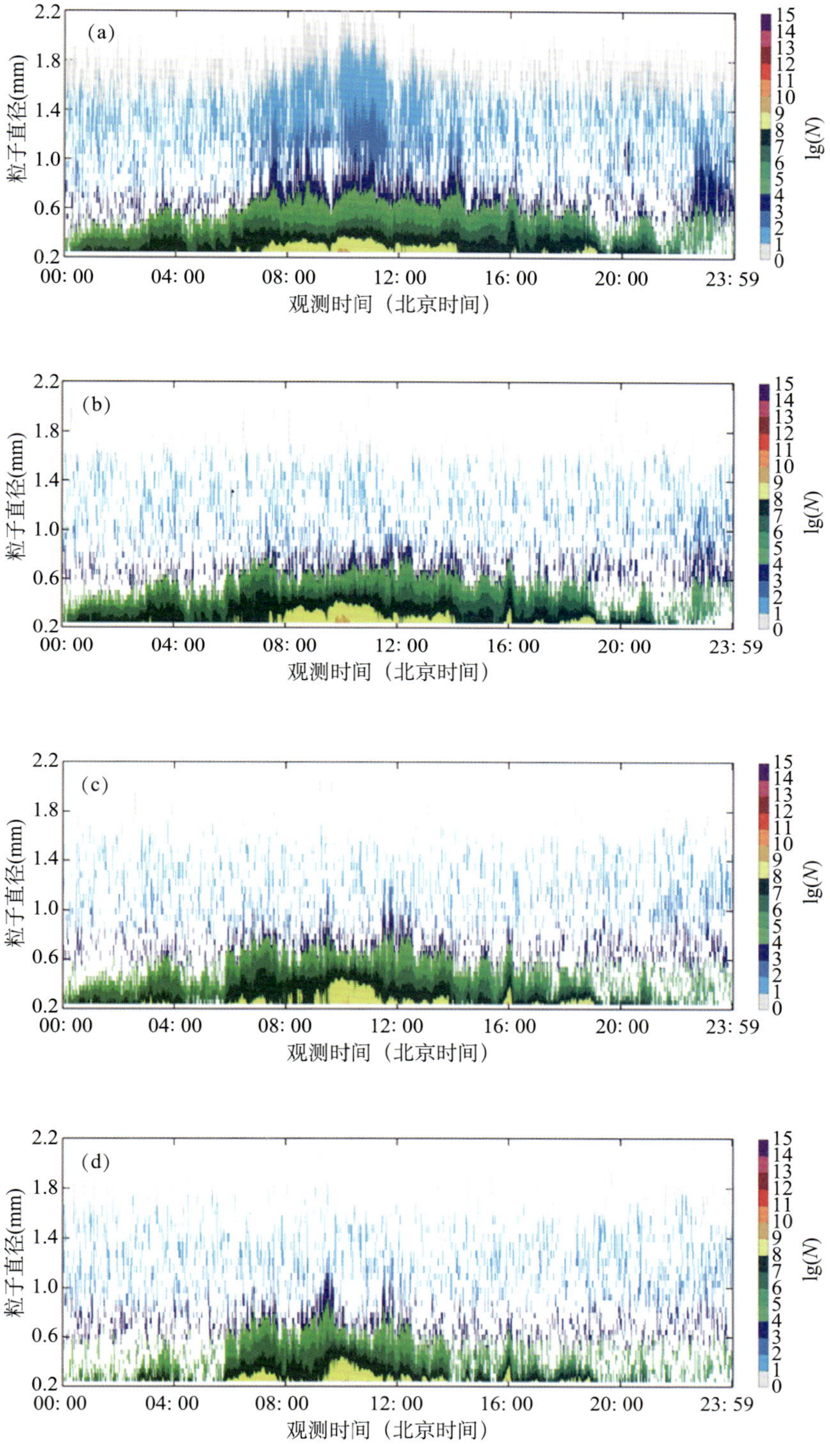

图 3.3.2　2022 年 2 月 1 日降雪过程雷达观测产品——不同高度层粒子谱分布

（a）200 m；（b）400 m；（c）600 m；（d）800 m

3.3.2 天气雷达反演产品

（1）天气雷达反演雨雪分布。基于天气雷达双偏振参量及其纹理特征，结合三维实况温度产品，采用模糊逻辑方法，对冬季降水粒子相态（雨、雨夹雪、雪）进行有效区分，提供其他观测手段无法实现的公里级分辨率雨雪范围、强度和演变过程等精细化监测，弥补现有降雪监测预警体系的不足。产品主要在冬奥赛时降雪过程中得到应用。

（2）天气雷达基本反射率拼图。基于质控后低层仰角数据，选取不受波束遮挡的所有雷达最低仰角数据形成反射率的二维拼图，并针对冬季降雪过程产生的弱回波系统进行完善。该产品能够为气象预报员整合来自多个雷达的数据，10 min、1 km 分辨率的精细数据能够清晰反映降水回波的位置、强度、移向变化，为冬奥会开（闭）幕式等重大活动天气监测保障服务提供支撑。

（3）天气雷达反演三维风场。利用北京、海陀山天气雷达观测体扫径向速度数据，以实况分析场为背景场，基于三维变分方法，反演了北京、海陀山组网的三维风场产品，产品覆盖北京、张家口区域。在冬奥会和冬残奥会开（闭）幕式上，形成会场上空风垂直廓线，为烟花释放提供保障；在冬奥会和冬残奥会比赛日，为赛场天气发展动力分析提供支撑。同时，针对冬残奥会闭幕式可能发生降水的情况，精密监测天气雷达和风廓线雷达反演风场，结合地面气象站、探空、气象卫星等多源观测资料开展短临监测气象预报服务，对上游锋面云系的移动发展以及北京地区的降水条件进行动态分析，实时上报气象条件最新变化趋势和降水可能性分析，为决策服务提供有力保障。

3.3.3 云宏观特征统计产品

为了做好北京赛区和国家体育场开（闭）幕式保障任务，重点通过雷达等观测资料对影响国家体育场降雪过程的宏观特征进行了统计分析。基于雷达对北京地区冬季降水云系宏观特征分析发现：影响北京的降水主要系统来向是西北方向，以层状云降水为主，且多发在后半夜，云高一般低于 6 km，大部分降水云系移动速度小于 35 km/h，降水持续时间较长。

利用北京地区 2016—2020 年 10 月 20 日至翌年 4 月 5 日 SA 波段雷达观测的 44 次降水过程，从回波强度最大值、云顶高度、云体来源和移动方向、移动速度、回波进京时刻、持续时间和云类型方面进行统计分析。统计发现，回波强度最大值主要集中在 40～50 dBZ，共有 6 次降水过程，约占总降水次数的 14%。其次是回波强度最大值在 30～40 dBZ，共有 12 次降水过程，约占总降水次数的 27%（图 3.3.3）。

根据雷达回波主体来向及移动情况统计了 8 个方向的路径。北京受西路与西北路的回波影响居多，接近总数的 71%，这与影响北京的天气系统多为西来系统有关（图 3.3.4）。从系统移动速度分析发现，约 49% 的降水回波移动速度为 26～45 km/h，约 30% 的回波移动速度小于 25 km/h，约 21% 的回波移动速度大于 46 km/h。另外对这些回波来源进行统计发现，约 93% 的回波由北京境外移入，约 7% 的回波为新生回波（新生回波指由动力和热力作用局地新生，而非北京境外移入的回波）（图 3.3.5）。

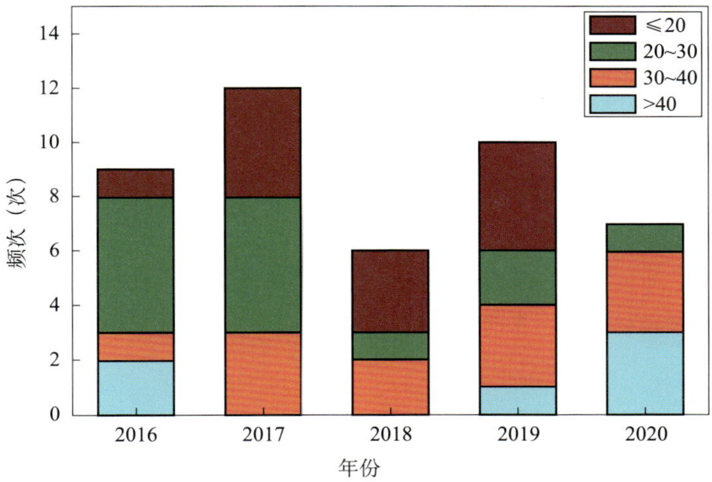

图 3.3.3　2016—2020 年 10 月 20 日至翌年 4 月 5 日 SA 波段雷达观测回波强度最大值出现频次统计

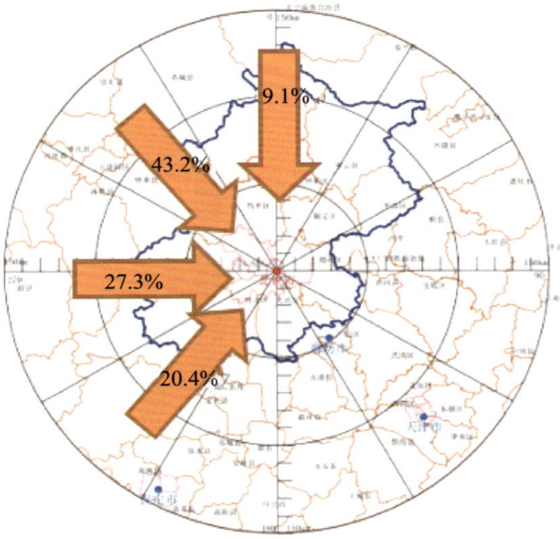

图 3.3.4　回波移动方向特征

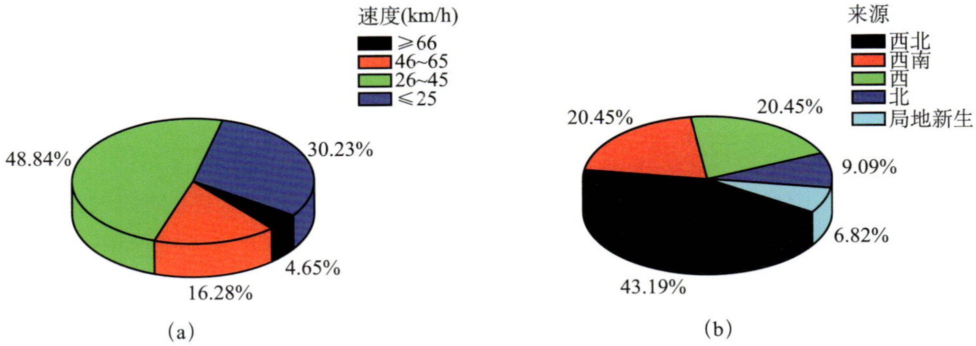

图 3.3.5　云系移动速度（a）和云体来源（b）统计

从回波的进京时刻统计可知，回波进京主要发生在夜间至凌晨和午后，回波在 00—06 时进京次数占总数的 43%，午后占比 25%。从回波持续时间看，大多数降水回波一般持续在 6 h 以上，大约占 89%（图 3.3.6）。

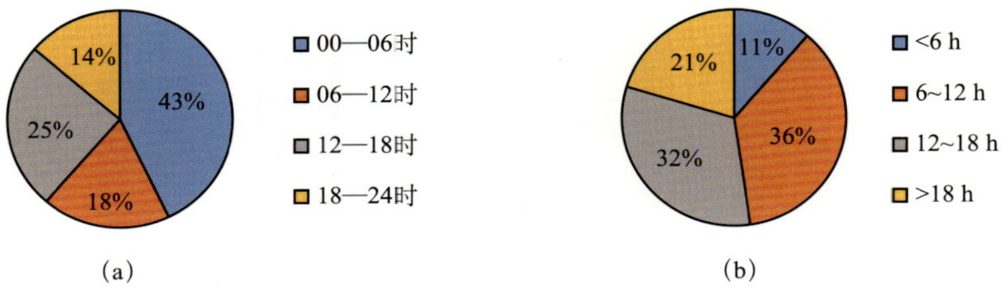

图 3.3.6　回波进京时刻（a）和回波持续时间（b）统计

从云顶高度统计可知（图 3.3.7），高度低于 6 km 的降水次数最大，占总数的 82%。其中，4～6 km 高度的降水回波出现次数约占总数的 43%，回波顶高大于 6 km 的降水次数约占总数的 18%。根据云类型统计得到雷达回波主要为层云和层积云，其中层云出现次数为 37 次，占总数的 84%，层积云出现 7 次，占总数的 16%。

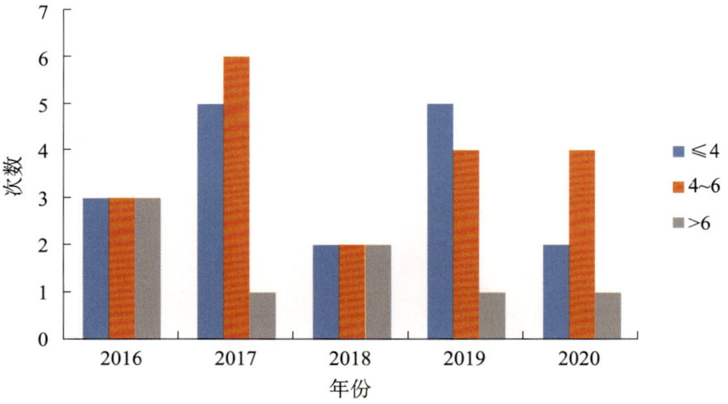

图 3.3.7　云顶高度频次统计

3.4　卫星观测产品

3.4.1　风云卫星定量产品

3.4.1.1　FY-4A 定量云产品

云产品是冬奥气象服务所需的重要卫星遥感产品之一，尤其是具有高时频观测优势的静止气象卫星定量云产品。针对冬奥气象服务需求，重点梳理和分析了 2019 年以来卫星 FY-4A 云检测、云类型和云相态等业务产品，重点解决了 FY-4A 云检测在华北地区判识的云区过多的问题，检验调整了 FY-4A 云相态产品在华北地区冬季的精度，有力支撑了相关卫星产品在冬奥气象服务中的应用（图 3.4.1）。

图 3.4.1　SWAP 冬奥平台集成的 FY-4A 云产品

3.4.1.2　FY-4A 卫星反演人影云条件产品

基于我国风云四号科研试验卫星观测数据，融合实时探空观测资料，研发了云顶高度、云顶温度、过冷层厚度、云光学厚度、云粒子有效半径和液水含量等 6 类人影云宏微观特性参量反演产品，时间分辨率为 5～15 min，空间分辨率为 4 km（图 3.4.2）。

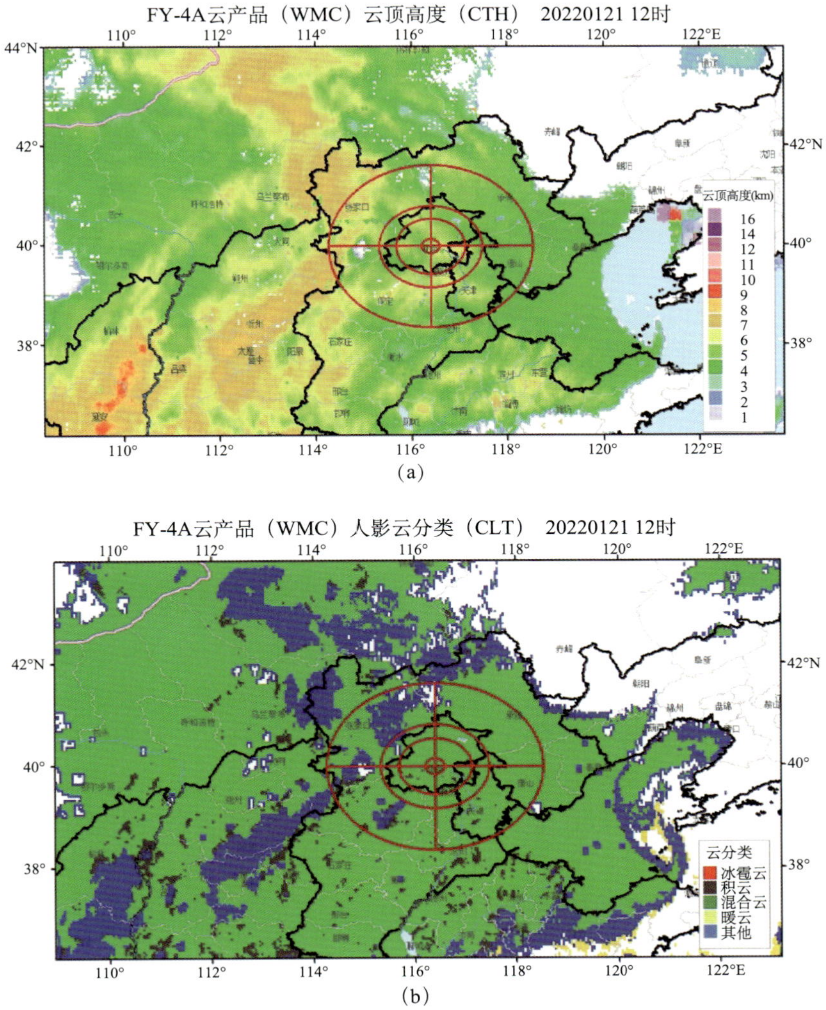

图 3.4.2　2022 年 1 月 21 日冬奥演练 12 时 FY-4A 卫星云顶高度反演产品（a）和人影云分类产品（b）

利用反演的卫星云参量，结合飞机过冷水观测，研究提出了过冷水和人工增雪作业条件的卫星监测识别方法。一方面，通过卫星遥感图像的三通道融合特征和反演的粒子有效半径同云顶温度的增长曲线特征，定性识别可能含有过冷水的云区；另一方面，通过飞机观测过冷水区的云参量统计，提出过冷水潜在区的卫星云参量定量监测识别指标。

3.4.1.3 FY-4A 全天候、全空间温度廓线产品

遥感垂直探测温度是气象预报员关注的重要天气参数之一，可以提供三维的大气温度信息。为满足冬奥气象服务当天及背景温度分析的需求，重点梳理了 2018 年底以来 FY-4A GIIRS 北京、张家口区域的大气温度廓线产品，其冬奥赛场及周围区域的空间分辨率为 25～30 km（星下点 16 km），时间分辨率为 1 h，具有 101 层的探测；针对 FY-4A 温度廓线受云覆盖影响，观测视场不能较好满足冬奥气象保障服务要求的问题发展科研算法，将之前只有 5%～10% 的卫星视场增加了约 30%，为气象预报员和其他产品用户提供了更多时空连续的大气温度廓线产品。2022 年 2 月 4 日冬奥会开幕式前专项天气会商时，国家卫星气象中心提供了冷空气活动温度监测图，通过 FY-4A GIIRS 大气温度廓线产品可以清晰地从空间、时间角度监测冷空气活动轨迹，为气象预报员提供详细、立体的天气信息（图 3.4.3）。

3.4.1.4 FY-4A 沙尘检测产品

为应对冬奥会和冬残奥会期间北京和张家口地区可能的沙尘天气过程，梳理了 2018 年 3 月以来的 FY-4A AGRI 沙尘检测产品，其星下点空间分辨率为 4 km，中国区观测时间分辨率为 5 min，并于 2022 年 12 月对产品完成了优化处理。冬奥会开幕式前的 2022 年 1 月 30 日 14 时，卫星及时监测到内蒙古鄂托克旗出现局地扬沙，并将提供给国家卫星气象中心值班人员制作专题报告，报送北京市气象局和冬奥气象保障组委会（图 3.4.4）。

3.4.1.5 多源遥感积雪定量产品

为满足冬奥气象服务对卫星遥感积雪产品空间分辨率和产品生成时效较高的需求，分别发展了超分算法、多源数据融合算法和快速自动处理算法，生成较高空间分辨率的雪深和高时效的雪盖定量遥感产品（图 3.4.5、图 3.4.6）。

（1）基于超分算法的 FY-3D MWRI 6.25 km 定量雪深产品。为改善风云三号微波成像仪的空间分辨率（25 km），基于微波成像仪扫描重叠的冗余信息，利用散射计图像重建技术（SIR）对微波成像仪 10 个通道的亮温数据进行超分辨率重建，重建后的数据将空间分辨率提高到空间采样频率的 1/4，评估结果显示重建图像合理，分辨率有效提高，且展示了更细节的目标。采用中国区域高时效的观测数据为输入，将重建后的亮温数据应用于 FY-3D MWRI 雪深的反演，并针对算法在中国区域薄雪 / 湿雪的误判率高的问题，进行雪深昼夜反演算法分离，从而得到空间分辨率 6.25 km、反演精度得以提高的 FY-3D MWRI 雪深产品。

（2）基于多源数据融合的 1 km 雪深定量产品。将 FY-3D MWRI 6.25 km 微波反演雪深、多源观测 1 km 融合雪盖和中国气象站雪深自动观测资料作为输入，使用站点观测雪深修正 FY-3D MWRI 6.25 km 微波反演雪深，利用克里金插值将雪深降尺度到 1 km，并昼夜合成，结合多源观测融合 1 km 日雪盖和站点观测雪深，再次做克里金插值和质量控制处理，得到

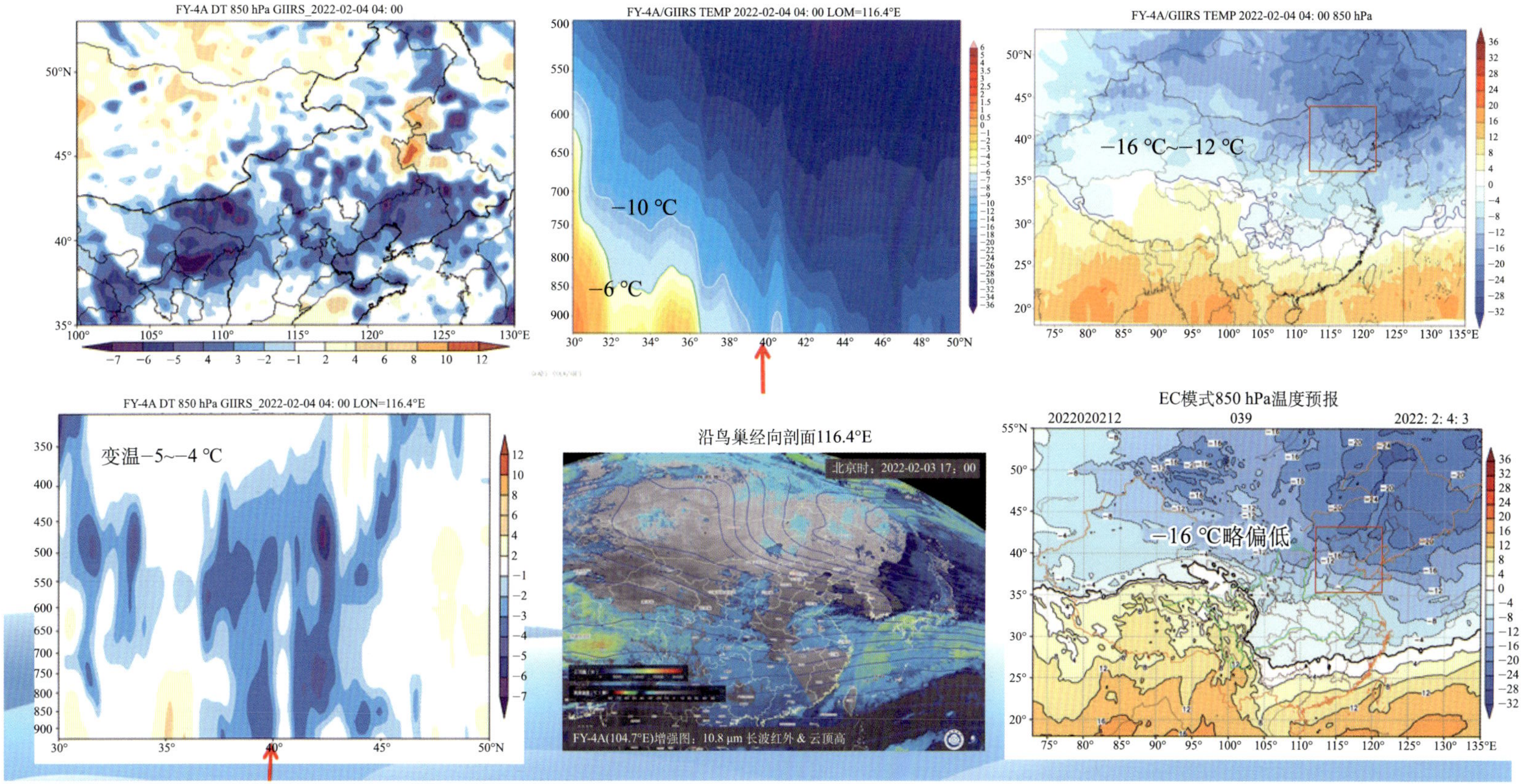

图 3.4.3　2022 年 2 月 4 日 04 时基于 FY-4A 全天候、全空间温度廓线产品的冷空气活动监测（单位：℃）

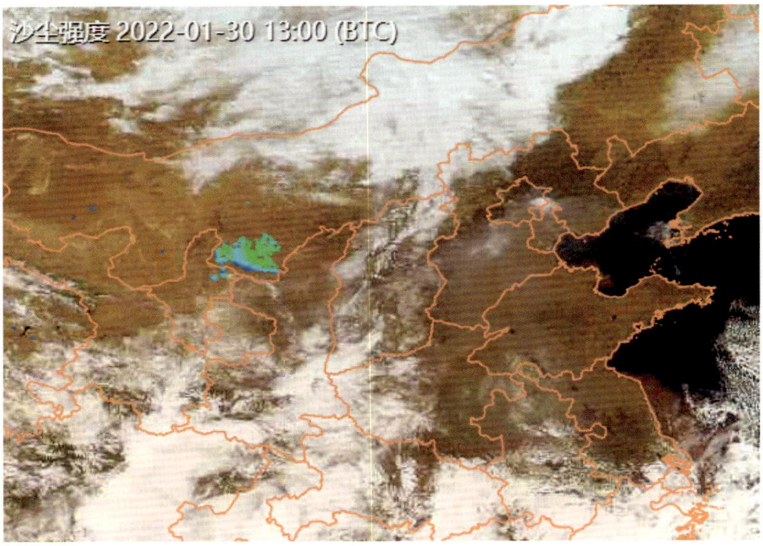

图 3.4.4　冬奥会开幕式前的 2022 年 1 月 30 日内蒙古鄂托克旗沙尘监测

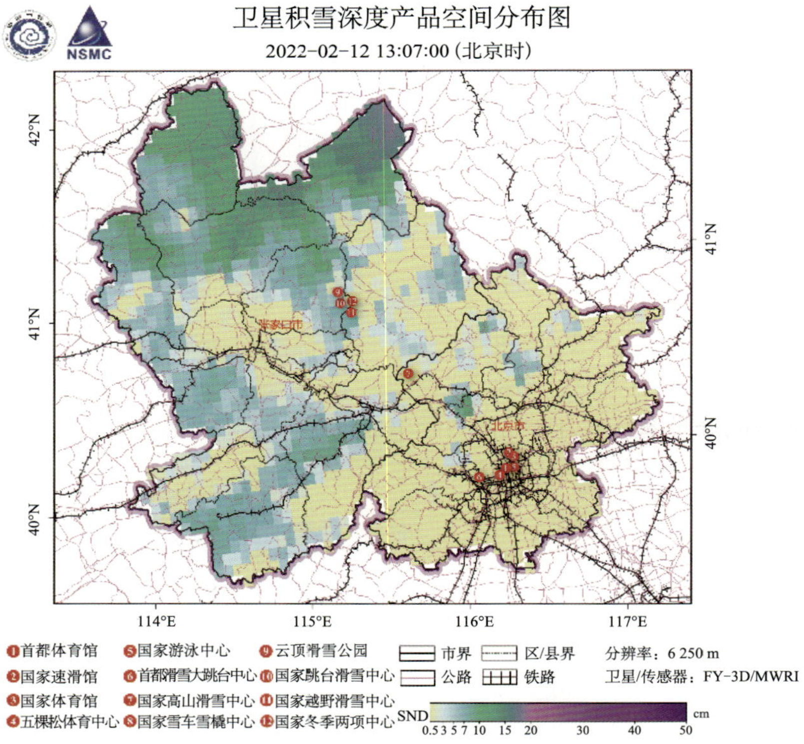

(a)

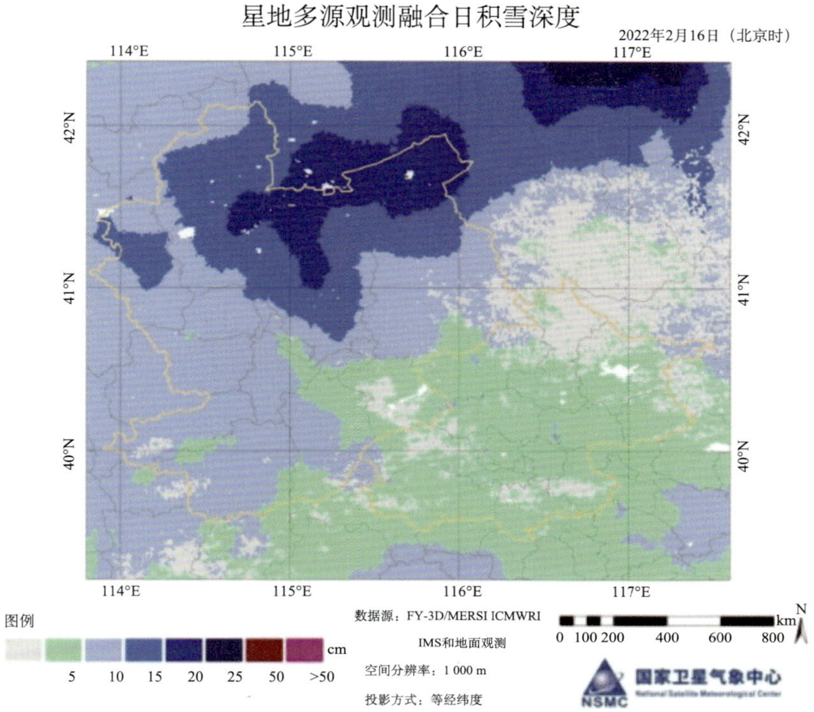

（b）

图 3.4.5　FY-3D MWRI 6.25 km 积雪深度产品空间分布图（a）和星地多源观测融合 1 km 日积雪深图（b）

雪深结果，并将有雪深无雪盖的点更改为无雪，将无雪深有雪盖的点设定为 1 cm 痕量雪深，最终得到星地多源观测融合 1 km 雪深。融合结果与中国气象站雪深观测资料相比，平均绝对误差不到 5 cm。

（3）高时效 FY-3D MERSI 250 m 空间分辨率日积雪覆盖产品。由于 FY-3D MERSI 250 m 空间分辨率积雪覆盖产品只是轨道产品，未经过投影转换、自动拼接等处理，不能满足冬奥气象服务对雪盖产品的时效需求，为此，以中国区高时效轨道产品为输入，开展了 MERSI 250 m 空间分辨率日雪盖产品的自动生成处理，提高产品服务的时效。

6.25 km 雪深定量产品和高时效 FY-3D MERSI 250 m 空间分辨率日积雪覆盖产品均在 SWAP 冬奥平台上得以实时展示；冬奥会和冬残奥会期间，6.25 km 雪深定量产品纳入冬奥气象服务专报 1 次，纳入中国区暴雪监测服务报告 2 次；1 km 雪深融合产品图像 / 动画分 2 次纳入冬奥会开（闭）幕式的国家卫星气象中心冬奥会商 PPT，2 月 16 日产品图像纳入当日的冬奥气象服务专报 1 次，为气象预报员与决策服务人员提供参考。

3.4.1.6　多源遥感雪表 / 陆表温度定量产品

雪表 / 陆表温度是支撑冬奥气象服务的关键下垫面参数之一，针对目前极轨和静止风云气象卫星陆表温度产品均没有雪表温度反演结果的问题，开展了基于极轨卫星的 250 m 空间分辨率雪表 / 陆表温度定量产品反演、基于静止卫星的高时频雪表温度定量产品反演以及静

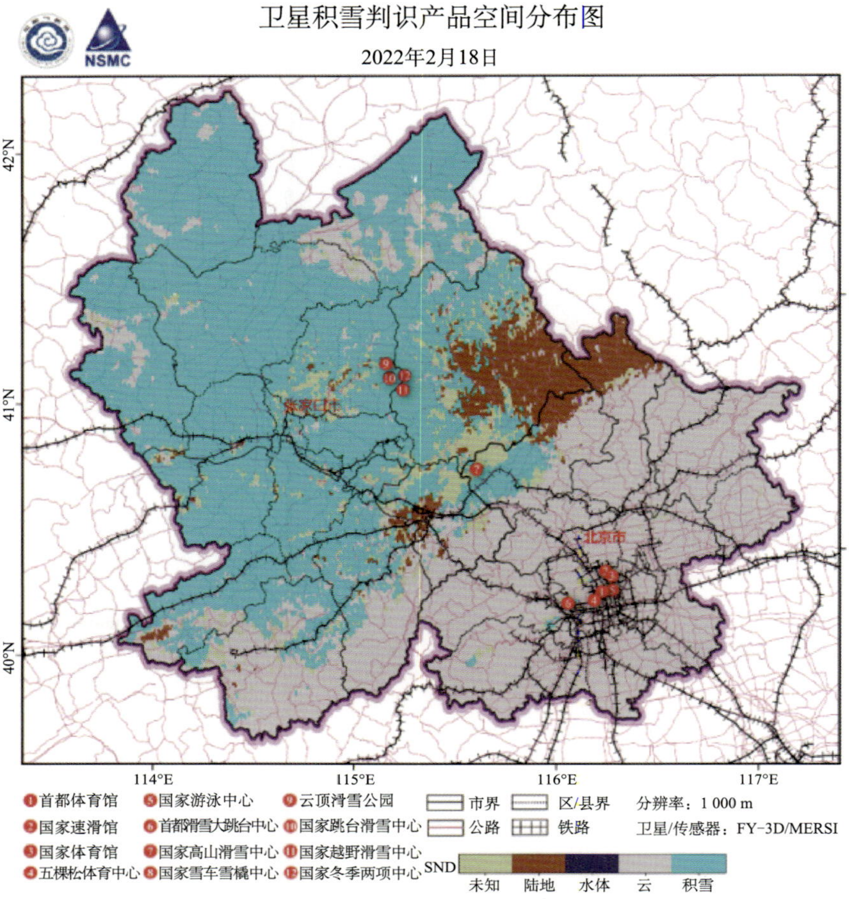

图 3.4.6　SWAP 在线服务的 FY-3D MERSI 积雪判识产品空间分布图

止卫星雪表 / 陆表温度空间降尺度定量产品生成等，在冬奥雪表 / 陆表温度监测服务中发挥了较好的作用（图 3.4.7～图 3.4.11）。

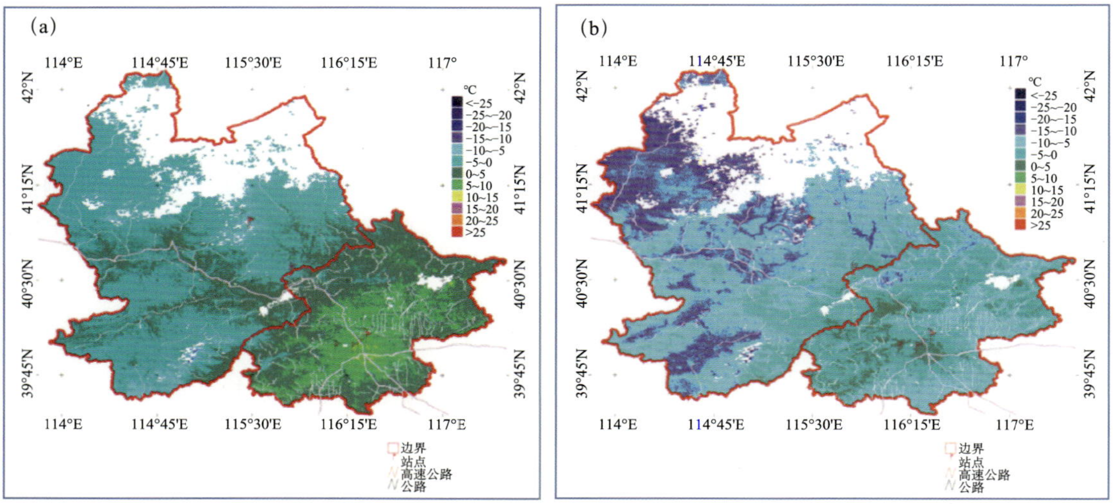

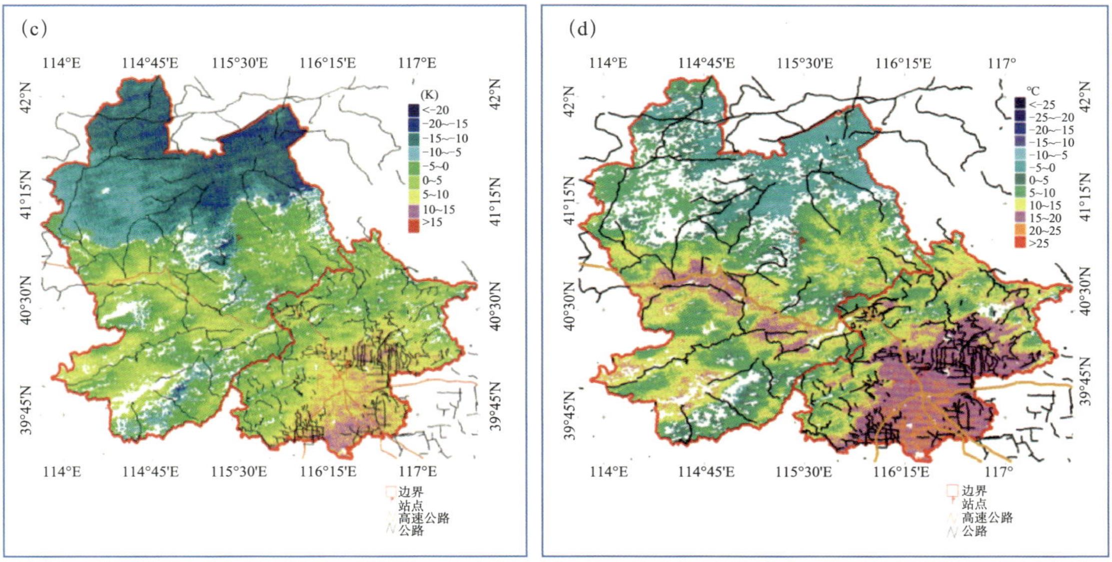

图 3.4.7　“晨、中、昏”多时次持续精细化监测冬奥赛区雪表 / 陆表温度

（a）FY-3E 06:10；（b）FY-3E 17:50；（c）、（d）：FY-3D 2 月、3 月初的 13:00

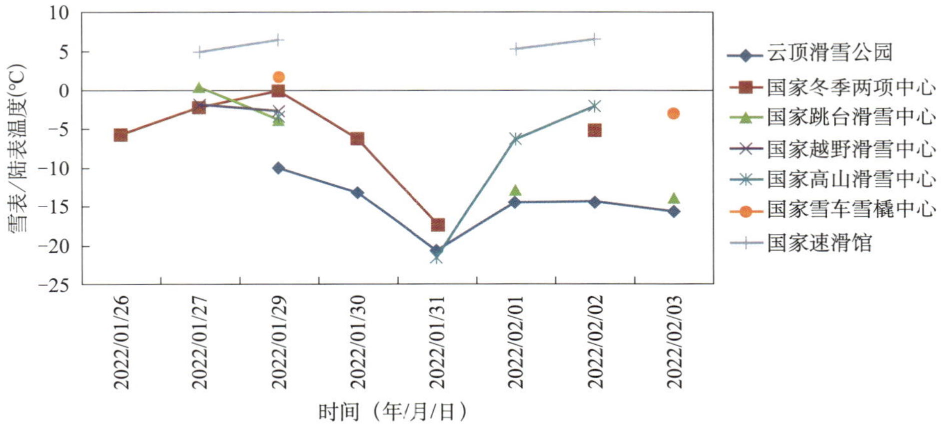

图 3.4.8　冬奥会开幕式前户外赛场 FY-3D 雪表 / 陆表红外温度变化

（1）基于不同轨道极轨气象卫星的 250 m 空间分辨率雪表 / 陆表温度定量产品。雪表温度对室外滑雪运动有很大影响。雪表温度过高，雪容易融化，温度过低，雪面容易硬化，一般雪面温度低于 −18 ℃将不利于滑雪运动。最适温度为 −12～2 ℃。分别基于下午和晨昏轨道风云三号极轨气象卫星遥感数据，研发热红外辐射传输算法，反演得到冬奥赛场及周围地区一天不同时刻的雪表 / 陆表温度定量产品，发挥极轨卫星不同轨道的联合观测优势，得到“晨、中、昏”不同时刻、250 m 空间分辨率的雪表 / 陆表温度产品，精度达 1.5 K。

（2）基于静止气象卫星的高时频雪表温度定量产品。冬奥赛事过程中，赛场及其周围雪表温度的高时频观测对于赛事的顺利和安全举行非常重要，而目前的风云静止气象卫星业务陆表温度产品不包含雪表温度，因此，发展针对静止气象卫星 FY-4A AGRI 的高时频雪表温度反演算法，得到北京、张家口地区每天 40 时次、4 km 分辨率的雪表温度定量产品。

（3）静止气象卫星高时频雪表 / 陆表温度空间降尺度产品。将定量反演所得的 FY-4A AGRI 雪表温度与业务陆表温度产品相结合，并发展基于时空三维信息的雪表 / 陆表温度空间降尺度算法，得到每天 40 时次、2 km 空间分辨率的雪表 / 陆表温度产品。

基于不同轨道极轨气象卫星的 250 m 空间分辨率雪表 / 陆表温度定量产品，持续监测了 2022 年 1—2 月的冬奥场地及周边地区 250 m 雪表 / 陆表温度，从时间变化上雪表 / 陆表温度 1 月逐渐降低，特别是 1 月 31 日受寒潮天气影响达到最低 −15 ℃，造成雪面硬化，对室外滑雪运动有很大影响。同时，低温造成山区道路容易结冰，对转场造成影响，须注意防范。静止气象卫星高时频雪表温度定量产品分别被中国气象局遥感应用服务中心 2 月 15 日和 2 月 16 日签发的《气象卫星雪情监测报告》之“北京及张家口区域积雪监测”及“北京及张家口地区积雪深度及雪表温度监测”采用。静止气象卫星高时频雪表 / 陆表温度空间降尺度产品被中国气象局遥感应用服务中心 2 月 12 日签发的《气象卫星专题气象服务报告》之“北京及周边降雪云系分析”采用。所有这些均有效支撑了冬奥会期间雪表 / 陆表温度的监测和分析。

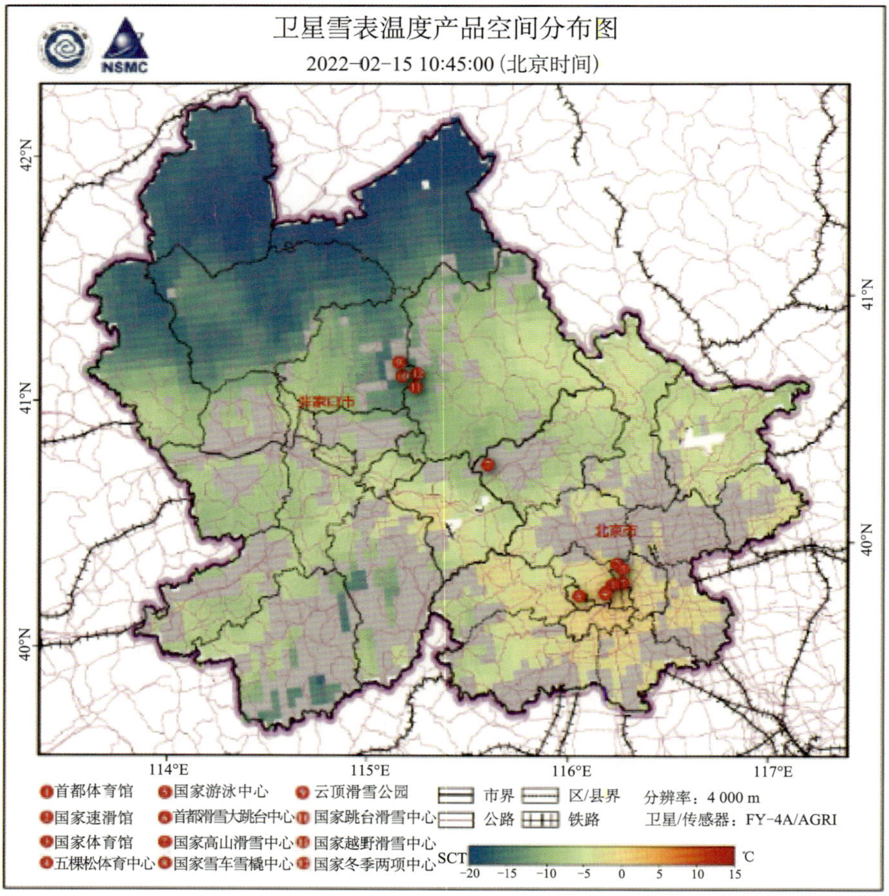

(a)

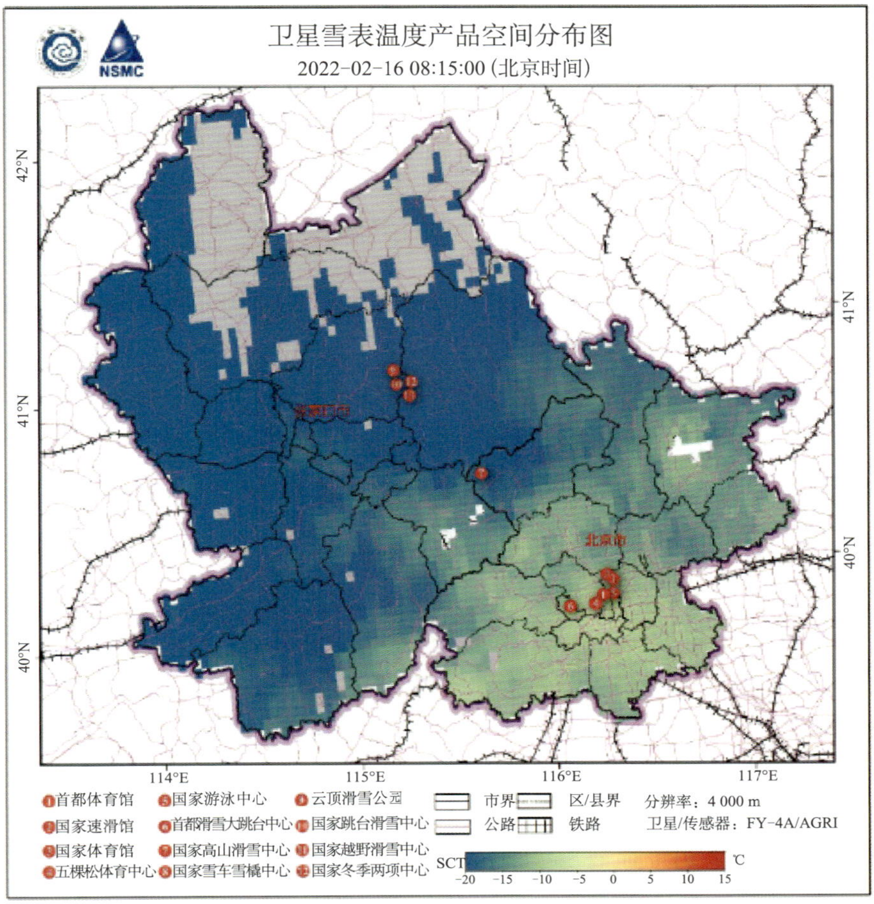

(b)

图 3.4.9　卫星雪表温度产品空间分布图

(a) 2022 年 2 月 15 日 10:45（北京时间）；(b) 2022 年 2 月 16 日 08:15（北京时间）

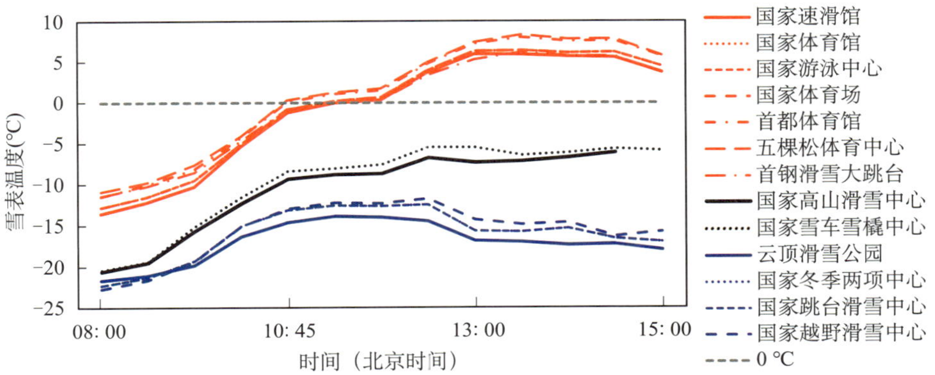

图 3.4.10　2022 年 2 月 15 日冬奥场馆区及周围雪表温度逐小时变化图

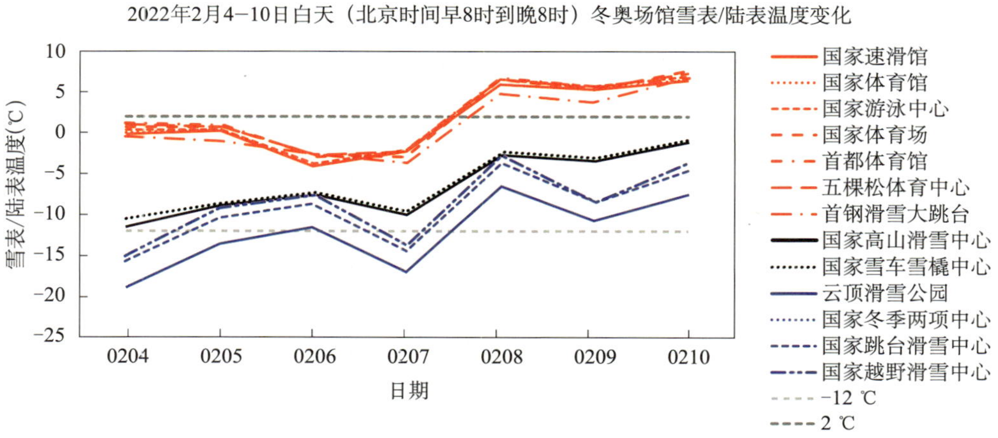

图 3.4.11　FY-4A 气象卫星冬奥场馆白天雪表 / 陆表温度变化图

3.4.1.7　高空间分辨率哨兵卫星冬奥赛区 3D 动图产品

对于大尺度区域，影响区域太阳辐射的因素主要有天文地理因子和大气状况等，而研究局部区域的太阳辐射，还要考虑海拔、坡向、坡度以及地形相互遮蔽的影响。为解决高分辨率卫星遥感观测受地形影响明显，在山区阴坡影像偏暗，不利于进行积雪监测和分析的问题，基于数字高程模型（DEM）对高分辨率卫星遥感影像哨兵卫星 L2A 进行地形辐射订正，并将 3D 渲染和飞行技术相结合，实现冬奥会赛场张家口赛区（崇礼）和延庆山区积雪场景的 3D 动画显示（图 3.4.12），为赛事期间雨雪天气过程中赛场及周围交通路线的积雪监测和分析提供高分辨率的直观信息。

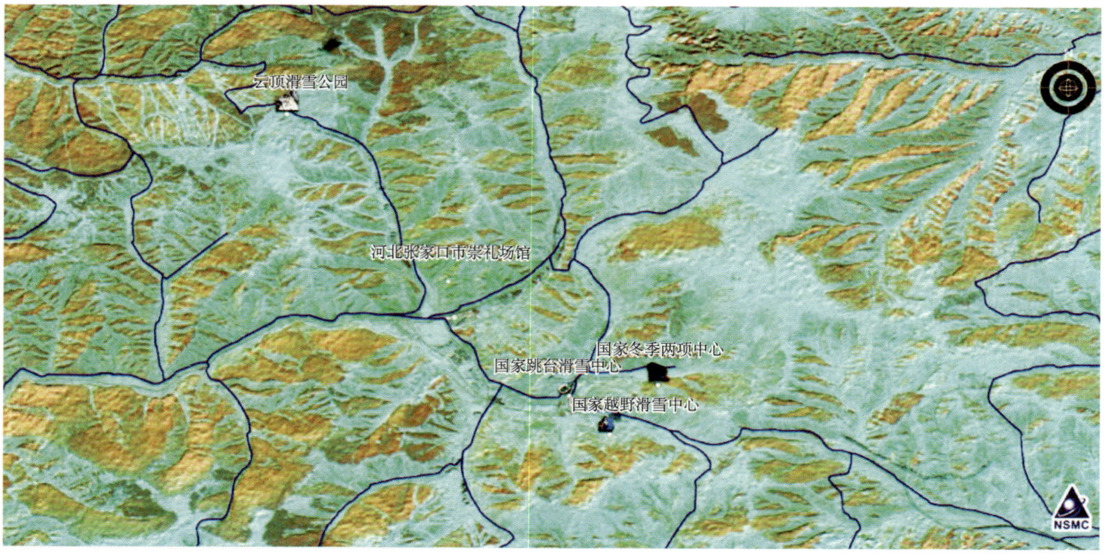

图 3.4.12　2022 年 2 月 16 日哨兵卫星 L2A 20 m 分辨率张家口赛区（崇礼）3D 监测图

3.4.1.8 FY-4B 真彩图融合及快扫云图动画产品

针对冬奥气象服务需求，对正在在轨测试阶段的 FY-4B 卫星边测试边应用，充分发挥其较高空间分辨率（区域观测最高 250 m）和高时频观测（区域观测最高 1 min）的优势，不断优化 FY-4B 真彩图融合方案，研发专题科技产品，如多通道融合夜间雾监测和可见—红外融合对流监测图像产品等。研发 FY-4B 快扫云图动画显示平台，优化产品展示平台的显示时效、流程等。充分发挥新卫星、新产品在冬奥气象服务中的支撑作用。

3.4.2 风云卫星监测产品

3.4.2.1 风云气象卫星极涡冷空气活动监测产品

针对北京冬奥会气象保障服务关于中长期天气预报对冷空气活动的监测需求，关注极涡活动及其演变特征，基于风云极轨气象卫星在极区的观测优势，利用 FY-3C 和 FY-3D 卫星反演的温度产品，开发了极涡和冷空气活动相关监测产品。首先，通过数据处理将卫星反演的温度轨道数据处理成均一化的等经纬度格点数据；对数据质量进行控制，生成精度较高、分布均一的日平均数据；对 FY-3C 和 FY-3D 卫星反演温度进行双星数据一致化校正，取得近 4 年冬季旬平均极区温度分布，为分析温度距平提供基础数据。基于上述基础数据，生成极区 850 hPa 日平均温度、日平均温度距平、24 h 变温、欧亚大陆极区冷空气关键区温度时间演变和温度距平演变、旬温度极大值、旬温度极小值等应用产品（图 3.4.13、图 3.4.14）。

极涡监测产品发挥了风云三号卫星极区的观测优势，拓展了风云卫星的应用领域，为气象保障人员实时提供极涡活动特征和冷空气活动观测实况信息。该产品成功应用于冬奥会开幕式演练和开幕式天气会商及日常服务。在冬奥会和冬残奥会气象保障时段内，2022 年 1 月下旬和 2 月上旬欧亚大陆关键区持续偏暖，2 月中旬开始趋于平均状态，利用极涡监测产品，在中期预报时效内，实时追踪每一次极区冷空气南下可能对我国造成的影响，利用正交分解

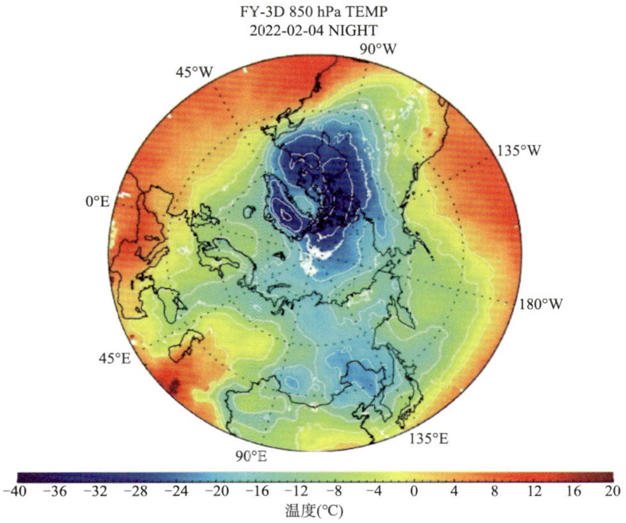

图 3.4.13 FY-3D/VASS 极区 850 hPa 温度（2022 年 2 月 4 日）

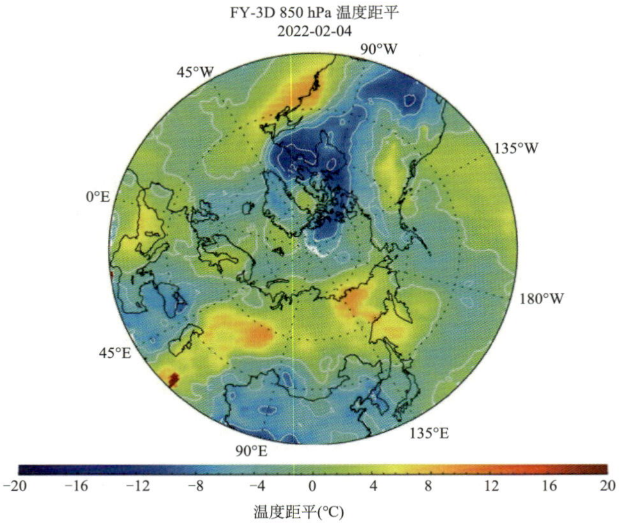

图 3.4.14 FY-3D/VASS 极区 850 hPa 温度距平（2022 年 2 月 4 日）

方法提取异常特征信号，实时监测极涡异常活动可能造成的极端冷暖事件，为冬奥会气象保障服务提供了有力的支撑。

3.4.2.2 风云气象卫星寒潮冷空气推进及雨雪相态监测产品

针对北京冬奥会气象保障服务中短时临近天气预报对冷空气活动及其造成的雨雪天气的高频次实时监测需求，基于高时间分辨率的 FY-4A 红外高光谱（GIIRS）反演温度数据，开发了冷空气推进及雨雪相态监测等相关产品。由于 FY-4A/GIIRS 温度产品受云影响显著，为了获得更科学的监测产品，首先对温度数据进行冬季中高纬度地区精度检验，选取产品覆盖的中高纬度地区共计 72 个气象高空观测站温度数据作为精度检验真值（包括多个境外探空站），检验 2020—2021 年冬半年 FY-4A/GIIRS 温度的精度。通过时空匹配，共获取约 23 万个检验样本。FY-4A/GIIRS 温度平均偏差为 0.14 ℃，平均绝对误差为 1.79 ℃。针对冬奥会重大活动气象保障服务关键区域，检验了北京（站号：54511）和张家口（站号：54401）高空气象观测站位置 FY-4A/GIIRS 850 hPa 的温度精度。北京温度的平均偏差为 −0.43 ℃，平均绝对误差为 1.56 ℃；河北张家口平均偏差为 0.01 ℃，平均绝对误差为 1.77 ℃。检验显示，质量标识为优的温度数据可满足冬奥会气象服务需求。另外，对缺测数据进行了重构处理，重构后的温度和再分析数据基本一致。FY-4A 温度重构完整保留了高精度有效探测区域的低温中心，低温中心的强度和位置均比 ERA5 再分析数据有更多精细特征。以检验为基础，形成 850 hPa 温度、温度垂直分布、850 hPa 24 h 变温、24 h 变温垂直分布、FY-4A/GIIRS 温度对数值预报模式的检验产品、850 hPa 的 0 ℃和 −4 ℃线分布等。

在冬奥会气象保障服务期间，冷空气过程检验结果均提供给保障服务专家团队。2022 年 2 月 4 日，冬奥会开幕式当天，受冷空气影响，北京出现明显的大风和降温天气，FY-4A/GIIRS 温度产品详细监测了冷空气推进的进程、降温幅度等，2 h/ 次的温度三维探测为冬奥会气象保障提供了有力支撑（图 3.4.15 ～图 3.4.17）。

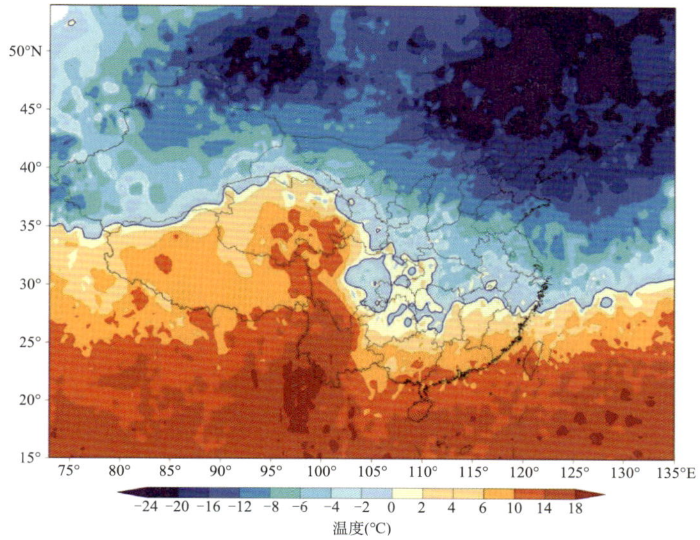

图 3.4.15　FY-4A/GIIRS 850 hPa 温度（2022 年 2 月 4 日 12 时）

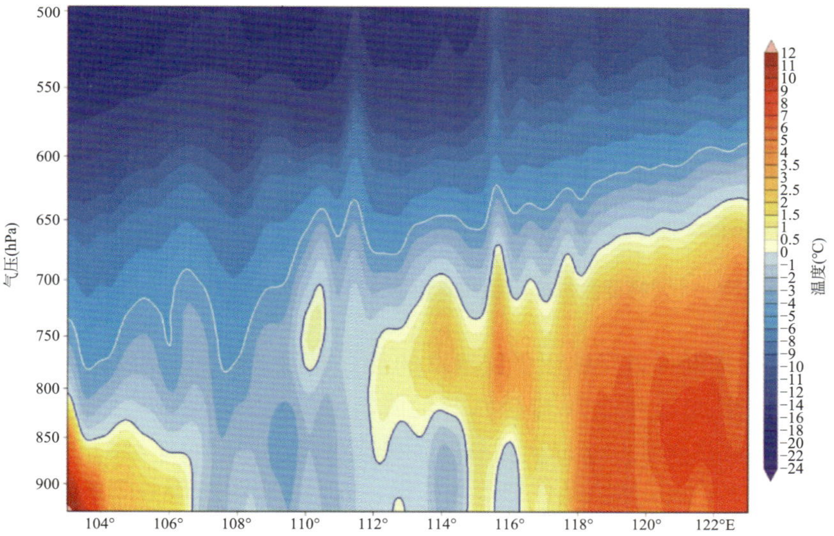

图 3.4.16　FY-4A/GIIRS 温度垂直剖面（北纬 27°，2022 年 1 月 29 日 18 时）

3.4.2.3　风云气象卫星湿度产品

风云气象卫星湿度产品是基于 FY-3D 卫星 VASS 大气温湿度廓线产品开发的，实现了中国及周边区域（10°～55°N，72°～138°E）850 hPa 比湿的可视化显示，可以监测每日白天、夜间以及全天时段比湿的分布情况。在以往的遥感监测服务中，对水汽的监测往往基于水汽通道图像。而水汽图像反映的是大气中水汽发射的辐射，主要监测整层大气中水汽的分布和干湿区的变化，用于分析天气系统的发展演变并不能反映低层的水汽输送情况。在冬奥气象服务中，监测寒潮带来的降雪是服务的重点和难点，降雪的发生需要有利的动力、能量以及

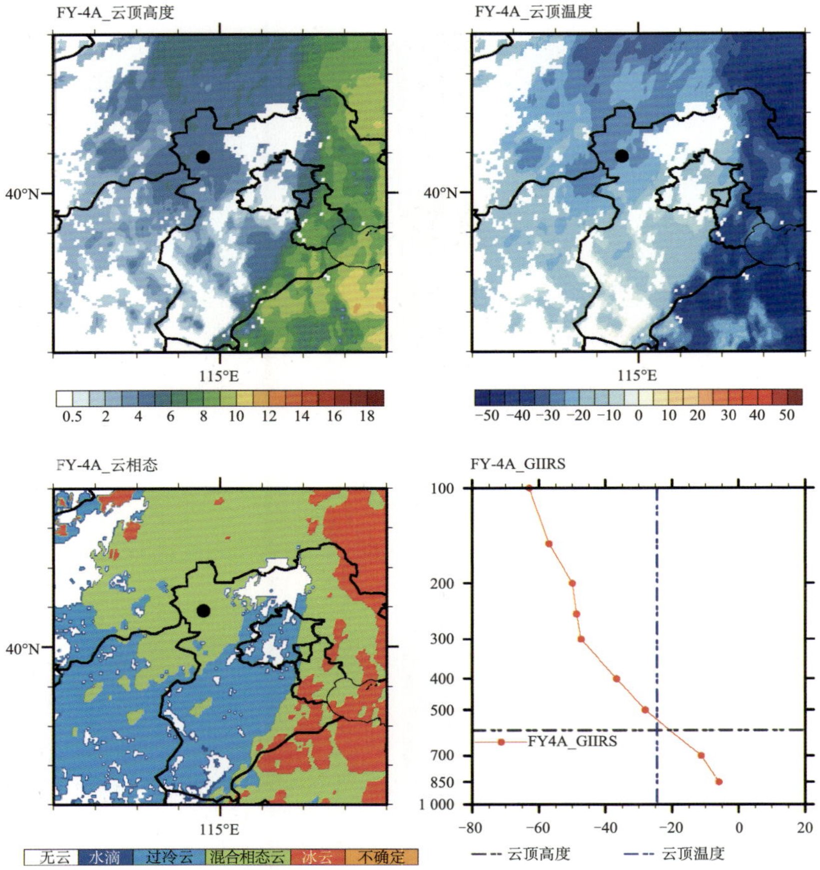

图 3.4.17　FY-4A 云特征参数与温度垂直剖面（张家口 2021 年 11 月 7 日 7 时 16 分）

水汽条件，850 hPa 比湿可以反映出低层水汽的含量和输送情况，对降雪的发生以及强度预报具有指示意义。在 2022 年 2 月 12—13 日的降雪发生前，FY-3D 850 hPa 比湿值出现明显增加，冬奥赛区附近达到 2 g/kg 以上，有利于降雪的发生。FY-3D 850 hPa 比湿产品为冬奥赛区的降雪预报提供了低层水汽条件的参考依据，取得了良好的服务效果。

3.5　冬奥气象实况融合分析产品

3.5.1　睿思实况融合分析产品

为了满足北京 2022 年冬奥会气象保障服务对“百米级分辨率、分钟级更新”短时临近天气预报的刚性需求，需要提供更高时空分辨率的快速更新短时临近分析产品。2017 年 4 月，中国气象局北京城市气象研究所实现了北京地区睿图—集成子系统（RMAPS-IN，1 km 分辨率）在中国气象局的业务准入，主要覆盖京津冀区域 500 m 网格（水平分辨率为 500 m）及冬奥山地赛场（含延庆赛区和张家口赛区）100 m 网格范围（冬奥会重点区域水平网格分辨率为 100 m)，区域范围如图 3.5.1 所示。系统融合了地面自动气象站观测数据（即京津冀区域约 4 000 个逐 5 min 自动气象站）和雷达立体扫描观测数据（即京津冀区域北京、天津、承德、张北、秦皇岛、石家庄、沧州、邯郸 8 部雷达的逐 6 min 数据)，提供冬奥会海陀山地区小范围精细化实况融合分析场产品。

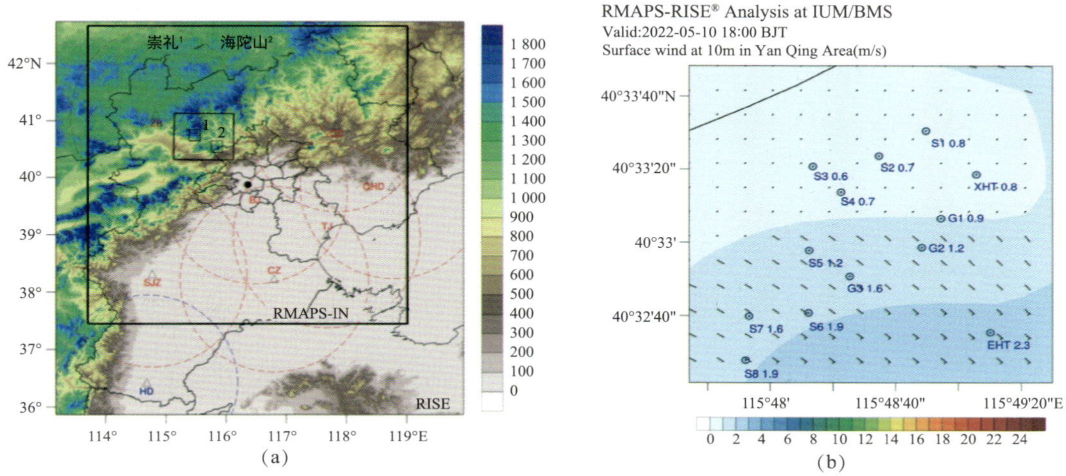

图 3.5.1　睿思系统的区域范围分布（a）、100 m 阵风分析场产品图（b）

睿思系统主要包含温湿风、阵风、降水及降水相态等产品。睿思系统的冬奥会应用产品包括两类：第一类是数据产品的应用，包括睿思京津冀全域 500 m 分辨率与冬奥会山地赛区 100 m 分辨率的逐 10 min 更新的实况分析数据产品；第二类是图片产品的应用，主要是基于数据开发的温湿风、阵风、降水及降水相态等图片。产品的可视化方式根据气象预报员的使用习惯设计，有平面图、剖面图、站点图、时序图等多种形式。这些数据和图片产品都上传到北京市气象信息中心，并在智慧冬奥 2022 天气预报示范计划平台、冬奥气象综合可视化平台等实时显示。

3.5.2　ART-OWG 冬奥气象实况分析产品

国家气象信息中心作为“智慧冬奥 2022 天气预报示范计划（SMART 2022-FDP）”的参与单位，负责提供京津冀地区 1 km/1 h、冬奥会山地赛区 100 m/10 min 分辨率冬奥气象实况分析产品（ART-OWG)，主要包括 2 m 气温、2 m 相对湿度、10 m UV 风速、降水、总云量等要素。ART-OWG 冬奥气象实况分析产品被指定作为冬奥会数值预报与网格客观预报结果的检验数据（图 3.5.2～图 3.5.3)。

在气温、风场实况产品研制过程中，国家气象信息中心冬奥气象实况产品研制团队充分应用北京、延庆和张家口及周边建设的冬奥会加密气象综合监测数据，主要采用多重网格变分分析方法，结合地形订正、观测数据偏差订正等，实现了复杂地形下 100 m 分辨率、逐 10 min 快速更新的关键气象要素实况产品实时制作，为提升复杂地形和下垫面条件下温度、风场等要素预报准确率和精细化赛事气象决策能力提供有力数据支持（图 3.5.4)。

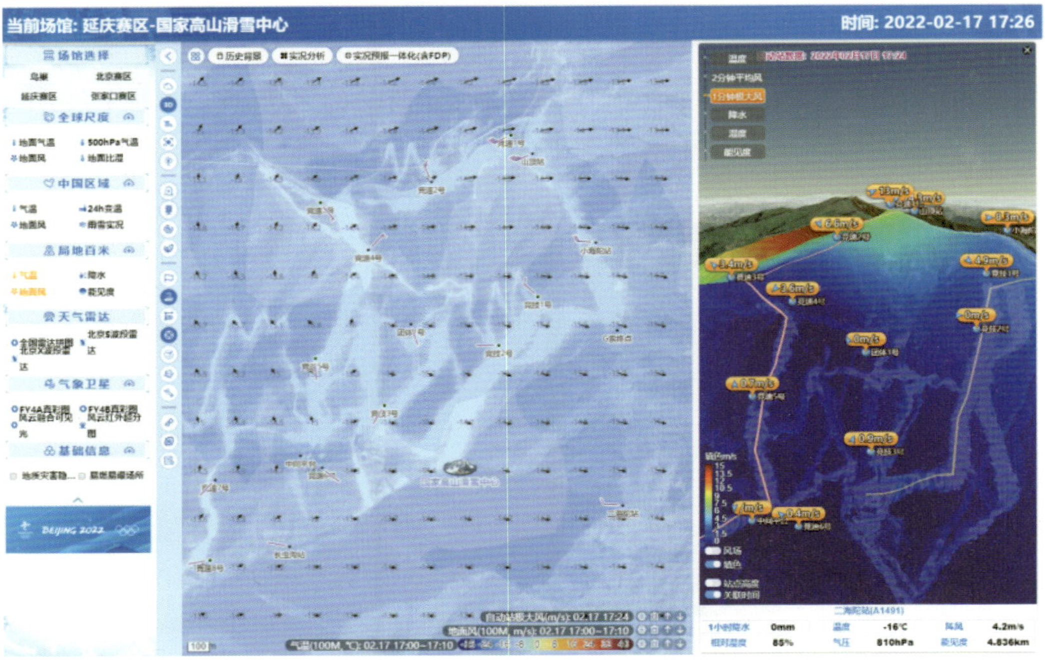

图 3.5.2　北京 2022 年冬奥会和冬残奥会－气象综合指挥平台的 100 m/10 min 分辨率 ART-OWG

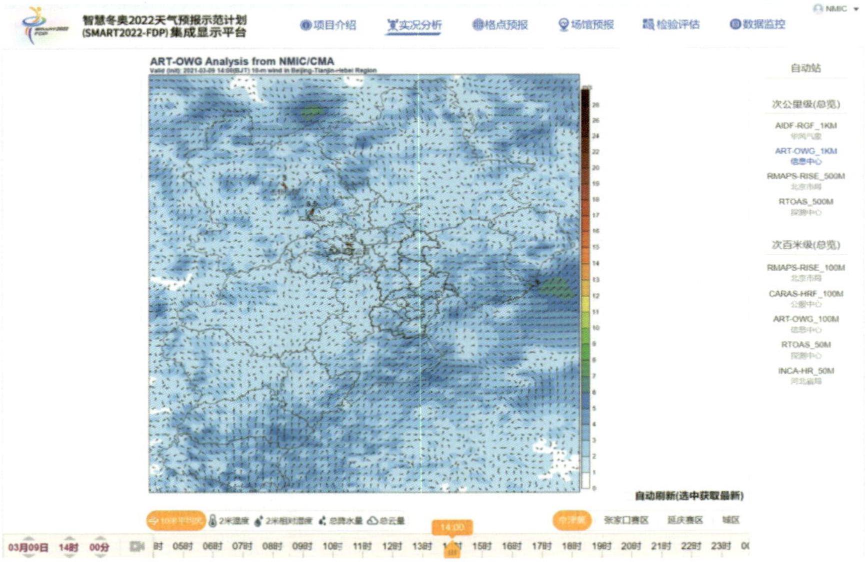

图 3.5.3　智慧冬奥 2022 天气预报示范计划（SMART2022-FDP 集成显示平台）的 100 m/10 min 分辨率 ART-OWG 冬奥气象实况分析产品展示页面

针对冬奥会山地赛区百米级、分钟级降水实况产品服务需求，充分利用冬奥会加密气象观测资料、X 波段雷达降水等资料，研制了局地偏差订正、最优插值（OI）融合和降尺度分析技术，应用于冬奥气象实况分析系统，实时生成 10 min、100 m 降水融合实况产品以提供服务（图 3.5.5）。

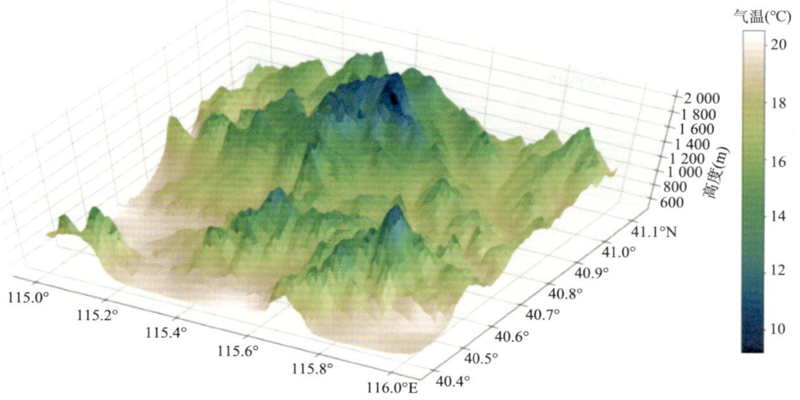

图 3.5.4　ART-OWG 百米级 2 m 气温实况分析产品图

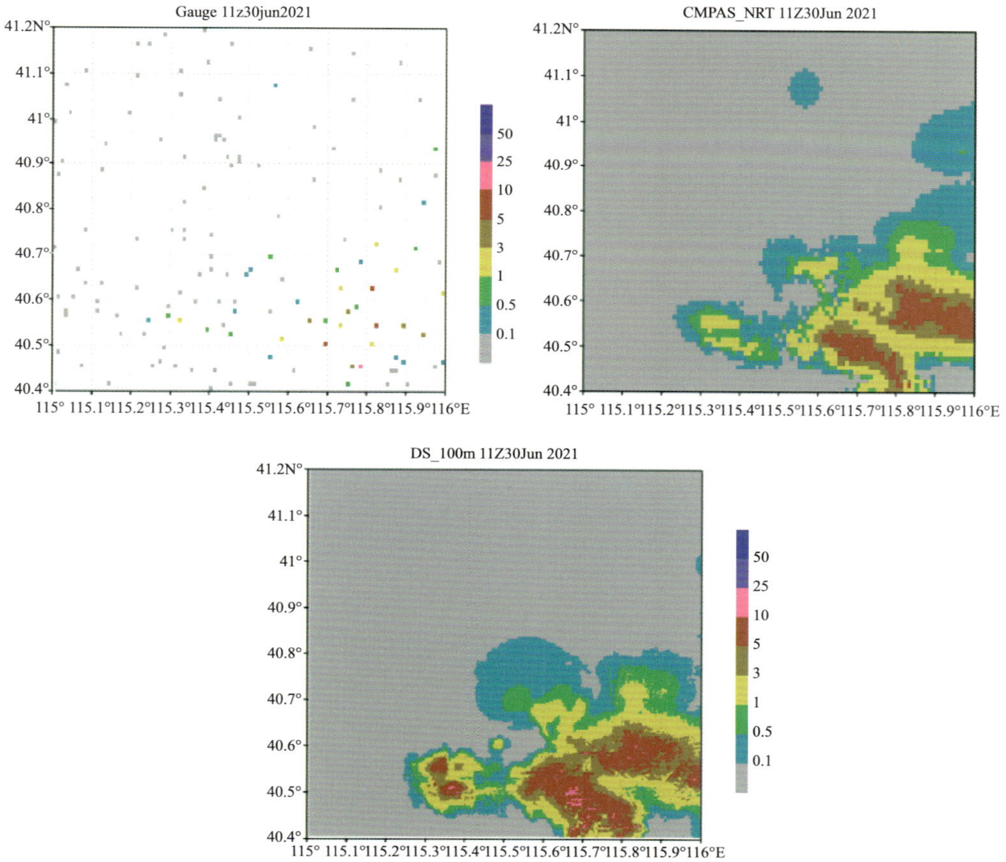

图 3.5.5　冬奥赛区 2021 年 6 月 30 日 11:00 UTC 的 1 h 降水量分布（单位：mm）

（Gauge，地面观测；CMPAS_NRT，国家气象信息中心 ART_1 km 近实时降水产品；DS_100 m，国家气象信息中心 ART_WOG 100 m 降水分析产品）

在冬奥会云量实况分析产品的研制中，将 CMA-MESO 区域数值预报产品、FY-4A/Himawari-8 静止气象卫星观测数据、雷达观测数据等多源观测数据作为输入数据，基于逐步订正的融合分析方法，得到冬奥会云量实况分析产品。

3.5.3 RTOAS 融合格点产品

3.5.3.1 智慧冬奥 2022 天气预报示范计划（FDP）实况分析场

根据中国气象局智慧冬奥 2022 天气预报示范计划（FDP）工作要求，依托中国气象局气象探测中心实时观测分析系统（RTOAS），针对保障区域及周边开展了次公里级（500 m）和次百米级（50 m）精细化气象实况分析数据服务，实时生成三维实况分析场，垂直方向一共 23 层。系统生成产品要素 29 种，FDP 计划数据推送 9 种，地面分析时间频次为 15 min，三维分析为 1 h。每日稳定推送数据 1 512 个，数据量为 14 G。系统所应用的变分极小化加多重网格技术的数据融合方法可以最大程度地使分析结果逼近观测数据，提高融合格点场的真实性。此外，技术系统采用主流任务调度器进行任务工作流的调度监控和补算，并设计了针对赛事的异常情况处理策略和应急办法。

该技术系统实现了两点突破。首先，由于目标区域与大尺度模式背景场存在较大的尺度差异，简单的插值很难增加目标区域精细结构的信息，需要通过中尺度模式结果进行动力降尺度，获取高精度背景场。其次，针对目标区域多山地的地形特点，将动力降尺度得到的背景场与 90 m 分辨率的地形数据适配，采用精细化地形高度与压高、露点温度、虚温等要素的地形订正迭代方法，调整地面分析背景场，加大地面融合分析中的地形约束与物理约束。

3.5.3.2 冬奥会三维实况天气沙盘

冬奥会三维实况天气沙盘构建了冬奥会相关城市、赛区、赛场赛道的实景，19 个场馆、50 多个站点的三维场景，并将三维实况分析场进行渲染，形成仿真的云、雨、风等气象实况环境，具有较为真实的视觉效果（图 3.5.6）。沙盘实时更新冬奥会自动气象站观测数据，更

图 3.5.6 冬奥会三维实况天气沙盘产品示意图

新频次为 10 min。展示的观测要素包括温度、湿度、风速、风向及能见度。当温度或风速超过影响比赛的警戒值时，对应站牌数据变换为警戒颜色。沙盘基于中国气象局气象探测中心三维实况东部 1 km 数据，实时仿真渲染地面风场、三维云以及雨雪天气现象。三维实况地面风场以及三维云的渲染更新频次为 10 min，雨雪显示的更新频次为 1 h。

同时，沙盘实现了三个赛区关键场馆的一键定位功能，高精度多角度展现北京赛区、延庆赛区、张家口赛区的地形地貌，建设天安门、鸟巢、水立方、国家速滑馆（冰丝带）、国家跳台滑雪中心、国家雪车雪橇中心、首钢滑雪大跳台等典型场馆的高清晰三维模型和气象站三维模型，充分展现实景建筑，突出赛场赛道实景信息。同时定制冬奥会比赛场馆的巡游路线，突出每个赛场独有的特点，实现每小时业务生成 mp4 格式的巡游录制产品，并上传到服务器压缩存储。

3.6 飞机观测产品

为了更好地了解冬季降雪微物理特征，选取 2014—2021 年冬季观测数据齐全且有穿云飞行的云物理探测和人影作业飞行共计 22 个航次。飞行探测的主要区域为北京西北部山区，覆盖了冬奥会张家口和延庆赛区，为冬奥会气象保障提供技术支持（图 3.6.1）。

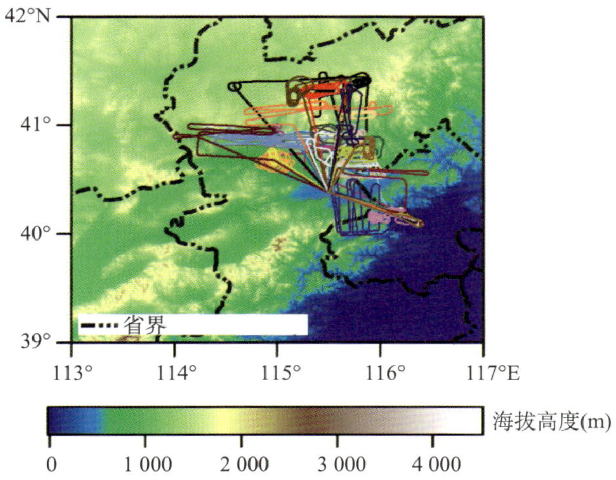

图 3.6.1 观测区域的地形（填色地图）和不同航次的飞行轨迹（彩色曲线）

（不同的曲线代表不同的航次）

统计表明，−40～0 ℃（混合相温度区间，MPTR），飞机总的入云时长为 69 850 s。其中，过冷云样本占比为 4.9%，混合相态云样本占比为 23.3%，冰云样本占比为 71.8%。随着温度降低，冰云的占比变大，过冷云和混合相态云的占比逐渐减小（图 3.6.2）。

在此基础上，统计了混合相态云样本的云粒子数浓度 Nc、云粒子有效直径 Dc、液态水含量 LWC、冰晶数浓度 Ni、冰晶有效直径 Di、冰水含量 IWC 和总含水量 TWC，如表 3.6.1 所示。

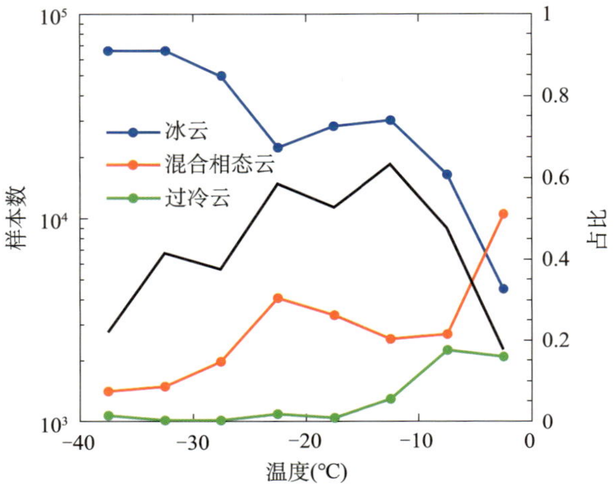

图 3.6.2　入云样本数（黑色曲线）、冰云（蓝色曲线）、混合相态云（红色曲线）和过冷云（绿色曲线）的相对频率随温度的变化

表 3.6.1　混合相态云的云微物理参数统计结果

云微物理参数	中位数	平均值	标准差	变异系数
云粒子数浓度 Nc（cm^{-3}）	1.8	43.9	152.0	3.45
液态水含量 LWC（g/m^3）	0.015	0.032	0.059	1.85
云粒子有效直径 Dc（μm）	10.35	12.45	7.24	0.58
冰晶数浓度 Ni（L^{-1}）	27.2	42.3	44.2	1.04
冰水含量 IWC（g/m^3）	0.094	0.136	0.173	1.27
冰晶有效直径 Di（μm）	413.87	436.61	171.28	0.39
总含水量 TWC（g/m^3）	0.122	0.168	0.193	1.15

图 3.6.3 为混合相态云不同温度区间内的粒子谱和 2DS 图像。液相粒子谱总体上为单峰分布。随着温度升高，峰值直径不变，但峰值浓度增高；同时，粒径为 10～30 μm 的粒子数浓度有所增加，而大于 100 μm 的粒子数浓度减少。冰相粒子谱总体上为双峰分布。随着温度升高，峰值浓度降低，且第二峰值逐渐不明显；但粒径大于 600 μm 的粒子数量增加。在温度较低时，冰晶主要为片状、柱状及其聚合体，体积相对较小；随着温度升高，冰晶的体积变大，多为片状、辐枝状、不规则晶状、帽柱状，表面形状也更加复杂。混合相态云中，聚并过程和凇附过程较为明显，且随着温度升高，变得更加活跃。

相比其他地区，华北地区冬季混合相态云的云粒子数浓度较大，LWC、IWC 和 Dc 较小，云粒子谱的宽度也相对较小。云微物理参数、粒子分布谱和冰晶的特征随温度具有明显的变化，其变化趋势与之前在其他地区的研究结论相似。云中主要的微物理过程是凇附过程和聚并过程。随温度升高，二者均变得更加活跃；但是在 LWC 变大时，凇附过程变化更多一些。

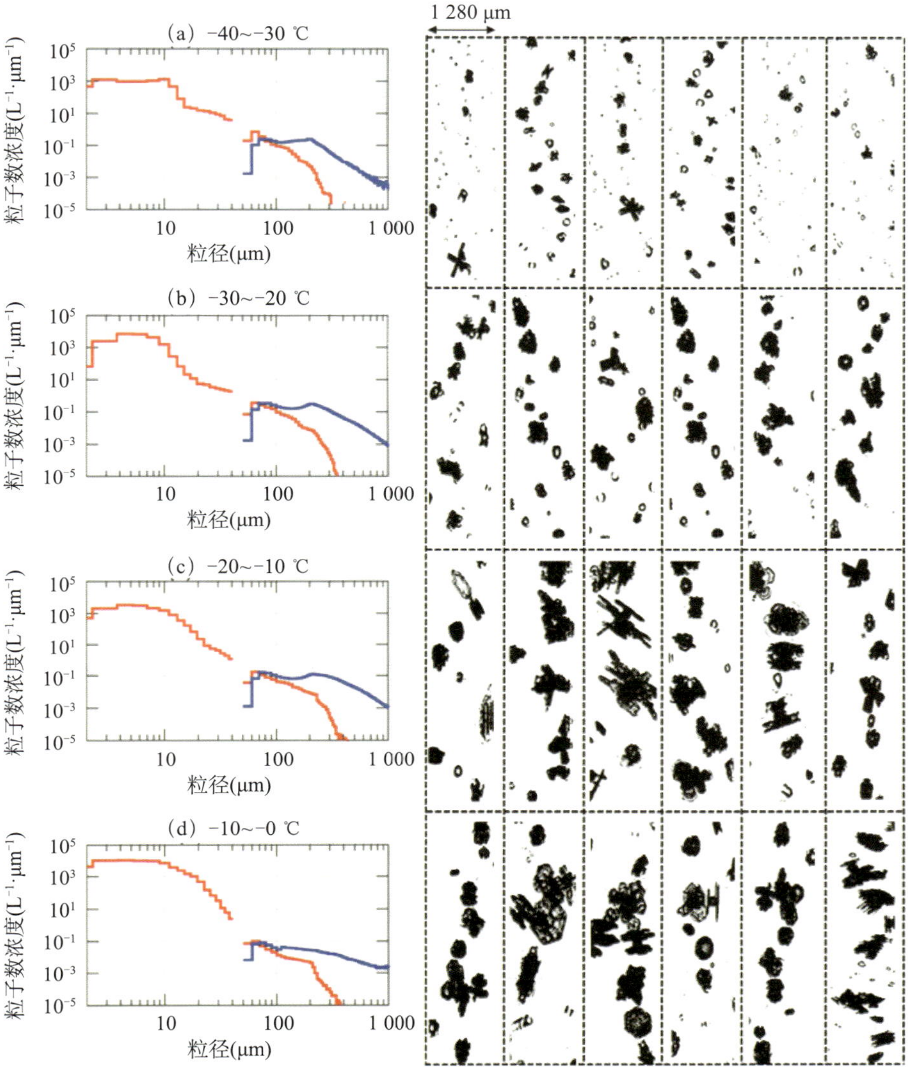

图 3.6.3 混合相态云不同温度区间内的粒子谱和 2DS 图像
（红色曲线代表液相粒子谱，蓝色曲线代表冰相粒子谱）

此外，河北省人影作业飞机 2021 年 11 月至 2022 年 3 月在张家口赛区开展的 21 个架次飞行观测结果（表 3.6.2）表明，云底高度低于 1 500 m 的个例有 8 个，平均最大云滴粒数浓度（CDP）为 25 个 /cm^3，平均冰晶数浓度（CIP）为 48 个 /L；云底高度为 1 500～3 000 m 的个例有 9 个，平均最大 CDP 为 36 个 /cm^3，平均 CIP 为 33 个 /L；云底高度在 3 000 m 以上的个例有 4 个，平均最大 CDP 为 19 个 /cm^3，平均 CIP 为 23 个 /L。云顶高度低于 2 500 m 以下的个例有 6 个，平均最大 CDP 为 34 个 /cm^3，平均最大 CIP 为 36 个 /L；云顶高度为 2 500～3 500 m 的个例有 6 个，平均最大 CDP 为 32 个 /cm^3，平均最大 CIP 为 38 个 /L；云顶高度在 3 500 m 以上的个例有 9 个，平均最大 CDP 为 22 个 /cm^3，平均最大 CIP 为 36 个 /L。存在明显飞机积冰的个例有 4 个，平均最大 CDP 为 40 个 /cm^3，平均最大 CIP 为 31 个 /L；无明显飞机积冰的个例有 17 个，平均最大 CDP 为 26 个 /cm^3，平均最大 CIP 为 38 个 /L。

表 3.6.2　张家口赛区降雪云系特征

分类		架次数	平均最大 CDP（个/cm^3）	平均 CIP（个/L）
云底高度	≤1 500 m	8	25	48
	1 500～3 000 m	9	36	33
	≥3 000 m	4	19	23
云顶高度	≤2 500 m	6	34	36
	2 500～3 500 m	6	32	38
	≥3 500 m	9	22	36
积冰情况	存在明显积冰	4	40	31
	无积冰	17	26	38

第 4 章　观测系统运行保障

4.1　全链条业务运行流程

北京市气象局、河北省气象局联合厂家搭建冬奥统一气象数据环境，实现实时数据采集、传输、入库、备份、解析、质量控制、服务和存储等全流程的全自动化。

（1）延庆、北京赛区

采集延庆、北京赛区及周边地面自动气象站（80 套）数据，经由北斗卫星和 / 或无线传输至中心站生成 BUFR 文件和 Z 文件，然后传输至冬奥气象数据中心分发服务器。两种格式的数据在实时解析入库后进行质量控制，以对内 gRPC 接口和对外 REST 接口的方式提供实时服务，应用于可视化平台、冬奥现场服务系统等。在备份机制上，实行以北京为主的京冀实时双活备份。冬奥统一气象数据环境由“冬奥全流程实时监控系统”监控。对于历史资料，在汇集了仪器维护等记录后进行三级质量控制，整编成分、时、日历史数据集，用于离线服务和存储。业务流程见图 4.1.1。

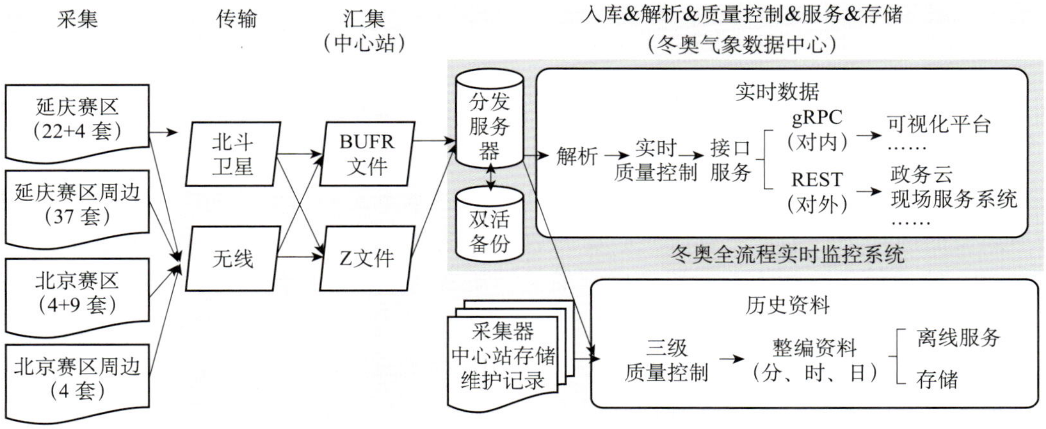

图 4.1.1　延庆和北京赛区地面自动气象站数据实时业务流程

延庆赛区实时传输的垂直观测设备（6 类 19 套）经由无线传输至冬奥气象数据中心分发服务器，分发至共享平台、国家气象信息中心、中国气象局北京城市气象研究院等，用于可视化平台显示、实况融合分析场产品研发等（图 4.1.2）。

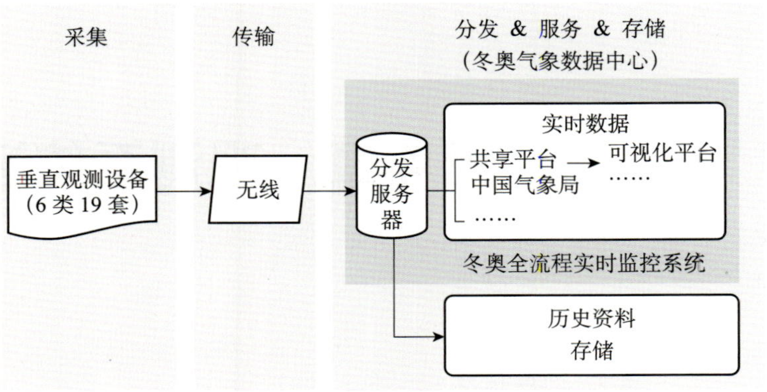

图 4.1.2　延庆赛区垂直观测设备数据实时业务流程

（2）张家口赛区

冬奥气象信息网络系统建设包括国家级、京、冀、北京冬奥组委、赛场之间的高速网络搭建，支撑气象信息的采集传输、国—省—市—县四级的气象信息共享、与北京冬奥组委各部门及赛场的信息共享及系统访问，以及多方高清会议等系统建设，同时对信息网络基础设施，包括机房场地环境、供电系统、关键节点硬件设备进行升级改造，全方位增强冬奥会气象信息网络综合运行能力和安全防御能力，以满足冬奥会对气象信息网络保障的高标准要求。

建设河北省气象局—崇礼区气象局、张家口市气象局—崇礼区气象局冬奥专线，专线带宽为 50 Mbps，同时采用 5G 通信技术，建设河北省气象局—崇礼区气象局 5G 无线通信链路作为专线备份，确保冬奥会气象数据的稳定、可靠传输。完成张家口赛区四个场馆冬奥气象专线建设，专线带宽为 100 Mbps。完成云顶场馆群间局域网建设，满足云顶 A、B、C 三个比赛区域的气象服务需求，实现所有场馆访问北京、河北的冬奥系统及互联网。完成河北省气象局—北京冬奥组委线路建设，专线带宽为 100 Mbps。

4.1.1　数据传输

4.1.1.1　延庆赛区

采用北斗加无线双路传输。2014—2020 年，赛区基本无 4G 通信网络。在要素需求多、通信不到位的前提下，为提升延庆核心赛区数据到报率，北京市气象局联合北斗设备厂家，在现有 70B 的通信传输能力下，梳理确定最关键要素清单，压缩数据算法，缩短传输长度，降低分包次数；修改传输机制，完善通信采集端和中心气象站算法，将北斗观测数据通信成功率提高至近 100%，高效保障了冬奥会关键气象要素数据实时稳定传输。2020 年之后，采用北斗加无线双路通信，无线配置物联网卡。其中，无线传输加密时间为 1 min，北斗传输加密时间为 10 min。探测数据传输系统实现双路传输方式并行，应急通信 24 h 热备份确保高山通信环境稳定。

4.1.1.2 张家口赛区

对冬奥会核心区气象观测站数据传输流程进行优化，将以定时生成、传输文件为主的流程改为通过核心区气象观测中心站提供数据接口的方式提供数据，北京市气象局定时通过接口读取数据，减少了中间传输环节，提高了数据的传输时效。为保证核心站数据传输，组织人员梳理整个传输流程，在每个环节，包括数据接收、中心站、河北—北京专线都实现了双备份，保障了系统稳定性。

4.1.2 冬奥 BUFR 数据格式

已有观测业务数据格式无法将地面自动气象站 17 种要素 48 项观测数据一次性编码，冬奥会大数据云平台及下游用户需要解码多种不同格式文件，且有些新增要素如秒级风、分钟极大风、超声风、多种雪温等要素未在任何格式中涵盖。为提高数据服务时效性，简化业务流程，实现自动气象站雪温、雪深、能见度、辐射、降水现象、云量、超声风等观测要素数据一次性分钟级解码，北京市气象局联合国家气象信息中心，以及设备、冬奥数据云平台开发商等多家单位，三次更新扩容冬奥 BUFR 数据模板，明确了包含 17 种要素 48 项观测数据的版本，并多次逐项数据核对编码、解码的一致性。

统一数据格式实现了所有观测要素数据实时一次性传输、解码入库，同步提供 gRPC 及 REST 接口服务。数据从采集到服务入云仅需不到 50 s，为冬奥业务系统云 + 端方式开发及部署提供一线支撑；实现了多源观测要素在单个文件中的统一管理。相较于传统的 Z 格式，冬奥 BUFR 格式文件新增了 7 种观测要素，并且降低了因解析多个不同格式文件导致的时间消耗以及数据拼接错误，高效提升了数据的使用时效和准确性。

4.1.3 完整的质量控制流程

4.1.3.1 地面气象观测

（1）延庆赛区

为满足对高质量地面自动气象站分钟数据的需求，在缺乏实时质量控制业务系统和算法参考的前提下，开发针对高海拔山区的分钟数据自动质量控制算法，用于实时数据和历史资料的质量监控。

①完整性。考虑到冬奥会自动气象站高海拔、无人值守的特点，为保证实时数据的完整性，采用了北斗卫星和无线两种传输方式，文件格式有 BUFR 和 Z 文件两种。但是，核心赛区处于偏远的高海拔山区，供电等基础设施建设不足。为确保实时业务的顺利展开，气象要素的传输和观测采取优先策略，即优先传输常规气象要素。延庆区气象局和北京市气象探测中心分别定期拷贝存储于采集器和中心站的数据。基于上述情况，根据数据的时效性开展两次质量控制。对于实时传输的分钟数据，在解析入库后，进行实时质量控制。汇集实时传输、采集器拷贝和中心站存储数据，按要素筛选出完整的数据时间序列后，进行历史资料质量控制。后者的要素更全面、时间序列更完整。

②准确性。对各气象要素分钟和小时数据展开的自动质量控制方法详见表 4.1.1。常规

六要素的质量控制算法包括界限值检查、内部一致性检查、时间跳变检查和时间僵值检查。其中，风向、风速的时间僵值检查能够检出低温、高湿环境下传感器冻结导致的数据长时间不变。各项检查的质量控制参数均根据赛区周边 18 个国家级地面气象站和延庆站自建站以来的历史数据以及延庆站海拔高度本地化的数据确定。考虑到气温、湿度、风速和辐射存在明显的日变化，因此对 12 个月的 24 个正点设置不同的界限值检查和时间跳变检查阈值，细化参数设置。针对冬奥会核心区自动气象站由于风杆倒伏、树枝刮风杯等导致风速连续偏小的特殊问题，研发适用于实时质量控制的风速日值检测算法，快速且较为准确地检出异常数据。质量控制算法及黑名单制度同步写入冬奥气象综合可视化系统，实时对异常数据进行标注，供气象预报服务人员参考使用。

在每季度延庆市气象局和北京市气象探测中心汇交数据后，重新梳理收到的所有数据，生成要素和时次完整的分钟数据集。除执行自动质量控制算法外，还参考仪器维护记录以及台站业务黑名单信息，标记相应时段的疑误数据。对质量控制后的小时数据进行统计，生成日值数据集。该套地面观测数据集时序（2014 年 10 月至 2022 年 3 月）和要素完整，共计 220 GB。

表 4.1.1　地面自动气象站实时数据和历史资料质量控制方法

质控方法	常规六要素						能见度	其他要素
	风向	风速	降水量	气温	相对湿度	气压		
自动质控算法								
界限值检查	√	√	√	√	√	√	√	√
内部一致性检查	√	√	√	√	√	√	×	×
时间跳变检查	√	√	√	√	√	√	×	×
时间僵值检查	√	√	√	√	√	√	×	×
日值偏小检查	×	√	×	×	×	×	×	×
维护记录								
业务黑名单	√	√	√	√	√	√	√	×
仪器维护信息	√	√	√	√	√	√	√	×

注：√表示使用该质控方法；× 表示未使用。

（2）张家口赛区

综合监控岗在冬奥会期间通过“天元”“天镜”“MDOS”分别对地面气象观测站、天气雷达站、高空气象观测站、应用气象观测站等站点数据的传输时效和数据质量进行了监控；通过冬奥自动站观测资料质量控制系统和冬奥观测赛场监控平台监控了冬奥会核心区 40 个气象站点小时数据的传输情况，对数据质量进行实时控制，对气温、气压、相对湿度、降水、风、地温、能见度等主要要素的数据质量按照需要进行统计。

4.1.3.2 垂直观测设备质量控制

冬奥赛场精细化运行监控和质量控制分析技术研究依托科技部国家重点研发计划项目“冬奥赛场精细化三维气象特征观测和分析技术研究”展开。为满足北京 2022 年冬奥会“百米级、分钟级”精细化天气预报需求，按照项目要求，中国气象局气象探测中心充分发挥国家级业务单位优势，通过组织协调适用于赛区气象服务的新型遥感观测设备，组建赛区立体精细化观测网络，做好新型遥感观测装备的数据质量控制和评估、赛区观测装备运行监控平台开发工作，为冬奥会提供更多、更好的科技产品支撑，为举办一届“精彩、非凡、卓越”的北京冬奥会提供探测智慧。

（1）地基微波辐射计质量控制技术

基于微波辐射计亮温数据的处理及质量控制技术，输入为亮温数据，输出为分钟级温湿廓线产品。其中，质量控制模块包括逻辑检查、最小变率检查、降水检查、一致性判别、偏差订正以及质量标识和本地化反演模块，解决亮温观测受环境、标定、设备部件性能变化、天线罩老化等影响，存在亮温的“漂移”“跳跃”等问题。

该技术改进了微波辐射计质量控制算法，解决了非探空站点的微波辐射计因缺少长序列历史探空数据训练而造成的反演精度不高的问题。研究基于长序列 EC 再分析资料的温湿层结数据，对非探空站点的微波辐射计进行本地化训练和反演，实现了北京地区海淀、怀柔、霞云岭等 6 个站点微波辐射计的实时质量控制反演，能够提供分钟级的温、湿等要素的廓线产品和综合时序图，显著提升非探空站温湿廓线产品的精度。该研究有效解决了冬奥赛区微波辐射计站点距离张家口探空站较远、反演效果不佳的问题。

（2）基于风廓线雷达径向数据的处理及质量控制技术

基于风廓线雷达径向数据的处理及质量控制技术，输入为径向数据，输出为小时级风廓线产品。其中，质量控制模块包括波束空间一致性检查、波束时间一致性平均和垂直切变检查以及质量标识和二次曲面检查模块，解决降水及其他杂波对风廓线雷达小时级产品精度的影响。

4.1.4 实时和历史数据服务

冬奥统一气象数据环境向冬奥会 7 个气象业务系统应用实时提供 4 类 18 种标准的接口服务，并根据北京冬奥组委及北京冬奥城市保障运行部分个性化的冬奥气象数据需求，提供个性化的冬奥气象产品服务。地面气象观测自动站分钟数据、海陀山雷达基数据及 PUB 产品在中国气象局、京冀两地气象局的实时传输和共享，为国家气象中心、国家气象信息中心、中国气象局气象探测中心、中国气象局公共气象服中心开展冬奥会气象研究及服务工作提供支撑。数据在冬奥气象可视化系统实时显示，应用于多维度冬奥气象预报业务平台、冬奥现场气象服务系统、冬奥智慧气象 APP、冬奥航空气象服务系统、智慧冬奥 2022 天气预报示范计划（FDP）集成显示平台等业务服务系统，面向冬奥预报团队、北京冬奥组委、国家级业务单位、部队等多家单位服务，最大程度地共享冬奥气象观测成果，在系统便捷性、灵活性等方面得到了各层面的用户认可。所有数据的入库、出库、备份、解析、质量控制、服务和存储过程均由冬奥全流程实时监控系统监控，并写入冬奥气象保障业务运行时、日报，供仪器维护和监控值班人员参考。

基于完整的冬奥地面观测数据集，完成满足冬奥气象中心需求的北京和延庆赛区赛道气象站小时、分钟历史数据（2017—2020 年）质量评估各一次，为后续改进设备维护方式、质量管理策略和业务管理提供科学的数据支撑。小时和日值数据用于撰写 2018—2021 年逐年的《北京 2022 年冬奥会和冬残奥会赛区气象条件及气象风险分析报告》和 *Beijing 2022 Weather and Wind Analysis Report*。前者提交至北京冬奥组委会，供场地建设和各项目教练员使用；后者提交给国际奥委会以及各单项委员会，用于确定场地条件和规划相关赛程，获得相关部门的高度评价。此外，为北京冬奥组委体育部、北控京奥建设有限公司、北京大学、中国科学院大气物理研究所等单位提供基础气象资料服务 70 余次，共计 31GB。

4.1.5 可视化系统显示功能

4.1.5.1 冬奥气象综合可视化系统

冬奥气象综合可视化系统是冬奥气象服务的核心业务系统。该系统定位于冬奥气象服务综合信息展示，能够提供三个冬奥赛区分钟级三维立体观测数据、百米级数值预报产品、赛区精细预报、赛区服务专报以及冬奥业务综合监控报告等综合查询显示，是冬奥气象预报服务人员查看气象数据资料的重要平台。系统根据气象预报服务人员的需求持续进行多次升级，精细打磨完善交互式体验和多项功能，有效满足了冬奥现场气象预报服务人员的业务需求。其中赛区观测模块主要包含自动站、云能天、垂直观测及雷达四个方面的内容。

（1）自动站模块。显示冬奥场馆自动气象站观测要素，包括温度、降水、平均风、阵风、能见度、体感温度和地温等要素值，显示方式包括三维 WEBGIS、表格和时序图等（图 4.1.3）。

（2）云能天模块。显示天脸天气现象观测，以及拉曼激光雷达、雨雪当量、云高仪和雨滴谱等。天脸观测显示延庆、佛爷顶、西大庄科 3 个站点的天气现象观测图像；拉曼激光雷达显示北京观象台和通州激光雷达生成的退偏比、气溶胶光学厚度等要素图；云高仪是显示闫家坪、西大庄科 2 个站点的云高仪图；雨滴谱是显示闫家坪等 3 个站点的雨滴谱图。

（3）垂直观测模块。包括风廓线雷达、微波辐射计、激光测风和常规探空，涵盖延庆、闫家坪、海淀、怀柔等 8 个站点的 6 min、30 min 和 60 min 风廓线图片产品显示；延庆、闫家坪、佛爷顶等 14 个站点的微波辐射计图片产品；竞技 1 号、竞速 3 号和竞速 6 号 3 个站点的组网激光测风数据，系统实时绘制各层次的廓形、剖面和 3D 图；常规探空显示观象台探空数据图。

（4）雷达系列。包括北京观象台、海陀山 2 部 S 波段雷达，北京和河北 11 部 X 波段雷达，闫家坪 1 部微雨雷达，以及闫家坪、西大庄科的 2 部毫米波云雷达涵盖观象台 S 波段雷达反射率（半径 230 km）、组合反射率、回波顶高等 16 种产品各仰角图片及图片动画显示（图 4.1.4）；海陀山 S 波段雷达反射率（半径 230 km）、组合反射率、回波顶高等 26 种产品各仰角图片及图片动画显示；门头沟、房山、昌平等 11 部 X 波段雷达 PPI 强度、CAPPI 和粒子识别等 5 种产品各个仰角图片和图片动画显示；闫家坪微雨雷达回波强度、径向速度等 4 种产品图片和图片动画显示；闫家坪、西大庄科 2 部毫米波云雷达回波强度、径向速度等 4 种产品图片和图片动画显示。

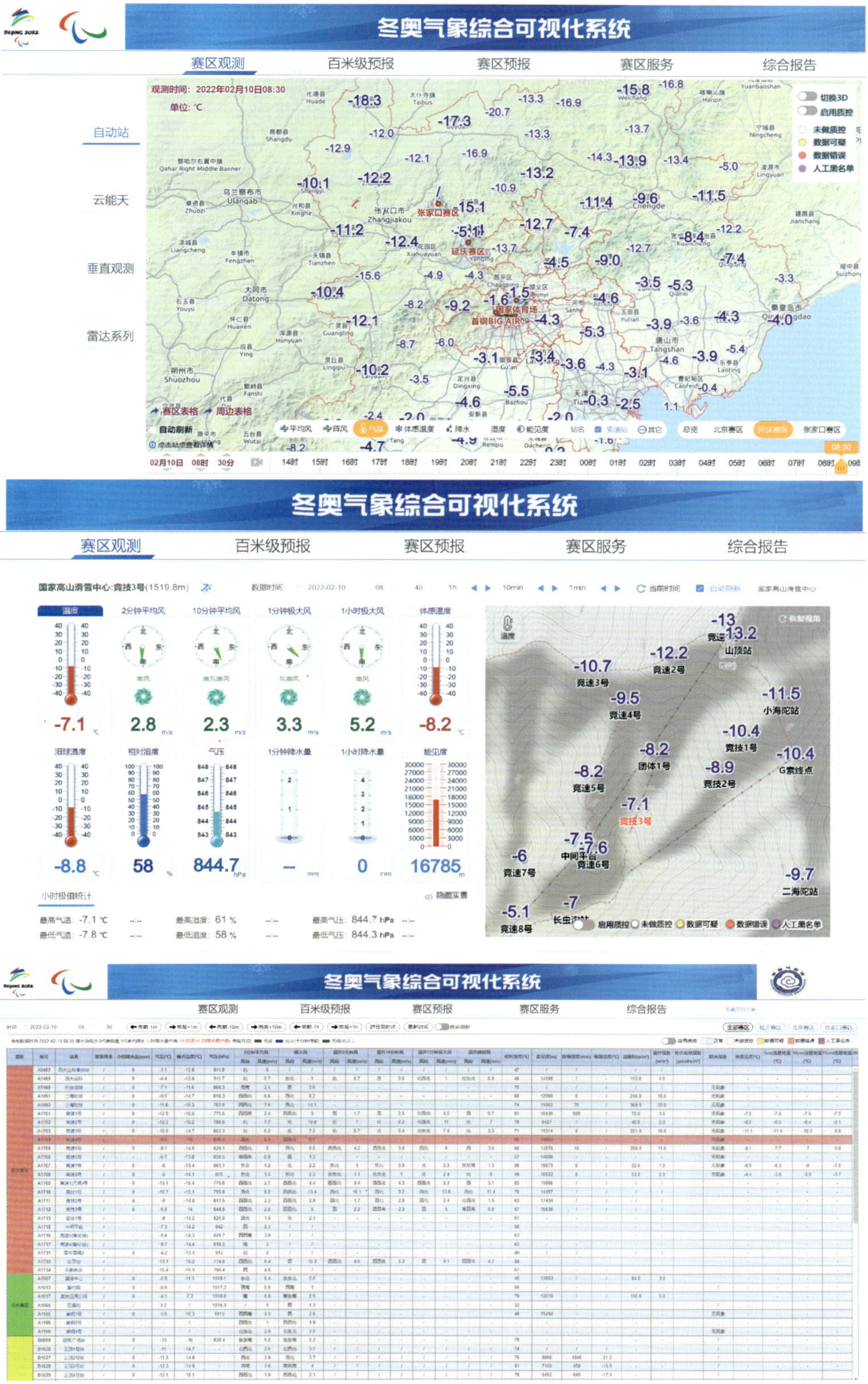

图 4.1.3　自动气象站实况展示界面

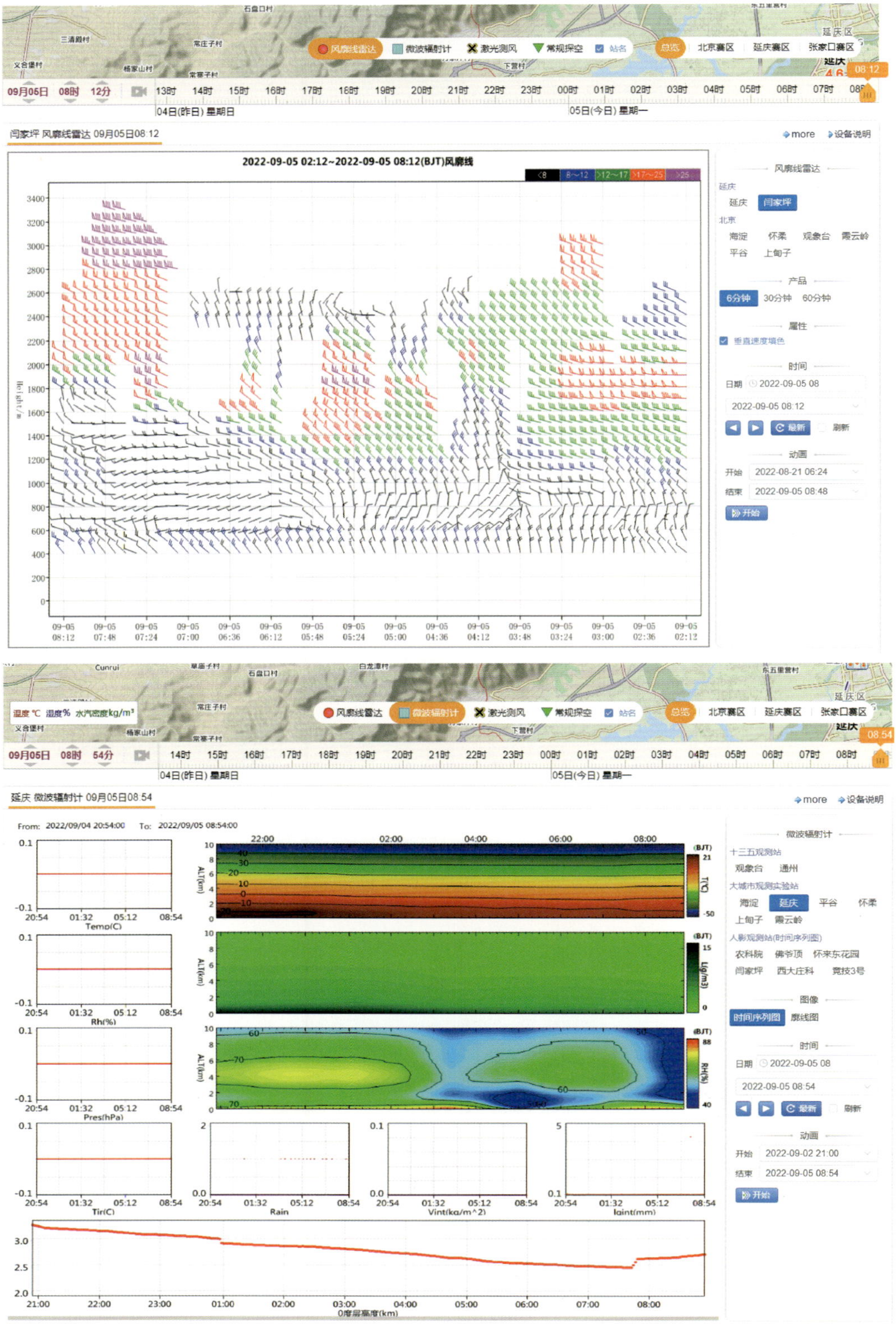

图 4.1.4　风廓线雷达（车载）、微波辐射计等观测产品展示

4.1.5.2 冬奥气象综合指挥平台

围绕此次北京 2022 年冬奥会和冬残奥会气象保障工作需求，国家气象信息中心研发了冬奥气象综合指挥平台（图 4.1.5）。该平台整合的气象产品种类超过 100 种，包括历史数据产品、天气实况产品和预报产品以及基础地理信息等支撑辅助产品，同时集成了冬奥会气象保障相关单位的业务系统 16 个，提供一站式产品快速查询访问和统一调度。基于这些丰富的产品，冬奥气象指挥平台针对冬奥两地三赛区（北京、延庆、张家口）各个场馆提供气象历史背景数据分析、多源气象实况对比分析、实况与预报一体化综合分析等服务。根据现场决策指挥的需要，支撑不同场馆和地理位置、不同气象要素之间的快速数据切换和导航。基于中国气象局电视会商和云会商系统，支撑中国气象局冬奥气象服务指挥部（国家气象信息中心天镜厅）与各分会场、两地三赛区现场服务点、人工影响天气作业点等实现随时随地音视频连线和互动，为冬奥气象服务综合决策指挥提供了全面的数据分析服务和视频会商支撑保障。

图 4.1.5 冬奥气象指挥平台展示

4.1.5.3 全方位冬奥综合观测系统

冬奥综合观测系统充分结合冬奥会和冬残奥会比赛场馆信息和观测站点，主要从重点要素、地基垂直观测和三维实况及巡游三个方面展现赛事期间的天气实况。冬奥综合观测系统结合冬（残）奥赛事特点研制了风、气温、视程障碍、雨雪分布等专项要素产品。其中，既有站点单站观测实况、观测组网信息，也有融合格点分布。例如，针对风要素有地面站点观测风、组合风场、天气雷达反演风场、500 m 分辨率融合格点风场以及地面风流场；针对温度要素有地面观测站 24 h 最低气温、变温、最低（高）气温变温，融合格点地面气温，体感温度等，达到由点及面、重点突出的综合观测效果。系统主要功能如表 4.1.2 所示。指挥系统同时集成了微波辐射计、云雷达、水汽、风廓线雷达、激光雷达 5 种地基垂直观测，显示站点垂直风温湿时序图，提供垂直廓线连续监测产品。指挥系统还可以链接装备运行一张表、数据质量一张表和观测数据一张表，将装备、质量、数据实时联动。

（1）业务平面大屏展示系统（图 4.1.6）。中央大屏显示含有各赛区赛道的地图，并显示冬奥场馆、站点实时信息，通过告警栏滚动显示气温、风等要素的告警信息，同时叠加展示天气雷达弱回波拼图产品、风流场产品。大屏左侧显示地基垂直观测产品、鸟巢及冬奥实况巡游视频产品；右侧滚动显示场馆要素时序图、今日赛事及场馆实况和预报信息。今日赛事及场馆实况显示的内容为各个场馆当日的赛事安排以及该场馆邻近气象站的温度、湿度、风速、$PM_{2.5}$、能见度等观测数据和历史极值信息。预报信息显示的内容为 24 h 内北京、延庆、张家口三个赛区的天气现象、气温和风向风速预报。该系统还可显示 19 个场馆观测数据一张表，实时显示 19 个赛事场馆的天气现象、温度、风、能见度观测数据。

表 4.1.2　冬奥指挥系统主要功能

序号	菜单项	二级菜单	内容
1	雷达拼图		雷达组网拼图与探测范围
2	风	地面观测	地面站数据显示与告警
3		组合风场	
4		天气雷达反演风场	
5		融合风场	
6		风流场	
7	气温	24 h 低温	地面站数据显示与告警
8		气温	
9		变温	地面站数据显示
10		最低变温	
11		最高变温	
12	视程障碍	能见度	站点、融合格点
13		天气现象	视程障碍现象
14	雨雪分布	雷达反演	
15		天气现象	站点天气现象
16		云雷达反演	地基垂直观测产品
17	地基垂直观测	风廓线雷达	
18		微波辐射计	
19		水汽	站点、色斑图、高空比湿、层析产品

续表

序号	菜单项	二级菜单	内容
20	地基垂直观测	水汽	大气可降水量
21			比湿
22			大气可降水量层析产品
23		云雷达	
24		激光雷达	
25	赛区场馆		
26	天衡天衍		链接到天衡天衍产品系统
27	数据质量一张表		数据质量详细信息
28	垂直观测产品轮播		云雷达，激光雷达，风廓线，微波辐射计，降水相态轮播
29	实况巡游		鸟巢、崇礼实况巡游
30	三维风场轮播		崇礼、海陀山三维风场轮播
31	实时数据质量		实时数据质量

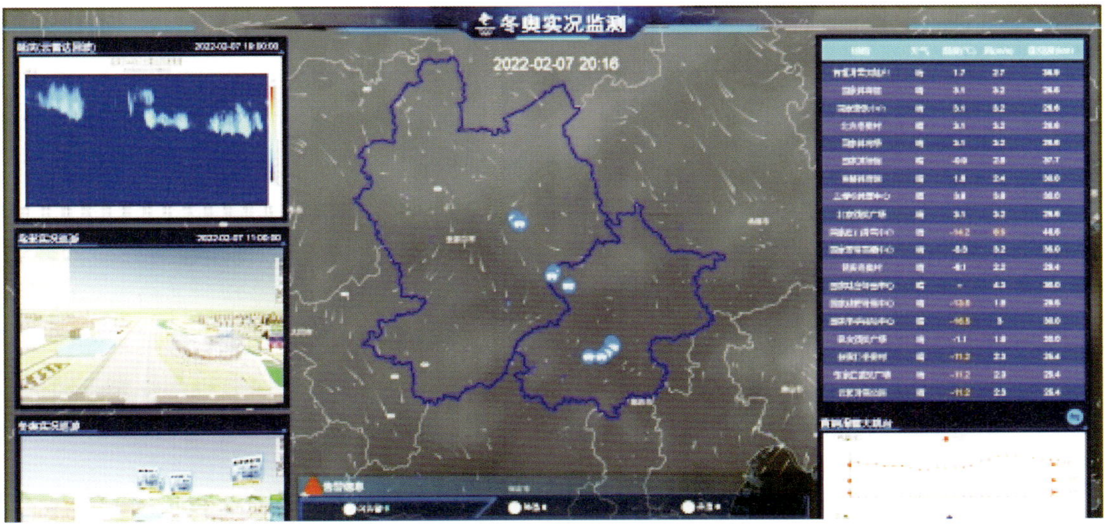

图 4.1.6　冬（残）奥会业务平面大屏示意图

在冬奥会赛事服务过程中对大屏做了以下优化与改进：调整冬奥场馆显示的天气现象规则，由直接展示台站观测的天气现象调整成当台站观测无天气现象时，根据云量少于 4 成为晴、4～8 成为多云和大于 8 成为阴的天气现象新增高空风流场功能，使用京津冀地区实况风场数据，生成高空风流场产品，以风杆的形式叠加在地图上。

（2）天衡天衍 APP 冬奥气象服务。该产品显示功能主要包括含有各赛区赛道的精细影像图，底图包括张家口（崇礼）、延庆、北京等赛区；53 个冬奥气象观测数据实时显示冬奥气象站点观测数据；冬奥赛区观测数据一张表；冬奥气象站点时序图及阈值提示功能。53 个冬奥气象站运行状态一张表显示 53 个赛场站点的设备运行状态，包括 24 h 正常、缺测、错误、未到、维护、故障情况。

在冬奥会赛事服务过程中系统做了以下优化与改进：优化冬奥气象站点展示，增加云量天气现象判识，增加时次切换与观测时间显示、水汽站点显示，增加“水汽”“云雷达”“微波辐射计”“激光雷达”数据显示菜单，地图增加站点分布、数据显示及单站廓线图显示。

4.1.5.4 冬奥卫星天气服务平台

结合北方冬春季天气气候特点，并根据冬奥会气象保障服务需求，国家卫星气象中心设计研制了冬奥卫星天气服务平台（SWAP-OWG）。该平台能够制作风云气象卫星冬奥监测专题图，实现 FY-4B 快速加密观测资料的实况直播。共研发了 7 类 17 种冬奥卫星应用产品，主要从“看大气”“看地表”“看极涡”“看污染”“看云系”几个方面体现卫星实况观测的作用。7 类产品主要包括地表温度、积雪、赛区 100 m 观测云图、大气温度综合分析、极区温度分析、大气污染分析、云分析等。在卫星应用产品专题图表现方式方面，充分考虑了冬奥天气定点服务区域、冬奥赛区场馆分布、赛区大气关键要素的时序变化，同时针对图像表现形式、规格大小等进行了细致的需求调研和设计。在冬奥会开幕式倒计时 30 天时，国家卫星气象中心组织中央气象台、北京市气象局、河北省气象局冬奥气象保障专家开展了冬奥卫星天气服务平台与产品培训会，对冬奥风云卫星支撑业务产品，以及冬奥卫星天气应用平台（SWAP-OWG）及卫星产品应用方法开展了专门的培训。

4.1.6 观测数据备份

4.1.6.1 站点数据备份机制

2021 年，冬奥气象中心印发《冬奥气象中心关于规范冬奥气象观测站名称和备份机制的通知》（京气冬奥函〔2021〕8 号），规范了冬奥气象观测站对内业务使用及对外服务名称，同时对北京地区 18 个对外服务冬奥观测站的 6 种要素明确 3 级（代表站、备份站、实况再分析格点数据）备份机制。例如“风”要素优先使用代表站机械风、同址超声风数据备份方式，之后依次使用备份站、实况再分析格点数据等，确保对外服务网站有可用数据。同步开发数据阈值质量控制接口，为冬奥 APP、冬奥气象网站提供数据信息接口支撑服务，使观测备份策略在系统应用端可自动化触发实现。

4.1.6.2 冬奥系统备份

冬奥会气象数据服务要求时效性强，且实况、预报、服务等数据必须符合北京冬奥组委的技术要求。同时，冬奥气象产品访问面广，需求量大，赛场内不同观测点位设备的重要程度不同。若重要点位设备硬件故障或通信传输异常，会造成观测数据中断不连续。因此，冬奥气象数据中心需要京冀两地气象部门同步建设，避免跨省专线出现故障，影响张家口赛区赛事气象服务。京冀两地重要冬奥系统和数据源互为备份显得尤为重要。

依托河北省气象局现有气象数据支撑环境，搭建冬奥气象数据备份中心，与北京市气象局气象数据中心实时同步数据。统筹 30 台服务器、购置 5 台高性能服务器扩充构建北京冬奥气象服务系统备份，部署了冬奥气象数据环境、冬奥气象综合可视化系统、多维度冬奥气象预报业务平台、冬奥现场气象服务系统和监控等系统。与北京市气象局协调数据传输方案，做好系统及数据监控，支持冬奥各业务系统在京冀两地数据环境间快速切换。

4.2　保障方案及机制

4.2.1　北京及延庆赛区

为全力做好北京 2022 年冬奥会和冬残奥会赛时北京区域气象保障服务，北京市气象局根据中国气象局《北京 2022 年冬奥会和冬残奥会赛时气象保障服务运行指挥实施方案》（冬奥气象协调小组〔2021〕5 号），紧密对接北京市运行保障指挥部"一办一中心十三组"气象服务保障需求，进一步加强组织管理、更新服务需求、细化分工任务、落实主体职责、优化人员组成、强化风险防范和极端天气应对，特制定《北京 2022 年冬奥会和冬残奥会冬奥北京气象中心赛时气象保障服务工作方案》《冬奥北京气象中心各工作组气象保障服务应急预案》和《北京 2022 年冬奥会和冬残奥会气象保障服务风险隐患防范清单》。

4.2.1.1　工作方案

北京市气象局在制定气象保障服务工作方案时，始终按照"监测精密、预报精准、服务精细"要求，以最坚决的态度、最周密的筹划和最高的标准，全力以赴。北京市气象局积极与北京冬奥组委会沟通，针对火炬传递、冬奥会和冬残奥会开（闭）幕式、北京赛区赛事、延庆赛区赛事等活动，确定实时服务数据、天气预报服务、气候服务、现场气象服务、赛事外围及城市运行保障气象服务和专项服务等需求，汇聚管理和业务骨干，组建冬奥北京气象中心。中心下设 1 个综合运行管理办公室和 10 个工作组（冬奥北京气象中心机构方案图如图 4.2.1 所示），统筹负责北京区域预报、服务、探测、信息网络、人工影响天气、后勤保障等相关工作。冬奥北京气象中心各工作组明确各层级工作责任，对各个工作环节、岗位目标、任务节点进行有序整合编排，细化具体工作方案和任务实施计划、完成时限，并严格落实单位、确定专人，建立逐级负责制。

在制定气象探测保障方案时，冬奥北京气象中心下设不同工作小组专项负责，比如开（闭）幕式服务组负责落实北京市指挥部开（闭）幕式工作组气象服务保障任务，按需开展现场应急观测保障等；北京城区预报服务组负责落实北京市指挥部火炬接力保障组、综合赛事保障组北京城区赛事、冬奥村保障组北京冬奥村气象服务保障任务；延庆区气象服务组负责落实北京市指挥部综合赛事保障组延庆赛区赛事、冬奥村保障组延庆冬奥村气象服务保障任务，负责周边并协助赛区综合气象监测系统加密观测、维护巡检和抢修工作；技术支撑工作组负责组织做好全市（协助延庆赛区）各类探测设备稳定运行保障，负责组织各类加密观测工作，负责组织做好冬奥气象数据环境的实时稳定运行及保障等（具体见《北京 2022 年冬奥会和冬残奥会冬奥北京气象中心赛时气象保障服务工作方案》文件）。

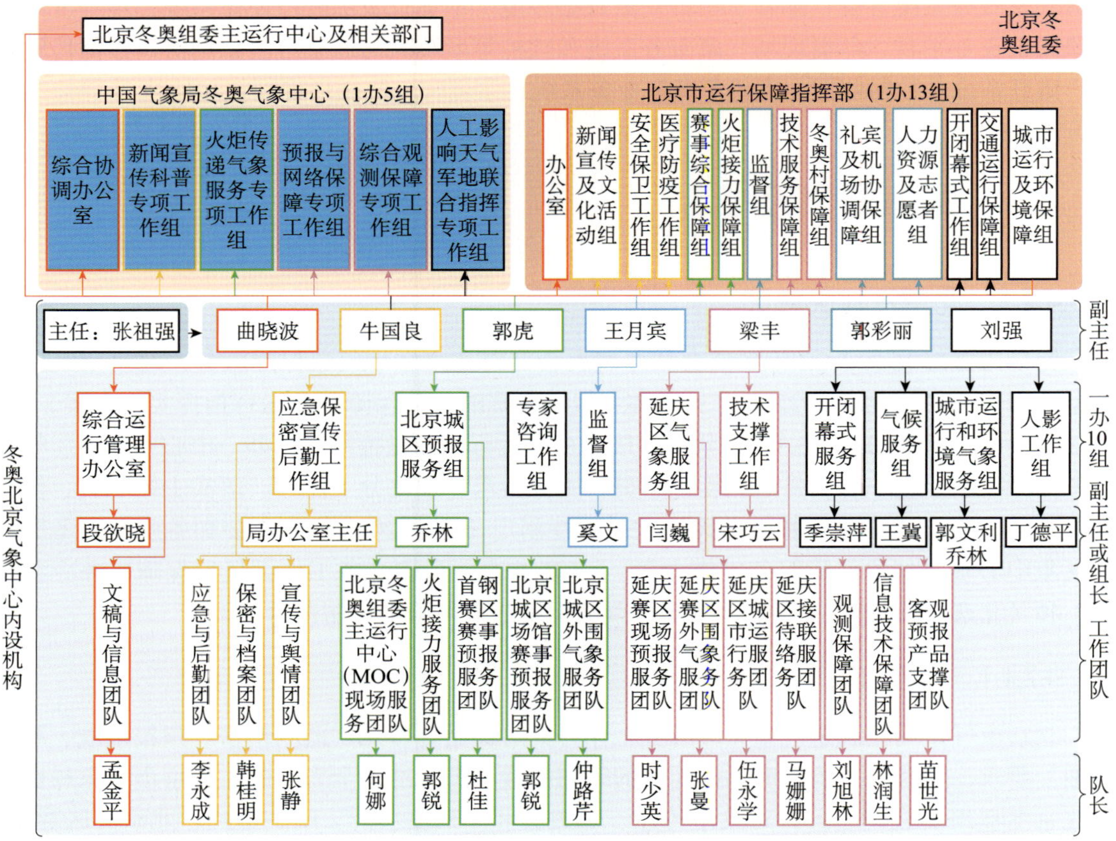

图 4.2.1　冬奥北京气象中心机构方案图

4.2.1.2　应急预案

为做好冬奥会和冬残奥会期间各项赛事的气象保障服务工作，快速、有效、妥善处置赛事期间可能发生的风险及重大突发事件，确保赛事期间气象保障服务平稳有序，结合工作实际，北京市气象局制订冬奥北京气象中心各工作组气象保障服务应急预案。应急预案涵盖应急保密宣传、气候服务、开（闭）幕式服务、北京城区预报服务、延庆区气象服务、城市运行和环境气象服务、技术支撑气象保障和人工影响天气工作等方面。在观测保障应急预案方面，北京市气象局重点关注北京赛区、延庆赛区和首钢场馆赛区气象探测设备的运行监控、维护维修、计量检定和应急处置等活动，确保北京 2022 年冬奥会和冬残奥会期间冬奥自动气象站、海陀山新一代天气雷达等设备稳定运行、数据准确可靠、资料传输及时高效。重点梳理和分析了自动气象站、海陀山天气雷达等设备可能遇到的风险隐患点，风险造成的影响，以及应对风险采取的措施等。

4.2.1.3　风险隐患

冬奥气象保障服务是一项系统性工程，还要面对新冠肺炎疫情防控的严峻形势，北京市气象局始终以安全为底线，以为“参赛、保赛、观赛”提供国际一流气象保障服务为目标，以高度负责、精益求精的态度，编制了《北京 2022 年冬奥会和冬残奥会气象服务保障风险隐患防范清单》，对探测故障、信息网络故障、业务系统平台故障等 8 类风险事件应对进行了情景模拟，共梳理风险隐患场景 85 个，提出防范应对措施 213 条，为各工作组科学开展风险隐患防范和快速有效采取应对措施提供了详细的指导，如表 4.2.1 所示。

表 4.2.1　北京 2022 年冬奥会和冬残奥会气象服务保障风险隐患防范清单

序号	工作组	风险防控清单
1	应急保密宣传后勤工作组	3 类风险、5 个场景、7 条措施
2	气候服务组	4 类风险、6 个场景、12 条措施
3	开（闭）幕式服务组	4 类风险、5 个场景、13 条措施
4	北京城区预报服务组	4 类风险、5 个场景、12 条措施
5	延庆区气象服务组	6 类风险、43 个场景、95 条措施
6	城市运行和环境气象服务组	2 类风险、4 个场景、6 条措施
7	技术支撑工作组	3 类风险、17 个场景、68 条措施
8	人影工作组	5 类一级风险、11 类二级风险、13 类三级风险

在观测保障的风险防控方面，北京市气象局重点梳理出了观测系统风险类别，具体场景包括开（闭）幕式核心区域监测和应急保障故障、自动气象站中心站软件故障、延庆核心赛区自动气象站通信故障、延庆核心赛区自动气象站供电故障、雷达通信故障、雷达设备硬件系统故障、备件不足、赛区自动气象站自身故障导致数据缺测、赛区自动气象站被盗等，确定了风险事件等级、防范应对措施和责任人，确保赛事期间风险隐患充分识别和处理。

4.2.2　张家口赛区

张家口赛区赛场山高、坡陡、路远，在奔赴现场站点时，很多地方无路可走，赛时观测装备保障存在维修环境恶劣、设备无法拆卸、进场管控等各种困难。为此，在研究装备保障方案时，主要做好前期预防，减少现场维修的概率。赛前进行了大量的巡检维护、双套装备备份、备份切换等措施，同时做好充分的应急抢修准备和设备运行状态评估等工作，确保设备稳定运行。

4.2.2.1　建立赛区设备精准信息

赛区气象观测设备分不同批次、不同时间建设，最早一批可追溯到 2014 年，直至赛前每年都有不等数量的站点建设，且部分站点中间经历了维修和迁站，也就造成了赛区 44 套观测站设备的型号、批次、接口等千差百异。为提高观测设备稳健性和维护维修的精准性，务必掌握精准的观测设备信息，细化到设备的型号、批次、接口。同时考虑赛场因造雪、赛道塑形、赛道防护等变化，必须在赛前了解所有站点的精确位置、可进入现场的所有可能路线，以便在环境条件改变后，能快速找到进场路线。因此，需针对每个站点的设备数量和类型、通信方式、接口方式、参数信息、周围照片和路线等，逐站现场采集、拍摄照片，并进行分析和统计，建立核心区逐站详细信息表。

4.2.2.2 制定赛区“主预防 简维修”保障原则

根据测试赛期间情况经验分析，赛时观测装备保障会存在维修环境恶劣、设备无法拆卸、进场管控等各种困难。无论哪种情况，都直接影响观测设备维修的时效和正常恢复。经团队研究讨论，确定保障原则为“主预防 简维修”，将所有故障隐患和风险在赛前解决，以便出现故障时能快速解决。由此制定五条保障措施：一是赛前将使用时间较长、存在隐患的设备进行更换；二是赛前调整部分设备的安装方式及位置，使其便于在恶劣环境下快速维修或更换；三是将备份站提前安装到重点保障站点位置；四是针对具备市电供电条件的站点，赛前改造成双供电方式；五是在中心站建立快速切换备份站机制。依据原则努力做到赛时赛区气象设备不出故障，一旦出故障能够快速恢复正常。

4.2.2.3 构建赛区“一站一策”保障方案

为充分、准确获取赛区所有站点的精准信息，从 2021 年 10 月中旬开始，气象装备保障团队开展赛区所有站点的巡检维护和信息采集。对每一个站点进行现场路线踏勘、维护，对每个关键器件进行记录和拍照留档，完成了赛区 44 个站点的信息采集。经过后期的梳理、完善，为每一个站点建立了详细的信息文档。文档内容包括站点基本信息、设备型号和位置、更换流程、维修方法、路线等各类文字和图像信息。最终形成了 44 个“一站一策”保障方案。除此之外，另增加通用类和特殊类维护维修等信息，共建立了 154 个文档和资料，其中拍摄图片信息 1 000 多张，总大小 1.3 GB。

4.2.2.4 建立赛区备站快速替换机制

根据前期谋划和保障原则，认真梳理重要站点、维修困难站点及便于替代站点，形成备站列表，最终确定需建设备站 12 套。气象装备保障团队集中讨论建站方法，解决现场无法固定设备、供电稳定性的难题。由于赛区登山困难，团队根据设备重量和安装工序合理分工，完成备份站的安装。所有备份站均处于热备份，与原站保持同步观测，实现快速、稳定替代原站点。

4.2.2.5 科学配备备件和定制工具

为保障设备出现异常时能够快速高效恢复正常工作，足量的设备备件和备站必不可少。团队与设备厂商建立了备件快速供应机制，赛前根据在用设备种类和数量按 3∶1 配备，在人员进驻前 200 余件备件足额到达，放置到核心区内。赛时根据使用情况快速及时补充，确保备件充足可用。

定制维修和安全防护工具。张家口赛区赛场山高、坡陡、路远，在奔赴现场站点时，很多地方无路可走。外出野外工作时，既要背负足够的备件，也要带全所用的工具，更要带上安全防护用具。设备备件无法精简，只能对维护维修工具和安全防护用具进行综合考虑，统一定制。经过团队多次研讨、演练和现场实战，最终确定背负式工具包，内含多用性维修工具、5 号电池万用表、应急医药包、工兵铲等，另带安全绳、登山杖、冰爪等防护工具。在保障过程中，工兵铲、安全绳、冰爪等工具被频繁使用，发挥了重要作用。

4.2.2.6 建立赛区设备运行评估机制

为及时、准确掌握赛区气象观测设备的运行情况，建立赛区气象观测设备运行健康评估机制。从开幕式前 10 天开始，每天组织对赛区所有站点设备开展运行情况的分析、评估，主要从设备电压变化、通信状况、观测数据等方面进行详细分析、评估，及时发现观测设备可能存在的隐患和风险，努力减少赛时设备故障发生概率，将故障消灭在发生之前。针对每一个站点进行现场路线踏勘和维护，排除了设备风险和隐患，确保了赛时设备的稳定运行。

4.2.2.7 开展天气雷达巡检维护工作

2021 年 10 月，组织雷达厂家完成了对河北省 6 部新一代天气雷达（承德、张北、秦皇岛、沧州、邯郸、石家庄）的年维护工作，针对雷达技术性能指标进行了全面的测试，按照技术规定要求调整了部分性能参数；排查了故障隐患，解决了发现的问题；同时，还检查了各雷达站 UPS、发电机和空调等配套附属设施，为全省新一代天气雷达稳定运行，尤其是在冬奥会期间的稳定运行奠定了基础。

4.2.2.8 储备天气雷达应急备件

2021 年 12 月，组织各雷达站完成台站级备件清点核对工作时，河北省气象技术装备中心完成省级备件核查梳理工作，结合年维护各雷达实际运行情况综合考虑，主动向中国气象局气象探测中心和雷达厂家提出申请一批共计 10 件（套）总价值超过 167 万元的备件，并分发至各雷达站，以便于提高维护维修时效性。

4.3 赛时运行监控

4.3.1 北京及延庆赛区

秉持“早发现、早反馈、零漏报”的理念开展赛区观测系统运行监控，组织各保障小组高效互动，与周边省（区、市）协同加密观测，高标准完成观测保障任务。

4.3.1.1 赛前准备工作

为保证观测系统运行监控工作顺利开展，运行监控组组织骨干编制了《冬奥保障运行监控办法及流程》《冬奥保障运行监控团队工作方案》《北京赛区及延庆赛区综合观测设备运行日报填报方法》等文件。2021 年 11 月至 2022 年 1 月组织运行监控组全体成员学习 3 次，主要学习内容包括冬奥保障相关文件、运行监控内容、综合观测设备运行日报填报方法、各类平台数据查询方法，提升组员的冬奥观测系统运行监控保障能力，确定与技术保障人员、现场保障人员信息交互方式、确定设备运行监控时效、确定运行监控团队工作方案，协助完善《冬奥北京及延庆赛区综合观测设备运行情况日报》及《技术支撑组日报》，于赛前参与组织冬奥风险应急演练，为冬奥会气象服务保障工作打下坚实的基础。

2022 年 1 月 28 日起，运行监控保障组采取增强人员值班模式，除综合观测岗、运行监控岗外，新增冬奥设备运行监控专岗，强化专人在冬奥气象装备运行中的监控能力，确保第一时间发现问题并及时按流程开展上报。

4.3.1.2 冬奥探测设备运行监控平台

冬奥探测设备运行监控平台是基于北京市气象局“十三五”软件平台“综合观测设备运行管理系统”的一个功能模块。该模块主要用来对冬奥赛区相关的各类气象观测设备运行情况进行监控（图 4.3.1）。

冬奥探测设备运行监控平台主要针对北京市冬奥赛区的各类气象探测设备进行针对性的加密监控和故障报警，可以将与冬奥相关的任意站点、任意类别的探测设备集中到该平台模块进行统一监控，实现分钟级的故障报警，通过声音报警提示可以让值班人员第一时间发现故障所在。

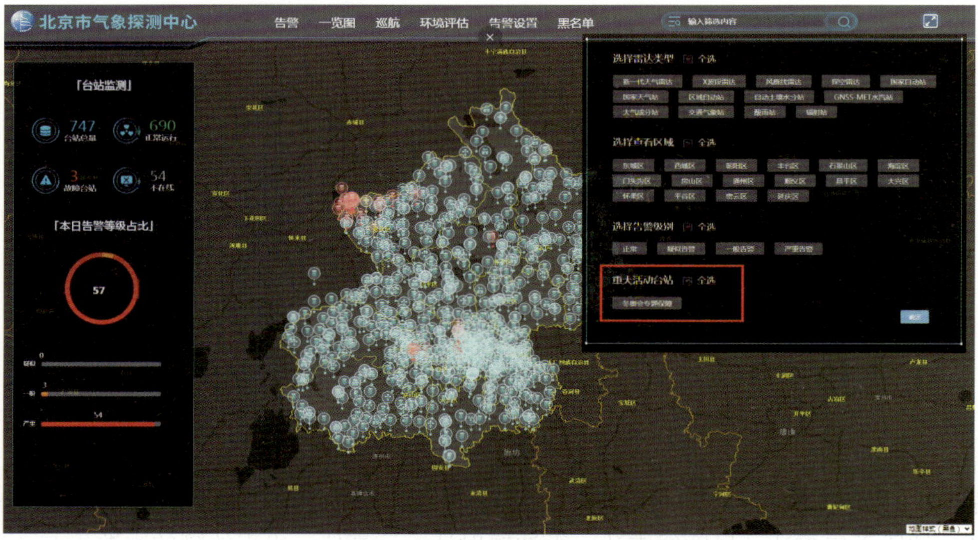

图 4.3.1　冬奥探测设备运行监控平台

该平台具有以下特征：①设备类别和站点可自主选择，纳入专门的冬奥专题保障模块进行针对性监控；②监控频次可选择，根据需要进行分钟级故障报警；③弹窗提示加声音循环提示，保障人员可以第一时间发现问题并跟进处理。

该平台在冬奥会期间取得了良好的效果，自动监控和声音报警功能可以使得值班人员第一时间发现故障站点、故障设备并及时跟进处理，为冬奥气象探测系统的平稳运行发挥了积极的作用。

4.3.1.3 运行监控组赛事保障工作

冬奥赛事期间，运行监控团队值班人员共监控赛区自动气象站34套，备份自动气象站5套（石景山、朝阳、海淀、丰台国家自动气象站及中国气象局自动气象站为备份自动气象站）。赛区垂直观测设备19套，备份垂直观测设备1套（南郊S波段天气雷达为备份雷达）。赛事期间，值班员共发现各类故障34次。故障发生后，运行监控团队值班员按要求做到"第一时间发现""第一时间上报""第一时间协助维修"的"三个第一"工作要求，未出现人为错情，为现场保障团队开展设备维修工作提供及时、有力支撑。各类设备故障统计详细情况如表4.3.1所示。

表4.3.1 冬奥观测设备故障次数详细情况

编号	探测设备	站点总数	故障次数
1	自动气象站	34+5	19
2	S波段天气雷达	1+1	0
3	X波段天气雷达	2	1
4	风廓线雷达	2	2
5	微波辐射计	4	1
6	微雨雷达	1	5
7	毫米波云雷达	2	0
8	天脸	1	0
9	云高仪	2	2
10	全天空成像仪	1	0
11	激光测风雷达	3	4

由表4.3.1可知，本次冬奥会期间赛区设备总体运行稳定率较好，其中S波段天气雷达、毫米波云雷达、天脸及全天空成像仪运行稳定率最好，未出现任何故障。运行稳定率较好的设备有X波段天气雷达、风廓线雷达、微波辐射计、云高仪，出现故障的次数均在两次及以下。自动气象站、微雨雷达、激光测风雷达运行稳定率较差，出现故障的次数均在两次及以上。故障次数占比最高的两类设备为自动气象站和微雨雷达，其中自动站气象故障次数占比为55%，微雨雷达故障次数占比为15%（图4.3.2）。

启动探测信息联动，无缝隙开展冬奥观测数据全流程实时监控。赛事期间，北京、延庆赛区地面气象站（38套，不含已拆除5套）及延庆赛区垂直设备（实时传输19套）整体运行稳定，运行正常率维持在95%的高位以上。

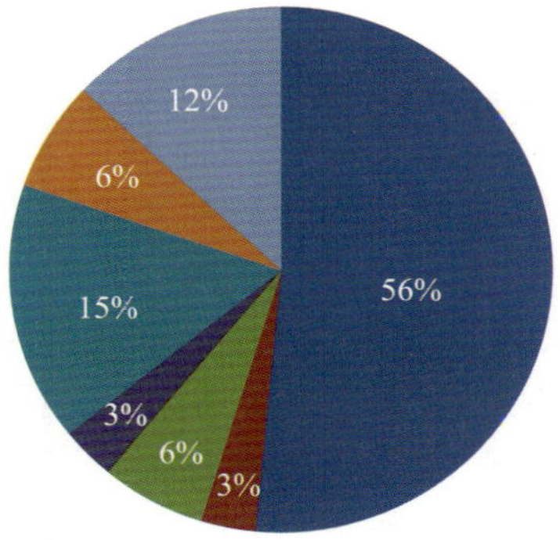

图 4.3.2 冬奥观测设备故障次数统计图

4.3.2 张家口赛区

紧盯数据，满足冬奥气象预报服务数据需求。全员实行 24 h 值班值守，专人负责冬奥数据监控和质量控制，发现数据问题及时通知前方，逐日定时上报数据监控及数据质量。冬奥会期间，44 个核心区观测站平均数据传输到报率达 99.8%，及时率达 99.3%，数据可用率达 99.7%。

4.3.3 国家级监控

通过关键技术研发、测试应用和改进优化，建立适用于冬奥赛事服务需求的气象观测装备运行监控平台系统（Winter Olympics Observing System Operations and Monitoring，WOSOM），实现赛事地区观测装备运行信息全覆盖监控、集成实时监控和维修远程在线指导功能，构建统一规范的标准化监控平台，实现冬奥综合气象观测全网装备运行质量的信息化管理，形成集运行、应用和管理为一体的集约化、信息化的冬奥赛场观测运行监控平台，为赛事气象服务提供精准、可靠的气象观测数据，全力支持冬奥会气象保障服务。完成了 WOSOM 手机 APP 端的开发与测试，支持台站发生故障时实时进行手机消息提醒，为气象保障人员提供移动办公的能力（图 4.3.3）。

4.4 观测保障团队分区分级保障

4.4.1 北京及延庆赛区

为全力做好北京 2022 年冬奥会和冬残奥会北京市气象保障服务工作，根据《2022 年冬奥会和冬残奥会北京市运行保障指挥部工作方案》，在中国气象局指挥体系下，北京市气象局制定了《北京 2022 年冬奥会和冬残奥会北京市气象局气象保障服务工作方案》。该方案将

图 4.3.3　WOSOM 平台界面

整个冬奥和冬残奥会的气象观测保障服务进行时间和空间划分。其中，时间上主要分为火炬传递、开（闭）幕式以及赛事期间四个关键时段；空间上主要分为火炬传递路线、开（闭）幕式场馆区、北京赛区、延庆赛区的竞赛场馆及非竞赛场馆以及周边区域。

依据上述时间、空间划分，气象观测保障团队开展检定、备件、巡检维护的分区分级保障工作。

4.4.1.1　检定工作

各区域观测系统设备最后一轮次检定工作分别在正赛前两至四周完成。火炬传递、开（闭）幕式以及赛事期间四个关键时段前两周，完成火炬传递路线、开（闭）幕式场馆区、北京赛区、延庆赛区的竞赛场馆及非竞赛场馆各类气象观测设备检定；周边区域的气象观测设备在四个关键时段前两至四周完成检定工作。检定中重点针对称重式降水传感器、能见度仪、降水现象仪和风传感器开展现场核查。

4.4.1.2　备件

对火炬传递路线、开（闭）幕式场馆区、北京赛区、延庆赛区的竞赛场馆区域的气象观测系统中的传感器按照 2∶1 的比例储备；非竞赛场馆以及周边区域气象观测系统中的传感器按照 3∶1 的比例储备。主要传感器备件包括海陀山天气雷达台站级、升级和国家级备件，地面气象站的气温、气压、雨量（翻斗和称重）、风向（超声和机械）、风速（超声和机械）、相对湿度、近地层温度（5～50 cm）、雪面温度（红外式）、浅层地温（0～20 cm）、总辐射、紫外辐射、能见度、积雪深度、降水现象、黑球温度、光合有效辐射、云高云量和草温等备件。

火炬传递路线、开（闭）幕式场馆区、北京赛区、延庆赛区的竞赛场馆及非竞赛场馆以及周边区域的气象观测系统备件存放点满足便于高效存取、安全可靠的要求进行设置。其中，开（闭）幕式场馆区和北京赛区气象观测系统备件存放于北京市气象探测中心备件库房、朝阳气象局和北京市气象局南区库房；延庆赛区气象观测系统备件存放于延庆区气象局、高山滑雪赛场气象保障临时驻点和高山滑雪赛场内的海陀山天气雷达站。

4.4.1.3 巡检维护工作

北京市气象局按照属地组织实施原则，统筹考虑北京区域冬奥和冬残奥会气象预报、探测等相关工作，组建冬奥北京气象中心。冬奥北京气象中心负责对接 2022 年冬奥会和冬残奥会北京市运行保障指挥部，全面负责冬奥会和冬残奥会北京赛区和延庆赛区赛事、冬奥村及外围区域，火炬传递、开（闭）幕式彩排、预演及正式活动以及相关系列文化活动、考察活动等的气象观测保障服务工作。中心下设开（闭）幕式服务组、火炬接力服务团队、延庆赛区外围气象服务团队和观测保障团队，分别重点负责火炬传递路线、开（闭）幕式场馆区、北京赛区、延庆赛区的竞赛场馆及非竞赛场馆以及周边区域的气象观测保障服务工作。其中火炬传递路线、开（闭）幕式场馆区和北京赛区的 5 名观测系统运维成员按照准闭环管控 24 h 待命；延庆赛区 7 名运维成员进入赛时闭环管理，开展高山滑雪赛场综合气象观测系统运维保障工作；赛场及场馆周边区域观测运维保障严格按照常规业务考核要求开展运维保障工作。

按照分级、分区细化保障流程（图 4.4.1），落实主责人员职责，对北京赛区场馆及周边探测系统、北京赛区单板跳台赛场探测系统、延庆赛区探测系统、现场应急等均明确了保障主要负责人及有效联系方式。

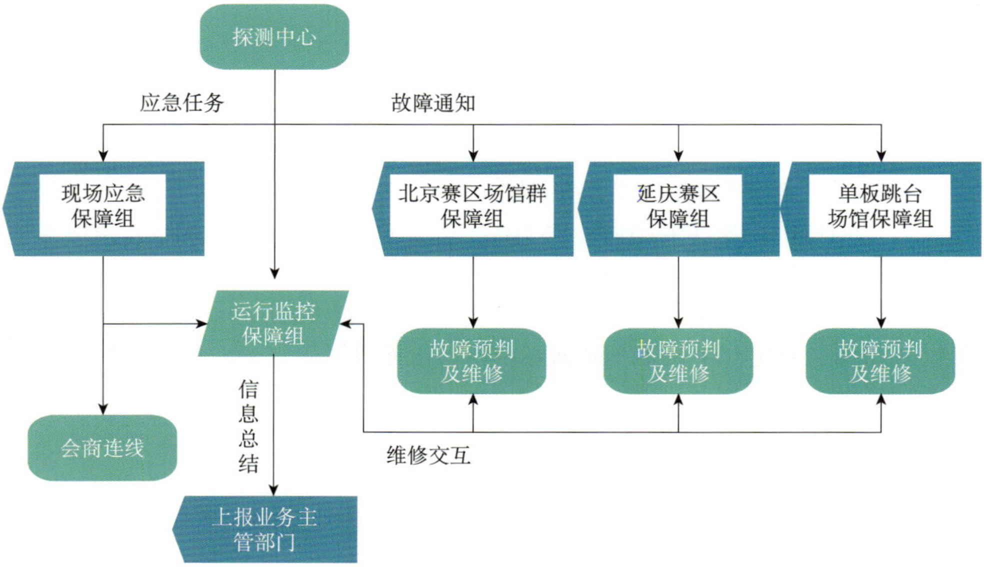

图 4.4.1 观测保障团队分区、分级保障流程

4.4.2 张家口赛区

4.4.2.1 赛时赛区设备保障

气象装备保障团队进入赛场后，合理计划，严密防守，快速出击。一是每日开展核心区所有观测设备运行情况分析。每天专人分析观测设备运行情况，集中研讨交流观测设备运行隐患和风险情况，形成设备运行分析记录 200 余份；二是快速有序开展设备巡检和维护。根据观测设备运行分析结果和场馆比赛管控要求，有序开展外出野外巡检维护 60 多站次、110 多人次、340 余工时，排除风险点 6 处，维修故障隐患点 4 处，及时解决观测设备存在的隐患和风险；三是及时快速启动应急抢修。非赛时期间仅发现 1 次站点数据延时故障，气象装备保障人员快速出击，20 min 内完成设备抢修，确保观测设备稳定运行。整个赛时期间未出现设备故障情况。

4.4.2.2 天气雷达驻站现场保障

2022 年 1 月，组织各雷达厂家和河北省气象局装备中心技术人员，进驻参与冬奥会保障的各雷达站，进行现场驻站保障工作，现场实时监控雷达系统运行状态，确保冬奥会、冬残奥会开（闭）幕式及赛时期间雷达系统稳定运行，做到冬奥会、冬残奥会期间雷达系统稳定运行。

4.4.3 国家级保障

4.4.3.1 卫星平台保障

（1）强化运行控制值守

冬奥气象服务期间，国家卫星气象中心组织了全面业务检查，通过大量预防性维护工作确保了业务的整体平稳。结合值班员业务加密巡检并有效利用智能化运维技术，有力确保地面业务系统安全稳定，业务运行成功率达 100%。

2022 年 1 月 13 日，国家卫星气象中心运行控制室召开工作安排会，安排各科针对所辖业务系统进行风险排查，优化应急预案；1 月 20 日，召集全处业务运行骨干，召开冬奥业务运行保障动员会，明确目标，统一思想，采取多项服务强化措施保障冬奥服务稳定高效。

为应对一线运行岗位人员不足及疫情等困难，运控室成立由处领导、业务骨干组成的冬奥 24 h 加强岗，强化值班值守，提高问题处理时效，确保业务运行工作有条不紊地进行。对中心消防、供水、供电、空调等基础保障设施和业务数据库、文件系统、系统共享内存等软硬件业务系统实施了重点维护，避免潜在风险。制定了 FY-4A 和 FY-4B 冬奥期间观测模式，强化 FY-3C、FY-3D、FY-3E 星地全流程业务运行监视，梳理卫星及地面系统卫星安全监视、任务计划制订与下达、业务调度流程控制、数据推送等关键监视点，采用多级加密巡检的方式保障关键业务环节运行稳定。与下游遥感与产品服务部门建立联动沟通机制，及时沟通数据接收、数据处理与产品生成时效，提供主动式的数据准备保障支持服务。努力保障 FY-3E、FY-4B 两颗在轨测试新星“边测试，边应用，边服务”工作的顺利开展，确保“双星”在冬奥保障工作中发挥稳定精细化的观测支撑作用。

（2）加强信息保障

卫星数据与资源室建立处业务会商机制，团队每天对冬奥气象服务的 IT 平台、数据服务、信息安全保障等方面情况进行业务会商，总结经验，改进问题。针对冬奥气象服务流程，梳理重点工作内容，制定服务方案，排查风险，提前处理各种隐患，对 FY-4B 数据服务、风云直播、冬奥产品分发等重点工作进行重点保障。资源室按照最高等级保障需求进行加密巡检，冬奥气象保障期间完成巡检 1 604 次，及时发现并处理故障硬件和风险隐患 128 次，保障服务期间平台稳定运行。保障期间网络与安全进行 7×24 h 值班，冬奥期间累计发现网络攻击 10 924 次。其中，由国外 IP 源发起的攻击行为达 1 618 次，主要攻击 IP 来源地为美国（549 次）、印度（187 次）、英国（149 次）、荷兰（139 次）、新加坡（96 次）。对所有攻击进行研判分析后对其中的有效探测进行快速处置，因监测及时响应迅速，冬奥保障期间实现信息安全零事故。实时将 FY-4A 无边界真彩图、可见光、红外、水汽图四种产品推送至冬奥气象网站服务。服务期间共推送文件 128 559 个，实时分发 41.7 万个文件至冬奥指挥平台，制作了可见光、红外和真彩视频流，并发布在冬奥指挥平台，提升了冬奥气象服务质量。在保障期间，资源室制作的云图动画支撑了 7 次重大会商工作。

4.4.3.2　联合设备厂家

厂家分别建立了自动气象站、天气雷达的冬奥气象服务保障专班，制定了应急预案，成立了赛场现场和公司后方两个保障小组，全公司技术、生产、物料、服务等部门分工协作，共同保障北京冬奥气象服务工作；成立了冬奥保障专项工作组，积极参与国家卫星气象中心和国家气象信息中心的赛事期间气象服务保障业务值班。

赛事期间派出 3 位现场保障服务人员进入延庆高风险闭环管理区，5 位技术骨干驻守京津冀地区天气雷达站，3 位技术服务人员巡检张家口赛区周边自动气象站，激光测风雷达团队线上远程保障，协助国家卫星气象中心和国家气象信息中心开展业务平台开发与运维值守，共同为北京冬奥保驾护航。

（1）协调管理

成立冬奥气象服务领导小组办公室，负责冬奥气象服务保障工作具体组织，承担日常协调工作。在冬奥气象服务特别工作状态期间组织开展应急值守工作，执行 24 h 主要负责人领班、管理层带班、专人值班制度，建立了工作情况报告制度，每日 10 时和 18 时开展内部情况报告，每日 16 时向冬奥气象中心报告，累计形成内部工作报告 120 份。

（2）自动气象站

分赛区成立冬奥专项服务小组，提前了解各赛区特点和保障需求，建立例会和日报告制度。安排现场服务工程师入驻延庆高风险闭环管理区和张家口赛区。赛事期间开展自动气象站专项保障服务，在延庆赛区完成 74 站次设备巡检维护、21 站次设备应急维修；在北京赛区完成 5 套设备巡检维护、2 次应急维修；在张家口赛区周边除封闭区域 11 套站点外，完成 59 套设备的巡检与检修（图 4.4.2～图 4.4.3）。

图 4.4.2 赛事期间巡检维护自动气象站 / 降雪过程后为设备除冰

图 4.4.3 张家口赛区周边自动气象站现场维护设备

（3）天气雷达

成立气象服务保障工作小组，对北京、河北、天津、山西的 7 部 S 波段天气雷达、10 部 X 波段天气雷达、2 部 C 波段天气雷达共 19 部天气雷达开展了专项定标检查和巡检维护工作（图 4.4.4），建立“1 h 内响应，6 h 内恢复”应急响应机制。为提高雷达保障时效性，在其中 8 个天气雷达站提前存放了 161 件价值 900 多万元的备品备件，确保了赛事期间雷达稳定正常工作。

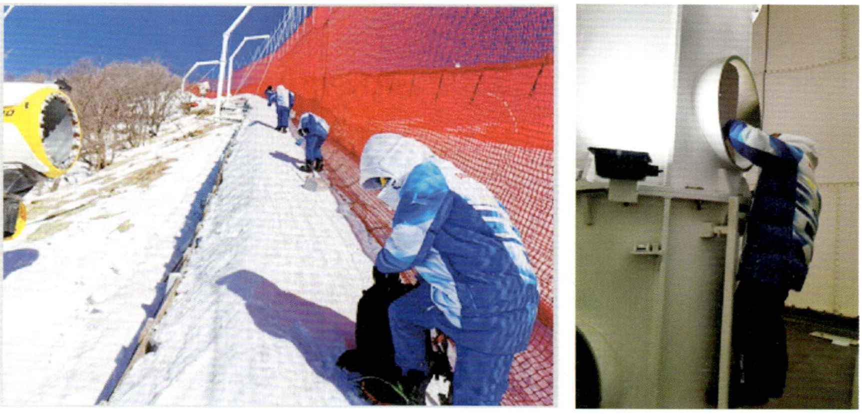

图 4.4.4 闭环管理人员上山巡检，保障海陀山天气雷达稳定运行

冬奥赛事期间，共派出 5 名技术骨干分别驻守北京海陀山、北京南郊观象台（仅开幕式当天）、张家口康保、河北石家庄和天津 5 部 S 波段雷达站进行驻站保障（图 4.4.5），确保雷达设备正常工作，另安排保障服务组员做好 10 部 X 波段雷达应急保障服务工作。

图 4.4.5　驻守北京天气雷达站、张家口康保天气雷达站、天津天气雷达站和石家庄天气雷达站

（4）激光测风雷达

根据河北省气象局的要求，激光测风雷达保障人员采用远程技术支持方式全程跟踪保障雷达设备运行。

（5）风云卫星遥感产品

配合国家卫星气象中心开展风云系列气象卫星遥感产品研发、生产，保障风云三号和风云四号卫星业务系统的稳定运行业务。历时 3 个月，北京华云星地通科技有限公司搭建的“冬奥产品科研处理和展示系统”实现了 6.25 km 雪深产品的全自动快速处理与交互式出图，成为支撑冬奥开幕式会商服务的利器。

制定了冬奥气象服务值班制度，参与国家卫星气象中心业务值班，采用双人值班守岗，确保了风云二号、三号、四号卫星业务处理系统和高分四号处理系统的安全稳定运行。

（6）信息业务平台

成立了冬奥运维保障工作组，制订信息业务平台运维保障方案，参与中国气象局院内网络安全值班（图 4.4.6），24 h 待命防范网络安全事故（图 4.4.7）；参与国家气象信息中心天镜值班，重点监视、巡检了气象大数据云平台（天擎）、国内气象通信系统、国家突发事件预警信息发布平台、冬奥会指挥平台服务器、国家气候中心 CIPAS 平台等；参与中国气象局人工影响天气中心人影空地通信系统（地面系统）保障，共保障人影作业飞机实时飞行作业共 94 架次。冬奥会期间共处理各类信息业务平台问题 66 次，有力支撑了国家级核心信息业务平台的稳定可靠运行。

图 4.4.6　巡检国家气象信息中心机房

图 4.4.7　24 h 机房值班监控业务系统运行状态

第 5 章　典型案例

5.1　新设备应用方面

5.1.1　超声风与机械风双备份成效

对自动站系统，根据海陀山地区冬季高湿、低温的现场环境，对可能造成的风传感器的冻结问题，北京市气象局联合厂家设计了可加热的超声风传感器安装设计方案，用以在极端天气条件下保障风关键要素的数据。在竞速 1 号站（A1701）、竞速 2 号站（A1702）、竞速 3 号站（A1703）、竞速 5 号站（A1705）、竞速 7 号站（A1707）、竞速 8 号站（A1708）、竞技 1 号站（A1710）、竞技 2 号站（A1711）、竞技 3 号站（A1712）、西大庄科站（A1732）、山顶站（A1733）11 个站点安装加热超声风传感器，超声风传感器可通过交流电接入，使用传感器加热功能，可以在 −40～60℃时进行观测，有效解决传感器冻结问题。

在北京冬奥会和冬残奥会赛时及测试赛期间的多次雨雪天气过程中，均出现了机械风风杯冰覆的情况。经统计发现（表 5.1.1），从 2021 年 11 月到 2022 年 3 月中旬冬残奥会结束，赛道气象站机械风杯在整个冬季共计 5 次雨雪天气过程发生过冻结现象，其中 11 站次严重冻结（具有 2 h 以上无连续数据）、8 站次轻微冻结（连续无数据小于 2 h 以上或仅对测量数值造成轻微影响）。期间加热式超声风数据均运行正常，有效保障了赛事观测服务。

表 5.1.1　海陀山高山滑雪赛区赛事前后风杯有冻结的记录统计

站点（站号）	设备	2021 年 11 月	2021 年 12 月	2022 年 1 月	2022 年 2 月	2022 年 3 月
山顶站（A1733）	风杯	严重冻结	严重冻结	轻微冻结	轻微冻结	严重冻结
	超声	无	无	无	无	无
竞速 1（A1701）	风杯	严重冻结	无	轻微冻结	轻微冻结	严重冻结
	超声	无	无	无	无	无
竞速 2（A1702）	风杯	严重冻结	无	轻微冻结	轻微冻结	严重冻结
	超声	无	无	无	无	无
竞速 3（A1703）	风杯	严重冻结	无	无	无	严重冻结
	超声	无	无	无	无	无

续表

站点（站号）	设备	2021 年 11 月	2021 年 12 月	2022 年 1 月	2022 年 2 月	2022 年 3 月
竞速 5（A1705）	风杯	严重冻结	无	无	无	无
	超声	无	无	无	无	无
竞速 7（A1707）	风杯	无	轻微冻结	轻微冻结	无	无
	超声	无	无	无	无	无
竞速 8（A1708）	风杯	严重冻结	无	无	无	无
	超声	无	无	无	无	无

以 2022 年 3 月 11—12 日为例，11 日晚开始间歇降雪，相对湿度上升，风杯测速在 10 m/s 左右，已经明显受到降雪影响；12 日白天升温后长时间维持 98% 以上高湿度，挂雪的负载使得风杯测速明显小于超声测风仪，风速由 10 m/s 降至 2 m/s 以下后风杯彻底冻结，超声风观测未受影响（图 5.1.1）。结果表明：竞速赛道陆续出现机械风结冰冻结现象，供电正常的超声风设备均运行正常，在应对雨雪冰冻过程中对风的观测发挥了主力军作用，弥补了现有机械风容易被冻结造成数据缺失的问题，收集到宝贵的一手观测资料，备份效益显著，保证了冬奥赛区气象精细化观测能力，为冬奥赛区精细气象预报服务提供了数据支撑。

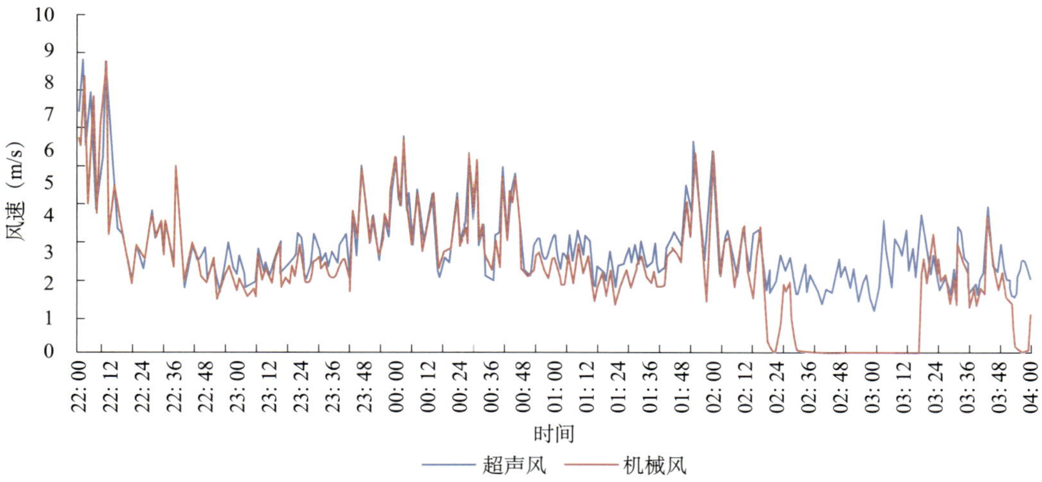

图 5.1.1　2022 年 3 月 11—12 日过程中竞速 1 号站机械风与超声风观测数据对比

5.1.2　自动气象站状态监控功能效益

在此次冬奥会和冬残奥会赛事期间，北京市气象局联合厂家开发自动气象站状态监控模块（图 5.1.2），主要功能是对采集器进行状态监控，可实现自动气象站的状态信息获取、数据质量控制、远程升级程序、远程控制四大功能。监控服务器具备电流电压监测、机箱温度监测、网络状态监测、电源控制及多型号采集器接入功能，可以通过网络实时连接至监控中心的软件平台，为自动气象站提供运行状态监测、状态报警、远程重启等功能。

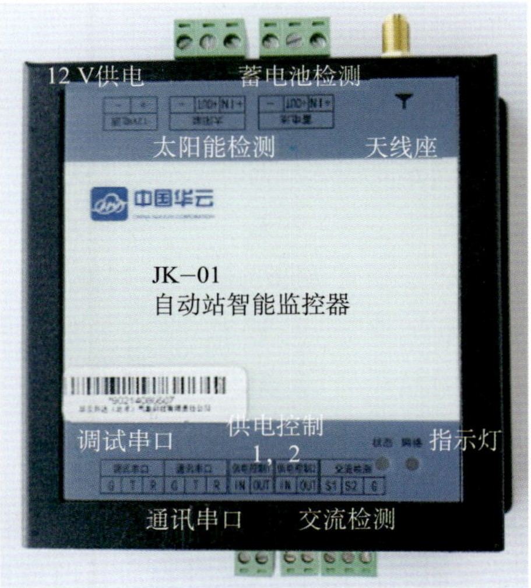

图 5.1.2　自动气象站状态监控模块

在赛事期间，自动气象站状态监控模块对设备运行监控、在线故障诊断、提升维护维修效率有重大意义，保障人员可根据状态监控数据，及时组织维护维修工作，确保气象观测数据的及时率和准确率。

5.1.3　延庆赛区多源遥感及空地基联合观测试验

北京市人工影响天气中心以北京市气象局业务观测体系为基础，在闫家坪站和张山营站建设了降雪云系垂直指向观测的超级站，在东花园布设了可以执行多扫描方式的 X 波段偏振雷达，构建了对影响北京赛区降雪云系的三维综合观测网。在冬奥会和冬残奥会期间开展了多次多源地基设备和飞机配合的空地协同观测试验，如图 5.1.3 所示，地基 X/Ka/W 三波

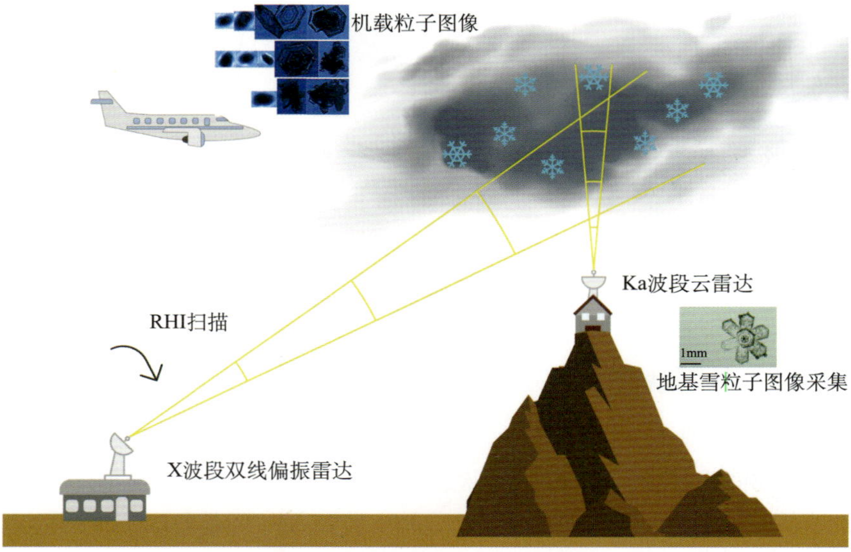

图 5.1.3　空地协同观测示意图
（RHI 扫描为距离高度显示扫描方式）

长雷达、Ka 云雷达、风廓线雷达、微雨雷达、激光测风雷达、拉曼激光雷达、微波辐射计、云高仪等设备垂直对空观测，业务 S+X 波段偏振雷达执行 9 层体扫观测，东花园雷达站 X 波段偏振雷达在闫家坪站和张山营站两个方位执行交替 RHI 扫描，飞机在闫家坪和张山营站上空进行垂直探测，获取了空地多源数据集。在此基础上，北京市人工影响天气中心研发了基于多源数据融合的降雪云系水凝物粒子相态分类技术，可以自动识别出降雪云系中雪花、霰、雪 + 霰、液水等水凝物粒子相态，其识别结果对人工增雪潜力分析、降雪相态转换预报有很好的指导作用。

5.1.4　张家口赛区（崇礼）加密观测试验

2018—2021 年，连续 4 年开展加密观测试验组网观测技术保障，对张家口赛区（崇礼）加密组网观测试验进行优化，构建张家口赛区（崇礼）赛场精细化的三维立体观测网络，提供精细化探测数据。参考超大城市综合协同观测成果，联合企业厂家开展深层次合作，提供 3 部移动风廓线雷达、3 套微波辐射计、4 部测风激光雷达；租赁 5 套微波辐射计，于 2018—2021 年每年冬季进行为期 3 个月的联合垂直观测，完成观测设备协调、检测、安装调试、运输保障等工作，确保试验期间设备稳定运行，为赛区气象服务保障提供丰富有效的高空风廓线、温湿度廓线数据。

北京 2022 年冬奥会期间，在厂家的配合下，在云顶雪场和跳台中心核心区安装了 5 台扫描式激光测风雷达（图 5.1.4），探测三维精细化风场为滑雪比赛安全进行提供了有力保障。

图 5.1.4　张家口赛区（崇礼）激光测风雷达

在赛事气象保障中，测风激光雷达的加入使得赛场局部区域的风场得到有效探测，为气象保障更好地服务此次冬奥会，在我国中纬度山区实现“超精细复杂山地三维、秒级、多要素”冬奥气象综合立体探测（图 5.1.5），气象预报实现“百米级、分钟级”预报能力发挥了关键作用。

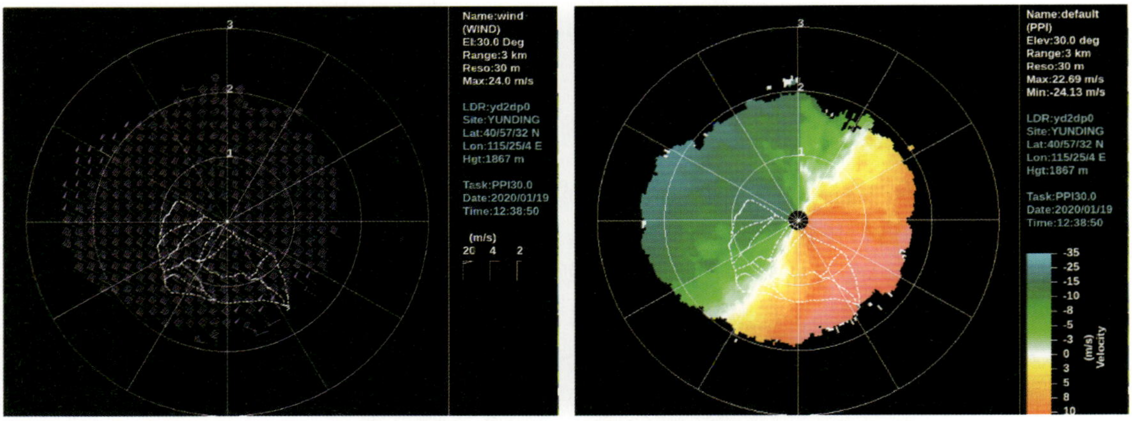

图 5.1.5　张家口赛区（崇礼）云顶雪场激光雷达单站风场反演

5.2　新技术应用方面

5.2.1　激光测风雷达协同观测技术应用效果

冬奥会期间，三台激光测风雷达协同观测技术应用于高山滑雪中心。三台国产同型号激光测风雷达分别安装在竞速 3 号、竞速 6 号、竞技 1 号。每台激光测风雷达开展不同仰角的 PPI 和固定方位角的 RHI 扫描观测。利用协同观测技术，可以获取以下风的产品：①精细三维风场。水平范围约为 2 km×2 km，水平分辨率为 100 m，垂直范围约为地面到 1 000 m 高度，垂直分辨率为 50 m，时间分辨率为 10 min。②三台雷达的风廓线。垂直分辨率约为 26 m，时间分辨率为 10 min。③1 950 m 高度处水平二维风场（竞技 1 号和竞速 3 号的高度）。水平分辨率为 100 m，时间分辨率为 10 min。④竞速 6 号和竞速 3 号斜剖面二维风场。水平分辨率为 100 m，垂直分辨率为 50 m，时间分辨率为 10 min。

协同观测技术可以获取精细三维风场，是国内首次在复杂地形开展局地三维风场探测的技术，也是首次应用在冬奥会，为冬奥气象预报服务人员实时提供了赛区空中精细三维风，对高山滑雪赛事的举办、缆车运行、直升机救援等有重要意义。与协同观测技术类似的技术是天气雷达组网开展的三维风场观测。天气雷达主要探测云、雨等大粒子，晴空条件探测性能较差，而且在海陀山地形如此复杂的地区，天气雷达组网难以覆盖低空区域，无法开展针对性观测。测风激光雷达主要探测气溶胶粒子，晴空条件探测性能较好，而且测风激光雷达便携、易移动，可以针对观测目标开展针对性观测。

5.2.2　赛时运行监控、产品质控效益

5.2.2.1　冬奥赛区气象观测数据质量评估服务

依托天衡天衍质量控制评估系统，加强冬奥会和冬残奥会核心赛区自动气象站观测数据质量监视、质量控制和数据评估，新增风向风速、相对湿度、气温、气压和降水等关键要素质量控制及异常数据快速识别方法，进一步提高自动气象站观测数据质量。开发冬奥会和冬残奥会气象服务保障观测数据质量服务一张表（图 5.2.1），实现北京和河北各类观测设备、冬奥会和冬残奥会核心赛区自动气象站临近 3 个时次的全维度数据质量监视和信息服务。对可疑、错误的站点调用分钟级数据，辅助值班人员进行质量分析和故障诊断。

详细分析了冬奥会和冬残奥会赛区 9 部天气雷达、13 部风廓线雷达、303 个地面观测站、25 个大气成分站、4 部探空系统等数据质量及异常情况。冬奥会和冬残奥会服务期间，消除天气雷达基数据质量问题（电磁干扰）1 080 频次，系统自动质量控制 527 频次电磁干扰、16 频次故障坏图，人工勘误量 26 站次，加强应急区域观测站网数据质量异常事件跟踪及处理，发现观测质量问题站点 186 站次。

图 5.2.1　天衡天衍冬（残）奥数据质控界面

5.2.2.2　新型遥感观测装备的数据质量控制和评估

改进了微波辐射计质量控制算法，解决非探空站点的微波辐射计因缺少长序列历史探空数据训练而造成的反演精度不高的问题。研究基于长序列 EC 再分析资料的温湿层结数据，对非探空站点的微波辐射计进行本地化训练和反演，实现了北京地区海淀、怀柔、霞云岭等 6 个站点微波辐射计的实时质量控制反演，能够提供分钟级的温、湿等要素的廓线产品和综合时序图，显著提升非探空站温湿廓线产品的精度（图 5.2.2～图 5.2.3）。该研究将有效解决冬奥赛区微波辐射计站点距离张家口探空站较远、反演效果不佳的问题。

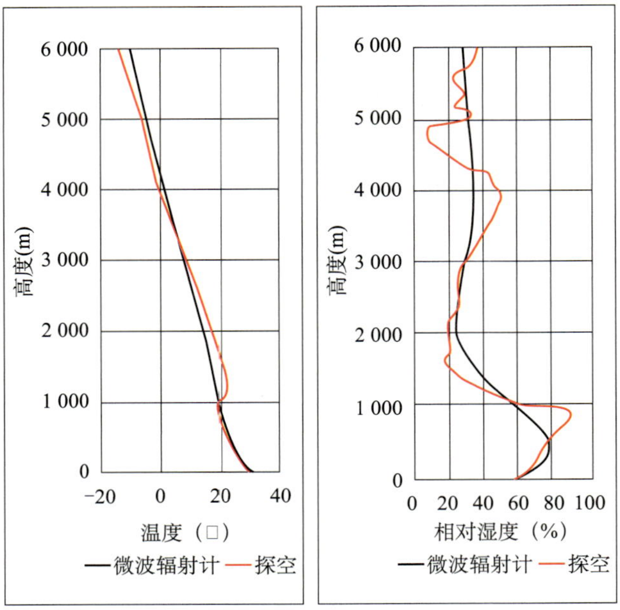

图 5.2.2　温湿廓线产品与探空比对情况

（0～6 km 高度温度均方根误差：1～2 ℃；湿度误差：10.23%）

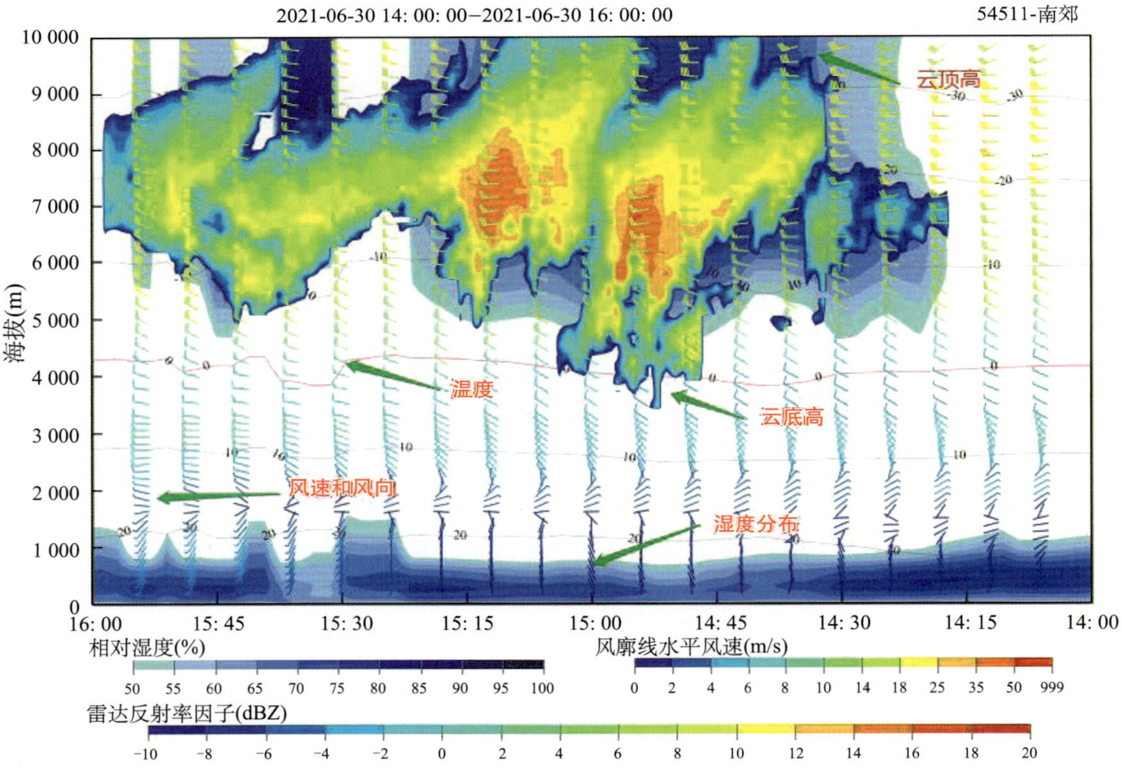

图 5.2.3　2021 年 6 月 30 日温、湿、风综合廓线产品时序图

研究改进了风廓线雷达基于径向数据的处理及质量控制算法。算法中新增数据读入格式检查，优化六分钟 / 半小时 / 一小时产品数据计算方法，新增二次曲面检查方法（图 5.2.4），初步形成风廓线雷达基于径向数据的处理及质量控制算法（V2.0）。并与改进前对比，经业务数据检验，质量控制效果良好。同时开展了基于三维变分方法开展了张家口赛区（崇礼）激光雷达三维风场反演方法研究，初步完成了单激光测风雷达三维风场反演方法，下一步将研究双多测风激光雷达三维风场反演方法。

· 二次曲面近似检查算法：剔除多时次空间连续性差的水平风

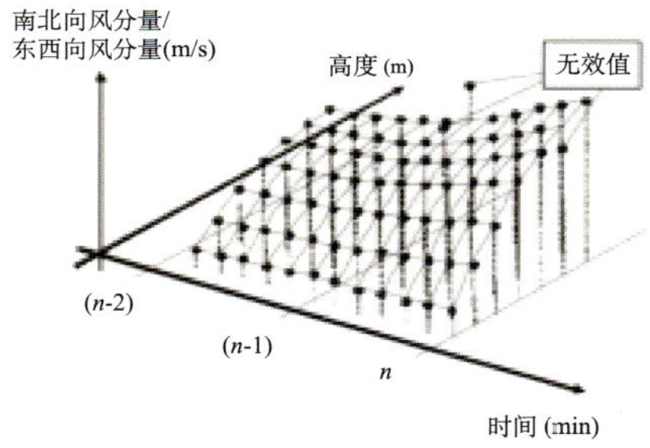

二次曲面近拟检查原理示意图

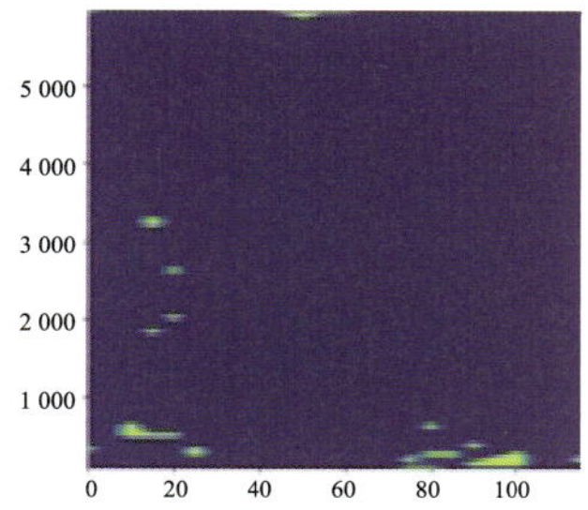

剔除前无效数据分布

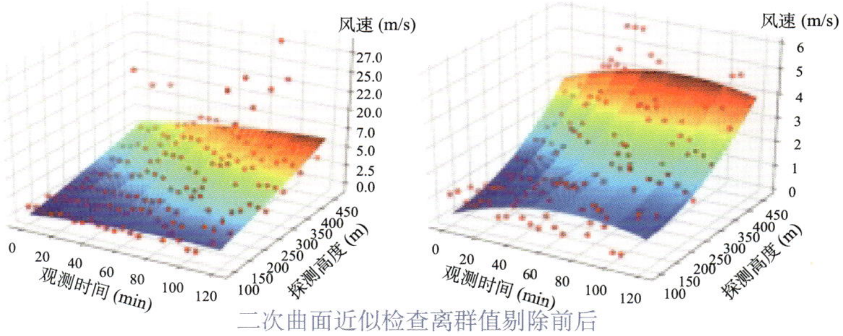

二次曲面近似检查离群值剔除前后

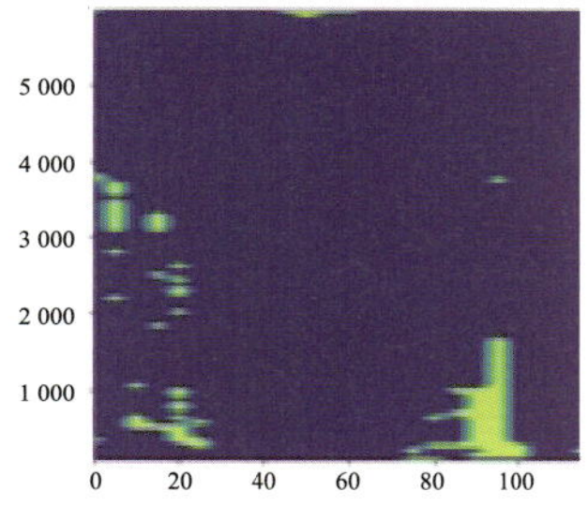

剔除后无效数据分布

图 5.2.4　二次曲面近似质控算法效果图

5.2.2.3　冬奥赛区观测运行监控平台设计与开发

冬奥会测试赛期间，冬奥赛区观测运行监控平台（WOSOM）部署在河北省气象局服务器上并实时运行（图 5.2.5）。借助 WOSOM，气象保障人员可以实时监控赛场周边 203 个自动气象站（其中包括核心站 35 个、周边 7 要素站 70 个、交通气象站 45 个、航空气象站 4 个、雪务站 15 个、科技实验站 34 个）、9 台激光测风雷达和 5 台微波辐射计的观测数据到报情况和设备运行状态，对于发生故障的设备，还能进一步展示发生故障的子系统 / 部件等，同时可对每个台站的维护维修保障工作实现信息化管理，有力保障了测试赛期间观测设备的稳定运行。测试赛后针对实际赛事保障服务的需求，增加了统计评估功能，可以对站点的运行状态、到报情况等进行数据统计，并一键生成报表。

完成了 WOSOM 手机 APP 端的开发与测试（图 5.2.6），支持台站发生故障时实时进行手机消息提醒，为气象保障人员提供移动办公的能力，从而帮助业务保障人员更及时的处理发生的故障。目前由于外网地址申请的问题，暂未正式上线运行。

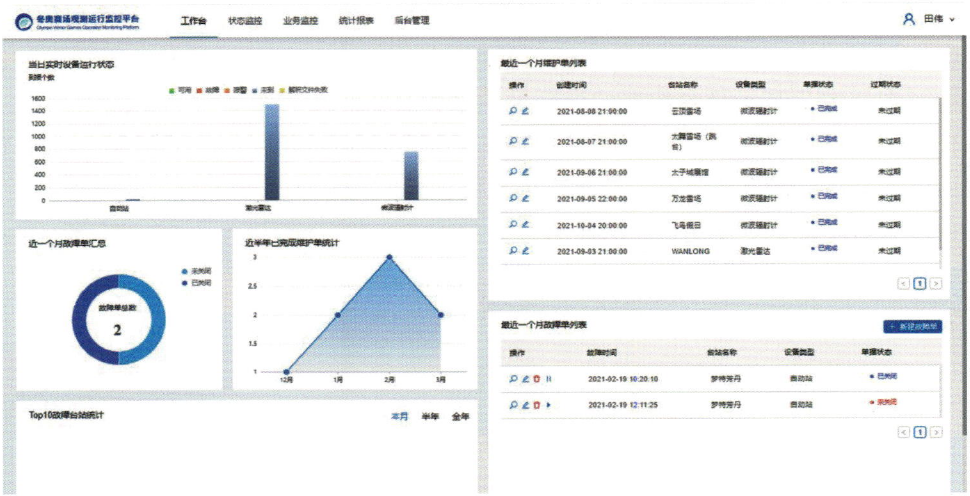

图 5.2.5　冬奥赛区观测运行监控平台（WOSOM）示意图

图 5.2.6　WOSOM 手机 APP 示意图

5.2.3　冬奥卫星天气服务平台应用效果

以冬奥卫星天气应用平台中的应用产品和多源卫星数据分析功能为基础，卫星天气分析专家团队形成了一套基于卫星资料的天气分析方法。随着冬奥会开幕式的临近，面向演练和开幕式天气监测预报会商的需求，卫星天气分析专家团队紧抓气象预报员关注点和不确定因素，利用卫星监测图像和产品诠释天气系统发展和演变特征，检验和订正数值预报，提出预报需要关注的建议。

2022 年 1 月 30 日开幕式演练期间的降雪天气引起了分析团队的关注，降水的相态、开始时间、降雪量、结束时间都有一定的不确定性，卫星天气分析专家团队结合卫星观测资料和数值模式数据，提出应关注南来的低云，注意降水变弱的可能性和结束较快的可能性，结果与实际情况符合较好，关键时刻成为气象预报团队判断模式预报性能和天气系统发展趋势的有力依据，以此给出明确的会商结论，获得了领导和同行的肯定。

在 2022 年 2 月 4 日开幕式会商发言中，针对白天火炬传递和晚上冬奥会开幕式活动服务保障工作，重点关注中等强度冷空气影响下温度、风力大小和风向、云的影响，利用卫星资料结合多种数据监测冷空气活动造成的气温、地表温度和雪表温度变化等，并且检验了数值模式的温度预报。开幕式气象服务保障成功，获得北京市气象局的充分肯定。

在 2022 年 2 月 12—14 日冬奥赛区明显降雪天气过程中，基于卫星天气分析方法，形成为天气过程演变和冬奥赛区降雪服务的专题材料，成为中央气象台早间会商首席气象预报员以及冬奥北京气象中心首席发言的重点参考依据。

5.2.4　飞机观测技术

根据作业方案，增雪作业飞机到达既定作业区域后，在地面综合观测设备的上空进行垂直探测。在保证飞行安全的前提下，最小探测高度需低于云底，最大探测高度高于云顶，以获取完整云系的垂直结构特征。飞机探测结果可与地面观测数据相互印证，增强探测数据的完整性、科学性。机载探测设备悬挂于机翼两侧，为减少飞机螺旋桨尾流对探测结果的影响，垂直探测盘旋飞行半径不宜过小，爬升或下降坡度不宜过大。建议选取飞行半径为 5 km，爬升或下降速度不超过 5 m/s。

垂直探测过程中需实时关注过冷水含量与温度条件，寻找具有较好人工催化作业条件的云区。催化层温度根据飞机上的实时温度监测，选取 AgI 成核率较高的 −20～−4 ℃。作业区域一般选择雷达回波为 10～30 dBZ 的稳定性降雪回波。增雪作业飞机搭载的 AIMMS、CCP、FCDP、2DS、CPI、HVPS、PIP、Nevzorov 含水量仪等探测设备可获取气象要素信息及云粒子的粒径分布、图像、液态含水量等特征（图 5.2.7），为作业条件的判断提供依据。CDP、FCDP 探头可获取小云滴数浓度，CIP 探头可获取冰晶数浓度（图 5.2.8）。当平均云滴浓度大于 20 个 /cm^3、平均冰晶浓度小于 20 个 /L 时，表明该区域具有较好的播撒条件。结合 2DS、CPI、HVPS 和 PIP 等设备获取的粒子图像判断粒子相态，选择过冷液态水丰富的区域进行播撒作业。

同时，也可结合登机作业人员的经验进行判断，在过冷水较充沛的区域，机翼、探头臂尖端容易出现积冰现象。在选择实施催化作业的云层条件时，最好选择处于发展或持续阶段的云系，云中有比较深厚的上升气流，云层厚度较大，过冷云层较厚，云底较低，云下蒸发较弱的云系。垂直上升运动有利于水汽向上运动，保障云内水汽充足，从而促进冰晶的凝华和淞附增长，使降雪增大。

垂直探测结束后，增雪作业飞机调整飞行高度至试播区域，进行“S”形播撒作业，并根据云中过冷液态水分布情况确定播撒剂量。飞机播撒时，应采取垂直于作业层高空风向等间隔水平距离（3～6 km）播撒的方法。根据所使用的冷云催化剂成核率与温度关系，作业时应把催化剂直接播撒入适宜引入冰晶的部位。在云底或云内温度较高的部位催化，往往使成核率降低。因此，作业时催化剂播撒建议选取冷云云顶或云体中上部，对应温度应在 AgI 成核率较高的 −20～−4 ℃。

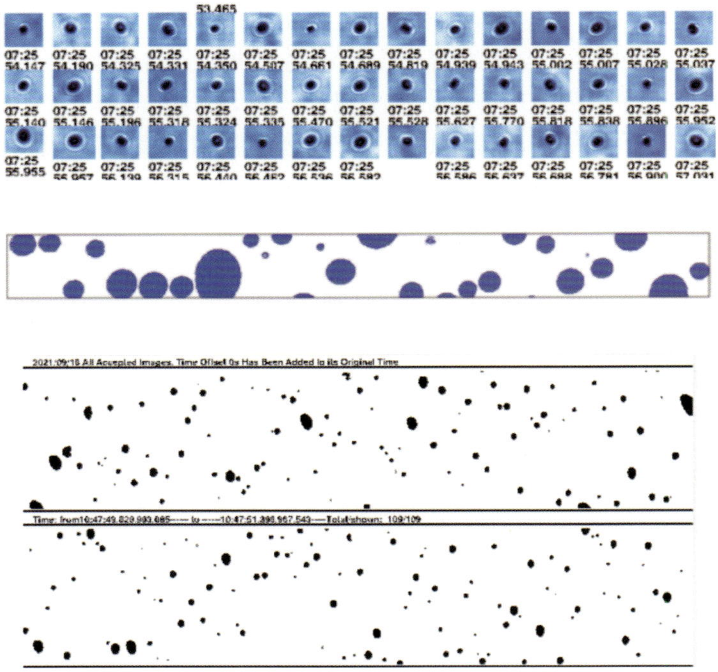

图 5.2.7　不同机载设备观测的液态粒子图像

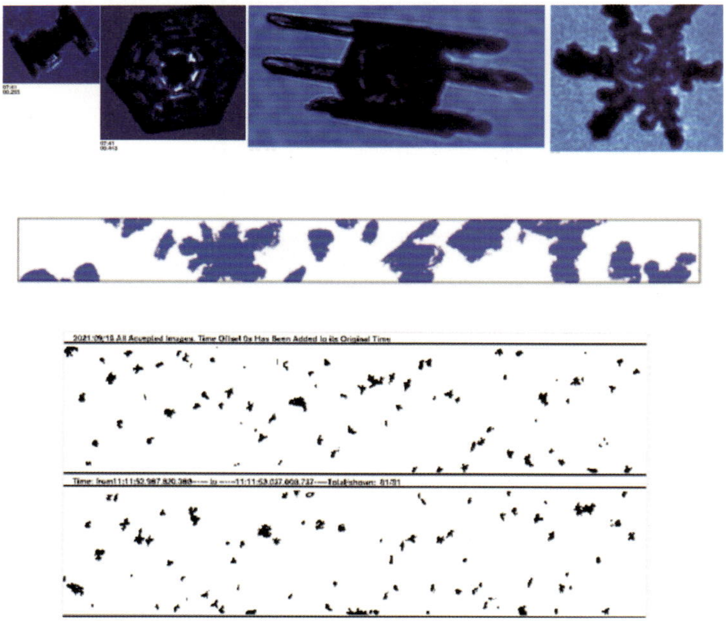

图 5.2.8　不同机载设备观测的冰晶粒子图像

人工催化作业结束后，为考察在云层有利条件下播云催化后可能的微物理响应，在探测与催化作业后应设计回穿探测检验。根据风向、风速和播撒时间，确定播云催化后的可能影响区域，增雪作业飞机飞往播撒区域下游的影响区进行效果检验。飞机到达下游效果检验区域后，首先在作业层高度进行平飞检验，之后下降 300 m，再进行平飞检验。平飞检验过程中需注意云粒子相态、粒径和浓度等特征的响应情况。检验结束后，若安全飞行时间允许，可继续向下每 300 m 一层进行平飞探测，观察粒子下落情况，直至出云底后返航。对人工增雪催化前后层状云的宏观、微观物理量进行对比分析时应注意，小云粒子数浓度和云液态水含量在催化后是否呈现减小趋势，粒子相态、冰晶粒子粒径、浓度和谱型是否发生变化。一般这些变化在播撒层下方较之播撒层更为显著（图 5.2.9）。

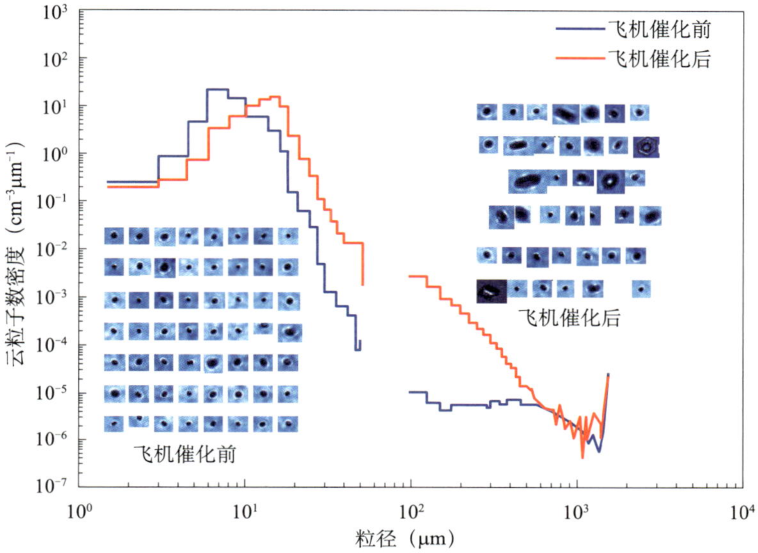

图 5.2.9　播撒后云粒子谱特征及相态的响应

除用飞机探测结果判断云内微物理特征对人工催化的响应外，还可以通过地面综合观测站探测结果分析作业效果。相关研究结果表明，在理想状态下，层状云增雪作业 20～30 min 以后催化剂开始作用于云体，而降雪在作业 90 min 左右开始明显增强。故可用雷达回波分析和降水量分析等方法检验飞机增雪效果。天气雷达的基本反射率可以直观地反映出雷达探测区域内降雪云团的位置及强度，根据人工播撒后作业区及下游地区降雪回波的变化可对飞机增雪效果进行检验。

5.3　新产品研发应用方面

5.3.1　秒级风与分钟极大风观测产品应用效益

针对冬奥会赛事对现场及周边区域风要素观测的特殊需求，北京市气象局联合厂家开发基于秒级风速风向采样、运算、存储及上报的系列程序，支持秒级风及分钟内极大风的实时到报，从而能够实现在比赛过程中根据瞬时风的变化对赛事安排做出及时调整。

常规自动气象观测站每分钟只输出一组瞬时风向风速数据，且一般只输出小时极大风和最大风，而秒级风、分钟极大风观测程序在现有观测站程序的基础上增加秒级风速风向的实时采样记录，并基于秒级风速风向计算分钟内极大风数据，增加对应的原始采样文件记录每秒的风速风向原始采样数据，增加秒级风速风向编码及协议，支持将秒级风速风向完整有效地上传至远端中心系统。所有的秒级风及分钟内极大风均支持历史数据补调且支持 1 年的历史数据存储能力，在保障赛事安全、为赛事提供重要数据支撑的基础上，还可以应用于后续的风模型研究。上述对观测站的所有技术变更均支持通过远程升级的方式实现，避免了维护人员去现场维护存在的各种困难，降低了维护成本。

所有高山滑雪赛道自动气象站升级后都具备输出秒级风的功能，填补了国内的空白，为提升赛事实时预报能力，保障赛事安全提供重要数据支持。

5.3.2 赛时雨雪过程产品应用效果

5.3.2.1 地基垂直观测

2022 年 2 月 12—13 日，冬奥会期间延庆站出现降雪天气过程。12 日 23 时起，多要素廓线组合图中显示，1.5 km 以下风场由偏北风转为东南风，1.5～3.5 km 转为西南风，风随高度顺转，为暖平流，且温度平流自低层到高层由冷平流转换为暖平流（图 5.3.1），为降雪的发生提供了有利条件。风向的转变有利于海上水汽的输送，自 13 日 00 时起明显增湿增厚，地面温度在 0 ℃以下。13 日 03:30 云雷达回波接地，识别出降雪发生（图 5.3.2），相比地面站降雪监测实况（05 时观测到降雪），云水相态识别产品监测降雪发生的时间量提前 1 个多小时（图 5.3.3）。

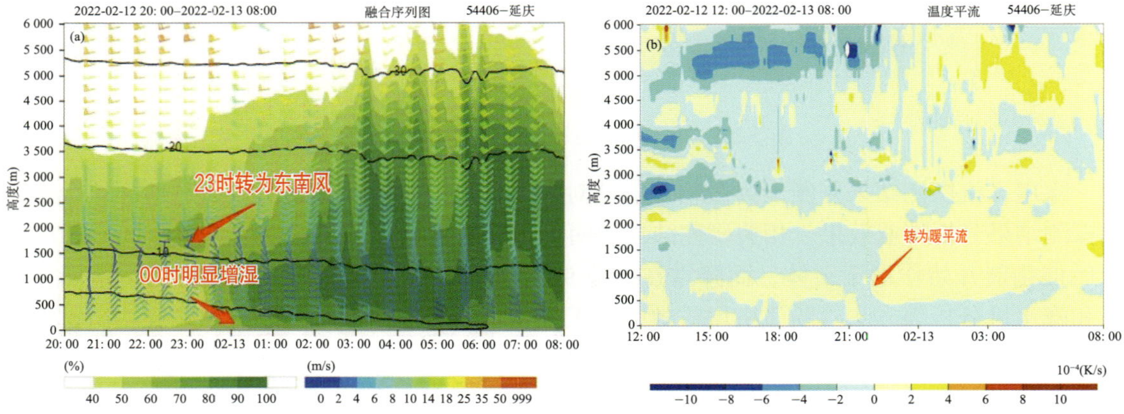

图 5.3.1 延庆站 2022 年 2 月 12—13 日多要素廓线组合（a）和延庆站 2 月 12—13 日温度平流图（b）

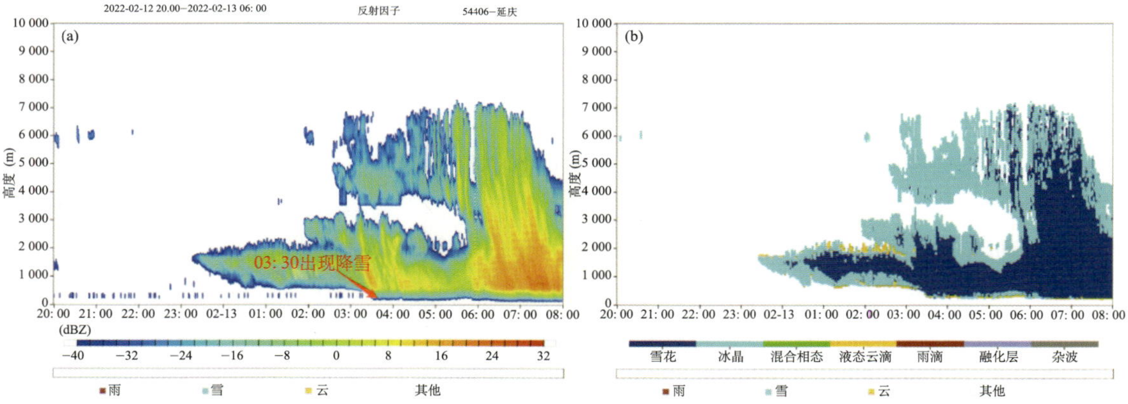

图 5.3.2 延庆站 2022 年 2 月 12—13 日云雷达反射率（a）和云水相态识别（b）产品

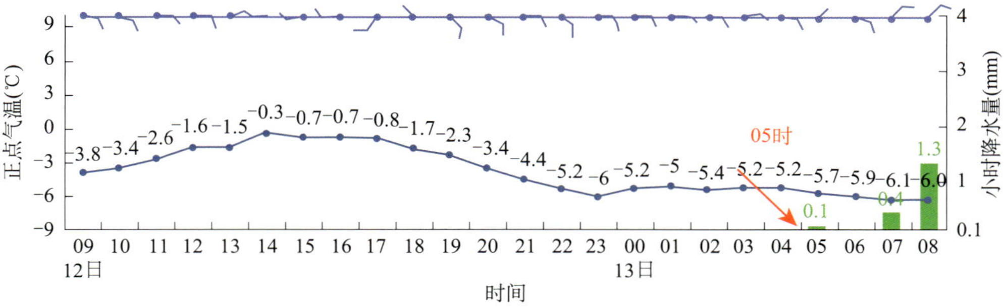

图 5.3.3 延庆站 2022 年 2 月 12 日 09 时至 13 日 08 时的地面降水实况

5.3.2.2 雷达实况观测

2022 年 2 月 12—13 日，北京、张家口地区降雪天气过程中雷达实况产品起到了较大作用。12 日，雷达雨雪分布产品成功捕捉到张家口赛区（05—11 时）和延庆赛区（07 时 30 分至 08 时 10 分）降雪过程（图 5.3.4），并第一时间联络张家口、延庆赛区冬奥气象服务团队预报员对降雪实况进行验证。该降雪系统自西北向东南方向移动发展，过境北京后于傍晚在天津地区再次造成降雪。

13 日，雷达雨雪分布产品成功捕捉到北京地区降雪的触发、演变和消散的完整过程（图 5.3.5），对于降雪实况监测具有较好参考意义。该降雪系统最早于 02 时 20 至 30 分在房山地区出现，自西南向东北方向移动发展。至 07 时起覆盖北京大部地区，相态为雪，并且识别为雪的区域不断加密。至 13 时 30 分，降雪分布范围开始减小，系统移向逐渐转为自西北向东南（图 5.3.5）。至 23 时全市降雪过程基本结束。

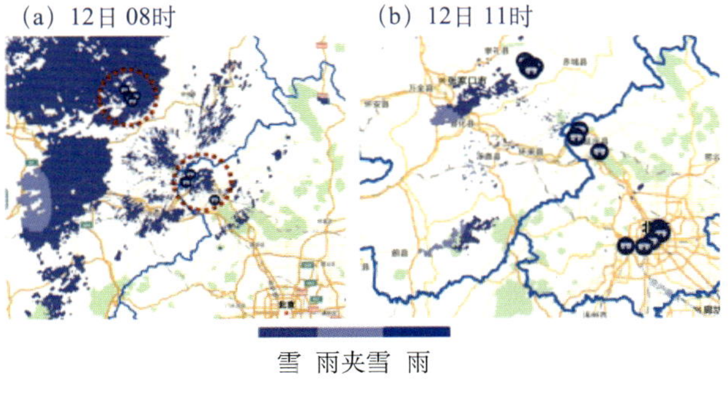

图 5.3.4 北京及张家口地区 2022 年 2 月 12 日天气雷达反演降雪分布

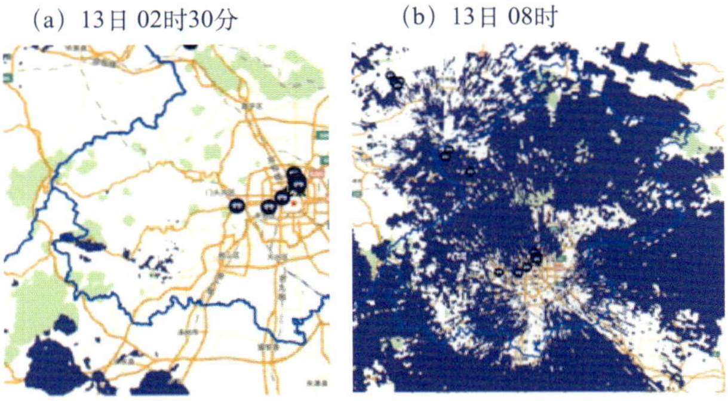

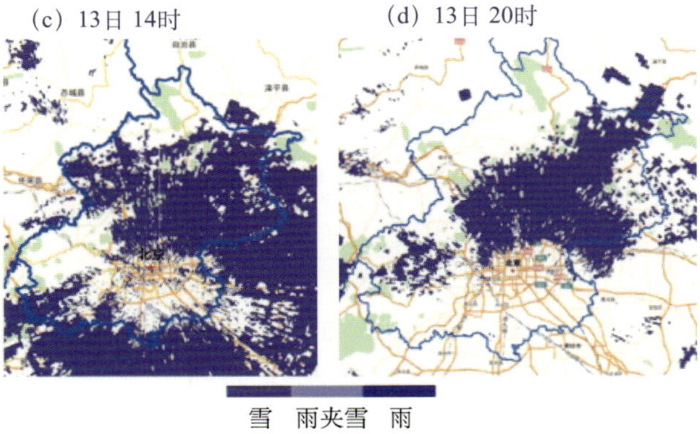

图 5.3.5　北京地区 2022 年 2 月 13 日天气雷达反演降雪分布

5.3.3　赛时雾霾沙尘过程产品应用效果

为满足冬（残）奥会服务需求，设计形成雾霾与沙尘过程监测服务材料制作模板，便于服务材料标准化和制作过程流程化。服务材料涉及能见度、颗粒物质量浓度、区域雾霾天气演变、低能见度过程成因分析等，使用天衡多种观测产品，包括能见度、颗粒物插值场，雾霾观测识别、气象实况序列图、颗粒物小时均值变化序列、大气探空曲线与边界层高度序列图、激光雷达回波信号等。

2022 年 1 月 22—24 日，北京及周边大范围区域发生了一次由降雪与降雪带来的高湿环境以及颗粒物累积引起的中重雾霾低能见度天气。能见度、$PM_{2.5}$ 与雾霾观测识别产品呈现出了较好的一致性，如图 5.3.6～图 5.3.8 所示。

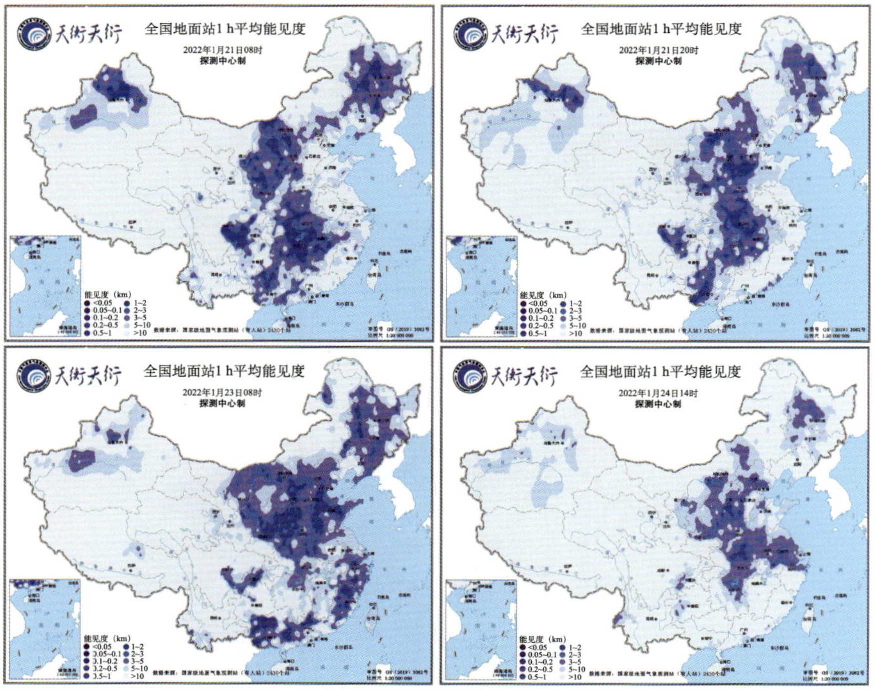

图 5.3.6　全国地面站 1 h 平均能见度分布

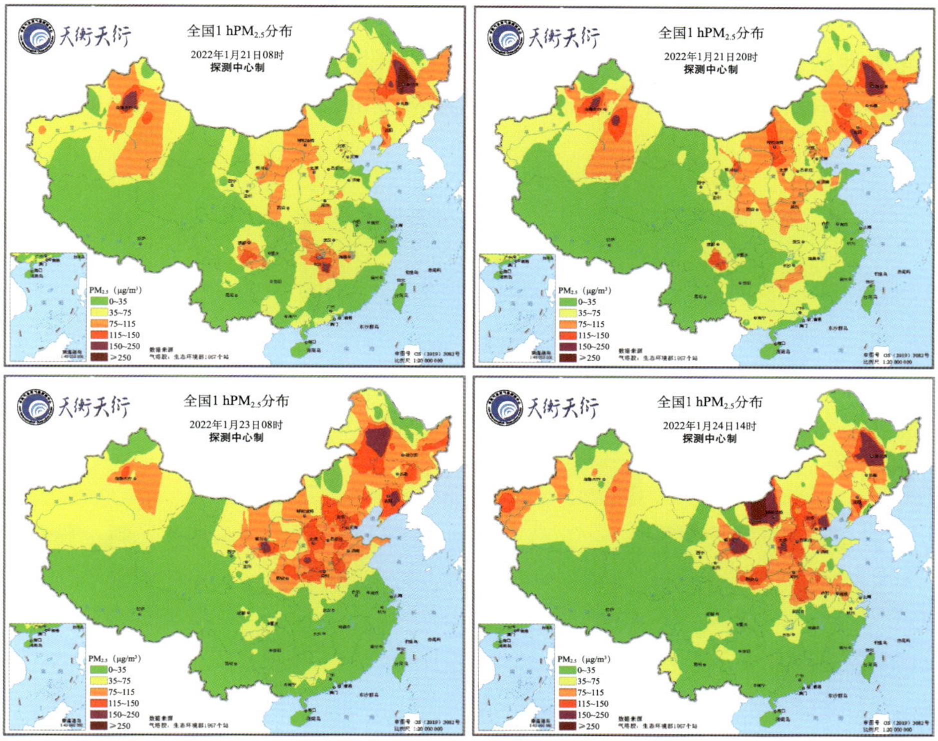

图 5.3.7　全国地面 PM$_{2.5}$ 插值场分布

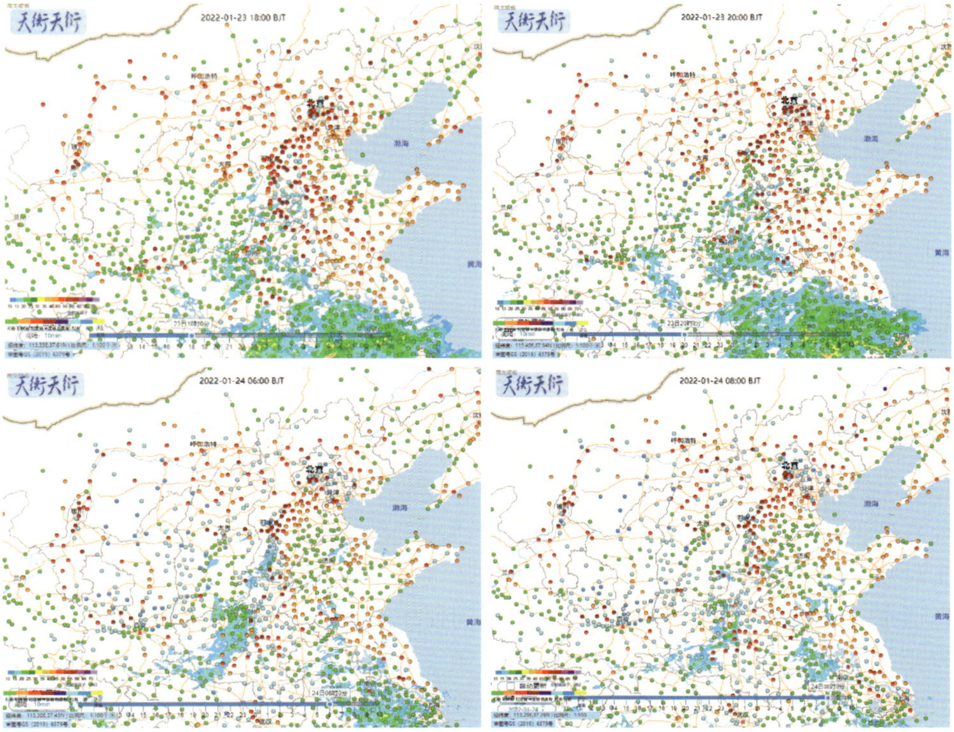

图 5.3.8　京津冀及周边雾霾分布图

地面风场和 PM_{10} 插值场可以很好判断沙尘随冷空气的扩散和移动。2022 年 3 月 3—4 日发生于北方地区的沙尘天气，主要由大风引起，并随着大风东移、扩散、减弱。沙尘天气对北京、天津的局部地区产生了短时影响。地面风场和 PM_{10} 插值场很好地描述了这一过程（图 5.3.9）。

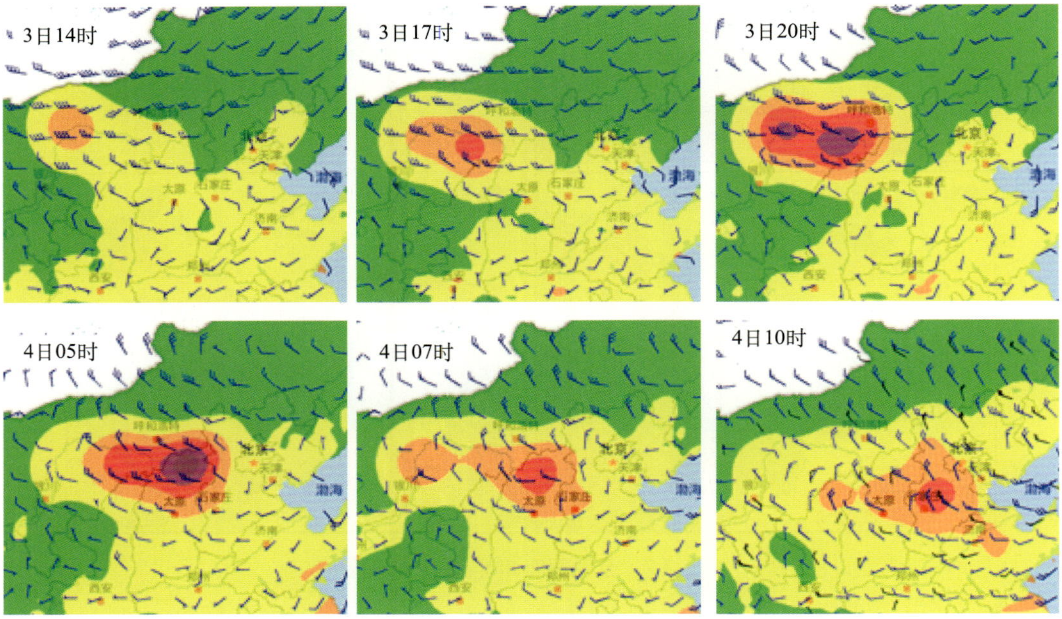

图 5.3.9　北方地区 2022 年 3 月 3—4 日地面风场和 PM_{10} 插值场

5.4　数据规范服务方面

5.4.1　冬奥数据规范、内外服务个例

5.4.1.1　冬奥数据管理和服务规定

2018 年 6 月 6 日，北京市气象局办公室印发了《延庆赛区北京赛区冬奥自动气象站观测及资料管理规定》。该规定明确了北京市气象局冬奥综合协调办、观测与预报处、探测中心、信息中心、延庆区气象局的职责分工。对建站和迁站流程、资料传输显示和存储、运行监控及维护保障、数据使用及服务进行了详细说明和规范。具体包括建站和迁站过程中的任务下达、站址具体位置确认、建设方案、启用申请和正式批复业务启用；实时资料传输及显示要求，非实时观测资料的获取方法和数据集建设；气象站日常维护、监控及维修，数据质量控制和信息通报；迁站情况报告和迁建流程；局内使用数据的方法，向北京冬奥组委提供数据的流程和相关数据发表的规定。规定的颁布加强了对延庆赛区、北京赛区冬奥专项自动气象观测站的管理，保证了自动气象站的正常运行和资料质量，是为冬奥会提供可靠、完整的气象观测数据及相关专题服务产品的强有力保证。

在冬奥气象观测资料的管理和使用方面，确保为冬奥会提供可靠、完整的气象观测数据及相关专题服务产品，同时规范面向国内外单位用户开展冬奥气象数据服务，北京市气象局观测与预报处会同科技发展处、冬奥综合协调办等相关处室共同制定了《北京市气象局冬奥气象观测资料服务管理办法（试行）》。由北京市气象局办公室于 2018 年 10 月 26 日印发。该办法对冬奥气象观测资料进行了定义，适用于面向北京市气象局各单位、北京冬奥组委及相关利益方、北京市政府及相关委办局、与北京市气象局有冬奥科研业务合作的国内外单位等用户开展的冬奥气象数据服务。该办法明确了冬奥综合协调办、科技发展处、应急与减灾处、观测与预报处、信息中心和其他业务单位的职责分工；对资料服务流程中的申请受理及确认、协议签订、资料服务和登记备案进行了详细规定；要求从资料观测端和存储端对数据进行保障；明确了向国家级单位汇交和发表文章的细则。

5.4.1.2 《北京 2022 年冬奥会和冬残奥会赛区气象条件及气象风险分析报告》

北京市气候中心使用质量控制后的冬奥自动气象站整编小时和日值数据，编撰 2018—2021 年逐年的《北京 2022 年冬奥会和冬残奥会赛区气象条件及气象风险分析报告》及其英文版 *Beijing 2022 Weather and Wind Analysis Report*（图 5.4.1）。该报告利用整编数据，针对各赛事场地的气温、降水和风速等气象条件和气象风险进行评估。在气象条件评估中，细致分析了赛区气候特征、主要影响环流特征及天气类型、当年冬奥会和冬残奥会赛期同期主要环流特征、影响天气以及比赛场地气象条件。在赛区气象风险评估中，详细分析了 2—3 月赛区历史极端气象条件情况，当年冬奥会和冬残奥会赛期同期雪上项目气象风险，对冬奥会赛期同期冷空气预测和预报能力进行评估，并预测了次年赛事期间的气候趋势。

报告中文版每年提交至北京冬奥组委，用于场地建设和供各项目教练员使用；英文版每年提交至国际奥委会以及各单项委员会，用以确定场地条件和规划相关赛程。同时，也为气象人员认识复杂地形下的天气、气候规律提供第一手资料，为提高冬奥气象预报服务技术奠定基础。

5.4.2 赛时服务总体情况

（1）强化质量会商。在中国气象局气象探测中心主要负责人领导、业务处精心组织下，冬奥特别工作状态期间每日 08:30 在国家级实时业务平台召开观测质量会商，各职能处室和业务处室领导、业务首席、业务领班及相关保障人员参加，分析研判当日天气形势、及时协调解决保障服务期间遇到的各项问题，共制作会商服务材料 11 份，为冬奥气象保障服务工作的稳步推进保驾护航。

（2）积极主动提供实时监测服务材料。为保障服务材料制作的精准迅速、简化值班人员工作量，中国气象局气象探测中心开发了《冬奥气象监测服务快报》《冬奥气象监测服务日报》自动模板功能，同时联合各业务处室、团队共同编制冬奥专题决策服务材料。冬奥气象保障服务特别工作状态期间，国家级实时业务平台每日定时制作 08 时、14 时《冬奥气象监测服务快报》和 17 时《冬奥气象监测服务日报》并上传决策服务平台，内容涉及地面风、温、湿、能见度实况分析，延庆和海淀站风廓线雷达、云雷达、微波辐射计、激光雷达等地基垂直遥感监测产品的实况分析。此外，在开、闭幕式当天及 2 月 12—13 日京津冀降雪天气过程期间，国家级实时业务平台每隔 3 h 加密提供《冬奥气象监测服务快报》。截至 2 月

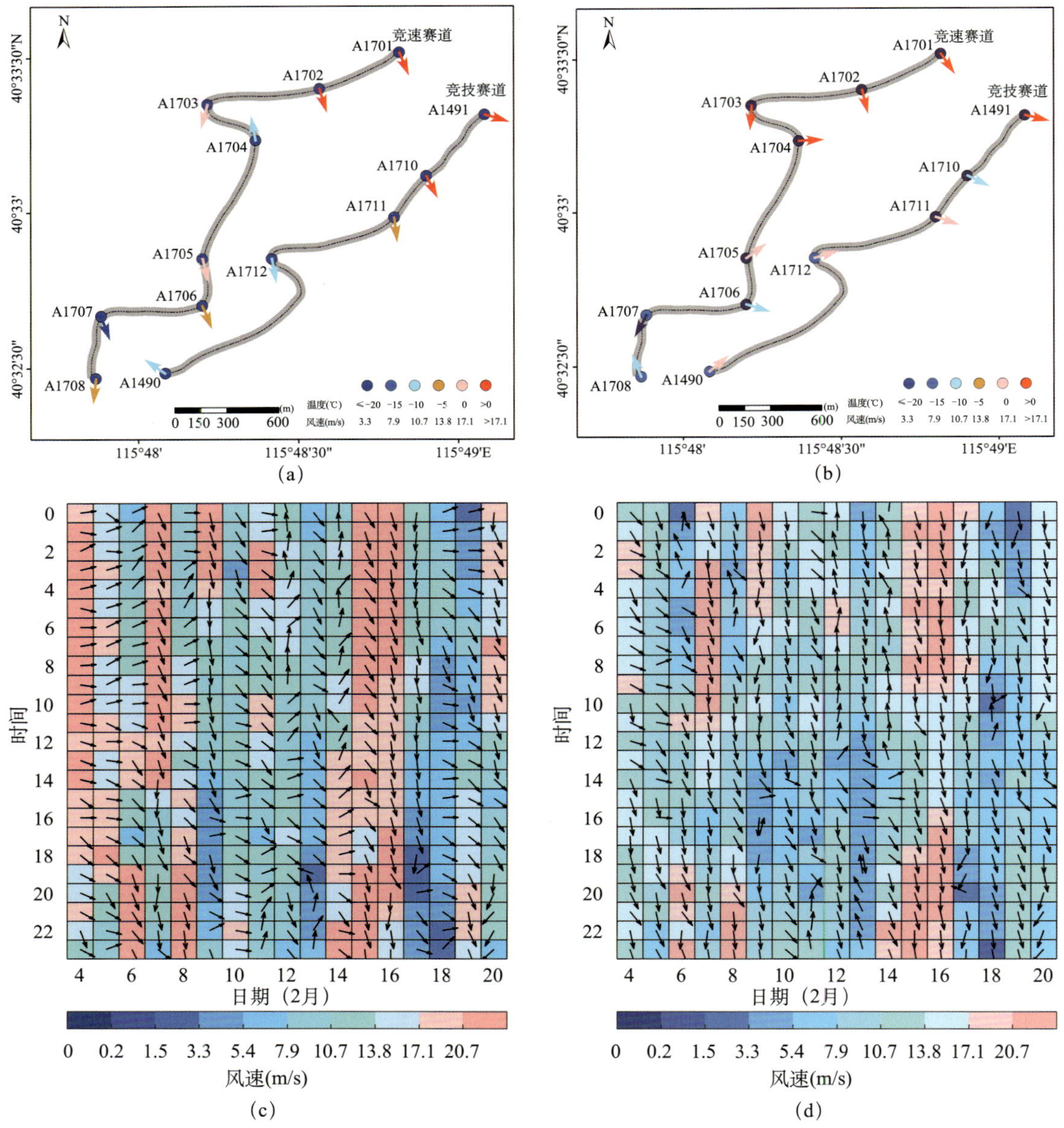

图 5.4.1　2019 年 2 月 7 日 06 时（a）和 15 日 01 时（b）强冷空气发生时延庆赛区高山滑雪中心气温和极大风速分布；2019 年 2 月 4—20 日高山滑雪中心竞速 1 号（c）、2 号（d）站极大风速（填色）和极大风险（箭头）分布（摘自《北京 2022 年冬奥会和冬残奥会赛区气象条件及气象风险分析报告（2019）》）

20 日，中国气象局气象探测中心共发布《冬奥气象监测服务快报》59 期、《冬奥气象监测服务日报》23 期，通过融媒体发布观测实况材料 6 份。

（3）提供专题服务材料。中国气象局气象探测中心组织业务技术骨干制作《北京 2022 冬奥会气象监测专题报告》共 3 期，重点针对 1 月 22 日北京及周边地区雾霾过程、1 月 31 日长三角地区短时雾霾过程开展了综合分析，基于能见度、气溶胶颗粒物、雾霾分布以及大气边界层变化等多种因素对关注地区大范围的低能见度天气开展监测分析并给出气象因素影响；针对2月4日冬奥会开幕式体育场馆烟花烟羽扩散对下游空气质量的可能影响情况开展了分析，采用扩散模式模拟了不同燃放高度的烟花烟羽扩散过程，得出在预报天气条件下烟羽对北京地区影响时间较短的结论，为冬奥会开幕式的空气质量监测提供了有力依据。

5.4.3　开（闭）幕式观测数据即时服务个例

为满足开（闭）幕式运行团队对获知鸟巢观礼区温度的需求，提高观众舒适度体验感，首次在气象服务中使用新型自动气象站，实时采集数据通过4G无线传输回到“鸟巢智慧场馆”温度控制系统，为调节观礼区座椅内部柔性发热织物的温度提供支撑。

5.5　设备监控运维保障方面

5.5.1　多家协同观测保障组织管理经验

一是发挥了国家级、省级、区级三级技术力量的协同合作能力，建立跨部门、跨军地的协调机制和顺畅高效的赛时组织运行机制。二是气象部门局外联合企业，组织设备、保障等厂家组建观测运维保障团队，局内统筹各单位科研、业务设备，圆满完成了冬奥会观测保障任务。三是与铁塔公司深度合作，克服山地场地、供电等基础条件差的困难，满足高频次、高精度三维监测站网布局条件要求，为今后观测项目建设开启了新的模式。

5.5.2　快速抢修跳台起点站案例

2022年2月6日正是国家跳台滑雪中心有比赛的日子，10时收到跳台气象预报员关于跳台起点站数据异常问题报告后，古杨树保障组迅速做出响应和问题研判：一边远程查看问题，一边申请进场事宜。得知今天的比赛是在下午进行，上午有运动员训练不能进场的情况后，将进场维修的时段定在13—15时。全程只有2 h的时间考验装备团队，古杨树保障团负责人带领另外3名成员成立4人抢修队，迅速整理装备，前往现场，经过严格安检，于13时30分到达故障站点进行抢修（图5.5.1）。到14时10分数据恢复正常。国家跳台滑雪中心下午的比赛正常举行，未受影响。

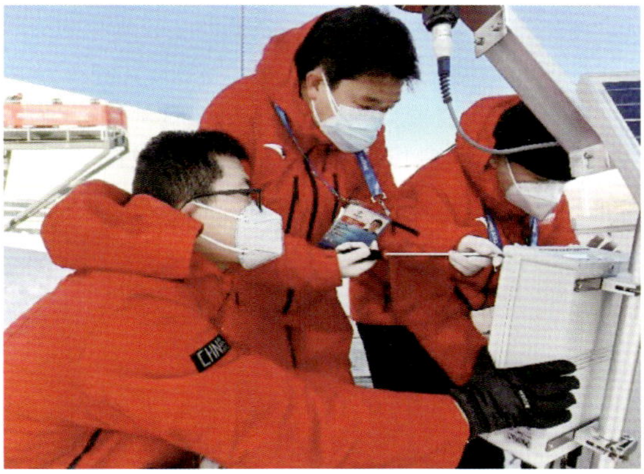

图5.5.1　设备抢修现场

5.5.3 “主预防，简维修”保障原则

每天专人组织对张家口赛区所有站点设备开展运行情况分析、评估，主要从设备电压变化、通信状况、观测数据等方面进行详细分析、评估，及时发现观测设备可能存在的隐患和风险，根据评估情况，及时现场处理，将故障消灭在发生之前。赛时共形成设备运行分析记录 200 余份，排除风险点 6 处，解决故障隐患点 4 处。由于整个赛事期间预防到位，取得了赛时零故障的成效。

5.5.4 双套站快速备份机制

根据前期谋划和保障需求，对张家口赛区重要服务站点、维修困难站点及无法及时快速维修的站点，进行了双套站建设，共建设备份站 12 套。为了确保能够快速、稳定替代原站点，所有备份站均处于热备份，与原站保持同步观测。数据接收中心站可在 5 min 内完成两个站点替换，而且由于在接收最前端进行替换，对后面各个应用系统不产生任何使用影响。

气象预报预测篇

第 6 章　精细化数值预报技术

冬奥气象预报预测的核心支撑技术是精细化数值预报及其应用技术。围绕提高冬奥气象预报技术难题，发展了一整套无缝隙精细化数值预报模式技术，包括千米尺度模式、快速更新循环数值预报系统、中尺度天气数值预报系统、百米级模式及集合预报模式，实现了天气模式在冬奥预报中的应用，为圆满完成北京冬奥气象保障服务任务提供了坚实基础。本章将从数值预报模式技术、百米级 0～10 d 实时大涡模拟预报技术、检验评估三个方面进行详细介绍。

6.1　数值模式技术

6.1.1　CMA-MESO 千米尺度模式

针对北京冬季奥运会的需求，在 CMA-MESO 3 km 3 h 同化预报循环系统的基础上，研发 1 km 逐时的快速更新同化预报循环系统。研究范围为华北区域 34.5º—44.5ºN，108º—124ºE，模式分辨率为 1 km，垂直分为 51 层，模式层顶达 33 km，研究区域地形复杂，包括平原、丘陵和山地，复杂地形为高分辨率高频观测资料分析预报循环系统的研发带来一定难题。

快速更新循环系统是间歇快速分析预报循环系统，主要模块包括观测资料预处理与质控、全球模式资料前处理、三维变分分析系统、云分析、模式标准初始化、数字滤波初始化方案和中尺度数值模式。系统结构流程如图 6.1.1 所示，其中蓝线表示全球模式提供冷启背景场、大尺度信息和侧边界信息，红线表示暖启过程，点线表示观测预处理和质控后提供的观测信息。

研发改进包括三维变分同化框架和地面观测资料的应用，还有地形处理、预报模式的研发，此外开展针对高分辨率的陆面资料同化方案、IAU 初始化技术，以及改进引入大尺度信息的混合尺度方案等。集成以上成果，开展了二组试验。第一组试验参照现行 3 km 分辨率 3 h 循环业务上的方案，采用数字滤波方案来滤除多次循环中初始场累积的虚假重力波噪音，第二组试验为与资料截断时间匹配的 IAU 方案，并且采用改进的混合尺度方案，即混合背景场。2020 年 2 月 1—28 日，实验方案是每日 12 时冷启动，逐时循环更新，一共循环 12 h，即到 00 时终止。

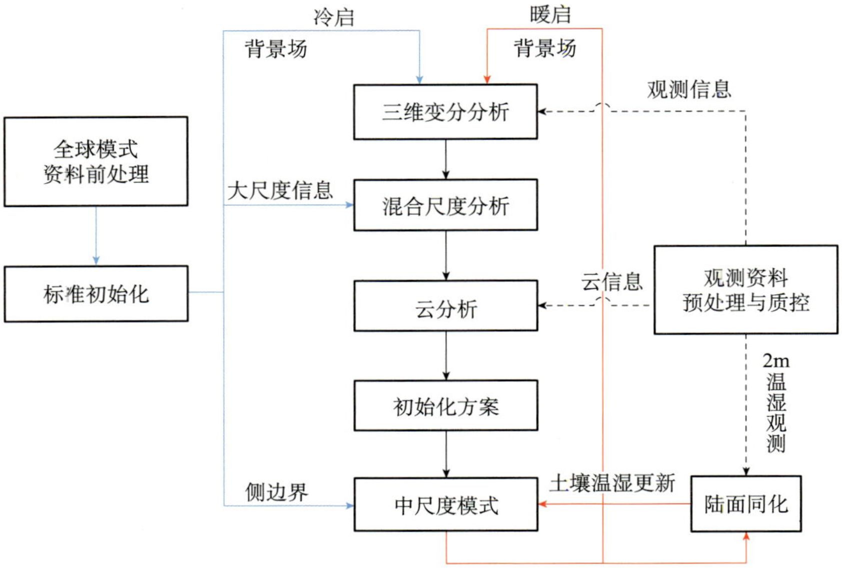

图 6.1.1　CMA-MESO 快速更新同化预报循环系统结构流程

试验结果如图 6.1.2～图 6.1.4 所示。从图中可以看出，IAU 方案相比数字滤波方案，对 06 时、12 时、18 时和 24 时各个预报时效的 2 m 温度都是有改进的。对于 10 m 风场风速的预报，除 06 时略有下降，其他各时次也是改善的。风向 IAU 和数字滤波两种技术相差不大，IAU 风向略差。IAU 方案相比数字滤波方案，ETS 降水评分小量级（降水 5 mm 以下）略有改善，5 mm 以上 ETS 评分显示略有下降，考虑原因可能是冬季降水量级较小，5 mm 以上降水样本较少；偏差略有改善。

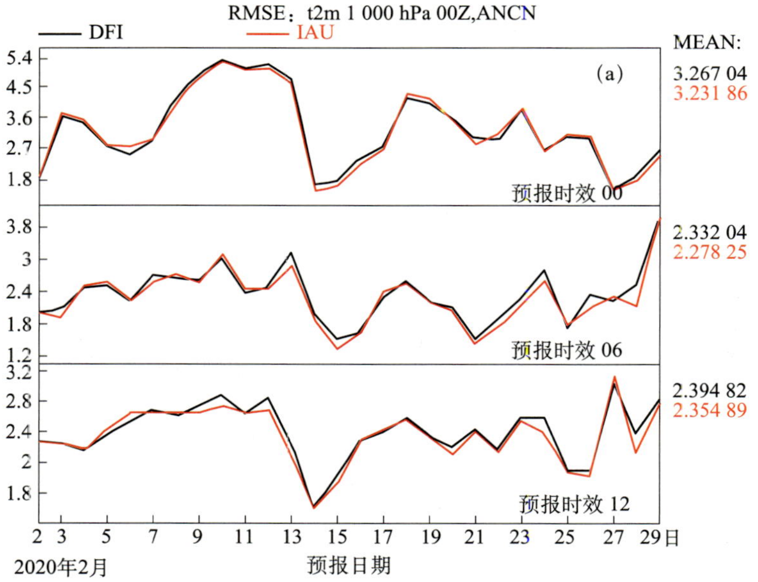

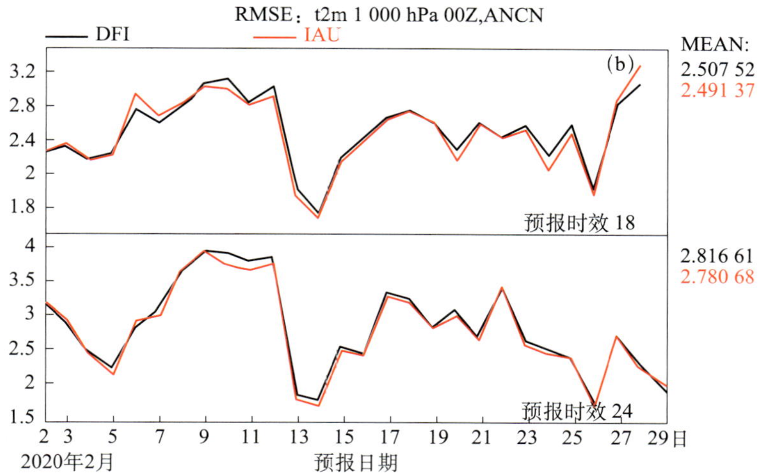

图 6.1.2　2020 年 2 月 2—29 日 2 m 温度（℃）逐日和平均均方根误差

（a）从上到下分别为 00、06、12 时结果；（b）从上到下分别为 18、24 时结果

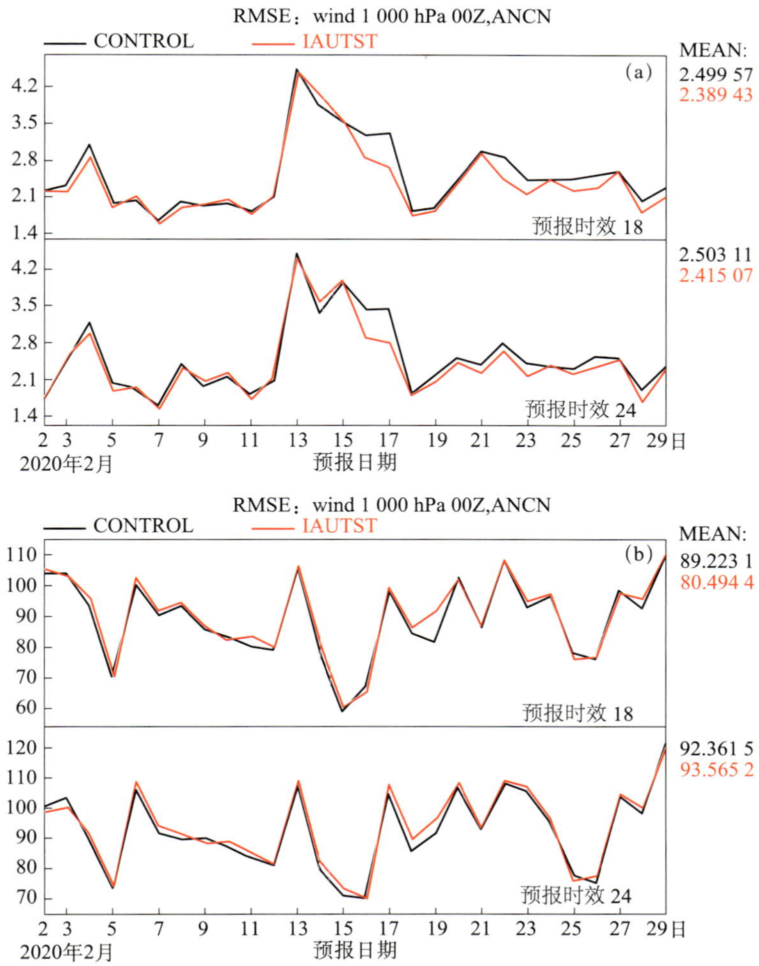

图 6.1.3　2020 年 2 月 2—29 日风场逐日和平均均方根误差

（a）从上到下分别为 18、24 时风速（m/s）结果；（b）从上到下分别为 18、24 时风向（degree）结果

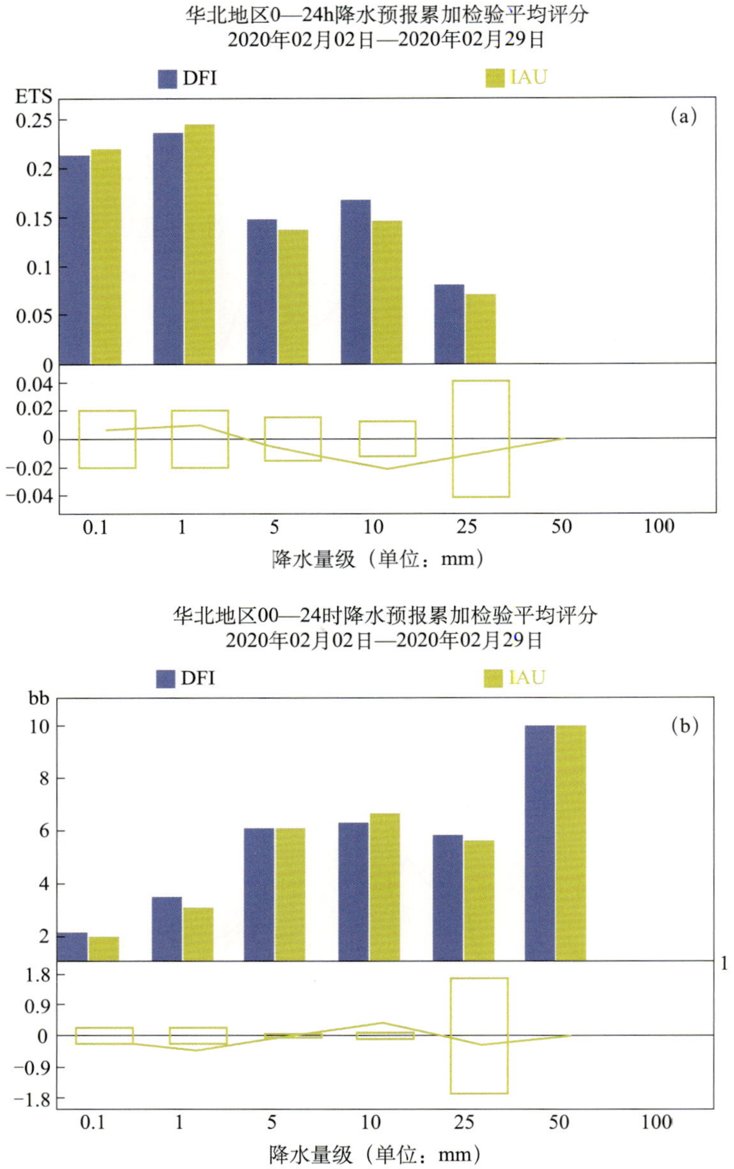

图 6.1.4　2020 年 2 月 2—29 日月平均 24 h 降水检验

（a）ETS 评分；（b）偏差

6.1.2　CMA-REPS 高分辨集合预报技术

6.1.2.1　区域短期集合预报

深入研发适用于 CMA 区域模式的集合变换卡尔曼滤波初值扰动方法、随机物理过程倾向扰动（SPPT）模式扰动方法、业务运行调度方案等，形成了 CMA-REPS 区域集合预报业务系统，中国气象局预报与网络司于 2019 年发文批准 CMA 区域集合预报系统 v3.0 业务化运行。CMA 区域集合预报 v3.0 技术参数和预报性能获得全面提升，水平分辨率达到 10 km，集合成员 15 个，每日运行 2 次，预报时效 84 h，提供 49 种逐小时集合预报产品，小雨、大雨预报总体均优于国际先进的 ECMWF 全球集合预报系统。

2022 年北京冬奥服务期间的区域集合预报系统为 3.2 版本，系统参数配置包括：①集合预报模式水平分辨率为 0.1°，预报时效 84 h；②初值扰动方法为集合变换卡尔曼滤波方案，其中控制预报初值由 NCEP 全球模式动力降尺度获得；③集合预报成员采用了条件性台风涡旋重定位方案；④模式物理过程扰动方案为 SPPT 方案；⑤侧边界扰动来自 CMA-GEPS 全球集合预报；⑥每个集合成员增加云分析方案，可同化雷达和卫星资料；⑦预报范围南移 5°，新的预报范围为 10°—60°N，70°—145°E。可提供灾害天气短期预报集合预报平均、离散度、概率预报等 49 种集合预报产品，为冬奥保障服务提供了更多的预报信息。如表 6.1.1 所示。

表 6.1.1 CMA-REPS 业务系统参数设置

控制预报模式	CMA-MESOv4.3
水平分辨率 / 垂直层次	0.1°，50 层
控制预报初值	NCEP 全球背景场提供
资料同化	云分析
物理过程	WSM6 云微物理方案，RRTM 长波辐射方案，Dudhia 短波辐射方案，Monin-Obukhov 近地面层方案，Noah 陆面过程方案，MRF 边界层方案，New_KF 积云对流参数化过程
初值不确定性	集合变换卡尔曼滤波方法（ETKF）
模式不确定性	随机物理过程倾向扰动方法（SPPT）
侧边界不确定性	CMA-GEPS 全球集合预报
集合成员数	15（1 个控制预报 +14 个扰动成员）
预报范围	10°—60°N，70°—145°E
预报时效	84 h（00、12 时次）、6 h（06、18 时次）
模式产品输出频率	1 h
集合预报后处理	GRIB2 数据，常规天气预报产品，应急服务数据

6.1.2.2 对流尺度短时集合预报

根据预报确定性的挑战，以中国气象局自主研发 CMA-MESO 区域模式为根本，分析冬奥赛区复杂地形地貌特征对数值天气预报影响，统计区域模式初始场误差分布规律和模式预报误差演变特点，通过研究基于滤波技术和谱分析的多尺度混合初值扰动技术、基于同化方法的区域集合预报多尺度混合初值扰动技术、基于集合变换（Ensemble Transform，ET）初值扰动技术、具有三维尺度调整的初值扰动方案等多种高分辨率区域集合预报初值扰动技术，通过集合预报对比试验，确定采用集合变换卡尔曼滤波 + 基于同化方法的多尺度混合初值扰动方案，并采用随机物理过程扰动方案，建立了对流尺度短时集合预报系统，给出赛区高影响天气发生概率和赛事关注的气象要素阈值的概率信息，最大程度降低冬奥气象预报服务的不确定性。

（1）基于同化方法的区域集合预报多尺度混合初值扰动技术

对来自全球集合预报的大尺度扰动场 X^{ga} 和区域 ETKF 初值扰动场小尺度扰动场 X^{ra} 进行融合，得到混合初值扰动场 X^{ma}：$X^{ma}=X^{ga}+X^{ra}$。混合扰动场既包含大尺度信息，又具有中小尺度信息，最后通过尺度调整因子调整混合扰动场的扰动幅度，使之具有动力意义的、误差快速增长的特性。通过将全球集合预报场作为观测资料，将区域集合预报作为背景场，利用模式空间的 CMA-3DVAR 变分同化系统直接同化由全球集合预报转换而来的新观测资料，实现大尺度信息和中小尺度信息的有效融合，最终构建了混合尺度的初始扰动场。为了吸收 CMA-MESO 高分辨率数值预报模式及分析同化技术成果，首次在区域集合预报系统中实现地面、探空、卫星等高时空分辨率常规和非常规观测资料的分析同化功能，显著提高控制预报及集合预报系统整体预报能力，在集合预报和分析同化技术间建立了更紧密的联系，为比较两种混合初值扰动方法的差异，开展了基于滤波方法和同化方法的多尺度混合初值扰动对比试验（图 6.1.5），试验区域为华北区域，背景场资料同上，模式分辨率为 3 km，每天预报循环两次，预报时效为 36 h，试验时间为 2019 年 2 月 1 日到 2 月 9 日。

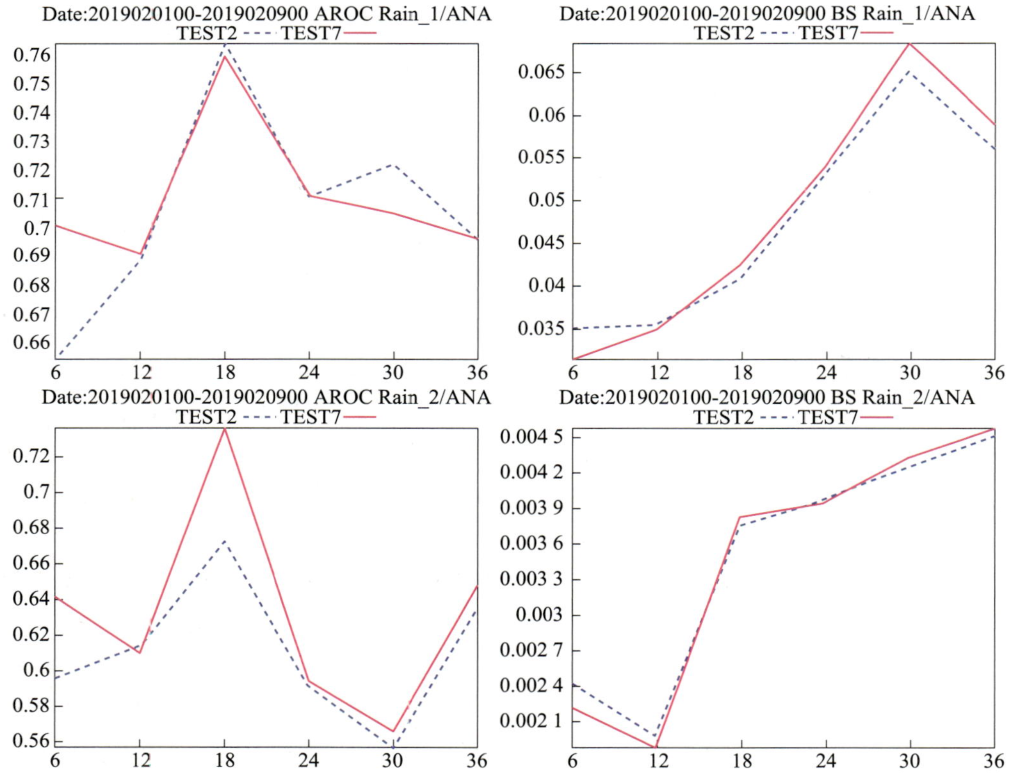

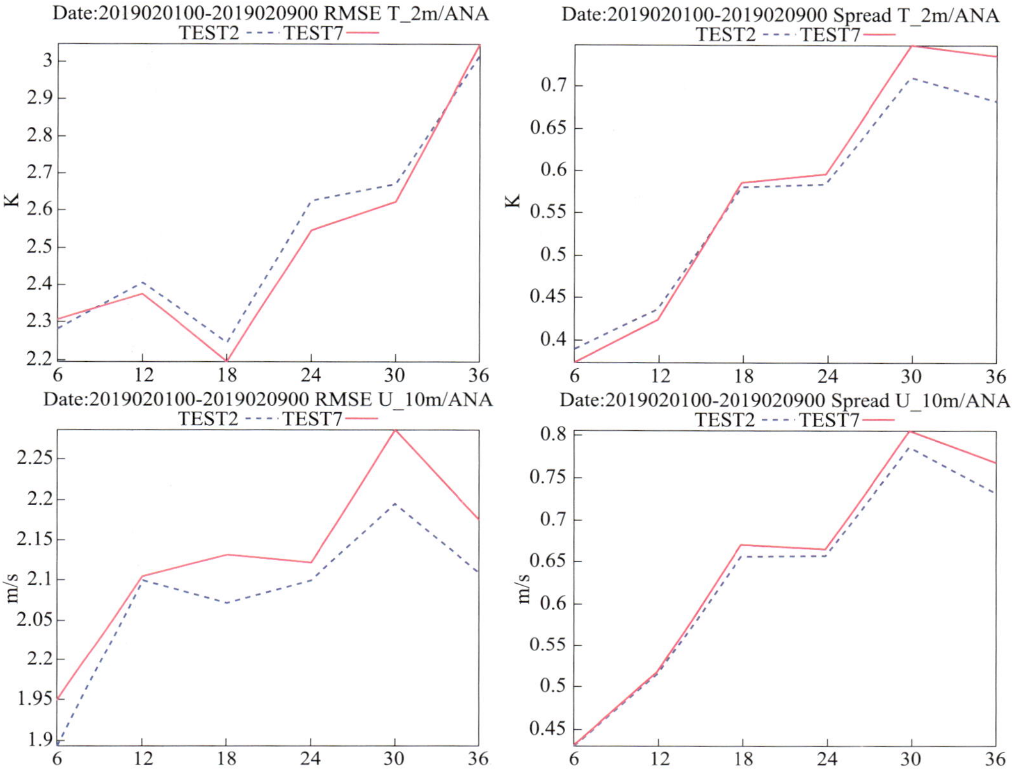

图 6.1.5 基于滤波和同化方法的多尺度混合初值扰动比较试验

（地面变量，自上而下分别为降水的 ROC 面积、BS 评分、2 m 温度和 10 m 风的均方根误差和离散度）

ROC 面积评估集合预报系统区分事件发生和不发生的能力，ROC 面积范围为 0～1，0.5 为无技巧，1 为完美预报。从降水评分来看，两种方法对地面降水预报能力接近，小量级降水级别，滤波方法 ROC 评分略高，BS（代表均方概率误差）误差略低，在中量级降水预报来看，同化方法评分略优；从 2 m 温度预报来看，同化方法预报误差较小，离散度增长较快，但 10 m 风预报则显示了较高的预报误差，说明两种方法，对不同要素预报效果预报误差存在差异，但离散度增长情况，则采用同化方法略优。基于资料同化思想的新尺度混合方案，从理论上虽然有效避免了滤波方法容易引起的多尺度扰动信息融合过度和不足的问题，但对同化系统的性能要求较高，特别是风场资料的有效同化问题。

（2）冬奥 3 km 分辨率集合概率预报系统

考虑初值和侧边界条件存在的不连续、不匹配情况，参考区域 CMA 模式同化系统更新侧边界条件的方法，在完成混合初值扰动技术产生新的初始场以后，再对模式侧边界条件进行更新，使新的初值和侧边界条件匹配，减少不连续和虚假波动影响。集成基于同化方法的区域集合预报多尺度混合初值扰动技术、随机物理过程倾向模式扰动技术（详见上节介绍），引入数值预报中心高时空分辨率常规和非常规观测资料分析同化技术和精细区域模式改进成果，发展产品后处理模块、偏差订正模块、集合预报检验模块等，建立完成冬奥 3 km 高分辨集合概率预报系统，同时吸收引入 CMA-MESO 预报模式升级和卫星、地面资料等高时空分辨率资料在区域集合预报中的应用方法，在理论基础和技术方法属于国际前沿水平。高分辨率（3 km）区域集合预报系统于 2021 年 11 月开始业务运行。概率预报产品上传多维度冬奥预报业务系统、冬奥气象综合可视化系统，在冬奥赛事服务保障中得到实时应用。

6.1.3 CMA-BJ 北京快速更新循环数值预报技术

研发针对冬季复杂山地区域数值预报的快速更新多尺度分析及预报核心技术，基于土壤湿度调整 2 m 温湿度预报性能，基于土壤类型和水力学参数等静态数据更新 2 m 温湿度预报性能，优化 10 m 风诊断方案，研发 10 m 阵风诊断技术，并集成构建了适用于支撑复杂地形下冬奥气象服务保障的 0～72 h 数值模式预报，形成高效、稳定的冬奥业务预报 CMA-BJ 短期系统（CMA-BJ 模式），在中国气象局获得业务准入升级。基于多种预报方法优选的地面要素解释应用技术，通过对多源数值天气预报数据和气象观测数据进行“再解读”，构建数值天气预报冬奥关键气象要素在复杂山地精细的预报误差模型，从而实现客观气象预报的“再订正”，进一步提升了复杂山地冬奥气象预报的精准度。

6.1.3.1 基于土壤湿度调整的 2 m 温湿度预报性能优化技术

CMA-BJ 短期系统 2016/2017 年冬季业务预报评估结果表明，其在北方冬季存在 2 m 最低温度暖偏和 2 m 最高温度偏冷、2 m 比湿明显偏湿等现象。通过对控制试验中各类地表热通量的空间分布特征分析发现，2 m 温湿度大偏差地区存在白天潜热通量的大值区和夜间地面向上感热通量大值区，显然和土壤、植被的蒸发蒸腾密切相关。华北地区的冬季植被凋萎，植被蒸发蒸腾可忽略，因此显著的潜热通量很有可能是土壤中水分蒸发引起。CMA-BJ 短期系统初值场中土壤湿度取自欧洲中心全球数值预报场（EC 预报），北京城市气象研究院的陆面同化系统（HRLDAS）土壤湿度分析场在太行山、六盘山一带和辽宁吉林一带与初值场土壤湿度有显著的差异，而太行山、六盘山一带则是 2 m 温湿度显著偏差站点密集分布区域。

基于上述分析，基于控制试验，设计使用北京城市气象研究院的陆面同化系统土壤湿度分析场的敏感性试验，并就 2016/2017 年冬季开展数值模拟，模拟结果显示初值场中使用 HRLDAS 土壤湿度分析场，2 m 最高温度的负偏差明显降低，2 m 最低温度的正偏差也得到了较好的改善。初值场中土壤湿度调整对 2 m 温度预测产生了预期的影响。同时使大多数地区的 2 m 比湿度正偏差变小（图略）。

6.1.3.2 基于土壤类型和水力学参数等静态数据更新对冬季 2 m 温湿度的偏差订正技术

在数值预报中土壤质地及其对应的水力学参数通过影响土壤的热传导和涵水能力，对地表的热量交换和水分交换及能量平衡起着至关重要的作用。CMA-BJ 短期模式中业务应用的 Noah 缺省土壤数据集（缺省数据集）里预报区域内土壤质地与北京师范大学数据集（BNU 数据集）里预报区域内土壤质地有明显差别（图略）。缺省数据集中大面积黏壤土，在 BNU 数据集中被壤土所取代，该区域恰好分布着许多存在比湿显著干偏差站点的区域，因此，有理由相信 CMA-BJ 短期模式中业务应用土壤数据集可能未能很好地描述出真实土壤类型分布。

设计土壤质地试验（SOILPROPERTY），在土壤湿度敏感性试验基础上采用 BNU 数据集及 Kishné 等的水力学参数表。控制试验和土壤湿度敏感性试验、土壤质地试验的评估结果（表 6.1.2）表明通过土壤湿度调整、土壤质地数据集和水力学参数表更新，华北地区冬季 2 m 最高温度、最低温度和湿度预报性能得到了显著的提升，区域平均的均方根误差比控制试验分别提高了 25%、29% 和 18%。

表 6.1.2 控制试验（BASELINE）、土壤湿度试验（SOILMOIS）、土壤质地试验（SOILPROPERTY）在华北地区 2 m 最高温度（t_{max}）、2 m 最低温度（t_{min}）和 2 m 比湿（Q）的区域平均预测误差

试验 ID	2 m t_{max}（℃）		2 m t_{min}（℃）		2 m Q（g/kg）	
	偏差	均方差	偏差	均方差	偏差	均方差
BASELINE	−0.95	1.44	1.93	2.50	0.15	0.55
SOILMOIS	−0.16 （83%）	1.05 （27%）	1.09 （44%）	1.74 （30%）	−0.19 （−26%）	0.53 （4%）
SOILPROPERTY	−0.38 （60%）	1.08 （25%）	1.11 （42%）	1.77 （29%）	−0.08 （47%）	0.45 （18%）

注：括号中列出了相对于控制试验的土壤湿度试验、土壤质地试验的改进幅度

6.1.3.3 基于 10 m 风诊断方案对冬季 10 m 风速的改进技术

CMA-BJ 短期 2.0 系统实时运行以来 10 m 风速预报普遍偏大。目前模式所使用的土地利用类型中土地利用类型代码为 2，3，5，7，所占比例较大，对应的土地利用为旱地农田和牧场、灌溉农田和牧场、农田草地、草地，这四种土地利用类型的站点数在全国 3 km 分辨率的情况下占 80% 以上，而且 10 m 风速预报偏大的也较明显。将冬奥赛区所在站点的土地利用类型考虑其中，冬奥赛区站点的土地利用类型主要为 7，10，31，32，33，对应土地利用类型为草地，稀疏草原、低密度居民区、中密度居民区、高密度工业区，因此考虑地表建筑或植被零平面位移的方法应用于 2，3，5，7，10，31，32，33 这八种土地利用类型（图略）。

引入零平面位移系数的方法来减轻现有风速预报的偏差以获得更好的 10 m 风速预报性能。开展 2021 年 1 月 1 日至 3 月 31 日时段的数值试验，针对 10 m 风速进行检验分析并与业务预报结果比较，检验产品选取 00 UTC 及 12 UTC 起报，时间分辨率逐小时，预报时长 24 h，实况资料采用中国区域 10 345 个观测站实况产品。分别针对 D01（10 345 个观测站点），D02（2 628 个观测站点）和冬奥赛区 29 个站点进行检验。引入零平面位移系数试验（CMA-BJ 短期 v2.0.1）有效改进了 10 m 风速的预报效果（图 6.1.6），其中在 D01 和 D02 区域比业务风速预报 CMA-BJ 短期 v2.0）效果提升了 15%～16%，在冬奥赛区 10 m 风速均方根误差比业务试验降低了 1.0 左右、提升效果达 33.3%。

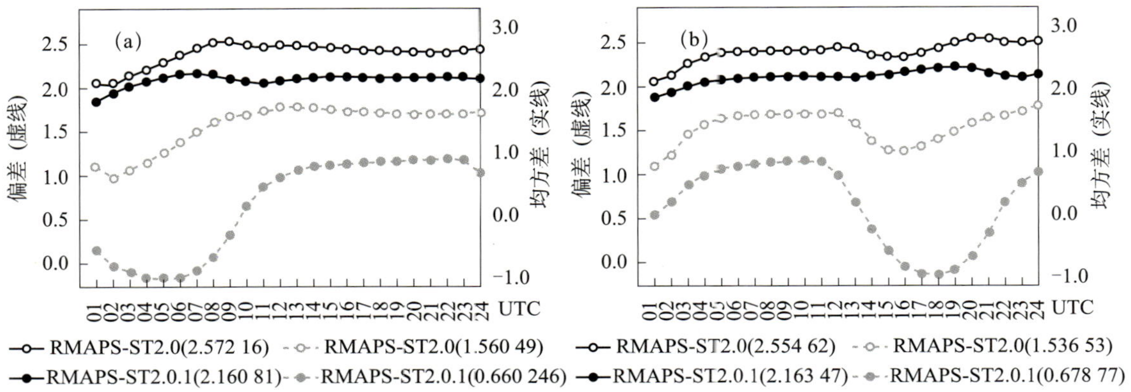

图 6.1.6　2021 年 1 月 1 日—3 月 31 日在 D01 区域的 10 m 风速检验结果

（a）00 UTC 起报；（b）12 UTC 起报

（其中空心标记的线为 CMA-BJ 短期 v2.0 系统，实心标记的线为 CMA-BJ 短期 v2.0.1 系统，实线为 RMSE，虚线为 BIAS）

6.1.3.4　10 m 阵风诊断技术

CMA-BJ 短期系统的预报内核 WRF 模式中两种阵风参数化方案。第一种是美国空军气象局（AFWA，Air Force Weather Agency）强对流天气诊断模块里的阵风诊断方案（以下简称 AFWA 阵风诊断方案）。第二种是应用后处理系统（UPP，Unified Post Processor），通过计算大气边界层顶向下传输到地面的动能来诊断阵风（以下简称 UPP 阵风诊断方案）。由于 AFWA 和 UPP 阵风诊断方案各具其局限性，参考 ECMWF 阵风诊断方案（IFS DOCUMENTATION，2018），在 CMA-BJ 短期系统中发展了 IUM 阵风诊断方案，并开展了三种阵风诊断方案（IUM、UPP、AFWA）在北京地区大风预报中的应用评估比较，实现了阵风诊断参数化方案的优选，最后将最优 10 m 阵风诊断方案（IUM 阵风诊断方案）应用到 CMA-BJ 短期系统中，提供阵风诊断预报产品。

三种阵风诊断方案的应用评估表明：IUM、UPP 和 AFWA 三种方案的阵风预报存在明显差异，IUM 方案的阵风预报能力优势明显。IUM 阵风诊断方案对北京地区（图略）和延庆冬奥赛区（图 6.1.7）各季节、各等级大风预报 TS 评分均最高，对各季节大风过程预报均具有指示意义。应用 IUM 方案制作的阵风预报产品对各个季节达到或超过 5 级阵风的等级预报较为准确，可为业务大风预报、冬奥期间大风预报等提供支撑。

6.1.4　CMA-MESO 中尺度天气数值预报系统

6.1.4.1　高分辨同化框架系统研发及改进

一是改进了千米尺度同化系统控制变量，如质量场控制变量采用 Tps 替换无量纲气压，从而改进低层温度观测资料的同化与应用；风场控制变量采用 UV 替换流函数和势函数，引入连续方程约束保证风场分析的合理性。二是改进了背景误差协方差统计，采用多种尺度叠加的高斯相关增加分析场中小尺度信息，采用二维离散余弦变换（2D-DCT）对背景误差样本进行尺度分离，拟合得到更加合理的水平相关尺度长度。三是通过在变分目标函数增加大

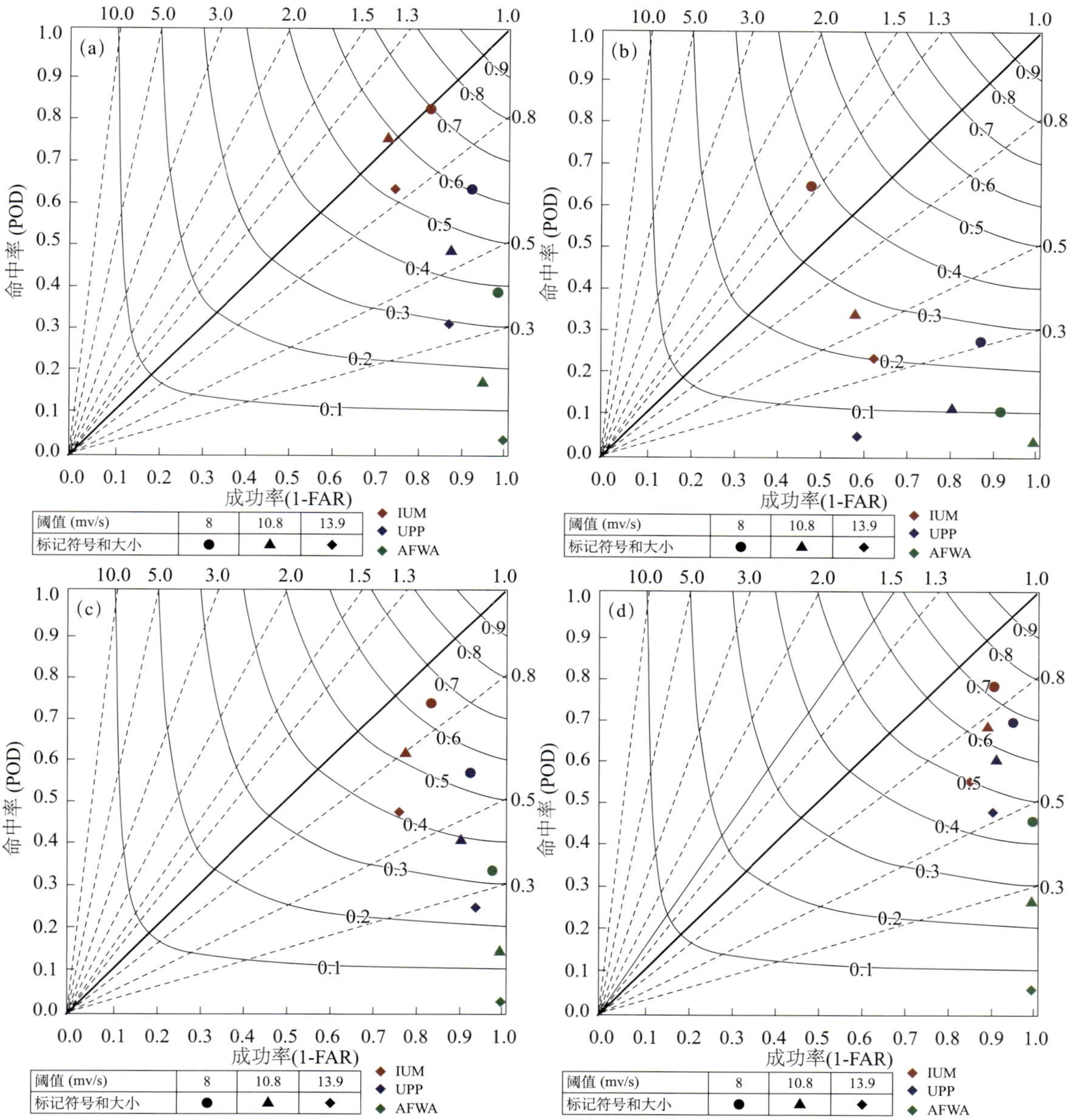

图 6.1.7 不同季节延庆赛区竞速 1 站逐小时阵风预报的 TS 评分和 BIAS（偏差）评分

（a）2020 年 5 月；（b）2020 年 8 月；（c）2020 年 11 月；（d）2021 年 2 月

（实曲线对应 TS 评分，虚斜线和对角斜线对应 BIAS 评分，数值对应上、右坐标数字；圆点、三角和菱形分别对应不同阈值；红色、蓝色和绿色对应 IUM、UPP 和 AFWA 方案）

尺度环流弱约束项，实现在区域变分同化框架中引入全球大尺度环流信息，以帮助高分辨率有限区域同化框架更好的描述大尺度环流。四是根据 CMA-MESO 3 km 所关注的水平尺度特征，确定了数字滤波方案中的滤波截断周期及相应参数，30 min 与 15 min 滤波截断周期的初始场能有效滤除高频噪音，同时基本保留了分析信息。

6.1.4.2　局地稠密资料同化应用

改进雷达质控方案，采用两步质量控制方案实现对雷达资料预处理过程，改进了雷达径向风资料同化、雷达质控拼图、风廓线雷达 WPR 资料同化方案。此外，针对卫星资料应用，改进了国产风云气象卫星 FY-2、FY-4A 等云导风等资料同化技术，FY-4A 成像仪辐射率资料同化技术、卫星 GNSSRO 资料同化。将降水资料 nudging 方案和地面湿度资料同化方案引入同化系统后，明显增加同化应用的地面湿度资料量，对冬季的降水预报有改善。

6.1.4.3　云分析系统改进和陆面资料同化系统

设计实现了消云方案，从而适度减少背景场分析有云而云分析后无云的云内水物质，冷启动方案中加入了云分析的热动力信息，改进优化云分析与整套系统的耦合流程。通过概率统计方法，建立土壤湿度、温度与观测 2 m 气温、相对湿度之间的关系，形成了陆面资料同化系统，使得各层土壤的陆面同化系数均有日变化，且分布合理。云分析系统改进与增加陆面同化能够较为明显的降低近地面 2 m 温度 T 的预报偏差。

6.1.4.4　全国 3 km 模式系统研发

初始参考大气廓线的改进，提高了模式动力框架的计算精度。采用初始时刻水平平均场代替原来的等温廓线参考大气，能够改进模式低层的高度场负偏差、解决中低层温度场暖偏差、缓解西风南风偏强现象以及有效降低模式低层水汽场偏多现象，同时能够提高模式各个量级降水预报 ETS 评分，且随着预报时效的延长，对模式预报性能的提高更为明显。

水平扩散方案的改进，有效提高了模式的计算稳定性。为保证高分辨系统在实时业务环境下稳定运行，引进时间步长自动调整方案，并通过各种试验测试，确定了适合业务运行的调整方案，即当库朗数目标值取 1.2 左右时，既能保证模式稳定运行，又可以较小地影响模式的运行效率和预报效果。EC 云量诊断方案的实现，改进了模式的辐射平衡，对近地面 2 m 温度的模拟有明显改善。改进优化了 MRF 边界层方案中动量和热量的稳定性函数的计算方法，解决 MRF 方案在边界层参数化方案计算中水汽垂直输送过多、过高的问题，对逐 6 h 降水和 2 m 温度有正贡献，尤其华北区域降水过程各要素的预报都有显著提高。改进了物理过程倾向对上游点反馈影响，修改了微物理过程水物质变量使用问题，修改了微物理过程水物质垂直层次使用不合理现象，同时改进优化热膨胀项方案，对 T2M 预报具有一定的正效果。

集成上述各项模式技术，形成服务于冬奥的全国 3 km 间隔 3 h 的快速循环同化预报系统，系统参数如表 6.1.3 所列，分别通过内网和数值预报云提供产品。

表 6.1.3　CMA-MESO 业务系统技术要点和参数配置

技术要点	CMA- MESOv5.1 业务系统
预报区域	10.0°—60.01°N；70.0°—145.0°E
分辨率	0.03°（大约 3 km）/50 层

续表

模式顶	10 hPa
模式初值生成	CMA- MESO 3Dvar 高分辨同化系统，三维云分析系统。陆面资料同化系统
观测资料	常规观测：探空报、船舶报、浮标报、飞机报、地面报（*ps*，*u*，*v*，*RH*，rain） 雷达资料：多普勒雷达（反射率、径向风、VAD 风），风廓线雷达（*u*、*v*） 卫星资料：卫星云导风（FY-2G，HIMAWARI-8），GNSSRO，FY-4A GRI（FY-4A 成像仪湿度计），FY-2G TBB，FY-2G CTA， GPSPW 可降水量
物理过程参数化方案	浅对流参数化，WSM6 云微物理方案，RRTM 长波辐射方案，Dudhia 短波辐射方案，Monin-Obukhov 近地面层方案，Noah 陆面过程方案，NMRF 边界层方案
起报时间	8 次 / 日（00，03，06，09，12，15，18，21 UTC）
预报时效	00，12 UTC：72 h； 03，06，09，15，18，21UTC：36 h
预报输出频次	1 h

6.2　百米级 0～10 d 实时大涡模拟预报技术

为满足北京冬奥会气象预报“百米级、分钟级”、0～10 d 时效、赛区全覆盖的刚性需求，北京城市气象研究院经过前期大量调研，深入研发复杂地形下实时大涡模拟预报核心技术和运行方案、流程。针对数值预报模式执行复杂山地实时大涡模拟预报的多个关键物理方案和核心配置进行前期试验、本地化改进和“目标再优化”，着重反映对冬奥山地赛场最为重要的百米以下网格尺度风和温度预报的关键影响因素（包括复杂地形强迫、辐射效应、地面摩擦作用和边界层湍流混合效应），研发构建基于大涡模拟的复杂地形下冬季天气 0～10 d“百米级、分钟级”无缝隙预报系统“CMA-BJ 睿思细”，实现北京冬奥会三个赛区 6 个核心场地（古杨树场馆群、云顶场馆群、国家高山滑雪中心、国家雪车雪橇中心、首钢园区、国家体育场）各 10 km×10 km 范围内 67 m 网格分辨率的 0～10 d 预报（每日更新 2 次）。

6.2.1　复杂山地大涡数值预报关键方案

6.2.1.1　高分辨率地形高程及地表覆盖类型数据

在基于天气研究预报模式 WRF（Weather Research and Forecasting）的真实大气大涡模拟中，引入 30 m 分辨率高精度地形和土地利用数据，减小山区真实大气大涡模拟的模式地形误差，缩减因地形和地表类型差异影响 Monin-Obukhov 相似理论对地表湍流通量计算造成的误差，提升近地面风场大涡模拟精度。

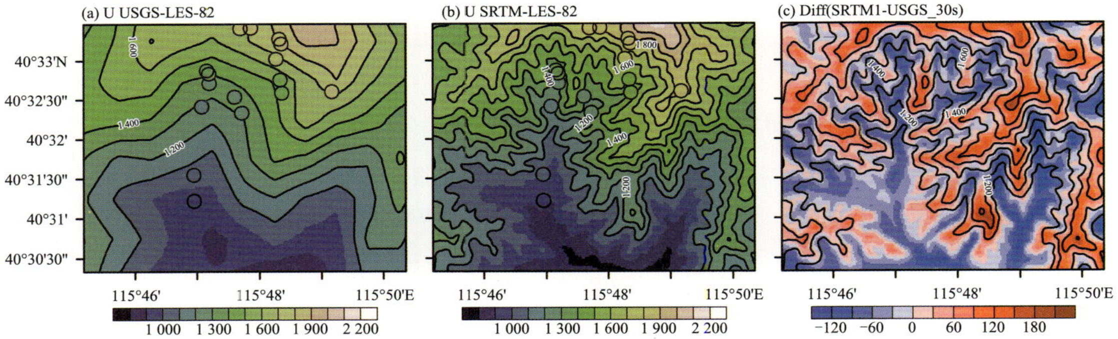

图 6.2.1 冬奥延庆赛区地形高程数据对比

（a）USGS_30 s；（b）SRTM1；（c）SRTM1 与 USGS_30 s 差值

图 6.2.1 为冬奥延庆赛区不同分辨率地形高程数据集及观测高度的对比情况。SRTM1 资料在较高山顶和山脊处比 USGS_30 s 高，在较低山脊和山谷处更低，并能呈现更精细山地沟壑样貌。通过对比 19 个温湿探测仪实测高度（图中圆点），发现 USGS_30 s 与实际高度的平均误差为 107.4 m，SRTM1 较 USGS_30 s 在平均误差上减小了 64.7 m。

图 6.2.2 为 USGS_30 s 和 SRTM1 数据模拟获得 10 min 的风速瞬时图。

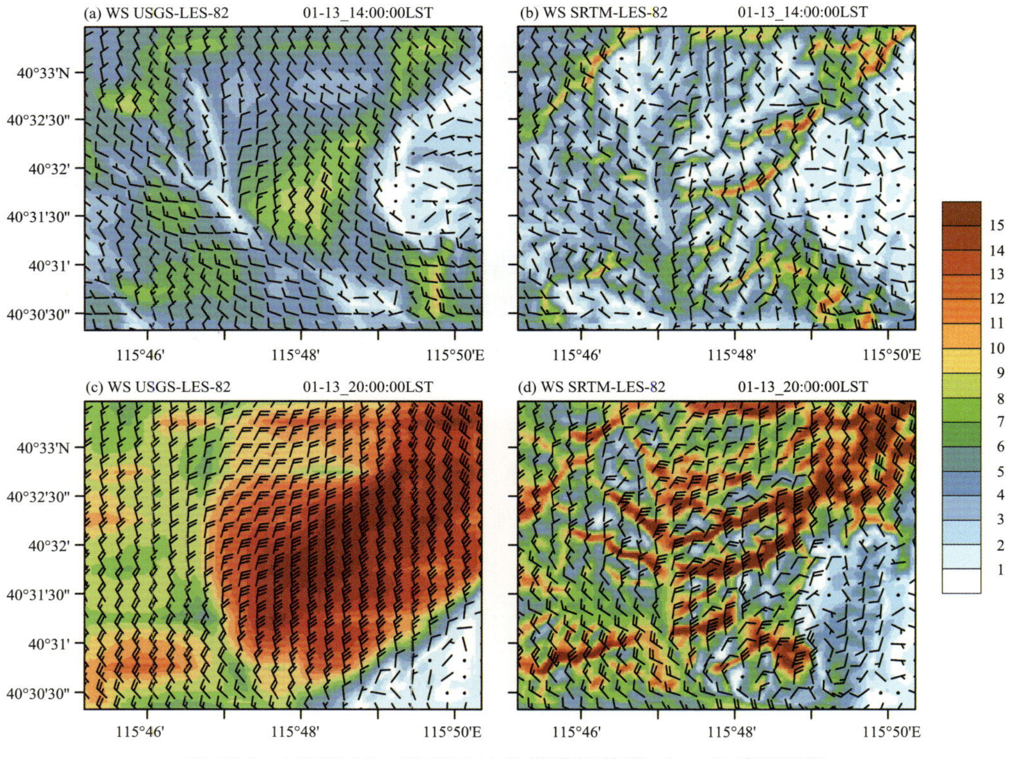

图 6.2.2 USGS_30 s 和 SRTM1 数据模拟获得 10 m 风速瞬时图

使用高分辨率 Global-land30 的 30 m 土地利用数据（图 6.2.3）与精细计算网格匹配，也可大幅度提高近地面风、温模拟效果。

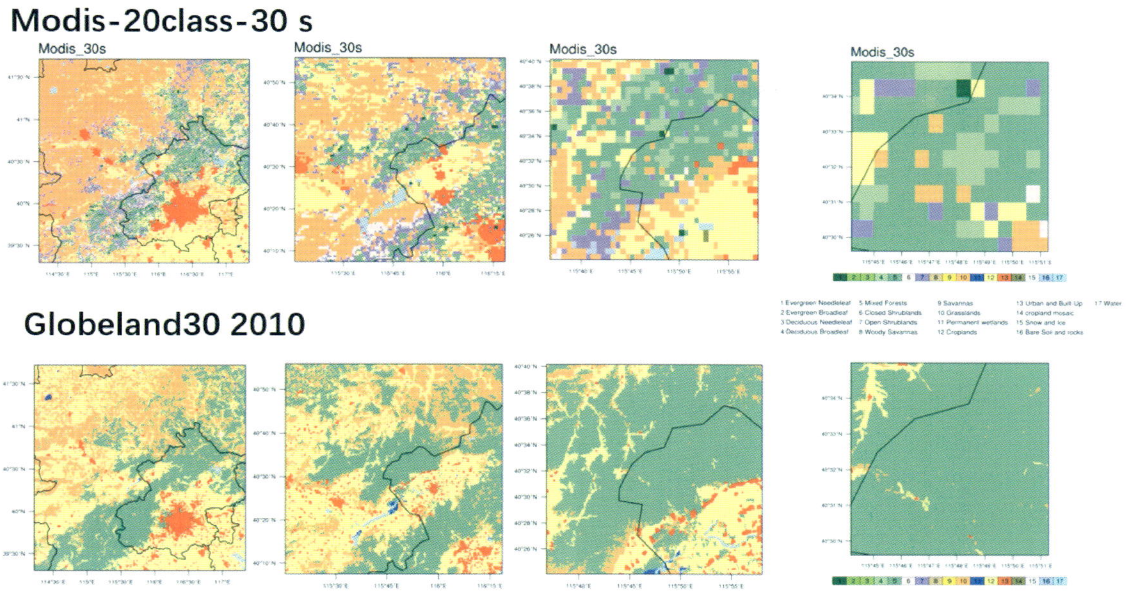

图 6.2.3 京津冀土地利用数据对比

（上：20 类 MODIS 900 m 分辨率；下：10 类 Globeland30 30 m 分辨率）

6.2.1.2 尺度适应次网格地形修正方案

在基于 WRF 模式的真实大气风场大涡模拟中发现，在复杂地形区域对近地面风速的大涡模拟存在系统性误差，表现为平原、山谷等小风速地带偏高，山腰、山顶等大风速地带偏低的现象，且实际风速越大系统性误差越大。误差会随着模式分辨率的增加而减小，因此，在复杂地形开展风场高分辨率模拟是非常必要的。在 WRF 模式的 YSU（Yonsei University）边界层方案中加入 Jiménez 次网格地形方案以订正这一系统性误差。Jiménez 次网格地形方案通过在动量守恒方程的动量下沉项中引入参数 C_t（与地形特征有关的无量纲拉普拉斯算子）来订正地形，以调节与植被有关的地表拖曳作用以减小平原和山谷的风速，并尽可能增加山顶风速。

6.2.1.3 次网格湍流闭合模型

在大涡模式中，次网格湍流闭合模型对模拟结果影响很大，尤其是大气湍流统计特征，从而进一步影响风温湿气象要素场。对比分析模拟的大气湍流动量通量廓线、功率谱、概率密度分布，1.5 阶 TKE 闭合（1.5TKE）和非线性后向散射闭合（NBA）次网格模型更适用于复杂地形区域，其中 NBA 方案对次网格能量更大但计算资源消耗大，1.5TKE 次网格能量模拟次于 NBA 但计算资源消耗较小、性能稳定。因此，1.5TKE 方案是真实大气大涡模拟业务应用较佳的选择方案。图 6.2.4 为三种次网格闭合方案功率谱对比图。

6.2.1.4 引入入流边界湍流生成方案

从实际研究中发现，从中尺度到微尺度转变出现了很多问题。从中尺度模式中的一维湍流扩散转换到三维大涡模拟混合并不一定会立刻产生一个新模拟效果，即不能马上在大涡模

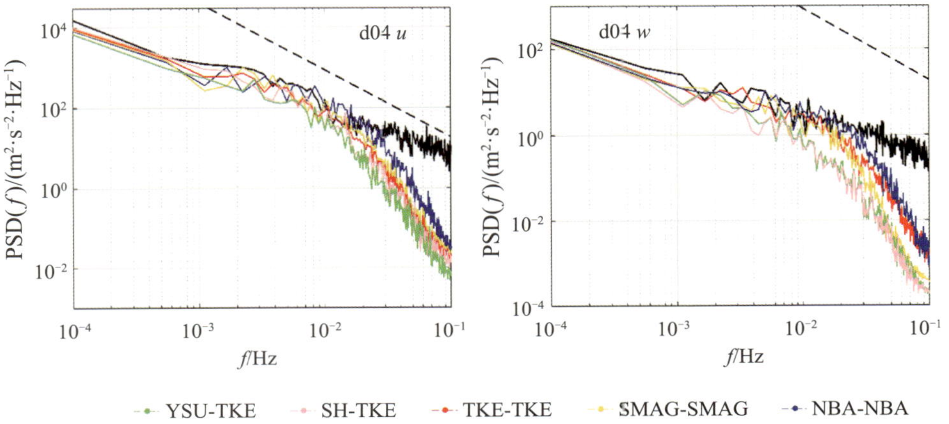

图 6.2.4　三种次网格闭合方案功率谱对比图

（红色：TKE，黄色：SMAG，蓝色：NBA，黑色：观测。越靠近观测，表明该方案越准确）

拟区域中瞬时产生湍流，而需要在边界附近生成一个从层流向湍流的自然过渡带，造成了在大涡模拟区域的入流边界下风方向范围内出现湍流生成不足的现象。表现为大涡模拟入流边界附近位温分布均匀，成片状，产生一个很长的缺失过渡带；下风方向则出现位温偏低。并且这一现象也对计算产生了很大的负荷。

因此，有必要开发一些方法来加速、强迫中尺度层流至内部大涡模拟嵌套区域上湍流的产生。在大涡模拟入流边界附近加入了基于位温细胞微扰动（6～8 水平网格）的入流边界湍流生成方案（CPM），能加速大涡模拟区域入流边界的湍流快速发展。在中性和稳定的条件下，获得了成功的结果，其中平均速度、方差和湍流通量以及速度和温度谱的一致性令人满意。相比未加入 CPM 方案时，大涡模拟区域内湍流生成被快速的激发，加速了湍流的均匀混合（图 6.2.5 上侧方框），在下风方向（图 6.2.5 下侧方框）产生了更大的能量。值得注

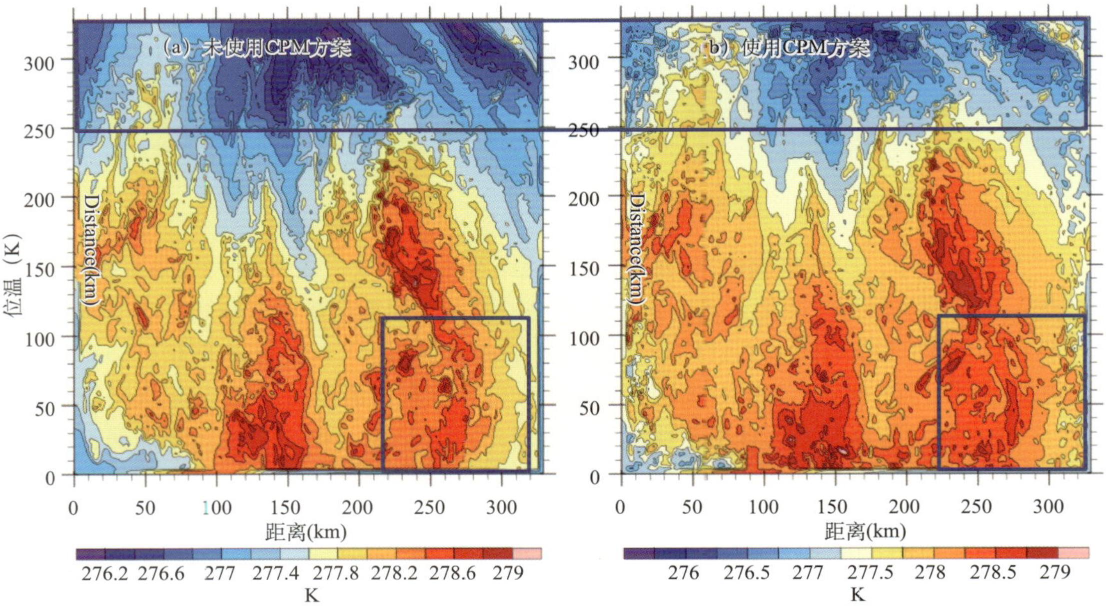

图 6.2.5　入流边界湍流生成方案使用前后的大涡模拟位温场图

（a）使用前；（b）使用后

意的是，CPM 方案在加速真实湍流的生成时，只需非常少量的参数调整和计算步骤，不占用计算资源影响计算速度，简便适宜。

6.2.2 复杂山地 67 m 分辨率 0 ～ 10 d 实时大涡数值预报技术

6.2.2.1 实时大涡模式参数“目标优化”方案

在前述复杂山地百米级大涡模拟（CMA-BJ 大涡系统）关键配置及物理方案优化基础上，针对实时大涡模拟预报关键物理方案和配置进行再次优化，着重反映对冬奥山地赛场最为重要的百米以下网格尺度风和温度预报的关键影响因素（主要考虑复杂地形强迫、辐射效应、地面摩擦作用和边界层湍流混合效应的影响）。以全球数值模式预报数据为背景，以 1 km、200 m、67 m 分辨率三层嵌套方式，构建冬奥三个赛区 6 个室外核心场地 67 m 分辨率 0～10 d 实时大涡模拟预报，该系统简称为“CMA-BJ 睿思细”（简称“睿思细”）；使用垂直速度、模式高层和声波三个常规抑制参数进行调稳提速，67 m 大涡模拟可实现 0.4 s 稳定积分时间步长，达到分辨率“公里数”的 6 倍，大幅提升复杂地形下大涡模拟计算稳定性和效率。

技术路线如图 6.2.6 所示。

睿图－睿思细	输入	运行	输出
规划	北京城市气象研究院需求导向：次百米分辨率 0～10 d 数值预报		
研发	睿图－短期多源背景	睿图－大涡实时大涡	睿图－睿思无缝集成
		睿图－睿思动态订正	
落地	睿图－临近时效分段		

图 6.2.6 针对“5 d 以上精细化”需求启动睿思细网格产品开发

6.2.2.2 0～10 d 大涡预报分段并行运算方案

睿思细系统背景场使用 ECMWF 背景驱动，同时热备运行一套 CMA-GFS 背景驱动；用 ASTER 1″ 约 30 m 分辨率 DEM 做地形插值；3 层嵌套，分别为水平 1 km、200 m、67 m 分辨率；水平格点数均为 151×151，对应 3 层嵌套区域边长约为 150 km、30 km、10 km，模式嵌套区域如图 6.2.7 所示。

睿思细大涡模拟的网格设置主要做如下考虑：

（1）睿思细的大涡模拟基于 WRF 模式，而 WRF 动力核（dycore）原型始于理想超级单体雷暴模拟，WRF 发行版的理想超级单体雷暴默认参数表是 2 km、667 m、222 m 分辨率，计算稳定。经过前期大量测试和试验，在睿思细系统中将该分辨率除以 10，得 200 m、67 m、22 m 分辨率，希望在大涡模拟的设置中，从浮点位移角度继承一部分计算的稳定性。

（2）200 m 外套 1 km 分辨率，外层区域边长约 150 km。ECMWF、CMA-GFS 背景分辨率 0.25° 约 25 km，按 6 倍格距解析估算，可以解析 150 km 边长尺度。同时 1 km 套 200 m 尽量避开模式灰区。

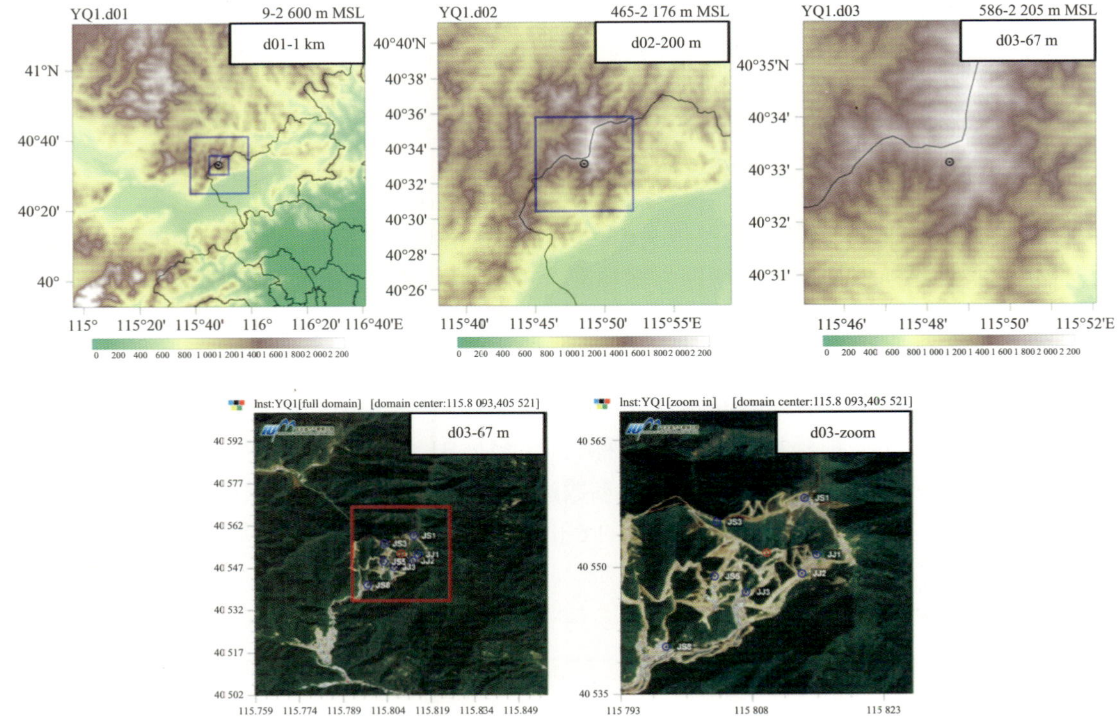

图 6.2.7 睿思细的模式嵌套区域示例：模式 3 层嵌套，以延庆高山为例

（3）67 m 区域边长约 10 km。按 WRF 大涡模拟的测试建议，将区域边长增至边界层高度 5 倍以上，以降低侧边界不良影响。因此，区域边长 10 km 合适。

如图 6.2.8～图 6.2.9 所示。

背景区域设置	睿图－大涡	睿图－睿思细
背景	睿图－短期，3 km	EC，热备 CMA-GFS，0.25°
地形	30 m	30 m
分辨率	1.1 km，100 m	1 km，200 m，67 m
格点数	247，111	151，151，151
边长	271 km，11 km	150 km，30 km，10 km
实例	延庆、张家口	高山、雪车、云顶、古杨、首钢、鸟巢

图 6.2.8 睿思细的模式背景及区域设置及其与 CMA-BJ 大涡试验的区别

垂直层设置为 33 层，底层厚度、0～6 km 层数与 CMA-BJ 大涡相近，6 km 以上稀疏化。相对于模式 d*x* 67 m：模式底层 d*z* 50 m，达到 d*x*～d*z*；但在 0～1 km 有 8 层，0～2 km 有 11 层，d*z* 明显粗于 d*x*。从模拟结果看，明确造成边界层特征沿 *z* 方向变化较粗糙。如图 6.2.10～图 6.2.11 所示。

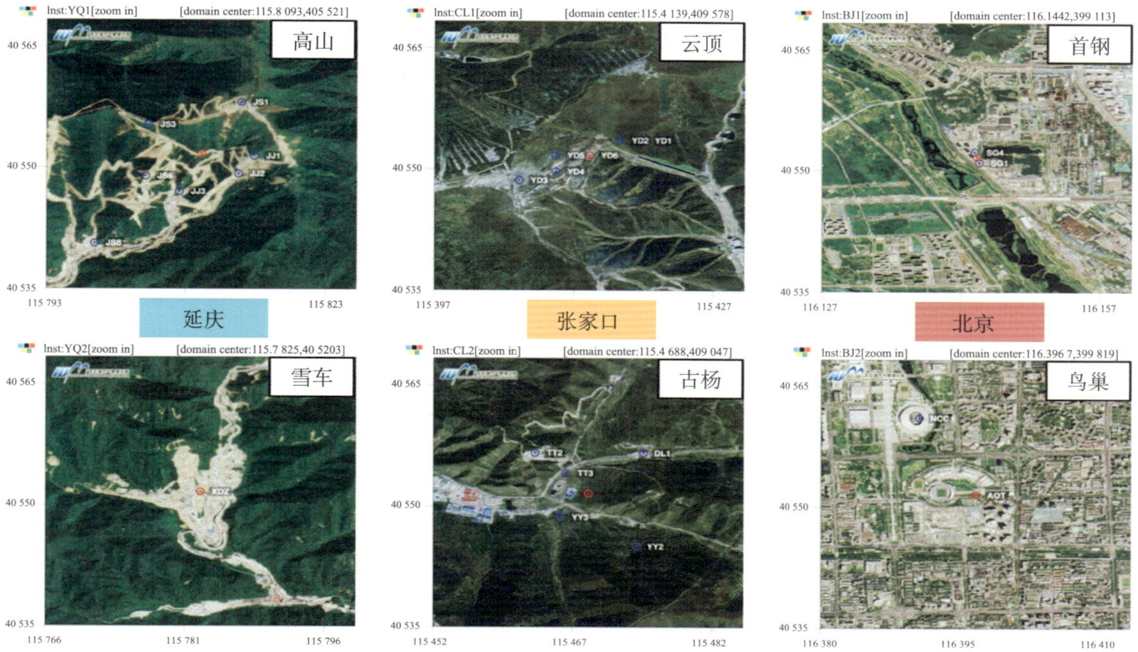

图 6.2.9　睿思细的“一场一策”实例区域示例：6 赛场实例，内层嵌套 1/3 局部

测试试验表明，对于冬季山地赛场气象预报，特别是百米级风的预报，复杂地形是主要矛盾，边界层是次要矛盾。牺牲次要矛盾，换取计算速度和稳定性；保留主要矛盾，基本保障预报效果。

垂直设置	睿图－大涡	睿图－睿思细
底层厚度	56 m	50 m
0～1 km 层数	7	8
0～2 km 层数	12	11
0～6 km 层数	20	18
0～20 km 层数	50	33

图 6.2.10　睿思细的模式垂直设置及其与 CMA-BJ 大涡试验的区别

技术设置	睿图－大涡	睿图－睿思细
大涡	d02	d02，d03
参数化	微物理 -WSM3，长波 -RRTM，短波 -Dudhia，近地层 -MM5，陆面 -Noah，边界层 -YSU，湍流 -TKE	
调稳	垂直速度抑制，高层抑制，声波抑制	
站点订正	机器学习相似卡尔曼滤波	线性回归

图 6.2.11　睿思细的模式技术设置及其与 CMA-BJ 大涡试验的区别

时间设置方面，内层嵌套时间步长 0.4 s，使格距时空比（Grid Distance Ratio，d*t*/d*x*）达到 6 s/km（即 0.4 s/0.067 km = 6 s/km），确保速度。实测睿思细积分 24 h 预报的墙钟用时小于 2 h，比 CMA-BJ 大涡快 1 倍多，与估算吻合。时效分段是动力降尺度常用做法：就是任取背景时效时刻，作为降尺度起算时刻。使用逐时效日分段降尺度，每时效日在预报时刻 02 BJT 起算，起转保白天可用。逐 12 h 循环，受此墙钟约束，并发 2 组，一组跑时效一三五七九日，一组跑时效二四六八十日，则墙钟 10 h 算出 0～10 d 预报。以分段冷启负作用为代价，换取 *T* 维并发，快速得到精细的前瞻预览。如图 6.2.12 所示。

时间设置	睿图－大涡	睿图－睿思细
时间步长	5 s，0.25 s	6 s，1.2 s，0.4 s
估算墙时	1/0.25 s*z50=200 t	1/0.4 s*z33=82.5 t
实际墙时（积 24h）	15 000 s（4 h 10 min）	6 600 s（1 h 50 min）
循环间隔	12 h	
预报时效	0～1 d	0～10 d（逐时效日分段）
循环墙时	约 4 h	约 10 h（并发 2 组）

图 6.2.12　睿思细的模式时间设置及其与 CMA-BJ 大涡试验的区别

6.3　模式检验评估

6.3.1　数值模式检验评估

6.3.1.1　模式预报技巧评估

（1）降水预报检验

2022 年 1 月 14 日—2 月 13 日（00UTC）各数值模式 24 h 累计降水 TS 评分和预报偏差（Bias）评分（图 6.3.1），在小雨量级（0.1 mm），CMA-MESO 区域模式（MESO3 km）和 CMA-TYM 区域模式（TYM）晴雨预报效果明显好于 ECMWF/CMA 等全球模式预报。CMA-BJ 在北京地区的 24 h 累计降水 0.1 mm 和 1.0 mm 量级 TS 评分大于 0.25（图 6.3.2）。

对 2 月 13 日北京大暴雪过程检验结果表明，从降雪最强时段的 24 h 累积降水预报对比来看（图 6.3.3），CMA 模式对降雪范围预报较好，且相较 EC 而言 CMA 模式对此次降雪强度（预报出大雪）有更好的指示意义；CMA-MESO 模式预报的降雪量级明显较实况偏强。而 CMA-BJ 的 12 日 08 时、11 时和 20 时均对此次降雪强度有较好的预报，模式预报的降雪量级较实况偏强（图略）。

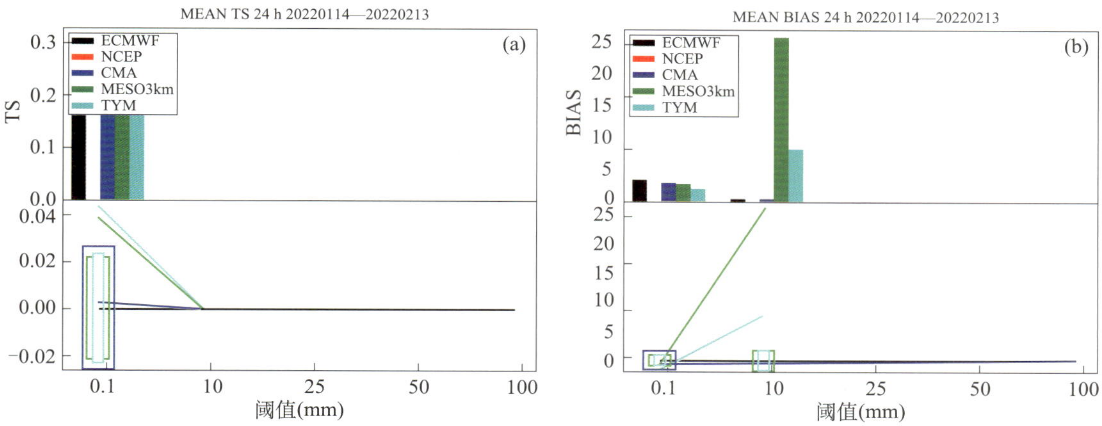

图 6.3.1　2022 年 1 月 14 日—2 月 13 日（00UTC）各数值模式（a）24 h 累计降水 TS 评分和（b）预报偏差（BIAS）

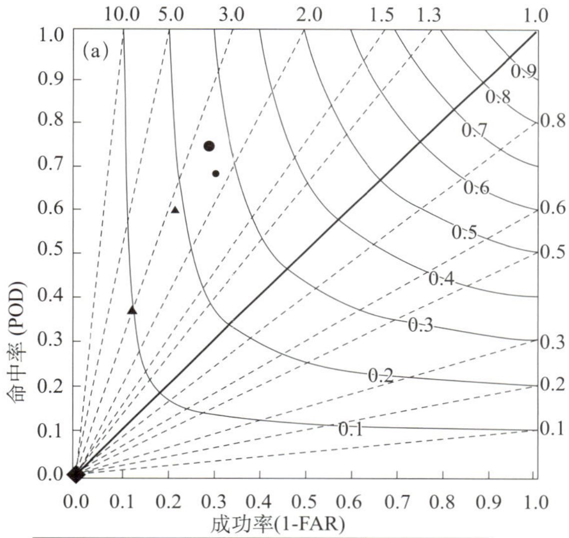

阈值(mm)	0.1	1.0	5.0	10.0	25.0	50.0	100.0	
标记符号和大小	●	●	▲	▲	◆	◆	◆	◆ ST2.0
观测站数	8178	3746	803	216	3	3	1	

图 6.3.2　2022 年 1 月 1 日至 3 月 13 日北京区域 24 h 累积地面降水综合评分

（横坐标为成功率，纵坐标为命中率，虚直线表示 BIAS 评分，实曲线表示 TS 评分）

（2）开（闭）幕式期间检验评估

从 2022 年 2 月 2 日 12UTC 起报 CMA 集合 +CMA_BLD 对国家体育场站（A1007）地面要素预报与观测对比情况可见（图 6.3.4），在 2 月 4 日 12UTC（北京时间 20:00）这一时刻，2 m 温度为 −2.2 ℃，CMA 集合 +CMA_BLD 预报的中值约 0.5 ℃，最高值约 2 ℃，最低值约 −1 ℃；此为 48 h 时效预报，误差约 2 K，预报效果不错。10 m 风速为 0.5 m/s，阵风为 2.1 m/s。CMA 集合 +CMA_BLD 预报的中值约 9 m/s，最高值约 10 m/s，最小值约 7 m/s，48 h 时效预报误差约 5 m/s，风速预报偏大，这与其他模式预报特征一致。

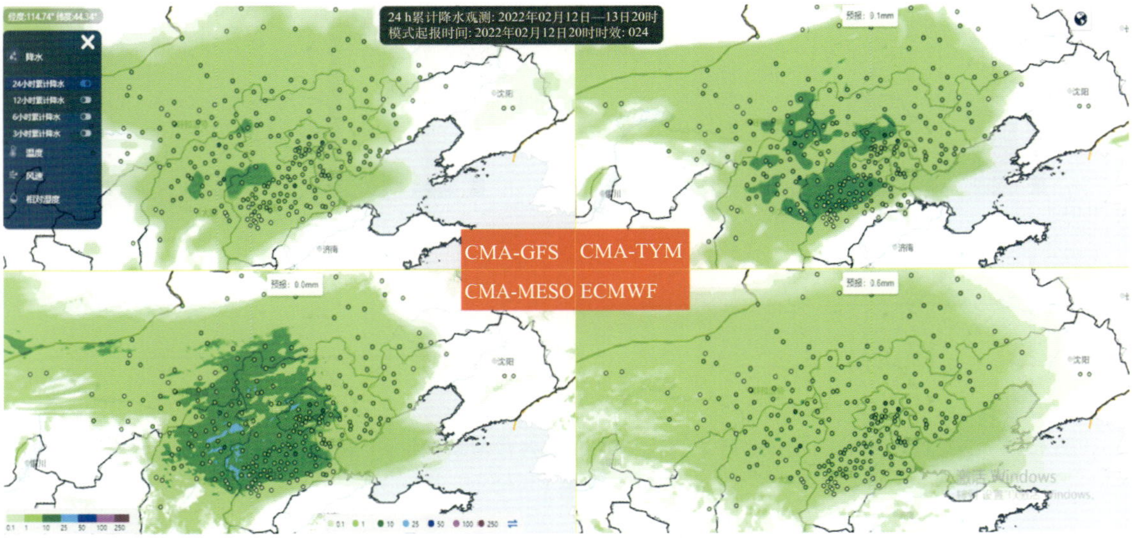

图 6.3.3　2022 年 2 月 12 日 20 时—13 日 20 时 24 h 累积降水观测与不同模式预报对比

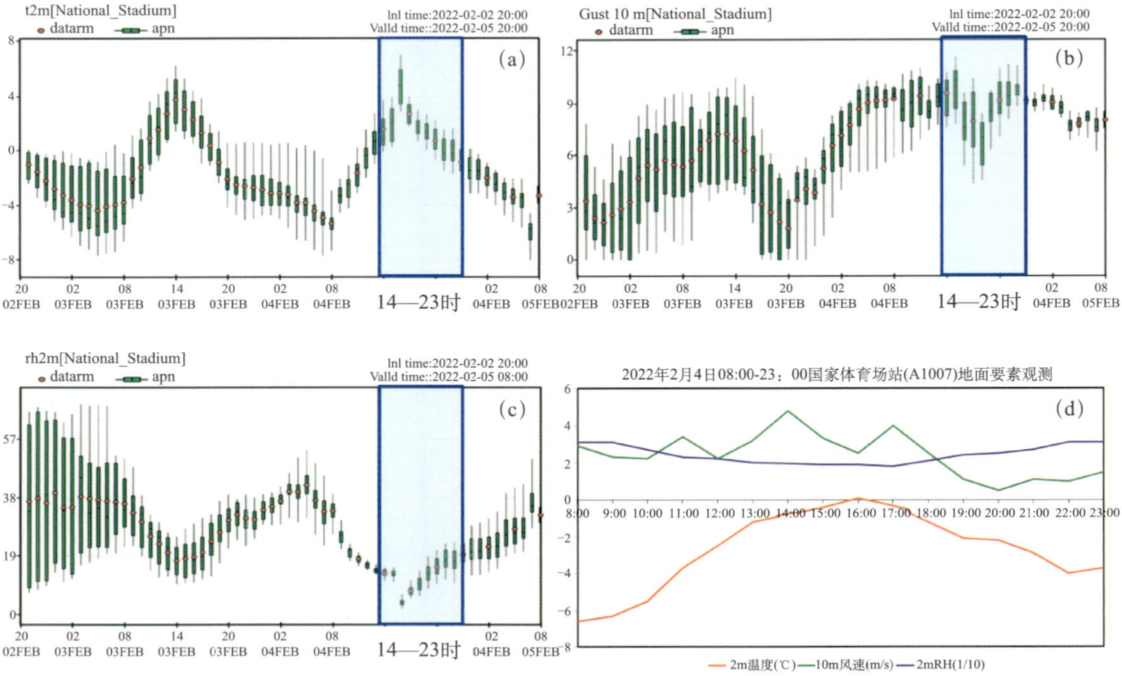

图 6.3.4　2022 年 2 月 2 日 12 UTC 起报 CMA 集合 +CMA_BLD 国家体育场站（A1007）地面要素预报与观测（OBS）对比

（a）2 m 温度；（b）10 m 阵风风速；（c）2 m 相对湿度；（d）地面要素观测

从 2022 年 2 月 3 日 12UTC 起报各数值模式对国家体育场站（A1007）地面要素预报与观测对比情况可见（图 6.3.5），在 2 月 4 日 12UTC（北京时间 20:00）这一时刻，2 m 温度为 −2.2 ℃，预报最为接近者为 CMA-MESO 区域模式订正产品（BC-3 km），几乎与实况重合，次接近者为 1 km 区域模式订正产品（BC-1 km），误差小于 1 K。2 m 温度模式预报在 12 h 时效内的夜晚时段存在明显的负偏差。24 h 预报时效内，各模式产品预报变化趋势与实况较为一致。10 m 风速为 0.5 m/s，阵风为 2.1 m/s。对于 10 m 风速和阵风风速，各区域模式预报和预报订正产品均存在明显正偏差，风速预报偏差大约 4 m/s。

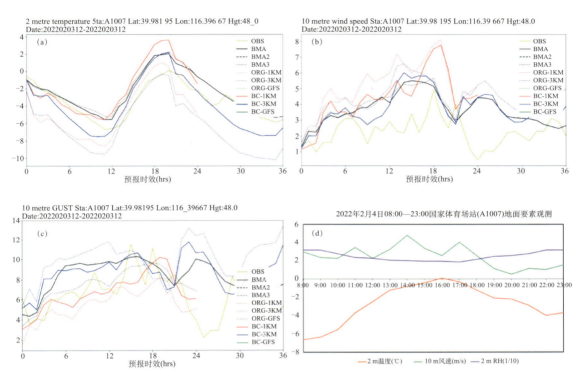

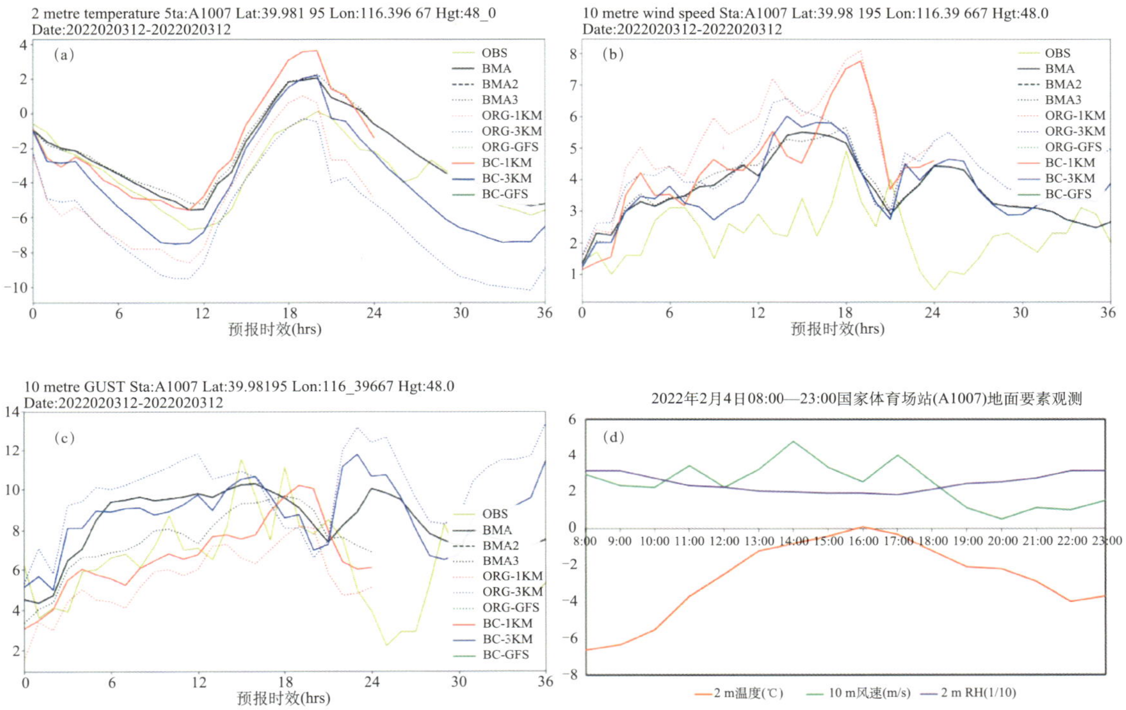

图 6.3.5　2022 年 2 月 3 日 12UTC 起报各数值模式国家体育场站（A1007）地面要素预报与观测（OBS）对比

（a）2 m 温度；（b）10 m 风速；（c）10 m 阵风风速；（d）地面要素观测

6.3.1.2　概率预报产品检验评估

CMA-REPS 冬奥 3 km 区域集合预报检验评估包含：① CMA-REPS_3 km，CMA-REPSv3.1，CMA-GEPSv1.2 三个集合预报的逐 3 h 地面降水、2 m 温度和 10 m 风速对比检验；② CMA-REPS_3 km，CMA-REPSv3.1 两个集合预报的逐 1 h 地面降水、2 m 温度和 10 m 风速对比检验；③ CMA-REPS_3 km，CMA-REPSv3.1 两个集合预报的等压面要素对比检验。检验预报数据为冬残奥会期间，CMA-REPS_3 km 集合预报和 CMA-REPSv3.1 业务区域集合预报，以及 CMA-GEPSv1.2 全球集合预报业务数据，检验范围为包含冬奥赛区的预报范围：35°—43°N，113°—121°E。重点检验了地面要素 3 h 概率预报效果。

（1）逐 3 h 降水检验

2022 年 1 月 17 日—3 月 16 日（00+12UTC）两个月的 CMA-REPS 区域集合预报逐 3 h 累计降水评分可见（图 6.3.6），在小雨量级和中雨量级，CMA-REPSv3.1（图中的 CMA-REPSv3）降水预报效果好于 REPS_3 km 和 CMA-GFSv1.2 预报。

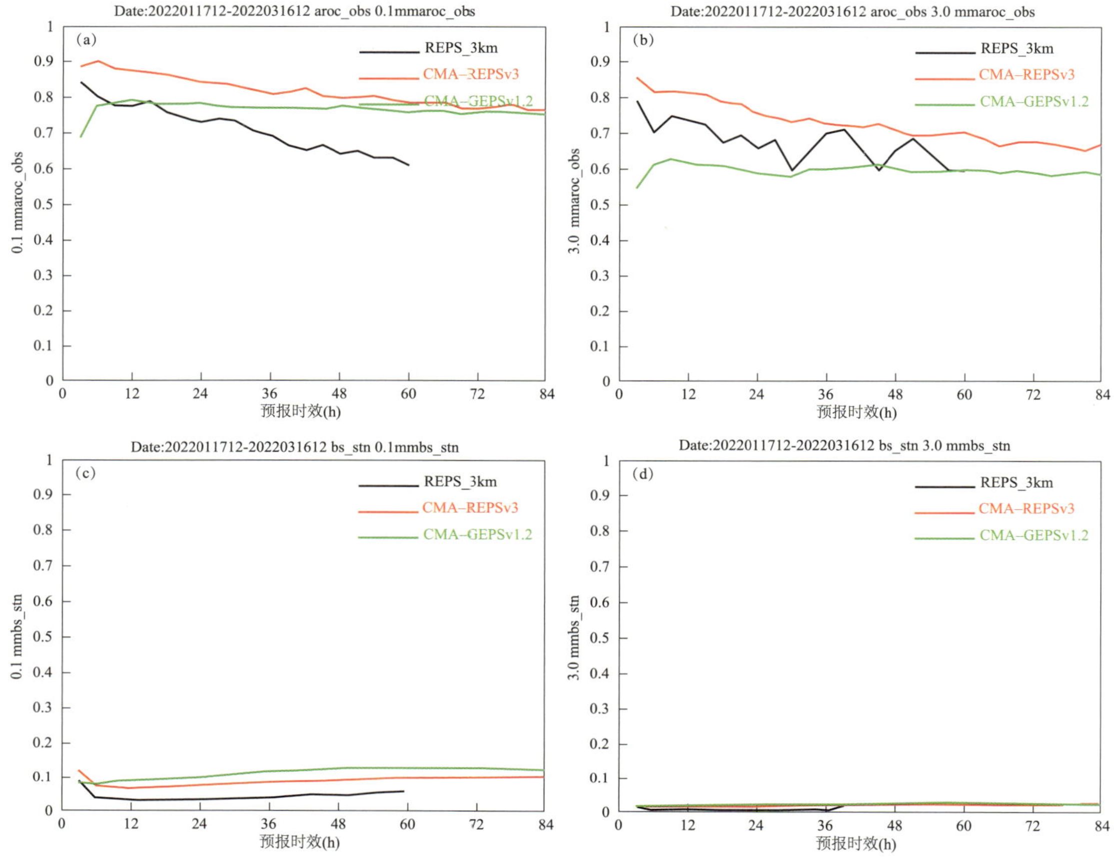

图 6.3.6　2022 年 1 月 17 日—2022 年 3 月 16 日（00+12 UTC）REPS 区域集合预报逐 3 h 累计降水评分

（a）小雨 AROC；（b）中雨 AROC；（c）小雨 BS；（d）中雨 BS

（2）逐 3 h 2 m 温度检验

2022 年 1 月 17 日—3 月 16 日（00+12UTC）两个月的 CMA-REPS 区域集合预报逐 3 h 2 m 温度评分可见（图 6.3.7），CMA-REPSv3.1 和 REPS_3 km 2 m 温度预报效果好于 CMA-GFSv1.2 预报。

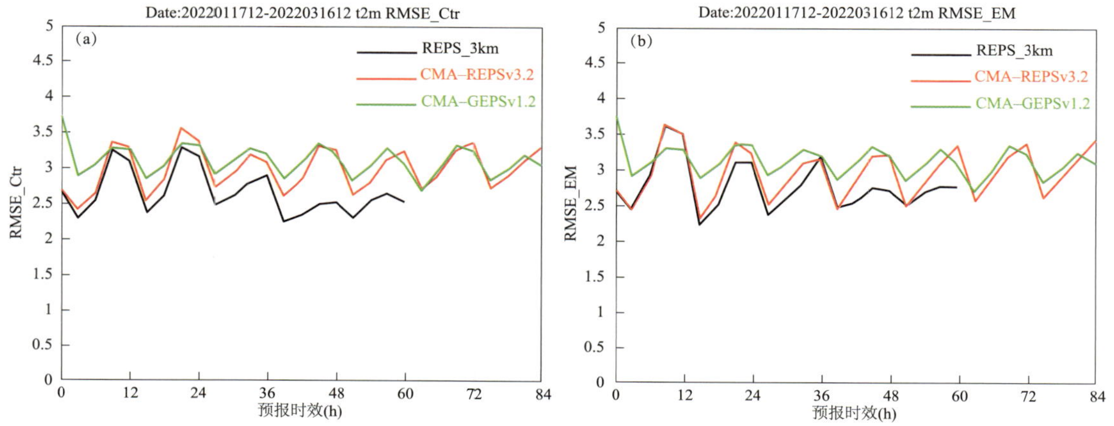

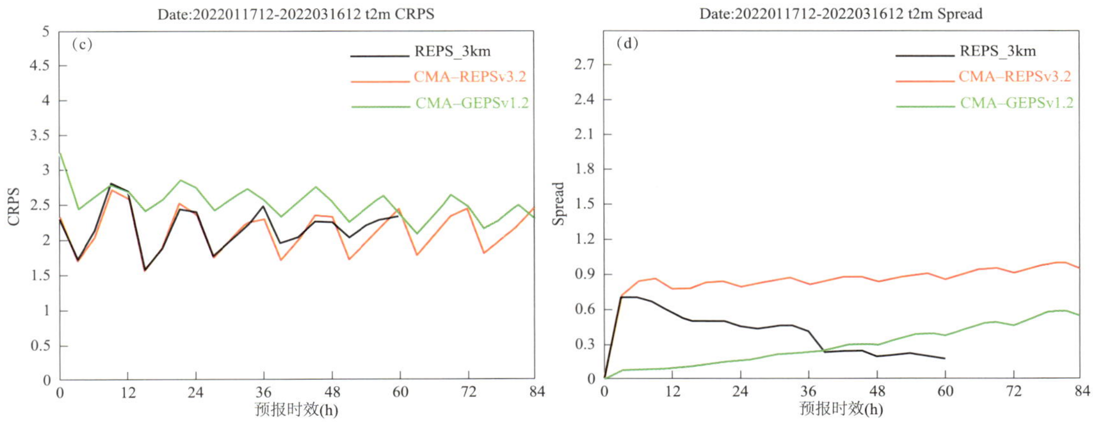

图 6.3.7 2022 年 1 月 17 日—2022 年 3 月 16 日（00+12UTC）REPS 区域集合预报逐 3 h 2 m 温度评分

（a）控制预报 RMSE；（b）集合平均 RMSE；（c）连续分级概率评分 CRPS；（d）离散度

（3）逐 3 h 10 m 风速检验

2022 年 1 月 17 日—3 月 16 日（00+12UTC）两个月的 CMA-REPS 区域集合预报逐 3 h 10 m 风速评分可见（图 6.3.8），CMA-REPSv3.1、REPS_3 km 和 CMA-GFSv1.2 三者预报效果接近。

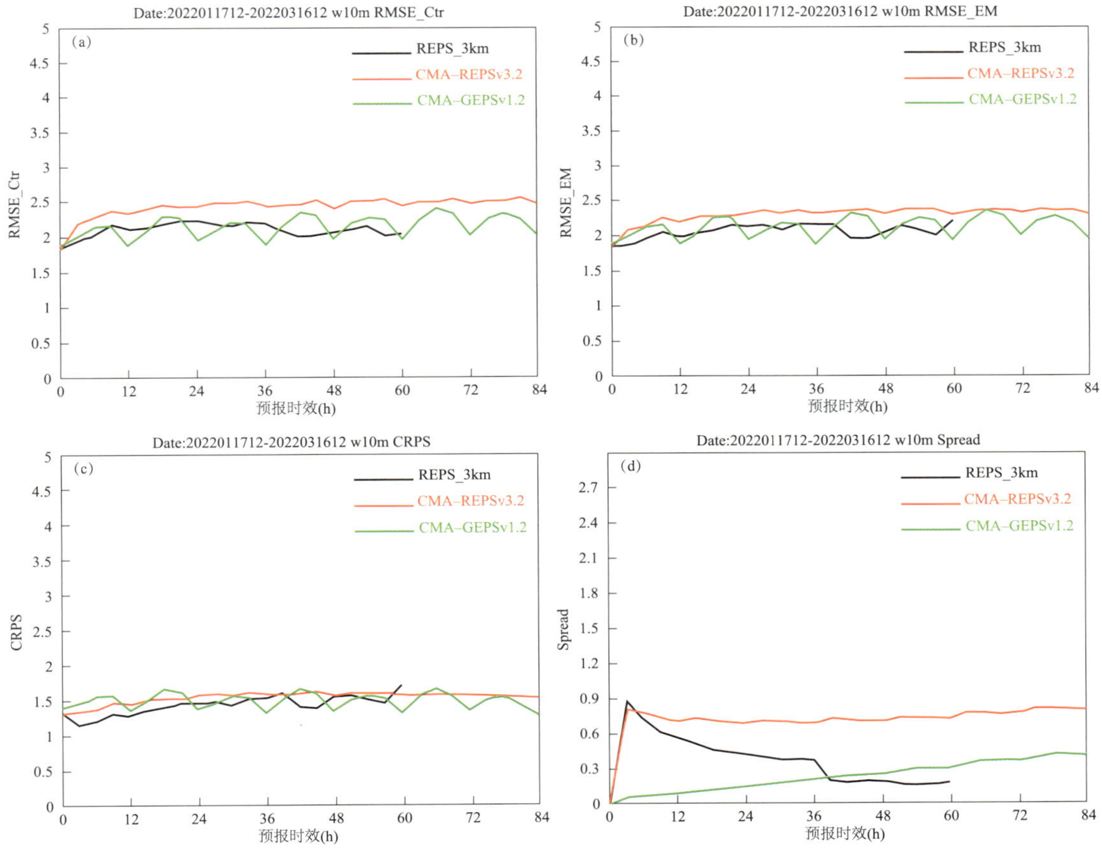

图 6.3.8 2022 年 1 月 17 日—2022 年 3 月 16 日（00+12UTC）REPS 区域集合预报逐 3 h 10 m 风速评分

（a）控制预报 RMSE；（b）集合平均 RMSE；（c）连续分级概率评分 CRPS；（d）离散度

6.3.2 实时大涡数值预报检验评估

6.3.2.1 冬奥长期批量客观检验结果

在中国气象局“智慧冬奥 2022 天气预报示范计划”（SMART2022-FDP）对气象部门内外 22 家单位 57 项高精度冬奥气象产品的第三方评比中，CMA-BJ 睿思细大涡数值预报（亦简称 RMAPS-RISE）的阵风预报产品指标和成绩名列前茅。预报时效自 60 h 开始至 240 h，RMAPS-RISE 系统阵风预报的均方根误差（RMSE）最小，满足了冬奥气象保障需要做到“5 d 以上精细化”的需求，可以为冬奥大风降温高影响天气提前研判、预报和服务提供有效参考（图 6.3.9）。

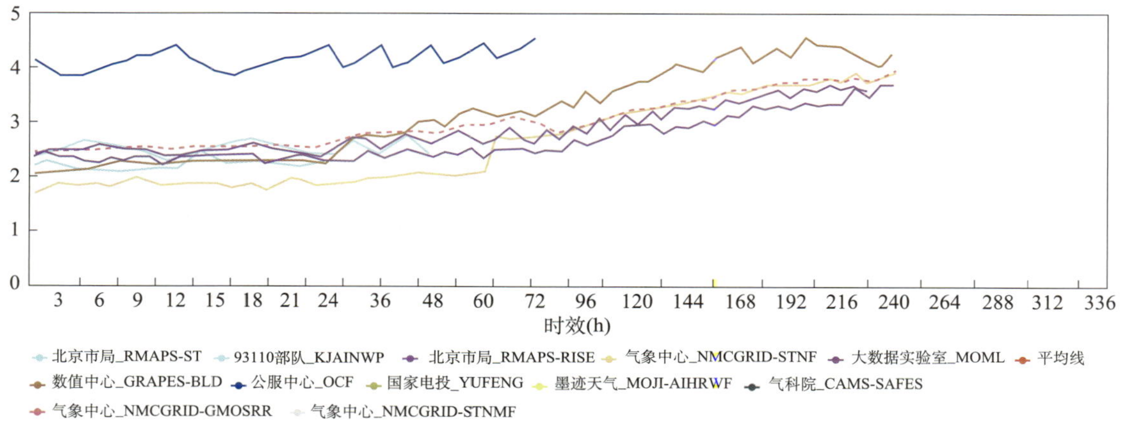

图 6.3.9 FDP 各家阵风的逐时效检验（2022 年 1 月 1 日—3 月 16 日样本；均方根误差 RMSE）

开展了睿思细的阵风逐日 RMSE 检验，每日取历史 20 d 样本进行误差计算（图 6.3.10）。睿思细的阵风预报效果在冬奥会期间（2022 年 2 月 4—20 日，也含 1 月 15 日—2 月 4 日的冬奥前期）要优于冬残奥期间（2022 年 3 月 4—13 日，也含 2 月 21 日—3 月 3 日的冬残奥前期以及 3 月 13—23 日的冬残奥后期）。冬奥期间阵风 0～24 h 预报的 RMSE 平均为 2.1 m/s，而冬残奥期间阵风 0～24 h 预报的 RMSE 平均为 2.8 m/s。在 24～72 h 预报时效内，阵风预

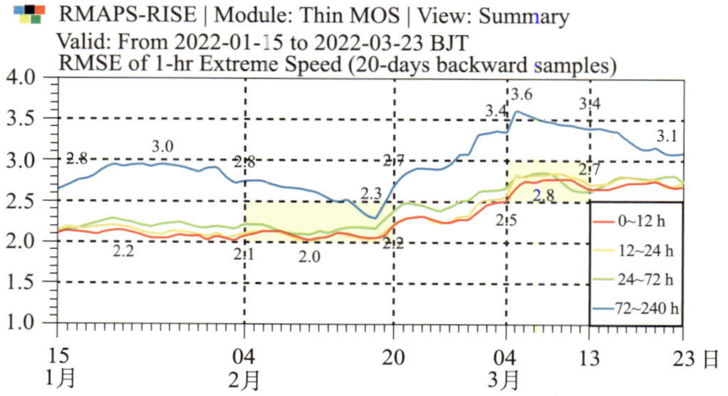

图 6.3.10 睿思细阵风的逐日均方根误差 RMSE 检验（每日取历史 20 d 样本）

报效果略差于 0～24 h 时效，预报误差特征类似。冬奥期间阵风 24～72 h 预报的 RMSE 平均为 2.2 m/s，而冬残奥期间阵风 24～72 h 预报的 RMSE 平均为 2.9 m/s。在 72～240 h 预报时效内，阵风预报误差明显增大，这与全球数值预报背景场在 3 d 以上时效预报误差增大有密切关系。冬奥期间阵风 72～240 h 预报的 RMSE 平均为 2.7 m/s，而冬残奥期间阵风 72～240 h 预报的 RMSE 平均为 3.2 m/s。

6.3.2.2 冬奥会期间 6 次重要保障过程应用效果及检验评估

睿思细大涡数值预报系统重点解决“长时效”和“精细化”问题。这里选择部分冬奥气象服务保障个例，介绍睿思细对冬奥气象保障预报团队的业务支撑效果。如图 6.3.11 所示。

应用示例	计划时间	保障活动	服务重点
➢ 前奏	1 月 30 日	鸟巢开幕式彩排	降雪
➢ 开幕	2 月 4 日	鸟巢开幕式	云量、烟花层风速
➢ 初战	2 月 4 日	男子滑降训练	阵风窗口期
➢ 中盘	2 月 10 日	男子全能－滑降	阵风窗口期
➢ 收官	2 月 19 日	高山混合团体	阵风窗口期
➢ 闭幕	2 月 20 日	鸟巢闭幕式	云量、烟花层风速

图 6.3.11 睿思细的冬奥气象保障应用实例表

（1）1 月 30 日开幕式彩排

为冬奥开幕式彩排的专题会商提供鸟巢及周边地区的精细化数值预报产品，彩排表演计划 20 时举行，重点关注降雪的影响。从睿思细的总体预报效果来说，提前 2 d 预报 20 时前后锋面快速过境，鸟巢区域有微量降雪，表演可正常举行。检验表明，睿思细预报与实况一致。

（2）2 月 4 日开幕式

为冬奥开幕式的专题会商决策提供了鸟巢及周边的精细化数值预报产品（图 6.3.12）。开幕式计划在晚上 20 时举行，气象保障服务的重点是关注云量、烟花层的风速。睿思细提前 2.5 d 预报当天晚上为晴天，烟花层的风在 21:30 升至 5 级风，有利于燃放扩散，但是要防范

2 月 4 日	鸟巢开幕式
服务重点	计划 20 时举行，关注云量、烟花层风速
预报决策	报晴，烟花层风速 5 级以内，正常举行
产品支撑	提前 2.5 d 预报： （1）晴 （2）烟花层 21:30 升至 5 级风（利于燃放扩散、防范 6 级阈值）

图 6.3.12 应用示例：2022 年 2 月 4 日开幕式

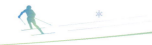

6 级阈值，以免影响烟花在空中的效果（图 6.3.13）。睿思细预报 20:00 风小、21:30 升至 5 级西北风，与实况基本一致，可以以鸟巢冠顶烟迹变化为证（图 6.3.14）。关于风对烟花形态的影响，不仅要关注整体风速大小，还要关注垂直风切变大小。参考睿思细的预报结果，最终得出预报决策：预报晴天，烟花层风速 5 级以内，活动正常举行。

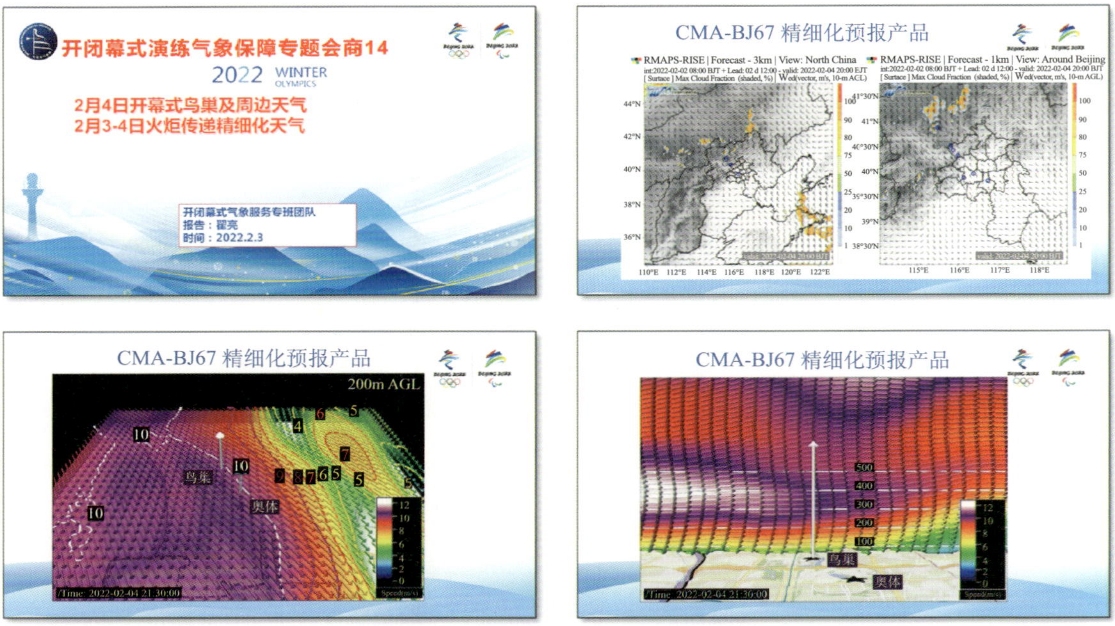

图 6.3.13　开幕式的睿思细会商产品支撑

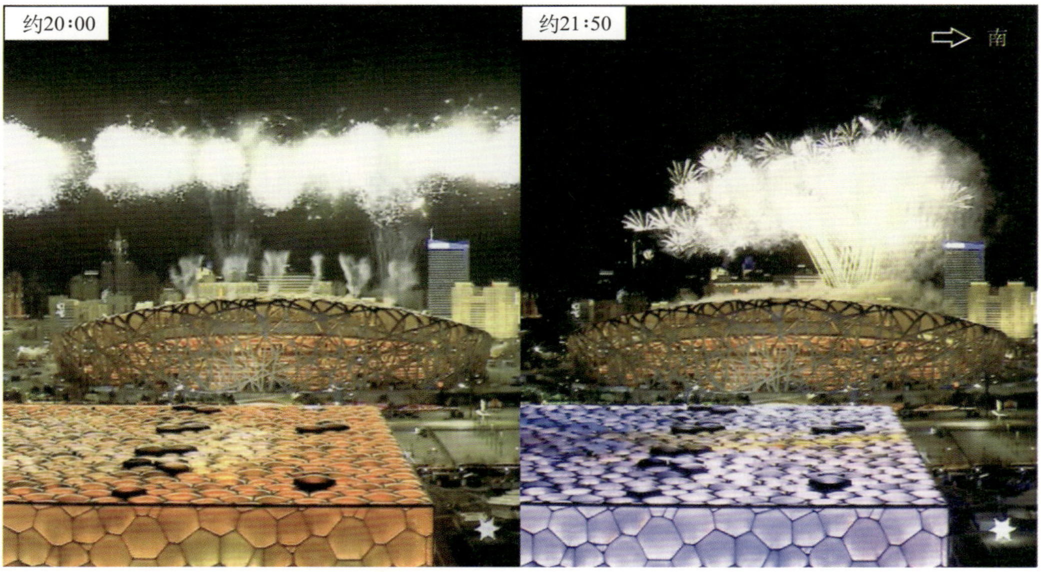

图 6.3.14　开幕式的烟花实况

（3）2 月 4 日男子滑降训练

2 月 4 日是冬奥开赛以来首次官方训练，服务重点是国家高山滑雪中心山顶起点的风力大小是否适合于训练顺利和安全举行，服务重点和决策及睿思细的产品支撑如图 6.3.15 所示。服务重点为计划 11 时举行，关注山顶起点风力大小。最终的决策结果是：预报 12 时山顶风速下降，推迟至 12 时举行，预报 12—14 时出现适合于训练的“窗口期”。图 6.3.16 是睿思细为延庆高山滑雪男子滑降训练提供的长时效、精细化数值预报产品。预报显示，睿思细提前 7.5 d 开始稳定预报 2 月 4 日当天 12 时左右山顶阵风将降至 17 m/s 以下，午后会出现短暂的“窗口期”。长时效稳定预报当日风速下降及短暂窗口期，定时定量效果较好。

2月4日	男子滑降训练
服务重点	计划 11 时举行，山顶起点
预报决策	报 12 时山顶风速下降，推迟至 12 时举行，报 12—14 时窗口期
产品支撑	提前 7.5 d 起稳定预报： （1）12 时左右，山顶阵风降至 17 m/s 以下 （2）午后短暂窗口期

图 6.3.15　应用示例：2 月 4 日男子滑降训练

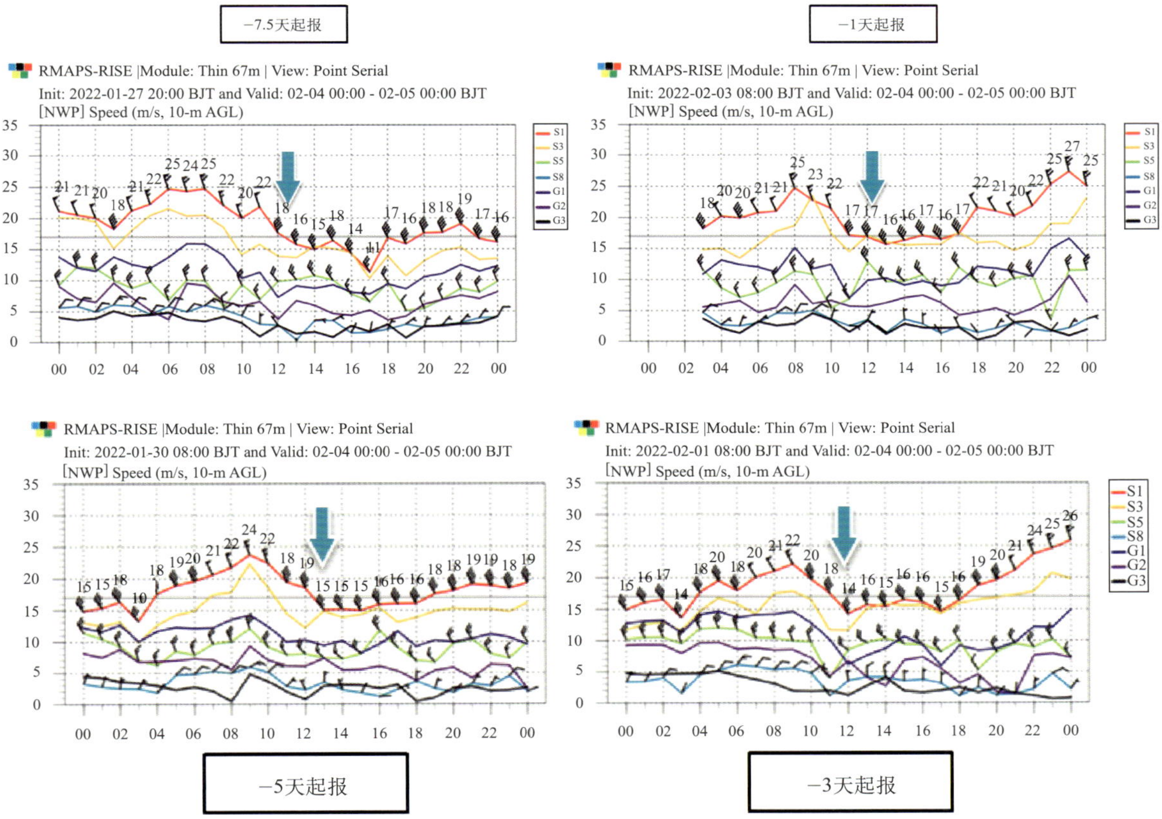

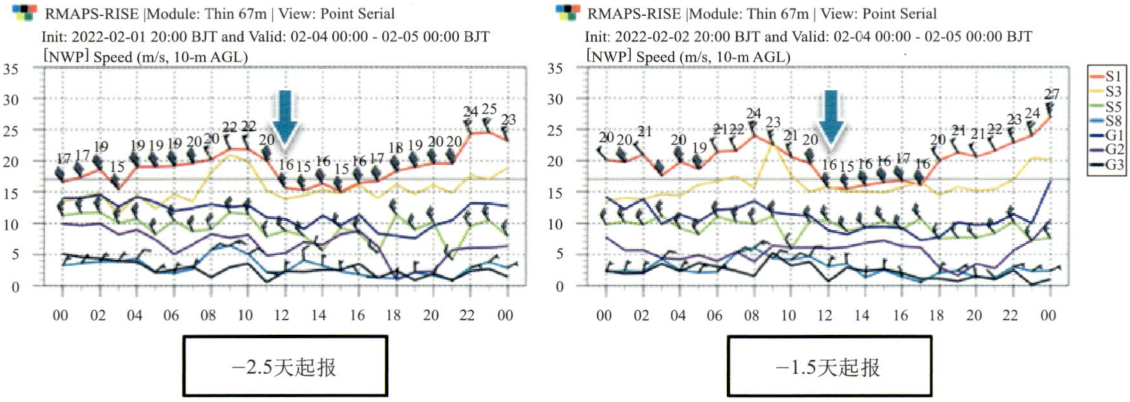

图 6.3.16　睿思细提前 7.5 d 至 1.5 d 对 2 月 4 日高山滑雪关键点位风速风向预报

（4）2 月 10 日男子全能－滑降

图 6.3.17 是延庆高山滑雪男子全能－滑降比赛的服务重点、预报决策和睿思细的精细化数值预报产品支撑。从服务重点来看，计划 10:30—12:45 举行比赛，山腰蜜糖跳站点为 10 m/s 阈值，超过阈值比赛直接取消。会商预报决策为：预报计划时段风较小，山腰蜜糖跳不超过 8 m/s，比赛正常举行。睿思细提前 3.5 d 起稳定预报 12 时前后风速最小，不超过 8 m/s，给出 12 时前后稳定的“窗口期”预测（图 6.3.18）。

2 月 10 日	男子全能－滑降
服务重点	计划 10:30—12:45，山腰糖跳 10 m/s 阈值，否则直接取消
预报决策	报计划时段风小，蜜糖跳不超过 8 m/s，正常举行
产品支撑	提前 3.5 d 起稳定报： 12 时前后风速最小，不超过 8 m/s

图 6.3.17　应用示例：2 月 10 日男子全能－滑降

（5）2 月 19 日（延至 20 日）高山混合团体

图 6.3.19 为延庆高山滑雪混合团体比赛的服务重点、预报决策和睿思细的精细化数值预报产品支撑。这次赛事的服务重点是比赛计划于 11:00—13:15 举行，位置为国家高山滑雪中心山腰团体赛道。给出的会商预报决策是：预报 19 日出现大风，需要将比赛延期至 20 日举行，且需要提前至 20 日的 09:00—11:15（窗口期）。睿思细提前 8.5 d 预报 19 日赛场出现大风，并且提前 5.5 d 起稳定预报 20 日 09—13 时山腰阵风从小于 10 m/s 逐渐增至大于 10 m/s（图 6.3.20）。可以看出，睿思细长时效预报 19 日的大风天气，效果较好。在 20 日早晨，睿思细风速趋势预报较好，但不是通常的中午小风“窗口期”，而是从早晨至中午山腰风速逐渐增强的过程（图 6.3.21）。睿思细为比赛延期提供了重要支撑，比赛提前至 09 时举行。

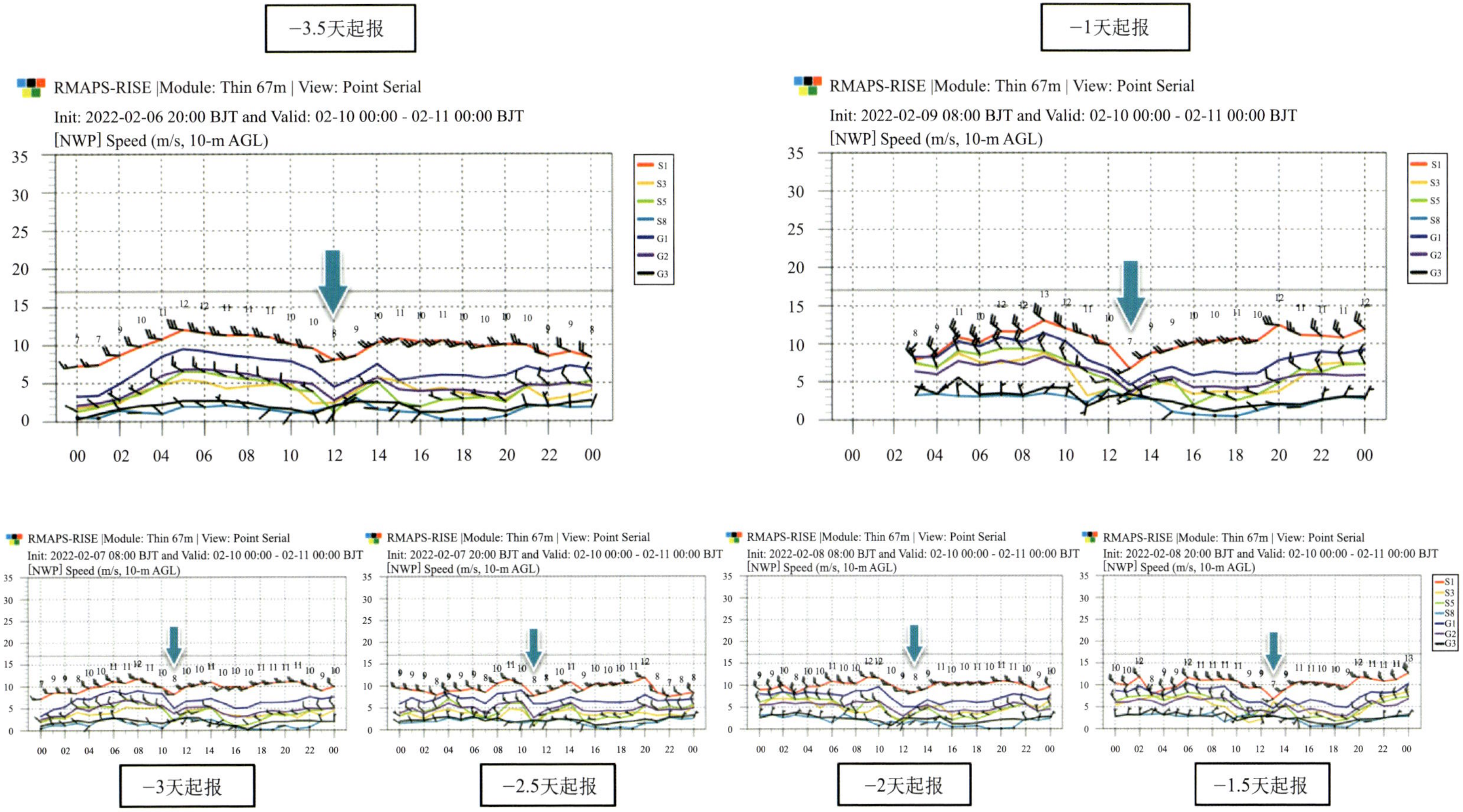

图 6.3.18 睿思细提前 3.5 d 至 1.5 d 对 2 月 10 日高山滑雪关键点位风速风向预报

2 月 19 日	高山混合团体
服务重点	计划 11:00—13:15，山腰团体赛道
预报决策	报 19 日大风，延期至 20 日，且提前至 09:00—11:15
产品支撑	（1）提前 8.5 天报： 19 日赛场大风 （2）提前 5.5 天起稳定报： 20 日 09 至 13 时，山腰阵风从 10-m/s 增至 10+m/s

图 6.3.19　应用示例：2 月 19 日（延至 20 日）高山混合团体赛

（6）2 月 20 日闭幕式

睿思细为冬奥闭幕式的专题会商决策提供了鸟巢及周边的精细化数值预报产品（图 6.3.22）。闭幕式当天的气象保障服务重点是计划 20 时举行，重点关注云量、烟花层风速。睿思细提前 2 d 预报 20 日 20 时前天气转晴，烟花层风速在 21:00 升至 5 级风，有利于燃放扩散，但要防范 6 级风阈值对燃放效果的影响。最终参考睿思细的精细化预报，会商预报决策为：预报 20 时前转晴，烟花层风速 5 级以内，活动正常举行。与开幕式保障一致，基于睿思细预报产品，定制了大区域云量产品、烟花燃放层三维可视化产品，准确预报 20 时前天空转晴，21 时起烟花层西北风加大（图 6.3.23），有焰火烟迹为证（图 6.3.24）。

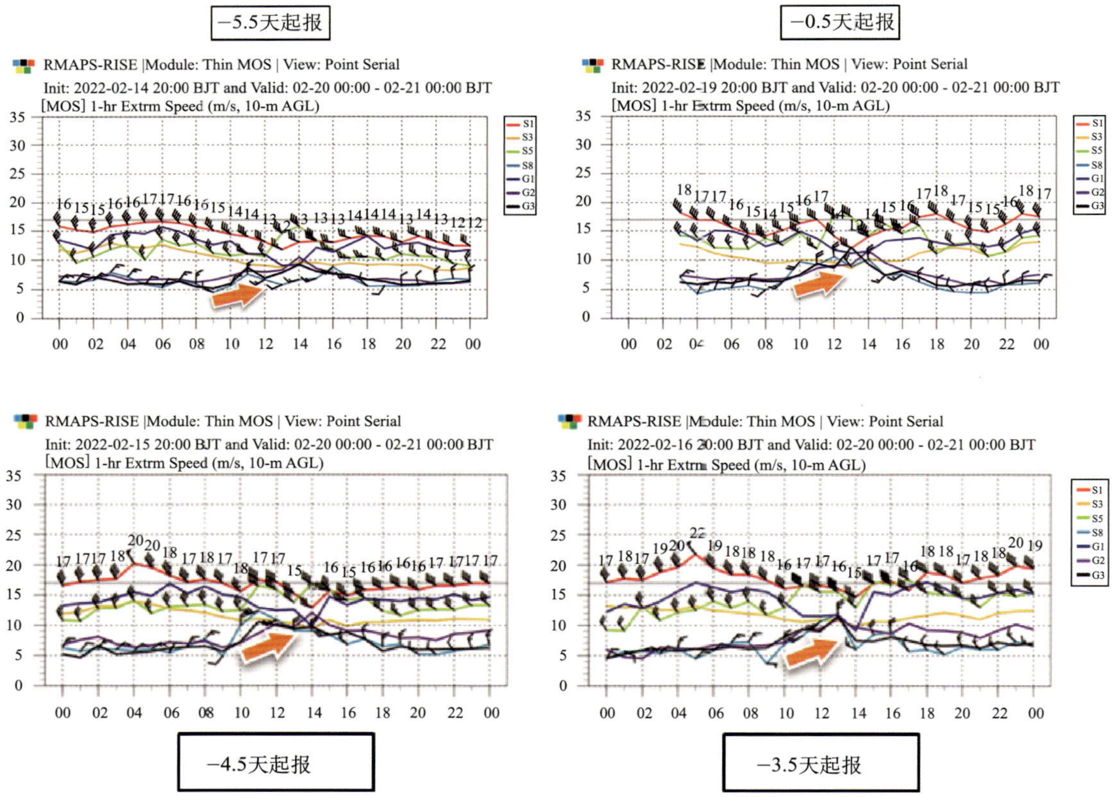

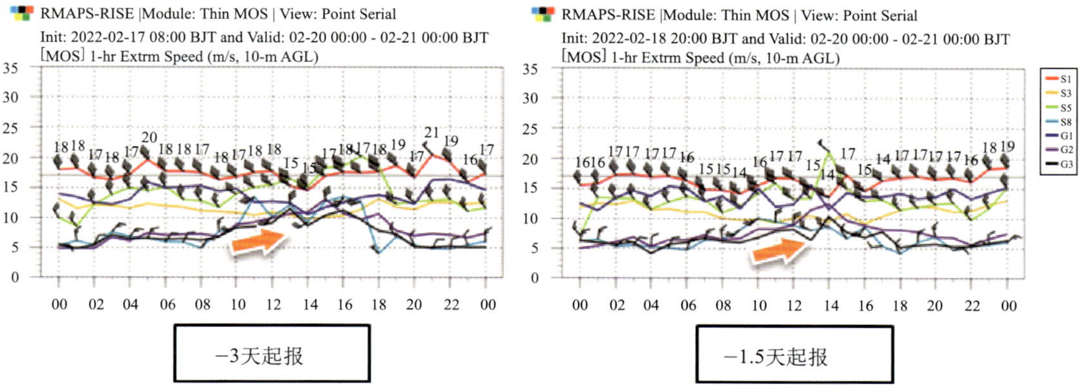

图 6.3.20　睿思细提前 5.5 d 至 1.5 d 对 2 月 20 日高山滑雪关键点位风速风向预报

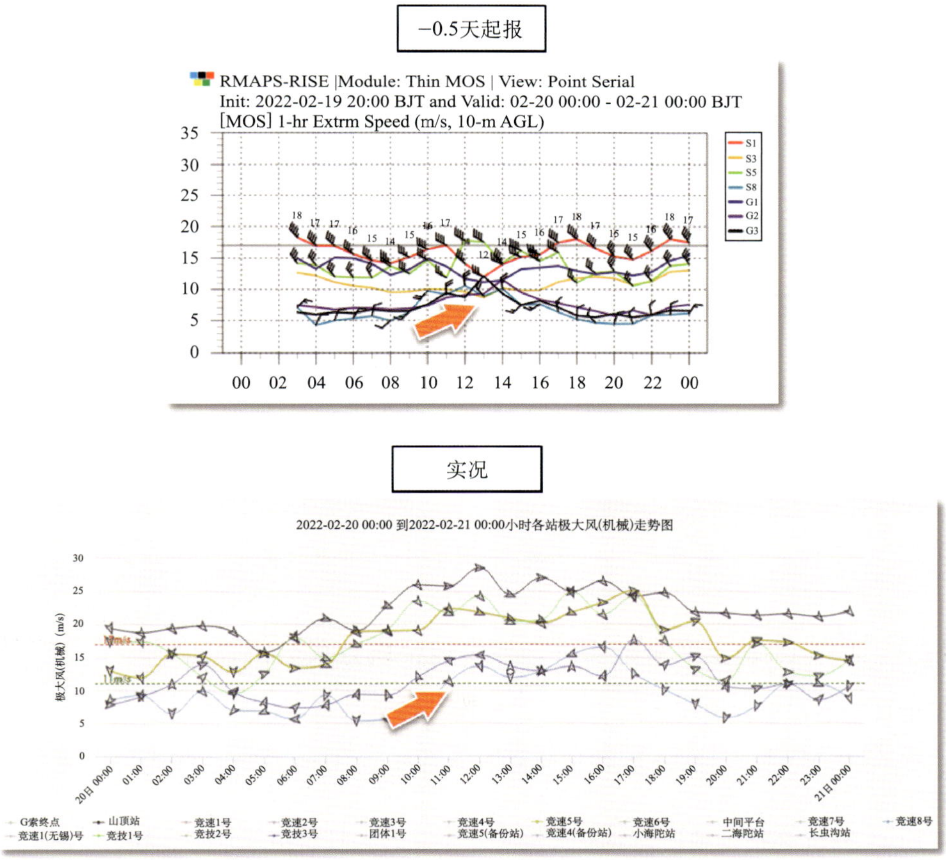

图 6.3.21　睿思细提前 0.5 d 对 2 月 20 日高山滑雪关键点位风速风向预报与观测对比

2月20日	鸟巢闭幕式
服务重点	计划 20 时举行，关注云量、烟花层风速
预报决策	报 20 时前转晴，烟花层风速 5 级以内，正常举行
产品支撑	提前 2 d 预报： （1）20 时前转晴 （2）烟花层21:00升至5级风（利于燃放扩散、防范6级阈值）

图 6.3.22　应用示例：2 月 20 日闭幕式

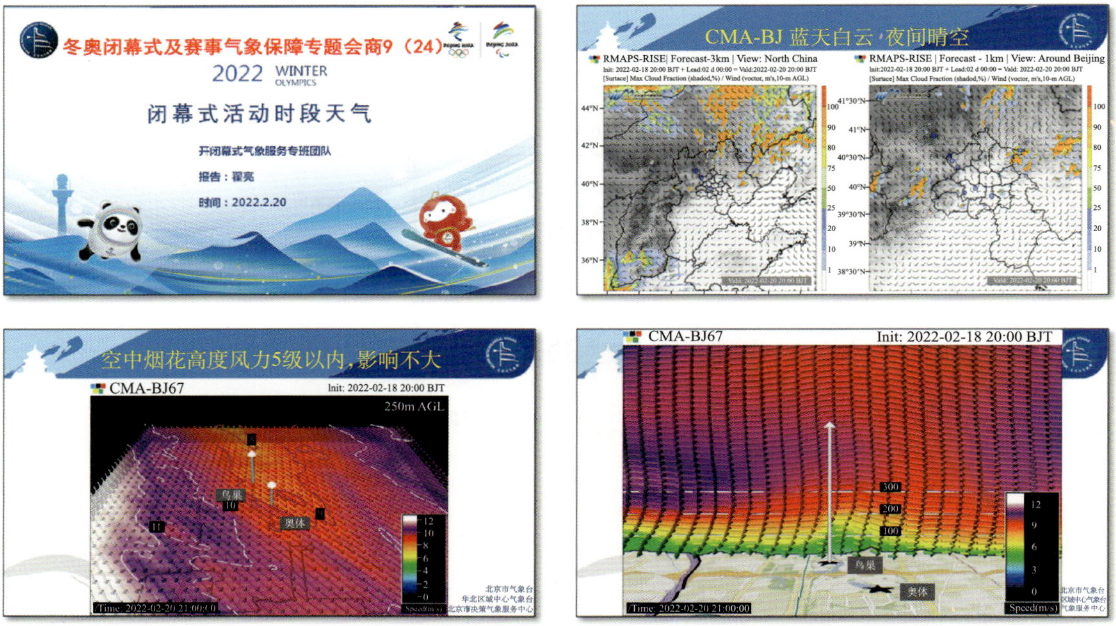

图 6.3.23　闭幕式的睿思细会商产品支撑

6.3.2.3　2 月 16 日女子全能滑降训练推迟个例效果分析

睿思细系统是基于大涡模拟的实时数值预报，最高分辨率达到 67 m，经常被问到：

（1）采用 ECMWF 和 CMA 两套全球数值模式背景数据，那么 CMA 全球数值预报背景的预报效果怎么样？

（2）用了 30 m 高精度地形，对复杂地形影响下的大气模拟效果怎么样？

（3）用了大涡数值模拟策略，对边界层内大气运动的模拟效果怎么样？

这里以 2 月 16 日女子全能－滑降官方训练的天气过程预报结果分析为例，回答以上问题。这次过程的服务重点是官方训练计划 10:30 举行，起点在近山顶位置；会商预报得出的决策是 12 时山顶风速下降，可以推迟至 12 时举行。最终，组委会和国际仲裁采纳了气象保

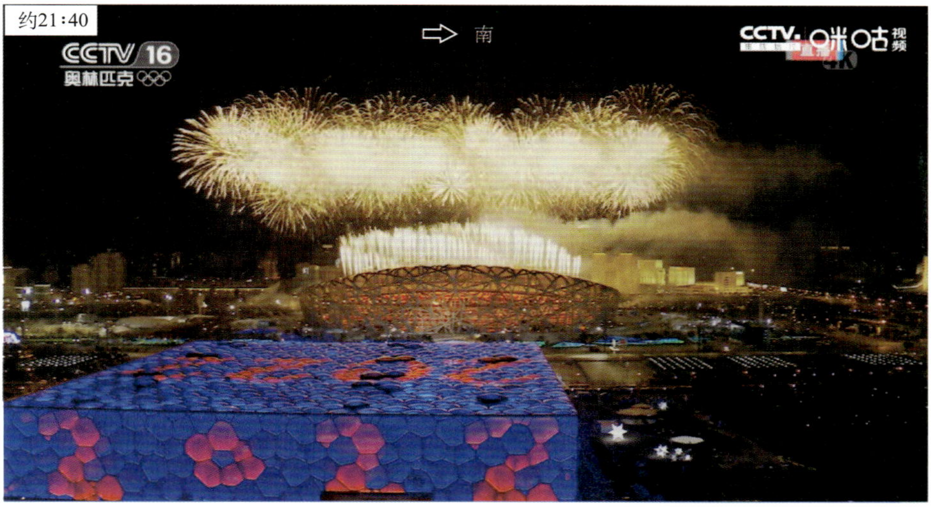

图 6.3.24　闭幕式的烟花实况

障团队的意见，训练从 10:30 推迟至 12 时举行，安全、顺利完赛。睿思细采用 CMA-GFS 全球数值预报背景数据驱动，实时预报 11—12 时山顶阵风从 17 m/s 降至 10 m/s，为会商决策提供了重要支撑（图 6.3.25）。

2 月 16 日	女子全能 - 滑降训练
服务重点	计划 10:30 举行，近山顶起点
预报决策	预报 12 时山顶风速下降，推迟至 12 时举行
产品支撑	CMA-GFS 背景驱动，实时报： 11—12 时，山顶阵风从 17 m/s 降至 10 m/s

图 6.3.25　应用示例：2 月 16 日女子全能 - 滑降训练

从睿思细对于山顶阵风的预报结果对比可以看出，ECMWF 全球模式驱动睿思细预报 09—10 时山顶阵风从 20 m/s 降至 14 m/s，而 CMA-GFS 全球模式驱动睿思细预报 11—12 时山顶阵风从 17 m/s 降至 10 m/s。从实况观测来看，山顶阵风 11—12 时从 18 m/s 降至 11 m/s。因此，CMA-GFS 驱动的睿思细定时定量预报效果较好，而 ECMWF 驱动的睿思细预报大风过早减弱，漏报（图 6.3.26）。

那么，睿思细对复杂地形影响下的大气高精度模拟效果怎么样？以 CMA-GFS 全球模式驱动的睿思细近地面预报可见（图 6.3.27，实时数据重绘，下同），睿思细预报的风速呈地形沟壑样分布，地形细节影响风速细节。以此次西北风为例，可以看出：山脊邻近西北侧，西北风爬坡，对应显著上升气流；山脊邻近东南侧，西北风下坡，对应显著下沉气流；山脊处，平流为主（上升、下沉梯度区），对应水平风速极值。关注 11—12 时风的演变，虽然风速的沟壑分布特征还在，但随着山顶近地层下沉气流整体减弱，山顶水平风速整体减弱。因此，不仅要考虑复杂地形影响，还要考虑边界层活动的影响。

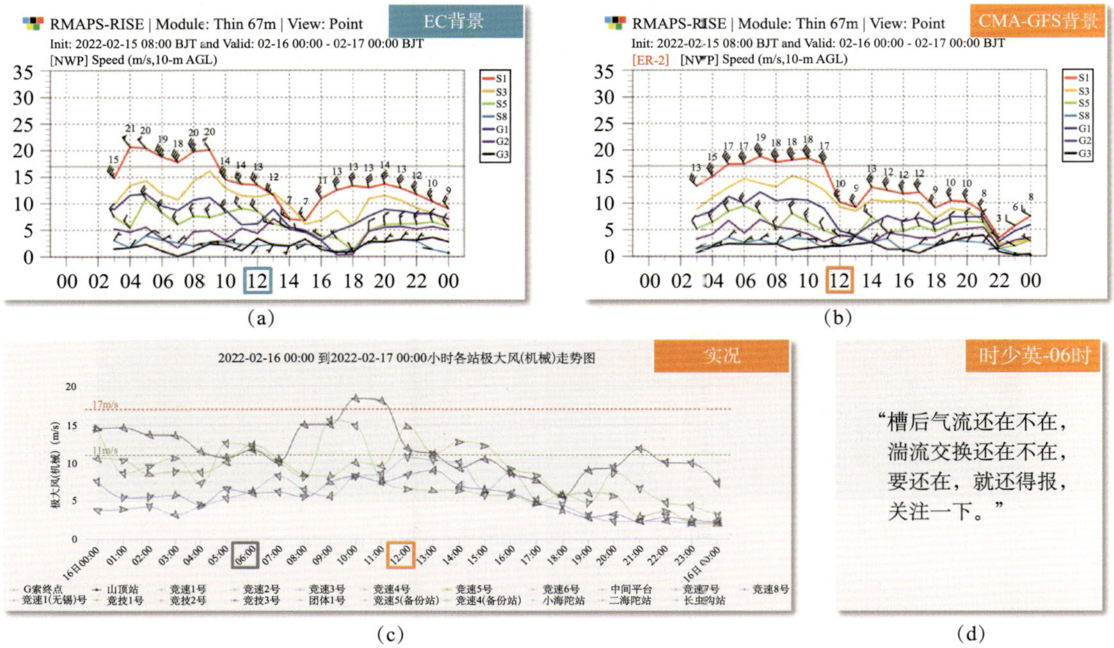

图 6.3.26 2 月 16 日以睿思细采用 ECMWF（a）、CMA-GFS（b）全球模式背景预报效果对比及实况（c）；（d）为预报首席关注的天气影响要点

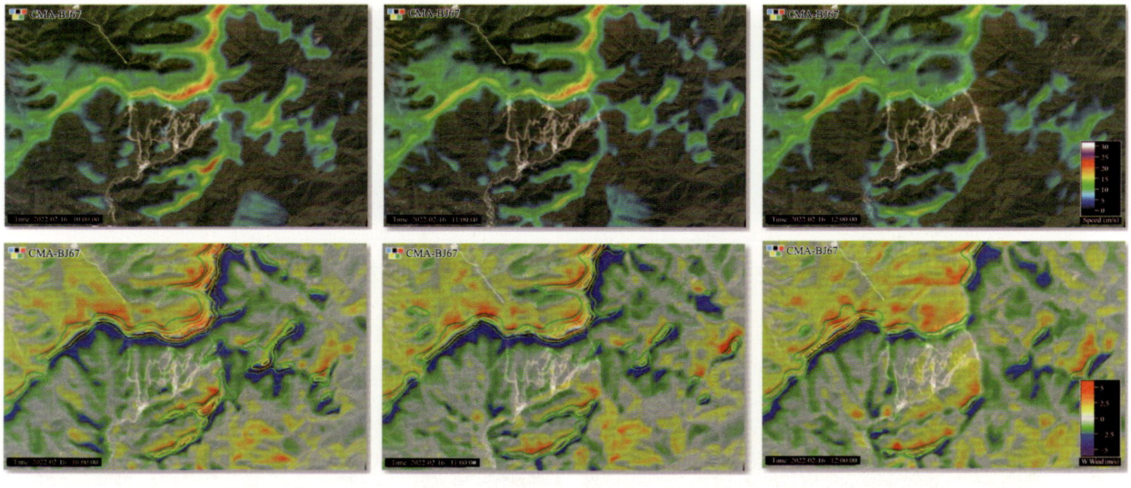

图 6.3.27 2 月 16 日以 CMA-GFS 背景驱动的睿思细预报（第一行：近地面水平速度；第二行：垂直速度）

下面分析睿思细对边界层内大气运动的模拟效果。当日 06 时天气会商的重点就聚焦上午的大风情况，以及大风能持续到几时。延庆赛区气象服务团队的时少英首席建议需要重点关注：“槽后气流还在不在，湍流交换还在不在，要还在，就还得报”。对比 08 时、12 时睿思细预报结果的近山顶剖面可见（图 6.3.28），08 时大风时段，边界层有显著下沉气流；到 12 时风速则快速下降，边界层下沉气流明显减弱，边界层低层出现对流卷形态的上升运动发展。再次关注 11—12 时演变，在剖面图产品追加水平风速等值线（图 6.3.29）看出，由于

日间非绝热增温较为明显，导致边界层低层上升运动增强，并影响到边界层中高层的下沉气流快速减弱，使得山顶动量下传的大风逐渐抬离地面，在地面出现适合于比赛和训练的“窗口期”。

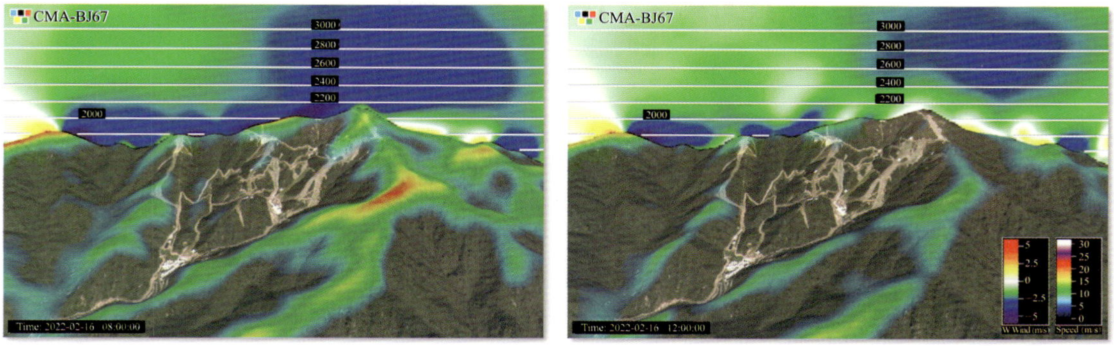

图 6.3.28　2 月 16 日以 CMA-GFS 全球模式背景驱动睿思细预报的近山顶剖面垂直速度演变

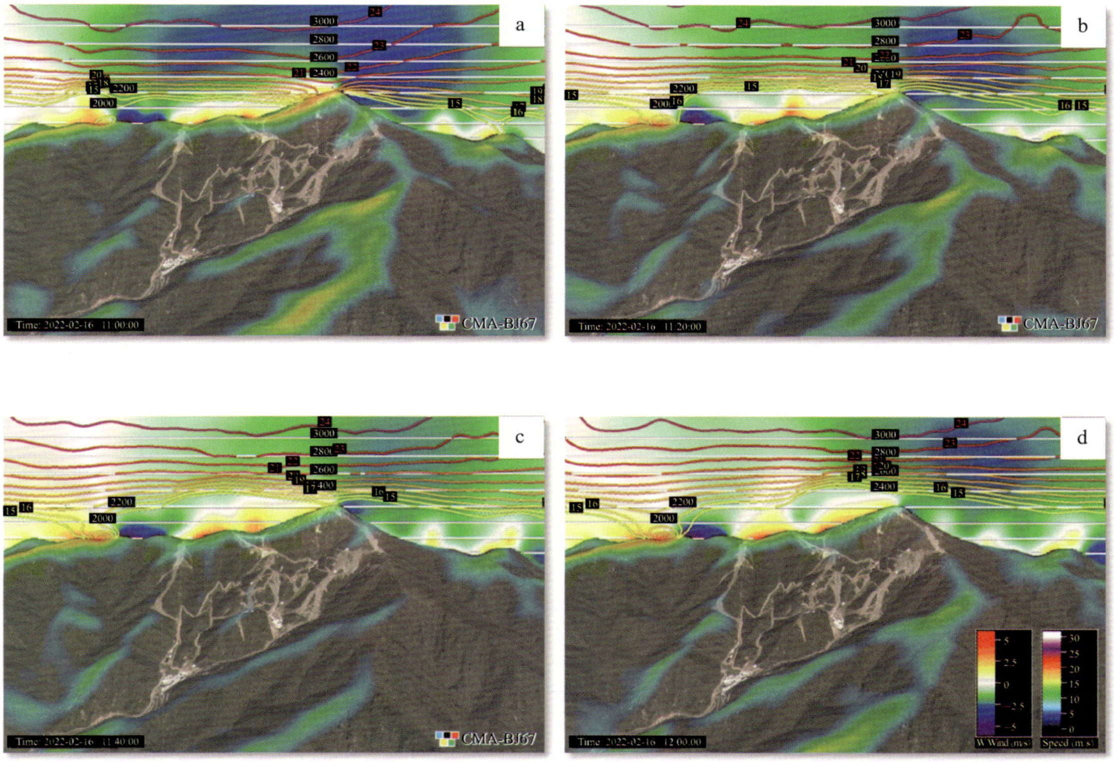

图 6.3.29　2 月 16 日以 CMA-GFS 全球模式背景驱动睿思细预报的山顶剖面垂直速度（填色）、水平速度（等值线）演变

第 7 章　精细化模式释用技术

尽管冬奥数值预报模式预报能力大幅提高，但与冬奥气象保障精细化服务要求距离甚远，需要提供更高时空分辨率，甚至百米级的预报产品，如降水相态、阵风预报、山区温度和风的预报，有必要在数值模式产品基础上，深入发展数值预报释用技术，满足冬奥气象保障服务需求。本章将重点介绍面向北京冬奥的模式释用技术和百米及分钟级 0～24 h 融合预报技术。

7.1　模式释用技术

7.1.1　偏差订正

7.1.1.1　算法介绍

基于自适应的卡尔曼滤波订正算法是中国气象局地球系统数值预报中心经过大量业务检验，订正效果比较稳定可靠且消耗资源少，比较适用于业务应用的一种偏差订正算法。一阶自适应的卡尔曼滤波算法是一种基于卡尔曼滤波思想，通过不断对模式误差进行更新，获得当前时刻的误差估计值，来降低偏差尺度的方法。该方法既考虑了气候平均预报误差特征，保证了估计误差整体的稳定性，又加入了临近时刻误差信息，融入了天气系统连续性特点，将二者用权重系数相结合，共同估计递减平均误差。权重系数的选择与预报系统、订正变量和表征气候平均预报误差的训练资料时长有关，需要进行权重系数敏感性试验，根据不同权重系数的偏差订正效果选取最优权重。该方法最早应用于 NCEP 模式中，也称之为 decaying-average（递减平均）方法。

7.1.1.2　在冬奥气象保障业务中的应用

该偏差订正技术集成在中国气象局地球系统数值预报中心研发的 CMA 多模式订正集成冬奥气象保障服务产品系统中，实际应用、展示在智慧冬奥 2022 天气预报示范计划集成显示平台；该技术也应用在 CMA-3 km 区域集合预报赛场站点预报服务中，为概率预报产品提供更准确的预报数据，提高了 CMA 模式对复杂地形、精细化预报、概率预报的支撑能力。

将自适应的卡尔曼滤波方法偏差订正技术应用在 CMA 确定性模式的站点订正中，需要将 CMA 确定性模式的原始预报采用合适的插值算法插值到需要预报的站点，利用站点的观测值作为真值进行偏差订正。该算法既考虑了历史累积误差的贡献也考虑了实时更新的误差的贡献，在一定程度上除了可以订正数值预报模式动力框架或者物理过程因素等导致的对某种要素预报的误差，也可以订正由于复杂地形带来的模式地形和实际地形差异导致的误差。经过偏差订正之后的预报结果，会比模式原始预报有明显改善（图 7.1.1）。横坐标表示 000—036 h 预报时效，纵坐标表示 26 个冬奥站点，填色（0～5）表示平均绝对误差，颜色越红，平均绝对误差越大。经过偏差订正之后的 2 m 温度、10 m 风速、10 m 阵风风速的平均绝对误差都有明显减小。2 m 温度订正前误差大值主要在 A1701，A1703 等海拔高的站，经过订正平均绝对误差从 4～5 ℃降低到 2 ℃左右，其他站基本在 2 ℃以下。10 m 平均风速和阵风的预报，模式原始预报误差主要在延庆赛区和张家口赛区的几个海拔高的站（B1630-B3159），经过订正，张家口赛区的风速预报有了非常明显的改善。

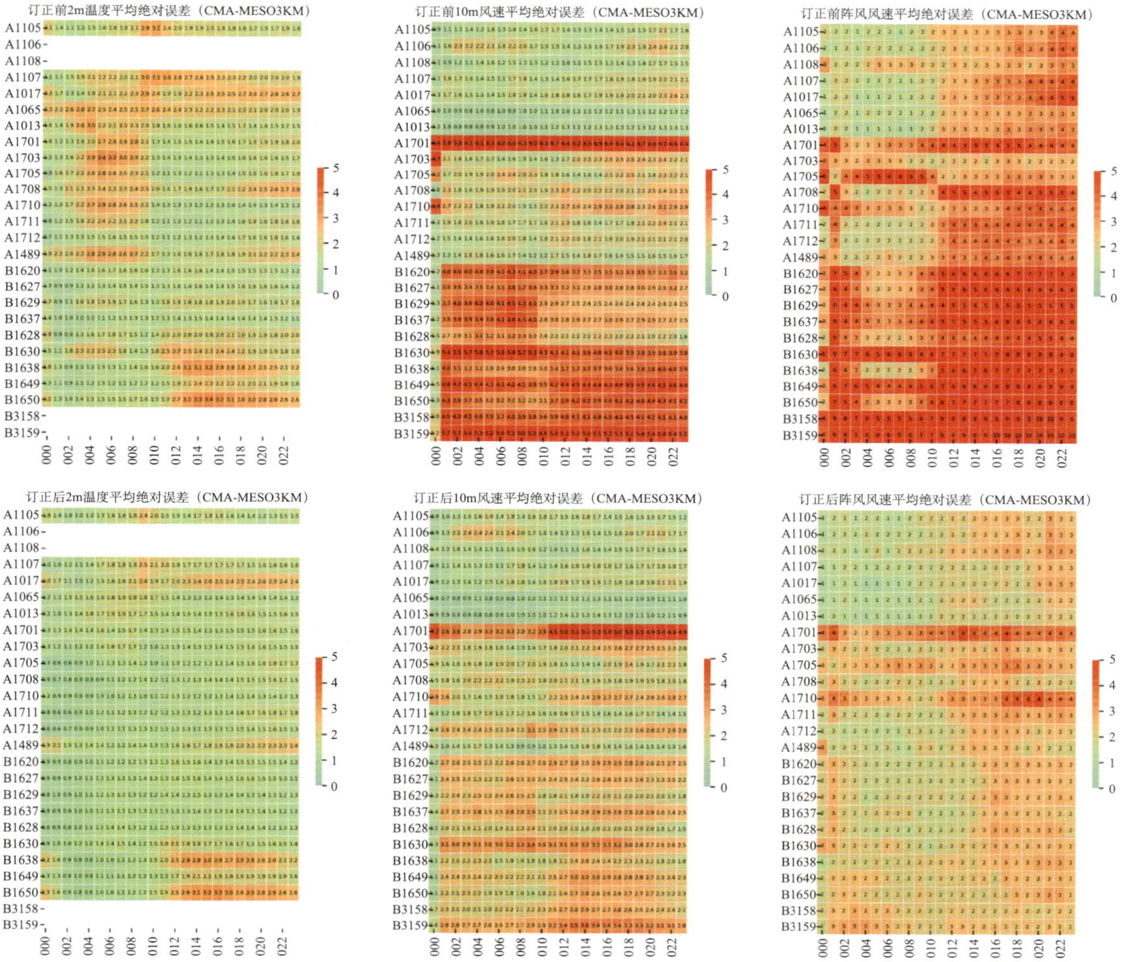

图 7.1.1　冬奥赛事期间 CMA-MESO3 km 模式站点误差订正前后 2 m 温度、10 m 风速、阵风风速预报绝对误差对比

（上：订正前；下：订正后；左：2 m 温度；中：10 m 风速；右：阵风风速）

7.1.2 多模式集成

7.1.2.1 BMA 技术

（1）BMA 多模式集成方法介绍

贝叶斯模型平均（Bayesian Model Averaging，BMA）是一种结合多个模型进行联合推断和预测的统计后处理方法，BMA 是多个模型后验分布的加权平均。此方法将观测与不同模式得出的预报结果作为先验信息，通过求解参数，计算各模式相对最优的权重等参考值，此权重就是预报变量后验概率分布，代表着每个模型在训练阶段相对的预报技巧。再经过对偏差校正后的单个模型 PDF 加权平均，得到多模式成员预报的连续的概率密度函数（Probability density function，PDF），它不偏好也不摒弃各个模型，而是对各个模型结果进行综合，融合更多信息，以期发挥各模型优势，因此，其预测均方根误差通常小于单个预测的误差。

BMA 方法进行多模式集成预报主要包括以下步骤：①确定训练期长度；②对训练期数据采用 EM 算法进行模型参数率定，获得相应的 BMA 模型；③设计训练期为一个滑动窗口进行滚动预报，即 BMA 采用先前的 N 天作为训练期进行训练，训练出的 BMA 系数应用到下一天的 BMA 模型预报中，从而每一天动态建立研究区域内各点的 BMA 模型。

（2）研究区域和资料

将试验区域定为东西方向约 700 km，南北方向约 680 km 的京津冀地区范围，分辨率为 0.01°×0.01°。试验区域地形呈现西北地形高，东部和南部地形低的特点。西北部山区地形高度都在 1 000 m 以上，东南部平原则基本在 100 m 以下。采用 CMA 模式体系的 CMA-GFS、CMA-REPS、CMA-MESO3 km 和 CMA-MESO1 km 模式系统进行多模式集成试验，试验要素包含 2 m 温度、10 m 风、2 m 相对湿度。

首先对四个模式分别进行空间和时间降尺度，空间降尺度采用双线性插值，时间降尺度采用线性插值，形成京津冀地区 1 km 分辨率和每小时间隔的统一的格点预报场。再基于国家气象信息中心 1 km 分辨率多源气象数据融合格点实况产品进行误差订正。采用一阶自适应的卡尔曼滤波方法，分别得到四个模式误差订正后的预报结果。其中 CMA-REPS 区域集合预报模式的误差订正采用对控制预报进行卡尔曼滤波，得到误差文件，再应用到每个成员进行订正的方法。然后使用 BMA 方法进行四个模式的集成，根据选取的训练期，计算每个模式的权重系数 w 和方差，每天动态建立 BMA 模型。使用各模式 00UTC 起报的 0～24 h 预报，从 2020 年 12 月 1 日开始进行订正和集成试验，对 2021 年 2 月 1 日至 3 月 15 日进行预报并检验其预报效果。

另外，对冬奥赛事站点进行了站点产品的集成试验，测试站点主要在北京城区的四个观测站和张家口崇礼地区的 11 个观测站，北京城区的 4 个观测站海拔高度在 40～60 m，张家口崇礼地区共 11 个观测站海拔高度都在 1 600～2 000 m。

（3）格点预报试验结果分析

使用 BMA 方法进行多模式集成，不同的训练期长度会对集成结果产生影响，因此需要对 BMA 方法的训练期长度确定进行试验。对训练期为 20 d、25 d、30 d、35 d、40 d 的 2 m 温度、10 m 风速和 2 m 相对湿度 24 h 平均的均方根误差比较，综合对比各要素各时效不同训练期的误差情况，训练期 30 d 综合误差最小，因此，使用此训练期长度进行后续的分析和评估。

对 2021 年 2 月 1 日至 3 月 15 日 00 时起报的 24 h 之内的逐小时多模式集成预报进行评估检验。图 7.1.2 分别为 CMA-GFS、CMA-REPS、CMA-MESO3 km、CMA-MESO1 km 四个模式 2 m 温度、10 m 风速和 2 m 相对湿度在原始、订正后和 BMA 集成的 0～24 h 预报均方根误差格点平均。由图可见，三个要素各个预报时效误差订正后都较模式原始预报有明显改进，而模式集成后的误差在各个时效都明显优于每个模式的订正结果。

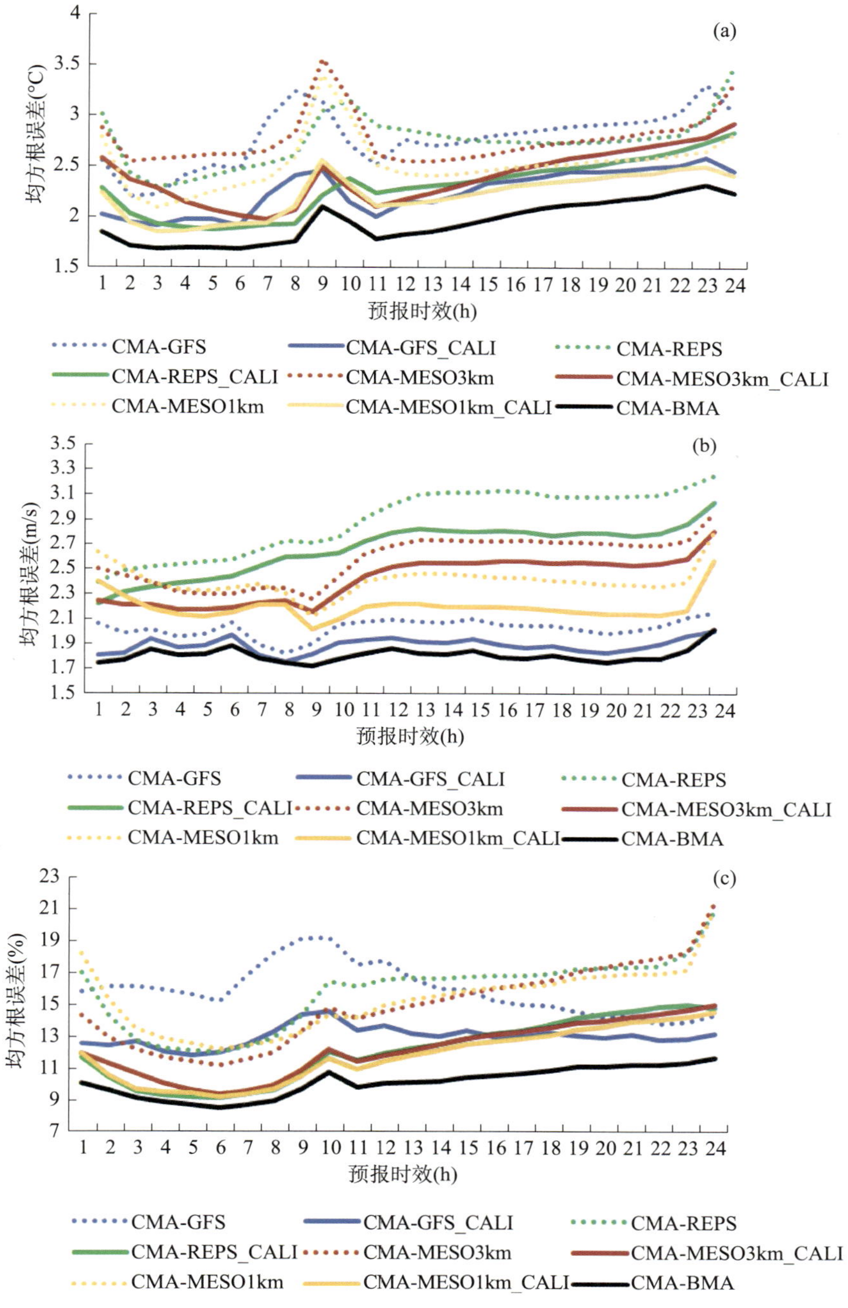

图 7.1.2 四个模式原始、订正后和集成的 0～24 h 预报均方根误差对比图

（a. 2 m 温度；b. 10 m 风速；c. 2 m 相对湿度）

7.1.2.2 机器学习技术

该技术将机器学习中的 XGBoost（eXtreme Gradient Boosting）算法，应用到 CMA 模式的温度偏差订正问题上。XGBoost 是由华盛顿大学的陈天奇博士提出，在 Kaggle 的希格斯子信号识别竞赛中使用，因其出众的效率与较高的预测准确度而引起了广泛的关注，是基于梯度增强机器学习（GBDT）算法的扩展和优化版本，GBDT 是一种 boosting 集成思想的加法模型，训练时采用前向分布算法进行贪婪的学习，每次迭代都学习一棵 CART 树来拟合之前 $t-1$ 棵树的预测结果与训练样本真实值的残差。XGBoost 算法的基本思想和 GBDT 类似，不断地进行特征分裂来生长一棵树，每一轮学习一棵树，其实就是去拟合上一轮模型的预测值与实际值之间的残差。当我们训练完成得到 k 棵树时，我们要预测一个样本的分数，其实就是根据这个样本的特征，在每棵树中会落到对应的一个叶子节点，每个叶子节点就对应一个分数，最后只需将每棵树对应的分数加起来就是该样本的预测值。这个思想和我们做偏差订正的思想类似。但是，XGBoost 的损失函数（目标函数）与 GBDT 不同，它不仅衡量了模型的拟合误差，还增加了正则化项，即对每棵树树复杂度的惩罚项，来限制树的复杂度，防止过拟合，其泛化性能会优于 GBDT。基于其算法原理和优势，选用 XGBoost 回归模型来实现对模式 2 m 温度预报的订正。

针对冬奥山地赛区，利用 XGBoost 机器学习偏差订正模型，对 CMA-GFS 模式，CMA-MESO 模式，CMA-MESO3 km 模式的 2 m 温度格点融合预报进行了初步的试验和检验。选用国家气象信息中心 1 km 分辨率的格点分析场作为训练的真值。试验所使用的训练集数据时间范围为 2020 年 9 月 12 日—2021 年 1 月 25 日，测试集时间段为 2021 年 2 月 1 日—2 月 28 日。模型输入的特征要素集为三种模式的 2 m 温度（℃），2 m 相对湿度（%），10 m U，V（m/s），地面气压（hPa）以及观测的 2 m 温度（℃）（当前起报时间可以获取的前 3 h 观测数据），训练目标为不同预报时效所对应的观测时刻的格点分析场预报的 2 m 温度。结果表明，经过 XGBoost 机器学习训练好的模型对 2021 年 2 月 1 日—2 月 28 日的温度进行预报，多模式融合的结果要优于原始模式预报，且不同预报时效改善率不同，009 h 预报时效改善率可达 40%，036 h 预报时效改善率最低，约 8%。如图 7.1.3 所示。

7.1.3 多种预报方法优选技术

相似集合（Analog Ensemble：AnEn）算法是基于相似理论、大数据挖掘和集合预报思路的统计释用方法。该方法假设长期、稳定的数值模式对于同一地点、相同起报时间和预报时效是具有稳定的预报性能的，通过寻找与当前预报最相似的若干历史预报，由其预报量的观测值组成相似集合预报集，从而得到相应概率预报或通过权重平均后得到确定性预报。该方法在站点气象要素预报中已经获得初步成功，但相对传统的线性回归（Linear Regression：LR），相似集合方法在极端天气（极端低温、极端高温，即历史样本集中观测未出现过的高、低温）的预报方面，存在比较大的缺陷，由于历史样本中不存在极端天气的观测数据，因而根据预报因子构建空间寻找的相似样本，也不可能给出极端天气观测数据，相对于线性拟合等传统统计释用方法，预报效果会很差。

临域法（Near Domain：ND）是一种基于历史样本的时空临近，嵌套线性拟合的预报方

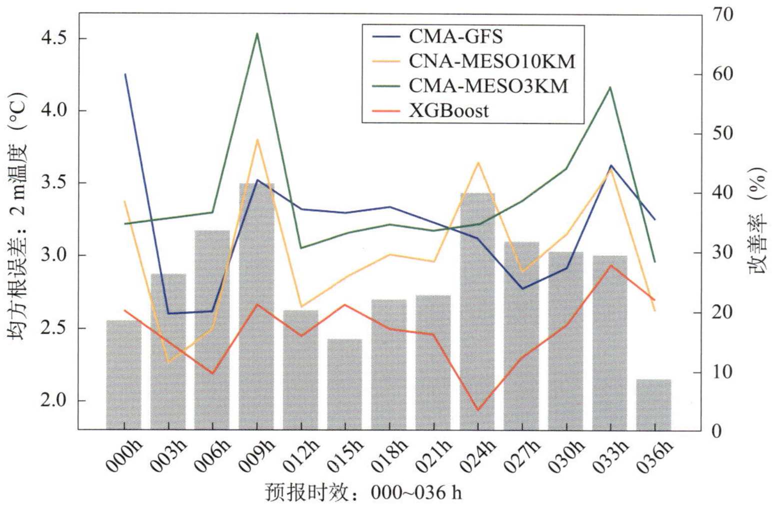

图 7.1.3　XGBoost 偏差订正模型和 CMA 模式原始预报的 2 m 温度均方根误差对比

（蓝色：CMA-GFS；橙色：CMA-MESO10 km；绿色：CMA-MESO3 km；红色：XGBoost 模型预报；横坐标：000—036 h 预报时效；左纵坐标：冬奥测试赛期间 2 m 温度的平均均方根误差；右纵坐标：经过机器学习模型订正后的预报改善率）

法，该方法不再从全部历史样本中选取最相似的历史样本，而是根据预报量的历史观测统计的时间分布特征，在时间上对样本进行分类，只在同类样本中寻找最相似的历史样本；空间上根据给定判据，寻找与当前预报最临近的 n（成员数）个历史样本，以其相应观测值权重平均以得到最终确定性预报；同时利用数值模式预报的相应预报量，来判定是否可能出现极值（极大或极小值），判定出现极值，则启动嵌套的线性拟合法来提供预报。该方法在极端天气（极端高、低温）的预报方面，可以修正相似集合（AnEn）方法的预报缺陷，出现极端天气时仍能提供较精确的预报结果。

临域法距离计算公式类同于相似集合，区别在于增加了预报时效权重，越临近的预报时效权重越大，建模和预报时能更有效突出当前预报时次的影响；临域法的最优权重是针对单站逐预报时效，相对相似集合只针对单站的最优权重更为精细；在出现极端高、低温时，嵌套的线性拟合方法能有效纠正相似集合法可能造成的高误差预报；计算资源需求上，同样数据集、同样的预报因子数，临域法建模所需计算资源是相似集合的 1/17，大大提高了计算速度，减少了计算资源消耗。

相似集合（AnEn）分站按起报时间统计 2 m 温度均方根误差箱线图的奇异值大且多，表明预报时段内对应某些起报时间 AnEn 预报 2 m 温度均方根误差很大，事实上，包含极端低温时段的对应预报检验，AnEn 的均方根误差都出现奇异大值；临域法（ND）由于嵌套了线性拟合，在判定出现极端温度时，启用线性拟合来提供温度预报，因而对于 AnEn 均方根误差奇异大值能有较好的订正效果；CMA-BJ 短期、AnEn、LR 分站统计的最大四分位距在 2 ℃左右，ND 各站四分位距均在 1 ℃左右，表明对应每个起报时间的均方根误差分布，ND 的稳定性最好，且 ND 各站之间的差异相对其他三种预报也最小，表明 ND 方法在时间上（对应每个起报时间均方根误差分布）和空间上（对应各站均方根误差分布）均表现出更好的稳定性。从整个预报时段，所有站点 1～72 h 预报统计均方根误差对比，ND 均方根误差相对 CMA-BJ 短期减小 20.4%，相对 AnEn 减小 23%，相对 LR 减小 3.7%。

AnEn 分站按起报时间统计预报偏差的奇异大值多且其值很大，偏暖最大达到 10 ℃，表明在极端低温时段，由于历史样本中从未出现过的极端低温观测值，AnEn 无法做出较准确的预报；ND 嵌套线性回归，对极端低温仍能给与较为精确的预报；在四分位距、奇异值分布等方面，ND 相对其他三种预报均有优势，能给与更为精确的 2 m 温度预报参考。

对比检验 2022 北京冬奥期间（2022 年 2 月 1 日—3 月 15 日）03UTC 起始 1～72 h 冬奥站点 2 m 温度、10 m 风速的 CMA-BJ 短期（ST）、相似集合（AnEn）和临域法（ND）的业务预报结果，以箱线图形式展示其检验结果（图 7.1.4）。

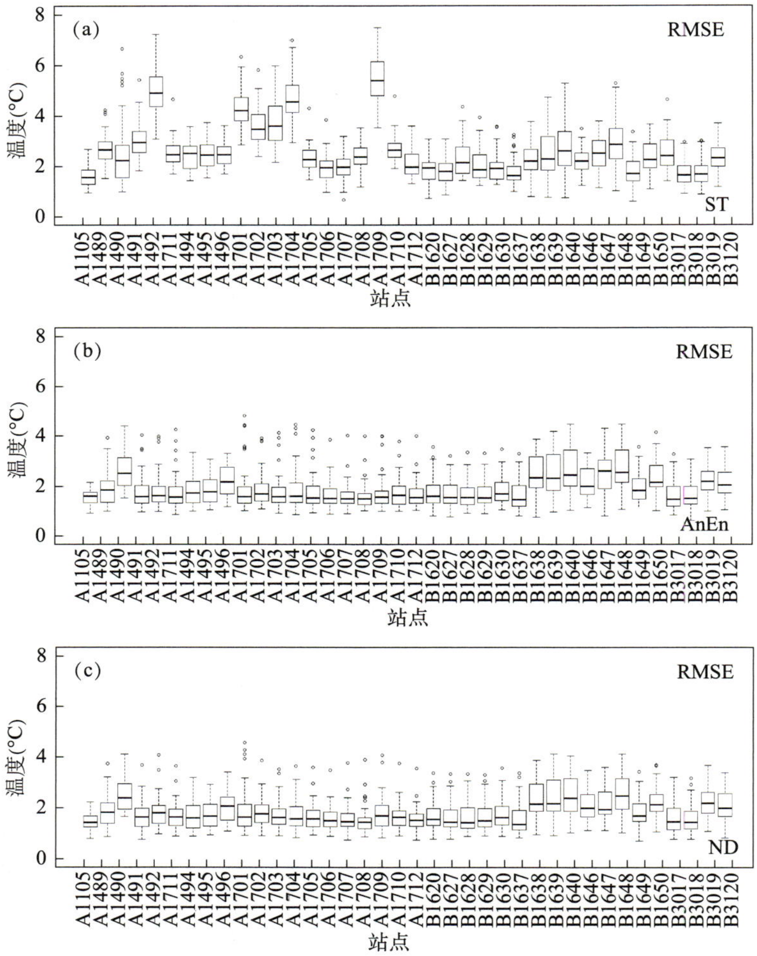

图 7.1.4　2022 北京冬奥期间 ST、AnEn 和 ND 预报 2 m 温度分站点按起报时间统计预报均方根误差（RMSE）箱线图

2022 北京冬奥冬残奥期间（2022 年 2 月 1 日—3 月 15 日）分站统计每天 03 UTC 起始 1～72 h 预报 2 m 温度均方根误差箱线图分布 AnEn 和 ND 相差不明显，相对 CMA-BJ 短期模式预报四分位距明显减小，各站中值低于 CMA-BJ 短期模式预报，特别是延庆赛区站点，均方根误差整体显著减小，较小的四分位距和站点之间差异，表明相对 CMA-BJ 短期模式

预报，释用后的 2 m 温度预报在时空稳定性上都有所增强。整个时段所有站点 1～72 h 预报 2 m 温度检验统计表明，ND 预报均方根误差最小，相对 CMA-BJ 短期预报均方根误差减小 30.4%，相对 AnEn 释用预报减小 1.8%，预报精度明显优于 CMA-BJ 短期预报，略优于 AnEn 释用预报。

由于 AnEn 和 ND 释用预报效果相当，以多种释用预报结果优选来替代单方法预报结果就显得可行。在这里利用分站多日滚动均方根误差最小择优来提供智慧冬奥（FDP）26 站（延庆赛区 8 站，张家口赛区 11 站，北京赛区 7 站）每天 8 次（00，03，…，21 UTC 起报）1～24 h 逐小时站点要素预报结果，具体为基于 CMA-BJ 短期系统的数值预报，利用相似集合（AnEn）、临域法（ND）、线性拟合（LR）、支持向量机（SVM）等释用方法，对 26 个测站 2 m 温度、10 m 风速和 10 m 极大风速等要素分别开展解释应用，按照最近 5 日分站检验均方根误差最小择优选取要素最终预报，以下统一称为 CMA-BJ 短期释用预报（INAP），CMA-BJ 短期释用预报每天 03、18UTC 提供 2 次 1～72 h 预报，因此相应前一天 21 UTC、当天 00、03 UTC 选用前一天 18 UTC 相应释用预报（深绿），06、09、12、15 UTC 和 18 UTC 选用当天 03 UTC 相应释用预报（浅绿），如图 7.1.5 所示。

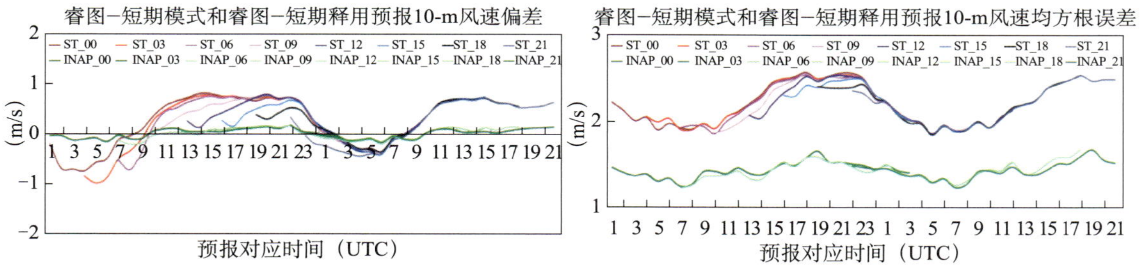

图 7.1.5　26 个冬奥赛区站点 10 m 风速预报均方根误差和预报偏差

相对 CMA-BJ 短期模式预报，CMA-BJ 短期释用预报 10 m 风速均方根误差整体减小 36.7%，其中北京赛区站均方根误差减小 22.6%，延庆赛区均方根误差减小 29.9%，张家口赛区均方根误差减小 49.1%，释用后仍存在较弱的日变化特征；CMA-BJ 短期释用预报预报偏差均接近 0 m/s，CMA-BJ 短期模式预报 10 m 风速白天略偏小，晚上略偏大。如图 7.1.6 所示。

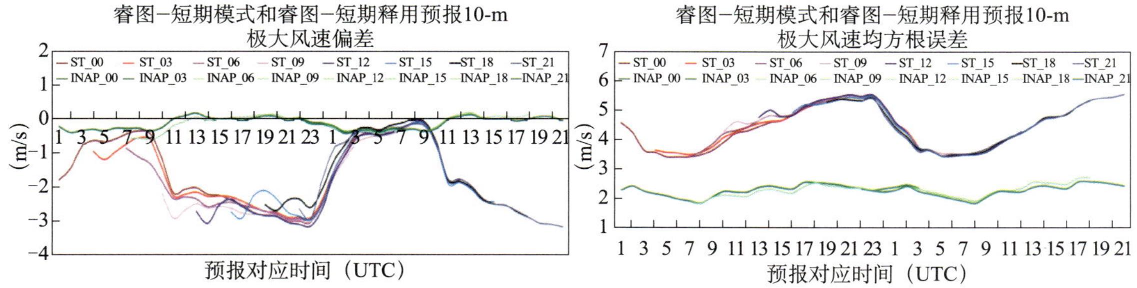

图 7.1.6　26 个冬奥赛区站点 10 m 极大风速预报均方根误差和预报偏差

基于 CMA-BJ 短期模式 10 m 风速诊断的 10 m 极大风速整体偏小，夜间偏小幅度大，白天幅度小，CMA-BJ 短期释用预报白天略偏小，夜间略偏大；相对 CMA-BJ 短期模式预报，

CMA-BJ 短期释用预报 10 m 极大风均方根误差整体减小 46.4%，其中北京赛区减小 17.2%，延庆赛区减小 53.2%，张家口赛区减小 50.4%。

7.1.4 人工智能订正技术

针对冬奥赛区的复杂地形和精细预报需求，首次综合采用基于相似天气集合预报理论的 AnEn（Analog Ensemble，简称 AnEn）和基于模式输出的机器学习算法 MOML（Model Output Machine Learning，简称 MOML）等进行要素预报。

AnEn 技术流程：对于要素预报，采用与当前预报都相似的气温、风、湿度、气压等的历史预报资料，寻找到历史相似预报对应的实况气温、风要素，将历史相似的预报集和对应的观测集进行加权集成，最终获得的集成平均值即作为当前预报的订正（图 7.1.7）。

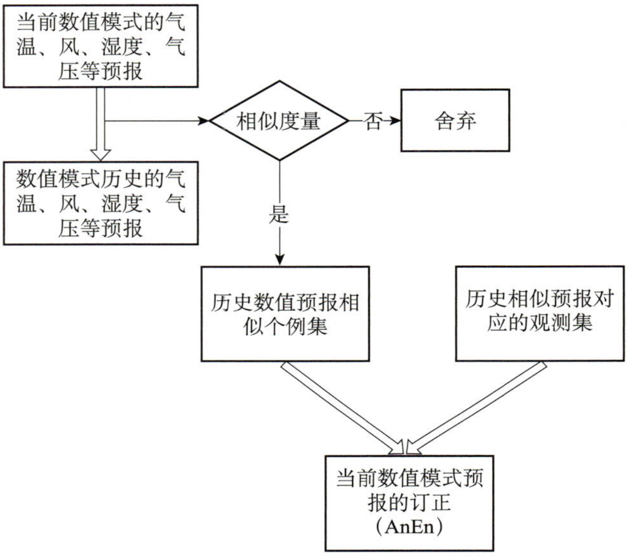

图 7.1.7　AnEn 方法技术路线图

MOML 技术流程：将单模式数值预报（ECMWF 或北京睿图等）的气温、风、阵风、湿度、降水等 87 个预报因子以及该预报时刻前 3 个预报时刻的所有预报因子、该格点周围共 9 个格点的所有预报因子，外加时间特征（年、月、日、时）共 3 136 个预报因子，作为当前格点当前预报时刻的所有预报特征集。其中特征集构建基于多元线性回归（LR）、随机森林（RF）、支持向量回归（SVR）、梯度提升树（GBDT）和极端梯度提升（XGBoost）等机器学习算法，最终集成为多模式结果；对单模式的结果再进行一次集成综合获得对当前预报的订正。

基于机器学习的张家口赛区场馆温度和风速客观预报方法：应用冬奥加密气象站观测资料和欧洲中心全球数值模式产品，根据温度和风特征的影响因素，选取形势场、要素场、地形特征作为预报因子建立多种机器学习模型，对温度和风速要素进行了客观订正；基于集成学习的思想，对多种预报模型进行了集成，有效的提高了预报效果。

集成学习（Ensemble Learning，ensl）通过构建并结合多个学习器来完成学习任务。集成学习分为“同质”的集成和“异质”的集成。随机森林和梯度提升树模型等属于“同质”的集成，它们都使用决策树作为基学习器。“异质”的集成则通过不同类型的个体学习器生成，得到比单模型更好的泛化性能。使用的 Stacking 集成学习方法，属于“异质”的集成模型，集成了 LASSO 回归、随机森林、梯度提升树、支持向量机和深度学习 5 种类型的机器学习模型。Stacking 集成学习方法分为 2 个阶段训练模型。第 1 阶段训练 5 种个体机器学习模型，分别得到 5 种预测结果；将 5 种模型的预测结果作为第 2 阶段模型集成的输入要素，再次训练得到最终的集成预报模型。为提高模型的泛化性，第 2 阶段模型集成常使用线性回归、神经网络等相对简单模型。在第 2 阶段选择岭回归模型作为集成模型的组合器（图 7.1.8）。

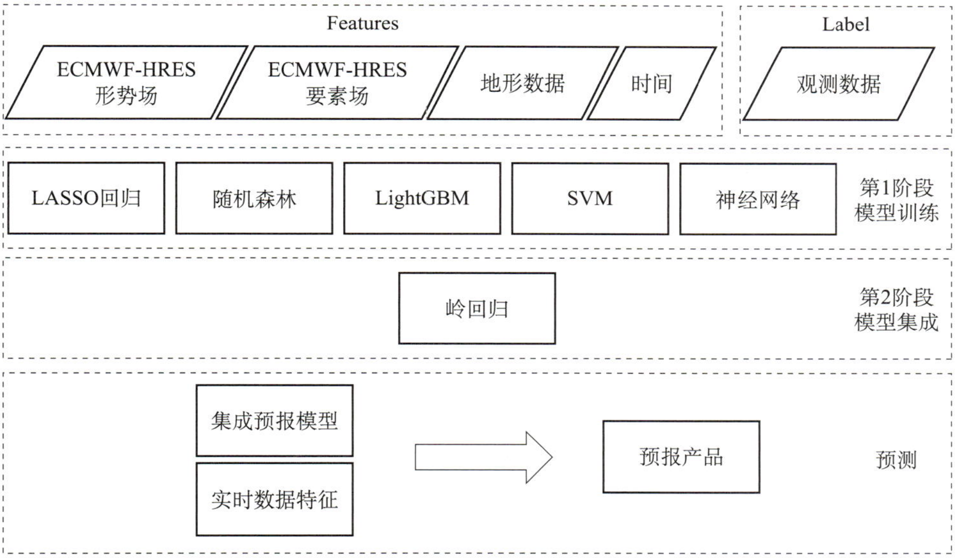

图 7.1.8 客观方法流程图

2022 年 2—3 月冬奥残奥赛应用表明：

①温度预报：均方根误差（RMSE）为 1.37 ℃，和 ECRMF 相比，个体机器学习模型的提升率为 36.7%～47.8%，集成学习模型的提升率为 48.2%；阵风预报：均方根误差 RMSE 为 1.84 m/s，提升率 65.4%，其中 11 m/s 以上阵风风速的均方根误差（RMSE）为 3.05 m/s，提升率为 51.6%～27.6%；平均风预报：均方根误差（RMSE）为 1.22 m/s，提升率 28.5%。

②非线性订正模型相较于线性模型具有更好的订正效果。线性订正模型对原始模式依赖性比较强，订正结果的时空演变趋势与原始模式相近。5 种个体机器学习订正模型中，梯度提升树对于温度和平均风要素具有最好的订正效果。说明对于连续性要素，梯度提升树逐步拟合误差的思路具有更好的适用性。

③对于阵风要素来说，其随机性相对较高，5 种个体机器学习模型表现不同。其中人工神经网络在全部样本中具有最好的预报效果，但是对于极端值的预报效果较差。支持向量机搜索最优超平面计算方法，从实验结果来看，对于极端性样本具有更好的预报效果。

④集成模型在温度和平均风要素的订正实验中优于所有个体机器学习模型。阵风预报中，集成学习模型在全部样本的实验中略低于人工神经网络，极端样本实验中略低于支持向量机，综合来看依然具有更好的预报性能。

⑤订正模型的预报效果与可预报性密切相关。对于可预报性较差的样本，例如极端值样本、冷池发生的时段、受冷池影响的站点，订正模型的预报效果也要差一些。

⑥特征工程将预报员的经验进行了客观化，分为形势场、要素场、地形、时间 4 类。特征实验结果表明集成学习模型有效的拟合了各组特征的物理意义。

7.1.5 概率预报产品

7.1.5.1 气候集合预报产品

基于 CMA-CPSv3 季节预测子系统，针对冬奥会气象服务保障的预测需求，开发了针对性的专项预测产品，包括对月尺度和季节尺度关键气象要素的预测（见表 7.1.1），从 2021 年 6 月起，滚动向国家气候中心和北京市气候中心提供未来 7 个月不同要素的预测场及其距平的空间分布。

表 7.1.1 冬奥会季节尺度集合预报产品清单

要素	范围	时间
气温距平	中国	未来 7 个月的逐月、逐季（当年 11 月至次年 3 月的逐月、逐季）
气温概率	中国	未来 7 个月的逐月、逐季（当年 11 月至次年 3 月逐月、逐季）
降水距平百分率	中国	未来 7 个月的逐月、逐季（当年 11 月至次年 3 月逐月、逐季）
降水概率	中国	未来 7 个月的逐月、逐季（当年 11 月至次年 3 月逐月、逐季）
500 hPa 位势高度及距平	全球	未来 7 个月的逐月、逐季（当年 11 月至次年 3 月逐月、逐季）
850 hPa 风矢量距平	亚洲	未来 7 个月的逐月、逐季（当年 11 月至次年 3 月逐月、逐季）
海温及距平	全球	未来 7 个月的逐月、逐季（当年 11 月至次年 3 月逐月、逐季）

7.1.5.2 次季节尺度集合预报产品

基于 CMA-CPSv3 S2S 子系统，针对冬奥会预测需求，开发了针对性的预测产品（表 7.1.2），2021 年 12 月起，滚动提供未来 60 d 不同要素的预测场及其距平的空间分布，气温日较差、850 hPa 风温、相对湿度和降水剖面，三大赛区降水、气温和近地面风速预报。

表 7.1.2 冬奥会次季节尺度集合预报产品清单

类型	要素	范围	时间
空间分布	气温、气温距平	中国、京津冀	5 d 平均（未来 1～5 d，6～10 d，……） 10 d 平均（未来 11～20 d，21～30 d，……） 30 d 平均（未来 1～30 d，31～60 d，……） 自然旬滚动、自然月滚动
	降水量、降水距平百分率	中国、京津冀	
	500 hPa 位势高度场及距平场	东亚	
	10 m 风、850 hPa 风场及其异常	东亚、京津冀	
剖面图	日变温	沿 114°E、115°E、116°E、117°E，10°—60°N，	0～60 d 逐日
	850 hPa 风场与气温		
	850 hPa 相对湿度与降水		
时间演变	平均气温、最低气温、最高气温、降水量、平均风速	北京、延庆、张家口、鸟巢	0～60 d

7.1.5.3 中期距平概率异常产品

基于偏差订正产品的气候距平概率计算方法。集合预报要素距平中期概率预报产品研发主要针对未来 1～15 d、候天气趋势、旬天气趋势三种中期预报业务，在对模式产品进行卡尔曼滤波方法偏差订正的基础上，收集整理全球模式气候资料，制作 500 hPa 高度场和 850 hPa 温度场集合平均及距平、距平概率产品，用来表征事件的极端程度。

2022 年冬奥会期间，CMA 全球集合预报气候距平概率订正产品提供给北京市气象台和中央气象台使用。针对 2 月 13—14 日冬奥赛场出现明显的降温过程，CMA 全球集合预报气候距平概率订正产品对冬奥赛场的强降温过程做出了准确的预报。全球集合预报 T850 气候概率产品提前 5 d 以大于 80% 的概率预报出 2 月 13 日关键区域的小于 −1 倍 sigma 的降温过程，提前 2 天以大于 80% 的概率预报出 2 月 14 日关键区域的小于 −1 倍 sigma 降温过程，为冬奥提供了较为准确可靠的降温中期预报，提示了这次温度异常变化情况（图 7.1.9）。

7.1.5.4 EMOS 方法

利用冬奥期间站点观测资料及 CMA-REPS3 km 区域集合预报模式资料，基于 EMOS（Ensemble Model Output Statistics）方法，对 CMA-REPS3 km 区域集合预报模式数值预报产品的进行订正释用，以期提高模式对温度和风等对冬奥赛事有影响的地面气象要素的预报能力。

利用常规站点的观测资料及 CMA-REPS3 km 区域集合预报模式资料，并考虑季节变化及影响，通过使用极大似然估计来对概率分布的系数进行回归拟合。对于不同的预报要素，如地面 10 m 风速值，由于风速值的非负性，需要对风速的概率分布情况做删失处理，订正

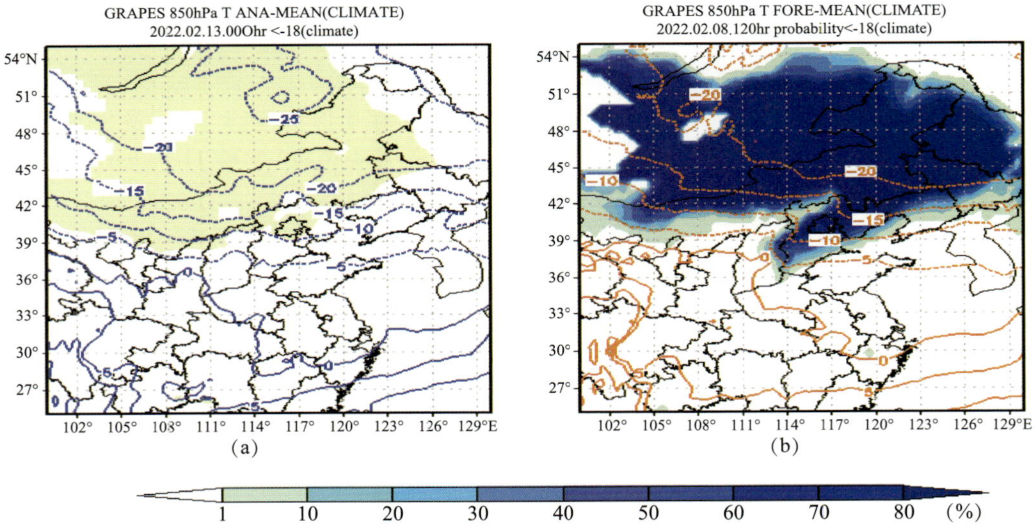

图 7.1.9　2022 年 2 月 13 日 12 UTC 850 hPa 温度分析场气候距平＜－δ 分布图（a）和 2 月 8 日 12 UTC 120 h 偏差订正后预报场气候距平＜－δ 概率分布图（b）

的预报要素和其相应的概率分布与预处理如表 7.1.3 所示。

表 7.1.3　不同变量的概率分布和删失情况

	地面 2 m 气温	地面 10 m 风速	地面 2 m 相对湿度
概率分布	正态分布	正态分布	正态分布
删失点	—	0	0/100

对订正前后预报的 RMSE 和离散度进行比较，一方面能对订正后概率预报的定量预报能力进行评估，另一方面一个合适的概率预报或者集合预报，它的离散度应和 RMSE 具有相同的水准，所以也可以对校正后预报的离散度的校正情况进行比较。如图 7.1.10 所示，对于定量的预报来说，三个预报要素的 RMSE 都要明显小于原始的集合预报平均的 RMSE，同样的，这个订正效果在各个预报时效上都是一致的，经过 EMOS 后处理后的预报产品不仅能得到全概率分布的概率预报，并且输出定量预报时也能校正模式的预报偏差。进一步对预报离散度进行分析，对于气温而言，原始的集合预报的集合离散度较小，经过订正后输出的概率预报能显著的改善这种现象，EMOS 输出的概率分布的标准差与 RMSE 的水平相当，是更为合适的预报离散度；对于风速而言，原始的集合预报的离散度偏小，并且存在随着预报时效增加越来越小的现象，校正后的离散度虽然仍然略小，但相比于原始预报已经有了明显的提升；相对湿度的原始集合预报的离散度和风速一样显示出了随预报时效增加而减小的现象，同时最初几个预报时效的离散度过大，随后的集合成员离散度又过小，经过 EMOS 的校正后，这个现象也得到了显著的改善，各个预报时效下，RMSE 和离散度的水平是相当的。

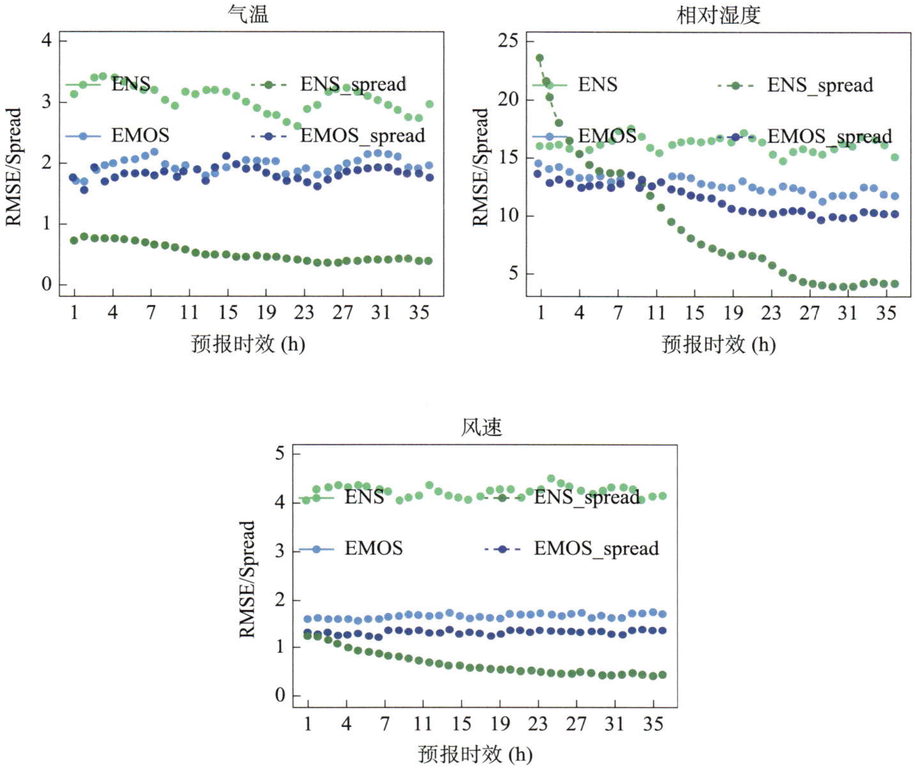

图 7.1.10　三种预报要素在各个预报时效下 RMSE（均方差）和 Spread（离散度）的比较

7.1.5.5　极端预报指数

CMA 全球集合预报系统中开发了极端预报指数研发，形成 2 m 温度、24 h 累积降水和 10 m 风速业务极端预报指数产品，针对冬奥定点服务需求也制作了单点 EFI 产品。

Lalaurette 基于 ECMWF 集合预报发展了一种极端天气预报方法即极端预报指数（Extreme Forecast Index，简称 EFI），其原理是计算累积的模式气候概率分布和集合预报概率分布之差。

极端预报指数的计算中至关重要的环节在于模式气候百分位的计算。在有限的历史预报数据的情形下，我们在计算模式预报气候百分位时，选取当前计算日期及前后 7 天为滑动时间窗（15 d）、计算格点及附近 9 个格点为空间窗的预报场作为逐日模式气候序列进行升序排序，然后分别将每个百分位（0.01，0.02，…，0.99，1）上的预报值取出，形成模式预报的气候百分位分布，这样的数列既是空间格点位置的函数，也随预报时效而变。输出的结果是逐日格点的模式预报气候百分位分布场，空间范围覆盖全国范围，水平分辨率为 0.5°×0.5°，这部分计算涉及三个单层变量。图 7.1.11 给出了某空间点上三个要素在各个时效的模式预报气候百分位曲线。

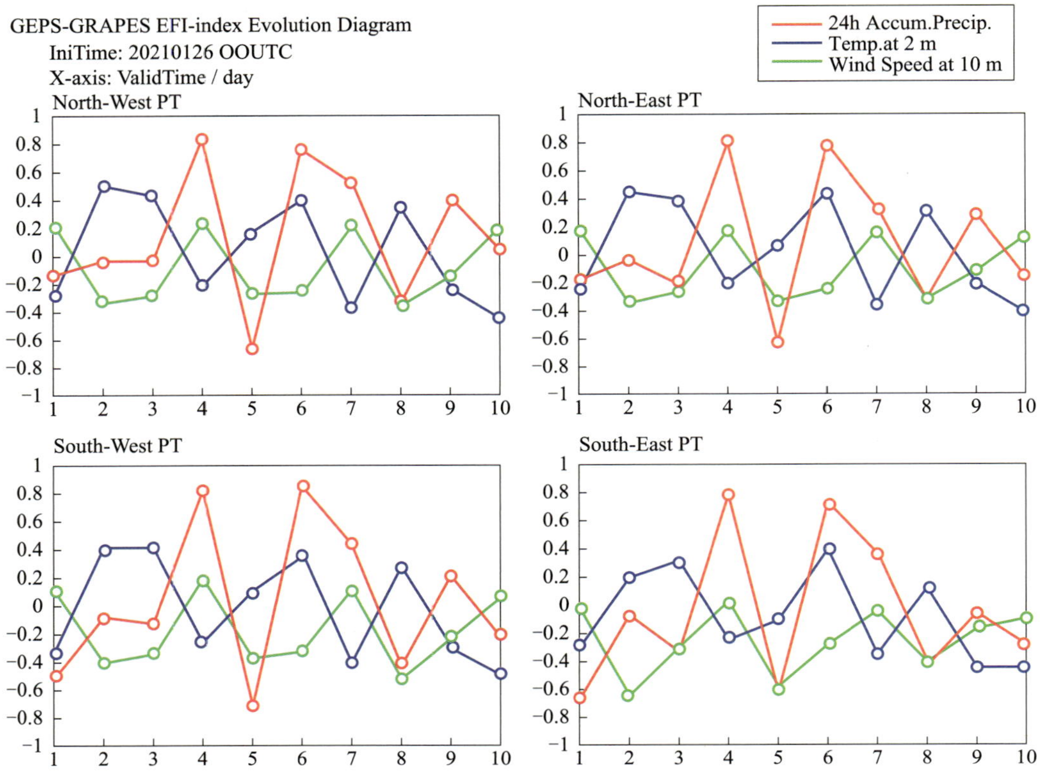

图 7.1.11　冬奥服务区域边界四个站极端预报指数产品

7.1.5.6　阵风风险概率预报技术

（1）方法简介

提高模式阵风概率预报的可靠性，将计算机数字图像处理技术中的均值滤波算法与邻域概率法相结合，引入灰度概率的概念，设计了一种新的阵风风险概率预报算法。

首先，将某格点 (i, j) 预报的阵风风速场进行二分类处理，定义二分类阈值为 $BP_{F(i,j)}$，其中 $F_{(i,j)}$ 是格点的阵风风速，当满足阈值 q 时，二分类阈值概率 $BP_{F(i,j)}$ 等于 1，不满足时则为 0。接着，选择合适的邻域半径，计算得到该格点的邻域概率值 $NP_{(i,j)}$，可以将确定性预报结果转化为邻域概率预报结果。

在数字图像处理技术中，均值滤波算法的原理是将中心像素点的灰度值替换为滤波窗口中所有像素点的灰度的平均值。空间邻域的阵风风险概率 $RP_{(i,j)}$ 为：

$$RP_{(i,j)}=\frac{1}{N_b}\sum_{m=1}^{N_b}GP_{q_n(i,j)}$$

对于北京冬奥会来说，A1701 站点所在的区域是具有高风险的地区。因此，将着重对最高海拔高度的站点 A1701 开展了阵风风险概率试验。选择 3 倍水平网格间距（9 km）作为邻域概率法算法的空间邻域半径。开展了从 2020 年 1 月 1 日—2 月 28 日，为期两个月的批量试验。一共设置了儿组对比试验，分别是原始的确定性预报（CTL）、应用阵风风险概率预报算法得到的空间风险概率（RP）。因此，选择 5 m/s，11 m/s 和 17 m/s 作为风险概率预报算法的阵风风速阈值。采用 Brier Score（BS）对批量试验结果进行统计检验。所有试验设置见表 7.1.4。

表 7.1.4　试验相关设置

名称	详细
观测阵风资料	国家高山滑雪中心的气象自动观测站
预报阵风资料	CMA-MESO 3 km 模式　每天的 0000UTC 起报，预报时效为 36 h
试验时段	2020 年 1 月 1 日—2 月 28 日
阵风阈值	5 m/s，11 m/s 和 17 m/s
邻域半径	空间邻域半径：3 个格点间距（9 km）
五组试验设置	确定性预报（CTL）　风险概率预报算法 - 空间邻域（RP）

（2）结果分析

选取了 2020 年 2 月 3—9 日一周开展批量试验，总计两周。将 CMA-MESO3 km 模式中距离该站点最近的格点（115.81°E，40.57°N）的预报结果（从每天的 0000 UTC 起报，取前 24 h 的预报）插值到该站点上作为预报数据。图 7.1.12 为观测的阵风最大风速、相应时刻模式预报的阵风最大风速、以及风险概率预报结果的逐小时演变图。从图中可以看出，模式预报的阵风最大风速总体还是低于实况的阵风最大风速。RP 试验结果的总体走势有了明显的变化，其出现中、高风险事件的概率有较显著提升，更容易抓住一些强阵风天气，如在 2020 年 2 月 8 日 1600 UTC 至 2020 年 2 月 9 日 0100 UTC 期间，实况出现了风速接近 30 m/s 的极强阵风，相应预测的高风险事件的概率也能达到 60% 左右。

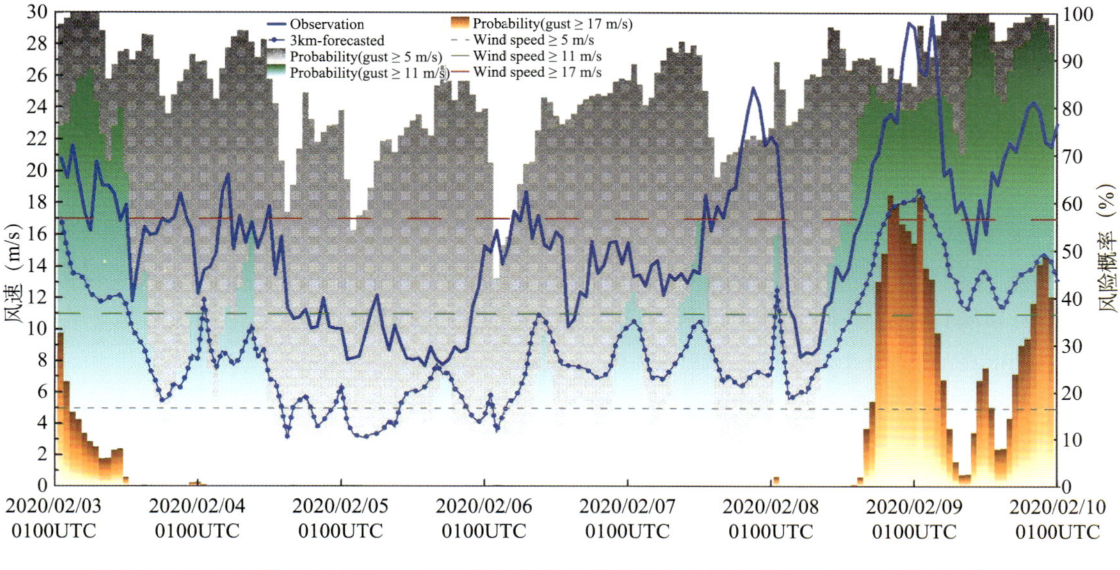

图 7.1.12　2020 年 2 月 3—9 日观测的阵风最大风速，相应时刻模式预报的阵风最大风速，以及风险概率的逐小时演变图

7.1.5.7 雪质风险概率预测产品

冬奥会在雪质方面面临的风险主要是温度升高导致赛道积雪融化，含水率增加，雪质湿化甚至泥化，对比赛造成不同程度的影响。基于赛区近4年加密的气象观测资料，研发了基于随机模拟的统计降尺度模型，在动力模式对赛期平均气温预测的基础上，预测赛区不同位置和不同时次高温湿化风险发生的概率。

预测的思路与步骤：①分别基于两个赛区共16个气象站逐日观测资料对日尺度降尺度模型模拟各站日平均气温和日较差的能力进行了精度评估；②分别基于两个赛区共16个气象站逐小时观测资料对小时尺度降尺度模型模拟逐时气温和小时温度风险指标发生概率的能力进行了精度评估；③基于日尺度降尺度模型随机模拟4000年2月逐日气温，挑选各个站点2月均温在 $T\pm0.5$ ℃区间（T 为预测均温）内的所有年份逐日数据，假定这些年份的逐日温度序列最能反映预测年的情况；④将步骤③中选出的年份逐日温度序列，输入小时尺度降尺度模型，模拟2月、3月逐时气温序列，分别筛选一日内24个时次温度阈值符合平均气温＞−3 ℃、＞−1 ℃和＞5 ℃阈值的样本，除以这个时次总小时数，乘以100%，得到各个时次发生高温湿化风险的概率。

基于张家口赛区16个自动气象站2018—2020年逐时气温观测资料，获得统计降尺度模型的参数，对2021年2月、3月的回报结果显示，统计降尺度模型有较好的概率预报性能。

日尺度降尺度随机模拟基于EHS模型，是经验正交函数分析（EOFA），希尔伯特-黄变换（HHT）和随机模拟（SS）三种方法的结合，可以随机模拟日尺度的空间气象要素。

（1）冬奥会期间雪质风险预测结果

云顶赛区11:00—16:00期间的比赛项目，包括障碍追逐、平行大回转、坡面障碍技巧、U型场地技巧等项目，面临雪质湿化风险的概率在30%左右，海拔越低，风险越高，离山底近的赛道部位雪质湿化风险概率最高可达45%，甚至有存在10%左右的概率会发生雪质泥化。古杨树赛区11:00—17:00期间的比赛项目，包括跳台滑雪、北欧两项、越野滑雪和冬季两项等项目，面临雪质湿化风险的概率普遍在40%～50%，面临雪质泥化风险的概率在10%左右。

（2）残奥会期间雪质风险概率预测结果

冬残奥会比赛期间个别时段内存在不同概率的雪质湿化风险（图7.1.13），具体情况如下：

①云顶场馆不存在融雪风险，但雪质湿化风险较高。据预测雪质湿化的风险概率在45%左右，集中在13:00—15:00坡面回转项目。

②古杨树场馆（冬季两项中心）存在高风险等级雪质湿化风险，据预测雪质湿化的风险概率在65%～73%；存在融雪风险，发生概率为10%左右（表7.1.5），集中在12:00—15:00越野滑雪及冬季两项。

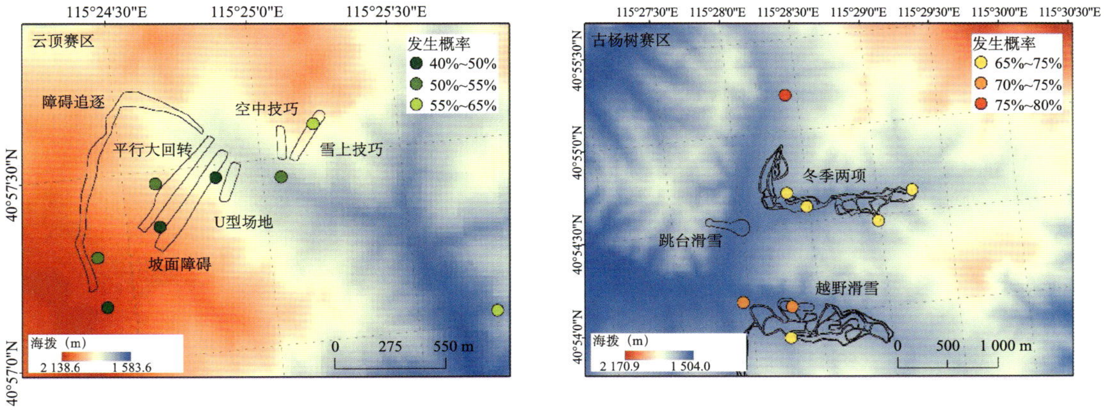

图 7.1.13　云顶赛区和古杨树赛区 14 时因温度高于 −1 ℃发生雪质湿化风险的概率空间分布

表 7.1.5　张家口赛区残奥会期间比赛项目遭遇的高温湿化风险概率

场馆	项目 / 大项	项目 / 小项	比赛时段	雪质湿化风险概率	融雪风险概率
国家冬季两项中心	越野滑雪	女子 12 km 坐姿	06 日 12:30—14:00	65%～68%	10%～12%
		女子 15 km（传统技术）站姿 / 视障	07 日 12:30—15:00	65%～73%	10%～17%
		短距离（自由技术）男子 / 女子 * 半决赛 决赛	09 日 12:00—15:00	65%～73%	10%～17%
		女子 10 km（自由技术）视障 / 站姿	12 日 12:00—13:30	65%～68%	10%～12%
		女子 / 男子 7.5 km 坐姿	12 日 14:00—15:15	68%～73%	12%～17%
		公开级接力 4×2.5 km	13 日 12:00—13:30	65%～68%	10%～12%
	冬季两项	女子 / 男子 6 km 站姿	05 日 12:00—13:15	65%～70%	10%～13%
		女子 / 男子 6 km 视障	05 日 14:00—15:15	70%～73%	13%～16%
		女子 / 男子 10 公里 站姿	08 日 12:00—13:15	65%～70%	10%～13%

续表

场馆	项目 / 大项	项目 / 小项	比赛时段	雪质湿化风险概率	融雪风险概率
国家冬季两项中心	冬季两项	女子 / 男子 10 km 视障	08 日 14:00—15:15	70%～73%	13%～16%
		女子 / 男子 12.5 km 站姿	11 日 12:30—14:00	65%～70%	10%～13%
		女子 / 男子 12.5 km 视障	11 日 14:30—16:00	70%～73%	13%～16%
云顶滑雪公园	障碍追逐	障碍追逐 资格赛	06 日 13:00—15:00	44%～47%	
	坡面回转	坡面回转 资格赛	11 日 13:00—15:00	47%～48%	
		坡面回转 决赛	12 日 12:00—15:00	44%～48%	

颜色标识	高温雪质风险等级	判别指标	雪质性状
（绿色）	无风险	$T_{mean}<-3$ ℃，持续时间 >3 h 的概率超过 50%	雪质为干雪，全天任意时刻含水率为 0%，雪质松散，挤压雪球时粘性很小。
（蓝色）	低风险	$T_{mean}<-3$ ℃，持续时间 >3 h 的发生概率超过 30%	雪质为微湿雪，日均含水率为 0.2% 以下，日最大含水率 0.5% 以下，雪质松散，挤压雪球时粘性很小。
（黄色）	雪质湿化风险	$T_{mean}>-1$ ℃，持续时间 >3 h 的概率超过 30% 或 $T_{mean}>5$ ℃的发生概率超过 10%	雪质为微湿雪，雪温达到 −0.5 ℃以上，日均含水率超过 0.4%，日最大含水率超过 1%，但是放大 10 倍可见水，对雪层挤压时不会产生水。
（红褐色）	融雪风险	$T_{mean}>-1$ ℃，持续时间 >3 h 的发生概率超过 50% 或 $T_{mean}>5$ ℃的概率超过 15%	雪质为湿泥雪，雪温达到 0 ℃，日均含水率超过 3%，日最大含水率超过 5%，对雪层挤压时会产生液态水，雪的空隙中有一定量的空气，但是空气含量小。

注：T_{mean} 为小时平均气温

7.1.6 降尺度分析预报技术

7.1.6.1 百米级风场动力降尺度技术

基于 CMA 体系产品开发了风场动力降尺度模型，根据冬奥复杂山地条件实际，通过求解质量守恒方程，对不同高度层的风场进行降尺度，得到崇礼和延庆赛区范围分不同垂直高度上“百米级、分钟级”风场格点预报产品。动力降尺度系统是基于系列模式开展的风场诊断模型，一般分为静态数据预处理、气象数据预处理和降尺度诊断三部分。静态数据预处理包括地形高度、下垫面类型、静态信息融合等等。气象数据预处理提取出模拟区域的垂直层次的气象参数及地面气象要素，由于中尺度的网格与扩散预报的网格定义不同，需要将尺度的气象场插值到扩散预报网格格点上，形成三维气象数据文件。降尺度诊断以误差最小化原理求解三维风场。

（1）动力降尺度方法介绍

通过质量守恒连续方程，对 CMA-MESO 1 km 产品进行地形动力学、坡面流、地形阻塞效应调整，并通过插值、平滑处理、垂直速度计算、辐散最小化产生最终风场。

根据地形、坡向、阻塞效应等，对初始风场进行三维散度最小化处理。根据降尺度模型第二部分通过内插和外推、平滑处理、垂直风速的 O Brien 调整、散度最小化，形成风场。

（2）动力降尺度风场预报结果

基于 CAM 模式对延庆海陀山和张家口崇礼两个山地赛区 2022 年 1 月 27 日—3 月 16 日测试赛期间进行了实时预报。采用了 CMA-MESO 1 km 模式驱动动力降尺度模式，动力降尺度模式采用空间分辨率 100 m、时间分辨率 10 min 配置，模拟范围为赛区 20 km 范围。其模拟区域地形高度数据采用 90 m 分辨率的 SRTM 数据。其模拟范围分辨如图 7.1.14 所示。

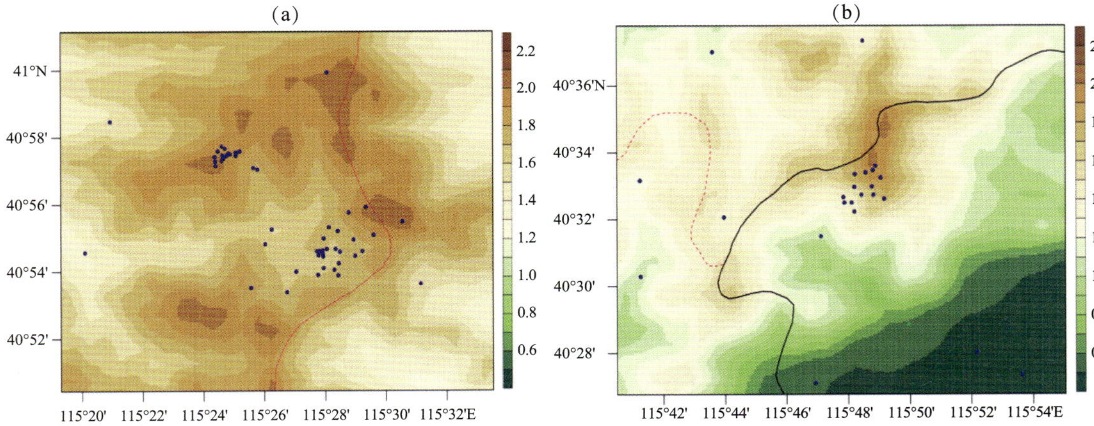

图 7.1.14 冬奥动力降尺度张家口赛区（a）和延庆赛区（b）地形高度和观测站点分布

2022 年北京冬奥和冬残奥期间，张家口和延庆赛区站点降尺度 10 m 风 BIAS 和 RMSE 如图 7.1.15 所示。降尺度的检验结果显示：降尺度预报结果在崇礼的表现远好于延庆海陀山赛区。在张家口崇礼地区，11 个站点降尺度预报偏差均较小，风速预报整体偏低，站点风场预报 BIAS 大多在 −1.0～1.0，RSME 基本小于 2.5。在延庆海陀山地区，前 12 h 站点风场 BIAS 和 RSME 较小，12 h 后误差增大 RSME 在 2～4。两个地区的误差分布均呈现日变化特征，这可能与风场降尺度没有引入微气象边界层参数化方案有关。

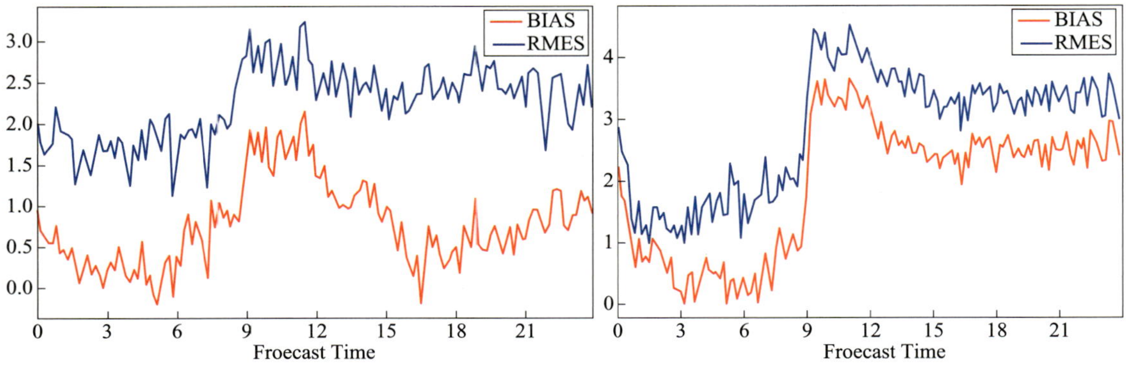

图 7.1.15　崇礼站点降尺度和延庆赛区降尺度 10 m 风场检验结果

7.1.6.2　山地精细化预报技术

（1）基于 INCA 降尺度技术的张家口赛区高分辨率融合分析和短临预报系统（INCA-HR）

该系统主要解决复杂地形下气象要素分布特征的分析问题和多种要素的短临预报问题，其分析产品能够刻画冬奥赛区温度、风等气象要素的分布特征，预报产品能够提供未来 24 h 的温度、平均风、阵风等要素的预报，空间分辨率达到 50 m，更新频率达到 10 min。

该方法以奥地利气象局的 INCA 1 km 分辨率系统为基础，以中尺度数值模式预报为背景场，考虑复杂地形对气象要素的影响，利用冬奥赛区加密自动站观测，对背景场进行误差订正，并利用高分辨率地形数据和坐标系设计，利用质量守恒关系，实现风场的连续性。通过框架的改造，实现了 50 m 分辨率的降尺度技术；并根据背景模式的偏差统计，通过订正风场平均误差，实现了平均风预报性能的提升；基于平均风和阵风的统计关系，构建阵风预报方程，提高了小时极大风预报效果。

2022 年冬奥会和冬残奥会期间的检验结果显示，INCA 平均风速的预报误差随时效增加而增大，平均误差从 0.02 m/s 增长到 2.37 m/s，绝对误差最大达到 2.73 m/s，准确率从 98.25% 降至 45.72%。极大风速的预报误差从 0.06 m/s 快速增长到 2.2 m/s，绝对误差最大达到 2.54 m/s，准确率从 99.24% 下降到 47.45%。可见，虽然经过偏差订正，但后期预报仍存在偏大情况，预报偏差以正偏差为主，特别是在大风天气过程时，预报偏差增加，但其临近时效（2 h 以内）误差在 1 m/s 左右，准确率较高，能够在大风过程中提供较好的临近预报，对赛事临近预报具有较好的参考作用。

（2）基于 CFD 的崇礼精细化风场分析和预报系统

基于 CFD（计算流体力学）技术，利用 Meteodyn WT 软件，结合高精度 ALOS-12M 卫星地形数据和航拍超高精度地形数据，通过调整计算半径、计算最小水平分辨率、最小垂直分辨率、稳定度等条件，对冬奥张家口（崇礼）赛区进行精细化风场模拟，不断调整优化计算参数，确定最佳模拟方案，制作 36 个不同系统风向（间隔 10°）条件下高精度风场模型。根据风场模型，分析了各个不同系统风向条件下风场模型，把握在不同区域风场结构特征，提高对张家口赛区复杂地形条件下风场结构的认识，如：跳台赛区小尺度环流结构，沿山谷绕山气流从西南方山谷吹来的风到达跳台区域向东北转向，与山顶越山气流汇合，在跳台底部小区域内形成弱的偏东风。

在做好高精度风场模型的基础上，挑选张家口赛区位于山顶的观测站作为指标站，利用数值预报释用得到的指标站风场预报，开发出基于 CFD 的崇礼精细化风场分析和预报系统，制作逐 10 min 的实时客观风场，每天两次制作赛区风场预报产品，解决了 CFD 降尺度技术只能用于模型研究而无法开展实时分析与预报的问题。

在冬奥测试赛期间（2021 年 2 月 16—26 日），对结果进行了检验分析，张家口赛区风向预报平均误差 4.4°，平均绝对误差 46.5°。风速预报平均误差 −0.08 m/s，平均绝对误差 1.29 m/s。张家口各个站点误差表现不同。云顶 5 号站和跳台 3 号站风向预报误差较大，平均误差和平均绝对误差都超过 60°。冬奥会和冬残奥会期间（2022 年 2 月 4 日—3 月 13 日）期间，该系统预报张家口赛区各个站点预报的风速平均误差 0.87 m/s，平均绝对误差 1.74 m/s，均方根误差 2.14 m/s。张家口赛区各个地点预报误差存在差异，风速预报以偏高为主，大部分站点风速预报偏大，其中 B3018（云顶山腰）、B1620（云顶 1 号）、B1628（云顶 3 号）、B1629（云顶 4 号）、B1630（云顶 5 号）、B1637（云顶 6 号）、B1646（冬两 4 号）、B3158（跳台起点）、B3216（跳台 M）、B3217（跳台 R）、B2236（云顶 7 号）、B2237（云顶 8 号）、B2238（云顶 9 号）、B2239（云顶 10 号）、B3132（跳台起跳点）预报平均误差偏高 1 m/s 以上；个别地点预报偏低，B3017（云顶山顶）、B3120（太舞）、B1639（冬两 2 号）预报偏低达到 1 m/s。均方根误差比平均绝对误差略大，说明预报偏差规律比较一致。

（3）基于 CALMET 的张家口赛区精细化风场预报和分析业务系统

CALMET 方法是基于中尺度气象模式的输出场，在三维风场模拟过程中考虑地形的动力学影响、倾斜气流和阻塞效应，通过质量守恒连续方程对风场在高分辨率地形下进行诊断并生成三维气象场资料，是一种适用于复杂地形研究的动力降尺度技术。基于 CALMET 方法构建精细化风场动力降尺度流程，并引入高分辨率地形和土地利用数据。开展参数化方案组合的敏感性试验，通过调整描述地形对风场的热动力闭合效应的局地 Froude 参数，优化风场模拟效果，并构建了 CALMET 张家口赛区精细化风场预报和分析业务系统。冬奥会及冬残奥会期间，每天生成 24 h 内逐小时 50 m 风场预报产品，实时提供高分辨率降尺度风场供预报员进行参考。

对赛事期间（2022 年 2 月 4 日—3 月 13 日）风场预报进行检验表明，张家口赛区所有站点风向平均绝对误差为 52.79°，均方根误差 68.11°，误差 45° 以内的风向准确率为 59.09%，所有站点风速预报均方根误差为 1.65 m/s，误差 2 m/s 以内的风速准确率为 78.76%，整体预报略偏大。

（4）张家口赛区复杂地形大涡模拟系统（WRF-LES）

采用中尺度模式 WRF，基于超高分辨率地形和土地利用数据，构建张家口赛区大涡模拟系统（WRF-LES），内层核心区域关闭边界场方案，开通大涡模拟，使用 TKE 次网格闭合方案，分辨率达到 50 m。利用 WRF-LES 系统开展冬奥赛区精细化风场模拟和评估工作：在 Lamb-Jenkinson（L-J）客观分型法基础上，根据风向和风速将张家口赛区赛事期间天气分为 93 种客观类型，使用 WRF-LES 进行模拟，给出不同天气类型下张家口云顶公园、冬季两项和跳台滑雪核心赛场的精细化风场效果评估，并分别给出不同赛场的大风风险区范围和风险发生概率。

大涡技术受计算资源制约，每积分 1 h 用时 30 min 左右。冬奥会和残奥会期间，通过构造运行流程，进行提前错时起报、边运行边发布，尽可能满足业务应用需求，实现大涡模拟的业务实时运行，解决了大涡技术不能提供实时预报的问题。每天 07:30（北京时）启动，起报时间为每天 12 时（北京时），预报时效为 36 h，这样上午可得到下午的预报产品，作为短时预报参考，下午能够获得当日晚上和第二天的产品，为崇礼预报服务提供支撑。

对赛事期间（2022 年 2 月 4 日—3 月 13 日）风场预报进行客观检验表明，张家口赛区各站预报误差有所差异，风向平均绝对误差在 29.9°～107°，平均 62.22°，云顶山顶站误差最小为 29.9°，误差 45° 以内的风向准确率为 51.53%。风速平均绝对误差在 1.8～4.2 m/s，平均 2.8 m/s，跳台终点站最小为 1.8 m/s，误差 2 m/s 以内的风速准确率为 56.25%。

（5）复杂地形下边界层过程对山地降雪的作用机制

统计分析表明，边界层过程主导的降雪仅占总降雪日的 13.5% 左右，但预报难度十分大，并且此类降雪在山地降雪过程中较为常见，因此，开展复杂地形条件下边界层过程主导的降雪机制研究，对于提升冬奥赛区的降雪预报准确率十分重要。

“空中偏北气流型”：当配合“暖湿性质”的边界层东风时，边界层东风因垂直延展高度较低、抬升作用较弱，仅在平原地区造成弱降雪；当配合边界层北风时，若存在与地形高度接近的、700 hPa 高度附近饱和区与抬升运动的有利配合，将导致高海拔山区出现明显降雪，因此降雪的局地性较强。此外，空中气流与地形作用下，可以形成明显的地形波动，在海陀山上空表现为上升区与下沉区的垂直速度波列过境，当波列上升区与西北气流的上升区相重合时，可造成强烈的局地抬升，导致山区降雪强度进一步加大。需要特别强调的是，西北气流下的地形抬升降雪具有一定的条件，即空中具有饱和区是先决条件，因为对于山区而言，西北风造成的地形波列常有，但不是每次地形波都会造成降雪。

“空中平直气流型”：当配合“干冷性质”的边界层东风时，可形成冷垫抬升北京平原及低海拔地区的暖湿空气；当偏东风在垂直方向发展较为深厚时，能够翻越海拔较低的山脉，在背风坡形成绕流汇合，但受海拔较高的山脉阻挡，会形成迎风坡的强迫抬升。当偏东风转为东南风且风速加大时，对应着降水的最强时段；当偏东风风速减小，降雪强度减弱。此类降雪范围相对较大、持续时间较长。

边界层东风是京津冀地区降雪过程中的主要特征，已有研究大都针对与“回流”相关联的偏东风，主要集中在气流的干湿特征、热力性质及动力机制等方面，但本项目的研究表明，北京降雪过程中出现的边界层偏东气流不完全由冷空气的回流造成。基于此，结合边界层偏东气流在降雪中的重要性，研究不同发展高度、不同热力性质、不同干湿特性的偏东风在降雪过程中的具体贡献。这一研究工作，会对边界层偏东气流形成新的认知，为降雪预报业务提供参考性极强的预报指标，即“暖湿性质”边界层东风对于降雪的贡献明显小于“干冷性质”的边界层东风。

该工作成果一定程度上突破了原有边界层过程对降雪作用机制的认知和局限性，特别是降雪有无、山区和平原降雪分布差异等方面提供参考性极强的概念模型和预报指标，并转化为客观技术产品供预报员使用；凝练的概念模型和预报指标在准确预报 2022 年冬奥会期间的“2・13”强降雪和“2・17”小雪等天气中发挥了重要作用。

（6）海陀山局地风环流成因研究

基于自动站数据，通过大风环境背景和弱风环境背景下的合成分析，探究冬季海陀山地面的风场特征。研究发现：①在弱风场背景下，热力环流将控制山脊以下的整个山谷，即白天为明显的偏南风（谷风），夜间转为偏北风（山风），山风转谷风时间在09时左右，谷风转山风时间在17时左右。高、低海拔由于热力作用，使得风速日变化呈反位相关系，高海拔站点中午时段风速相对较小，夜间风速较大，白天和夜间平均风速相差3～5 m/s。②冷空气造成的偏北大风环境背景下，山谷中常会出现偏南大风，主要是由涡流导致。处于背风坡的山谷空腔中出现由动力作用引起的次级环流"涡流"，其空间尺度与风向有关：受强西北气流影响时，涡流尺度较大，可使山谷中出现大范围的上坡偏南风，在晴朗的白天，涡流导致的偏南风叠加谷风，可使低海拔站点出现极端的偏南大风（最大风速可达29 m/s）；受强北风气流影响时，涡流尺度缩小，只影响背风坡上的较小区域，山谷中低海拔表现为偏北风。

山谷中存在4种环流控制（图7.1.16）：一是天气尺度的环境风，主要影响高海拔地区，偏西风和偏北风为主；二是热力驱动的山谷风，具有明显日变化特征；三是涡流，冷空气大风天气背景下在山谷中起主导作用；四是近地面风，较强冷空气影响时，近地面冷空气沿低海拔的山脊和河谷绕流影响山腰和山谷，山脚附近受涡流和冷空气共同影响，南北风交替出现。以上成果凝练为延庆赛区地面风的时空特征，为赛区风的预报提供技术支撑，为模式改进和释用技术提供了理论依据。凝练的风环流概念模型在冬奥会和冬残奥会期间，对于不同海拔站点风向和风速的预报起到重要的支撑作用，在2月10日高山滑雪男子全能比赛、2月20日高山滑雪团体比赛中，准确预报了复杂山地条件下动力强迫与热力作用导致的赛道上坡南风，为赛事日程安排提供了有力保障。

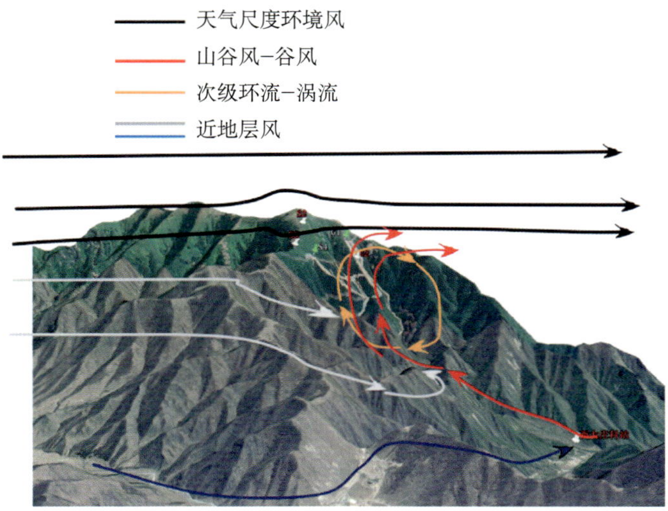

图7.1.16　海陀山环流示意图

（7）利用山地加密自动站观测资料、河北RMAP-ST数值模式资料和高分辨率的地形数据的统计降尺度技术

为考虑建立不同类型地形影响下的风场订正模型，提出一个定量的综合考虑风速风向与坡度坡向的关系表示不同类型地形特征，通过风矢量（风速和风向）和全风速和坡度坡向、坡度大小、地形散度、风矢量和坡度坡向的矢量积等因子，获得平坝、迎风坡和背风坡、山脊、山（河）谷、风口等地形分类。使用 RMAPS+AWS 融合的客观分析风场与表示不同格点的地形特征参数的组合因子，分别对逐个时次的纬向风 u 和经向风 v 进行回归拟合建立风场的订正模型。使用该订正模型对 RMAPS-ST 模式的风场进行降尺度，每 3 h 提供张家口赛区 400 m 分辨率的风场格点分析场以及未来 48 h 的逐小时风场预报产品。

对 2022 年 2—3 月风场预报进行检验发现，0～6 h 风速预报可用性较强，但 6 h 后风速预报趋势存在一定偏差，高海拔站点的预报能力需提高。在 2022 年 2 月 19 日大风过程中，站点风速 24 h 平均误差为 1.7 m/s，较模式 3.6 m/s 的误差有显著下降；且风场空间分布较为合理，与地形关系密切。如图 7.1.17～图 7.1.18 所示。

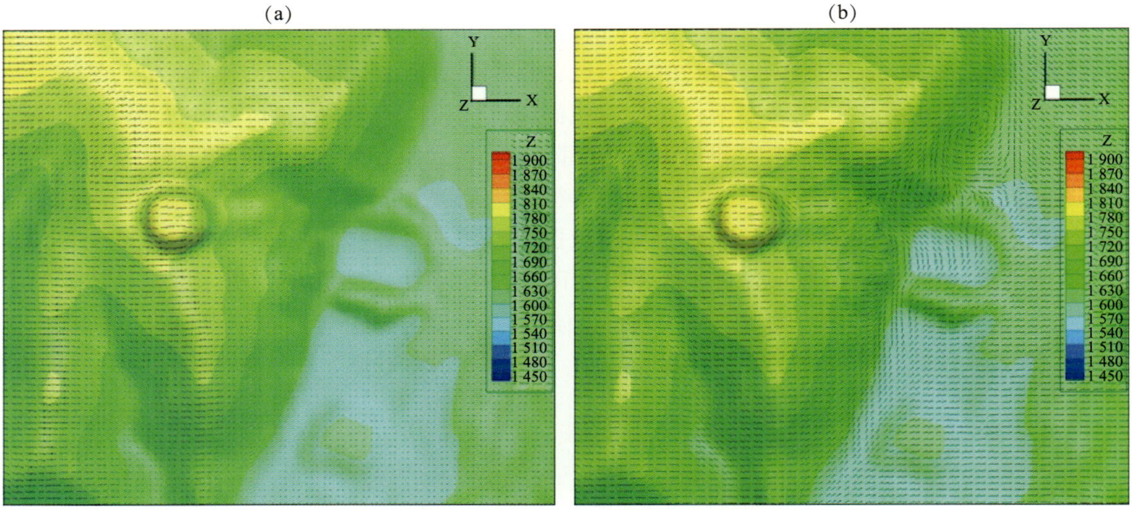

图 7.1.17　基于 CFD 的国家跳台滑雪中心区域精细化风场

（2021 年 3 月 21 日 00 时，a 为风向风速，b 为匀速显示风向）

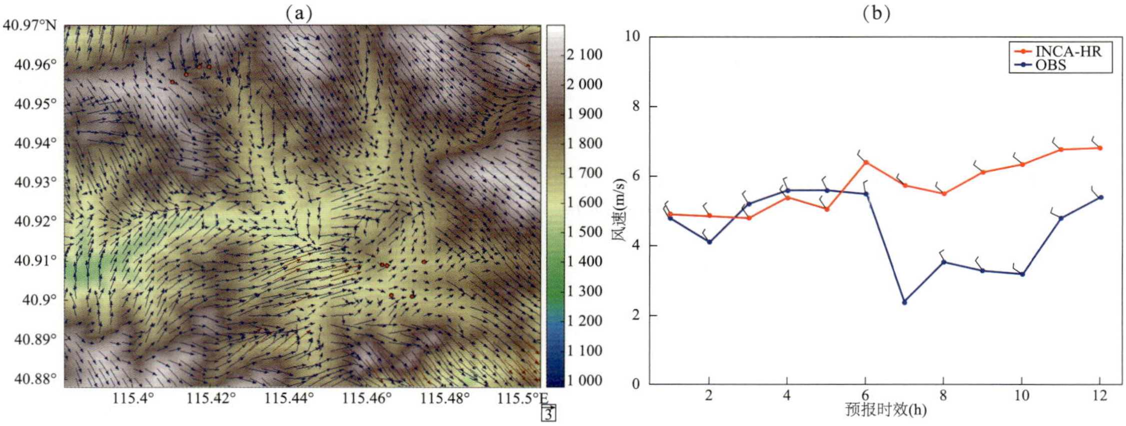

图 7.1.18　INCA-HR 2 月 7 日 04 时 1 h 时效风场预报（a）和 B3017 站预报与实况对比（b）

7.1.7 人影作业条件预报技术

7.1.7.1 降雪云系精细预报技术

降雪云系宏微观结构和作业条件的精细预报是科学实施人工增雪作业的前提。中尺度数值模式为降雪云系精细预报提供了有力工具，模式中冰相微物理方案、资料同化等技术开发和应用对提高降雪云系结构预报的准确率有重要影响。

中国气象局人影中心利用中尺度云模式的技术成果，改进了我国自主研发的CAMS详细冰相微物理方案，结合LAPS同化系统，形成高分辨率云降水显式预报系统（CMA-CPEFS-LAPS）。模式采用二重双向嵌套，水平分辨率最高为3 km，背景场采用CMA-GFS全球模式预报场。每日08时和20时起报2次，预报时效48 h。提供水平分辨率为3 km、时间分辨率1 h的云宏观场、云微观场、热动力场和降水场等27个预报产品。微物理方案描述方面，采用CAMS复杂双参数冰相微物理方案，可以预报水汽、云水、雨、冰晶、雪和霰的比质量和雨、冰晶、雪和霰的比数浓度，并根据室内实验和飞机观测结果改进了方案中的冰晶核化参数化过程。初始场改进方面，利用LAPS系统同化北京、天津、河北、山东、河南地区共9部雷达的基数据，与业务模式CMA-CPEFS相比，明显提高了对前6 h云和降雪的预报效果。

北京市人工影响天气中心基于北京市气象局的天气业务预报系统（CMA-BJ2.0）进行了冷云催化潜力指标产品二次开发。CMA-BJ2.0模式采用WRF中尺度动力框架，模式水平方向采用二重双向嵌套，格距为9 km和3 km。模式每天启动24次，起报时间为每个整点。在模式预报的降水场、热动力场基础上，针对人影作业条件进行冷云催化潜力识别产品开发。基于CMA-BJ2.0内层嵌套的预报结果，增加了特性层高度、催化指数等人影产品，最终得到水平分辨率为3 km、时间分辨率1 h的云宏观场、云微观场、热动力场、降水场及催化潜力区等产品。

中尺度数值模式可以对降雪云系宏微观结构进行精细预报，但预报时效为72 h。为满足中期时段提前预判作业潜势，中国气象局人工影响天气中心利用NCEP全球模式的0.5°分辨率GFS全球模式中期预报结果，结合CIP积冰指数的层状云积冰潜势算法，开发形成飞机积冰和人影作业过冷水潜势预报系统（FISP_V1.0），对过冷水出现的概率进行水平分布和垂直分布特征预报，预报时效为168 h，对提前预判合适的作业区域、作业时机提供了重要参考依据。

在北京冬奥会期间，依托中国气象局人工影响天气中心、北京市人工影响天气中心、河北省人工影响天气中心业务体系，利用上述模式预报产品，滚动分析张家口、延庆等冬奥赛区云系发生发展的动力、热力和物理条件，制作发布人影作业条件预报。预报分析思路为：①提前一周关注全球模式数值天气预报结果，分析北京冬奥会赛区天气形势、降水、过冷水潜势等预报产品，对可能影响时段和区域进行提前关注和预判。②提前72 h关注中尺度模式数值天气预报的结果，根据天气形势、环流背景等进行研判，分析影响北京冬奥会赛区500 hPa、700 hPa、850 hPa的高度场、风场、相对湿度、水汽通量预报；地面气压场、温度、降水预报；对流有效位能、K指数预报等产品，对降雪过程进行跟踪和分析，适时发布人影作业过程预报和作业计划。③提前 48 h 关注中尺度模式数值天气预报的结果和人影冷云潜力识别平台预报产品，分析降雪落区和量级；预报与实况对比；影响保障区的云系演变趋势；云垂直宏微观结构和作业条件；云宏观特征预报需明确目标云系的分布区域、持续时间、云顶高度、云底高度、云系移向移速、作业层风向风速、云中温度层结、云系分层情况、云垂直结构随时间的发展演变等指标；云内微物理特征分析作业目标区上游区域，明确人影催化潜力及潜力区时间、分布高度，为开展精准催化提供预设的参考条件，指导作业飞机开展固定目标区精准靶向作业；制作飞机作业预案，主要包括作业区域、作业时段、作业部位、催化方式等；制作地面作业预案，主要包括作业区域及高度、作业时段、作业方式和弹药准备等。适时发布人影作业条件潜力预报和作业预案。

7.1.7.2 催化作业仿真模拟技术

通过数值模式的催化作业仿真模拟技术，可用来仿真模拟实际发生的人影作业过程，也可以用来对制定的人影作业方案进行事先的仿真模拟，利用该技术可实现对人影作业效果更为合理准确的评估。

对真实催化过程的完整模拟，不仅需要包含催化剂相关的各种微物理过程的合理模拟，也包含对催化作业方式的合理模拟，这对开展实际催化作业的仿真模拟和效果评估是必要的。目前，对于冷云催化，一些主要的冷云催化剂（如碘化银类催化剂，液态二氧化碳 / 液氮类致冷剂）成冰过程的详细模拟已在多种云模式和中尺度模式中实现并广泛应用。对催化作业方式的模拟，主要包括飞机、地面火箭或高炮、地面烟炉等播撒方式的仿真模拟，除地面烟炉为单点播撒作业外，飞机和火箭的播撒属于线源催化，高炮作业虽为点源播撒，但其位置需遵循其弹道轨迹来确定。飞机播撒作业的轨迹往往较为复杂，火箭和高炮均有不同的弹道轨迹，要完整描述真实的催化过程，需要在模式中模拟它们的作业轨迹。为满足北京冬奥会保障的需求，基于各自的研究基础，中国气象局人工影响天气中心和北京市人工影响天气中心分别在各自的业务预报模式基础上开发了相关的催化仿真模拟技术。

7.1.7.3 基于催化模式的作业效果数值评估技术

（1）基于 CPEFS-SEED 模式的数值评估技术应用

中国气象局人影中心开发的 CPEFS-SEED 模式实现了催化仿真模拟的功能，同时也能利用经数据同化系统处理的数据场来改进模式的模拟能力，基于该模式，发展了人影催化作业的数值模拟评估技术。技术总体思路是：首先利用数值模式合理地模拟出真实的云和降水过程的发展演变，并通过与实况观测的对比来检验模式的模拟结果，在模拟结果合理反映真实云降水过程的一些主要的宏微观特征基础上，通过对比催化模拟和未催化模拟的结果来评估人影作业的效果，并给出在指定的评估时段、评估范围内，催化作业的定性和定量的评估结果。

针对 2022 年 1 月 21 日北京冬奥会保障中的一次人工增雪过程进行了作业效果评估。利用 CPEFS-SEED 模式，对集中作业时段（21 日 12 时—22 日 08 时）的人影作业效果开展数值仿真模拟。在进行数值评估前，首先将模拟结果与实况降水量、雷达回波等进行了对比检验，检验表明模式较好地模拟出了实况降雪过程。针对此次作业过程的数值评估时段为 21 日 12 时—22 日 08 时，模拟结果显示：在作业结束后，催化剂较为均匀地覆盖了张家口和延庆赛区及周边地区（图 7.1.19），此次评估的评估区域如图 7.1.19 所示红框和蓝框区域。此次人工增雪作业，作业方式包括飞机、火箭和地面烟炉，从 CPEFS-SEED 的催化仿真模拟结果可看到，评估时段内，飞机和地面作业后，地面累积降水变化显示冬奥赛区周边 450 km×350 km 区域（红框）内出现了不同程度的增雪，最大局地增雪量 5 mm，区域内总增雪量为 116.35 万 t。赛区周边 1°×1° 范围（蓝框）增雪约 96.3 万 t。从不同区域增雪量时序分布（图 7.1.20）可见，飞机作业效果略优于地面作业。

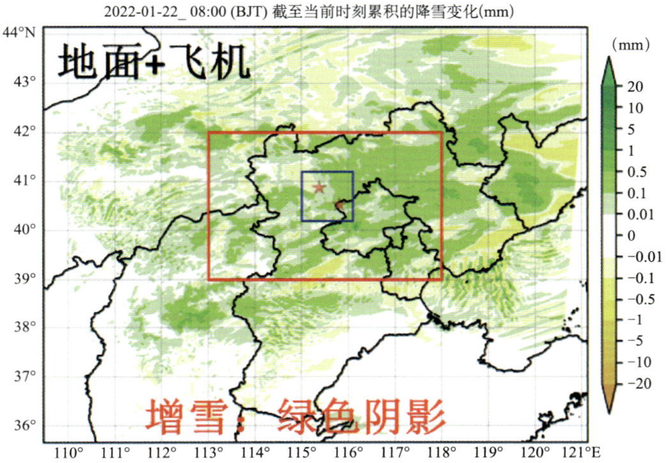

图 7.1.19 CPEFS-SEED 模式模拟 21 日 12 时—22 日 08 时，飞机和地面作业后累积的降雪变化分布

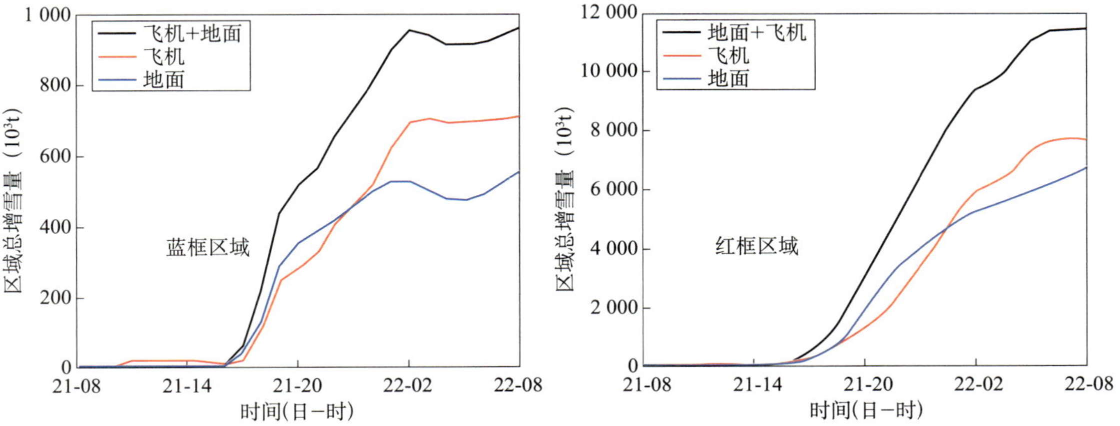

图 7.1.20 CPEFS-SEED 模式模拟 21 日 12 时—22 日 08 时不同评估区域的雪量时序图

（2）基于 CMA-BJ-CS 模式的数值评估技术

北京市人工影响天气中心开发的 CMA-BJ-CS 模式也实现了催化仿真模拟的功能，同时基于该模式，发展了人影催化作业的数值模拟评估技术，主要包括实际催化作业过程结束后的无催化控制试验，并将模拟结果与观测结果（卫星、雷达、降雨量等）进行对比分析，通过调整模拟的相关参数，使模拟结果能再现云和降水的主要演变特征。然后在模拟较成功的

基础上，根据实际作业信息（空基、地基作业量，作业时间等）运行催化模式，为解决模拟结果与实际云系可能存在时空偏差的问题，利用雷达、卫星观测的结果与控制试验模拟的结果进行对比和匹配，选择同实际作业相匹配的作业位置和作业时段进行催化模拟研究。催化模拟的结果与控制试验模拟结果进行对比分析，定量评估作业效果，重点关注催化前后云中水成物浓度以及地面降水量的变化，并通过微物理过程的比较，分析作业效果产生的机制等。图 7.1.21 即为按照实际催化作业信息模拟的 2022 年 3 月 17 日作业的评估结果，由图中可见，本次催化作业的影响面积随时间演变不断增大，最大达到近 100 万 km^2、区域增雪总量也随时间不断增大，最大约 6 万 t，作业增水效果明显。

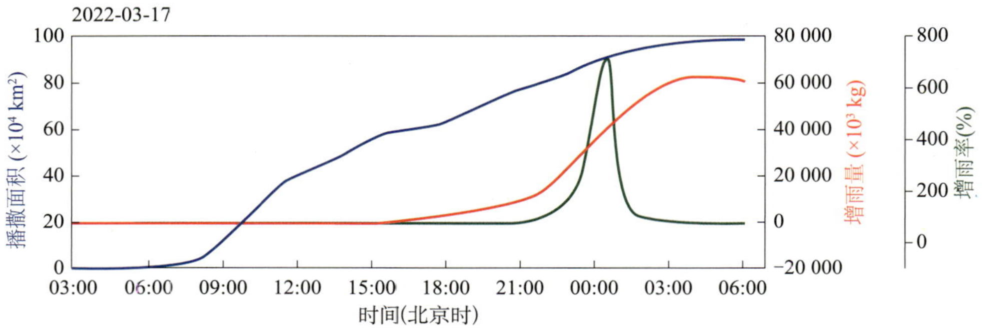

图 7.1.21　CMA-BJ-CS 模式模拟 2022 年 3 月 17 日实际催化作业后催化剂的影响面积（蓝线）、增雨量（红线）及增雨率（绿线）随时间的演变

7.1.7.4　云水资源评估与预报技术

云水资源是指一定时段内，参与区域大气水循环全部过程、没能形成地面降水还留在空中的水凝物。依托国家重点研发专项“云水资源评估研究与利用示范”的研究成果，对云水资源的评估，实质上是对一定区域和时段的大气水循环完整过程的评估。表征云水资源特性的参量包括各类大气水物质的状态量、平流量和源汇量等 16 个云水资源的组成量和各类大气水物质的总量及其降水效率和更新期等 13 个特征量。

基于卫星云观测和大气温湿观测，中国气象局人影中心优化建立了中国和区域三维云场和云水场诊断技术方法，结合降水观测产品，建立了云水资源的观测诊断定量估算方法和评估系统；基于中国气象局人影中心业务运行的中尺度云分辨模式（CPEFS V1.0），研究解决了模式长时序稳定运行后大气水物质守恒且模拟云降水接近于实况的技术难题，建立了云水资源的数值模拟定量估算方案和系统。

基于建立的云水资源数值评估系统，采用预报场数据进行云水资源的模拟和评估计算，即可实现云水资源的精细预报（图 7.1.22），为云水资源的实时开发利用奠定基础。同时在这套云水资源评估预报系统中，耦合播云催化模块，即可开展云水资源开发原理方法和开发作业方案设计及开发效果预估和评估等研究，是云水资源耦合开发的关键技术。

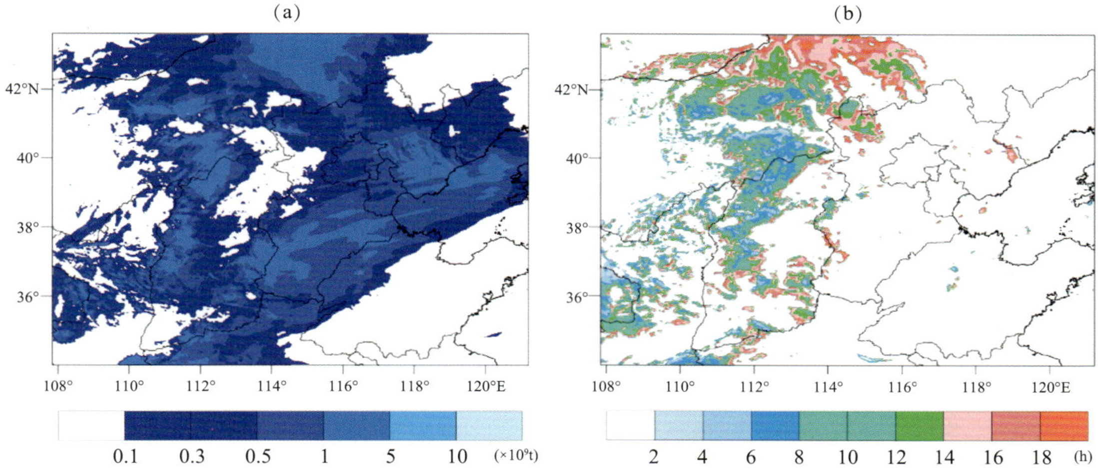

图 7.1.22　2022 年 1 月 21 日 17—23 时冬奥联合增雪实战演练，云水资源及其特征量的空间部分

（a）凝结量；（b）水凝物更新周期

7.1.8　其他

7.1.8.1　污染物扩散技术

拉格朗日型大气扩散模式适用于复杂地形条件、少源强（点源）的扩散，如核事故应急响应，其理论基础是：跟踪污染物的运动轨迹；同时释放许多个污染物质点或气团；主要有烟团轨迹模型和粒子随机游走模型。

拟采用的大气扩散模式采用烟团方法模拟计算复杂的扩散和沉降过程及其轨迹。该模式使用预先准备好的规则网格气象数据场，其中规则网格可以是三种正形地图投影（极射侧面、兰勃特、麦卡托）坐标中的一种。该模式采用烟团或者微粒方法模拟计算复杂的扩散和沉降过程及其轨迹。空气浓度计算把污染物质量与烟团、微粒或者两者结合的排放相联系。由垂直扩散系数廓线、风切变和风场的水平形变计算扩散率。对烟团情形，空气浓度计算在特定的网格点上进行，而对微粒情形，空气浓度按网格平均计算。

7.1.8.2　烟花燃放小尺度扩散预报技术

为满足北京 2022 年冬奥会和冬残奥会保障服务需求，开发了 100 m 分辨率的烟花扩散预报技术，为冬奥烟花扩散方向和影响范围提供了准确及时的预报服务产品。该技术基于 CMA-MESO 3 km 数值预报产品气象降尺度模型，开发了非稳态拉格朗日烟团扩散模型。该技术主要包括两个部分：基于 CMA-MESO 的气象降尺度模型和小尺度的大气扩散模拟。

（1）小尺度大气扩散预报技术

基于 CMA-MESO 的气象降尺度模型在风场动力降尺度技术基础上，引入了边界层微气象学过程，以此计算小尺度大气扩散所需要的气象要素和湍流场。基于 CMA-MESO 数值预报产品，通过在风场诊断的基础上，加入边界层参数化方案和陆面过程等参数化方案。边界层微参数化方案采用 Hanna 近地面参数化方案，陆面过程边界层方案采用 Holtslag 和 van Ulden 方案，实现了小尺度边界层湍流参数的计算，为小尺度大气扩散模拟提供了 100 m 高分辨率的气象要素和湍流扩散参数。

小尺度的非稳态拉格朗日扩散预报技术能模拟三维流场中污染物在大气环境中的输送、转化和清除过程，实现了对烟花扩散预报轨迹、浓度扩散的模拟。扩散轨迹的模拟，是在指定的地点、给定的高度，释放一个或多个空气团，模拟在流程中的三维空间的状态。污染物的浓度和沉降模拟采用烟团模型，该模型将瞬时或连续污染的污染物分成若干个分离的污染烟团，每个烟团包含适当比例的污染物质量，并且在平均风场、湍流等的影响下，烟团按照其中心位置的轨迹进行平流和扩散，烟团在水平和垂直方向上随时间扩散，最终通过跟踪每个烟团的位置来计算每个格点上污染物的浓度。大气扩散过程的模拟采用基于拉格朗日模型的三维粒子随机游走模型，扩散方程一共包括：平流项、湍流扩散项和随机项的模拟。扩散过程还考虑了粒子的干、湿沉降过程。干沉降的计算采用 Van der Hoven 的计算方法，通过计算球形粒子在大气中的重力沉降速度来获取，沉降速度与空气密度和微粒密度等有关。湿清除过程采用 Hicks 包括两个部分：一是云中清除，即在云中会演变成凝结核或受水滴影响清除的过程，二是雨洗过程，即污染物受降水影响沉降到地面的过程。

该技术主要采用非稳态拉格朗日烟团模型。烟团模型将连续的羽流表示为若干分离的污染物包。大多数烟团模特用“快照法”来评价烟团对受体浓度的贡献。每个烟团在特定的时间间隔（采样步骤）被“冻结”。计算（或采样）当时由于“冻结”烟团引起的浓度。然后让烟团移动，在大小、强度等方面不断变化，直到下一个采样步骤。一个感受器上的总浓度是基本时间步内所有采样步骤的平均附近所有脉冲的贡献的总和。根据模型和应用程序的不同，采样步骤和时间步骤可能都是一个小时，这表示每小时只拍一次烟羽的“快照”。

烟团对受体的贡献的基本方程是：

$$C(s)=\frac{Q(s)}{2\pi\sigma_y^2(s)}g(s)\exp[-R^2(s)/(2\sigma_y^2(s))] \tag{7.1.1}$$

（2）冬奥期间小尺度大气扩散预报产品

中国气象局地球系统数值预报中心的小尺度烟花扩散预报技术主要应用到了北京 2022 年冬奥会开（闭）幕式和冬残奥会开（闭）幕式的保障会商服务中。烟花扩散预报技术的驱动气象场采用 CMA-MESO 3 km 数值预报产品作为驱动数据，每日提供两次，分别是 00UTC 和 12UTC，提供小尺度烟花扩散预报产品。模拟地点选取鸟巢国家体育中心，经纬度 39.9915°N，116.392°E，烟花排放高度设置为 100～300 m 的连续排放源。烟花扩散预报产品多次出现在冬奥会和冬残奥会开幕式的会商 PPT 中，其产品获得预报员和首席的认可。

冬奥会开幕式期间，基于 CMA-MESO 的烟花扩散预报产品如图 7.1.23 所示，烟花燃料起始时间 2022 年 2 月 4 日 20 时（BJT），污染物释放高度 100～300 m，污染物排放采用立体排放源，燃放 1 h 后污染物扩散预报产品如图 7.1.23 所示。

7.1.8.3 冷池效应

山地气象中“冷池（CAP，Cold-Air-Pool）”是指冷空气从山地较高处向下流动，在地势低洼的山谷汇集而成的冷空气池。冷池是由于地形的锢囚作用而形成的稳定层，稳定层内的空气温度比其上层低，一般具有非常稳定的大气层结（逆温或者稳定层），弱的低层风。逆温层顶所处高度低于周围山体最高高度，且逆温层顶以下的平均风速低于 5 m/s。

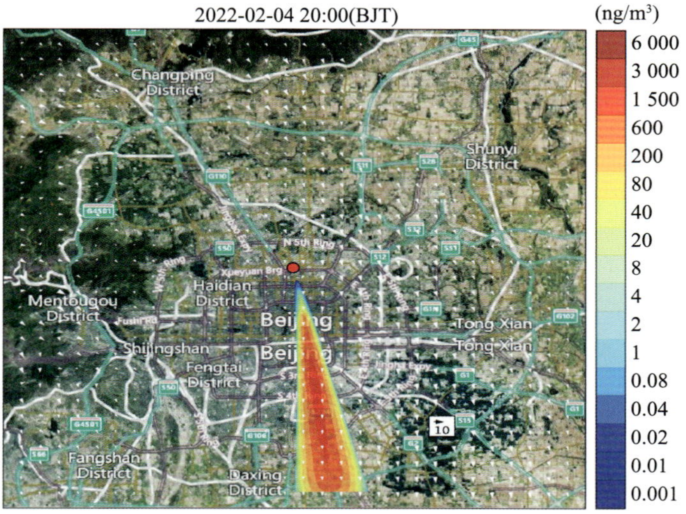

图 7.1.23　北京 2022 年 2 月 4 日 20 时（北京时）冬奥会开幕式期间的烟花扩散浓度图

冷池（CAP）在张家口赛区是一种常见的现象，在冬季冷池出现的概率接近 50%。冷池出现时，逆温幅度最高值可达 10 ℃。

张家口赛区冷池过程发生在弱高压脊控制、中层增暖、高空风速明显减小、天空少云、近地层微风的静稳天气背景下。赛区冷池判别指标为：800 hPa 及以下层次风速小于 6 m/s，地面风在 2 m/s 以内；天气越晴朗，500 hPa 及以下高空风越小，冷池强度越大。

图 7.1.24 给出了古杨树赛区冷湖效应的示意图，越野赛场的 1 号站、3 号站以及冬季两项的 1 号站、2 号站、3 号站处于两条近似东西向的山谷里，冬季两项的 5 号站处于南北向的山谷里，海拔在 1 600 m 左右，而山谷周围的高山则海拔在 2 000 m 上下，在下坡风（黄色箭头）和下谷风（红色箭头）形成谷底冷池（CAP），越野 3 号站处于 4 条山谷交汇的最低处，因此夜间气温最低，白天气温最高。其次是越野 1 号站和冬季两项 5 号站，这也是由于它们所处谷底位置和两侧高山的高度与到谷底的长度决定的。

图 7.1.24　古杨树赛场冷池效应示意图

根据多源观测资料，分析冷池事件的温度、湿度、风场结构及演变过程，张家口赛区冷池发生、发展、维持到破坏的概念模型如图 7.1.25 所示。

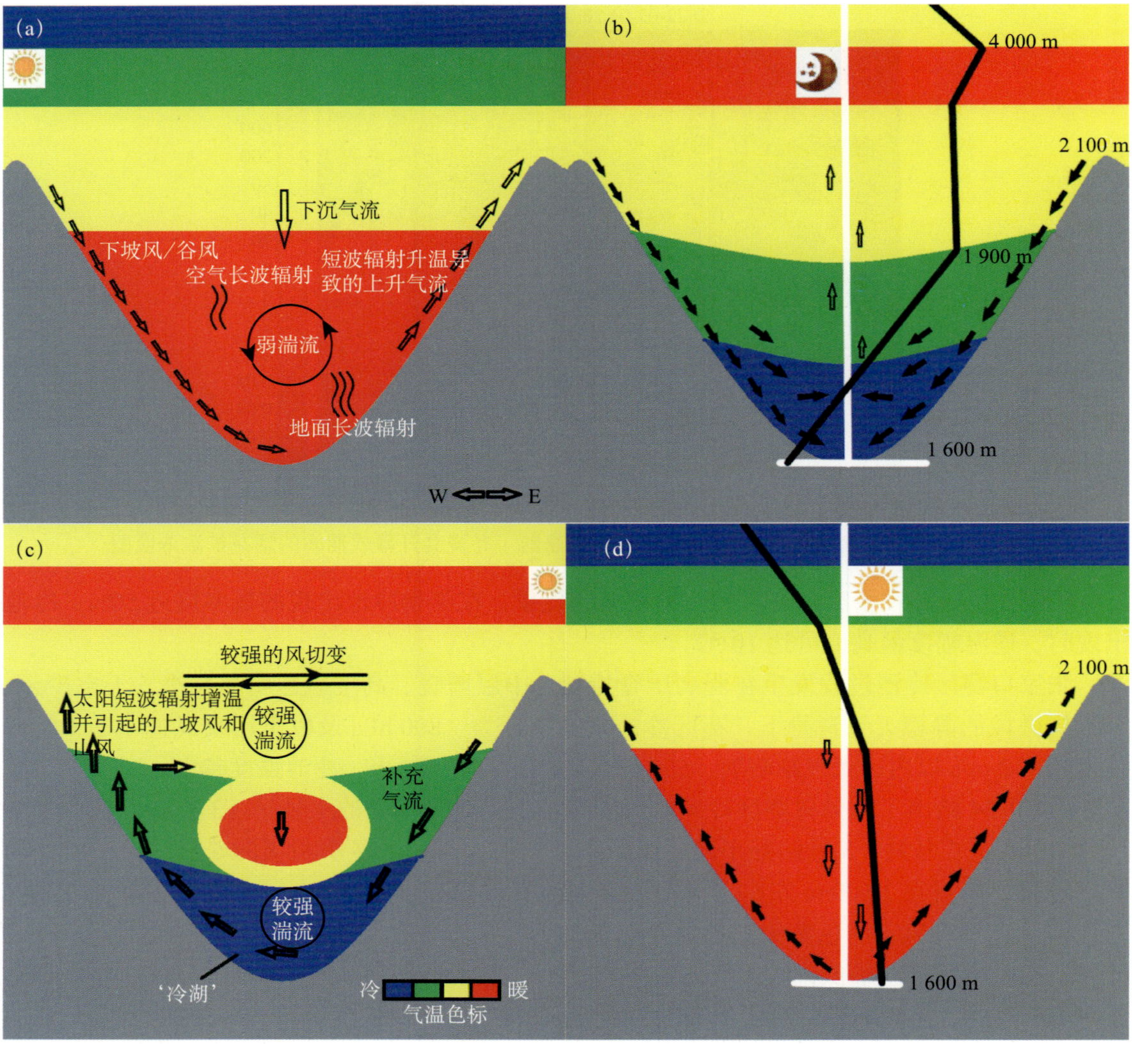

图 7.1.25 冷池建立期（a）、维持期（b）、消散前期（c）和消散后期（d）的概念模型

冷池自傍晚开始逐渐建立，日落前 1 h，山谷西侧山坡出现下坡风，东坡仍为上坡风，山谷下层开始降温，谷中仍为上升气流。从日落到其后 1 h 左右，谷中转为下沉运动，山谷中大气上下层温度基本相同，即大气层结为中性（图 7.1.25a），此后山谷东西两侧山坡形成较强下坡风携带冷空气在谷底堆积辐合产生上升气流，取代谷底原来的暖空气并将其抬升，逆温形成并快速向上发展，子夜前后，即日落 5～6 h 后，冷池发展到 300 m（海拔 1 900 m）左右的高度，即山谷高度 3/5 处，其上 300 m 为等温层，即暖带（图 7.1.25b）。在此阶段，冷池谷底降温主要是下坡风携带冷空气在谷底堆积和长波辐射降温所致。

午夜到日出前，冷池进入稳定维持期（图 7.1.25b），逆温层顶高度和温度变化不大，冷池底部温度继续缓慢下降，降温主要是长波辐射降温，在日出前 06:00 前后，谷底温度降至最低，冷池发展到最强盛阶段。此阶段下坡风已不能渗透到谷底，主要在冷池中上部辐合，因此冷池内部仍维持弱的上升气流。

日出后 4 h 左右冷池消失，首先太阳加热山谷西坡，导致山谷中高层快速升温，山谷西坡转为上坡风，东坡仍为下坡风，湍流加强，导致中高层的暖气团开始向下扩展（图 7.1.25c）；之后随着太阳高度角升高，山谷东西侧山坡出现上坡风，山谷中出现上谷风，将谷底冷空气向东西两侧坡面及谷顶输送，被加热的山谷中高层的暖空气补偿性下沉，对流边界层下降，逆温自上而下消散，温度层结近似等温（图 7.1.25 d），这和平原地区逆温自下而上消失有明显的差别。午后，湍流混合达到最强，山谷中温度廓线近似干绝热线（图略）。

7.2　百米级、分钟级 0～24 h 融合预报技术

7.2.1　技术综述

北京 2022 年冬奥会气象保障服务对“百米级分辨率、分钟级更新”短临预报的刚性需求，需要提供更高时空分辨率（百米级）的快速更新短临分析和预报产品、更为丰富的非常规短临预报产品如雪线高度、降水相态、阵风预报等，也亟需进一步提升山区复杂地形下的客观短临融合预报的能力，例如山区温度和风的预报。集成研发的短临预报技术，并研发新的核心技术和算法，北京城市气象研究院自主研发了新的客观短临集成预报系统，中文全称为睿图快速集成与无缝隙融合预报子系统，系统的英文缩写为 RMAPS-RISE（Rapid refresh Multi-scale Analysis & Prediction System-Rapid-refresh Integrated Seamless Ensemble System）。睿图 - 睿思系统的软件架构、核心算法、业务运行流程、文件结构、高效 I/O 机制等均采用模块化设计，核心代码全部采用 C++ 语言开发，脚本采用 Python 和 Shell 开发，具有大数据快速处理、连续运算稳定和高效的优势。睿思系统集成了北京城市气象研究院近年来研发的短时临近客观分析和预报算法，具有快速更新（Rapid-refresh）、资料融合（Integrated）、无缝隙（Seamless）、集合集成预报（Ensemble）这几个重要特点，可以为气象预报服务及其他行业应用提供较高品质的高分辨率短临无缝隙网格预报产品及技术支撑。

睿思系统基于自动站、雷达等多源观测及数值预报、临近预报等多系统产品融合技术、高分辨率复杂地形模式订正技术、高分辨率复杂地形动力降尺度技术、降水相态客观诊断技术等，实现覆盖京津冀全域 500 m 空间分辨率、重点山区 100 m 分辨率，10 min 快速更新循环的京津冀地区网格化三维气象要素客观分析和未来 0～12 h（0～24 h）地面要素及降水的集成预报。图 7.2.1、图 7.2.2 分别给出了睿思系统区域范围设置及睿思系统的软件架构设计泳道图。睿思系统生成的高时空分辨率融合分析及短时临近预报实时产品可直接应用于北京及周边地区高度精细化的气象灾害分析和预报预警业务，系统高时空分辨率、快速更新的网格化数字天气分析和预报产品已接入北京市气象局各业务平台，例如北京气象综合显示系统（LDAD V4.1）、北京冬奥会和冬残奥会气象综合可视化系统以及北京城市气象研究院官网上实时推送，供预报员、公众和政府等参考使用。系统高时空分辨率、快速更新的网格化数字天气分析和预报产品也为智能手机气象服务客户端等二次开发提供基础数据，也可以为旅游、交通、防涝等各领域的实时专业气象服务提供一定的数据支撑。

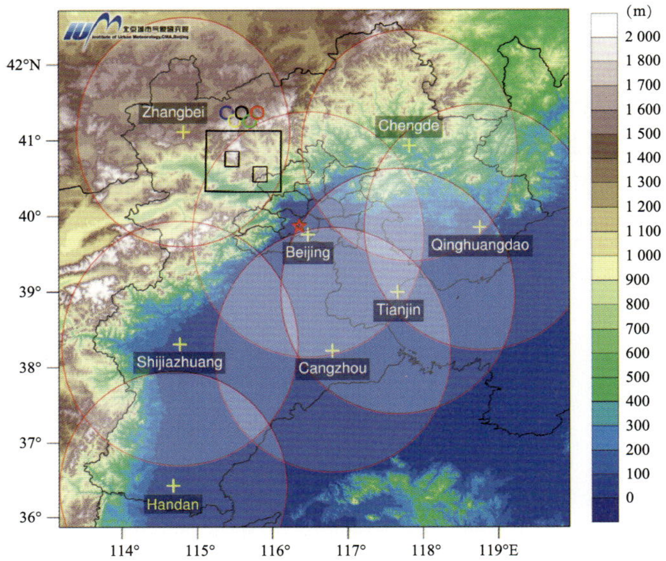

图 7.2.1　睿思系统区域范围设置，地形高度（填色，单位：m），以及 8 部雷达的位置示意（北京、天津、承德、张北、秦皇岛、石家庄、沧州、邯郸雷达）

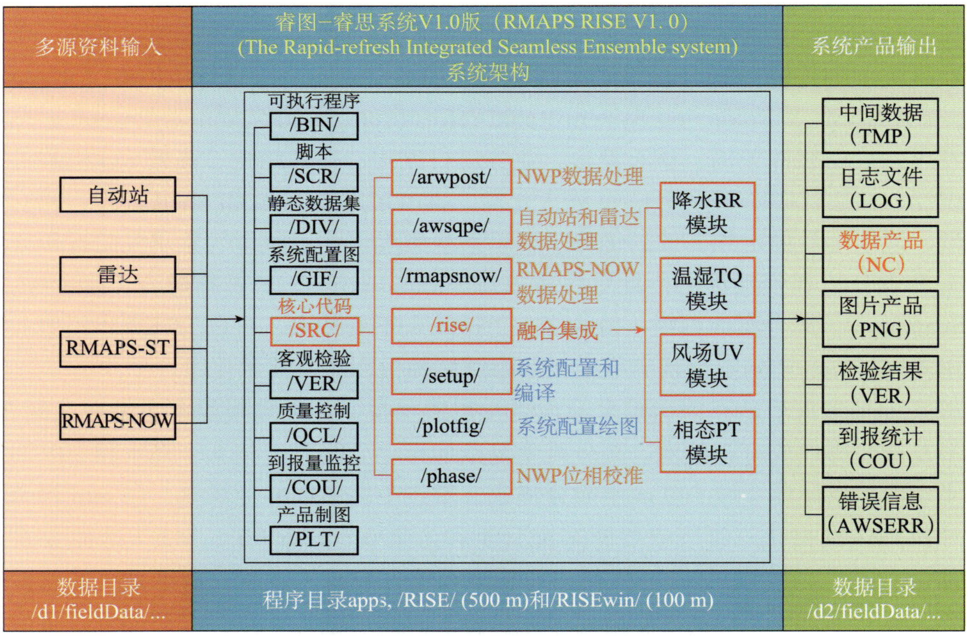

图 7.2.2　睿思系统的软件架构设计泳道图

睿思系统核心代码自 2017 年开始自主编写，2019 年获得中华人民共和国国家版权局计算机软件著作权（2019SR0750685），2019 年 6 月 1 日汛期前开始在北京城市气象研究院临近预报科研平台上实时运行，包括京津冀区域 500 m 分辨率和冬奥重点山区 100 m 分辨率两套系统的并行运行（也可以单独分开运行），2020 年 11 月开始将系统移植到联想高性能计算机平台上。睿思系统研发了针对复杂山地多源多时空尺度气象资料的百米级快速融合预报核心技术，基于大数据统计、机器学习和深度学习方法研发山区高精度阵风预报模型、冬季降水相态客观分类预报模型，集成构建了具备完全自主知识产权、适用于支撑复杂地形下冬奥气象服务保障的“百米级、分钟级”0～24 h 预报技术体系，形成高效、稳定的冬奥业务预报系统—睿思（RISE），并在2019—2020年冬季“中华人民共和国第十四届冬季运动会”(简称“十四冬”)、冬奥测试赛、冬奥正式比赛等重大活动保障服务中发挥了一定的技术支撑，在实际业务应用中 RMAPS-RISE 系统总体表现较好，在智慧冬奥 2022 天气预报示范计划（SMART2022-FDP）中预报性能表现也处于第一梯队，成为北京市气象台短临预报和冬奥团队气象保障服务的重要参考产品之一。

7.2.2 风速偏差动态订正模型

考虑到睿思系统风场的准确率一方面依赖于观测资料，一方面依赖于 CMA-BJ 短期数值模式背景场所提供的风场准确性，因此研发了风场动态偏差订正技术。以睿思采用的 CMA-BJ 短期模式背景场为例，其在复杂地形区域对近地面风速模拟存在较大系统性偏差，呈现出对平原、山谷风速高估及对山腰、山顶地区风速低估的现象，因此可先消除背景场的系统偏差。风场订正的步骤主要包括两方面：首先基于地形降尺度方法将近地面风速预报分辨率从千米级提升到百米级，并消除地形因子及水面阻力影响，通过地形降尺度提升分辨率，计算百米级风速站点误差，构建风场融合预报误差特征值，执行第一步百米级风场融合预报；然后基于预报与观测历史数据统计，得到站点以及百米级格点风速偏差订正系数，再次进行百米级背景风速订正，并执行第二步百米级风场融合预报，得到最终的百米级网格平均风速预报结果。

风速偏差动态订正模型的具体搭建思路为，首先针对每个观测站，都从睿思格点中，找出一个最能代表观测站的格点，与观测站对应值作差，以反映格点数据与观测站数据的差值 ΔX_k，如（7.2.1）式所示：

$$\Delta X_k = X_k^{OBS} - X_k^{ST} \tag{7.2.1}$$

然后利用已知的这些差异，针对睿思系统研究范围内的每个格点，水平距离在 12.5 km 以内最近的 n 个站点，将最近 n 个站点的差值进行加权融合，得到该点与观测站数据的差值。站点的距离越近，其权重越大，其差值的置信度越高。对于睿思的某个格点（i, j），它与第 k 个自动气象站的距离为 r_{ijk}，则第（i, j）个格点的风场差分如（7.2.2）式所示：

$$\Delta X(i,j) = \frac{\sum_{k=1}^{n} \frac{\Delta X_k}{r_{ijk}^2}}{\sum_{k=1}^{n} \frac{1}{r_{ijk}^2}} \tag{7.2.2}$$

将风场差分场$\Delta X(i,j)$与 RMAPS-ST 睿图短期数值模式预报的风场$X_{ST}^{t_0}(i,j)$相加就可以得到睿思的风场分析场，如（7.2.3）式所示：

$$X_{AVA}^{t_0}(i,j) = X_{ST}^{t_0}(i,j) + \Delta X(i,j) \tag{7.2.3}$$

但基于观测资料融合和地形降尺度的偏差订正技术对于风场模拟能力的提升主要体现在短临预报时效内，风场 1～6 h 的临近预报模块是基于融合分析场的外推预报和数值模式预报的加权平均，当预报时效 t_i<6 h 时，风场的计算方法如（7.2.4）式所示：

$$X_{\text{FORC}}^{t_i}(i,j)=f_T(t_i)X_{\text{ANA}}^{t_0}(i,j)+(1-f_T(t_i))X_{\text{ST}}^{t_i}(i,j) \tag{7.2.4}$$

其中，$X_{\text{FORC}}^{t_i}(i,j)$为预报时效为 t_i 时的风场预报值，$X_{\text{ST}}^{t_i}(i,j)$为第 t_i 预报时效 CMA-BJ 短期模式插值到睿思格点上初猜场的值，$X_{\text{ANA}}^{t_0}(i,j)$为风场分析场值，$f_T$ 为权重系数：

$$f_T(t_i)=\max\{0,\min[1,1-(t_i-2)/4]\} \tag{7.2.5}$$

从权重系数公式可以得出，t_i 为 0～6 h 时，预报中外推预报的权重系数从 1 线性递减至 0。t_i=6 h，权重系数衰减为 0，所以当 t_i≥6 h，风场的计算方法如（7.2.6）式所示，即 6 h 及以后风场预报完全表现为 CMA-BJ 短期模式降尺度到睿思高分辨率后的结果。

$$X_{\text{FORC}}^{t_i}(i,j)=X_{\text{ST}}^{t_i}(i,j) \tag{7.2.6}$$

研究表明，CMA-BJ 短期预报模式在复杂地形区域对近地面风速模拟存在较大系统性偏差，呈现出对平原、山谷风速高估及对山腰、山顶地区风速低估的现象。根据睿思风场的订正原理，若想进一步提升睿图－睿思风场的预报性能，可以尝试从提升背景场预报性能入手，假设先消除背景场的系统偏差，再将其作为睿思系统的背景场，对于提升睿思风场预报性能可能会有一些帮助。

而睿思系统包含大量的高海拔地区，不同海拔高度上格点的风速大小不仅受热力影响，在很大程度上还受山谷逆温、复杂地形等因素的影响，如果只针对个别站点计算系统偏差，并不能提升整个网格范围内风场预报的准确率，需要根据不同观测站的位置来具体判断偏差订正系数。所以，本研究利用睿思系统冬奥区域不同海拔高度上收集的 145 个自动气象站风场实况观测资料与睿思系统高精度风场预报数据相结合，利用统计偏差订正方法，获取复杂地形下睿思系统冬奥区域 145 个站点 2020 年 1—3 月，每个站点 1～12 h 的睿思预报平均风速 $\overline{WS}_{\text{RISE}}$ 与观测平均风速 $\overline{WS}_{\text{OBS}}$ 的比值，并将其定义为站点偏差系数 S_{10k}，如（7.2.7）式所示，然后将 S_{10k} 通过距离反比插值方法，插值到睿思高分辨率格点场上，获取格点偏差订正系数 C_{10}，如（7.2.8）式所示，其中 r_{ijk} 与第 (i,j) 个格点与第 k 个地面测站的距离。为了最大程度地降低 145 个观测站点上的系统偏差和预报误差，偏差订正系数插值到格点后，133 个站点重新赋值为统计得到的站点偏差订正系数，即这 145 个站不做插值和平滑处理。如延庆赛区竞速 1 自动站海拔高度为 2 177 m，为山顶站，统计得到的偏差订正系数为 1.6；竞速 5 自动站海拔高度为 1 669 m，为山腰站，统计得到的偏差订正系数为 0.99，竞速 8 自动站海拔高度为 1 289 m，为山脚站，统计得到的偏差订正系数为 0.4，张家口赛区云顶 3 号自动站，海拔高度为 2 076 m，为山腰站，与竞速 1 海拔相差 100 m，统计得到的偏差订正系数为 0.78。最后将降尺度后的高分辨率风场利用偏差订正系数优化之后再作为背景场，利用多源数据融合技术进一步做融合订正，更好地捕捉局地地形对山区风场的影响（图 7.2.3）。订正后的风场预报场如（7.2.9）式所示：

$$S_{10k}=\frac{\overline{WS}_{\text{RISE}}}{\overline{WS}_{\text{OBS}}} \tag{7.2.7}$$

$$C_{10}=\frac{\sum_{k=1}^{n}\frac{S_{10k}}{r_{ijk}^2}}{\sum_{k=1}^{n}\frac{1}{r_{ijk}^2}} \tag{7.2.8}$$

$$X_{\mathrm{FORC}}^{t_i}(i,j)=f_T(t_i)X_{\mathrm{ANA}}^{t_0}(i,j)+\left(1-f_T(t_i)\right)C_{10}X_{\mathrm{ST}}^{t_i}(i,j) \tag{7.2.9}$$

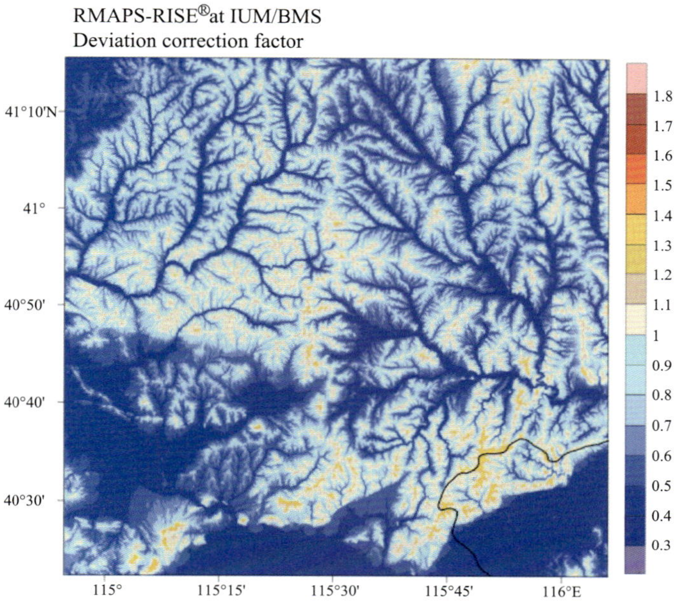

图 7.2.3　睿思系统冬奥区域格点偏差订正系数 C_{10}

上述技术解决了数值模式在复杂山地风场预报误差明显偏大这一难题，百米级风速预报准确率得到大幅提升，如图 7.2.4 所示。

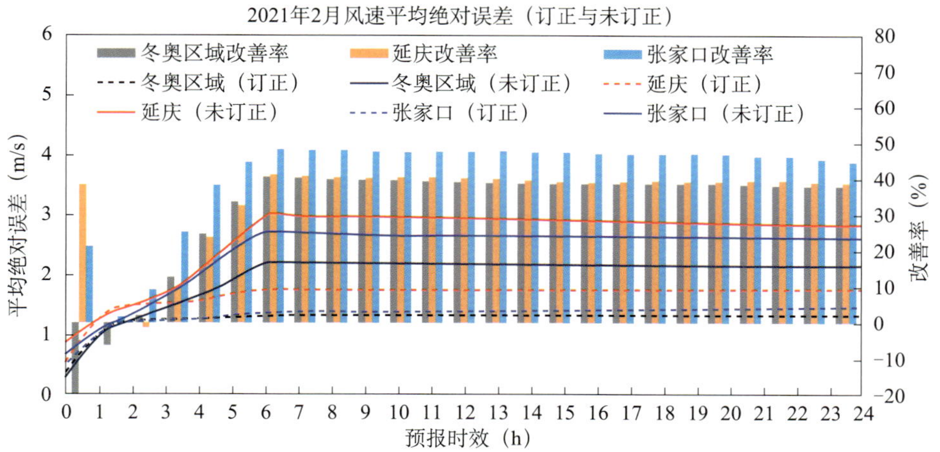

图 7.2.4　近地面风速 0—24 h 预报订正前后平均绝对误差（曲线）及误差改善率（直方）

（包括冬奥百米级区域内 145 个测站、延庆赛区所有测站、张家口赛区所有测站在 2021 年 2 月的检验对比）

7.2.3　阵风系数多维度诊断及预报模型

基于历史长序列地面测站阵风（极大风）实况资料，建立各测站不同时空维度阵风与稳定风速、风向、地形高度等的关系以及站点和百米级格点阵风系数，每个格点阵风系数均对应 32 种不同区间范围；然后，通过百米级格点海拔高度以及平均风速、风向分析结果，确定阵风系数所属区间及对应值，并与百米级平均风场进行集成耦合，最终得到百米级阵风格点分析和预报结果。

阵风客观预报算法的具体思路：①首先将睿思系统的每个格点 (i, j) 阵风系数都设置为 1.8 作为阵风系数背景场；②将基于气候资料统计得到的阵风系数作为真值，阵风系数背景场与真值的误差首先由测站值和临近格点背景场值的差来确定，然后通过双线性距离反比权重来确定其他格点上的误差；那么对于睿图－睿思百米级分辨率的每个格点 (i, j)，它与第 k 个自动气象站站点的距离为 r_{ijk}，利用双线性距离反比（$1/r_{ijk}^2$）插值方法将京津冀第 k 个自动气象站站点阵风系数 GF_k 与稳定风速、风向、地形高度等气象要素之间的模型，插值到上睿思系统的每个格点 (i, j) 上，则可以得到京津冀地区睿思系统每个格点上的阵风系数差分场 $\Delta GF(i, j)$，将阵风系数背景场与差分场相加就可以得到阵风系数格点场 $GF(i, j)$。

$$\Delta GF(i, j)=\frac{\sum_{k=1}^{n}\frac{(GF_k-1.8)}{r_{ijk}^2}}{\sum_{k=1}^{n}\frac{1}{r_{ijk}^2}} \tag{7.2.10}$$

$$GF(i, j)=1.8+\Delta GF(i, j) \tag{7.2.11}$$

对于每个格点，阵风系数都对应有 32 种不同的区间范围（如北京观象台站，第 1～8 种情况表示风速为 3 级以下时，8 个不同方位风向对应的阵风系数值，第 9～16 表示风速为 3～5 级时，8 个不同方位风向对应的阵风系数值，以此类推）。业务实时运行时，根据实时读入的睿思系统对应 (i, j) 格点分析场或预报场的平均风速及风向［如某格点（3，10），其平均风速为 3 m/s，风向为 220°］确定阵风系数所属区间及其对应值。

构建 t_0 时刻睿图－睿思阵风分析场时，为更好的融合和吸收阵风观测数据，背景场以每个小时内 10 min 间隔的睿思系统的平均风最大值与京津冀地区阵风系数格点模型耦合集成作为初猜场，初猜场与阵风自动气象站观测资料的误差首先由临近格点初猜值和地面测站值之间的差来确定，然后通过距离反比权重来确定其他格点上的误差 $\Delta X(i, j)$，将初猜场与阵风风场差分场相加就可以得到阵风分析场 $X_{\mathrm{ANA}}^{t_0\ WS_X}(i, j)$。

$$\Delta X(i, j)=\frac{\sum_{k=1}^{n}\frac{[X_k^{\mathrm{OBS}}-\max(X_{\mathrm{RISE}}^{WS_{2a}})_k\ GF_k]}{r_{ijk}^2}}{\sum_{k=1}^{n}\frac{1}{r_{ijk}^2}} \tag{7.2.12}$$

$$X_{\mathrm{ANA}}^{t_0\ WS_X}(i, j)=\max[X_{\mathrm{RISE}}^{WS_{2a}}(i, j)]\ \ GF(i, j)+\Delta X(i, j) \tag{7.2.13}$$

构建阵风预报场时，首先将经过格点偏差订正的 t_i 预报时次的睿思平均风预报场作为初猜场，通过读入每个格点 (i, j) 的平均风速及风向，确定阵风系数所属区间及其对应值，乘以 t_i 预报时次的睿思平均风预报场获取阵风预报场。

$$X^{t_i}{}_{FORC}^{WS_X}(i, j)=X^{t_i}{}_{FORC}^{WS_{2a}}(i, j)GF(i, j) \tag{7.2.14}$$

上述技术解决了复杂山地数值模式阵风预报误差大、几乎无法业务应用的瓶颈问题，满足了冬奥重大活动保障现场服务要求。批量检验和个例分析结果表明，基于阵风系数格点模型和模式后处理订正技术得到的百米级分辨率、分钟级更新的阵风客观预报产品，对于提升重大活动服务保障、首都及周边地区城市安全运行及防灾减灾能力等方面都具有重要意义，可以为预报员合理判断对赛事带来的潜在影响提供客观参考依据。

7.2.4　冬奥高山站点阵风预报机器学习订正算法

采用 XGBoost 机器学习方法，将冬奥高山站点百米级阵风预报误差以及地形数据作为特征值，构建 26 个模型样本特征，并以自动站观测阵风作为真值，构建训练集和测试集，最终得到阵风风速预报订正模型，进一步提升冬奥高山站点阵风预报偏差的机器学习订正效果。

具体方法为选择决策树作为模型的基函数，选择 MSE 均方误差为目标函数，将睿思系统不同起报时次风速预报与对应时次观测的误差和地形特征作为特征值，以自动站观测阵风作为真值，构建训练集和测试集，训练风场预报模型。通过采用长时间序列睿思系统插值到延庆和张家口高山站点的阵风资料（UGUST、VGUST、WSGUST、WDGUST）及对应时间段对应站点的观测资料。模型样本特征包括 26 个：睿思前一天不同起报时次的预报与观测的差值 d_t^n（其中 n 为预报时效，t 为当前起报时次，$d_t^n=O_t^n-F_t^n$）、下一起报时次的预报值 F_{t+1}^n，各个站点的海拔高度 H_{stid}，真值标签为下一时次的观测值 O_{t+1}。

上述技术进一步通过对睿思“百米级、分钟级”阵风预报和气象观测数据进行“再解读”，构建复杂山地冬奥关键气象要素预报的精细误差模型，实现阵风要素“再订正”，进一步提升复杂山地阵风气象预报精准度，检验结果如图 7.2.5 所示。

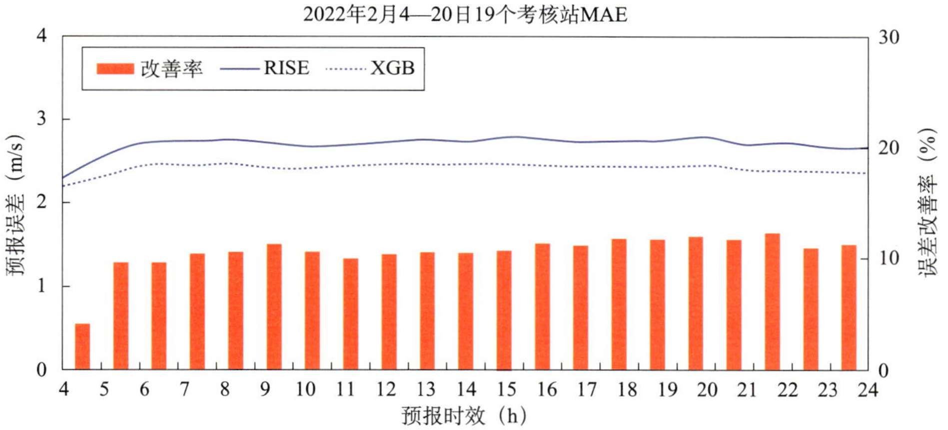

图 7.2.5　阵风 4～24 h 预报订正前后平均绝对误差（曲线）及误差改善率（直方）
（包括冬奥延庆和张家口赛区 19 个测站在冬奥赛事期间的检验对比）

7.2.5　百米级温湿度场高斯模糊降尺度方法

在百米级高分辨率温度分析和预报方面，睿思系统研发了基于高斯模糊的温度三维插值方法（陈康凯　等，2021）。因为在对数值模式预报产品进行精细化释用处理中，必须要考虑模式地形与实际地形之间的差异性，因此研发了一种用于复杂地形下，综合考虑模式地形与实际地形的精细化三维插值方法，并将该方法应用于北京冬奥会重点区域的 100 m 高分辨率精细化温度产品释用中。

改进前的温度三维插值方案中，温度三维插值时，是根据图 7.2.6 中目标插值点 E 的高度，找到距离 E 点最近的上下气压面 A_1、B_1、C_1、D_1 和 A_2、B_2、C_2、D_2，根据反面积权重法计算出 E 点在两个平面的投影点 E_1 和 E_2 的温度值，最后利用线性插值将 E_1 和 E_2 的温度值插值到 E 点，得到 E 点的温度值。但以上空间插值方案的假设前提是上下两个气压面的格点高度分布均匀，在复杂地形下，地形起伏比较大时（如延庆赛区），当目标分辨率达到很高，这个假设并不成立。所以存在的问题是仅仅以 A_1 和 A_2 的高度作为选层依据造成了一定的误差，导致产品图中数据点之间的数值会存在连续性差的问题。所以改进以后的方案将以上算法改为，分别计算 A_1、A_2；B_1、B_2；C_1、C_2；D_1、D_2 每组插值得到的 E 点的温度值，然后再用反面积二维平面插值得到 E 点的温度值。根据模式地形与实际地形临界高度进行千米级温湿度预报场三维插值处理后，采用高斯模糊算法，对插值数据进行释用处理，得到百米级温湿度融合预报背景场数据。该方法克服了传统方法将复杂山地公里级数值预报插值到百米级时偏差较大及不连续等瓶颈问题。以自动站观测为实况，经该方法得到的高分辨率地面温度预报场比原始数值模式的误差显著减小，如图 7.2.7 所示。同样，睿思湿度要素也做了与温度同样的处理。

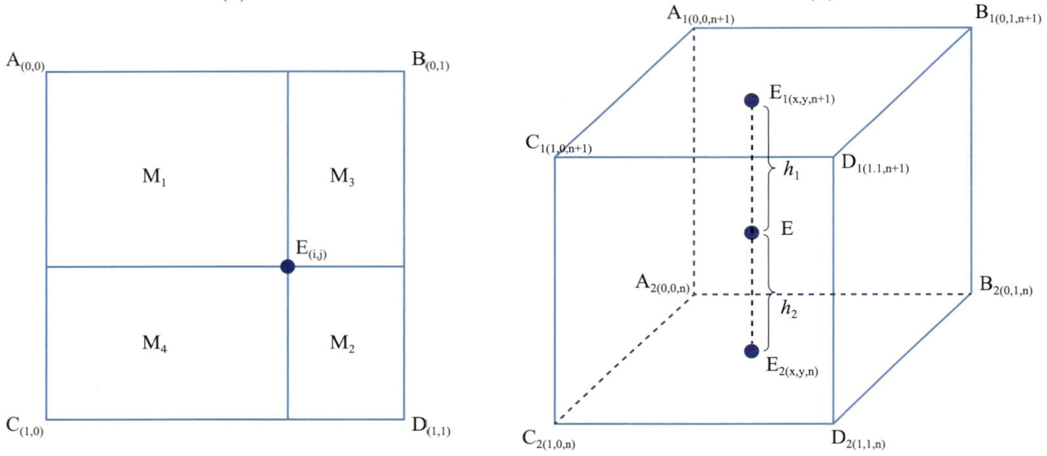

图 7.2.6　反面积权重二维平面插值示意图（a）和三维空间插值示意图（b）

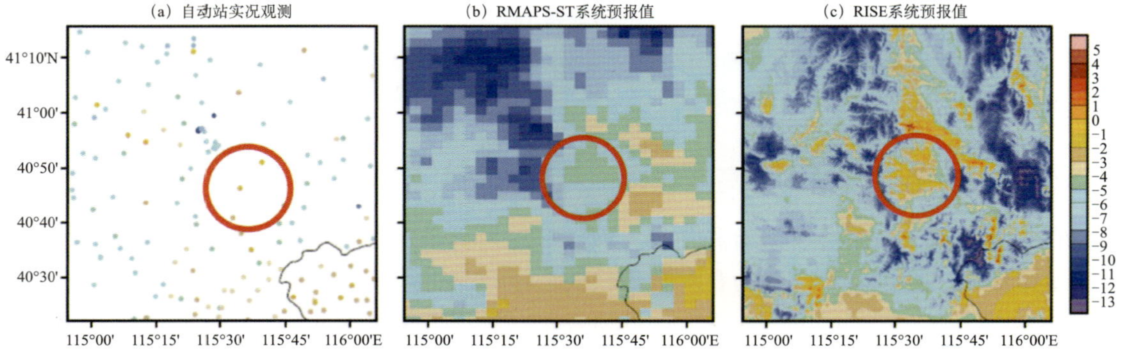

图 7.2.7　2019 年 2 月 4 日自动站实况（a）以及地面 2 m 温度 1 h 预报场（b）原始数值模式预报、（c）高斯模糊降尺度结果（单位：℃）

7.2.6　复杂地形下冬季降水相态综合诊断预报技术

7.2.6.1　复杂山地冬季降水相态统计诊断分类预报算法

基于京津冀近 65 年（1955—2019 年）气象资料统计，创新性地利用湿球温度代替温度作为降水相态类型主要判别指标，可有效区分 5 类不同降水相态特征；进一步联合数值模式微物理预报、次千米级温度和湿度融合廓线、地面观测数据，建立复杂地形下高时空分辨率降水相态客观诊断分类预报算法。

降水相态的判别紧紧依赖于相对湿度、海拔高度及气温，而湿球温度包含了气温、相对湿度、气压信息。利用各自动气象站数据分别计算了各站点对应时次的湿球温度，并分别统计了雪（Snow）、雨夹雪（R/S MIX）、雨（Rain）、冻雨（FZ）及冰粒（IP）五种降水相态每 0.5 ℃阈值范围内占总样本的比率，即每种降水相态在不同湿球温度下的发生概率，如图 7.2.8 所示。可以看出：气温、雨和雪的发生概率在 0.8 左右的气温 T_a 区间为 [−0.5 ℃，4 ℃]，而湿球温度 T_w 重叠区间为 [−1 ℃，1.8 ℃]。湿球温度的重叠区间小于气温，也进一步说明利用湿球温度来区分降水相态更合理。从图 7.2.8 还看出，随着湿球温度的增加，降雪概率下降，降雨概率上升，雨夹雪的发生概率先上升后下降。湿球温度在 2 ℃以下时一般为雨，在 2 ℃以上时一般为雪、冰粒或雨夹雪，可以将 2 ℃作为雨和其他降水相态的区分阈值。冻雨大都发生在 0 ℃以下，主要分布区间为（−4.5 ℃，−1.5 ℃），可以将 0 ℃作为雨和冻雨的分界线。雨夹雪的峰值为 0.5 ℃，0.5 ℃以上，雨的比率开始超过雪。

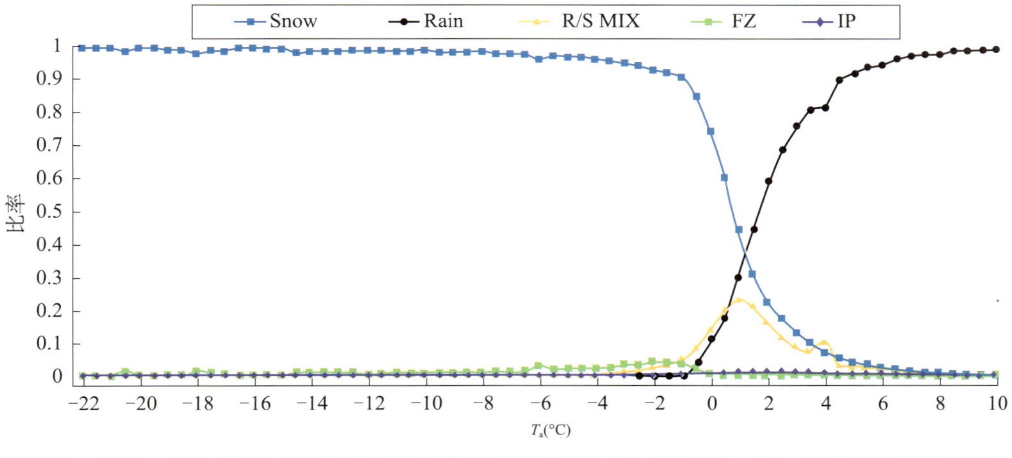

图 7.2.8　1955—2019 年华北地区不同湿球温度阈值范围内雪、雨夹雪、雨、冻雨和冰粒五种降水相态占总样本的比率

温度垂直分布是降水相态的主要决定因素，从京津冀地区睿思高分辨率气温和湿球温度三维客观分析场样本中随机抽取雨、雨夹雪和雪各 30 组样本，分别绘制了三种降水相态对应的湿球温度随高度的变化，对不同的降水相态与湿球温度分布之间的关系进行分析，如图 7.2.9 所示。

从图 7.2.9 中可以看出，不同降水相态湿球温度的三维廓线分布特征不同。雨的 30 组样

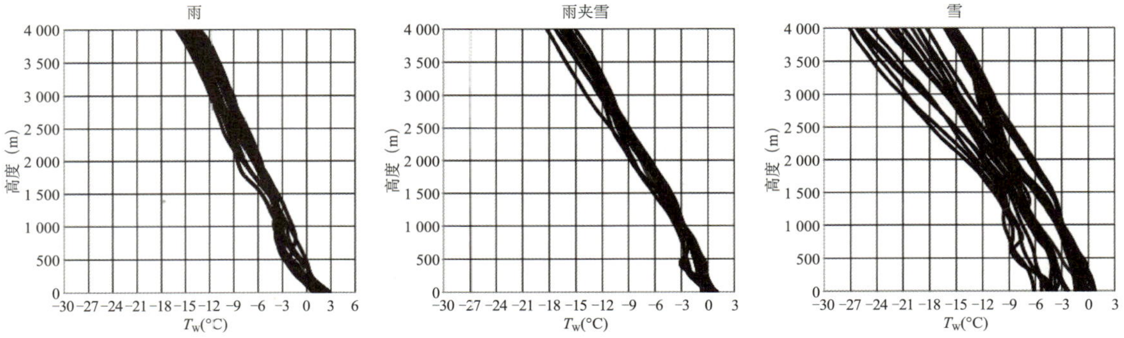

图 7.2.9　京津冀地区三种降水相态对应的气温和湿球温度廓线随高度的变化

本，基于地面高度的 0 m 湿球温度都在 0 ℃以上，湿球温度在低层高于 0 ℃的面积明显大于雨夹雪，开始融化的高度较雨夹雪和雪高很多，暖层厚度相比雨夹雪更深厚，基本在离地 250 m 以上，低层温度的垂直递减率较大。雨夹雪的 30 组样本，0～500 m 大部分廓线有弱的逆温层，0 m 湿球温度分布在 −1～2 ℃，近地层都存在一个暖层，暖层相比雨较浅薄，分布在 0～100 m。雪的 30 组样本中大多样本整层湿球温度都在 0 ℃以下，有极少数的廓线样本近地层湿球温度大于 0 ℃，有非常浅薄的暖层。从三者湿球温度的垂直分布来看，湿球温度差异比较明显的区域主要位于 500 m 以下，尤其是近地面层，500 m 以上三种不同降水相态湿球温度基本都是冷冻层。因此，睿思系统选择 Z_s–Z 融化层厚度的阈值作为雨夹雪的主要诊断变量（图 7.2.10）。由于冻雨的诊断没有使用诊断变量融化层厚度，因此冻雨的统计结果没有显示在图 7.2.10 的框和须线图中。方框中间的水平线为中值（50% 样本覆盖率），方框的上下边界分别为 25% 和 75%，上下边界分别为样本的最大值和最小值。根据统计结果，如果 Z_s–Z≤0 m，则诊断为雪；如果 0 m＜Z_s–Z＜250 m，则诊断为雨夹雪；如果 Z_s–Z≥250 m，则诊断为雨。

运用睿思系统，将基于 WRF 模式和三维变分同化技术的快速更新多尺度分析和预报系统短期预报子系统预报的雪、雨、冰、霰降水混合比通过三线插值法插值到 500 m 分辨率的睿思网格点上，计算近地面大气层中冻结部分降水混合比在可凝结成降水的水汽混合比中的比例，将其作为降水相态诊断的背景场；再基于长时间序列京津冀地区国家自动站观测资料降水相态与气象要素的关系，结合睿思系统 500 m 空间分辨率，逐 10 min 的湿球温度廓线、地面温度产品及自动气象站天气现象、地面温度等实况观测资料，建立了降水相态综合诊断算法，完成了冬季特殊天气（雪线高度、降水相态）高分辨率预报核心技术研发，并集成进睿思系统实现实时试运行，提供覆盖京津冀全域、空间分辨率 500 m、时间分辨率 10 min 的雪线高度及降水相态的高分辨率诊断分析及 0～24 h 预报。

诊断因子如下：① *P*，每个网格点逐 10 min 的降水量；② *QR*，雨混合比；③ *QS*，雪混合比；④ *QG*，霰混合比；⑤ *RV*，雨下落末速度；⑥ *SV*，雪下落末速度；⑦ *GV*，霰下落末速度；⑧ *SNF*，雪混合比占雨和雪混合比的比率；⑨ T_a，气温；⑩ T_w，湿球温度；⑪ Z_s，雪线高度；⑫ *Z*，地形高度；⑬ Z_s-Z，融化层厚度。睿思系统的降水相态诊断流程如图 7.2.11 所示。

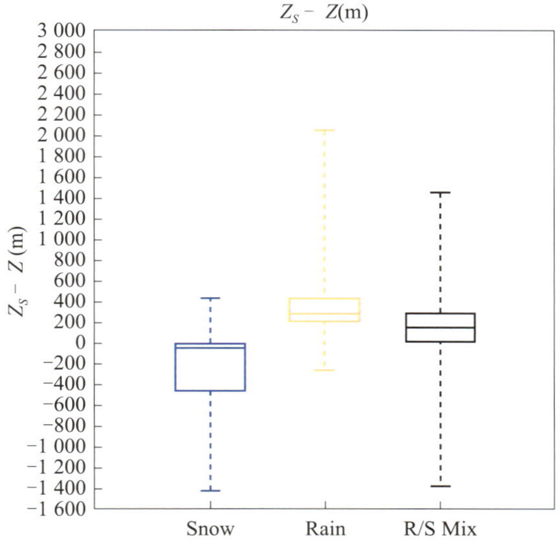

图 7.2.10 京津冀地区三种降水相态对应的 Z_s–Z（融化层厚度）的箱线图

7.2.6.2 降水相态人工智能分类预报算法

统计分析各类降水相态及对应关键气象要素时空分布特征和关键预报因子，采用 XGBoost、SVM 和 DNN 三种机器学习方法，构建京津冀复杂地形下降水相态关键判别指标和高分辨率预报算法。XGBboost 是基于梯度提升框架的一种高度可扩展的树结构增强模型，对稀疏数据的处理能力卓越。支持向量机（SVM）是一种建立在统计学习理论和结构风险最小化原理基础上的小样本学习方法。DNN（Deep Neural Networks）是深度学习中较为常见的，也是最为基本的网络结构，由输入层、隐藏层、输出层组成。整个训练以梯度下降法（Gradient Descent Optimizer）作为优化器、以交叉熵作为损失函数进行网络的优化，使用带指数衰减的学习率设置、L_2 正则化来避免过度拟合，并使用滑动平均模型来使得最终得到的模型更加稳健。基于构建的数据集及统计得到的关键特征向量，采用上述三种机器学习方法构建降水相态分类模型并进行不同预报结果的检验对比。该算法弥补了前述统计算法对冬季复杂降水相态预报准确率偏低的缺陷，将雨夹雪的预报准确率从 41% 提升到 70%。

为比较不同特征参数构建对不同机器学习方法降水相态分类预报模型的影响，本研究设计了 2 组（test1 和 test2）特征参数组的构建方法，分别进行建模和检验。表 7.2.1 中 test1 特征参数组为睿思分析场样本和地面实况观测的天气现象，test2 中特征参数组中增加了复杂地形下降水相态气候特征。针对两种不同特征参数组构建得到的三种不同降水相态混淆矩阵可以看出，XGBoost 和 DNN 两种机器学习方法对于雨、雨夹雪和雪的预测准确率相当，都明显高于 SVM 方法。特征参数中增加复杂地形下降水相态气候特征，可以明显提升三种机器学习方法对于雨、雨夹雪和雪的预测准确率。

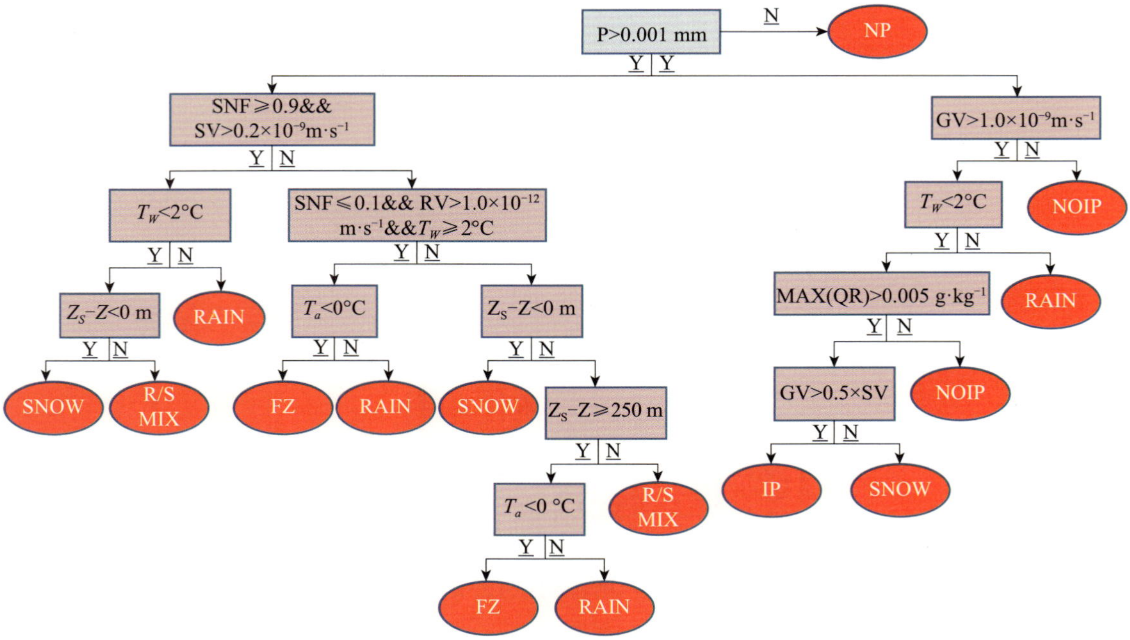

图 7.2.11　降水相态综合诊断流程

表 7.2.1　基于分析场样本建立的不同降水相态模型的混淆矩阵

			XGBoost			SVM			DNN		
				预测值			预测值			预测值	
			雨	雨夹雪	雪	雨	雨夹雪	雪	雨	雨夹雪	雪
test1	真实值	雨	27418	1773	136	25471	3412	444	27931	1164	232
		雨夹雪	1365	12050	1951	3409	7229	4728	1038	13011	1317
		雪	140	1365	59072	377	2592	57608	305	999	59273
test2	真实值	雨	28162	1036	129	25987	2790	547	28573	588	163
		雨夹雪	789	13251	1326	3003	9288	3064	627	13803	925
		雪	84	584	59909	564	2236	57770	147	550	59873

另外，根据分析场和预报场 test2 混淆矩阵计算了不同降水相态模型的命中率（POD）、误警率（FAR）和临界成功指数（CSI），如表 7.2.2、表 7.2.3 所示。基于分析场样本，SVM 模型三种降水相态的整体预测正确率为 88.4%，XGBoost 和 DNN 模型整体预测正确率分别为 96.3% 和 97.1%，明显优于 SVM 模型。基于预报场样本，SVM 模型三种降水相态的整体预测正确率为 89.1%，XGBoost 和 DNN 模型整体预测正确率分别为 93.9% 和 93.4%。针对不同的降水类型，三种模型对于雨和雪的预测准确率都明显优于雨夹雪。基于预报场数据得到的模型整体预测正确率略低于分析场，一方面是由于睿思系统格点分辨率高，分析场数据

本身应用 5 min 自动站观测资料进行了数据融合和快速订正，大多数站点观测值可作为“真值”处理，数据的精度和准确性要优于预报场数据；另一方面，基于分析场样本建模时，共选取了 41 个分析场特征，其中包括了气温和湿球温度的三维气象要素，而由于睿思系统没有三维气象要素的预报场，所以预报场样本，只选取了 11 个预报场特征，特征向量相对较少，对于模型整体预测的正确性也有一定影响。

表 7.2.2 基于分析场样本建立的模型预测评分

降水类型	POD			FAR			CSI		
	XGBoost	SVM	DNN	XGBoost	SVM	DNN	XGBoost	SVM	DNN
雨	0.96	0.88	0.97	0.03	0.12	0.03	0.93	0.79	0.95
雨夹雪	0.86	0.60	0.90	0.11	0.35	0.08	0.78	0.46	0.84
雪	0.99	0.95	0.98	0.02	0.06	0.02	0.97	0.90	0.97

表 7.2.3 基于预报场样本建立的模型预测评分

降水类型	POD			FAR			CSI		
	XGBoost	SVM	DNN	XGBoost	SVM	DNN	XGBoost	SVM	DNN
雨	0.93	0.89	0.93	0.03	0.08	0.05	0.91	0.82	0.89
雨夹雪	0.71	0.48	0.69	0.20	0.37	0.23	0.61	0.38	0.57
雪	0.98	0.96	0.98	0.05	0.09	0.05	0.93	0.88	0.93

7.2.7 复杂地形下多源降水无缝隙融合预报技术

7.2.7.1 复杂山地格点降水融合分析订正方案

睿思系统研发和集成了降水地形高度依赖算法和雷达定量降水估测气候校准算法。首先利用历史积累的北京市自动站小时雨量资料，选择 γ 空间尺度上的位于山顶和山脚的多个成对自动站，分析了地形高度差和降水量之间的关系，根据 seeder-feeder 机制确定了地形高度对降水增强作用的参数，形成北京地区复杂地形自动站降水分析的地形高度依赖参数化方案。基于长时间序列京津冀地区逐小时自动站累积降水和雷达逐小时定量降水资料，建立了雷达定量降水估计与雨量筒降水观测之间的本地化定量校准统计关系（图 7.2.12），以消除地形、山区、建筑物等的阻挡雷达回波的影响，解决降水分析的系统误差，提高降水分析的精确度。上述算法已集成到睿思系统中，有助于提升高分辨率降水分析场的准确性，能够合理细致地反映局地地形和山脉的分布结构的影响特征，而且同时保留雷达立体扫描和自动站点位降水观测的优点，即降水量级更接近自动站实况观测，降水分布仍能保持雷达观测的细致结构。

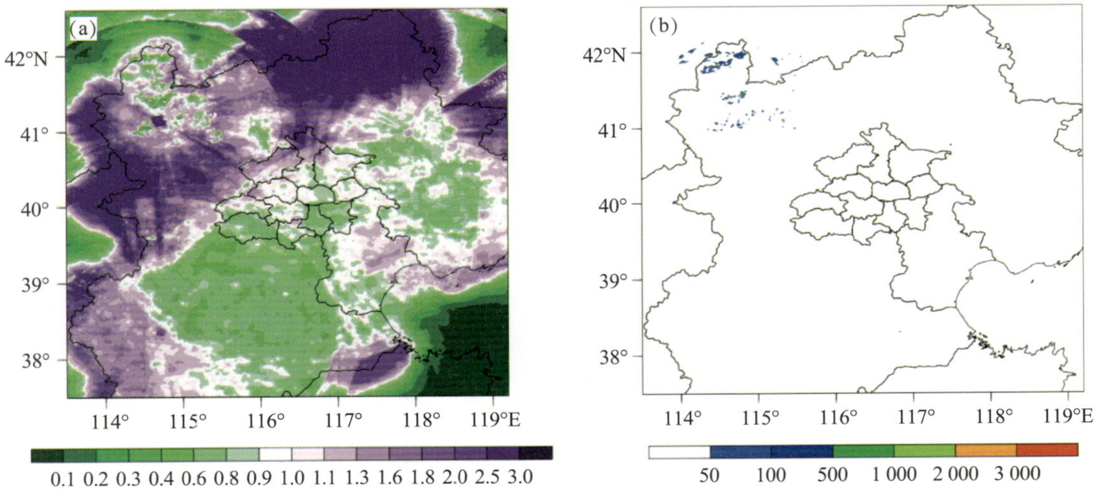

图 7.2.12 （a）雷达定量气候校准系数 F 场；（b）自动气象站无降水而雷达定量降水估测出现 10 mm/h 强降水出现的次数

7.2.7.2 数值预报降水强度和位相订正算法

睿思系统研发了数值预报降水强度和位相订正技术。作为融合数据源的数值预报是睿思系统降水融合预报的重要内容，数值预报的预报效果直接影响最后的融合预报效果，因此提高数值预报的效果也是提升融合预报的重要途径。因此，基于格点融合降水实况数据，采用快速傅立叶变换和多尺度光流变分法两步修正数值预报雨带整体位移偏差、雨带走向及小范围降水落区；假设模式预报降水与格点实况降水满足韦伯分布，实现模式降水预报强度调整。该订正算法为多源降水高精度无缝隙融合预报准确率提升起到重要作用。技术流程如图 7.2.13 所示。

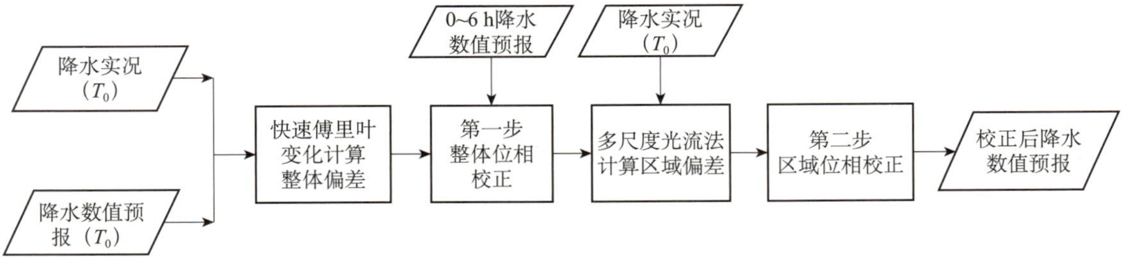

图 7.2.13 NWP 降水位相校准技术流程图

通过比较检验，进行相位校正后，降水 CSI 检验高于原始的数值预报。特别在降水阈值 5 mm 和 10 mm 处进行相位校正，CSI 检验高于原始的数值，BIAS 检验接近 1 mm，5 mm 和 10 mm 的相位校正后，提高了预报效果。通过对比验证，得出了相位校正对强降水预报的有效性。如图 7.2.14 所示。

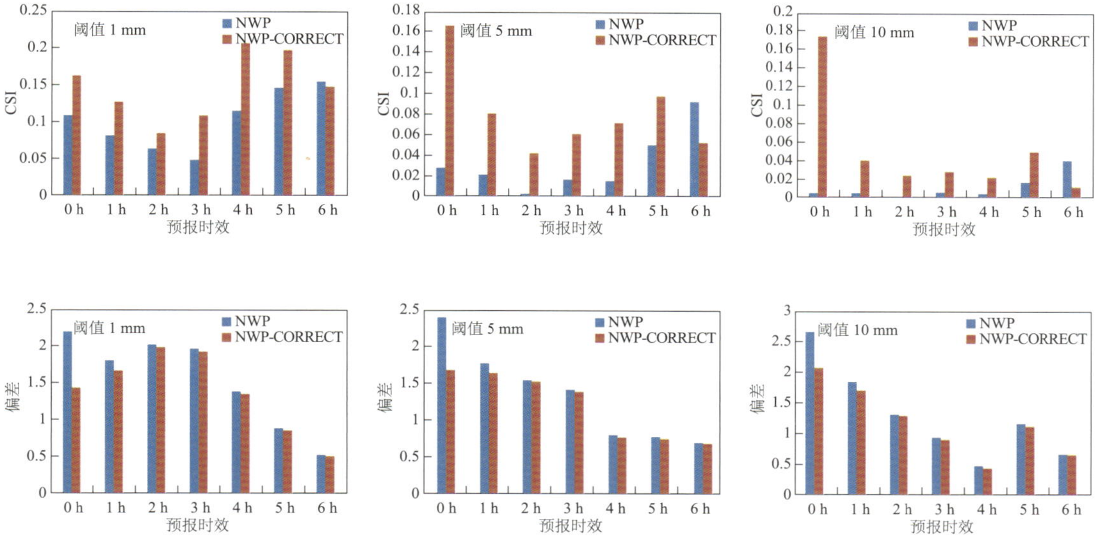

图 7.2.14　数值降水预报位相校正个例对比检验
（蓝色，原始数值预报；红色，校正后数值预报）

7.2.8　百米级、分钟级 0 ～ 24 h 实时预报技术

睿思系统拥有自己的多源数据预处理模块，包括数值预报、雷达资料及自动站观测资料等的实时采集和预处理。为满足未来用户、智能手机应用、冬奥气象服务等对高分辨率、快速更新的局地网格化分析和短时预报产品的需求睿思系统的运行必须达到逐 10 min 更新一次的技术指标，这对数值预报、临近预报、自动站观测、雷达观测等实时收集、传输和预处理的时效性提出了极高的要求，只有满足这时效的要求才能保证睿思系统的正常运行。为此，在原睿图 - 集成子系统基础数据接收的基础上开展了大量的工作，主要包括：

①建设完成逐 5 min 自动站观测数据的实时接收和处理流程，其中冬奥自动站数据流和常规自动站数据流进行规整（burf → z → nc），同时建设了备份自动站数据流（burf → nc）；

②依托 BJANC 系统实现雷达观测资料的逐 6 min 实时接收和预处理，雷达资料计算转换为雷达定量降水估测（QPE）产品数据的预处理，包括 1 h 累积 QPE 和 10 min 累积 QPE；

③睿图 -ST NETCDF 格式模式输出数据转换和降尺度到百米级分辨率转换程序，期间垂直坐标也直接从 sigma 坐标直接转换为 *tq*/*uv* 两套不同分辨率的 RMAPS-RISE 高度坐标，极大提高了数值预报结果的处理速度；

④睿图 - 睿思 100 m 系统 NETCDF 格式模式输出数据预处理模块中加入了高斯模糊算法，使用这种二维卷积方式的计算复杂度比较高，如果格点比较多，使用的高斯模板矩阵半径较大，会使计算速度变慢，为了提高其计算速度，根据高斯核函数的可分离特性，将二维的高斯模板矩阵分离为横向的一维高斯矩阵和纵向的一维高斯矩阵，用两个一维高斯矩阵先后对数据进行一次卷积，并对边界数据进行复制，从而可以在保证计算结果不变的情况下显著减少计算所需时间；

⑤自主编写完成睿图 -NOW 三维风场实时数据转换到睿思系统的预处理代码，实现睿

图-NOW三维风场分析和临近预报系统资料的集成融合。

另一方面，睿思系统要满足逐10 min更新一次的指标，除了数值预报、临近预报、雷达资料及自动站观测资料等收集和预处理的时效性高要求外，对睿思系统本身的计算运行时效性也同样有着很高的要求。通过编译选项优化、OpenMP并行运行优化、多路I/O并发、数据流简化等速度提升策略，睿思系统运行一次的时间能满足逐10 min更新的要求。具体而言，以临近预报科研平台机器上测试结果为例，500 m系统运行所需时间为4～6 min（包括资料解码→融合计算→出数据产品→产品绘图），100 m系统所需时间为2～3 min。由于产品绘图量的增加以及产品推送流程的增加，2020年10月将产品绘图和推送单独设为一个子模块，并拉出主程序部分，不占用核心主运行流程的计时。

睿思系统实时运行时，先进行地面自动站降水观测的质量控制。降水的融合分析计算思路是：认为质控后的自动站雨量观测的降水量是客观的，能代表一个区域的平均降水，而雷达定量降水估测（QPE）能够反映降水场的结构，但存在量值上的系统性偏差。1 h累积降水量的质控包括五步：去掉无观测信息的观测；常规极值检查；气候极值检查；邻域检查；黑名单设置及检查。

7.3 检验评估

7.3.1 释用产品检验评估

7.3.1.1 释用产品改进技巧评估

基于CMA模式体系的0～240 h无缝隙冬奥气象服务保障产品在冬奥和冬残奥期间在智慧冬奥2022天气预报示范计划集成显示平台、多维度冬奥预报业务平台、冬奥气象综合可视化系统等多个平台实时显示，在冬奥气象服务保障期间发挥重要服务支撑作用，产品预报效果稳定可靠，为预报员提供了有益的参考。经过检验，CMA-BLD站点预报产品在前24 h各赛场2 m平均温度、10 m平均风风速、阵风风速和湿度均方根误差分别为1.71 ℃、2.17 m/s、2.38 m/s、11.1%，较各原始模式误差减小10%～50%。

（1）冬奥赛事期间CMA多模式订正集成预报产品（CMA-BLD）统计检验

针对冬奥赛事期间（2022年2月4日—3月15日）CMA各模式产品的预报分别做了统计检验，包括CMA-BLD预报产品、CMA-GFS、CMA-MESO3 km、CMA-1 km模式的原始预报及个模式经过偏差订正之后的预报产品，检验要素包括2 m温度、10 m平均风速、2 m相对湿度、阵风风速四个变量，具体介绍如下。

① 2 m温度预报检验

根据2022年2月4日—3月15日期间CMA各模式产品预报的2 m温度均方根误差对比来看（图7.3.1），CMA-GFS模式原始预报（绿色虚线）的2 m温度均方根误差最大，最高达3.5 ℃，经过订正后（绿色实线），均方根误差明显减小，基本在2 ℃以下；CMA-MESO3 km模式预报（蓝色虚线）在前9 h均方根误差大于CMA-1 km（橙色虚线），但9 h之后的预报要优于CMA-1 km；经过偏差订正的CMA-MESO3 km（蓝色实线）和CMA-1 km

（橙色实线）均比模式原始预报均方根明显减小，总体来看，CMA-MESO3 km 的订正结果要优于 CMA-1 km 的订正结果；而经过 BMA 多模式集成后的 CMA-BLD 站点预报产品（黑色实线）要比三种模式订正后的结果都更好一些，2 m 温度的均方根误差最高在 1.7 ℃左右。

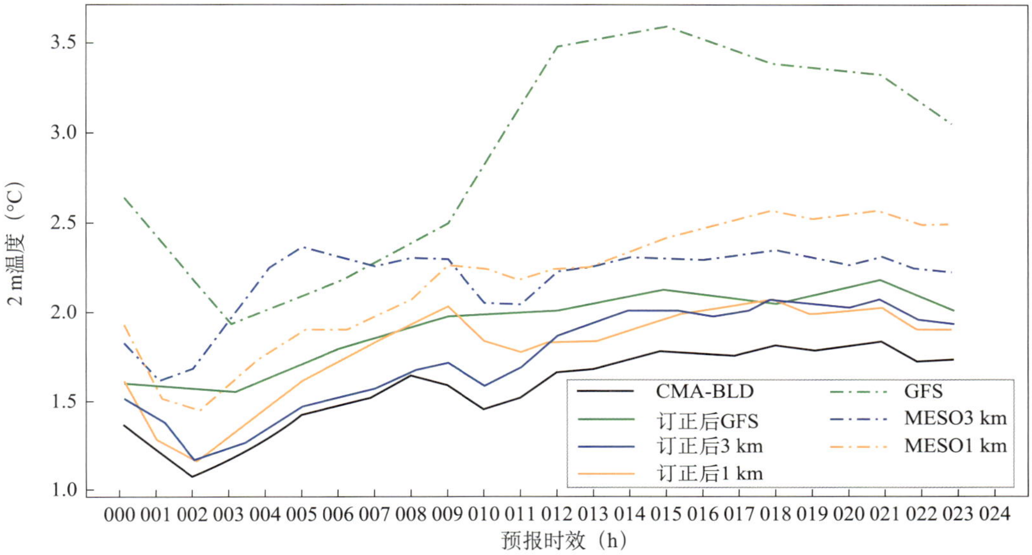

图 7.3.1　2022 年 2 月 4 日—3 月 15 日 CMA 各模式产品预报的 2 m 温度均方根误差对比

（黑色：CMA-BLD 站点预报产品；橙色：CMA-1 km 模式；蓝色：CMA-MESO3 km 模式；绿色：CMA-GFS 模式；实线：偏差订正后产品；虚线：模式原始预报；横坐标：0～24 h 预报；纵坐标：2 m 温度均方根误差）

② 10 m 风速预报检验

根据 2022 年 2 月 4 日—3 月 15 日期间 CMA 各模式产品预报的 10 m 平均风速均方根误差对比来看（图 7.3.2），对 10 m 平均风速预报效果最好的原始模式是 CMA-GFS 模式（绿色虚线），均方根误差在 2.25 m/s 左右，经过订正后（绿色实线），均方根误差减小到 2 m/s 左右；CMA-MESO3 km 模式预报（蓝色虚线）的 10 m 平均风速在前 9 h 优于 CMA-1 km（橙色虚线），但 9 h 之后的预报还是 CMA-1 km 模式更好；经过偏差订正的 CMA-MESO3 km（蓝色实线）和 CMA-1 km（橙色实线）预报的 10 m 风速均比模式原始预报有较大幅度的改进，均方根误差从原始的平均 3.5 m/s 左右降到了平均 2.5 m/s 左右；而经过 BMA 多模式集成后的 CMA-BLD 站点预报产品（黑色实线）要比三种模式订正后的结果都更好一些，10 m 平均风速的均方根误差在 2 m/s 左右。

③ 2 m 相对湿度预报检验

根据 2022 年 2 月 4 日—3 月 15 日期间 CMA 各模式产品预报的 2 m 相对湿度均方根误差对比来看（图 7.3.3），CMA-GFS 模式原始预报（绿色虚线）的 2 m 相对湿度均方根误差最大，最高达 18% 以上，经过订正后（绿色实线），均方根误差明显减小；CMA-MESO3 km 模式预报（蓝色虚线）2 m 相对湿度在前 12 h 优于 CMA-1 km（橙色虚线），但 12 h 之后的预报还是 CMA-1 km 略好；经过偏差订正的 CMA-MESO3 km（蓝色实线）和 CMA-1 km（橙色实线）均比模式原始预报均方根明显减小，总体来看，CMA-1 km 的订正结果要优于 CMA-

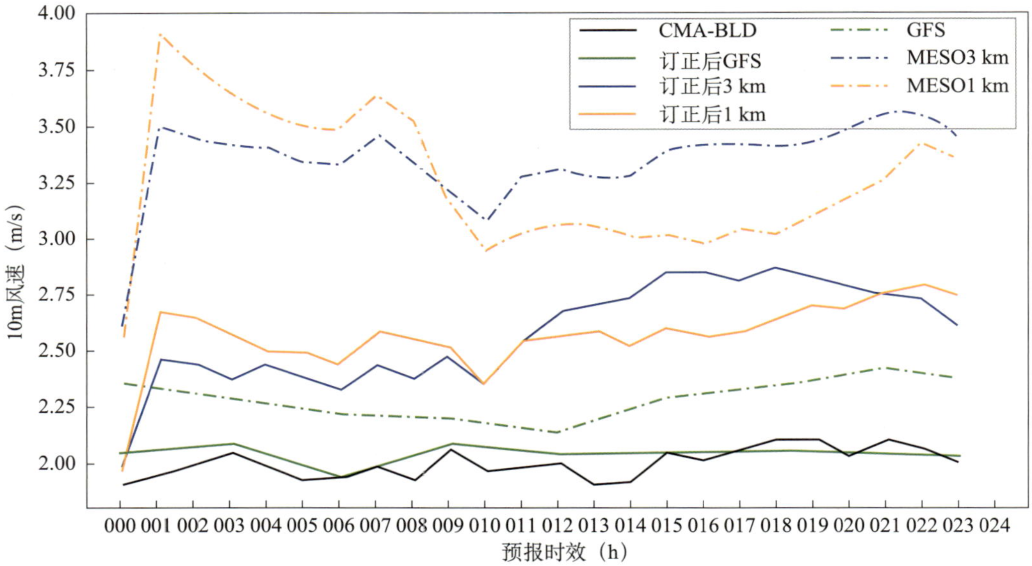

图 7.3.2　2022 年 2 月 4 日—3 月 15 日 CMA 各模式产品预报的 10 m 平均风速均方根误差对比

（黑色：CMA-BLD 站点预报产品；橙色：CMA-1 km 模式；蓝色：CMA-MESO3 km 模式；绿色：CMA-GFS 模式；实线：偏差订正后产品；虚线：模式原始预报；横坐标：0～24 h 预报；纵坐标：10 m 平均风速均方根误差）

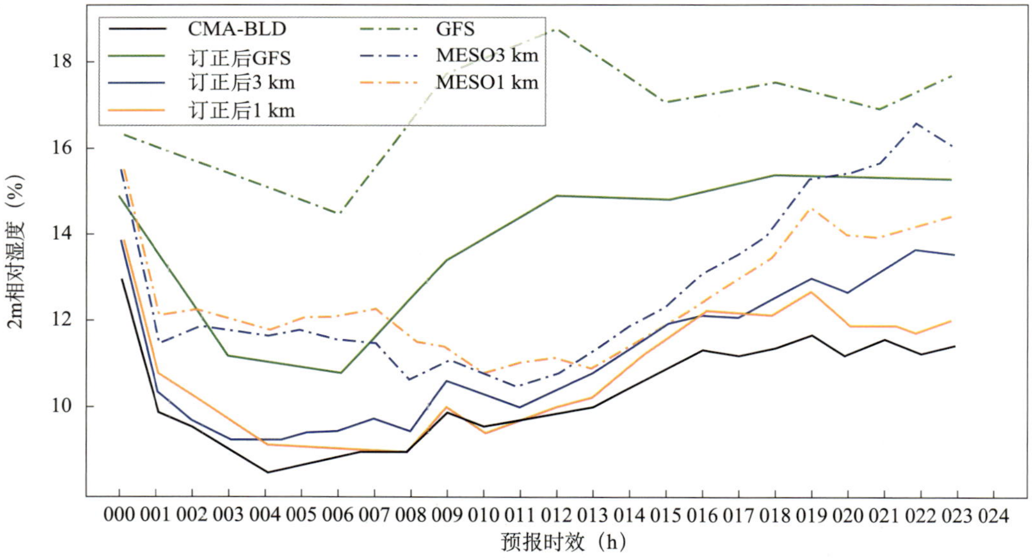

图 7.3.3　2022 年 2 月 4 日—3 月 15 日 CMA 各模式产品预报的 2 m 相对湿度均方根误差对比

（黑色：CMA-BLD 站点预报产品；橙色：CMA-1 km 模式；蓝色：CMA-MESO3 km 模式；绿色：CMA-GFS 模式；实线：偏差订正后产品；虚线：模式原始预报；横坐标：0～24 h 预报；纵坐标：2 m 相对湿度均方根误差）

MESO3 km 的订正结果；而经过 BMA 多模式集成后的 CMA-BLD 站点预报产品（黑色实线）要比三种模式订正后的结果都略好一些，2 m 相对湿度的均方根误差基本在 11%℃以下。

④阵风风速预报检验

根据 2022 年 2 月 4 日—3 月 15 日期间 CMA 各模式产品预报的阵风风速均方根误差对

比来看（图 7.3.4），10 h 以后的预报，对阵风预报最差的是 CMA-MESO3 km 原始预报（绿色实线）、其次是 CMA-GFS 模式原始预报（绿色虚线）和 CMA-1 km 模式原始预报（橙色虚线），经过订正（实线）后，三种模式对阵风预报都有较大幅度的改进，其中效果最好的是 CMA-1 km 订正后的预报，基本在 2.2～2.3 m/s；而经过 BMA 多模式集成后的 CMA-BLD 站点预报产品（黑色实线）要比三种模式订正后的结果都更好一些，阵风风速的均方根误差基本在 2.2 m/s 左右。

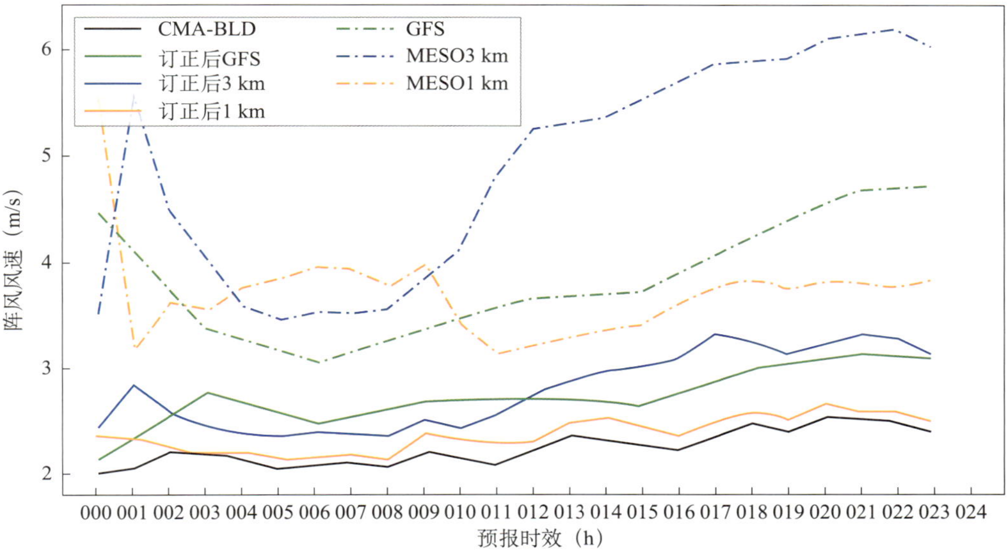

图 7.3.4　2022 年 2 月 4 日—3 月 15 日 CMA 各模式产品预报的阵风风速均方根误差对比

（黑色：CMA-BLD 站点预报产品；橙色：CMA-1 km 模式；蓝色：CMA-MESO3 km 模式；绿色：CMA-GFS 模式；实线：偏差订正后产品；虚线：模式原始预报；横坐标：0～24 h 预报；纵坐标：阵风风速均方根误差）

（2）冬奥赛事期间典型天气个例检验

① 降温天气过程

2022 年 2 月 17—19 日，张家口赛区出现降温过程。根据国家冬季两项中心建议，竞赛日程委员会 2 月 17 日上午决定：受低温影响，2 月 19 日 17:00—17:55 举行的冬季两项女子 12.5 km 比赛提前到 2 月 18 日 15:00—15:45 举行。

根据图 7.3.5 所示的冬两 2 号站（B1638）的自动站观测（黑色）和 CMA-BLD 站点预报产品预报（红色）的 2 m 温度对比，可以看到，从 2 月 18 日 14 时（北京时）开始到 18 日 21 时有一次明显的大降温趋势，最低温达到 −22.5 ℃左右，从 19 日 08 时开始回暖。对于这次降温过程的温度发展趋势，CMA-BLD 站点预报产品基本和自动站观测的趋势吻合，且最低温也降到了实际低温 −22.5 ℃左右。

而从 CMA-BLD 次网格预报产品预报的张家口赛区的温度分布来看，对这次张家口赛区的降温过程，CMA-BLD 次网格预报产品不论从温度变化趋势还是量级上，都有比较好的表现。

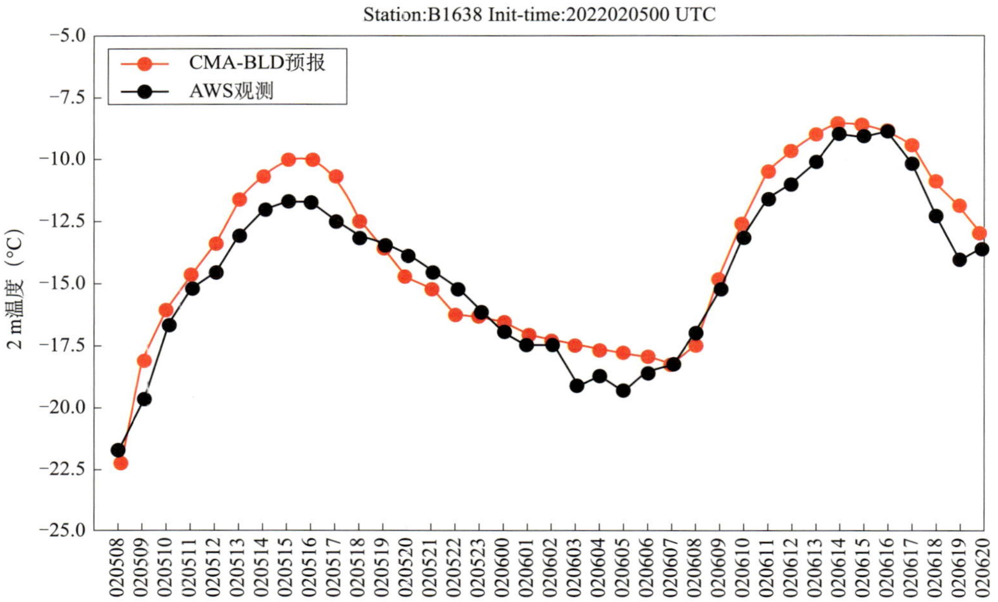

图 7.3.5　2022 年 2 月 18 日 09 时—2 月 19 日 20 时（北京时）冬季两项 2 号站（B1638）观测和 CMA-BLD 站点预报产品的 2 m 温度对比

（红色：CMA-BLD 预报；黑色：自动站观测）

② 持续性大风天气过程

2022 年 2 月 4—6 日，冬奥赛区出现持续性大风天气，受此次大风过程影响，原定于 2 月 6 日 11:00 举行的高山滑雪滑降项目比赛延期到 2 月 7 日举行。

此次持续性大风天气主要影响延庆赛区，选取 A1701 站进行检验，通过对 CMA-BLD

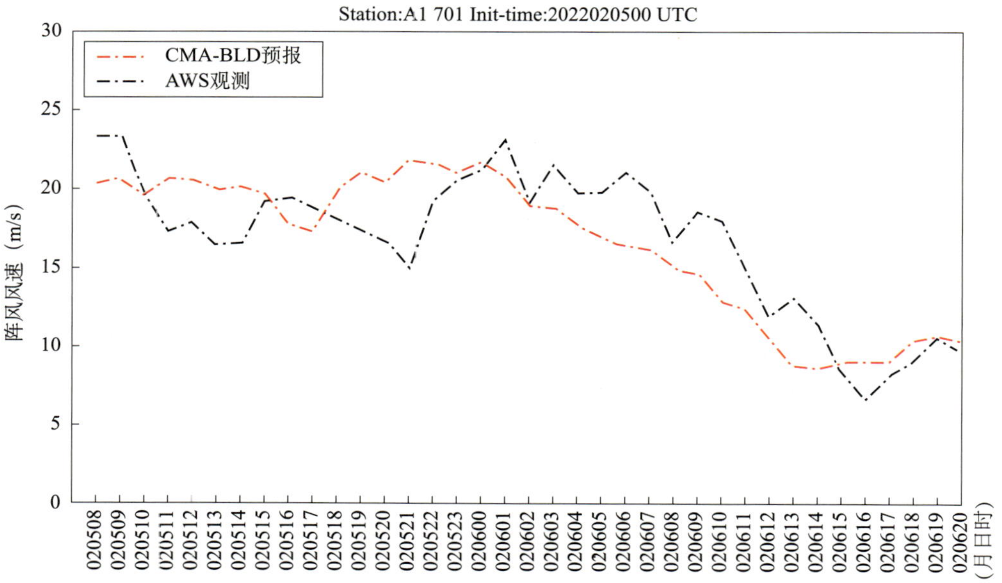

图 7.3.6　CMA-BLD 站点预报产品的阵风和自动站观测的阵风的对比

（红色：CMA-BLD 预报；黑色：自动站观测）

站点预报产品和自动站观测的阵风风速进行对比（图 7.3.6），可以看到 2 月 5 日 08 时到 2 月 6 日早上大于 17 m/s 的阵风天气过程，CMA-BLD 站点预报产品和观测比较吻合，且对后续风速变小的趋势也有较好的体现。

7.3.1.2　人工智能订正产品检验评估

AnEn、MOML 算法在冬奥和冬残奥期间，所有数据产品到报率和及时率都达到 100%，为赛事预报服务提供了有力的支撑。气温预报准确率表明（图 7.3.7），2 种客观方法对于气温≤±1 ℃预报准确率分别为北京赛区 44.9%～57.6%、延庆赛区 49.8%～63.1%、张家口赛区 47.1%～58.5%，其中 MOML 的结果最好，相对 ECMWF 和北京睿图数值模式提高了

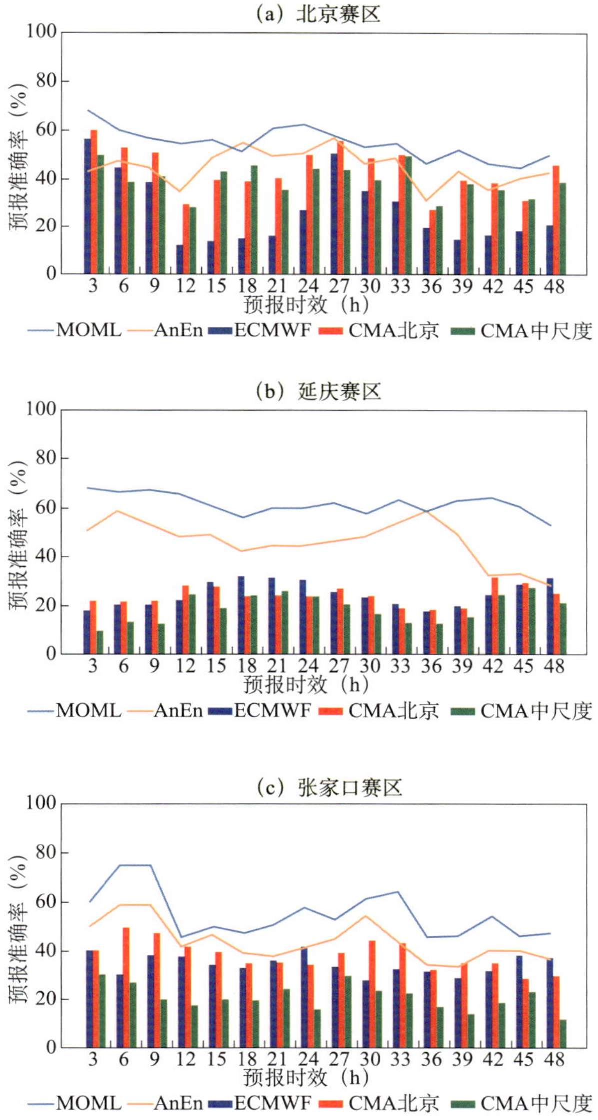

图 7.3.7　冬奥三大赛区客观产品的气温预报准确率（单位：%）

31.5% 和 3.8%。均方根偏差表明（表 7.3.1），客观方法在数值模式基础上有效降低了均方根误差：其中 MOML 的均方根偏差最低，在北京赛区、延庆赛区和张家口赛区平均偏差分别为 1.50 ℃、1.33 ℃、1.58 ℃，相较于 ECMWF 和北京睿图模式分别降低了 1.55 ℃和 0.37 ℃、2.32 ℃和 2.25 ℃、0.94 ℃和 0.55 ℃。

表 7.3.1 冬奥三大赛区 0～48 h 逐 3 h 气温预报平均均方根偏差 （单位：℃）

赛区 / 产品	北京赛区	延庆赛区	张家口赛区
ECMWF	3.05	3.65	2.51
北京睿图	1.87	3.58	2.12
CMA 中尺度	2.22	4.87	3.59
MOML	1.50	1.33	1.57
AnEn	1.88	1.96	2.09

图 7.3.8 为平均风速的预报准确率，客观方法对≤±2 m/s 的预报准确率为北京赛区 87.0%～95.6%、延庆赛区 74.5%～81.1%、张家口赛区 82.4%～92.7%。其中北京赛区和张家口赛区以 AnEn 效果最好，延庆赛区以 MOML 为最好。相较于 ECMWF 和北京睿图模式，平均风速准确率北京赛区分别提升了 7.3% 和 4.2%、张家口赛区提升 11.9% 和 34.4%、延庆赛区提升 12.4% 和 8.4%。

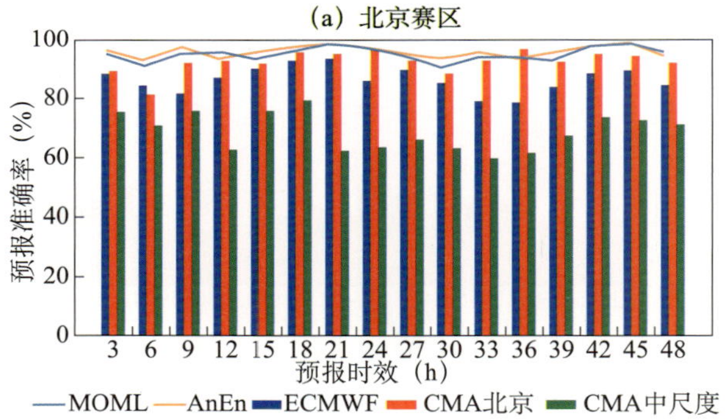

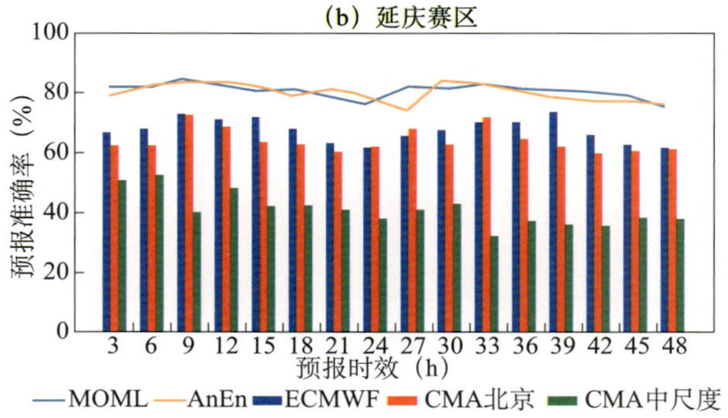

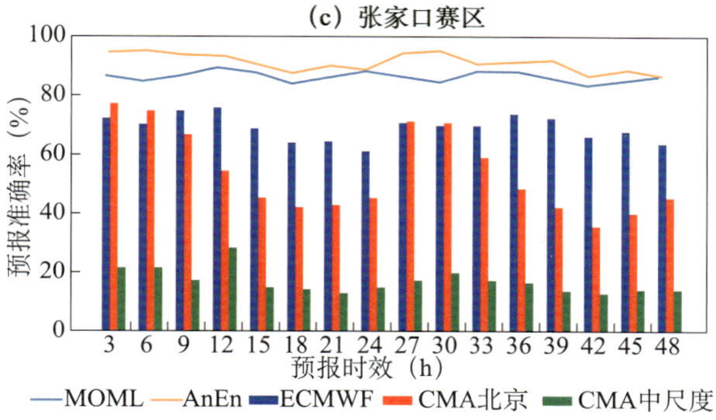

图 7.3.8　冬奥三大赛区客观产品的平均风速预报准确率（单位：%）

平均风速预报的均方根偏差分析表明（表 7.3.2），客观方法在北京赛区为 0.99～1.50 m/s、延庆赛区为 1.99～2.25 m/s、张家口赛区为 1.18～1.43 m/s。三大赛区中 AnEn 的均方根偏差均为最低。相较于 ECMWF 和北京睿图模式，北京赛区、延庆赛区、张家口赛区分别降低了 0.46 m/s 和 1.23 m/s、1.19 m/s 和 0.98 m/s、0.90 m/s 和 1.40 m/s。

延庆赛区作为高山滑雪的举办地，由于海拔较高，大风天气频发，特别是 6 级以上大风可能对赛事造成重要影响。通过对比各种客观产品，延庆赛区平均风速 6 级以上的预报准确率和均方根偏差表明，MOML 的效果最好，预报准确率和均方根偏差分别为 30.18% 和 5.32 m/s。

表 7.3.2　冬奥三大赛区 0～48 h 客观产品的平均风速预报偏差　　（单位：m/s）

赛区 / 产品	北京赛区	延庆赛区	张家口赛区
ECMWF	1.45	3.08	2.09
北京睿图	1.22	2.97	2.58
CMA 中尺度	2.06	3.61	5.22
MOML	1.02	1.99	1.43
AnEn	0.99	1.99	1.18

7.3.2　百米级分钟级产品检验评估

7.3.2.1　睿思系统冬奥长期批量客观检验结果

图 7.3.9 分别给出了睿思系统 100 m 分辨率区域 2021 年 10 月 8 日—2022 年 3 月 16 日整体平均的 0～24 h 的平均风、阵风分析和预报场偏差（BIAS）、平均绝对误差（MAE）和均方根误差（RMSE）。从图 7.3.9 中可以看到：

从平均风速检验结果来看，睿思 100 m 区域范围内，所有站点，分析场平均绝对误差分析产品 BIAS＜0.1 m/s，MAE＜0.3 m/s，平均风预报产品 24 h 预报时效内 BIAS 整体为正偏差（＜1 m/s），睿图－睿思平均风预报 MAE＜1.5 m/s（前 2 h 为 1 m/s 以下），RMSE＜2 m/s。

睿思 100 m 分辨率区域阵风分析产品 BIAS<−0.2 m/s，MAE<0.6 m/s，阵风预报产品 24 h 预报时效内 BIAS 整体为正偏差（<1 m/s），睿图 - 睿思阵风预报较实况整体偏大，MAE<2.7 m/s（前 2 h 为 2 m/s 以下），RMSE<3.5 m/s。

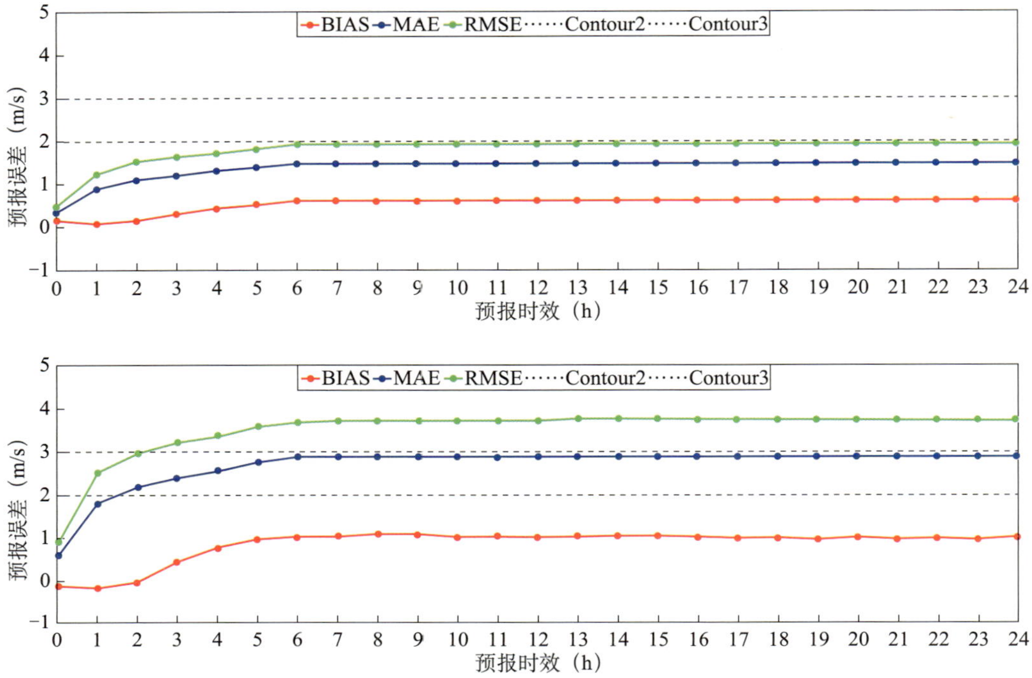

图 7.3.9　2021 年 10 月 8 日—2022 年 3 月 16 日睿思冬奥百米区域平均风及阵风偏差，平均绝对误差及均方根误差

从 2021 年 10 月 8 日—2022 年 3 月 16 日整体平均的睿思逐 10 min 平均误差和平均融合自动站有效个数来看，冬奥期间睿思系统融合冬奥山区自动站个数约平均 100～120 个，温湿分析误差存在明显的日变化，温度分析误差白天大、晚上小，湿度则正好相反（图略）。图 7.3.10 进一步给出了睿思系统 100 m 分辨率区域 2021 年 10 月 8 日—2022 年 3 月 16 日整体平均的 0～24 h 的地面 2 m 温度和相对湿度分析和预报场偏差（BIAS）、平均绝对误差（MAE）和均方根误差（RMSE）。

从温度检验结果来看（图 7.3.10），睿思 100 m 区域范围内，所有站点，分析场平均绝对误差分析产品 BIAS 接近 0℃，MAE=0.18℃，准确性较高；温度预报产品 24 h 预报时效内 RMSE<2.8℃（前 2 h 为 1.5℃ 以下），MAE<2.2℃（前 2 h 为 1.0℃ 以下）。

从湿度检验结果来看（图 7.3.10），睿思 100 m 分辨率区域内，所有站点，相对湿度分析产品 BIAS 接近 0%，MAE=0.72%，准确性较高；相对湿度预报产品 24 h 预报时效内 RMSE<15.8%（前 2 h 为 7% 以下），MAE<12.8%（前 2 h 为 5% 以下）。

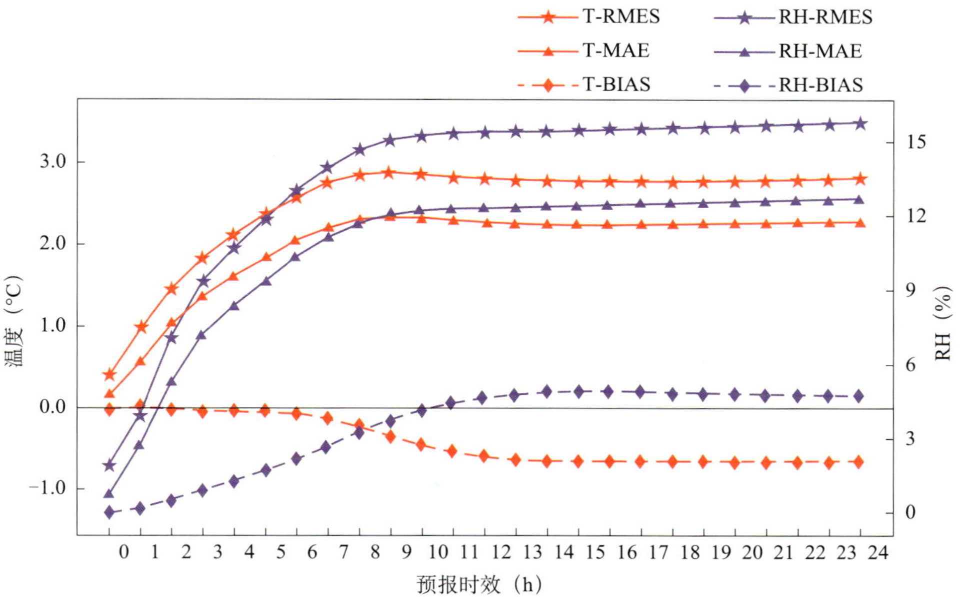

图 7.3.10　2021 年 10 月 8 日—2022 年 3 月 16 日睿思冬奥百米区域温度和湿度偏差、平均绝对误差及均方根误差

为评估降水客观预报效果，选取 2021 年 10 月 8 日—2022 年 3 月 16 日京津冀地区共 8 次降水过程（2021 年 10 月 8 日、10 月 12—14 日、11 月 6—7 日、11 月 9—10 日、12 月 8 日，2022 年 1 月 21 日、2 月 12—13 日、3 月 11—13 日），将自动站降水与格点预报结果进行检验。其中降水等级的根据《智慧冬奥 2022 天气预报示范计划（SMART2022-FDP）- 技术方案》的 1 h 降水量划分。

2021 年 10 月 08 日—2022 年 3 月 16 日期间 29 个冬奥站点降水预报（数据来自 FDP 网站）如图 7.3.11 所示。CSI 评分 1 h 时效：0.1 mm 为 0.26，小雨为 0.28，中雨为 0.14；2～24 h 时效：0.1 mm 为 0.2 左右，小雨为 0.25 左右，中雨为 0.25 左右。BIAS 评分：1～24 h 为 1 左右。另外，2021 年 10 月 08 日—2022 年 3 月 16 日期间 29 个冬奥站点降水逐时预报的 1～24 h 的晴雨预报准确率在 93% 以上（图 7.3.12）。

因此总体来说，2021 年 10 月 08 日—2022 年 03 月 16 日期间 29 个冬奥站点降水逐时预报检验，降水预报与观测量级较接近，尤其是 1 h 和 2 h 较为一致，为降水 1～24 h 预报提供定点定量的参考。

下面给出降水相态的检验结果。为评估降水相态分类统计预报方法的客观预报效果，选取 2021 年 11 月 1 日—2022 年 3 月 16 日京津冀地区共 5 次冬季降水过程（包括 2021 年 11 月 6—7 日；2021 年 11 月 21 日；2022 年 2 月 12—13 日；2022 年 3 月 11—12 日；2022 年 3 月 17—18 日 5 次个例），将检验类型分为雨（1）、雨夹雪（2）、雪（3）、冻雨（4）和无降水（0）五类，将自动站天气现象解码为对应的雨（1）、雨夹雪（2）、雪（3）、冻雨（4）和无降水（0），以自动站实况观测的天气现象作为依据，当自动站出现 1～4 类即雪、雨夹雪、雨和冻雨这四种天气现象时，若距离自动站点附近最近的格点周围 9 个格点内（周围 1.5 km 内）至少有一个格点出现 1～4 类天气现象，才进行降水相态的客观诊断，即分别

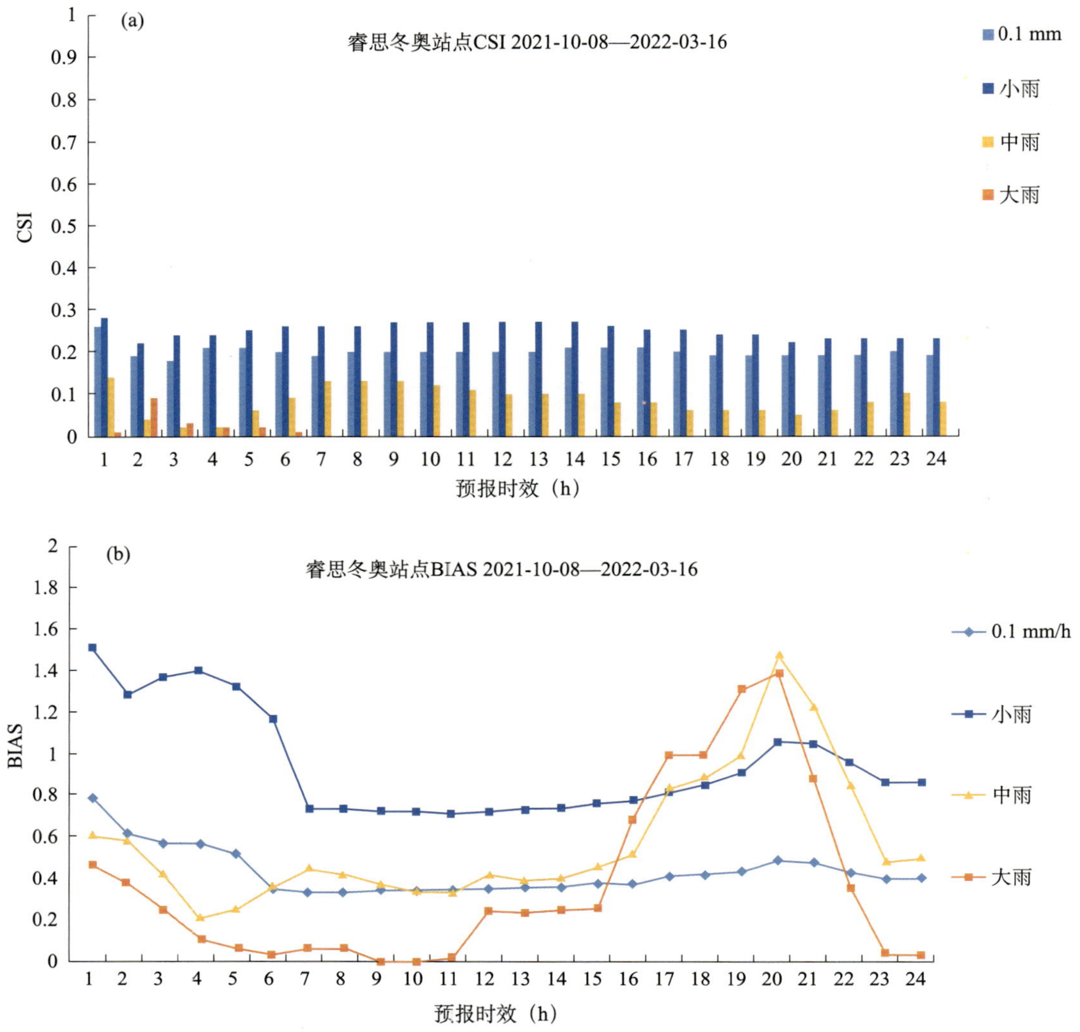

图 7.3.11　降水逐小时预报的 CSI（a）、BIAS（b）客观检验

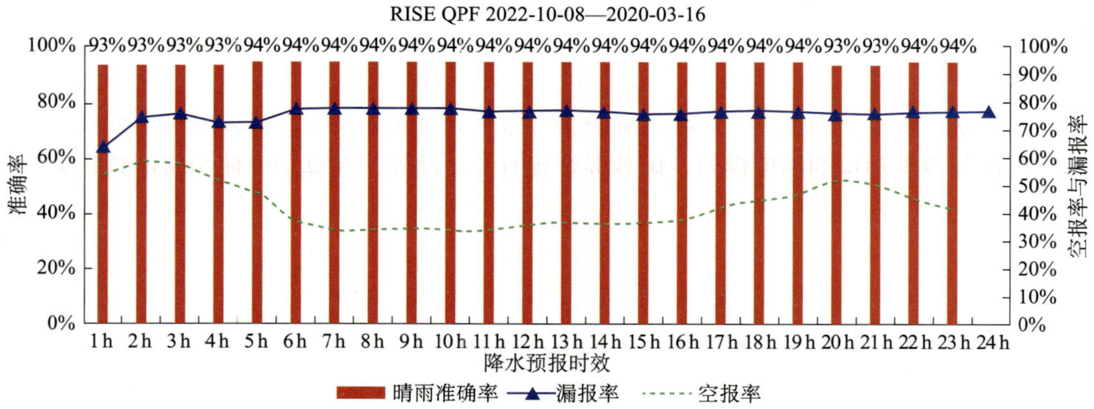

图 7.3.12　降水逐小时预报的晴雨准确率、空报率、漏报率

计算各类降水类型在这个邻域空间内所占的百分比（F 雪 /F 雨夹雪 /F 雨 /F 冻雨 /F 无）来表示各类降水类型出现的概率，在每一个邻域空间内，各类降水类型出现的总概率都等于 1（表 7.3.3）。

表 7.3.3　降水相态客观诊断示意图

		RISE 分析和预报					总的百分比
		雪	雨夹雪	雨	冻雨	无	
自动站观测	雪	Obs= 雪 F 雪＞0	Obs= 雪 F 雨夹雪＞0	Obs= 雪 F 雨＞0	Obs= 雪 F 冻雨＞0	Obs= 雪 F 无＞0	F 雪 +F 雨夹雪 + F 雨 +F 冻雨 + F 无 =1
	雨夹雪	Obs= 雨夹雪 F 雪＞0	Obs= 雨夹雪 F 雨夹雪＞0	Obs= 雨夹雪 F 雨＞0	Obs= 雨夹雪 F 冻雨＞0	Obs= 雨夹雪 F 无＞0	F 雪 +F 雨夹雪 + F 雨 +F 冻雨 + F 无 =1
	雨	Obs= 雨 F 雪＞0	Obs= 雨 F 雨夹雪＞0	Obs= 雨 F 雨＞0	Obs= 雨 F 冻雨＞0	Obs= 雨 F 无＞0	F 雪 +F 雨夹雪 + F 雨 +F 冻雨 + F 无 =1
	冻雨	Obs= 冻雨 F 雪＞0	Obs= 冻雨 F 雨夹雪＞0	Obs= 冻雨 F 雨＞0	Obs= 冻雨 F 冻雨＞0	Obs= 冻雨 F 无＞0	F 雪 +F 雨夹雪 + F 雨 +F 冻雨 + F 无 =1

图 7.3.13 给出了基于邻域法的 2021 年 11 月 1 日—2022 年 3 月 16 日京津冀地区共 5 次冬季降水过程降水相态检验结果，从结果可以看出，睿思分析场降水相态雨准确率为 83%，雪为 80%，雨夹雪为 62%（分析场准确率受实际融合的天气现象资料限制）。1～24 h 预报，雨准确率较高，为 0.8～0.9；雨夹雪准确率较低，0.2～0.4；雪准确率为 0.7～0.83。雨夹雪被误诊断为雨的概率占 40% 左右；雪被误诊为雨夹雪的概率占 15% 左右（考虑温度预报较实况偏高，可以根据长期检验结果，针对不同预报时效建立动态诊断阈值）。另外，在 0.5～2 ℃这个温度范围内，降水类型对睿思模式输出的雪和雨混合比相对更敏感。而本研究提出的诊断方法由于没有考虑到整个粒子谱融化的变化性以及不同粒子变化对于融化程度的影响情况，本身也会对雨夹雪的诊断造成影响。

总体来说，降水类型预测与观测结果较为一致，尤其是雪和雨。导致降水类型划分错误的因素可能与睿思预报的温度误差及雨雪混合比有关。此外，在算法中使用阈值总是会引入误差，对于复杂的物理过程，如何预测雨雪过渡区仍然是一个挑战。加入最佳温度阈值和修正的热力学信息在一定程度上提高了降水类型的准确性。不同地区的临界温度值不同，根据华北地区的长时间序列资料可以较好地反映五种不同降水类型的气候特征。此外，由于睿思系统直接吸收和融合了临近场（0～3 h）的观测数据，因此，睿思系统输出的温度和湿度的性能技巧也得到了改进，这也有利于提高降水类型的精度。

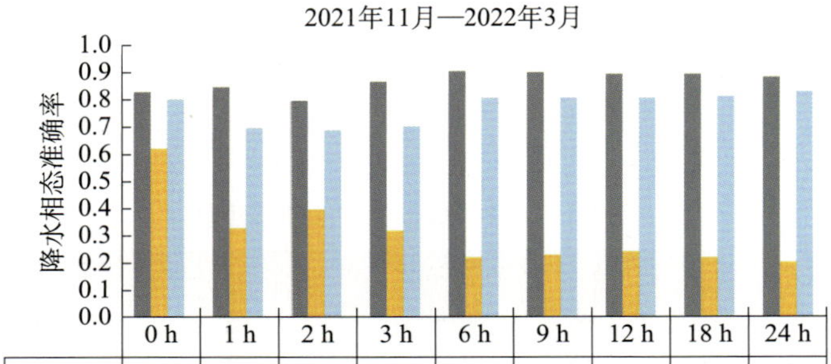

	0 h	1 h	2 h	3 h	6 h	9 h	12 h	18 h	24 h
雨	0.83	0.84	0.80	0.87	0.91	0.90	0.90	0.90	0.89
雨夹雪	0.62	0.33	0.40	0.32	0.22	0.23	0.24	0.22	0.20
雪	0.80	0.70	0.69	0.70	0.81	0.81	0.81	0.81	0.83

图 7.3.13　降水相态客观检验结果

7.3.2.2　睿思系统冬奥会期间典型天气过程个例检验结果

个例 1：2022 年 2 月 4—6 日大风过程

2022 年 2 月 4—6 日，受高空横槽南压及地面副冷锋过境影响（图略），冬奥赛区出现持续性大风天气，2 月 5 日 06 时竞速 1 阵风达 10 级（27.6 m/s，图 7.3.14）。2 月 5 日至 2 月 6 日位于贝加尔湖西南方向的高压主体仍然有冷空气扩散至华北地区，形成副冷锋，从延庆赛区阵风分析场图中可以看出，2 月 5 日和 2 月 6 日 11:00，延庆赛区高山滑雪赛道各站点仍处于副冷锋控制的西北气流中，风力较强，尤其竞速 1 号站，风力接近 17 m/s（图 7.3.15）。7 日张家口及延庆转为短波槽后偏北气流影响，地面上分裂出来的高压中心北抬，延庆地区变压梯度较小，延庆转为北风，风速较 6 日明显减小（图 7.3.15）。受此次大风过程影响，原定于 2 月 6 日 11:00 举行的高山滑雪滑降项目比赛延期到 2 月 7 日举行。

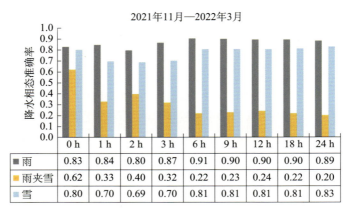

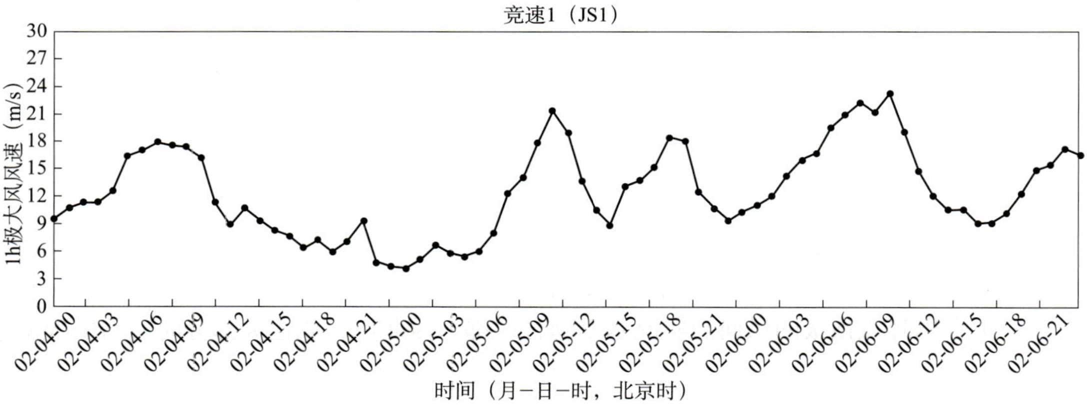

图 7.3.14　2022 年 2 月 4 日至 2 月 6 日竞速 1（JS1）号站 1 h 极大风速

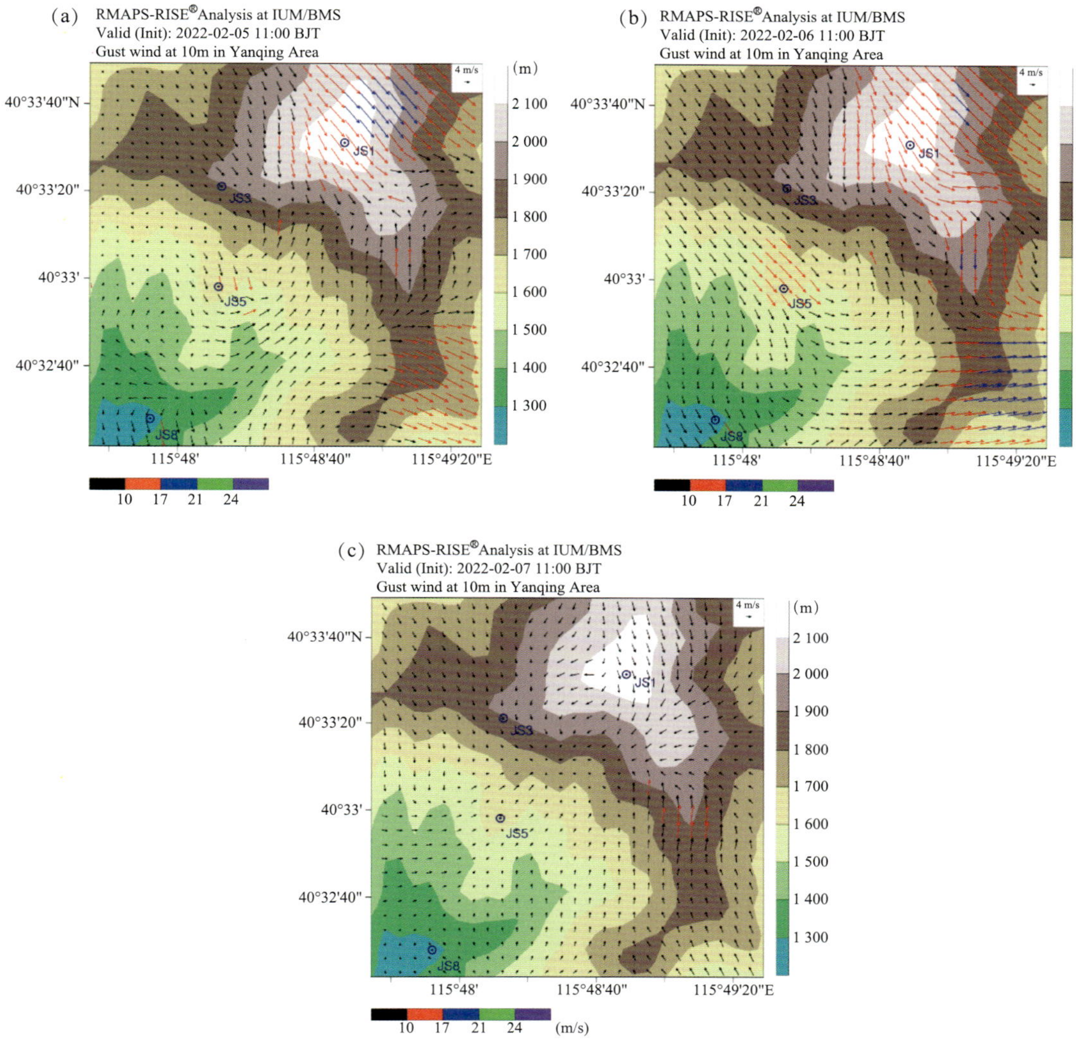

图 7.3.15　2022 年 2 月 5 日（a）、6 日（b）和 7 日（c）11:00 延庆赛区阵风分析场

（纵向色标表示地形高度，横向色标表示风矢大小，图中标注 JS1、JS3、JS5、JS8 分别表示竞速 1、竞速 3、竞速 5 和竞速 8）

图 7.3.16 给出了竞速 1 站点 2 月 5 日 16 时及 2 月 6 日 16 时（北京时）不同起报时效睿思 0～24 h 分析和预报风场与实况观测风场的时间序列图。从图 7.3.16 中可以看出，整体来看，竞速 1 睿思阵风预报的风向与实况基本吻合，都为西北风，风速大部分时次与实况偏差在 2 m/s 以内，个别时次偏差较大，为 3～4 m/s。从风速的变化趋势可以看到，2 月 6 日 11 时开始，竞速 1 阵风风速呈明显下降趋势，而睿思预报的阵风变化趋势和实况基本吻合。2 月 7 日白天竞速 1 阵风风速较小，比较平稳，睿思阵风预报量级与实况比较接近。

图 7.3.17 分别给出了 2022 年 2 月 4—6 日延庆、张家口及北京赛区 1 h 阵风 6～8 级和 8 级以上风速评分，从风速预报评分的结果来看，RMAPS-RISE 系统的总体预报评分较高。针对 6～8 级风，RMAPS-RISE 系统的 6～8 级风速预报评分为 0.5，8 级以上风速预报评分为 0.6，明显优于其他几个模式。

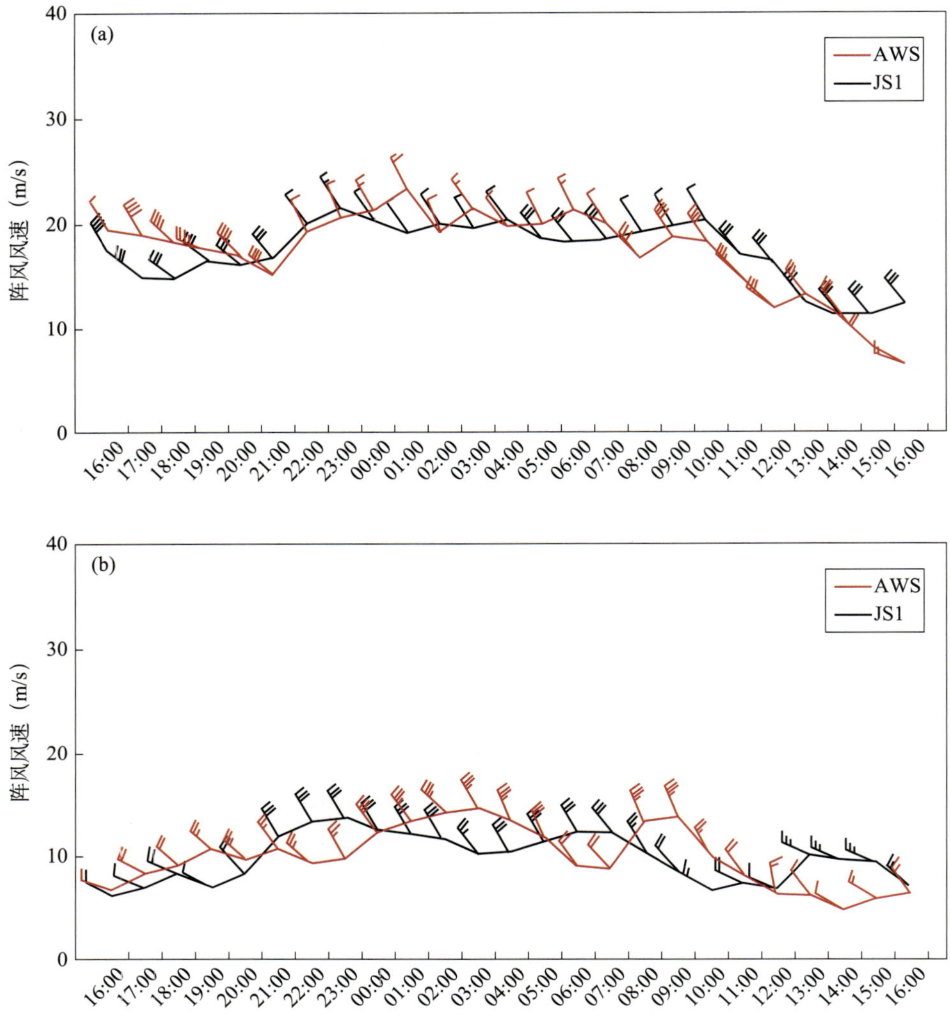

图 7.3.16　延庆赛区竞速 1 站点 2 月 5 日 16 时（a）及 2 月 6 日 16 时（b）起报的睿思 0～24 h 分析和预报阵风风场（黑色）与实况观测风场（红色）的时间序列图

个例 2：2022 年 2 月 12—13 日雨雪过程

受东移高空槽和低层偏东风共同影响，2022 年 2 月 12 日夜间京津冀地区开始出现降雪。张家口赛区于 12 日 07 时出现 0.2 mm 降水，13 日 22 时降水停止。延庆赛区 12 日 08 时开始降水，13 日 22 时降水停止。另外，受降雪影响，平原地区能见度小于 1 km，局地不足 500 m；延庆赛区能见度不足 500 m，局地低于 100 m。

2022 年 2 月 12 日至 2 月 13 日此次过程降水相态以雪为主，图 7.3.18 给出了 2022 年 2 月 13 日 13—15BJT 分析场及提前 1、2、3、6、12 h 和 24 诊断出的降水相态。从图 7.3.18 中可以看出，此次过程北京地区降水相态为雪，分析与预报整体与实况一致。此次过程降水相态诊断预报 1～5 h 北京东南部地区雪被误判为雨夹雪的概率较高，雪准确率为 0.75 左右；6 h 以后雪准确率高，为 0.98 左右。

图 7.3.17 2022 年 2 月 4—6 日延庆、张家口及北京赛区 1 h 阵风 6～8 级风速评分

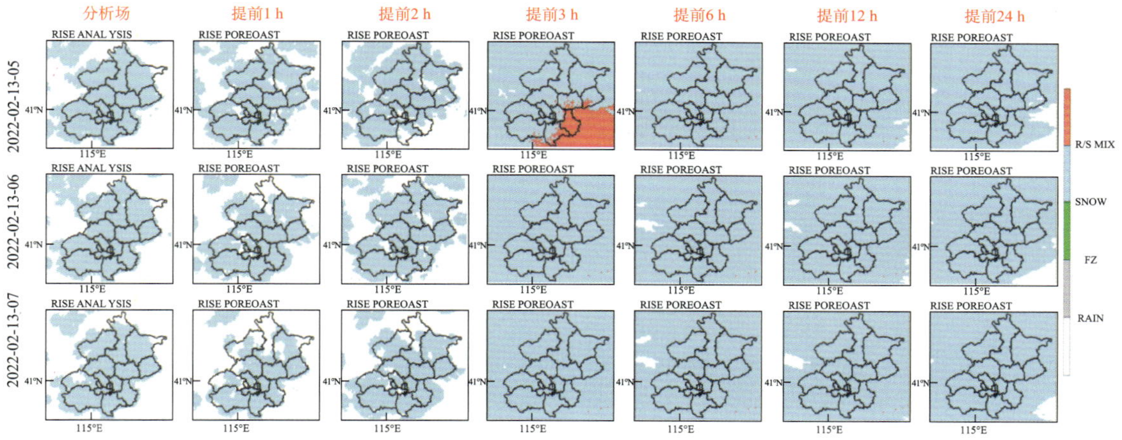

图 7.3.18 2022 年 2 月 13 日 05—07 UTC（13—15 BJT）降水相态分析场及对应时段预报场

图 7.3.19 分别给出了睿思 14BJT 分析场、提前 3 h 预报场及 BJ-SXNet 近地面降水相态产品，经过对比分析，发现睿思分析及预报的降水相态与 BJ-XRNET 近地面降水相态非常一致。

2 月 12—13 日雨雪过程以降雪为主，但也有降雨。京津冀共 3 214 个站，自 2022 年 2 月 12 日 08 时到 2022 年 2 月 14 日 08 时降水量最大雨强出现在河北省张家口高家营，小时雨强：9.8 mm/h，出现时间：2022 年 2 月 13 日 11:00—12:00。京津冀平均 0 mm，累计降水量最大值出现在昌平大岭沟，累积雨量为 17.4 mm。累积降水量大于等于 0.1 mm 的站有 535 个，大于等于 10 mm 的站有 33 个，大于等于 25 mm 的站有 0 个。北京全市共 351 个站，自 2022 年 2 月 12 日 08 时到 2022 年 2 月 14 日 08 时降水量最大雨强出现在延庆竞速 5，小时雨强为 3.7 mm/h，出现时间为 2022 年 2 月 13 日 10:00—11:00。全市平均降水 5.9 mm，累计

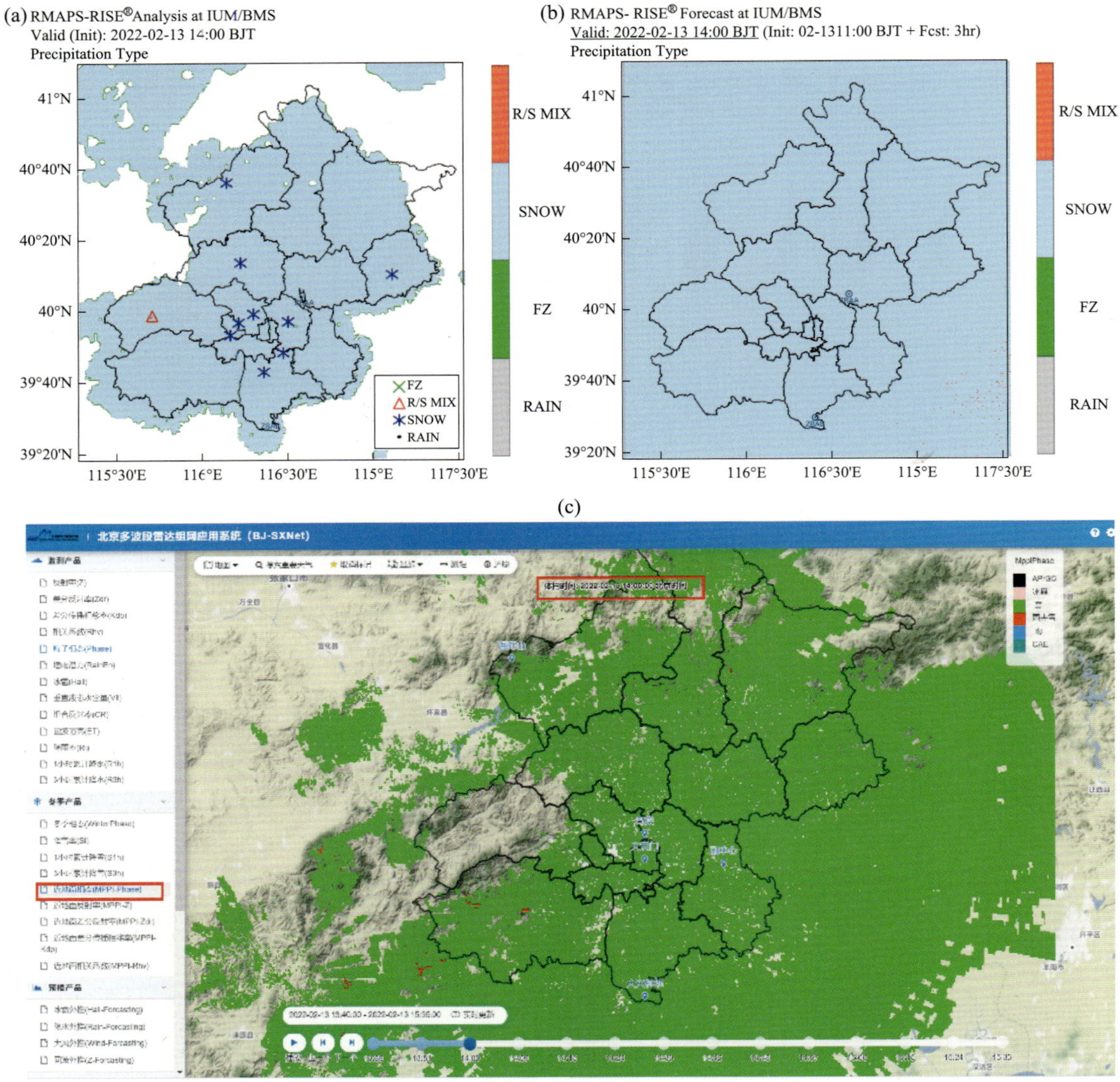

图 7.3.19　2022 年 2 月 13 日 14BJT 降水相态分析场（a）、预报场（b）及 BJ-SXNet 近地面降水相态（c）

降水量最大值出现在昌平大岭沟，累积雨量为 17.4 mm。累积降水量大于等于 0.1 mm 的站有 323 个，大于等于 10 mm 的站有 28 个，大于等于 25 mm 的站有 0 个。

冬季降水等级的小时标准：根据冬奥气象中心（2020 年 6 月）的《智慧冬奥 2022 天气预报示范计划（SMART2022-FDP）技术保障方案（2020 版）》的技术内容，降雪的小时量级划分如表 7.3.4 所示。

表 7.3.4　降雪的小时量级划分

用语	10 min 降水量（mm）	1 h 降水量（mm）	3 h 降水量（mm）	24 h 降水量（mm）
小雪	≥0.01	0.01～0.5	0.01～0.9	0.01～2.4

续表

用语	10 min 降水量（mm）	1 h 降水量（mm）	3 h 降水量（mm）	24 h 降水量（mm）
中雪	不做检验	≥0.5	0.9～2.4	2.5～4.9
大雪	不做检验	不做检验	≥2.5	5.0～9.9
暴雪	不做检验	不做检验	不做检验	≥10.0

注：由于无正式下发的 10 min、1 h、3 h 降雪量等级划分标准，因此暂采用上表中的标准。

本个例采用 1 h 降水量大于 0.5 mm 为中雪的标准，来绘制降水预报与实况对比图（图 7.3.20）。

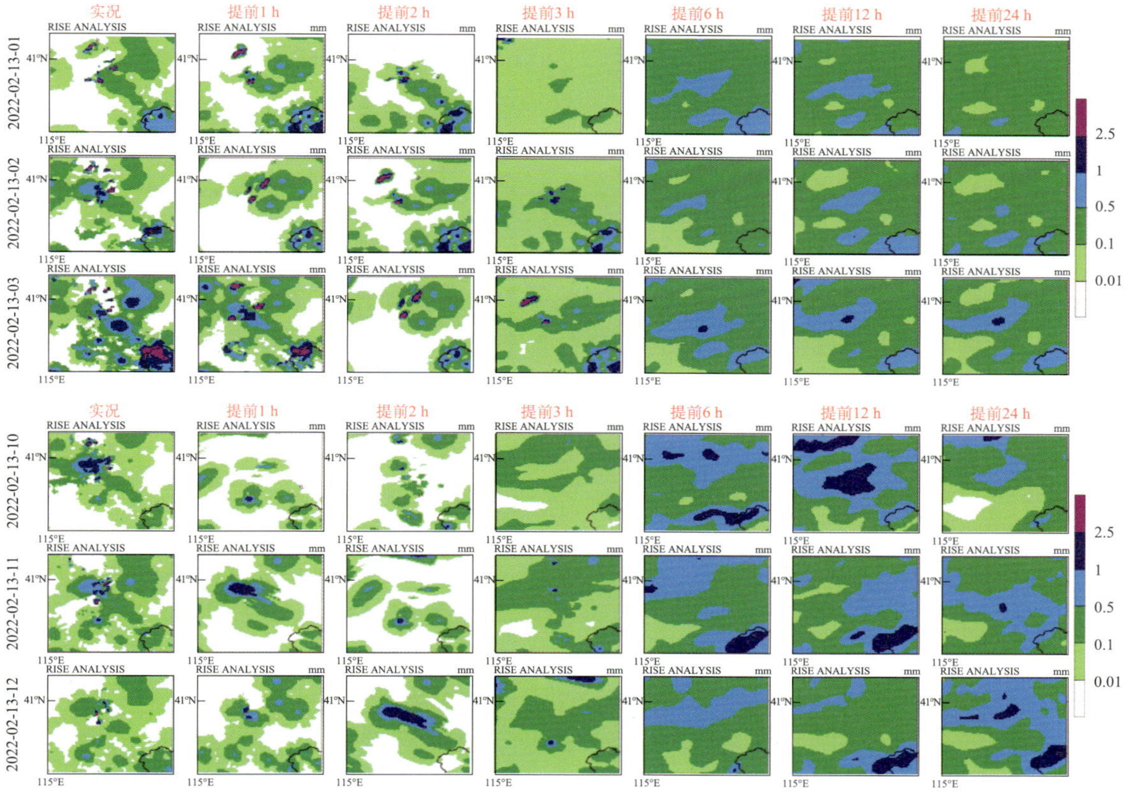

图 7.3.20　冬奥赛区降水预报与实况逐时对比图

从图 7.3.20 可以看出，睿思的冬奥赛区降水提前 6～24 h 报出了降水整体过程。睿思的冬奥赛区降水提前 3 h 报出了降水的雨带走向。根据降雪小时雨量大于 0.5 mm 即为中雪的标准，提前 24 h 降水预报也报出本次降雪过程有中雪量级。逐小时降水预报图雨区和雨带对比，1～3 h 降水预报的降水落区接近实况，降水雨强也与实况接近，特别 1 h 的降水预报的量级和落区与实况基本吻合，为定量降水预报预警提供可靠的参考。3～6 h 降水预报融合了模式预报结果，降水区域范围偏大，但降水量级基本一致。7～24 h 来自模式预报结果，在降水过程变化和降水量级上有参考价值。

从图 7.3.21 个例检验可以看出，2022 年北京冬奥会期间 2 月 12 日—2 月 13 日 29 个冬奥站点降水预报，1 h 时效的 CSI 评分：0.1 mm 为 0.64，1 mm 阈值为 0.38（BIAS 为 0.8），5 mm 为 0.42（BIAS 为 1.25），也就是中雪的 CSI 在 0.38 以上；2 h 时效的 CSI 评分：0.1 mm 达到 0.45 以上，1 mm 阈值到 0.15，1～2 h 预报效果较好。3～6 h 时效，0.1 mm 阈值达到 0.41 以上，7～24 h 时效，0.1 mm 阈值达到 0.6 左右，效果稳定。2022 年北京冬奥会期间 2 月 12—13 日降水预报睿思系统运行稳定。冬奥站点降水预报与实况接近，0～4 h BIAS 评分接近小于 1.0（最佳值），4～24 h 的 BIAS 评分 0.1 mm/h 阈值大于 1.0，为 1.1～1.4，表明降水预报的落区与比实况范围接近略偏大；4～24 h 的 BIAS 评分 1.0 mm/h 阈值小于 0.5，表明降水预报的落区与比实况范围小，表明中雪降水有一定量降水漏报区，冬奥站点预报整体上降水预报具有较可靠的参考价值。

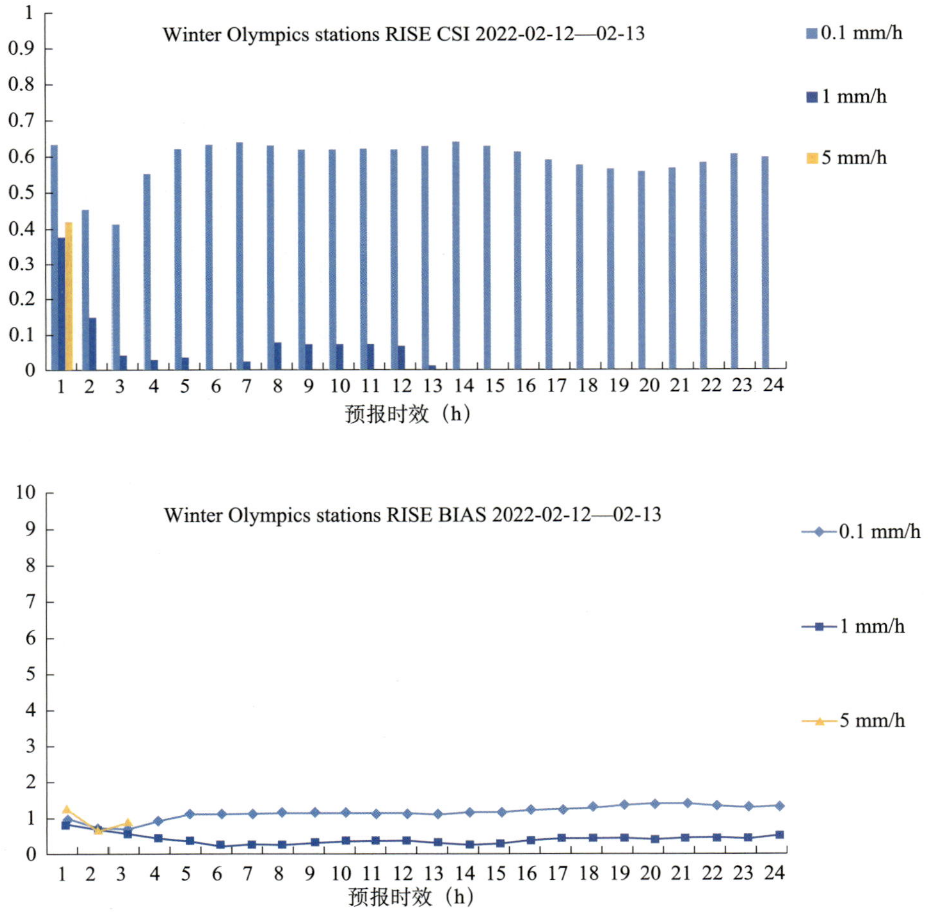

图 7.3.21　冬奥站点 0～24 h 降水预报逐时客观检验

第 8 章　智慧冬奥 2022 天气预报示范计划

8.1　主要内容和过程

8.1.1　成立专项组织机构

智慧冬奥 2022 天气预报示范计划（以下简称“示范计划”）在中国气象局冬奥气象服务领导小组统一领导下，由冬奥北京气象中心承办。为确保示范计划顺利实施，2020 年 3 月，中国气象局印发《智慧冬奥 2022 天气预报示范计划工作方案》，组织成立一个管理组、一个专家组和四个专项工作组，对示范计划从工作组织、工作目标、任务设计、进度安排等多方位进行了总体部署，有序推进示范计划各项工作。

8.1.2　确定参加单位和技术方案

2020 年 3 月示范计划正式启动。面向冬奥“百米级、分钟级”精细化天气预报服务实战需求，共汇聚 22 家行业单位（包含气象部门内部 11 家，高校、研究所、部队、企业等 11 家）顶尖技术力量，征集国内优秀的高分辨率数值预报模式和客观预报系统，并配合机器学习、大数据挖掘等人工智能客观预报技术方法，共 38 个系统 57 项产品参加示范计划。

北京市气象局牵头组织编写示范计划技术方案，多次征求丁一汇院士、国家气象中心、国家气象信息中心、中国气象科学研究院、相关省气象局、参与示范计划的高校研究所、企业等多家单位专家意见，对收集到的意见反复修改、论证、完善。2020 年 6 月中国气象局预报司印发《智慧冬奥 2022 天气预报示范计划技术保障方案》，对示范计划内容、数据保障方案、产品集成方案、检验评估技术方法和方案、初步参与单位及示范产品、计划进度安排、数据安全声明等技术细节进行了具体规定和详细说明，是指导示范计划成功实施的核心技术文档。

8.1.3　建立“数据－产品－显示－评估”全链条高效运行机制

参加示范计划的 22 家单位的模式和系统对冬奥高精度静态数据、冬奥加密观测和数值预报背景场数据的需求差异显著，各家模式和系统给出的产品种类、数据类型、预报性能、数据传输性能等也存在很大差异。北京市气象局联合国家气象信息中心，开展了 FDP 实时运行架构流程及实时数据流设计优化，完成示范产品集成方案设计和集成显示平台开发、测试，开展多源产品的评估检验技术研发和对比分析，构建了“数据－产品－显示－评估”的全链条高效运行机制，实现示范产品的实时业务应用。

（1）制定示范产品类别及检验规则。示范计划产品紧密围绕服务需求，重点提供预报员可直接参考的高分辨率近地面气象要素预报、高精度三维实况分析、冬奥关键点位气象要素垂直廓线等站点和网格两大类产品。同时，组织制定相关的常规和非常规预报产品多维度实时检验评估规则。

（2）开展示范计划前期数据准备。做好冬奥观测数据、模式产品等 41 种基础数据的管理，规范格式命名，建立冬奥观测数据及产品专题库。依托气象大数据云平台“天擎”的基础设施资源，为 22 家单位提供无差别数据服务。实现对示范产品完整性、及时率的实时监视和多维度统计，统计更新频率达到 1 min。

（3）打造“预报示范计划产品综合可视化平台”。秉承预报团队“用得上，用得好”的宗旨，多次征求三大赛区冬奥气象预报团队意见确定设计方案，包含项目介绍、实况分析、格点预报、场馆预报、检验评估、数据监控六个版块，2021 年 1 月可视化平台正式上线测试运行，可在气象部门内外网同步运行，实现了各类示范产品的实时快速显示和产品性能的多维度实时检验、对比。在经过第 1 次测试运行后，历时半年，对平台进行改进和完善，特别是平台实时显示、多维度实时检验、后台数据产品处理的时效性和稳定性获得极大提升。北京冬奥测试赛及正式比赛期间，平台运行稳定，高效支撑北京冬奥会气象保障服务。

8.1.4 测试评估遴选正式示范产品

中国气象局预报司于 2021 年 2—3 月、9 月“相约北京”冬奥系列测试赛期间组织两次 FDP 实时运行测试。北京市气象局联合国家气象中心、中国气象科学研究院相关专家编制示范计划检验评估方案，其中站点检验侧重实战应用，格点检验侧重新技术应用及模式效果评估。测试运行结束后，从预报性能、产品到报率、及时率等方面对参加示范计划的 22 家单位 38 种 57 项产品性能开展了两次 FDP 测试期的综合检验评估，最终筛选出 16 家单位 41 项产品自 2021 年 10 月起进入正式示范。在北京冬奥会正式比赛期间，对示范计划各类常规和非常规预报产品开展多维度实时检验评估，在集成显示平台实现产品的实时快速显示和产品性能的实时检验对比查询。

在测试赛和正式比赛期间，示范计划各类产品对大风降温、高温回暖、降雪、大雾等高影响天气提供精细化站点预报产品，为冬奥预报团队做出精准预报提供支撑。根据北京赛区、延庆赛区前方预报团队反馈，优选国家气象中心 STNF（温度、平均风、阵风）、北京市气象局睿思（阵风、温度、湿度）、中国气象局数值预报中心 GRAPES-BLD（风，温度，湿度）、中国气象局公共气象服务中心 OCF（能见度）等 7 类产品接入冬奥多维度预报平台和冬奥现场服务平台。

8.2 示范产品及检验情况

8.2.1 示范产品概况

冬奥会第一次测试活动期间（2021 年 2 月 1 日—3 月 15 日），经组织评估，筛选出 16

家单位 41 项产品自 2021 年 10 月起进入正式示范，产品分为次千米级网格产品（100 m＜网格分辨率≤1 km）、次百米级网格产品（网格分辨率≤100 m）、赛场站点预报产品三类，也包含少量的特殊产品。其中，次千米级网格产品以数值预报模式结合局地资料同化技术为主产生，次百米级网格产品以多源数据融合、多模式集成、降尺度预报和人工智能等方法为主的客观系统产生，赛场站点预报以气象大数据统计订正以及人工智能方法为主产生。

8.2.2　示范产品检验评估

北京市气象局、国家气象中心和中国气象科学研究院共同组成的检验评估团队，引入多种时空多维度、多要素检验指标，组织开展相关的常规和非常规多维度实时检验评估，供冬奥团队在天气会商中对示范产品应用效果进行实时评估和交流反馈。

对示范计划正式运行期间（2021 年 10 月 8 日至 2022 年 3 月 16 日）气象部门内外高精度数值天气预报、无缝隙快速融合预报以及基于人工智能和大数据挖掘等新技术新方法的预报产品进行全方位的实时示范应用和评估检验，定量地给出了不同气象要素（平均风、阵风、温度、湿度、能见度、降雨雪等）目前能达到的最高预报水平和预报误差特征。其中，大部分专项站点风预报产品预报效果较模式产品提升明显，0～24 h 平均风预报均方根误差最小为 1.4 m/s；温度预报产品在 0～72 h 内较同时效模式产品预报性能显著提升，平均均方根误差在 1～2 ℃；降水预报产品在 0～72 h 内预报效果优于同时效模式产品，预报的降水范围和频次跟实况较为接近（表 8.2.1）。

表 8.2.1　示范计划正式运行期间检验总体情况

要素	检验指标	专项站点预报产品			模式系统预报产品	
		0～24 h/1 h	27～72 h/3 h	78～240 h/6 h	0～24 h/1 h	27～72 h/3 h
平均风	RMSE（m/s）	1.4	1.5	1.8	1.9	2.4
阵风	RMSE（m/s）	2	2.4	3.1	3.6	5.3
阵风（≥11 m/s）	RMSE（m/s）	3.1	3.9	5.3	5.2	10.7
阵风（≥17 m/s）	RMSE（m/s）	4.2	5.3	7.4	6.3	15.4
温度	RMSE（℃）	1.5	1.6	3.3	2.2	2.5
降水	TS 评分（≥0.1 mm）	0.26	0.19	0.13	0.29	0.21
	Bias 评分（≥0.1 mm）	0.85	0.93	0.89	0.94	0.82
能见度	TS 评分（≤1 km）	0.1	0.1	0.08	0.22	0.15
	Bias 评分（≤1 km）	/	/	/	0.77	0.53
相对湿度	MAE（%）	7.04	7.56	11.62	9.96	13.89

8.2.2.1 站点风预报检验

从平均风赛区综合和三个赛区的均方根误差来看，0～72 h 预报效果较稳定，78～240 h 随预报时效增长均方根误差略有增大。赛区综合专项站点预报产品 0～24 h、27～72 h、78～240 h 平均风预报均方根误差最小分别为 1.4 m/s、1.5 m/s 和 1.8 m/s；模式系统预报产品 0～24 h、27～72 h 平均风预报均方根误差最小分别为 1.9 m/s 和 2.4 m/s；大部分专项站点预报产品预报效果优于模式系统预报产品。延庆赛区平均风的预报误差明显大于张家口赛区和北京赛区，且各产品预报误差差异也较大，北京赛区误差最小且各产品预报效果差异不大。从提供专项站点和模式系统两类产品的 RMAPS-ST、RMAPS-RISE 和 KJAINWP 来看，专项站点预报产品在原始模式系统预报的基础上预报效果提升明显。

从阵风赛区综合和三个赛区的均方根误差来看，0～72 h 预报效果相对稳定，78～240 h 随预报时效增长均方根误差逐渐增大。大部分专项站点预报产品预报效果优于模式系统预报产品；赛区综合专项站点预报产品 0～24 h、27～72 h、78～240 h 阵风预报均方根误差最小分别为 2 m/s、2.4 m/s 和 3.1 m/s；模式系统预报产品 0～24 h、27～72 h 阵风预报均方根误差最小分别为 3.1 m/s 和 5.3 m/s。延庆赛区阵风的预报误差明显大于张家口赛区和北京赛区。以提供专项站点和模式系统两类产品的 RMAPS-ST、RMAPS-RISE 和 KJAINWP 来看，专项站点预报产品在原始模式系统预报的基础上预报效果提升明显。

从阵风≥11 m/s 和≥17 m/s 赛区综合的均方根误差来看，0～72 h 预报效果相对稳定，78～240 h 随预报时效增长均方根误差逐渐增大，趋势与全样本阵风预报误差类似。大部分专项站点预报产品预报效果优于模式系统预报产品；阵风≥11 m/s 赛区综合专项站点预报产品 0～24 h、27～72 h、78～240 h 均方根误差最小分别为 3.1 m/s、3.9 m/s 和 5.3 m/s，模式系统预报产品 0～24 h、27～72 h 均方根误差最小分别为 5.3 m/s 和 10.7 m/s；阵风≥17 m/s 赛区综合专项站点预报产品 0～24 h、27～72 h、78～240 h 均方根误差最小分别为 4.2 m/s、5.3 m/s 和 7.4 m/s，模式系统预报产品 0～24 h、27～72 h 均方根误差最小分别为 6.4 m/s 和 15.4 m/s。以提供专项站点和模式系统两类产品的 RMAPS-ST、RMAPS-RISE 和 KJAINWP 来看，赛区综合专项站点预报产品在原始模式系统预报的基础上预报效果提升明显。

比较冬奥赛区复杂地形条件下不同站点阵风风速的预报情况，专项站点预报产品对延庆赛区竞速 1、5、8 号站 0～24 h 预报均方根误差最小分别为 3.3、3.1 m/s 和 2.2 m/s；张家口赛区云顶 1 号站和冬季两项 1 号站 0～24 h 预报均方根误差最小分别为 1.8 m/s 和 2.1 m/s。海拔高度较接近的延庆赛区竞速 5 号站和张家口赛区冬季两项 1 号站，竞速 5 号站误差更大，说明冬季山地复杂地形下的阵风预报难度偏大。模式系统预报产品阵风风速预报的均方根误差比专项站点预报产品明显偏大，说明在冬季复杂山地条件下，需要站点解释应用技术提升站点阵风的预报能力。

8.2.2.2 站点温度预报检验

从赛区综合气温均方根误差（RMSE）来看，专项站点预报产品的预报效果在 0～72 h 略微降低相对较为稳定，在 78～240 h 随预报时效的延长而明显下降；模式系统预报产品的气温预报效果在 0～72 h 也较为稳定。专项站点预报产品的预报效果优于同时效的模式系统预报产品，并且多数专项站点预报产品 0～72 h 的平均 RMSE 在 1～2 ℃；赛区综合专项站点预报产品 0～24 h、27～72 h 和 78～240 h 的 RMSE 最低分别为 1.5 ℃、1.6 ℃和 3.3 ℃；大部分模式系统预报产品 0～24 h 和 27～72 h 的 RMSE 在 2～3 ℃，最低分别为 2.2 ℃和 2.5 ℃。延庆赛区温度预报的均方根误差大于张家口赛区，北京赛区的预报误差最小。以提供专项站点和模式系统两类产品的北京市局 RMAPS-ST 和 93 110 部队 KJAINWP 为例，0～24 h 赛区综合专项站点预报产品相对于原始模式产品 RMSE 均有一定的提升效果。

比较冬奥赛区复杂地形条件下延庆赛区竞速 1 号站（S1）、竞速 5 号站（S5）、竞速 8 号站（S8）的温度预报情况（S1、S5 和 S8 分别位于山顶、山腰和山脚），各产品对海拔最高的 S1 站预报误差相对最大；专项站点预报产品的预报效果明显优于同时效的模式系统预报产品。

8.2.2.3　站点降水预报检验

各降水产品的预报效果在 0～72 h 相对较为稳定；在 78～240 h 随预报时效的延长而明显下降，其中模式系统预报产品的预报效果优于同时效的专项站点预报产品。从不同赛区降水 TS 评分和 BIAS 评分来看，北京赛区优于张家口和延庆赛区的，表明高海拔站点的降水预报难度较大。另外，以同时提供专项站点和原模式预报产品的北京市气象局的 RMAPS-ST 为例，专项站点预报产品相对于原始模式产品无提升效果，可见对于冬季降水，目前的站点解释应用技术并未达到提升复杂地形地区降水预报准确率的目标。

8.2.2.4　站点能见度预报检验

结合 TS 评分和 BIAS 评分来看，能见度产品在 0～72 h 预报效果相对较为稳定；在 78～240 h 随预报时效的延长而有所下降。各家产品对＞10 km 能见度的预报效果较好，但对于较为关注的能见度≤1 km 的情况预报能力有限，预报效果和预报时效参考性都有待提高；模式系统预报产品的预报效果略优于专项站点预报产品，这也表明了针对能见度预报的站点解释应用技术仍需改进，以提高能见度预报的参考性。

8.2.2.5　站点相对湿度预报检验

从相对湿度赛区综合和三个赛区的平均绝对误差（MAE）来看，0～72 h 预报效果较稳定，78～240 h 随预报时效增长平均绝对误差逐渐增大。大部分专项站点预报产品预报效果优于模式系统预报产品，赛区综合专项站点预报产品 0～24 h、27～72 h、78～240 h 相对湿度预报平均绝对误差最小分别为 7%、7.6% 和 11.6%，模式系统预报产品 0～24 h、27～72 h 相对湿度预报平均绝对误差最小分别为 10% 和 13.9%。相对湿度平均绝对误差在三个赛区差异不明显。以同时提供专项站点和模式系统产品的 RMAPS-ST 和 RMAPS-RISE 来看，三个赛区专项站点预报产品的绝对误差均比模式系统预报产品低，即专项站点预报产品在原始模式系统的基础上预报效果提升明显。

8.3 示范计划数据保障

国家气象信息中心牵头制定了统一的文件命名、数据格式、推送方式、存储方式、数据时效等规范，建立了冬奥观测数据及产品专题库，开辟了示范计划专用信息网络环境，为气象部门内外 22 家单位提供无差别数据服务，实现示范产品完整性、及时率的实时监视和多维度统计。北京市气象局牵头制定示范计划总体技术路线，多次组织技术讨论和复盘，打造“预报示范计划产品综合可视化平台”，采用气象部门内外网同步运行方式，实现各类产品的实时快速显示。

8.3.1 数据资源服务

8.3.1.1 基础数据的管理

气象基础数据如国内观测数据、业务系统生成的格点分析及模式产品等数据主要通过国内通信系统（CTS）收集；与国外交换的气象数据如欧洲中期天气预报中心（ECMWF）的模式预报产品等通过国际通信系统（GTS）收集。收集到的气象基础数据在国省“天擎”统一入库存储，部分数据进行实时质量控制。

8.3.1.2 规范预报产品收集

对于气象部门生成的预报示范产品，省级产品通过 FTP 方式推送至省级 CTS 冬奥产品数据入口目录，转发至国家级 CTS 后推送至国家级“天擎”冬奥预报示范计划专题数据库存储；国家级产品通过 FTP 方式推送至国家级 CTS 冬奥产品数据入口目录后直接接入国家级“天擎”。

对于非气象部门生成的预报示范产品，依托国家级外部数据收集系统，通过 FTP、接口方式从预报示范参与单位的系统实时获取数据，实现数据收集、清洗，并汇入国家级“天擎”冬奥预报示范计划专题数据库。

8.3.1.3 分权配置数据资源服务

（1）气象部门数据服务

对于参与预报示范计划的气象部门用户，包括国家气象中心、中国气象局气象探测中心、国家气象信息中心、中国气象局公共气象服务中心、中国气象科学研究院等国家级业务和科研单位，以及北京、河北、上海、广东等省级气象局所属业务和科研单位，均通过国家级“天擎”服务接口提供统一服务。

“天擎”服务接口提供三种服务方式，分别是标准的 REST 服务，客户端服务及脚本服务方式。其中客户端方式主要针对大数据量获取数据，支持的开发语言包括 Java、C#、C/C++、Python、Fortran 等；REST 服务针对前台交互式应用，提供便捷的编程服务；脚本服务主要服务于非编程人员，不用编程即可获取数据。

针对气象数据可灵活配置服务接口。对于地面自动站和站点预报示范产品等结构化数据，可提供按时间点、时间范围、台站、区域等多维度检索接口，并支持长时间序列统计功能。对于雷达数据、数值模式数据等文件产品，全部提供文件级数据服务。除此之外，针对预报示范产品数据，还提供数据解析、裁剪、序列值提取等功能。在数据访问控制方面，提供资料种类、时间范围、台站、区域、要素等多维度的访问控制功能。站点数据获取后，可直接绘制在地图上；系统 / 模式产品接口对底层的 GRIB2 或 NetCDF 格式的文件进行解析，输出数组格式，并可按需绘制成可视化图像。

（2）非气象部门数据服务

对于参与预报示范计划的非气象部门用户，基于中国气象数据网提供数据服务。中国气象数据网是中国气象局面向国内外用户的气象数据服务窗口，是权威、统一的气象数据资源共享服务平台，数据服务对象涵盖政府部门、公益性用户、商业性用户在内的各类社会团体和公众用户，网址为：http://data.cma.cn/。

面向非气象部门的预报示范系统（包括：气象大数据实验室基于 AI（人工智能）的预报产品、墨迹风云基于 AI 的预报产品等），根据用户对基础数据资源的详细需求，依托中国气象数据网对外服务平台，实现 API 接口服务及订单服务功能。服务资料种类包括地面自动站、高空、雷达、风廓线雷达、卫星、数值预报产品、实况产品等气象基础数据。并且为用户提供 API 调用范例及数据说明等订制化数据服务。同步实现数据访问权限控制功能。

8.3.2 数据流程监控

8.3.2.1　实现了业务监控和实时统计

基于国家级气象综合业务实时监控系统（天镜）实现对基础数据和示范数据产品收集存储服务的实时运行监控，自动统计到报率、及时率等信息，为其他系统提供数据全流程各环节指标数据接口。

8.3.2.2　自动提供靶向告警和预警

（1）数据及产品收集存储监视。基于对气象基础数据和气象部门内外生成的预报示范产品的数据收集、传输、存储、服务的日志信息收集，配置监视策略，实时计算数据到报率、及时率等指标，支持运维人员对数据全流程进行监视。

（2）到报率和及时率统计与共享。为预报示范计划监控、管理人员，以及参与预报示范计划的各系统以及相关用户提供数据到报率、及时率等监视指标的 Restful 服务接口，同时可生成任意时间范围的数据质量报表。

8.3.3　FDP 产品综合可视化平台建设

8.3.3.1　平台功能

预报示范计划产品综合可视化平台可在气象部门内外网同步运行，实现了各类示范产品的实时快速显示和产品性能的多维度实时检验、对比（图 8.3.1）。主要模块包括数据到达情况监控模块、网格分析和预报产品模块、集成预报产品模块、场馆 / 赛道预报产品模块、检验模块、系统管理模块等。格点预报版块包括网格预报产品的空间分布、空间剖面、时间剖面、对数压力图，场馆预报版块包括各冬奥站点预报详情、多模式预报对比、多模式综合预报，检验评估版块基于站点检验、格点检验等。

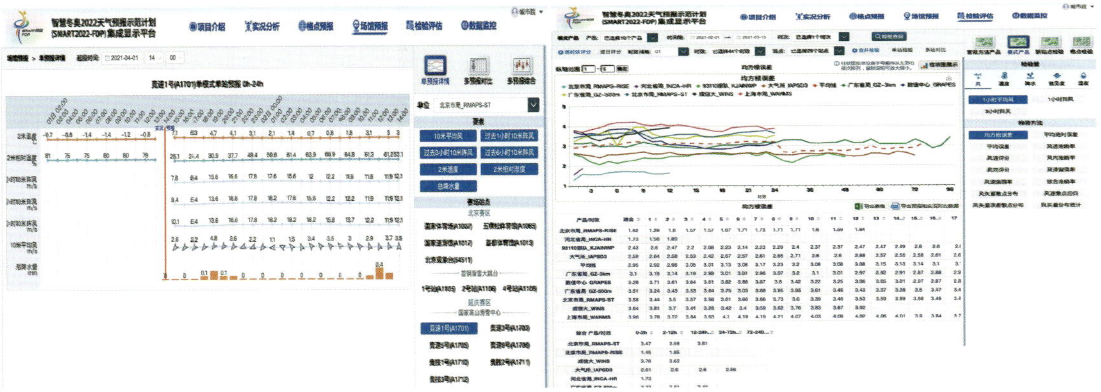

图 8.3.1　预报示范计划产品综合可视化平台

8.3.3.2　多种技术提供后台支撑

（1）数据接收及归类整理：各参与单位根据 FDP 技术保障方案约定的产品数据格式和命名规则，将所有数据产品文件推送至国家气象信息中心服务器，国家气象信息中心在监控实时数据产品到达的同时，通过 FTP 方式将各类产品数据发送至 FDP 集成显示平台数据处

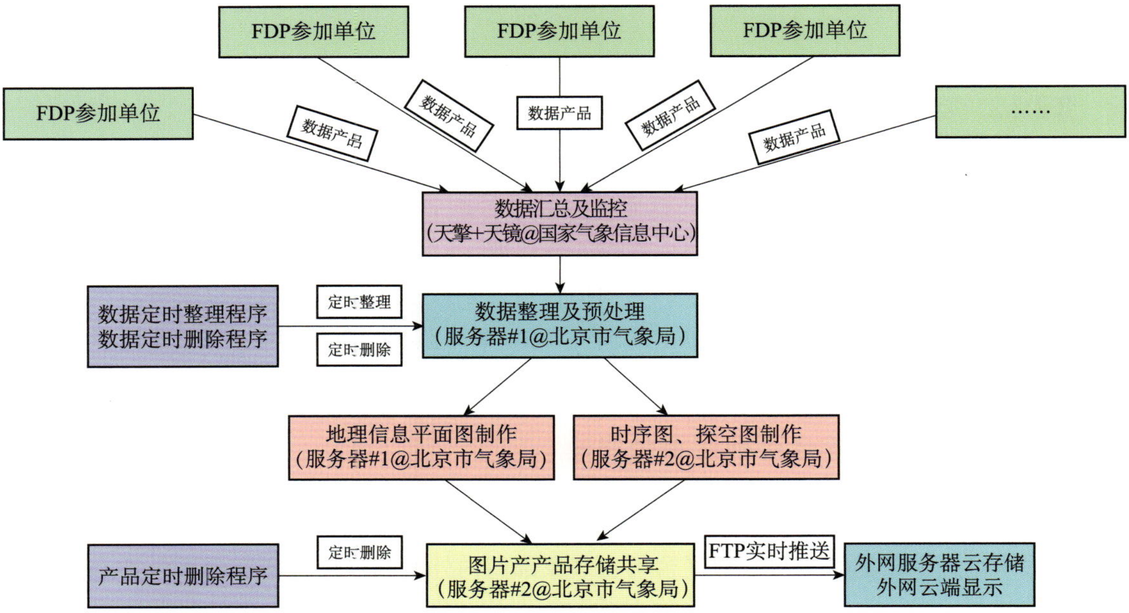

图 8.3.2　FDP 数据处理流程图

理服务器（图 8.3.2）。在该服务器上，随即对各家产品数据进行实时汇总，对数据文件进行重命名以及目录结构调整，方便后续分析、检验及制作图片产品。

（2）数据分析及绘图显示：首先，基于 C# 开发的快速出图程序对各类产品数据进行实时读取分析，获取各种天气要素的格点数据，并对格点数据进行等值线分析以及等值面分析；其次，使用 C# 的 GDI（图形设备接口）将其绘制成符合 FDP 技术保障方案规范要求的图片产品，并保存至服务器本地存储目录（用于气象部门内网显示）和共享存储目录（用于互联网显示）；最后，通过 FTP 分发服务方式将共享存储目录中的图片产品推送至外网服务器中进行存储共享以及互联网显示使用。

第 9 章　信息网络及业务系统平台

冬奥气象信息网络及业务系统建设是冬奥气象预报服务工作的“地基”。为将冬奥气象信息网络及业务系统打造成牢固高效的精品工程，在国家气象信息中心支持下，北京市气象局及河北省气象局自 2018 年起积极对接现有国家及省级各类工程项目，多措施引入信息化新技术，在京冀两地省级气象信息网络及业务系统的基础上，开展了“北京开发、京冀互备、多级共用”的冬奥气象的信息网络、数据环境、系统平台、业务流程的集约化建设工作。

9.1　基础资源

9.1.1　冬奥计算及存储资源

冬奥气象内部业务系统部署在北京市气象局 32 台服务器和 500 TB 存储搭建的私有云平台，对外服务系统部署在外部政务云平台，云平台资源配置给予优先、充足保障。统一数据环境和 5 个内部业务系统在京冀分别独立部署，北京为主、河北为备、双活运行，以确保冬奥气象服务的稳定高效和万无一失。

综合考虑基础资源及网络安全防护要求，提供互联网服务的冬奥气象服务系统部署在北京市政务云。北京市政务云提供 208 核 CPU、1 168 GB 内存、120 TB 存储，250 M 互联网带宽的资源能力保障冬奥气象服务系统，各系统可根据用户访问情况随时进行动态扩容，并全时段全流程监控运行情况，满足了冬奥气象服务系统稳定、安全的业务需求。

9.1.2　冬奥高性能计算资源

为保障冬奥数值预报模式运行所需资源，北京市气象局于 2019 年新建了一套先进的高性能计算系统。高性能计算系统使用超大规模集群架构，采用温水水冷节点，800 个计算节点的计算总核心为 28 800 个，双精度浮点运算峰值超过 2.69Pflops，存储可用容量达 8.4PB。存储系统使用分布式架构，由 4 套 DSS-G260 组成。操作系统使用 RHEL 7，作业管理调度系统使用 IBM Spectrum LSF。优化计算、数据和调度三方面措施，提升高性能计算系统算力效能。

9.2 信息网络

9.2.1 核心气象网络

冬奥北京气象中心基于 SDN 技术搭建数据中心网络，核心交换实现 100 G 互联、上联网络达到 40G、服务器接入网络达到 10 G，互联网线路带宽由 640 Mbps 提升到 1 260 Mbps，有效保障了气象数据传输、处理和服务业务。

9.2.2 冬奥保障专线

在 2 条 400 M 全国气象宽带网专线基础上，京冀两地气象局新增 1 条 200 M 冬奥专线，实现中国气象局、京冀气象局三地之间多条线路互相备份、稳定可靠的通信连接。北京市气象局到延庆区气象局地面线路带宽 100 Mbps，河北省气象局到张家口市气象局专线带宽 50 Mbps，张家口市气象局至崇礼区气象局 50 Mbps，实现气象部门之间有效连接。

9.2.3 赛区专线

与北京冬奥组委共同推进，实现北京市气象局与 7 个比赛服务场馆、4 个冬奥城市运行服务点之间点对点 100 M 专线互联互通，全面满足了 13 类冬奥气象数据在各个节点快速、高频次的传输需求，支撑了冬奥现场气象服务团队在场馆访问冬奥气象业务系统拥有与局域网用户同样的使用体验，保障了多地多终端接入的冬奥视频会商服务（图 9.2.1）。

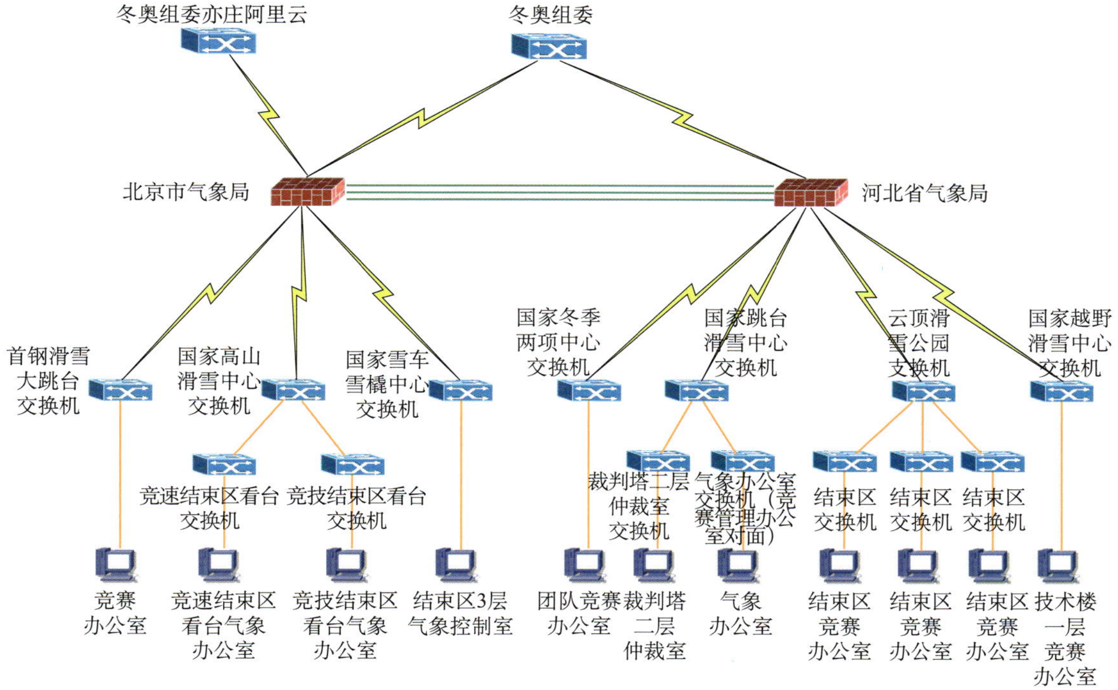

图 9.2.1 冬奥气象专线连接图

9.3 气象数据中心

冬奥气象数据主中心（北京）依托北京市气象局现有气象数据支撑环境，搭建冬奥气象数据主中心。北京市气象局作为国家级、京、冀观测、预报服务产品等所有气象信息的汇聚中心，通过网络专线为冬奥组委提供气象数据服务。冬奥气象数据备份中心（河北）是依托河北省气象局现有气象基础资源环境，搭建冬奥气象数据备份中心。

9.3.1 数据服务内容

京冀主备数据中心汇集中国气象局、京冀两地所有冬奥观测及预报产品数据，为冬奥业务系统及冬奥对外气象服务提供稳定、高效的统一数据服务。数据产品分为五大类：赛区观测、百米级预报、赛区预报、赛区服务和综合报告，实时提供 4 类 18 种标准的 GRPC 和 REST 数据接口服务。日接口调用次数约 1 000 万次，数据服务响应时长秒级。

9.3.2 数据处理方式

冬奥气象数据中心从流程保障、主流技术、算法创新三个方面来确保服务的质量。流程保障包括所有数据和产品需要数据产生端、数据中心、各个系统用户三方面进行统一核对，确认数据从产生、数据服务、显示三个环节的一致性。采用信息主流技术进行系统开发部署包括采用 SpringBoot 提供微服务，采用 Nginx 作为负载均衡，采用 Cassandra 作为格点存储方案，以及基于消息的数据服务。算法创新包括对格点块数据的索引算法、分割算法、检索算法进行研发和应用，实现数据接口服务快速、高效，提升用户使用体验。

9.3.3 数据中心功能及部署

冬奥气象数据中心建设中部署了各类数据的处理程序、格点存储和服务程序、站点存储和服务程序，场馆预报存储和服务程序，从稳定和应急方面考虑，各部分程序均做了负载均衡的考虑。

9.4 核心业务系统

冬奥核心业务系统在设计之初就确立了要遵循气象大数据云平台集约化建设理念，系统开发基于微服务技术架构和统一数据环境平台，数据服务接口基于 gRPC 框架，统一数据支撑环境，统一部署实施、统一运维监控，有效保障了系统运行监控，系统功能的便捷性、灵活性等方面得到了各层用户认可。

9.4.1　多维度冬奥预报平台

9.4.1.1　功能概况

多维度冬奥预报业务平台为北京市气象台统一开发，是冬奥气象预报团队开发的面向延庆赛区、张家口赛区、北京赛区的冬奥气象预报制作平台，也是开展赛区场馆天气预报的核心工作平台（图 9.4.1～图 9.4.2）。该平台集成了一系列的数值模式和技术等优秀的客观预报产品支撑，提供北京 2022 年冬奥会北京赛区、延庆赛区、张家口赛区 37 个站点的预报数据编辑、订正和发布等功能。主要技术亮点如下。

（1）系统首次采用三维 WEBGIS 引擎 Ceisum 进行冬奥场馆预报及高分辨率模式预报展示，通过对 Ceisum 引擎渲染性能的优化，提升三维可视化展示的流畅度，同时融合地理信息以及大量的卫星影像数据和地形数据，为预报员提供更加直观、准确的数据分析和灵活展示。

（2）集成多种客观预报方法，包括预报员基于统计和经验的客观化结果、优秀 FDP 产品的“百米级、分钟级”高时空精细化模式预报数据，客观订正结果能够直接应用到冬奥预报中，为提升预报准确率提供重要支撑。

（3）具有高效的主观订正工具。冬奥多维度预报业务系统经过长期、反复使用修改，提出了很多实用、丰富的订正工具，符合冬奥预报团队的使用习惯，有效提高了工作效率。

（4）系统技术架构采用目前先进的技术栈进行开发。前端 UI 基于 VUE + ElementUI 实现，后端基于 SpringBoot + SpringCloud + MySQL + Cassandra + Kafka + Redis 实现微服务架构，系统根据冬奥每项业务进行独立的服务构建，快速响应需求迭代更新。

（5）系统采用 Kafka 分布式消息系统，驱动冬奥产品生成引擎，通过预设模板将场馆预报数据批量生成中英双语、多类型、多样式的冬奥预报服务产品，为奥组委、气象网站、现场团队等提供不同的预报服务产品及数据。

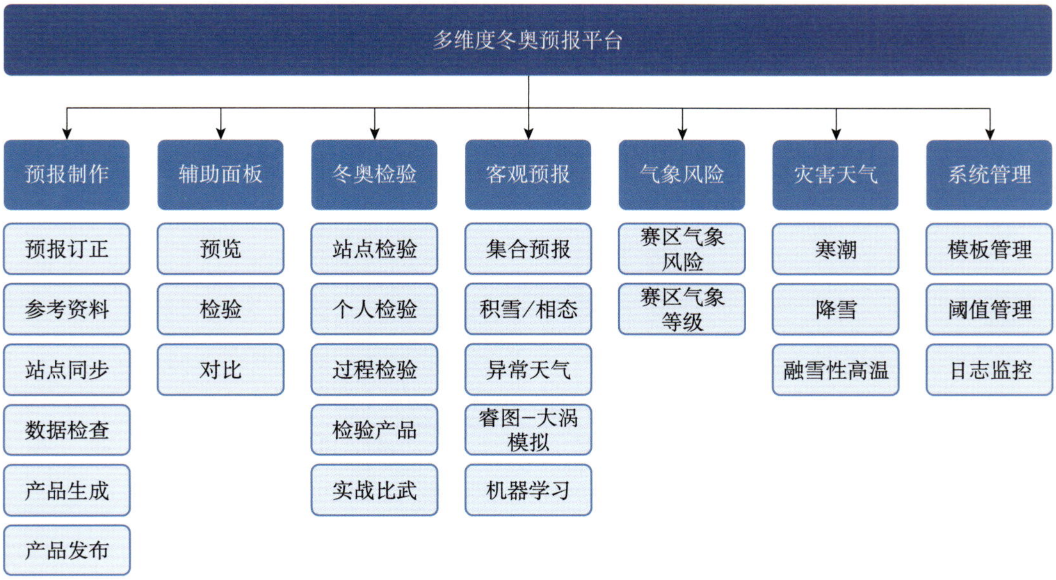

图 9.4.1　多维度冬奥预报平台功能结构图

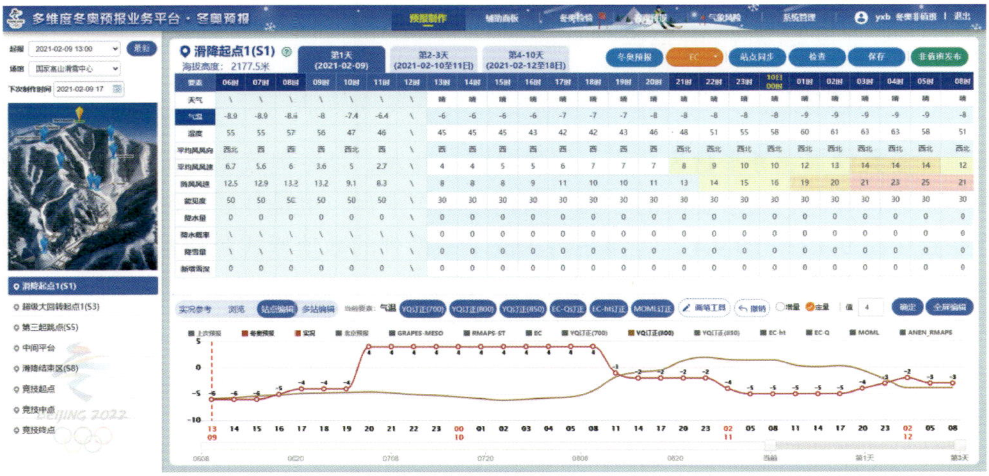

图 9.4.2　多维度冬奥预报平台界面

9.4.1.2　产品服务

多维度冬奥预报平台生成的预报产品包括中英文站点预报－图形、中英文站点预报－表格、站点预报报文和站点预报 ODF 报文。冬奥各站点的中英文预报，内容包括 24 h 逐时预报及时序图、72 h 逐 3 h 预报和 4～10 d 逐 12 h 预报，如图 9.4.3 所示。

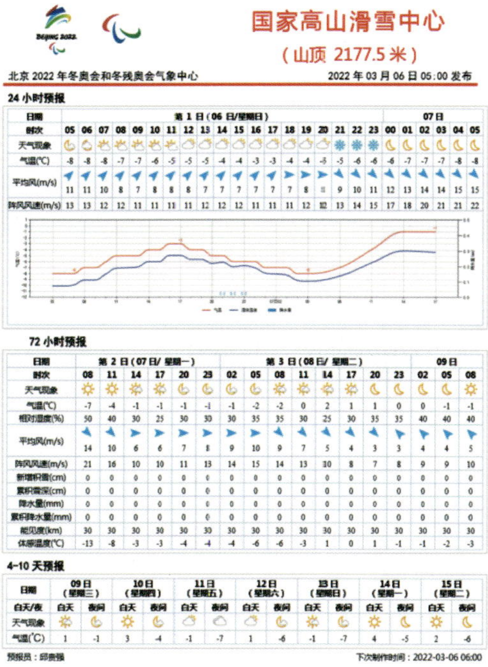

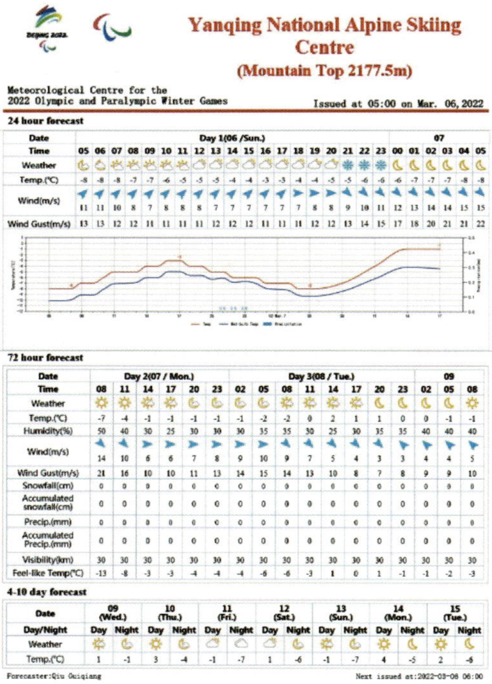

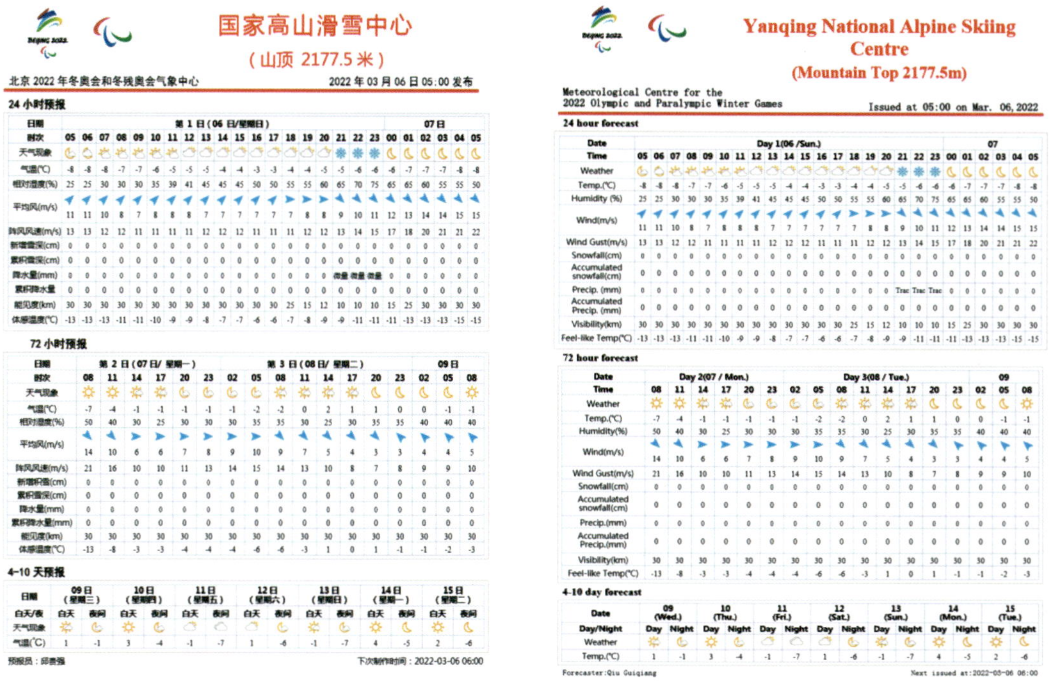

图 9.4.3 站点预报中英文图形产品、表格产品

9.4.2 MOAP 冬奥专项保障平台

9.4.2.1 功能概况

MOAP 冬奥专项保障平台，是国家气象中心面向冬奥气象预报服务研制的一套综合预报分析和制作平台。平台具有高实时性和高交互性的特点，支持冬奥 26 站的 6 大类 13 种气象要素预报和实况综合分析，提供 8 家主流数值预报和智能网格预报多起报时次结果的时空对比检验；通过选定参考模式或智能网格产品对预报进行批量（单点）在线订正，快速输出冬奥专项保障点的预报服务产品。平台提供智能网格预报、环境预报、强天气预报、CMA 数值预报等 5 大类 59 种共计上千类产品显示分析，成为延庆赛区、北京赛区和张家口赛区预报服务团队的重要支撑平台，有效提升了预报员预报服务效率（图 9.4.4～图 9.4.5）。

平台的基于 B/S 系统架构设计开发，研制了面向气象海量数据的高效大数据处理技术和前端渲染引擎，解决了针对冬奥站点预报服务的海量气象数据处理、产品数字化及提高产品显示效率的问题。

9.4.2.2 产品服务

针对冬奥场馆所在位置，MOAP 冬奥专项保障平台可提供四类保障图形产品，分别是过去 48 h 6 大类 12 种地面实况观测时间序列图，过去 48 h 8 家数值预报与实况观测对比时间序列图，保障时段内各家数值预报的“多模式集合预报”时间序列图，以及根据预报员订正后的模式预报制作出的预报表格。

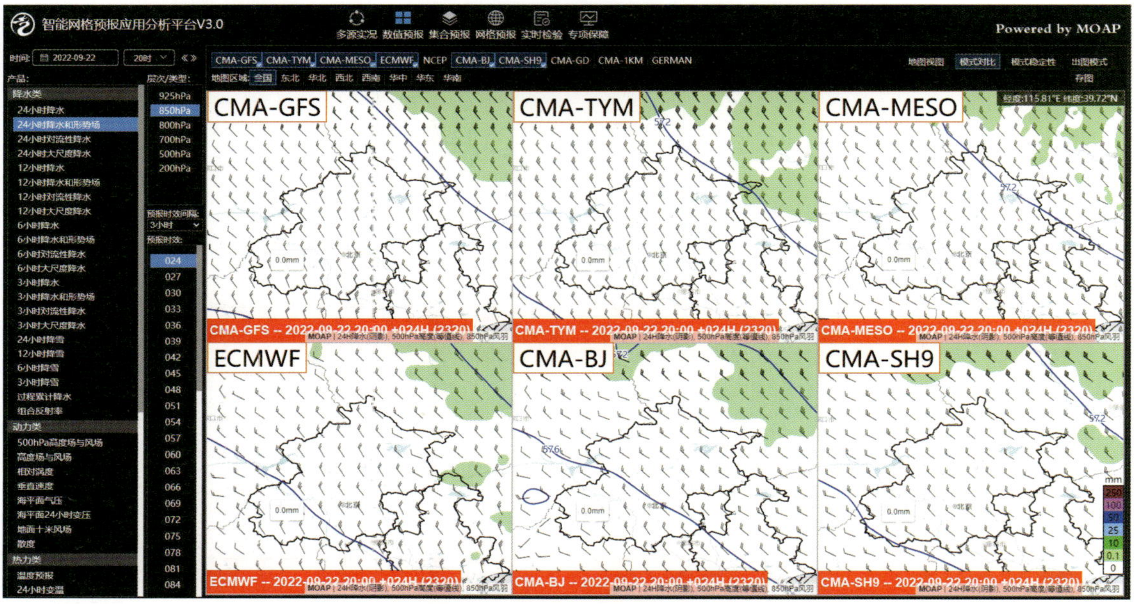

图 9.4.4　MOAP 冬奥专项保障平台 - 高分率数值模式对比分析

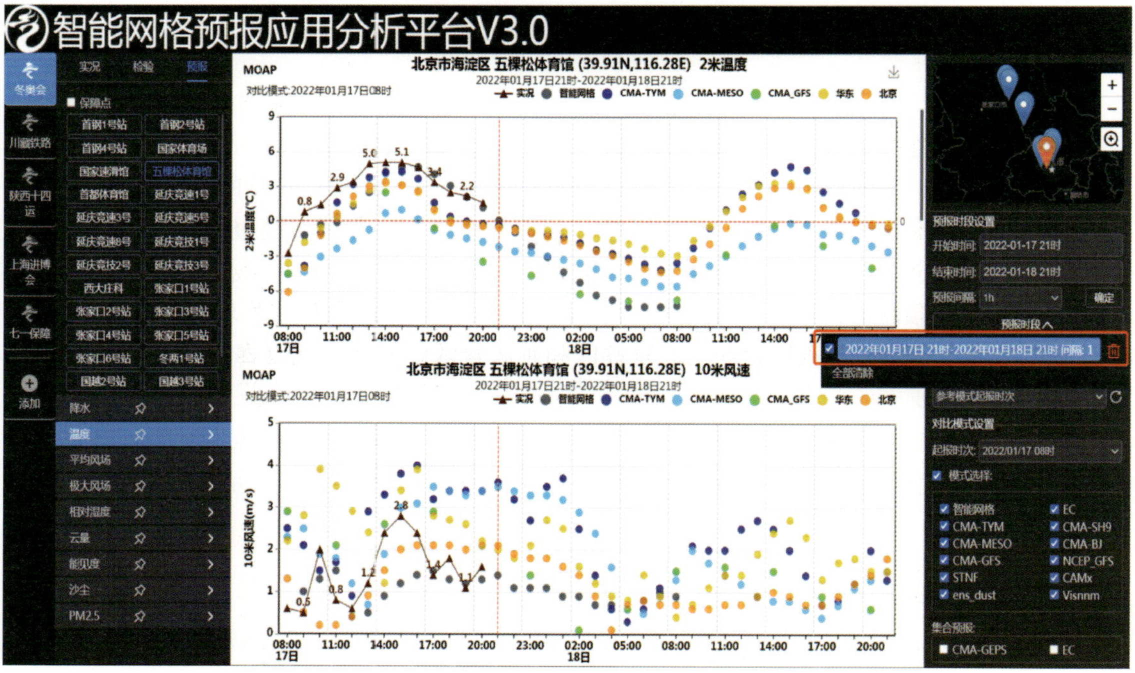

图 9.4.5　MOAP 冬奥专项保障平台 - 赛场气象实况预报检验分析

9.4.3　冬奥雪务气象预报预测系统

9.4.3.1　功能概况

冬奥雪务专项气象预报预测系统由河北省气象台（河北省气象局）、国家气象中心共同承担建设。通过冬奥雪务气象预报预测系统实现赛道雪面高影响天气精准化预报，预报精细到不同赛道以及赛道的不同地点；建立降水、沙尘等高影响天气的赛事风险及人工造雪风险阈值体系，形成适用于张家口赛区复杂地形下的精细化预报及风险预报产品。雪务专项气象预报预测系统分为赛道雪面气象要素短期预报子系统、赛事用雪风险天气预报子系统和预报分析制作平台三部分。

9.4.3.2　产品服务

实现了张家口赛区地面气象观测、雷达实况数据，河北“百米级、分钟级”客观预报分析产品、智能网格产品等可视化显示；实现了日照辐射公里尺度的计算和模拟；完成了人工造雪以及赛道气象风险产品的预报预警模块，实现了“一项一策”的赛事风险产品以及人工造雪风险产品动态更新；实现了张家口赛区冬奥预报站点气温、降水、风向风速、相对湿度等气象要素逐小时动态更新。

9.4.4　气候预测平台

9.4.4.1　北京市冬奥气候预测系统

（1）功能概况：北京市冬奥气候预测子系统可以实现冬奥赛区气候监测、气候诊断分析、延伸期－月－季节气候预测产品制作，为北京冬奥会和冬残奥会期间北京赛区和延庆赛区气候预测服务提供基础支撑。采用 B/S 架构，主要包括气候诊断分析、模式（季节气候模式、次季节模式、月动力延伸模式）产品展示和解释应用、后台管理等模块。

（2）服务情况：平台可以形成气候诊断分析产品和基于气候系统监测指数、气候模式直接输出预测数据的客观气候预测产品，以满足北京冬奥会和冬残奥会期间北京赛区和延庆赛区气候预测滚动会商的需要。平台还可以制作各种预测报文、气候预测图、气候预测产品等，保障北京冬奥会和冬残奥会期间北京赛区和延庆赛区延伸期天气过程、月－季节气候预测服务。主要服务产品为北京冬奥会和冬残奥会各赛区气候预测服务专报，在关键期逐候滚动发布。

9.4.4.2　河北省智能化气候预测平台

（1）功能概况：河北省智能化预测系统包含智能化自动处理、智能推荐、延伸期天气过程智能化预测、月尺度智能化预测、产品智能化制作等五个模块，有效支撑冬奥期间河北省气候预测业务。本系统采用 B/S 架构，总体架构分为物理层、数据层、服务层、应用层、展现层五层。

（2）产品服务：系统可调用多种延伸期预报算法，针对冬奥张家口赛区冬季强降温强降水等天气过程进行客观精细化预报，生成各站要素延伸期趋势预测图和逐日演变图。采用气候数理统计方法、AI 算法等进行本地化气温、降水月尺度（包含季节尺度）预测，提供月尺度网格化智能预测。产品的空间分辨率为 5 km，时间分辨率为 1 日。

9.4.4.3 CWRF 和 CIPAS 等冬奥预测平台

（1）功能概况：CWRF30 km：实现逐月滚动的冬奥会场地气温、降水、环流场的时空分布。涵盖 5 月 31 日、6 月 30 日、7 月 30 日、8 月 29 日、9 月 28 日、10 月 28 日、11 月 27 日、12 月 27 日、1 月 31 日起报的未来 8 个月预测产品。CWRF15 km：实现单样本 1 周 2 次起报，每个起报日向后积分 2 个月，可提供 15 km 分辨率 CWRF 区域气候模式全国和冬奥会场地气候要素和背景环流精细化延伸期气候预测服务产品。

CIPAS 监测功能：实现常用时段及手工选择任意时段冬奥会场地气温、降水、风速的时空分布。主要时段涵盖：近 10 d、近 20 d、近 30 d、近 90 d、本月至今、本季至今、任意时段。CIPAS 预测功能：实现常用时段及手工选择任意时段场地气温、降水、风速的时空分布。

冬奥场地 CWRF 气候系统模式业务流程架构主要包含 1 个核心预测框架和 3 个子流程：1 个核心预测框架包括 BCC-CSM 全球模式运行系统、CWRF 预测前处理模块、CWRF 预测模式运行模块和 CWRF 预测后处理模块。3 个子流程包括业务执行流程、数据库流程、监控容错流程。

CIPAS 冬奥场地监测预测模块建立于全新设计的系统框架结构，数据、算法、流程、产品、监控等全面融入气象大数据云平台。在大数据云平台中建立冬奥气候专用数据库，支撑环境的数据全部移植到气象大数据云平台；制定实施计划，把 CIPAS 所有业务功能的算法（包括新开发和已经业务运行的）纳入大数据云平台的加工流水线；应用服务端的改造，全面对接大数据云平台算法流水线，重新设计系统界面。

（2）产品服务：CWRF 预测产品包括基本气象要素、环流、云、辐射、云微物理和各种通量等约 80 个变量。在此基础上，CWRF 区域模式冬奥月季气候预测服务（30 km）全年共 14 个起报时次，每个起报时次向后预测 8 个月，逐月滚动提供多物理配置集合的气候要素和背景环流月季气候预测产品。CWRF 区域气候模式 15 km 延伸期气候预测服务采用单样本一周两次起报，每个起报日向后积分 2 个月，可提供 15 km 分辨率 CWRF 区域气候模式气候要素和背景环流精细化延伸期气候预测服务产品。CIPAS 监测产品：任意时段冬奥场地降水、气温、风速距平百分率空间分布、1961 年以来逐年变化。

9.4.5 张家口赛区实时分析系统

9.4.5.1 张家口冬奥赛区多源网格实况产品分析处理系统（图 9.4.6）

（1）功能概况：实现张家口赛区高分辨率（50 m）温度、降水、相对湿度、风、气压等要素实况产品的制作。整体系统架构划分为五个层次：基础层、存储层、支撑层、逻辑层、展示层。

（2）产品服务：张家口降水、气温、气压、湿度、风（包括 UV 风等）等要素融合产品（空间分辨率达到 50 m，时间分辨率达到 10 min），三维航空气象服务产品（空间分辨率达到 500 m，时间分辨率达到 10 min，海拔高度 5 000 m）。

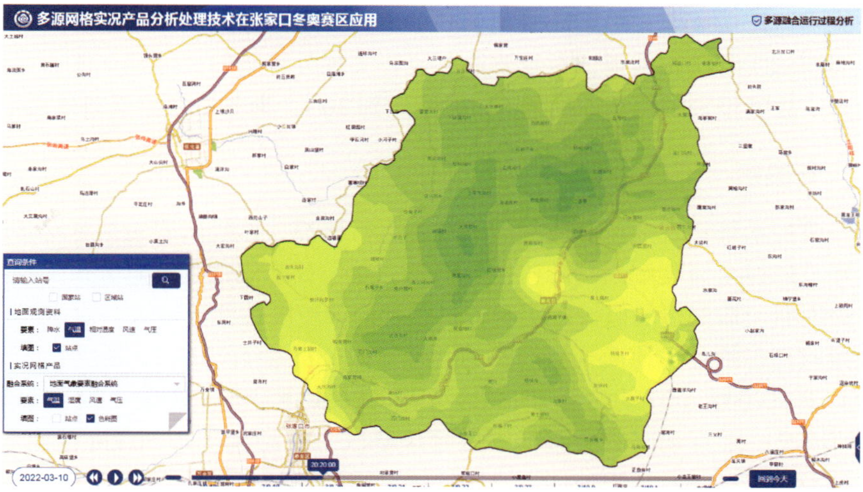

图 9.4.6　多源网格实况产品分析处理技术在张家口冬奥赛区应用 web 界面

9.4.5.2　崇礼精细化气象要素实时分析系统（图 9.4.7）

（1）功能概况：包括资料和数据接口模块、高分辨率三维气象要素分析模块、数据采集共享和管理系统等。将 INCA、CALMET、CFD、WRF-LES 的降尺度技术的研究成果，进行张家口赛区本地化应用，实现张家口赛区高分辨率三维气象要素分析。

（2）产品服务：基于 INCA-HR、CALMET、CFD、WRF-LES、SDSM 的降尺度技术生成 5 类分析产品，其中 INCA-HR、CALMET、CFD、WRF-LES 4 类产品有 4 种展示方式，分别为三维气象要素展示、地图展示、图片展示、单站展示。SDSM 统计降尺度文件因为没有高程数据，所以有三种展示方式，分别为地图展示、图片展示、单站展示。

图 9.4.7　崇礼精细化气象要素实时分析系统的 INCA-HR 产品三维展示

9.4.6 冬奥全流程监控系统

冬奥全流程监控系统在冬奥期间实现了涵盖京冀两地数据产品从采集、处理、存储、服务等全生命周期的实时状态监视，对重要业务流程实现分钟级的故障感知能力与部分故障预知、控制能力，故障报警阈值从原先的 5 min 缩短到 30 s，为冬奥气象服务提供了有力保障。

9.4.6.1 冬奥统一监控

冬奥统一监控系统实现全业务流程的细粒度运行监控，监控内容包括针对冬奥气象信息服务的各个环节进行全流程端到端的监控与展示，基于日志规范、日志分析实现了对冬奥气象数据全生命周期、端到端的监控，实时资料监视的颗粒度达到分钟级、要素级。

数据到报监控包括冬奥地面观测涉及的北京赛区（11 个自动站）、延庆赛区（38 个自动站）和张家口赛区（38 个自动站），其中延庆赛区继续分为北斗传输（22 站）和无线传输（16 站）两种情况；垂直观测部分包括了以延庆赛区为中心的周边 50 km 范围内 7 类 19 套设备的数据到报率。日志监控用于接入 syslog 等系统、应用日志，支持日志格式化、在线搜索等功能，支持匹配关键字生成告警功能，便于运维人员定位故障。

9.4.6.2 冬奥智能化运维子系统

智能化运维子系统利用大数据机器学习和其他分析技术实现故障主动发现、定位、分析以及整个业务流程的动态预测和自主调优，还集成了移动终端的推送，实现了运维多场景全天候操作。

监控运维内容包括基于 SSH、SNMP、SMI-S 等协议实现了对服务器、存储、网络设备、数据库、中间件、容器、虚拟化等 IT 基础资源的监控；通过定制开发采集接口实现了对安全态势系统、机房动力环境系统、高性能计算系统的监控数据的集成，实现了对于冬奥保障系统的精细化统一监控。

第 10 章　预报预测复盘总结

10.1　开幕式

10.1.1　冬奥会开幕式

实况天气：2022 年 2 月 4 日午后风力较大，西北风 3～4 级，阵风 5～6 级。20 时，受高空西北气流控制，北京位于地面冷高压前部，天气以晴为主，20 时至 23 时活动时段风力明显减弱，偏北风 2～3 级，温度为 −1.3～−0.3 ℃。

预报服务：开幕式气象保障，重点关注大风、低温的影响，提前 20 d 每日 2 次提供国家体育场当天逐小时及未来 10 d 预报，针对活动集结、进场、活动期间、撤场分阶段提供 10 分钟更新服务。根据焰火燃放需求，增加提供 3 个高度层的风向风速预报，加强大风对临时搭建物等的影响分析，关注焰火燃放对空气质量的影响。2 月 1 日起提供逐 1 h 预报。此外，从 2022 年 1 月 15 日起，针对开幕式彩排演练开展了 15 次天气会商，提供了 80 余次专项预报和为期 3 个月的现场服务，发挥了重要的保障作用。国际奥委会主席巴赫及多名奥委会官员和领队对 1 月 30 日彩排的“精准”降雪预报高度称赞。

复盘小结：冬奥会开幕式天气的精准预报，得到多方的认可和称赞。开（闭）幕式气象服务保障团队组织开展近 20 年开幕式活动同期高影响天气分类复盘，凝练预报技术要点。开展预报“比武行动”，提前 50 d 开展 20 d 内目标区域逐日滚动模拟预报。组建由气象、部队、民航等 19 家单位组成的技术专家组，全力支撑开幕式气象保障服务等等，这一系列的有力举措，保障了冬奥会开幕式气象预报的精准呈现。

10.1.2　冬残奥会开幕式

实况天气：受类强冷空气影响，配合冷高压前部的锋面气旋，为冬残奥会开幕式带来了非常强烈的大风和沙尘影响。冬残奥会开幕式天气复杂，2022 年 3 月 4 日白天全市出现强大风天气，鸟巢在上午 10 时前后出现阵风 19.9 m/s，已经超过近十年鸟巢出现过的最大阵风值（2020 年 3 月 18 日 19.2 m/s），且早晨至中午伴随有沙尘天气出现。

预报服务：针对冬残奥开幕式，提前 10 d 预测出 3 月 4 日开幕式当天大风、沙尘天气过程；提前 2 d 准确预报大风、沙尘影响时段和强度，预判活动时段大风减弱；提前 1 d 发布大风黄色和沙尘蓝色预警信号。开（闭）幕式指挥部和焰火燃放工作组有关领导盛赞冬残奥开幕式气象保障服务，指出“这次天气预报很厉害，大风说什么时候小就小了，风预测很准，气象局的预报给筹备工作吃了一个定心丸，给冬残奥开幕式筹备工作很大帮助”，并赠送“预报精准、专业服务”锦旗表示感谢。

复盘小结：冬残奥会开幕式遇到了强冷空气影响，配合锋面气旋，造成华北区域在 3 月 4 日白天出现大范围的大风和沙尘天气，并且由于大风已具备极端性，且伴有沙尘等因素，预报难度极大，在冬残奥开幕式时段，沙尘的减弱趋势、风力的变化情况成为预报的关键点，利用对天气系统的主观分析和数值模式的对比释用，采用历史相似个例对比等方式，成功预报了冬残奥会开幕式的天气。前期对于北京同期大风天气的预报技术总结以及沙尘天气的预报方法和天气个例的储备，在本次重大活动的保障中发挥了重要作用，预报和实况基本一致。

10.2 闭幕式

10.2.1 冬奥会闭幕式

实况天气：受冷空气影响，北京上空以西北气流为主，2 月 20 日闭幕式天气以晴为主。午后有 5 级左右西北风。闭幕式期间（20—23 时）气温 0.4～3.3 ℃，西北风 2～3 级。整个活动期间天晴好，对冬奥会闭幕式无影响。

预报服务：针对冬奥会闭幕式，提前 10 d 报送《闭幕式气象服务专报》，预计：2022 年 2 月 20 日北京地区出现强降雪、寒潮、持续性 6 级以上大风以及低能见度天气的可能性较小，18 日前后受冷空气影响可能出现降雪和降温天气，19 日有 3、4 级偏北风。提前 3 d 经北京市气象台、国家气象中心、河北省气象台等单位联合会商研判，明确 19—20 日天气为晴间多云，白天风力较大，阵风 5、6 级，气温小幅波动；给出了活动时段逐小时预报，天气晴，气温 0 ℃左右，风力 2、3 级的判断与实况基本一致。提前 28 h 提供集结进场期间（14—19 时）、仪式活动期间（20—22 时）、撤场期间（23—24 时）分时段的精细化预报。闭幕式当天逐小时滚动更新预报。

复盘小结：冬奥会（闭）幕式天气再次受冷空气影响，出现大风天气，而大风的强度变化对气温又造成了影响，因此，在没有强天气对闭幕式造成重大影响的情况下，风力和温度的精细化预报成为预报的重点。经过冬奥开闭幕式气象保障团队前期的训练和技术积累，对重点时段的天空状况、气温、风力、风向、阵风的预报准确率几乎为 100%。

10.2.2 冬残奥会闭幕式

实况天气：包括冬奥会在内四次北京冬奥运会和残奥会开（闭）幕式天气预报保障，均受到不同程度的冷空气影响。而冬残奥闭幕式的天气无疑是其中预报难度最大的一次。受冷空气影响，北京 3 月 13 日活动时段（20—23 时），天气阴，气温 9 ℃左右，偏南风 1、2 级。鸟巢在 23:10 开始出现零星小雨。

预报服务：针对冬残奥会闭幕式天气，提前 10 d（3 月 3 日）的《北京冬残奥会期间天气情况汇报》中提示“12 日至 13 日有一次雨雪天气过程，气温下降。”提前一周的《闭幕式气象服务专报》中预报了13日北京地区“多云，气温11～9 ℃，风力2、3级”。从中期天气预报角度，冬残奥会闭幕式的预报基本从天气过程的把握到气象要素的预报，都和实况比较接近。进入到短期预报时效内，经北京市气象台、国家气象中心、河北省气象台等9个单位联合会商研判，预报北京地区13日天气“多云转阴，半夜前后有零星小雨，白天最大阵风3、4级，最高气温13 ℃左右，夜间风力减弱，最低气温6 ℃左右”。在3月13日短临预报中，将鸟巢地区出现零星降水的时间确定为23时，这与实况鸟巢开始下雨的时间仅相差10 min。

复盘小结：冬残奥会天气的预报难度极大，13日午后天气逐渐转阴，低云增多，至闭幕式开始前，低云布满天空，而降水是否影响闭幕式则成了最受瞩目的一点。预报中通过对高时空分辨率的探测资料、卫星、雷达等数据的精细化分析诊断，最终判断活动期间无降水，与实况高度一致，完成了一次精准的预报。

10.3 火炬传递

火炬传递是奥运会重要的文化活动之一，向全世界弘扬奥林匹克精神，传播和平、团结、友谊、健康的理念，宣告奥运会即将来临。在中国气象局冬奥气象服务领导小组的统一指挥下，国家气象中心作为北京冬奥会火炬传递气象服务专项工作组的牵头单位，组织北京市气象局、河北省气象局、公共气象服务中心等单位共同完成了冬奥会和冬残奥会火炬传递气象服务任务，保障火炬传递活动顺利、圆满完成。

10.3.1 冬奥会火炬传递

活动概况：2021年10月在希腊完成北京冬奥会火炬境外取火以及火种交接仪式后，按照“简约、安全、精彩”的办赛要求，取消了境外的火炬传递活动。2022年2月2—4日在北京、延庆、张家口等三个赛区11个封闭或独立传递区域进行冬奥会火炬传递活动（图10.3.1）。这些地点涉及平原、山地、水面等不同地貌类型，气象条件对火炬传递、转场等活动的安排有重要影响，同时开展多点位、多要素、多时段逐小时精细化预报给气象服务工作带来挑战。

天气情况：火炬传递期间，北京、张家口等地天气以晴为主，传递地点气温基本都在0 ℃以下，体感比较寒冷；3—4日受冷空气影响，北京、张家口出现3～4级偏北风，阵风6级左右；6级及以上大风主要出现在4日白天。

成因简析：此次大风过程出现在高空西北气流引导地面冷高压前部冷空气东移南下并加强的过程中。3日夜间至4日白天，华北北部高空锋区和海平面气压梯度加强（图10.3.2 a），是近地面出现大风的有利形势。从850 hPa风场和温度平流分布特征（图10.3.2 b）看，在冷高压前沿850 hPa风速达18～20 m/s，并伴有强烈的冷平流，有利于地面出现正变压，产生大风天气。虽然此次冷空气过程降温幅度不大，但活动地点气温基本都在0 ℃以下，因此体感较为寒冷。

图 10.3.1　2022 年 2 月 2—4 日北京冬奥会火炬传递地点分布

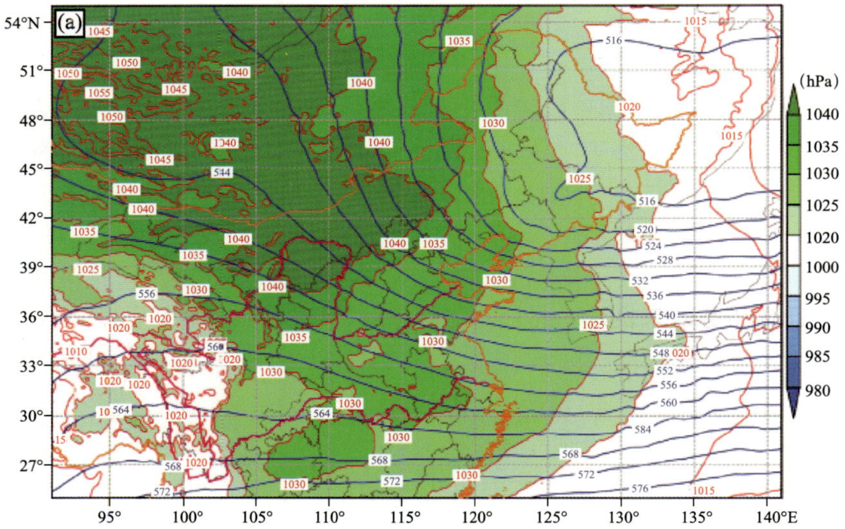

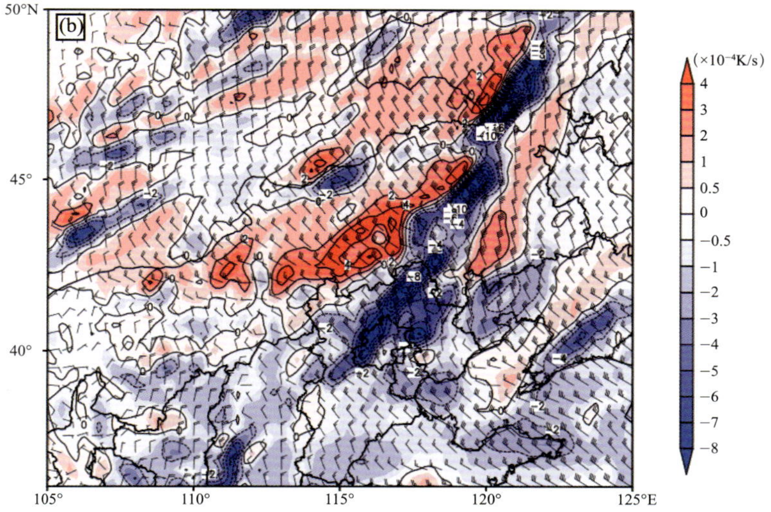

图 10.3.2　2 月 4 日 08 时（a）500 hPa 高度场（蓝色等值线）和海平面气压（红色等值线和填色）和（b）850 hPa 风场和温度平流（等值线和填色）

复盘总结：针对火炬传递活动期间的天气，在 1 月 14 日延伸期会商中，基于环流形势场的预报和低频演变特点，对比极端天气和气候态形势，较早排除了寒潮、持续大风以及强降雪等极端灾害性天气发生的可能性。随后 1 月 24 日中期会商中指出，活动期间将主要受纬向型环流下西风带短波系统影响，有弱冷空气活动和小幅降温；并基于对数值模式前期相似过程预报检验，参考集合预报的概率、离散度及聚类分析等产品，以及天气学波动传播特点，对冷空气的影响时段和强度进行预报。

具体来看，各家数值模式提前 10 d 左右均能预报出冷高压增强的趋势，但中期时段对海平面气压场预报明显偏弱，一定程度上影响了预报员对大风预报的判断，主要表现为对阵风的风速预报偏小和大风影响的主要时段不确定。在短期时效，模式对冷高压强度的预报逐渐调强，但仍较实况略偏弱。预报员基于中央气象台 STNF 客观预报产品进行主观经验订正，取得了较准确的预报结果。河北张家口 2 月 3 日火炬传递期间，5 个传递点 24 h 气温预报平均误差只有 1.38 ℃，平均风速预报准确率在 62.5%～100%，阵风风力等级预报准确率在 75%～100%，总体服务效果良好。北京 6 个传递点、6 个不同时段的天空状况、温度、风力等要素预报与实况也基本接近，特别是提前 3 d 准确预报出 2 月 4 日下午通州大运河地区阵风风力将达 6 级或以上，为指挥部将火炬传递方案由水上改为陆上提供了科学决策依据。此外，在预报服务中增加了体感温度预报，多次提示做好临建防风加固和人员防寒保暖，尽可能减小气象条件对火炬传递的影响。

10.3.2　冬残奥会火炬传递

活动概况：按照“两个奥运、同样精彩”的要求，中国气象局火炬传递气象服务专项工作组全力做好北京 2022 年冬残奥会火炬传递气象保障服务工作。火炬传递活动于 3 月 2—4 日在北京、延庆、张家口三个地区同步举行（图 10.3.3），活动包括火种采集与汇集和火炬传递两个部分。火种采集使用凹面镜采集太阳光引燃采火棒，“文明之火”的采集通过击燧引燃柴火，对天气状况依赖度极高；参与火炬传递的包括很多残障人士，如遇恶劣天气，造成的影响会更大；此外正处于冬春季节转换时节，天气更加复杂多变，精准预报服务面临更大的挑战。

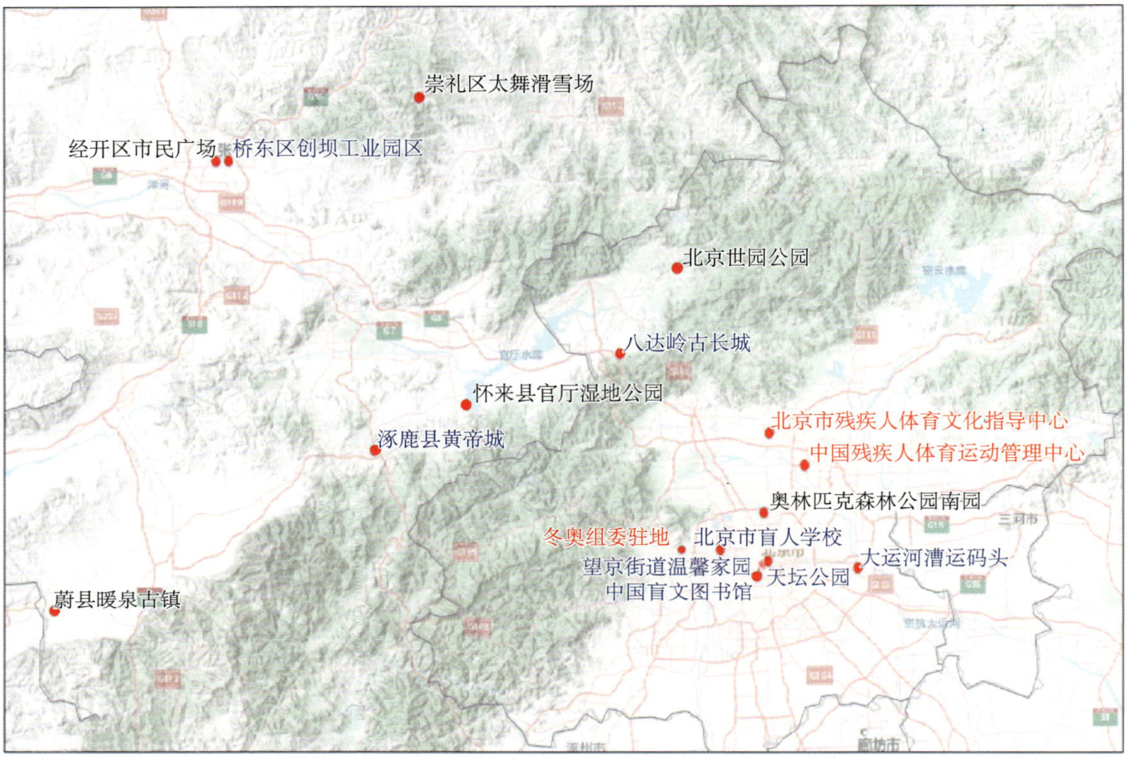

图 10.3.3　2022 年 3 月 2—4 日北京冬残奥会火炬采集与传递地点分布

天气情况：3 月 2—4 日期间北京和张家口地区天气以晴为主，气温小幅波动。受冷空气影响，3 日至 4 日白天出现了整个北京冬奥会冬残奥会期间最强的一次大风天气过程，大部地区平均风力有 4～5 级，阵风 7～8 级，局地 9 级以上，极大风速集中出现时段为 4 日 09—12 时。另外，受上游沙尘输送影响，3 月 3 日夜间至 4 日上午，张家口和北京先后出现了沙尘天气，张家口最低能见度 4.1 km，PM_{10} 峰值浓度超过 600 μg/m^3；延庆最低能见度 6.5 km，PM_{10} 浓度接近 200 μg/m^3；北京最低能见度 6.6 km，PM_{10} 浓度超过 300 μg/m^3。北京地区 4 日 13 时后风力逐步减弱，能见度恢复至 20 km 以上，大风未对开幕式造成影响。4 日白天北京火炬传递地点受大风影响较大，传递地点风力达 6～8 级，其中北京奥林匹克公园最大风速达到了 21.7 m/s（4 日 10 时）。张家口传递活动在 2 日和 3 日，受天气影响较小。

成因简析：3 月 3—4 日大风沙尘天气过程中，高空槽自西向东移动中发展，地面蒙古气旋生成并加强，气旋与其后部冷高压之间等压线密集，气压梯度最强达到了 8～10 hPa/（100 km）（图 10.3.4 a），强的气压梯度力是大风形成的主要原因。随着气旋和冷高压逐渐东移，4 日，河北西北部至北京西部一带 24 h 变压梯度明显增大，达 6 hPa/（100 km）以上（图 10.3.4 b），强烈的变压梯度叠加强的气压梯度，造成近地面强风。此外，前期内蒙古西

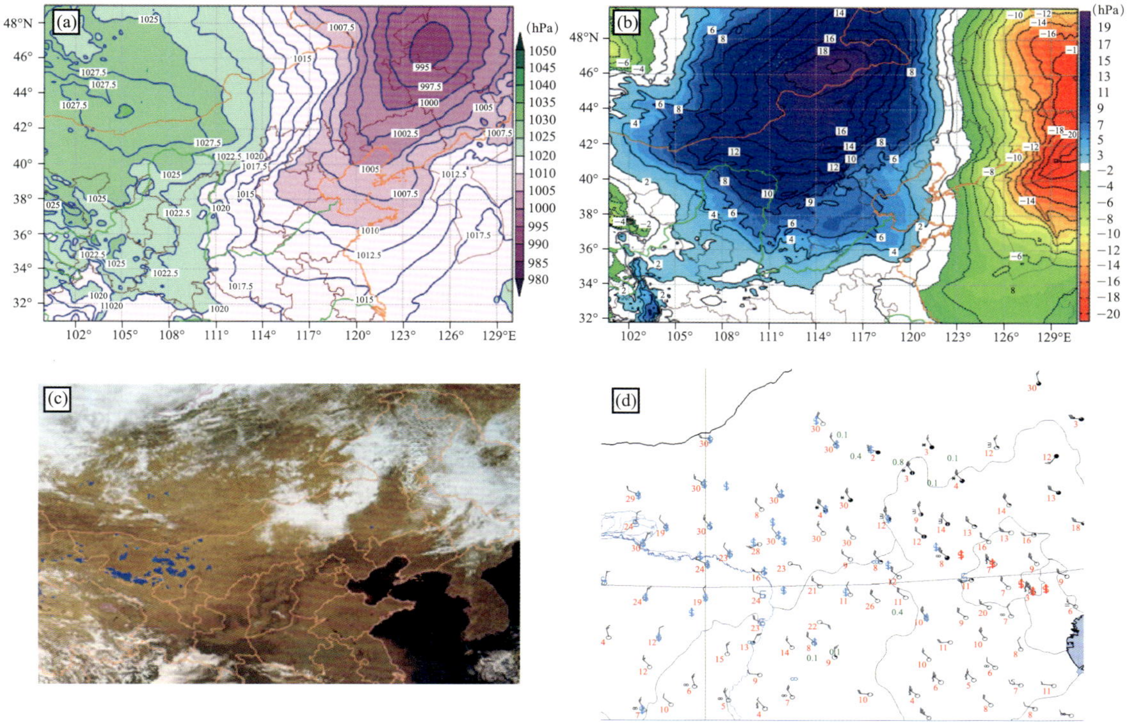

图 10.3.4　2022 年 3 月 4 日 08 时海平面气压场（a），3 月 4 日 20 时 24 h 海平面气压变压场（b），3 月 2 日 14 时卫星积雪监测（c），3 月 4 日 10 时地面观测（红色数字为能见度，单位：km）和 3 日白天沙尘影响区域（蓝色沙尘符号）（d）

部等地降水显著偏少，气温偏高，导致 3 月初地面无明显积雪覆盖（图 10.3.4 c），地表裸露，为沙尘天气发生提供较好的物质条件。3 日下午在大风作用下，内蒙古西部、陕西北部等地出现大范围扬沙天气，河套局地出现沙尘暴。经气旋前部偏西风传输，内蒙古中部地区出现沙尘；3 日夜间至 4 日上午，随着系统东移，受西北大风传输影响，张家口、北京等地出现沙尘天气（图 10.3.4 d）。

复盘总结：本次过程是春季较典型的一次大风沙尘天气过程，总体可预报性较高。2 月 23 日首期冬残奥火炬传递气象服务专报中就预报有冷空气影响，并提示可能出现沙尘天气。但是，数值模式对蒙古气旋强度和大风的预报稳定性较差，气旋强度和位置不断调整，因此对于火炬传递点的影响程度和具体影响时间还存在一定不确定性。中期时效对于冷空气的影响时段和阵风强度分别存在偏慢、偏弱的偏差特征，预报服务过程中针对数值模式的调整，预报员抓住高影响天气的关键环流形势信息，对大风天气做出准确预报。同时，在短期时效加强对上游内蒙古西部大风和沙尘的实况监测，结合卫星观测地表条件、冷空气路径和移速预报，基于主观订正经验，对张家口、北京等地沙尘天气的主要影响时段和强度做出准确预报。在精细化预报方面，张家口火炬传递点气温平均预报偏差不到 1 ℃，准确率接近 100%，最大风速平均预报误差 2 m/s 左右，整体预报效果良好。同时，北京市气象台及时发布大风、沙尘预警，提示 3 月 4 日白天风力大且伴有沙尘，需做好临时搭建物的加固措施，火炬传递人员注意防风防寒防沙。得益于准确及时的预报服务，大风沙尘天气未对冬残奥会火炬传递活动造成明显不利影响。

10.4 冬奥赛事期间高影响天气

冬奥会和冬残奥会期间高影响天气过程有大风、强降雪、强降温和低温等，其中，2 月 12—14 日出现的强降雪和强降温过程、15—16 日的持续低温事件和 18—20 日大风天气对赛事产生显著影响（见附录 C）。

10.4.1 冬奥期间主要高影响天气过程概述及预报分析

（1）2022 年 2 月 12—14 日强降雪和强降温以及 15—16 日持续低温天气过程

2 月 12—14 日强降雪过程主要是受高空槽与低层切变线、地面倒槽以及边界层偏东风等系统的共同作用产生的，主要降雪时段为 13 日。北京赛区降雪量 5 mm，新增积雪深度 6～8 cm。延庆赛区出现大雪，局地暴雪，其中竞速结束区 11.2 mm，西大庄科 13.3 mm；新增积雪深度 10～12 cm，局地 20 cm；山顶最低能见度不足 100 m。张家口赛区出现大雪，累计降雪量 8～10 mm，最大新增积雪深度 15～20 cm，最低能见度不足 100 m。

强降雪过程伴随两次高空波动东移的过程。第一次为 12 日上午，张家口赛区出现小雪；第二次出现在 13 日凌晨至前半夜，为主要降雪时段。第二次波动东移过程中发展加强，低层有低涡生成（图 10.4.1 a），动力抬升条件明显增强；来自渤海湾的偏东风一方面携带充沛的水汽，与高空槽前的暖湿气流汇合，为强降雪提供良好的水汽条件；一方面为高空槽前暖湿气流爬升提供了冷垫，也使得垂直运动增强；同时偏东风在北京西部山前辐合，导致降雪增大（图 10.4.1 b），因此边界层偏东风在此次降雪过程中起到重要作用。降雪过程中，整层大气湿度大、温度低，有利于云内形成大量的冰晶和雪花粒子，并降落至地面，形成蓬松的干雪（一般认为积雪深度与降雪量的比值大于 10），特别在高海拔地区更为明显，因此延庆和张家口赛区虽然最大累计降雪量不足 15 mm，但最大积雪深度却高达 20 cm。

伴随着强降雪天气，12—14 日，延庆和张家口地区平均气温下降 9～13 ℃，北京城区下降 6～8 ℃，最高气温低至 0 ℃以下。14 日赛区出现大风，延庆赛区山顶最大阵风 9 级（24 m/s）。受前期降雪和补充冷空气影响，赛区气温持续维持较低状态，15 日达到最低，其中张家口地区平均气温偏低 10 ℃左右，延庆地区和北京城区偏低 8 ℃左右。张家口和延庆赛区最高气温均为 −15 ℃上下。

此次降雪过程数值模式虽然提前 12 d 左右就能预报出降雪形势，但在 120 h 时效以上对 500 hPa 短波槽和 850 hPa 低涡切变系统位置、移速预报不够稳定，甚至出现跳跃，预报难度很大。120 h 时效以内预报趋于稳定，但系统位置仍有较大差异。确定性降水要素预报与形势场基本一致，量级、落区预报都出现频繁调整。相较而言，集合平均降水预报在预报稳定性、降水量级等方面比确定性预报更有参考价值。预报员基于天气形势关键特点和集合预报产品，提前 10 d 在 2 月 3 日的会商中明确预报此次降雪天气过程；7 日开始，降雪过程起止时间和降雪量级预报趋向准确、精细；8 日，中央气象台专家组组长向北京冬奥组委副主席

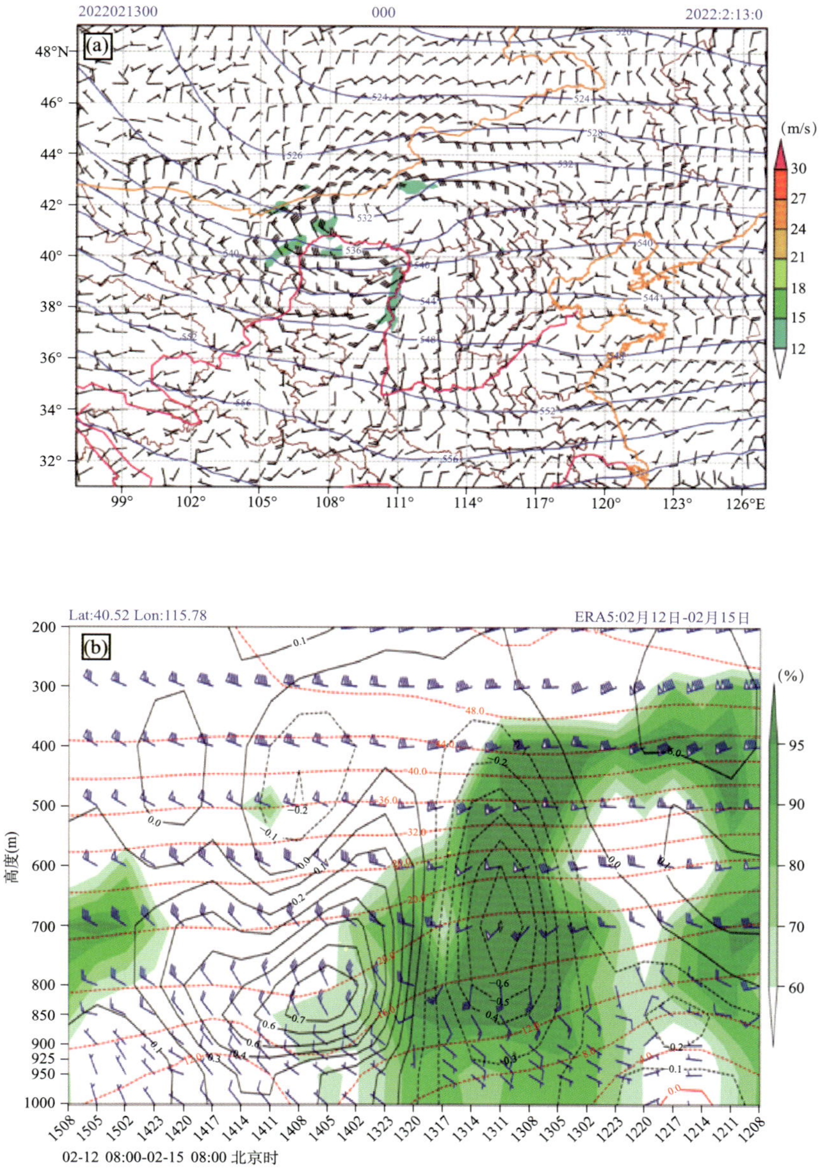

图 10.4.1　2022 年 2 月 13 日 08 时（北京时）500 hPa 高度和 850 hPa 风场（a）、沿延庆西大庄科附近的风场、相对湿度（填色）和垂直速度（等值线）时间 – 高度剖面（b）

杨树安等领导详细汇报各赛区的降雪预报情况，为赛事调整安排提供可靠保障。之后，在数值模式预报不断调整的情况下，预报员基于对天气形势的把握以及对赛区特殊地形下降水机制的理解和认识，一直坚持预报赛区将有“中到大雪，局地暴雪”，与实况基本一致。同时，中央气象台研发的基于 cobb 算法的新增积雪深度预报产品预报张家口和延庆赛区积雪深度可达 10 cm 以上，也与实况基本吻合。

此次降温和低温过程出现在稳定的极地高压脊与东北亚高空冷涡影响背景下，模式对此类大尺度环流形势的预报性能一般较好，集合预报模式提前 15 d 即可反映出前期升温、12—

14 日剧烈降温及后期气温持续偏低的趋势，因此冷空气过程的可预报性较高。预报员从集合预报中提取到出现冷空气过程的前兆信号，结合大尺度长波槽脊活动周期外推技术，提前 15～20 d 即指出“13 日前后有冷空气过程，赛区将出现大风、降温天气”。随着时效临近，进一步订正和细化预报结论，2 月 7 日会商时即指出“13—14 日，赛区气温下降 8～10 ℃，平均风力 4～5 级，阵风 6～7 级；15—16 日，维持低温天气，风力仍较大”，对此次大风降温过程及伴随的赛事风险做出准确预报和及时提示。

此外，对于和强降雪过程相伴随的低能见度天气，预报员已积累了较丰富的经验，提前 5 天即预报出高海拔最低能见度低于 100 m，与实况基本一致。基于神经网络的能见度客观预报产品对于 1 km 以下的低能见度天气有一定预报能力，为精细化、定量化的预报提供了支撑。

（2）2022 年 2 月 18—20 日大风天气过程概述

2 月 18—20 日，受高空波动和地面冷高压共同影响，华北北部地区出现大风降温天气。延庆和张家口赛区阵风风速普遍达 11 m/s 以上，且持续时间较长，对赛事造成较明显的影响。从赛区站点 30 min 极大风监测看，18 日凌晨至 20 日夜间，延庆赛区大部分站点均出现 11～17 m/s（6～7 级）阵风，部分站点极大风超过 20 m/s（9 级），阵风峰值出现在 19 日凌晨和 20 日夜间，其中，19 日凌晨山顶站最大阵风 29.9 m/s（11 级）。张家口赛区云顶场馆群风速普遍小于延庆赛区，多数站点多数时段极大风速在 11～16 m/s，仅在 18 日早晨、19 日午后和 20 日午后个别站点达 17 m/s 以上；古杨树场馆群大部分站点阵风风速在 19 日上午至傍晚、20 日上午至傍晚超过 11 m/s，个别站点超过 17 m/s。伴随冷空气影响，19 日，张家口和延庆赛区气温下降 8～10 ℃；20 日气温回升。

此次大风降温过程发生在冷空气南下的过程中，受先后沿高空槽下滑的两股冷空气南下影响，地面出现偏北大风。地面冷高压中心强度 1 045 hPa，气压梯度约 0.1 hPa/km，轴向呈西北—东南走向，有利于冷空气快速南下（图 10.4.2 a）。对流层中低层锋区与地面冷高压轴向分布一致，从与 800 hPa 风场、温度场和温度平流分布看（图 10.4.2 b），风场与等温线近乎垂直，伴有强烈的冷平流，是有利于出现地面大风的典型形势。同时在冷空气到达时伴随有强烈的正变压，正变压区与地面 6 级以上阵风区相对应（图略）。此外，过程期间，对流层低层在河北西北部一带低空急流和急流风速脉动维持（图 10.4.2 c），中低层表现为辐散下沉运动（图 10.4.2 d），有利于中高层冷气团将高空较大的动量下传到低层，引起近地层大风。

此次冷空气大风过程主要是贝加尔湖附近有长波脊发展，脊前涡后有冷空气不断旋转南下影响我国北方地区。从中长期预报角度来看，月预报提前两周预报赛区多冷空气过程，气温较常年同期略偏低。通过西伯利亚高压指数演变及 850 hPa 气温和风场的分析可知，18 日起将有明显冷空气影响赛区。根据 2 月 10 日预报场，通过聚类分析根据环流演变推测，冷空气在 19 日前后影响赛区的可能性较大。

对于本次冷空气大风数值模式检验来说，模式最早于 1 月底给出预报提示。模式在 6 d 以上时效对赛区上空中高层风速增大的趋势预报准确，但强度较零场明显偏小；2 d 左右偏差减小。分析发现，800 hPa 风场演变对赛区强风预报指示意义明确，其强度预报稳定，但较分析场偏小 2 m/s 左右，有一定的订正价值。国家气象中心研发的客观订正产品（STNF）

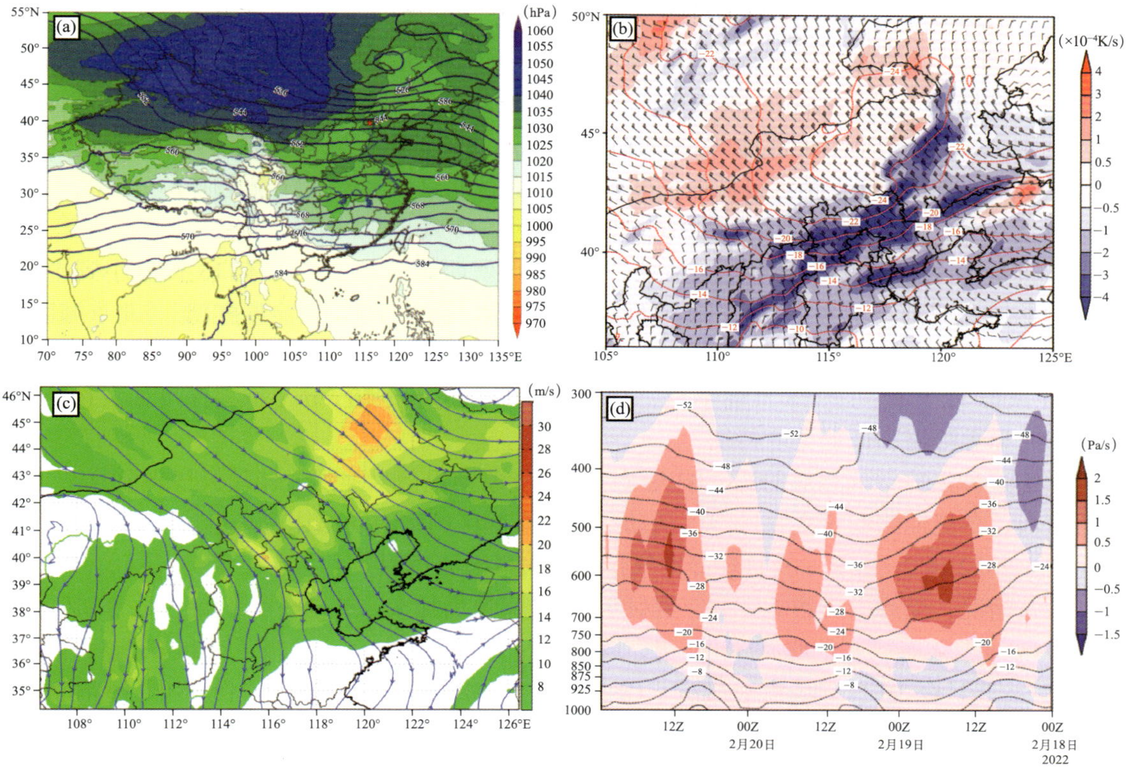

图 10.4.2　2 月（a）18 日 08 时 500 hPa 高度场（等值线）和海平面气压场（填色），18 日 20 时（b）800 hPa 温度场（等值线）、风场和温度平流（填色），（c）850 hPa 流场和风速（填色），（d）过延庆附近的垂直速度（填色）和温度（等值线）时间－高度剖面

提前 6 d 报出此次大风天气，且在 3 d 内风速预报误差在 3 m/s 以内，可用性较高。预报员在综合分析天气系统和各种客观预报产品的基础上，对此次大风降温过程做出较准确的预报。2 月 8 日向北京冬奥组委领导汇报时，提前 10 d 预报“18 日前后，赛区还可能有降雪和大风降温过程”；随着时效临近，进一步订正和细化预报结论。18 日预报，“18 日夜间—19 日受冷空气影响，赛区气温下降 6～8 ℃，风力增大、气温较低。延庆赛区 19—20 日最大阵风 20～22 m/s；张家口赛区 18—19 日气温下降 6～8 ℃，19—20 日白天，最大阵风 11～14 m/s”，与实况基本一致。

10.4.2　北京赛区

（1）2022 年 2 月 4—5 日弱冷空气带来的大风天气

天气情况：受冷空气影响，北京赛区白天出现大风天气，其中 2 月 4 日白天有 3～4 级偏北风，阵风 5～6 级。5 日白天有 3 级左右偏北风，阵风 5～6 级，傍晚逐渐减弱。

预报情况：针对本次大风天气过程，提前 20 余天预报了 2 月初有一次弱至中等强度冷空气过程，提前 7 d 准确预报 4 日有 3 级左右偏北风（平均风）。本次大风天气的强度弱，阵风 5～6 级。受其影响，4 日通州大运河森林公园火炬传递方案由水上改为陆上，对北京赛区的比赛无影响。

（2）2022 年 2 月 13—14 日强冷空气带来的大雪、低能见度、大风降温天气

天气情况：北京赛区受高空槽和低层偏东风等系统共同影响，13 日 02 时至 14 日 05 时，北京全市平均降雪量 5.9 mm，北京赛区（城区）平均降雪量 5.0 mm，最大降雪量出现在昌平大岭沟 17.4 mm。全市大部地区积雪深度 5～12 cm。首钢赛区降雪量为 4.4 mm（积雪深度 8 cm）。降水期间北京赛区最低能见度 1 km 左右。北京城区平均气温下降 6～8 ℃，最高气温低至 0 ℃以下。14 日白天出现 3 级左右偏北风，阵风 5～6 级。

预报情况：针对本次强冷空气活动，2 月 5 日就明确预报“12 日至 13 日有小到中雪，降水初期以雨或雨夹雪为主”；并在 8 日进一步提示“降雪明显”“能见度低”“北京城区降温幅度 6 ℃左右”等预报信息；10 日预报提示“局地暴雪”，递进式提高降雪预报强度。提前 48 h 预报 12 日夜间至 13 日前半夜，全市平均降雪量 5～10 mm（积雪深度 5～10 cm），并伴随有显著降温和低能见度特征。

对于这种强冷空气造成的高影响天气，往往气象预报信号强烈，伴随天气现象复杂，预报难度大，冬奥期间的这次强冷空气活动，对北京赛区的室内场馆比赛未造成明显影响。

（3）2022 年 2 月 18—19 日弱冷空气带来的大风天气过程

天气情况：受冷空气影响，北京赛区 18 日夜间风力加大，有 3～4 级偏北风，阵风 6 级左右。19 日白天赛区有偏北风 3～4 级，阵风 6～7 级。提前 10 d 预报了“18 日前后有冷空气活动”，并且在 10 日的预报中提示“19 日有 3～4 级偏北风”。市气象台 18 日 16 时 30 分发布大风蓝色预警信号。市气象台 19 日 20 时 45 分解除大风蓝色预警信号。

预报情况：针对本次大风天气，预报提前量超 10 d，短期和短临预报均准确预报了北京赛区的风力和阵风强度，并且及时发布相关预警信号。

10.4.3 延庆赛区

（1）2022 年 2 月 4—6 日大风（4、5 日男子滑降官方训练，6 日男子滑降比赛第一天；5 日雪橇比赛第一天）

天气情况：延庆赛区 3 日夜间至 6 日上午出现偏北大风，其中 5 日风速最强。国家高山滑雪中心海陀山顶站 3 日 20 时至 6 日 10 时阵风超过 17 m/s，最大阵风达 28.1 m/s（出现在 5 日 06:26），第三起跳点（蜜糖跳）最大阵风 21.7 m/s（出现在 5 日 16:26），竞速赛道结束区最大阵风 19.9 m/s（出现在 5 日 03:31）。国家雪车雪橇中心西大庄科站 3 日夜间至 5 日白天阵风总体超过 11 m/s，最大阵风 15.2 m/s（出现在 5 日 14:30）。

预报情况：场馆预报中心提前 5 d 开始定量预报山顶风速情况，预报最大阵风风速值基本和实况一致。提前 3 d 跟进更新 5 日白天风速预报，和实况基本一致。5 日当天短时临近预报和实况基本接近。1 月 30 日开始至 2 月 1 日滚动预报：2 月 4 日前后赛区持续有大风，夜间山顶阵风 27 m/s 左右，5 日中午减弱。2 月 2 日更新预报：4 日早上山顶阵风 22 m/s，中午前后减弱至 16 m/s；5 日全天大风，最大阵风 26 m/s，14 时 17 m/s；6 日上午大风，最大阵风 17 m/s，中午前后风速明显减弱。

（2）2022 年 2 月 12—14 日降雪和低能见度、大风降温（12 至 14 日女子滑降官方训练，13 日男子大回转比赛）

天气情况：受冷空气和暖湿气流共同影响，延庆赛区 2 月 12 日 21 时 -14 日 05 时出现

暴雪。国家雪车雪橇中心场馆西大庄科站累计降雪量 13.3 mm（最大积雪深度 20 cm）；国家高山滑雪中心竞速结束区 11.2 mm（积雪深度 20 cm），赛道上积雪深度达 20～30 cm（据赛道技术官员反馈）。降雪期间能见度明显下降，13 日白天高山滑雪中心场馆能见度大部分时间在 100～500 m，山顶能见度低于 100 m。过程降温幅度 14 ℃，14 日早晨山顶最低气温降至 −25.8 ℃（出现在 14 日 07:20）。高山滑雪中心场馆 13 日 08 时至 11 时和 14 日 04 时至 10 时，山顶阵风风速超过 17 m/s，其中 13 日 10:03 出现偏南大风，最大阵风风速达 22.4 m/s，14 日 08:27 出现西北大风，最大阵风风速达 24.0 m/s。

预报情况：场馆预报中心提前 10 d（4 日）开始跟进此次降雪过程，提前 5 d（8 日）定量滚动预报场馆降雪起止时间、降雪量、积雪深度以及能见度，降温幅度和最大阵风。

降雪起止时间预报和实况基本一致，但降雪量和积雪深度和实况有偏差，降雪量预报偏低一个降雪量级，积雪深度也明显偏小。提前 5 d（8 日）预报：累计降雪量 5～10 mm，积雪深度 5～8 cm。提前 4 d 预报：累计降雪量 5～10 mm，积雪深度 6～11 cm。提前 2 d（11 日）至 13 日早晨的预报结论基本维持：过程降雪量：6～10 mm，积雪深度：8～12 cm。

过程降温来看，和实况相比，气温预报有所偏高。提前 5 d 一直稳定预报过程降温幅度 8～10 ℃左右，山顶最低气温降至 −20 ℃左右。

大风方面，和实况相比，风速预报偏小。提前 5 d 预报考虑 13 日至 14 日风速有所增大，但山顶阵风＜17 m/s。提前 1 d（12 日）和当天早晨滚动更新，13 日山顶最大阵风 17 m/s，14 日早晨北风 18 m/s 左右。和实况相比，预报偏小。

（3）2022 年 2 月 15—16 日低温天气过程（15 日女子滑降比赛，16 日男子回转比赛）

天气情况：延庆赛区持续低温天气，国家高山滑雪中心场馆山顶白天最高气温 15 日为 −18.7 ℃，16 日为 −18.3 ℃；夜间最低气温 16 日早晨降低至 −25.9 ℃（出现在 06:50）。国家雪车雪橇中心场馆西大庄科站 15 日至 16 日白天最高气温 −6.2 ℃（出现在 16 日 16:00），夜间最低气温为 −19.7 ℃（出现在 15 日 06:40）

预报情况：定量预报来看，提前 3 d 跟进预报山顶夜间最低气温 −23 ℃，白天最高气温 −18 ℃，预报和实况基本一致。

（4）2022 年 2 月 17 日小雪（17 日女子全能滑降比赛）

天气情况：延庆赛区 2 月 17 日 12 时—18 日 08 时出现小雪，国家雪车雪橇中心场馆西大庄科站累计降雪量 1.1 mm（积雪深度 2 cm）；国家高山滑雪中心竞速结束区 1.3 mm（积雪深度 2 cm）。

预报情况：提前 5 d（12 日）滚动跟进预报此次降雪过程，降雪起止时间、降雪量和积雪深度预报和实况基本一致。

（5）2022 年 2 月 18—20 日大风（19 日高山滑雪团体项目；18 日至 20 日雪车雪橇女子双人雪车、四人雪车项目）

天气情况：延庆赛区 18 日下午至 20 日出现偏北大风，其中 19 日风速最强。

国家高山滑雪中心海陀山顶站 18 日 14 时至 20 日 24 时阵风超过 17 m/s，最大阵风达 29.3 m/s（出现在 19 日 02:48），团体赛道起点最大阵风 20.4 m/s（出现在 19 日 16:54），竞技赛道结束区最大阵风 17.3 m/s（出现在 19 日 11:07）。国家雪车雪橇中心西大庄科站 18 日 11 时至 20 日 24 时阵风超过 11 m/s，最大阵风 17.6 m/s（出现在 20 日 16:33）。

预报情况：提前 8 d（11 日）滚动跟进预报此次大风过程。提前 4 d（15 日）开始滚动跟进 19 日山顶最大阵风（20～25 m/s）的定量预报，团体起点 19 日 8～13 m/s。18 日更新预报：19 日白天山顶阵风 16～22 m/s，夜间最大 24 m/s；竞技中点、竞技结束区 11—13 时阵风 10～13 m/s。19 日跟进 20 日早晨至中午团队赛道的阵风预报，早晨相对平稳，风速小，上午风速逐渐加大，小时最大阵风 10～13 m/s。和实况相比，19 日高山滑雪中心场馆风速预报偏低，20 日预报和实况基本一致。

10.4.4 张家口赛区

冬奥会期间（2022 年 2 月 4—20 日），张家口赛区前期（3 月 6—11 日）天气较为平稳，其他时段出现了四次具有一定影响的天气过程，分别为 4—5 日和 18—20 日的两次大风低温过程，以及 12—14 日和 17 日的两次降雪低温过程，另外，14—16 日越野冷池明显，导致低温。其中明显降雪日数 3 d，大风日数 5 d，低温日数 6 d。

6—11 日平稳期，气温 −5～−20 ℃，偏西风 2～4 m/s，阵风 4～8 m/s，能见度 5 km 以上。

（1）2022 年 2 月 4—6 日的间歇性大风天气

天气情况：2 月 4—6 日，受冷空气影响，张家口赛区出现具有明显日变化的间歇性大风天气，4 日午后开始风速迅速增大，前半夜山顶的最大环境平均风速达到了 11.2 m/s，阵风为 18.8 m/s（8 级），赛道核心观测站的最大平均风为 5～7 m/s，最大阵风为 11～13.8 m/s。后半夜风速迅速减弱到 10 m/s 以下。5 日中午前后再次增强，环境最大阵风为 18 m/s，入夜后再次减弱。4 日凌晨的最低气温为 −24.9 ℃。

预报情况：团队提前 3 d 就准确预报 2 月 4—5 日的大风天气过程，2 月 4 日 WFC 预报 5 日跳台滑雪赛事气象风险为“注意”等级。

（2）2022 年 2 月 12—14 日降雪和低能见度、大风降温

天气情况：2 月 12—14 日，降雪分两个时间段，2 月 12 日 06—11 时，弱降雪累计 0.9～1.8 mm，最大雪强为 0.5 mm/h，降雪时的最低能见度为 790 m。13 日 06—23 时为第二个阶段，17—20 时为最强降雪时段，累积降雪量为 3.9～7.9 mm，新增积雪深度 7～12 cm，最大雪强为 1.6 mm/h，降雪时最低能见度为 340 m。

2 月 14—16 日，受雪后强冷空气和冷池现象的影响，14 日凌晨的最低气温在 −26～−24 ℃，云顶 4 号站的最低温度达到了 −26.5 ℃。15 日凌晨的气温达到最低为 −26～−22 ℃，越野 1 号站的最低气温为 −27.9 ℃。

预报情况：冬奥气象服务团队 8 日首次提出张家口赛区有中到大雪（4～10 mm）（实况 6.0～9.1 mm），最低能见度 200 m 左右，会同国家气象中心、河北省气象台、内蒙古自治区气象台从 8 日开始滚动跟踪研判天气变化，并在张家口赛区竞赛指挥组的体育 - 气象联合会商中提示赛事风险。14 日的赛区天气会商，明确提出了冷池现象的最低温度在 −24 ℃以下的预报结论。

（3）2022 年 2 月 17—18 日小到中雪

天气情况：2 月 17—18 日，降雪自 17 日的 12 时开始，持续到 18 日的凌晨 05 时，降雪量分布不均，云顶场馆群的降雪量明显大于古杨树场馆群，主要降雪时段为 15—19 时，累计降雪量为 1.7～4.6 mm，最大雪强为 1.3 mm/h。降雪时最低能见度为 400 m。13 日夜间最

低气温 −26 ℃，14 日白天最高气温 −20 ℃左右。

预报情况：此次降雪天气过程的预报较为准确，起止时间、降雪量和积雪深度预报和实况基本一致。

（4）2022 年 2 月 18—19 日弱冷空气带来的大风天气过程

天气情况：2 月 18—20 日，受强冷空气影响的一次区域性大风、低温天气过程。18—19 日赛区风速的增幅较为平稳，20 日中午的风速达到了最大，环境平均风速为 12～17 m/s，最大阵风达到了 24.8 m/s；赛道平均风为 6～10 m/s，阵风 10～13 m/s，冬两 1 号站的最大阵风达到了 23.3 m/s。19 日凌晨的最低温度为 −25.6～−22 ℃。

预报情况：团队提前 2 d 就在体育 - 气象联合会商中提出此次大风天气过程的赛事风险。

10.5　冬残奥赛事期间高影响天气

冬残奥会期间高影响天气主要有大风、沙尘和异常显著升温等，其中 3 月 7—10 日异常升温造成一定的融雪风险（见附录 C）。

10.5.1　冬残奥期间主要高影响天气过程概述及预报分析

（1）2022 年 3 月 7—10 日显著升温天气过程

3 月 7—10 日，受暖脊影响，赛区出现异常回温过程，平均气温累计升温幅度达 10 ℃以上，10 日气温达到最高值，张家口赛区最高气温达 9～15 ℃，最低气温 1～3 ℃；延庆赛区最高气温 8～16 ℃；最低气温 −1～4 ℃，气温显著高于常年同期。赛区及周边地区最高气温平均值突破历史同期极值，但最高气温极大值未突破同期极值；高海拔地区最低气温极小值较常年同期偏高 2～3 ℃。受持续升温和偏南风区域传输的影响，3 月 8 日开始，赛区大气扩散条件逐渐转差，9 日开始出现轻至中度污染，10 日凌晨，北京 $PM_{2.5}$ 超过 150 μg/cm^3，达重度污染，而后重度污染持续 18 h。

7—10 日，赛区位于 500 hPa 高空脊前，高度场标准化距平达到 1～2（图 10.5.1 a），对流层低层 850 hPa 上空为偏西或偏南风，受干暖气流控制（图 10.5.1 b）。以延庆为例，7—8 日该地区存在明显的下沉运动（图 10.5.1 c），天空云量少，白天受晴空辐射的影响，日最高气温明显回升；8 日以及 9—10 日该地区近地层有暖平流输送（图 10.5.1 d），也有利于气温升高。因此，受显著的下沉增温、辐射增温和一定的平流增温的共同作用，赛区气温明显升高，较常年同期显著偏高。

升温过程中，赛区高空受平直西风气流控制，大气扩散条件逐渐转差，低层以西南风为主，有利于污染物区域传输。8—9 日期间，大气湿度整体较低，相对湿度最高仅为 70% 左右，且区域基础污染浓度较低，因此污染总体增长速度较慢。10 日受偏东风影响，大气湿度明显增加，尤其 10 日夜间湿度最高达 90%，污染呈快速增长趋势，能见度下降。

对于此次异常升温天气，数值模式提前两周预报出亚洲地区 500 hPa 高度场距平呈现“两槽一脊”环流型，华北地区将受脊前西北气流影响；同时预报 9 日前后华北地区对流层低层 850 hPa 南风加强、温度明显升高。对于逐日预报而言，通过模式集合成员聚类产品，

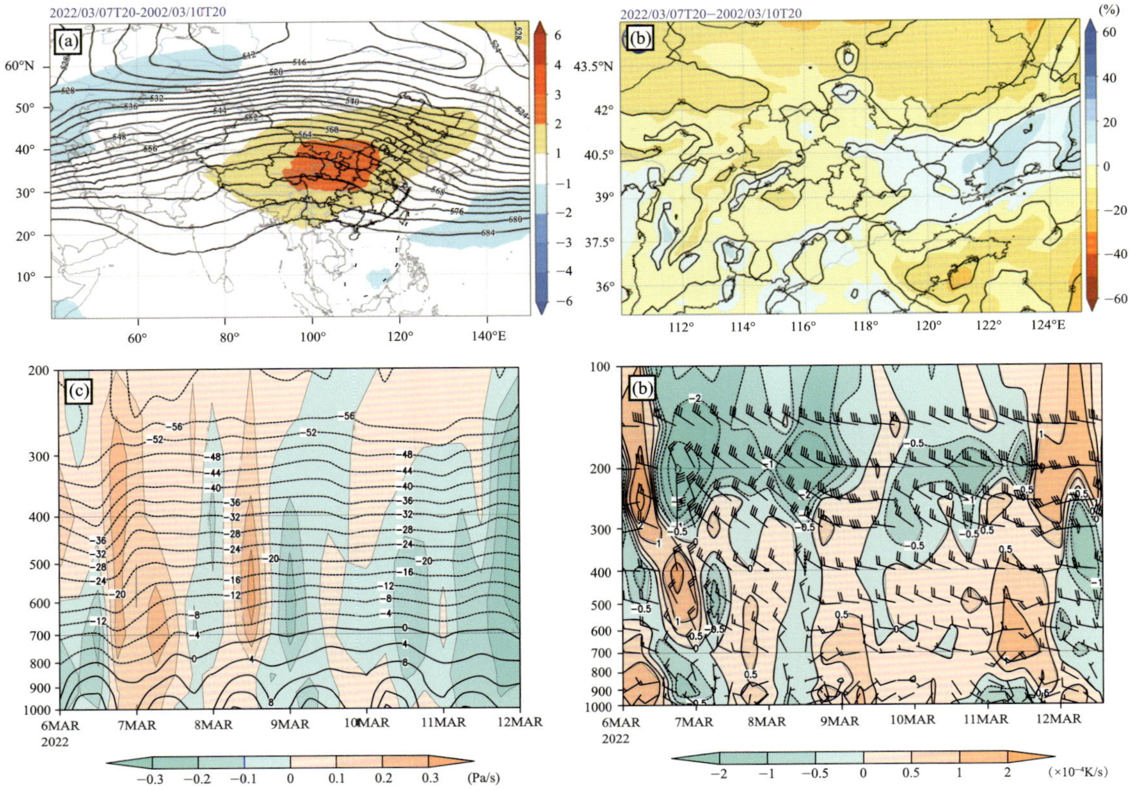

图 10.5.1　2022 年 3 月 7—10 日 500 hPa 高度场（等值线）和标准化距平（填色）（a）、850 hPa 相对湿度（等值线）和距平（填色）（b）、延庆站垂直速度（填色）和温度（等值线）的时间 – 高度剖面图（c）、延庆站温度平流（填色）和水平风场的时间 – 高度剖面（d）

结合中短期时效环流演变特征，2 月 28 日预报 3 月 6—10 日赛区将持续升温并有融雪风险。3 月 2 日考虑到 6 日张家口赛区弱降雪天气的影响，将整体预报升温时段定为 7—10 日，同时对可能导致融雪风险的气温值预报更加接近实况，进一步细化了 0 ℃层的高度、持续的时间等；另外，多次指出模式对气温极端值可能存在预报偏低的误差。

此次气温回升过程的可预报性较高，主客观预报效果均较为理想，主观预报提前 10 d 预报出升温过程，提示融雪风险，提前 7 d 的赛区最高（低）气温预报与实况比较接近。随着时效临近，对主要场馆的气温预报值也更加接近实况。整体来看，国家气象中心 STNF 客观产品的可参考性高。

对于大气扩散条件的预报，提前 10 d 根据环流形势调整及近地层气象要素变化，认为 3 月 7 日以后大气扩散条件逐渐转差，7—10 日期间，将会有一轻度次污染天气过程。3 月 1 日的汇报中，考虑到 4 日冷空气的清除作用，以及 5—7 日期间的间断性冷空气影响以及相对湿度总体偏低等情况，指出 8—10 日北京的污染呈缓慢积累趋势，9—10 日有出现中度污染风险。7 日，进一步对 9 日夜间至 10 日的污染最终强度提升到重度污染。但考虑到冬残奥期间的管控措施，预报时只提了短时重度污染，比实际情况偏轻。预报与实况比较分析，总体上对于华北地区出现重度污染时段和强度准确，但对于重度污染持续时间预报偏短。

（2）2022 年 3 月 11—12 日雨雪天气过程

3 月 11 日夜间至 12 日早上，张家口、延庆和北京赛区先后出现明显雨雪天气。降水相态复杂，高海拔山区为雪，低海拔山区为雨夹雪或雨，平原地区为雨。累计降水量张家口赛区 6～8 mm，积雪深度 5～8 cm；延庆赛区 2～5 mm，北京赛区 2～4 mm。雨雪期间，能见度明显下降，北京城区最低能见度 2～4 km，延庆竞速赛道和张家口云顶场馆群最低能见度不足 50 m。雨雪过程出现在气温显著回升的背景下，除了复杂的雨雪相态转换外，张家口赛区等海拔较高地区还有一定的高架对流潜势，12 日凌晨云顶场馆闻雷。

此次产生雨雪过程（简称“3·12”过程）的天气形势与 2 月 13 日强降雪（简称“2·13”过程）类似，也是高空槽和低层切变线共同影响造成的（图 10.5.2 a）。“3·12”过程高空槽强度不及“2·13”过程，且低层没有显著的偏东风配合（图 10.5.2 b），降水系统移速快，降

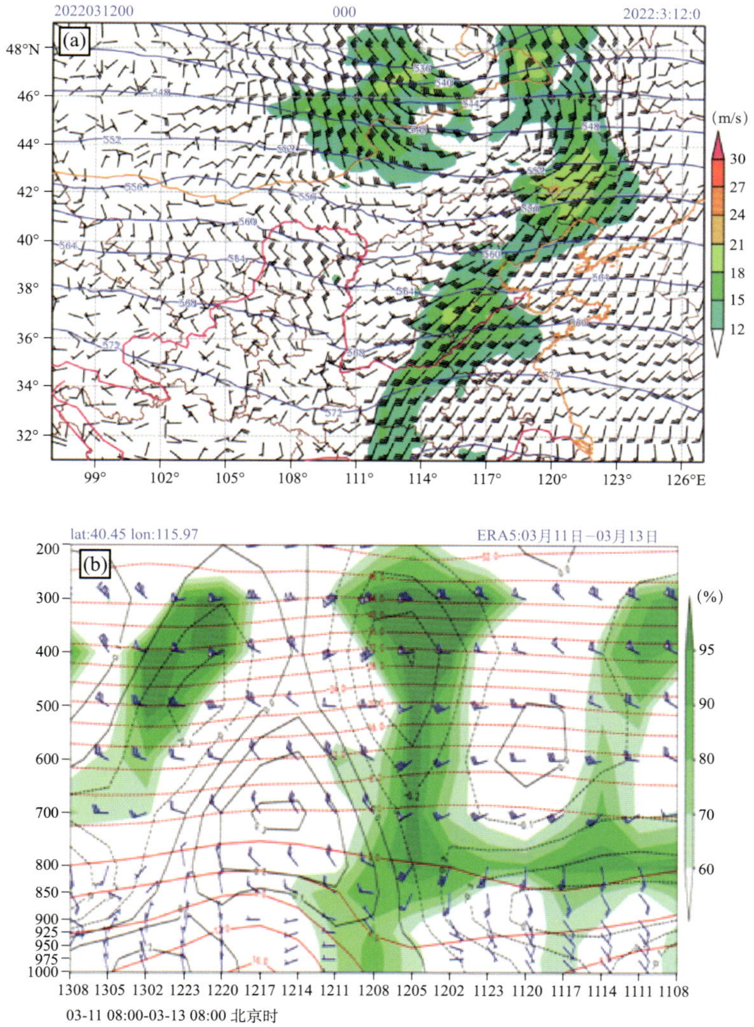

图 10.5.2　2022 年 3 月 12 日 08 时（北京时）500 hPa 高度和 850 hPa 风场（a）、沿延庆附近的风场、相对湿度（填色）和垂直速度（等值线）时间－高度剖面（b）

水持续时间短；但低空暖湿急流强，大气中水汽含量明显高于“2·13”过程，北京地区整层可降水量达 20 mm 左右（“2·13”过程不足 10 mm），850 hPa 比湿 4～6 g/kg（“2·13”过程为 1～2 g/kg）。因此，整体来看，“3·12”过程单位时间内降水强度大，但降水时间短，累计降水量不及“2·13”过程。且由于气温高，低海拔山区及平原多为降雨，高海拔山区以含水量较高的湿雪为主，积雪深度也不如“2·13”过程。

此次过程发生在高空平直环流背景下，对于比较弱的高空波动，数值模式的预报稳定性较差，预报员需要关注更大的环流形势特点，加强对集合预报产品的分析应用。2 月 28 日会商中，通过集合成员 500 hPa 高度场的聚类分析预报和长波系统移动判断，10 日前后在我国新疆地区有浅槽发展东移，预计在 12 日前后将影响赛区附近；配合 850 hPa 风场和气温分析、集合预报各成员降水要素预报，提出 12 日前后赛区有冷空气和弱降水发生。3 月 4 日会商中进一步根据环流指数预报指出中纬度环流经向度略有加大，波动增多增强，南风加强，12 日前后有一次雨雪和冷空气过程。3 月 8 日开始，预报结合多模式动力场和水汽场的分析，在近期预报检验的基础上，指出降水过程动力条件较好，但辐合中心偏北、系统移速较快；给出各赛区的降水起止时间、累计降水量、降水相态的精细化预报，与实况均比较一致；并且指出高海拔地区有一定的高架对流潜势，雷电弱，可能导致降水量部分不均。随着时效临近，对于各赛区降水起止时间预报更为准确，降水量预报出现小的波动，但对整体影响不大。

10.5.2 北京赛区

（1）2022 年 3 月 4—5 日大风、沙尘天气

天气情况：北京赛区 4 日白天出现 4～5 级偏北风，阵风 7～8 级，局地 9 级以上。5 日白天风力有所减弱，白天北风较大，3～4 级偏北风，阵风 5～6 级。

此次过程为 2022 年以来的最强大风天气过程。4 日 05 时至 19 时北京地区全市 449 个监测站中有 428 个站阵风达 7 级及以上（占总站数的 95%），334 个监测站阵风达 8 级及以上（占总站数的 74%），183 个监测站阵风达 9 级及以上（占总站数的 41%）。各测站极大风速集中出现时段为 9—12 时。此外，受上游沙尘输送影响，4 日 04 时前后本市开始出现沙尘天气，4 日上午大部分地区能见度 4～8 km，北京赛区 PM_{10} 浓度超过 300 μg/m^3。13 时后沙尘明显减弱，能见度恢复至 20 km 以上。

预报情况：提前 10 d 向北京市相关部门和领导汇报在 3 月初有一次冷空气影响，阵风可达 7 级左右。2 月 25 日正式将该冷空气影响时段确定在 4 日前后。并提前一周提示 3 月 4 日沙尘的可能影响。3 月 3 日（提前 1 d）将准确描述了本次过程：“4 日受冷空气影响，将有 4～5 级偏北风，阵风可达 7～8 级（14～18 m/s）。北京地区 4 日 05 时至 11 时可能出现沙尘天气，但强度不大。”针对本次过程，北京市气象台于 3 月 3 日 11 时，发布大风黄色预警信号，21 时发布沙尘蓝色预警信号。于 4 日 19 时 30 分解除大风黄色预警信号，北京市气象台 4 日 13 时 40 分解除沙尘蓝色预警信号。

（2）2022 年 3 月 11—12 日小雨天气过程

天气情况：受东移高空槽和偏南暖湿气流影响，12 日 04 时开始北京市自西向东出现降水天气，大部地区为小雨。12 日 04 时至 09 时，全市平均降水量 2.7 mm，北京赛区（城区）

平均 2.8 mm，西北部 2.8 mm，东北部 2.8 mm，西南部 3.0 mm，东南部 2.1 mm；最大降水量在房山史家营，6.1 mm，最大降水强度在延庆玉渡山，12 日 05—06 时降水 4.0 mm。

预报情况：3 月 3 日开始预报并提示 12 日前后有一次雨雪天气过程，气温下降。天气预报 3 d（8 日），明确北京赛区降水相态："北京赛区有小雨，最高气温 13～15 ℃，最低气温 4～5 ℃"，并且在 10 日进一步明确降雨时段量级："北京赛区 11 日夜间至 12 上午有小雨，累计降水量 2～4 mm；13 日以多云为主。11 至 13 日最高气温 13～15 ℃，最低气温 4～6 ℃"。对本次降水天气过程的预报提前量大，预报稳定，时段、相态、量级均有较好把握。

10.5.3 延庆赛区

2022 年 3 月 4 日至 13 日期间，主要有三次高影响天气过程，出现大风、沙尘，持续回暖及雨雪天气等，天气复杂，极端性强。

（1）2022 年 3 月 3—5 日大风、沙尘（3 日高山滑雪滑降第三次官方训练，5 日滑降比赛）

天气情况：延庆赛区 3 日中午至 5 日早晨出现偏北大风，其中 4 日风速最强。国家高山滑雪中心海陀山顶站 3 日 11 时至 5 日 10 时阵风超过 17 m/s，最大阵风达 38.2 m/s（出现在 4 日 21:26），第三起跳点（蜜糖跳）最大阵风 36.9 m/s（出现在 4 日 09:16），竞速赛道结束区最大阵风 22.2 m/s（出现在 5 日 13:17）。4 日凌晨至上午 11 时，高山滑雪中心场馆出现了沙尘天气，但不严重，能见度 10 km 左右；PM_{10} 浓度 200～500 $\mu g/m^3$。

预报情况：场馆预报中心提前 7 d 滚动跟进大风天气过程。提前 5 d 开始滚动跟进山顶最大阵风风速值的定量预报，预报 30 m/s 左右。和实况相比，风速偏小。但场馆竞速赛道超过 20 m/s 的大风天气准确影响预报，竞赛方避开了 4 日，竞赛日程上熟悉赛道提前至 2 月 28 日开始，使得赛事顺利进行。沙尘影响时间和程度，预报和实况一致。

（2）2022 年 3 月 7—10 日显著升温（7 日高山滑雪男 / 女全能比赛 09:30 开始；10—13 日 08:30—14:00）

天气情况：受暖气团影响，延庆赛区 7 日至 10 日气温呈上升趋势。7 日中午 0 ℃线 2 000 m 左右，夜间继续维持在 2 000 m 左右；8 日 10 时开始场馆整体气温高于 0 ℃；入夜后气温缓降，9 日 01 时至 09 时，0 ℃线回落至 2 000 m 左右；9 日 10 时至 10 日全天，场馆整体气温高于 0 ℃。山顶站 8 日气温升至 4.4 ℃（出现在 15:00），10 日继续升至 6.7 ℃（出现在 14:00）。竞速结束区 8 日气温升至 11.9 ℃（出现在 16:00），10 日升至 14.5 ℃（出现在 14:00）。

预报情况：气温方面，场馆预报中心提前 10 d 跟进此次天气回暖过程。提前 3～5 d 定量预报，预报和实况相差 1～2 ℃，预报和实况基本一致。

（3）2022 年 3 月 11—12 日雨雪和低能见度（11 日 08:30—14:00 男子大回转；12 日 08:30-14:00 男子回转）

天气情况：受冷暖空气共同影响，延庆赛区高山滑雪中心场馆 12 日 04—07 时出现雨雪天气，山顶明显降雪，赛道中部雨夹雪，结束区雨夹雪转小雨，降水量 2～5 mm。

预报情况：场馆预报中心提前 10 d 跟进此次复杂降水相态的天气过程。提前 3～5 d 定量预报考虑降水量 1.1～1.3 mm，和实况比，预报偏小。11 日更新预报考虑降水时段为 11

日 23 时至 12 日 08 时，降水量为 2～4 mm，和实况基本一致。

10.5.4 张家口赛区

冬残奥会期间，赛事高影响天气从冬奥会期间的大风、低温、低能见度转变为沙尘、高温、降水等，特别是高温融雪风险和降水相态变化成为关注重点。一是赛事前段天气较为平稳。2022 年 3 月 5 日至 7 日天气条件整体有利比赛进行，除 3 月 5 日上午风力稍大外，其他时段均以晴到多云天气为主，温度适宜。二是开幕日和赛事中后段高影响天气考验较大。3 月 4 日，赛区出现大风沙尘天气，云顶最大风速超过 28 m/s，对赛道雪质和官方训练造成一定影响。8—10 日和 12 日，赛区出现连续升温天气，最高气温达 14.3 ℃，服务团队 3 次发布“注意”（次高级）等级高温融雪风险提示。3 月 11 日，赛区出现雨夹雪转雪天气，累计降水量 4.5～7.8 mm，新增积雪深度 5～8 cm。三是精准预报有力支撑 3 次官方训练和赛程调整。根据准确预报，12 日单板滑雪坡面回转因降雨风险做出赛程整体提前 1 d 的调整，4 日冬季两项官方训练因大风风险做出提前 1 d 的调整，4 日单板滑雪障碍追逐官方训练因大风取消，全部赛程调整科学准确，各项比赛均顺利完成。

（1）2022 年 3 月 3—5 日大风、沙尘天气

天气情况：3 月 3—5 日，受冷空气影响，3 日 10 时开始赛区出现大风天气，持续到 5 日 16 时，入夜后大风逐渐减弱。4 日白天的风速最大，平均风为 6～11 m/s，最大阵风为 16～22 m/s，冬季两项 1 号的阵风风速最大。山顶的环境最大阵风为 24.8 m/s。赛区出现了明显的沙尘天气，最低能见度 10 km 以下。

预报情况：此次大风、沙尘天气，提前 2 d 就制作、服务相关的气象信息，预报和实况较为一致。

（2）2022 年 3 月 7—10 日显著升温、融雪天气

天气情况：3 月 7—10 日，受暖空气团影响，3 月 7 日白天开始，赛区的最高气温回升并维持在 0 ℃以上，自 9 日白天开始，古杨树场馆群的最低气温维持在 0 ℃左右。7 日的最高气温为 0.6～5.1 ℃；8 日的最高气温：云顶为 5.7～6.6 ℃，古杨树为 8.2～11 ℃；9 日的最高气温：云顶为 6.7～8.1 ℃，古杨树为 8.3～9.3 ℃；10 日白天的最高温度达到了最高，云顶为 9.3～10.6 ℃，古杨树为 10.4～13.6 ℃。11 日后，日最高气温迅速下降到 2～3 ℃。

预报情况：此次高温融雪过程的持续时间长，预报团队提前 3 d 就在体育 - 气象的联合会商中提出此次过程的赛事气象风险。

（3）2022 年 3 月 11—12 日雨雪和低能见度天气

天气情况：3 月 11—12 日，受暖湿气流和冷空气共同影响，12 日凌晨 3 时开始出现雨雪天气，雨夹雪转雪，古杨树场馆群的雨雪天气在 07 时左右趋于停止，云顶场馆群在 10 时左右停止。累计降雪量为 5.9～7.3 mm，积雪深度为 5～8 cm，最大雪强为 2.9 mm。强雨雪期间，能见度明显下降，最低能见度不足 50 m。

预报情况：此次雨雪天气过程较为复杂，在 3 月 8—9 日的体育 - 气象联合会商中，就针对此次以雨、雨夹雪、雪的天气过程，进行了连续多日的研判、会商，并制定了相关冬残奥会赛事调整方案，取得了较好的预报服务效果。

气象服务篇

第 11 章　申办阶段气象服务

（2013 年 10 月—2015 年 7 月）

11.1　服务需求

2014 年 7 月 7 日北京和张家口正式成为 2022 年冬奥会候选城市，北京市延庆区海陀山、河北省张家口市崇礼区将共同申办雪上项目比赛。雪上项目在室外进行，对气象条件有较高要求，气象条件能否满足雪上项目比赛要求，自然积雪是冬奥会申办的重要气象条件，是国际奥委会关注的重点，也是影响冬奥会能否成功申办的重要因素，因此需要尽最大可能增加海陀山和崇礼地区积雪量。北京 2022 年冬奥会和冬残奥会是在大陆性冬季风主导的气候条件下举办的冬奥会，加之冬春季节转换，天气背景更加复杂多变，降雪、大风、低温、沙尘等天气是赛事能否成功举办的决定性条件。北京、张家口联合申办 2022 年冬奥会成功与否，气象条件的适宜度是最关键因素之一，也是国际奥委会关注的重点。作为申办城市的北京和张家口，申奥办急需气象部门提供气候背景和适宜性的分析评估材料，为冬奥的申办提供科学依据。

11.2　服务产品

面对冬奥会申办气象服务迫切需求，2014 年 9 月，北京市气候中心应用山地气象理论，建立“冬奥会期间延庆赛区气象数据计算方法”，科学模拟了海陀山区气候特征，形成《2022 年冬奥会气候背景分析撰写方案》，在方案中创新性地提出适于启动造雪和适宜持续开展冰雪运动的“结冰期”概念，开展延庆赛区气温条件、积雪深度和风力推算，完成了《2022 年冬奥会申办地北京延庆、河北崇礼气候条件分析报告》。该报告对 2022 年冬奥会申办地北京延庆、河北崇礼的气候特征进行分析，结果表明，赛事期间（2 月 4 日—3 月 13 日），北京延庆、河北崇礼的平均气温分别为 −9.0 ～ −1.1 ℃和 −10.0 ～ −1.1 ℃，积雪深度分别为 20.2 cm 和 21.0 cm，结冰期分别达 140 d 和 165 d，平均风速分别为 1.9 ～ 3.6 m/s 和 1.5 ～ 3.1 m/s，以二级风为主，北京延庆、河北崇礼气象条件适宜雪上赛事的举行。从长期气候变化趋势分析来看，未来几年，华北地区冬季呈变冷变湿趋势，这更有利于冬奥会雪上项目比赛的开展。

在接待国际奥委会评估考察团、摄影团到张家口赛区考察期间，张家口市气象局为考察团制作了《迎接国际奥委会评估团气象服务专报》和《申奥一周天气气象服务专报》，提供了各个团体考察点位的气象预报服务信息。在接待国际雪联官员、专家考察延庆赛区期间，延庆区气象局为考察团制作《冬奥考察气象服务专报》12 期、《海陀山地区各站气象数据》8 期，发送决策服务短信 17 条。在冬奥摄影团考察延庆赛区期间，延庆区气象局为考察团制作《气象服务专报》16 期。在接待国际奥委会评估考察期间为考察团（冬奥会申办委员会延庆运行中心和延庆区相关领导）制作《冬奥考察气象服务专报》10 期，发送决策气象服务短信 8 条，成立冬奥会申办人工影响天气服务技术专家组，多次实地考察延庆海陀山和张家口，查阅俄罗斯索契等冬奥会举办相关气象服务资料，认真梳理近年人工增雪科学试验成果，制定 2014—2015 年冬春季延庆小海陀地区和张家口太子城地区人工增雪工作方案。方案经过专家论证，采用飞机、地基烟炉、火箭、低空焰弹发射装置等全部手段进行空地立体人工增雪作业，重点针对延庆海陀山地区和张家口崇礼地区进行人工增雪作业。

11.3 服务方式（渠道 / 频次）

《2022 年冬奥会申办地北京延庆、河北崇礼气候条件分析报告》《迎接国际奥委会评估团气象服务专报》《申奥一周天气气象服务专报》以决策服务材料形式联合报送给国务院和冬奥组委等领导和部门。延庆区气象局制作的延庆赛区《冬奥考察气象服务专报》《海陀山地区各站气象数据》《气象服务专报》以决策服务材料形式报送给考察团（冬奥会申办委延庆运行中心和区相关领导），短信信息发送至延庆区委、区政府领导和保障活动相关负责人。为全力做好人工增雪作业工作，优化产品制作流程，强化人影作业条件预报研判。充分发挥冬奥会申办人工影响天气服务技术专家组的作用，遇有天气过程，及时启动会商机制，强化与国家人工影响天气中心会商，研判增雪作业潜力及其时空分布，指导具体人工增雪作业。

11.4 服务效果

利用近 10 年历史气象观测资料，重点针对雪上项目赛事申办地延庆和崇礼冬奥会期间气候条件进行了分析，并将相应的结果与俄罗斯索契、韩国平昌进行了对比，分析未来气候变化趋势，得到北京延庆、河北崇礼两地的气候条件有利于冬奥会举办的结论，为冬奥的成功申办提供了科学依据。联合报送给国务院的《2022 年冬奥会申办地北京延庆、河北崇礼气候条件分析报告》决策服务材料获得了时任国务院副总理刘延东的批示，并成为时任北京市市长、北京冬奥申委主席王安顺在国家和地区奥林匹克委员会协会大会上高水平陈述北京申办优势的重要参考。迎接国际奥委会评估团到张家口赛区、延庆赛区考察提供的气象服务信息，保障了国际奥委会考察团、摄影团对张家口、延庆的考察、宣传工作，促进了北京冬奥会和冬残奥会的申办工作。2022 年冬奥会申办委员会环境保护部、北京冬奥组委延庆运行中心分别于 2015 年 9 月、10 月给延庆区气象局发来感谢信，充分肯定气象保障工作为活动圆满举行做出的重要贡献。

2014—2015 年冬季，延庆区气象局在海陀山地区共开展增雪作业 13 次。在此期间，使用空中国王和运 -12 飞机各 1 架，地面烟炉 14 个，火箭发射架 5 套，液氮槽罐车 4 台，液氮罐 36 个和低空焰弹发射装置 6 套，涉及作业点 20 个；燃烧催化剂烟条 2 062 根，播撒液氮 133 620 L，发射火箭 12 枚、低空焰弹 556 发；飞机作业 8 架次，燃烧机载催化剂烟条 81 根；参加人工增雪作业人员 40～60 人 / 次，作业车辆 10～17 台 / 次。在全球气候变暖背景下，2014 年 11 月以来气温偏高，降水偏少，2014—2015 年冬季延庆海陀山地区增雪效果较为显著，降雪明显多于本市其他地区。据自动气象站观测和人工测量，累计降雪评估情况是：海拔 1 000 m 以下雪深约 5 cm，降雪量为 2.6～3.6 mm；海拔 1 000～2 200 m，雪深约 3～10 cm，降雪量为 3.7～7.2 mm，取得明显经济和社会效果。

第 12 章　筹办阶段气象服务

（2015 年 8 月—2022 年 1 月）

气象服务具体内容包括：为冬奥建设提供全方位气象服务；连续 6 年向国际奥委会提供赛区天气风险分析报告，为基础设施建设及确定最佳比赛时段提供重要依据；为国际奥委会、国际雪联专家开展考察、踏勘、质询、场地认证等活动提供服务；连续 2 年派专班进驻海陀山服务赛区建设；连续 4 年开展赛区气候预测、造雪窗口期气象条件分析；以实战标准完成第十四届全国冬季运动会和“相约北京”系列测试赛气象保障服务，期间高影响天气“全经历”、天气预报“零漏报”、保障服务“零差错”，以测试赛检验冬奥气象服务各项筹备工作。

12.1　赛事同期气象条件分析、气象风险评估服务

12.1.1　服务需求

根据北京冬奥组委的要求，气象条件和气象风险分析报告包括对北京、延庆、张家口 3 个赛区的气候特点和高影响天气概率分析，各场馆周边精细天气资料分析（逐时）及对赛事的气象风险分析。报告分为中英文两个版本。

根据北京冬奥组委文化活动部火炬接力省际传递路线规划的需求，气象部门需提供全国 31 省（自治区、直辖市）9 月至次年 3 月的各地区气候特点。

12.1.2　服务产品

编制赛区气象条件及气象风险分析报告。2017—2021 年，冬奥气象中心组织北京市气象局、河北省气象局有关专家，基于 3 个赛区的自动气象站精细化观测资料，连续 5 年编制赛区气象条件及气象风险分析报告（已由气象出版社正式出版）。报告包含冬奥会筹备以来每个年度的赛期同期气象条件分析、气象风险评估，同时也分析了强降温、大风、高温融雪等极端天气气候事件的特征，并开展风险评估。利用长序列观测的气象资料分析了赛区的气候特征，赛区基本的气温、降水的年际变化和季节内变化以及逐年赛事期间的重要天气过程。根据多年的气象资料统计，整理出冬奥期间可能对赛事造成影响的典型天气，发现大风天气主要以来自西北的干冷空气为主，而来自南方的暖湿空气是产生赛区暴雪的主要天气分型。针对北京、延庆、张家口赛区户外项目场地垂直落差较大，场馆高度、斜坡方向和周边

地形地貌不同，气象要素的分布差异较大的情况，报告分析了逐个赛区不同高度逐日、逐时的气象要素变化特征。与历届冬奥会报告不同的是，本次报告创新性地开展了赛区的风险特征分析。考虑到2月和3月期间，延庆赛区、张家口赛区低温、高温融雪、大风、降雨、沙尘、低能见度等多种气象风险并存，研究选取了延庆、张家口赛区建站时间较长、距离赛区最近的气象站资料，分析了可能存在的影响冬奥会、冬残奥会的极端气候事件。考虑到冬奥期间影响最大的气象要素是低温、大风、高温融雪，因此与运动员、教练员调研确定了阈值，并对不同赛区的逐日、逐时气象风险特征进行分析。结合多种气象风险制作了赛事风险日程表，给出了最佳的比赛时间。

提供雪车雪橇赛道选址温度、辐射等气象要素建议分析。按需深入开展分析研究，根据与北京冬奥组委规划处对接、调研等情况，以西大庄科气象站数据为基础，开展了延庆赛区11月至次年3月温度、辐射、风等要素分析并提出有关建议。采用国际通用标准的4时次平均统计日平均温度、降水、风速等要素，发布《延庆赛区2015—2016年冬奥会期间相关气象要素分析》。该报告根据2015—2016年气象资料统计了延庆区西大庄科站雪车雪橇建设选址地区的北京冬奥会举办时段（2月4—20日）和冬残奥会举办时段（3月4—13日）的气候特征，并给出了逐时的气象要素变化特征。

雪车雪橇赛道、冰壶场馆选址气候分析。为了保障北京冬奥组委会向世界冰壶联合会做专题陈述的需求，北京市气象局以奥体中心气象站为代表站，分析了赛事期间的气温、露点等气象要素特征，发布《延庆赛区2015—2016年冬奥会期间气象要素》和《水立方区域冬奥会期间气象要素统计分析》报告，分别为雪车雪橇和冰壶场馆的选址提供气象支撑。

赛区人工造雪窗口期气象条件分析。为进一步了解北京冬奥会和冬残奥会延庆赛区相关情况，做好赛区基础设施规划建设，北京市气象局使用延庆赛区雪务实验区域自动气象站资料，制作《2017年雪务实验气象分析报告》，分析了冬奥会和冬残奥会竞赛窗口期（2017年2月4日—3月13日）、存雪期（2015—2016年的3—11月）的气象条件。提出竞赛窗口期大部分时段适合人工造雪；湿度变化较小，符合造雪条件；冬奥会竞赛期间高影响天气出现概率很小。同时考虑到北京冬奥会主要以人工造雪为主，人工造雪能力是保证北京2022年冬奥会和冬残奥会成功举办的基本前提，气象条件是制约人工造雪的重要因素，因此，北京市气象局通过统计分析延庆赛区各代表站点的气象观测数据，参照国外人工造雪气象条件研究成果，推算出赛区冬季可以或适宜人工造雪的窗口期，并对窗口期内每日可以或适宜造雪的时次进行深入研究，形成《延庆赛区人工造雪窗口期气象条件分析》报告，为赛区开展雪务工作提供技术参考。

开展高影响天气和雪务试验气象分析。按照冬奥会张家口赛区比赛场馆和相关设施的规划设计相关需求，2016年5月，基于崇礼国家站和赛区及其周边的区域站资料，分析了张家口赛区冬奥期间对比赛有影响的低温、大风、高温融雪等风险，制作了《冬奥会崇礼赛区高影响天气气象风险评估报告》。报告也较早提出因山区气候条件复杂，需增加气象站网布局和赛道建设挡风墙等建议。2017年3月，配合北京冬奥组委做好雪务实验，了解张家口赛区冬奥会竞赛窗口期、存雪期的气象条件及其灾害情况，制作了《崇礼赛区雪务实验气象分析报告》，为最初的雪务制定赛事实验提供气象数据支撑。

在张家口赛区开展赛道雪特性观测试验。气象条件是影响赛事用雪质量的核心因素，直接影响赛道造雪安排、赛事运行管理、竞赛成绩优劣等。为了做好雪上赛事的雪质专项服务，需开展赛道上多层剖面梯度雪温、雪质、雪特性的实时监测。河北省气象局于 2019—2021 年的 3 个雪季在冬奥张家口赛区进行了超过 9 个月的赛道雪特性观测试验，通过使用积雪特性仪 SLF、雪密度仪 SNOWFORK、Testo 雪温度仪、SPA 自动积雪观测仪等设备，采取人工观测与自动观测结合的方式获取了一整套雪温、雪粒径、密度、含水率、硬度等冬奥雪特性专项数据集和相关气象要素数据集，为赛道雪质风险判别模型构建和冬奥张家口赛区雪质专项气象服务工作奠定了数据基础。

测试赛期间张家口赛区雪质风险专项服务。北京冬奥会和冬残奥会赛事期间正处于冬春转换季节，受到升温过程影响赛道雪质面临的高温融雪风险高，2021 年冬奥测试赛期间张家口赛区出现异常升温事件，各方对赛道雪质风险、雪表和雪下各层温度等雪质专项服务需求尤为迫切。河北省气象局气候服务团队充分利用前期雪特性观测试验和科技冬奥研究成果，开展了张家口（崇礼）赛区雪质风险等级的预测分析，为测试赛气象保障服务提供了 4 期《北京冬奥会和冬残奥会张家口赛区雪质风险服务专报》。特别是在应对 2021 年 2 月 17—21 日的异常升温过程气象保障服务中，实现了逐时 0 cm、5 cm、10 cm 雪温预报和逐日雪质风险服务，为赛区造雪窗口期选择和赛事安排调整提供了决策依据。

测试赛期间延庆赛区历史极端高温（融雪风险）分析。针对 2021 年冬奥测试赛期间延庆赛区历史极端高温，统计分析了测试赛开赛以来北京和延庆赛区竞速站点气温突破历史极值情况，基于高温强度和频次分析了测试赛期间高温风险，选取山顶竞速起点区和山下竞速终点区，进行实测气温及雪面温度数据对比分析，并讨论了沙尘沉降对融雪的可能影响，最终给出赛事运行影响分析。

索道建设大风分析。北京市北控京奥建设有限公司在完成延庆赛区架空索道和缆车系统招标之后，开展深化设计过程中提出延庆赛区索道设计参数的需求。北京市气象局根据索道建设方的需求，分析北京冬奥会和冬残奥会同期白天时段（08—18 时）的海陀山气象站（A1492，2014 年 11 月建站）、竞速赛道起点站（A1701，2017 年 11 月建站）、训练赛道周边气象站（科学试验观测站）的极大风速大于 20 m/s 的出现概率情况，形成并提供《索道建设方需要的大风分析》报告。

火炬传递涉及的路线规划气候分析产品。《2022 年冬奥会和冬残奥会火炬接力传递阶段气候背景分析》根据冬奥会火炬传递对气候条件的相关要求，在全国范围（省、自治区、直辖市）内，利用 1990—2019 年的 30 年资料，对 11 月 21 日至次年 3 月 5 日逐候平均气温、平均最低气温、严寒（日最低气温≤−20 ℃）日数、冰冻（日最低气温≤0 ℃）日数、高温日数、极端高温、降水量、降水（日降水量≥0.1 mm）日数、强降水（日降水量≥25.0 mm）日数、降雪量、初雪日期和积雪初日等 12 项对户外活动有较大影响的气候要素及强降雨、高温、严寒、台风等气象灾害进行了全面分析，并通过火炬传递期间各地气候条件的利弊分析，就火炬传递时间及路线（涉及各省、自治区、直辖市）等提出了初步建议，为北京冬奥组委确定火炬传递路线提供了科学依据。

12.1.3 服务方式（渠道 / 频次）

连续 5 年每年更新向北京冬奥组委提供赛区气象条件及气象风险分析报告；其他分析产

品按需滚动更新提供。

12.1.4　服务效果

为赛事组织方和参赛队员认识赛区复杂地形下的天气、气候规律提供第一手资料。为赛道设计、场馆和缆车等基础设施建设、确定最佳比赛时段、完赛日期、运动员参赛准备等提供重要依据，得到国际奥委会高度评价。及时提供冬奥赛区人工造雪窗口期气象条件分析、火炬传递省级路线规划相关气候背景分析、极端高温融雪风险分析，受到北京冬奥组委肯定。

12.2　赛事日程气象风险评估服务

12.2.1　服务需求

2018—2020 年是赛事日程安排以及国际奥委会、国际雪联专家赴各赛区开展考察等工作的密集期。为进一步了解北京冬奥会赛区气象条件对赛事活动的影响，北京冬奥组委发函《北京冬奥组委体育部关于商请提供气象条件对北京冬奥会竞赛日程影响评估情况的函》（冬奥组委体文〔2018〕80 号），要求根据 2017—2018 年赛时气象站观测数据，结合现有版本《北京 2022 年冬奥会竞赛日程》，利用冬奥赛事体育气象风险阈值研究结果，对北京、延庆以及张家口 3 个赛区雪上项目竞赛日程的影响情况进行模拟评估，重点在于考察赛事计划时间的气象条件是否符合体育气象阈值的要求。

12.2.2　服务产品

根据北京冬奥组委提出的需求，北京市气候中心和河北省气候中心基于延庆赛区、张家口赛区自动气象站历史观测资料，对延庆赛区的高山滑雪、张家口赛区的跳台滑雪、越野滑雪、冬季两项等场馆的竞赛日程进行了气象风险精细化分析，制作了《2018 年冬奥赛事日程气象风险分析报告》《冬奥和冬残奥赛期推迟风险分析报告》。

为进一步了解北京冬奥会各赛区气象条件对赛事活动的影响，北京冬奥组委提出，根据 2017—2018 年赛时赛道气象站监测数据，利用现有冬奥赛事体育气象阈值研究成果，对北京、延庆以及张家口 3 个赛区雪上项目（单板滑雪大跳台、高山滑雪、单板自由式滑雪、跳台滑雪、冬季两项、越野滑雪）竞赛日程的影响情况进行模拟评估。冬奥气象中心针对竞赛日程开始时间的气象条件进行了分析，结果发现在高山滑雪比赛开始时间，基本没有出现超过阈值的气象条件。单板滑雪大跳台在 2 月 16 日比赛开始时间风速超过阈值。跳台滑雪比赛日风速达到风险阈值的情况较多，2018 年赛期除了 2 月 3 日 20:35 跳台滑雪男子个人标准台资格赛不存在风险，其他比赛开始时间均有台站风速达到了风险阈值；在单板自由式滑雪的比赛期间，2 月 10—11 日有多项比赛气温达到低于 −25 ℃的阈值。

12.2.3　服务方式（渠道 / 频次）

按照北京冬奥组委实际需求提供服务。

12.2.4 服务效果

依据评估结果分别与北京冬奥组委分赛事的竞赛主任进行了对接，为冬奥赛事日程的制定与调整优化提供了气象决策依据。

12.3 赛道防风网建设气象服务

12.3.1 服务需求

在冬奥会筹办阶段，国际奥委会和国际雪联表示，风是北京冬奥会雪上场馆亟须考虑的因素。风对竞赛场地核心区域的影响，以及制定相应解决方案是急切需要气象部门给予支持的重要问题。在冬奥会举办阶段，随着防风网陆续投入应用，防风网防风效果如何，在不同天气形势下表现如何，赛事运行团队以及中国雪上项目国家队均提出了相关分析评估需求。

12.3.2 服务产品

《冬奥赛区精细化风场模拟评估研究》：2018 年 11 月，北京市气象局、河北省气象局、清华大学联合制作了《冬奥赛区精细化风场模拟评估研究》报告。在张家口赛区天气客观分型基础上，利用睿图－大涡模式（RMAPS-LES）对赛区风场开展高分辨率数值模拟。提供不同天气类型下云顶滑雪公园、国家跳台滑雪中心和国家冬季两项中心靶场的水平风场分布，并分别给出不同风速阈值的风险区范围和风险发生概率，为防风设施的布置提供依据和参考。

《单板自由式滑雪场地气象条件进一步分析（英文版）》：基于张家口赛区自动气象站观测历史资料，利用分钟级和秒级风资料，采用能量谱、小波分析等方法对张家口赛区雪上空中技巧（张家口云顶）、冬季两项终点区、跳台滑雪场馆等核心竞赛场区的大风特征进行了详细的分析。

《冬奥精细化大风风险分析报告（英文版）》：采用睿图－大涡模式对延庆、张家口赛区开展冬季赛事期间不同天气类型下的风场精细化模拟试验，对冬奥赛场核心区进行精细化风评估，给出赛场核心区域风详细的时空分布特征，大风风险范围、位置和大风风险发生概率。

气象参考数据：为云顶场馆群运行团队提供冬奥 U 型场地技巧和空中技巧 2 个赛场防风网设计所需气象数据。

防风效果评估：云顶场馆群防风网布设完毕后，气象服务团队联合山地运行团队开展了防风网防风效果实验，将实验数据进行了统计分析形成报告，为冬奥组委体育部和中国雪上项目国家队提供服务。国家跳台滑雪中心开展了多期的防风网观测试验，形成了多期的《国家跳台滑雪中心气象条件和防风网保障作用的分析报告》。

12.3.3 服务方式（渠道 / 频次）

按照冬奥组委的统一安排，气象部门的相关服务主要是通过会议形式，向各需求方提供报告和气象数据的支撑。冬奥举办阶段，随着需求方的转变，主要通过微信群，每个比赛日更新赛场（Field of Play，FOP）风分析报告。

12.3.4　服务效果

结合防风网观测试验，场馆现场预报员对 FOP 区风场的保障效果进行了有效评估，《国家跳台滑雪中心体育业务领域关于国际雪联跳台滑雪和北欧两项洲际杯赛时气象条件和防风网保障作用的分析报告》得到古杨树场馆群领导的文件批示。赛事期间，气象团队根据每日的赛事时间安排和大风、降雪等准确的天气预报信息，配合山地运行团队做好防风网开闭的时间安排，以维护赛时系统的稳定运行，保障了整个赛事期间防风网系统的顺利、安全运行。

12.4　冬奥场馆设施安全度汛气象保障服务

12.4.1　服务需求

延庆赛区位于海陀山区域，海拔最高点 2 198 m，高山滑雪赛道最大垂直落差超过 900 m，整个赛区垂直落差超过 1 000 m，是冬奥项目建设难度最大的赛区。天气气候特征、地形地貌特点及项目建设周期，是冬奥赛场建设的主要外在制约因素。在这样陡峭的地形上施工，会改变山体原有的应力结构，一旦遇到强对流、暴雨等天气，极易引发崩塌、山洪、泥石流等次生灾害，危及工作人员安全和工期进展，特别是 2021 年汛期，一旦设施遭遇水毁事件，将直接影响冬奥会的举办。夏季雷暴、降雨等剧烈复杂天气较多，海陀山山脊整体呈南北走向，延庆赛区位于山南，形状如一个向南开口的大喇叭，地形条件对降水和强对流天气有增强作用，易拖慢施工进度。气象预报服务犹如“左右手互搏”，其中“左手”要避免漏报灾害性天气，护航施工安全，“右手”又要最大限度避免空报，为项目建设争取更多时间，天气条件成为影响施工安全和进度的唯一变量，北京市气象局承担着巨大的压力和责任。

为贯彻落实北京市领导对奥运工程“万无一失”和“一天都不能耽误”的指示批示和工作要求，提高预报预警服务的精准性和针对性，提升灾害性天气应对防范水平，在“抢工期”和“保安全”间求得最优解。在冬奥赛区各项工程开工建设之初，北京市气象局不畏挑战和压力，以最快速度组织和成立冬奥工程气象服务保障专班，进驻工程建设现场，围绕不同工程施工进度和保障需求开展 24 h 不间断服务。针对每一次高影响天气过程，所有专班人员本着“早、准、细”的工作原则，开展递进式预报、渐进式预警、跟进式服务，提供分时段、分区域、分强度的预报信息，做到每次过程不放松。

12.4.2　服务产品

气候趋势预测：每 10 d 滚动提供延庆赛区未来 11～30 d 延伸期气候预测产品。

未来 10 d 预报：每日上午 10 时滚动发布延庆赛区未来 10 d 天气预报。

未来 24 h 预报：每日 2 次（上午、下午会商后）提供延庆赛区未来 24 h 天气预报。

加密短临预报：强对流等高影响天气临近时，不定时滚动更新预报，做好短临监视服务。

现场气象服务：有高影响天气时，到延庆赛区核心区北控京奥公司指挥中心值守，提供现场咨询服务。

12.4.3 服务方式（渠道 / 频次）

为了提高气象预报预警信息发布效率，北京市、延庆区气象部门与冬奥工程建设方建立联防联动机制，通过微信群、电话、短信等多种方式，确保信息准确及时传递到施工项目责任人。建立电话专线会商机制，每日两次与北控京奥公司专人电话会商，并根据天气变化随时电话会商。有高影响天气时，专班成员到延庆赛区核心区北控京奥公司指挥中心值守，提供现场咨询服务。

12.4.4 服务效果

预报精准、服务及时，保证了冬奥核心区建设的有序进行。2020 年和 2021 年 2 个汛期，几乎遭遇了北京汛期所有的复杂天气形势，历经 129 次降雨天气过程，其中中雨 18 次，大雨 7 次，暴雨 4 次，均较好地做到了时间和量级的准确预测。施工单位在严格执行风险防范制度的前提下，根据天气预报提供的信息，及时排除风险隐患，安排人员避险，合理安排工期，进退有序。2020 年 8 月 12 日，京津冀地区遭遇强降雨天气过程，正值冬奥工程建设繁忙阶段，气象服务保障专班科学研判核心区特殊地形条件下雨情演变趋势，做出“降雨在 12 日午后开始”的准确预报，为施工方抢出半天作业黄金窗口期，也为人员撤离打出提前量。2020 年北京汛期，对延庆赛区降雨天气过程预报准确率达 90.3%，中雨级以上降雨天气没有出现空报、漏报，降水量级与实况高度相符，2021 年 7 月 11—13 日海陀山出现 109.2 mm 大暴雨，专班提前 3 d 通知北京控股集团有限公司，为疏通排水沟渠和风险点防护赢得了时间。冬奥延庆赛区施工方根据气象信息，停工 17 次并完成人员转移，在保障防汛安全同时，有效减少了大范围预警对施工进度影响，完美保障了黄金施工期，获得“汛期核心区各项工作的主心骨”的好评和北京市重大办冬奥重大工程开展以来赠送的第一面“驻场服务，精准预报，携手并肩，助力冬奥”锦旗。

12.5 国际雪车雪橇联合会考察保障服务

12.5.1 概述

2020—2021 年，国际雪车雪橇联合会考察活动内容涉及国际雪联专家开展考察、踏勘、质询、场地及设施认证等工作，每项工作均会影响到冬奥会能否如期举办，考察活动具有时间紧、任务重、无调整时间窗的特点。为保证考察活动的顺利进行，北京市政府、属地政府和委办单位、北京冬奥组委均成立专门组织予以支持，气象部门作为重要成员单位参与其中，避免因灾害天气对考察活动造成影响。

12.5.2　服务产品

24 h 服务专报：每日 3 次滚动提供 08—20 时雪车雪橇中心逐 3 h 精细化天气预报。

现场服务：考察期间进入延庆区考察保障指挥部进行现场气象服务，提供专业化天气形势解读。

12.5.3　服务方式（渠道 / 频次）

此次考察活动恰逢雷阵雨天气，气象条件关系到来访考察活动疫情防控、食宿管理、实地勘察、交通运输等各个环节部署安排。为高质量做好气象服务保障工作，成立 8 人组成的服务专班。每日密切监视天气形势变化，结合客观数值预报，科学分析研判，准确捕捉考察期间出现的每一次降雨过程。通过现场、微信等方式，每日 3 次提供气象服务专报，遇紧急情况电话开展服务，并根据考察路线和环境位置，及时调整专报服务侧重点。

12.5.4　服务效果

以 2021 年 7 月 5—6 日国际冬奥组委会考察为例。该次活动主要考察海陀山赛场的设施是否具备举办能力，日程只有 2 d 的时间，如果不能考察完，将对冬奥会能否顺利举办有重大影响。当时几乎所有的预报工具均预报 7 月 5 日考察期间有强对流天气发生，根据这种资料会出现强降水、冰雹、和雷雨大风天气，在海陀山这种山地地理环境下会严重威胁到考察人员的安全。气象服务面临两难境地，北京市气象服务中心和延庆区气象局以数值预报为基础，但又不唯数值预报，利用丰富的预报经验，小心推论，大胆决策，经过认真研判，做出了考察期间大部分时间天气尚好的结论，并向市、区两级主管领导建议考察活动提前 1 h。实况天气和预测完全一致，考察临结束前 10 min 天空开始下起小雨，各级领导向现场气象保障服务人员致意，并邀请气象保障服务人员作为功勋人员居中留影。

12.6　测试赛气象保障服务

12.6.1　服务需求

“相约北京”系列冬季体育赛事（以下简称测试赛）总体分为两个阶段，第一阶段为 2021 年 2 月和 4 月，第二阶段为 2021 年 10 月—2022 年 1 月。按照冬奥会气象保障要求，开展测试赛气象保障服务，测试各系统平台、预报技术方法、业务流程、管理机制等，从而为冬奥会预报服务打下坚实基础。

场馆运行团队需求。气象服务团队需及时发布竞赛场馆天气实况及短临、短期、中期天气预报及灾害性天气提示信息，参加相关工作例会和竞赛领队会，报告赛区及场馆天气情况，当赛场出现天气变化时，尤其是可能引起赛事变更的天气，及时向竞赛组气象保障小组报告。

气象工作简报。气象服务团队需编制每日气象工作简报（会议、活动安排、主要工作情况、需请竞赛组协调解决的重要问题等）。

气象实况及预报数据。体育展示领域赛前也需要提供气象实况以及预报数据。

外围服务保障需求。提前安排部署高影响天气造成的赛事调整对外围服务保障的需求变化，指挥外围其他各服务组提前做好应对工作。

延庆赛区场馆群指挥中心需求。根据场馆群指挥中心要求，每天早晚 2 次例会中延庆区气象局作为首个发言单位通报天气情况，编制气象服务专报，提供包括延庆赛区竞赛场馆、非竞赛场馆及延庆城区的气象服务信息，即国家雪车雪橇中心、国家高山滑雪中心、阪泉综合服务中心、延庆城区 4 个区域的气象预报服务信息。同时，不断根据各阶段需求动态调整气象服务，尤其是有天气过程时，根据要求加密发布频率和增加点位。为场馆群指挥中心综合调度、决策指挥提供坚实的气象支撑。

12.6.2 服务产品

预报服务产品：针对测试赛赛前场馆运行、赛道准备阶段开展气象服务，每日 11 时和 17 时发布 2 次未来 10 d 的中英文竞赛场馆预报。测试赛期间每日 07 时、11 时和 17 时 3 次发布未来 10 d 的中英双语场馆预报。每日 2 次（07 时、17 时）定时发布竞赛场馆所在地的天气文字简报（中、英文），此外还会根据赛场前方服务需求不定时更新预报。

实况信息产品：按照赛事要求每日第一场训练或比赛前半小时开展雪面温度、相对湿度和雪面洁净度记录，并及时向竞赛主任汇报情况。冬季两项每场比赛前半小时、开赛时、开赛后半小时和比赛结束时 4 个时间点开展雪温测量，提供每个时间点气温、风速、相对湿度等实况信息。

《测试赛气象服务专报》：针对赛区组委会办公室需求，提供气候趋势预测、未来 3 d 天气预报，市区、崇礼、冬奥村未来 24 h 逐 1 h 要素预报。

《测试赛气象风险预警服务》：提供重要天气信息提示、灾害性天气预警及防御指南。

《冬奥会测试活动气象服务专报》：提供气候趋势预测、未来 3 d 天气预报和未来 24 h 逐 1 h 要素预报。

《灾害性天气提示信息》：提供重要天气信息提示、灾害性天气预警及防御指南。

《延庆赛区雪车雪橇测试活动场馆群运行团队气象服务专报》：每日 07 时、12 时、17 时提供国家雪车雪橇中心、国家高山滑雪中心、阪泉综合服务中心、延庆城区 4 个点位未来 32 h 内逐 3 h 要素预报，如果有天气过程，逐 2 h 发布逐 1 h 要素预报，并实时发布实况信息。

12.6.3 服务方式（渠道 / 频次）

网络和墙报方式：预报服务产品分别通过互联网和内网在冬奥会气象服务网站和手机客户端以及冬奥综合可视化系统显示。天气服务人员将预报产品通过微信群、墙报张贴等方式提供给竞赛团队、场馆运行团队以及国家队相关负责人员。

领队会汇报：领队会是现场服务人员通报天气信息最重要的场景。测试赛期间，团队在领队会上向竞赛长和技术代表介绍整个赛程或者决赛天气情况及可能风险。此外每日还要参加各场馆的早晚例会，通报气象实况信息和训练比赛时段的气象预报结论以及可能的影响。

每日 3 次（07 时、11 时、17 时）通过微信报送《测试赛气象服务专报》《冬奥会测试活动气象服务专报》《灾害性天气提示信息》《测试赛气象风险预警服务》《延庆赛区雪车雪橇测试活动场馆群运行团队气象服务专报》；特别是在 2021 年下半年“相约北京”期间，3 名首席预报员提前进驻冬奥组委主运行中心，预报团队提前到达延庆和张家口赛区指定岗位，1 名预报员提前入驻北京市运行保障指挥部城市运行指挥调度中心，延庆赛区闭环坚守 51 d。同时增派 1 名首席预报员参加 MOC 实习工作，为赛事期间专项保障冬奥组委领导进驻现场调度提前做好准备。

12.6.4　服务效果

以实战标准完成 2020 年 10 月—2021 年 12 月第十四届全国冬季运动会和“相约北京”冬奥系列测试赛气象保障服务，期间大风、强降温、升温融雪、沙尘等高影响天气“全经历”、天气预报“零漏报”、保障服务“零差错”，1～3 d 预报时效晴雨预报准确率 90% 以上，1～5 d 温度预报时效偏差为 1.5～2 ℃，1～3 d 平均风速预报平均绝对偏差在 1 m/s 左右，阵风风速平均绝对偏差在 2 m/s 左右。针对寒潮大风和雨雪天气过程，提前 7 d 做出过程预报，提前 2 d 准确预报雨雪起止时间、相态转换、量级。得到北京市和冬奥组委领导、赛事主办方、社会媒体和运动员的高度肯定。同时也达到了全面磨合工作机制、检验核心业务、强化成果应用、排查风险隐患和锻炼人员队伍的目的，为圆满完成冬奥会气象保障积累了宝贵经验，进一步坚定了必胜的信心。

12.7　人工影响天气保障服务

12.7.1　筹办期间

12.7.1.1　试验情况

2016—2020 年度冬季共组织 50 多次冬奥赛区空地联合试验，其中北京市和河北省飞机观测和作业合计 50 多架次，取得海陀山区降雪云系微物理资料。针对北京冬奥会赛区可能出现的降雪过程，明确联合试验目标，按照流程发布联合试验指令，组织召开联合试验会商，根据实际监测结果，及时调整试验方案，组织实施了北京市和河北省空地配合的联合观测试验，测试了联合试验流程，总结存在的不足，完善了联合试验实施流程和组织协调机制。

12.7.1.2　典型案例

针对 2019 年 2 月 14 日的降雪过程，北京市联合河北省开展了人工增雪作业，参照实际飞机作业情况，对本次过程进行了催化数值模拟，并分析人工催化对降雪微物理过程的影响。

（1）模式参数

采用耦合了冷云催化模块的中尺度数值模式 WRF 对本次过程进行了模拟，模拟的初始场和侧边界条件来自北京城市气象研究院睿图的预报场。由于睿图同化了多种本地观测，在北京地区的模拟更为准确。为了研究降雪云系中各水成物的相互转换，增加了模式中各微物理过程源汇项及相关项的输出，加密每 6 min 输出 1 次计算结果，模拟采用的相关参数设置如表 12.7.1 所示。

表 12.7.1　模拟参数设置

参数名称	参数设置
初始场	RMAPS-ST 逐 3 h 循环预报的初始时刻结果
水平分辨率	3 km 300×300 网格数
垂直分辨率	50 层，模式顶为 50 hPa
积分时间	2019 年 2 月 13 日 20 时—2 月 15 日 08 时
微物理过程	Morrison 方案
辐射方案	长波辐射：RRTM 方案；短波辐射：Dudhia 方案
积云对流参数化	无
边界层方案	YSU 方案
土壤方案	Noah 方案

（2）催化模拟

2 月 14 日空中国王（B-3523）飞机在河北省张家口地区开展了一架次的增雪作业，作业区域在 40 区，作业高度 3.9 km，作业区温度约 −17 ℃，总共作业催化剂烟条 36 根，总剂量 972 g，飞行轨迹如图 12.7.1 所示。模拟结果显示，14 日上午 09 时，北京西部山区在实际作业区域偏南约 50 km 上空 4 km 高度附近存在一定的过冷云水，该高度处的温度约 −18 ℃，过冷水含量最大为 0.08 g/kg，具有冷云催化潜力。模式中在该过冷水区域加入了与实际作业剂量（972 g）相同的飞机播撒作业，播撒自 09 时开始，持续半小时作业结束。图 12.7.2 给出了飞机播撒后，催化与控制试验云中冰晶数浓度之差在水平方向上的分布，可以看到，随着催化剂与云中粒子发生反应以及在风场作用下，催化与控制试验冰晶数浓度之差的影响范围逐渐扩大并向下游扩散。图 12.7.3 和图 12.7.4 为催化开始后 66 min 和 96 min 时自然累积降雨量、6 min 雨强以及二者催化与控制试验的差值分布图，可以看出，作业后作业区域下游降雨量显著增加，雨量增加区域随着时间推移逐步向下游扩散，其中长虫沟和二海陀站在作业开始 1 h 左右雨量开始增加，在作业开始后 2 h 雨量增加效果最为显著，之后雨量稍微减弱，在作业开始后 3 h 作业影响基本消失，总体雨量显著增加（图 12.7.5）。

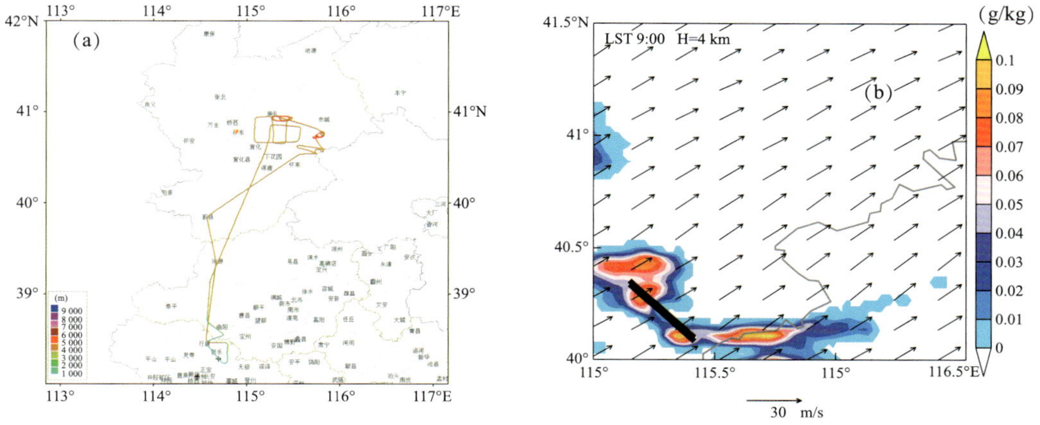

图 12.7.1　飞机飞行轨迹（a）和 14 日 09 时模拟的 4 km 高度处的云水（彩色阴影）、风场分布（b）
（黑色实线为模拟催化位置）

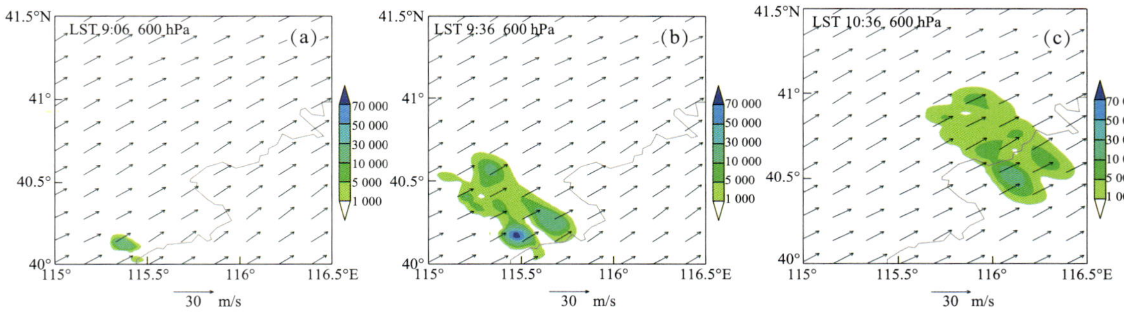

图 12.7.2　600 hPa 高度处 9:06（a）、9:36（b）和 10:36（c）催化与控制试验冰晶数浓度的差异分布图
（阴影为冰晶数浓度，单位：个/kg）

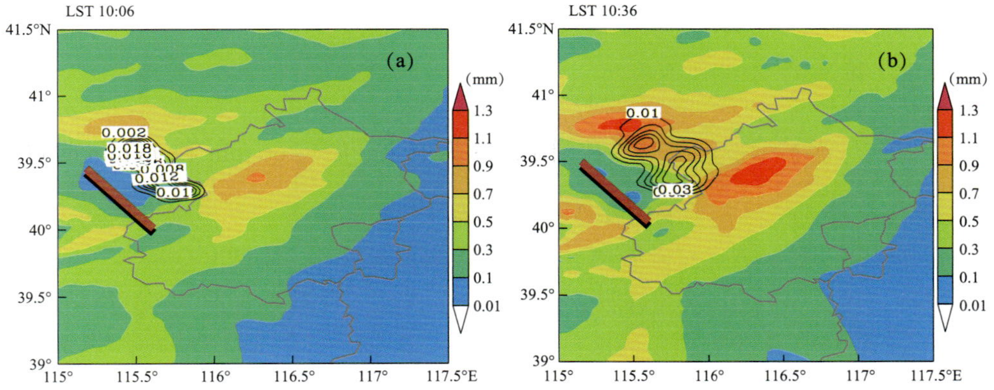

图 12.7.3　催化后地面自然累积降雨量（阴影）和催化与控制试验累积降雨量差（等值线）
（a）催化后 66 min；（b）催化后 96 min（红色线为模拟催化位置）

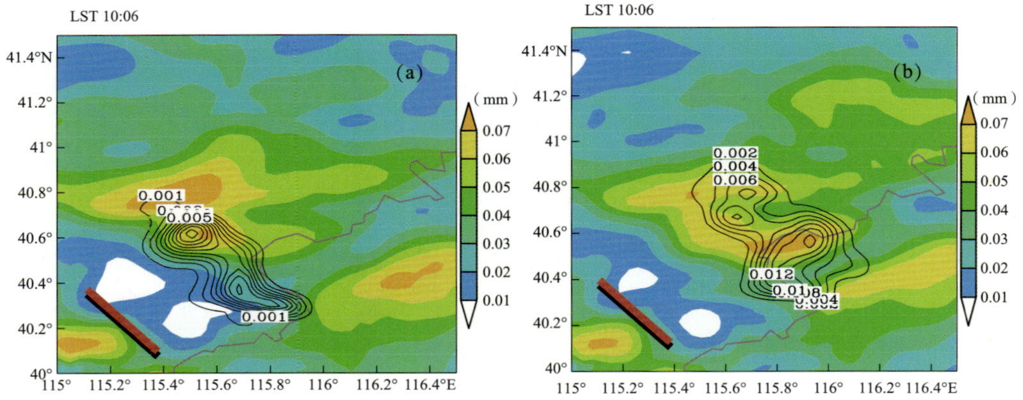

图 12.7.4　自然 6 m n 降雨量（阴影）和催化与自然 6 min 降雨量之差（等值线）

（a）催化开始后 66 min；（b）催化开始后 96 min（红色线为模拟催化位置）

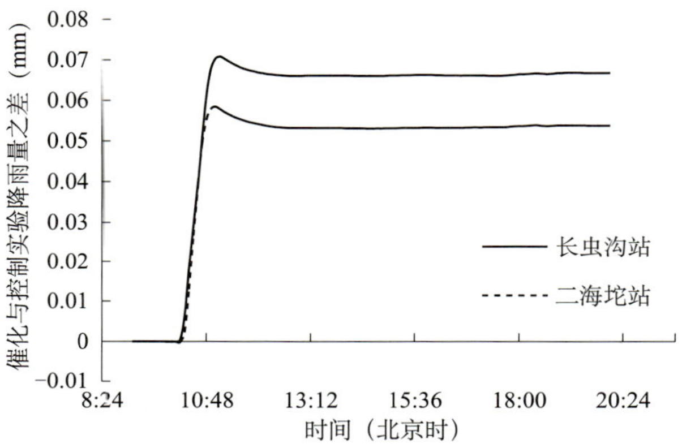

图 12.7.5　长虫沟和二海陀站催化与控制实验 6 min 降雨量之差时间演变图

12.7.2　测试赛期间

12.7.2.1　演练情况

测试赛期间，结合北京冬奥会赛区共经历 5 次较明显降雪天气过程，联指中心综合研判天气形势，组织中国气象局以及北京、天津、河北、山西、内蒙古等地人影空地作业力量，开展降雪综合观测试验和人工增雪作业试验演练。共组织开展了 7 次重大活动人影保障演练、1 次重大活动人影保障桌面推演和 1 次重大活动人影服务保障调度会演练，共发布 22 期人影保障作业产品，下达 20 次人影服务保障指令，组织 6 次联合会商（4 次发言讨论，2 次提供联合会商意见）。作业方面，地面共发射高炮 220 发，火箭弹 1 567 枚，燃烧高山地基烟条 2 846 根。组织北京、河北、山西开展飞行 61 架次，飞行时长 194 h 48 min，作业烟条 777 根。联合作业同时助力张家口和延庆赛区景观降雪，也为增加山区土壤墒情、降低森林火险、保护生态、净化空气等起到积极作用。通过演练，锻炼了队伍，完善了流程，进一步优化了方案。

12.7.2.2　典型案例

2020 年 11 月 6—7 日，受高空槽和切变线的共同影响，华北地区出现一次明显的雨雪天气过程。北京市人工影响天气中心密切关注这次雨雪过程，及时做好准备，积极组织冬奥赛区综合观测试验并在赛区下游开展增雨雪作业。

针对影响赛区的降雪天气过程（11 月 5—7 日），按计划于 11 月 4 日发布三号指令、5 日上午发布二号指令，下午组织北京市、河北省、山西省和中国气象局人工影响天气中心等部门联合会商 1 次并发布一号指令，明确具体实施方案等工作。适时制定发布了作业条件预报产品、潜势预报产品各 1 期。

2020 年 11 月 6—7 日，组织空地联合跨区域增雪作业。其中北京市于 11 月 6 日 17 时至 7 日 16 时组织 8 个区共 36 个高山地基作业点进行了增雨 / 雪作业，共消耗地基烟条 394 根。河北省 9 个地级市组织开展了增雨 / 雪作业，共计发射火箭弹 588 枚，高炮 45 发，消耗地基烟条 398 根。

空中组织 5 架飞机（3 架空中国王飞机、2 架运 -12 飞机）开展了 7 架次探测作业飞行，飞行时长 21 h 36 min，作业烟条 148 根。飞机作业详情及部分飞行轨迹见表 12.7.2 和图 12.7.6。

表 12.7.2　2020 年 11 月 6—7 日飞机作业情况

飞机	飞行时间	作业烟条（根）
河北运 -12（B-3765）	6 日 06:36—09:34	22
河北空中国王（B-3523）	6 日 10:51—15:12	32
山西空中国王（B-10JQ）	6 日 12:57—15:52	24
山西运 -12（B-3823）	6 日 13:45—17:15	2
河北空中国王（B-3523）	6 日 18:44—21:50	36
河北空中国王（B-3523）	7 日 14:27—17:45	32
河北运 -12（B-3765）	7 日 18:46—21:51	12

为进一步深入分析人工增雪催化效果，利用“冬奥人工影响天气作业效果物理检验系统”，将主要作业区域及其下游地区确定为作业影响区，在影响区侧风方设置作业对比区。根据回波反射率 10 dBZ 和回波体积的 2 个特征值阈值，识别出与作业云体单元生命史比较类似的云体（即作业前与作业云体单元发展趋势相似的云体），将这些识别出的云体作为备选的对比云体单元进行编号和追踪。

作业效果情况：据北京市气象台统计，6 日 16 时—7 日 16 时降雪 37.1 mm。北京大部地区积雪深度 4～11 cm，西部北部山区 12～19 cm。据估算北京市此次作业累计影响面积约为 2 592 km^2，增水量 2 115.6 万 t。河北省作业估算累计影响面积 8.95 万 km^2，增加降水量 1.04 亿 t；山西省作业影响面积约 0.9 万 km^2。此次北京、山西、河北联合作业助力了冬奥会张家口和延庆赛区景观降雪，降低了太行山、燕山山区森林火险气象等级。

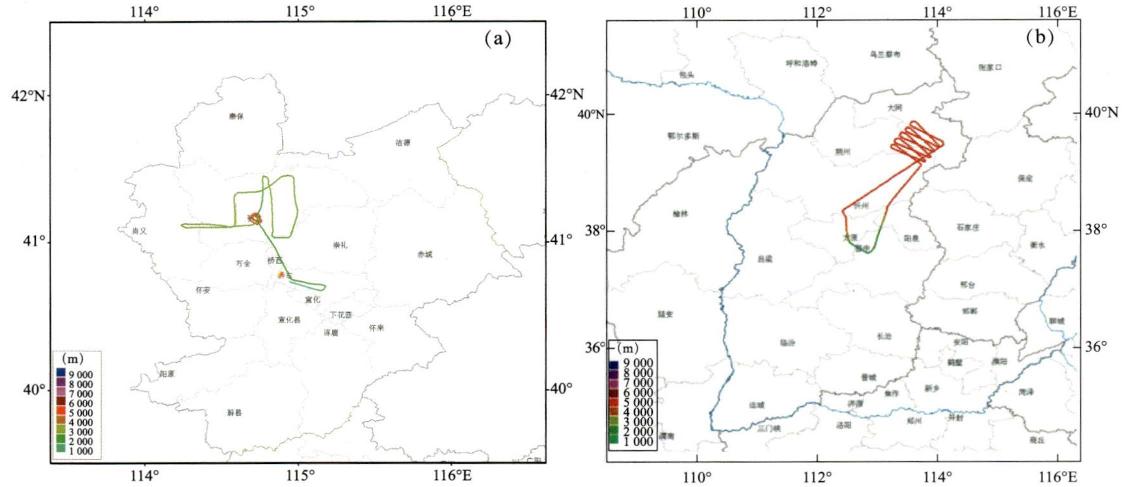

图 12.7.6　2021 年 11 月 6 日河北运 -12（B-3765）（a）和山西空中国王（B-10JQ)（b）飞机飞行轨迹图

第 13 章　举办阶段气象服务

（2022 年 2 月—2022 年 3 月）

13.1　开（闭）幕式气象保障服务

13.1.1　服务需求

2022 年北京冬奥会和冬残奥会开（闭）幕式的服务需求主要来自中共中央办公厅、国务院办公厅、应急管理部、外交部、北京冬奥组委开（闭）幕式工作部、开（闭）幕式服务保障指挥部、北京市政府、国家体育总局、国家体育场运行团队等重点部门和领导。

气候评估和预测方面的需求：国家体育场多时间尺度多要素气候风险评估、气象要素场精细化模拟、场内外气象条件对比分析和冬奥会、冬残奥会开（闭）幕式期间气候预测服务。

中短期预报服务方面的需求：冬奥会和冬残奥会开（闭）幕式演练、彩排、训练活动、正式仪式期间等重要时段的天气预报，对活动本身影响较大的降水、大风、沙尘等高影响天气精细化预报服务。

现场保障服务方面的需求：先后接到了国家体育场（鸟巢）冠顶 4 个方向、体育场内部西侧主席台、0 层地面舞台关于温度、湿度、超声风风向、风速等精细化气象监测需求，在国家体育场场内建立了“1+4+4”观测布局，并按照需求实现了气象信息接入现场指挥平台，在冬奥气象可视化系统在指挥大屏上的实时显示，为现场指挥和总导演、灯光音响、高空威亚、焰火燃放等服务用户提供支撑。此外，舞台防滑、设备加固、旗帜展开、座椅清洁、雨衣分发、防寒保暖、烟雾扩散、电子设备低温运行保障等工作，均为开（闭）幕式相关活动的服务需求。

13.1.2　服务产品

气候评估和预测服务：针对开（闭）幕式活动的气候风险评估报告和气候预测产品。2022 年 1 月起，北京市气候中心联合国家气候中心、河北省气候中心、中国气象科学研究院、中国气象局地球系统数值预报中心等单位针对开（闭）幕式开展气候预测会商 11 次，提供《北京冬奥会气候预测服务专报》《北京冬残奥会气候预测服务专报》《北京 2022 年冬奥会（冬残奥会）开闭幕式气候风险评估报告》《极端天气（高影响天气）对北京 2022 年冬奥会和冬残奥会开闭幕式的影响分析和应对措施》《北京 2022 年冬奥会开幕式国家体育场风场模拟与评估分析报告》《极端天气事件对冬奥开闭幕式影响风险分析》、场馆内外气象要素精细化对比分析、焰火燃放气候背景分析等 10 余类产品。

《北京 2022 年冬奥会（冬残奥会）开闭幕式气候风险评估报告》分析了北京 2022 年冬奥会（冬残奥会）开（闭）幕式历史同期国家体育场降水、低温、大风、低能见度天气等气象风险情况。其中,《北京 2022 年冬奥会开幕式气候风险评估报告》分析了 2002 年以来开幕式同期前后 5 d（1 月 30 日—2 月 9 日，下同）内，国家体育场附近 40% 年份出现过降水天气，降水的日出现概率为 5.9%；最大日降水量为 4.1 mm（2014 年 2 月 7 日），达中雪级别。25% 的年份出现日最低气温≤−10 ℃，极端最低气温为 −15.0 ℃（2006 年 2 月 3 日 07 时）；开幕式时段（18—23 时）同期，曾在 23 时出现 −10.5 ℃的低温，但在 18—22 时气温均在 −10 ℃以上；曾出现过 10 级大风 1 d，8 级大风 2 d，平均每年出现 6 级及以上大风日数 1.1 d；若出现 6 级及以上风，将会对焰火燃放产生不利影响。

《极端天气（高影响天气）对北京 2022 年冬奥会和冬残奥会开闭幕式的影响分析和应对措施》针对演出仪式具体环节，对可能遇到的“风、水（雪）、温、雾”4 个方面的极端天气进行研判和界定，分别对开（闭）幕式 4 个仪式当天、4 个仪式运行时段区间内国家体育场附近的气象资料进行分析评估，在此基础上提出预报准确率及人工干预措施可行性、极端天气风险分析及应对建议。

《北京 2022 年冬奥会开幕式国家体育场风场模拟与评估分析报告》以计算流体力学（Computational Fluid Dynamics）技术为核心，分别针对北京 2022 年冬奥会开幕式期间小风（偏北风、南风）和大风（北风）这 3 个代表性情景开展了国家体育场内精细化风场模拟，获得了不同高度、不同垂直切面的精细化风场空间特征（水平分辨率 2 m，垂直分辨率 2～5 m），并对赛场进行风影响综合评估。模拟结果显示，初始风速较小时，国家体育场内部风速整体较小，随着高度的增加风向变得愈加复杂，偏北风时体育场内部的外围区域和西侧主席台附近产生较多涡流，偏南风时南北中轴区域及其东西两侧区域存在较多涡流。而在典型大风天气背景下，国家体育场南北中轴区域及东西两侧外围区域在 10 m 高度以上存在较多涡流，风速大值区分布在南北中轴的两侧条形区域以及北部接近层顶的区域，大风风险相对较大，可能会对该区域的高空表演、焰火燃放等活动产生不利影响，需加强防范。

《极端天气事件对冬奥开闭幕式影响风险分析》综合分析对冬奥会和冬残奥会开（闭）幕式活动造成影响的气象要素（大风、降水、低温、低能见度），并对仪式活动当日、冬奥会和冬残奥会赛事同期、冬奥开幕式活动举行时段的天气情况进行统计，给出极端天气出现比率。

《国家体育场内外风速精细化分析》利用国家体育场二层西侧和冠顶、场外奥体中心 3 个自动气象站 2020—2021 年 1—3 月逐 1 h 风向、风速资料进行对比分析，给出二层西侧平均风向和极大风速对应的主导风向，并与冠顶和奥体中心风向对比，分析了 2020 年 3 月 18 日的大风过程。

中短期预报服务：包括《北京冬奥会气象服务专报》《2022 年冬奥会和冬残奥会安全保卫任务气象信息专报》《国家体育场 2 月 4 日下午天气预报（滚动提供）》《国家体育场天气预报（未来 10 d）》《北京冬奥会（冬残奥会）开闭幕式天气预报（活动当天）》和《国家体

育场未来三天预报》，以及根据中共中央办公厅、国务院办公厅、外交部、开（闭）幕式服务保障指挥部、国家体育场现场、市政府决策者等临时增加的气象预报服务保障需求，制作文字或图片等临时性服务产品。

现场保障服务：参加开（闭）幕式场馆运行团队每日调度例会，汇报第 2 天天气情况以及未来 5 d 天气趋势，为运行团队各业务领域提供《场馆气象服务专报》《重要天气专报》，转发市、区气象灾害性预警信号，适时发布天气预报和实况分析信息。在冬奥会开（闭）幕式、5 次联排工作、6 次彩排和冬残奥会开（闭）幕式、4 次联排工作、2 次彩排的气象现场服务工作，主要服务内容为监测和预测国家体育场内外风向风速情况以及场内外气温情况。为焰火燃放后污染物扩散，舞台、仪式装置、道具等装置和设施以及观众体感情况提供气象服务保障。此外，配合开（闭）幕式工作部国家体育场运行团队编制《国家体育场运行团队极端天气应急预案》，定义影响仪式运行的各种极端天气阈值，以及协助制定各种极端天气对应场景下开展天气应对的措施。

13.1.3 服务方式（渠道 / 频次）

“三地六方”伴随式气象服务新模式：建立后方现场协同气象保障服务机制，选派预报服务和保障人员闭环进驻 3 个赛区各场馆以及北京冬奥组委主运行中心、竞赛指挥组前方指挥部，根据国家体育总局要求首次派出气象预报专家参加中国体育代表团，形成了“三地六方”伴随式气象服务新模式。

气候评估预测：气候评估产品主要通过北京市气象局安全邮件向市委、市政府及各指挥部提供，举办阶段共提供《北京 2022 年冬奥会（冬残奥会）开闭幕式气候风险评估报告》等材料 30 余期。气候预测产品由冬奥气象综合可视化系统和中国气象局决策服务信息共享平台、邮件等方式对外提供，举办阶段共提供《北京冬奥会气候预测服务专报》和《北京冬残奥会气候预测服务专报》9 期。

中短期预报服务：产品发布服务的渠道主要是通过网站、微信群、OA 邮件、安全邮件、FTP 等方式进行发布。《北京冬奥会气象服务专报》自 1 月 13 日至 2 月 20 日，每日向中共中央办公厅、国务院办公厅、应急管理部、北京冬奥组委会等提供该产品，冬奥会开（闭）幕式保障累计 56 期。《北京冬残奥会气象服务专报》自 2 月 25 日至 3 月 13 日，每日按需提供该产品，冬残奥会开（闭）幕式保障累计 33 期。《2022 年冬奥会和冬残奥会安全保卫任务气象信息专报》自 2 月 8 日至 2 月 19 日，每日 15 时按需提供该产品，冬奥会安全保障累计 12 期。自 1 月 24 日至 2 月 4 日每日 2 次滚动更新《国家体育场 2 月 4 日下午天气预报》，提供给中共中央办公厅，共计 24 期。《国家体育场未来三天预报》自 1 月 24 日至 3 月 13 日，在活动日期前 10 d 开始提供，每日 11 时、17 时按需 2 次提供该产品，冬奥会和冬残奥会开（闭）幕式保障累计 62 期。《北京冬奥会（冬残奥会）开闭幕式天气预报（活动当天）》自 12 月 23 日起每日 09 时、17 时向开（闭）幕式指挥部提供 2 次鸟巢未来 3 d 预报；2 月 4 日、2 月 20 日、3 月 4 日、3 月 13 日 06 时起逐 1 h 向开（闭）幕式指挥部提供鸟巢开（闭）幕式期间逐 1 h 天气，至 3 月 13 日共计 177 期。《国家体育场天气预报（未来 10 天）》自 1 月 7 日至 3 月 13 日，每日 11 时按需向开（闭）幕式指挥部提供鸟巢未来 10 d 预报，共计 67 期。

现场保障服务：每日场馆调度例会上汇报第 2 天天气情况以及未来 5 d 天气趋势，彩排日和 4 次开（闭）幕式当天从早上 06 时开始至 23 日逐 1 h 提供场外、冠顶以及场内的气象实况和未来的天气预报。开（闭）幕式仪式时段 20—22 时，为开（闭）幕式工作部加密半小时提供 1 次气象服务信息，为服务保障指挥部每 15 min 提供 1 次焰火燃放气象服务信息。举办阶段，共参加场馆调度例会 71 次，通过微信提供《场馆气象服务专报》311 期、《重要天气专报》11 期，转发气象灾害预警信号 50 期、预报和实况分析信息 178 条。

13.1.4 服务效果

精准开（闭）幕式系列活动的气象保障，为文艺演出、焰火燃放等提供精细服务，为 2022 年北京冬奥、冬残奥会开（闭）幕式的顺利举行增添了浓重的精彩一笔。在冬奥会和冬残奥会开（闭）幕式 4 次关键时段的气象要素预报准确，服务保障精细，得到开（闭）幕式指挥部领导和各工作机构的高度赞誉。提前 1 个月的趋势预测、提前 10 d 的过程研判、提前 3 d 的精准预报和提前 1 d 的逐 1 h 预报与实况相吻合，助力冬奥会开（闭）幕式在适宜气象条件下顺利举办。精准研判 3 月 4 日冬残奥会开幕式当天出现大风、沙尘天气的复杂形势，提前 10 d 给出预测，提前 2 d 准确预报大风、沙尘影响时段和强度，准确预判活动时段大风减弱。准确预报 3 月 13 日冬残奥会闭幕式当天弱降水时段和对活动影响不大的结论。开（闭）幕式指挥部和焰火燃放工作组有关领导盛赞冬残奥开幕式气象保障服务，精准的风力等级和起止时段预报给筹备工作吃了一个定心丸，赠送“预报精准、专业服务”锦旗表示感谢。

在 4 月 8 日上午举行的北京冬奥会、冬残奥会总结表彰大会上，党中央、国务院授予国家速滑馆场馆运行团队等 148 个集体“北京冬奥会、冬残奥会突出贡献集体”称号；其中，北京 2022 年冬奥会和冬残奥会气象中心（以下简称“冬奥气象中心”）获评“北京冬奥会、冬残奥会突出贡献集体”。北京市副市长谈绪祥在开幕式气象服务总结上批示：“市气象局全力以赴，精心组织力量，主动精细服务奥运保障取得了良好的成效。争取圆满完成保障服务！”

北京市气候中心提供的气候风险评估和气候预测产品为冬奥会、冬残奥会开（闭）幕式各决策团队应对大风等高影响天气风险提供了有力支撑，获得北京 2022 年冬奥会和冬残奥会开（闭）幕式服务保障指挥部肯定和表扬。2022 年 1 月提供的第一次延伸期气候预测产品主要结论为：“开幕式当天有四级左右偏北风，2 月 4 日前后气温逐步回升，开幕式活动期间（18—23 时）气温在 0～2 ℃。”结论和实况基本一致，为领导早期决策提供有力的支撑。

北京市气象台短期预报精准，服务到位，取得了非常理想的服务效果。2022 年 2 月 4 日北京冬奥会开幕式如期顺利举行，习近平总书记评价并肯定：开幕式简约精彩。优良的天气条件助力开幕式精彩呈现，当天天气晴、开幕式期间风力 2～3 级，气温在 −2～0 ℃，和 24 h 前的预报完全一致，得到指挥部领导和各工作机构的高度赞誉。在 1 月 30 日的彩排活动中，国际奥委会主席巴赫及多名奥委会官员和领队对“精准”降雪预报高度称赞。

负责现场保障服务人员在举办阶段协助开（闭）幕式工作部成功应对了 2 月 13 日大雪、2 月 28 日以及 3 月 2 日开幕式彩排大风天气，3 月 4 日开幕式当天大风沙尘天气，以及 3 月 13 日闭幕式降水等多次高影响天气过程，有效降低极端天气对开（闭）幕式工作的影响。此外，配合北京市气象台、北京市气候中心高质量完成了焰火存放、燃放全过程气象保障任务，为五环、国旗杆及其他舞台装置监测和排除故障工作提供关键的气象科学依据，配合国家卫健委保健局等部门为关键区域要人活动保障提供了重要支撑。国家气象中心为党中央和各部委提供及时精准决策气象服务，聚焦开幕式活动各个环节，关注天气对活动集结、进场、活动及撤场期间的影响预报和对策建议，在不同时段及时调整服务重点，面向开（闭）幕式及外交、安全保卫工作提供跟进式、精细化服务材料，为相关部门开展关键活动保障提供了气象依据。

13.2　火炬传递气象保障服务

13.2.1　气候服务

13.2.1.1　服务需求

根据北京冬奥组委文化活动部要求，国家气候中心先后开展了黑龙江省哈尔滨市和漠河市、吉林省长春市、辽宁省沈阳市、新疆维吾尔自治区乌鲁木齐市、内蒙古自治区呼和浩特市和呼伦贝尔市气候背景分析。

根据北京市委办公厅、河北省委省政府要求，北京市气候中心、河北省气候中心开展了冬奥会火炬接力北京和张家口沿途各地点历史同期高影响天气背景分析。

13.2.1.2　服务产品

国家气候中心提供的服务产品：《2022 年冬奥会和冬残奥会火炬接力传递阶段气候背景分析》《火炬接力路线气象数据分析》《火炬传递气候背景分析》等报告。《火炬传递气候背景分析》开展了哈尔滨、长春、沈阳以及漠河和呼伦贝尔地区（海拉尔）1 月 15—30 日火炬传递期间的气候背景分析，包含气温（平均气温、最高气温、最低气温）、降温幅度、降雪量、降雪日数和降雪概率、风速（平均风速、最大风速、极大风速）、大风日数、雾等主要气候要素和灾害性天气的气候平均和极值情况。

北京市气象局提供的服务产品：《冬奥会火炬接力沿途各地点近十年（2012—2021 年）同期高影响天气气候背景分析》《近三年（2019—2021 年）同期霾日气候背景分析》等材料共 3 份。《冬奥会火炬接力沿途各地点近十年（2012—2021 年）同期高影响天气气候背景分析》利用近 10 年（2012—2021 年）逐 1 h 观测资料，统计分析了火炬接力各站点接力日期的前后 5 d 内、各站点关注时段内的最低气温情况，利用逐日资料分析各站点接力日期前后 5 d 内大风、降水和低能见度天气情况，给出近 10 年各站点高影响天气出现比率及极值。

河北省气象局提供的服务产品：《北京 2022 年冬奥会张家口赛区火炬接力气候背景分析》《北京 2022 年冬残奥会张家口赛区圣火采集和火炬接力气候背景分析》，针对冬奥会 5 个火炬传递点位、冬残奥会 2 个圣火采集点位及 6 个火炬传递点位的近 5 年历史同期资料进行分析，包括平均气温、最高气温、最低气温、平均相对湿度、2 min 平均风速、日极大风速及降水情况，提出了冬奥会、冬残奥会期间可能存在的风险。

13.2.1.3 服务方式（渠道 / 频次）

通过安全邮件、短信、微信群等方式向北京市委市政府及相关委办局，河北省委省政府发送、通过政务邮箱向中国气象局及北京市气象局相关人员发送。

13.2.1.4 服务效果

北京冬奥组委文化活动部火炬传递处表示，国家气候中心提供的气候背景分析报告为火炬传递相关工作制定提供了很好的参考和指导建议。

北京市气象局和河北省气象局提供的气候评估分析报告为政府统筹火炬接力活动提供了决策参考。

13.2.2 预报服务

13.2.2.1 服务需求

火炬传递是冬奥会和冬残奥会中极为重要且备受关注的一个环节，气象条件对火炬传递活动的顺利开展起到至关重要的作用，特别是冬季的降雪、大风、大雾、沙尘、低温等天气直接影响圣火采集和火炬传递能否正常进行。例如，大雪天气可能导致户外无法正常开展活动，风力过大存在火炬熄灭的风险，沙尘、大雾等低能见度天气影响媒体转播效果，低温严寒天气给火炬手以及观众体验带来不利影响等。相关保障的服务需求来自北京市委市政府、河北省委省政府，同时在火炬传递所在地区的相关单位也对气象服务产品有需求。火炬传递组委会对气象服务非常重视，多次调度了解传递时段天气预报预测，制定了相关应急预案。

冬奥会火炬启动及传递活动、冬残奥会火种采集及火炬传递活动由北京与张家口联合举办，冬奥会火炬传递活动 2 月 2—4 日，北京赛区在北京奥林匹克森林公园、北京冬奥公园、延庆八达岭长城、世界葡萄博览园、颐和园和大运河森林公园 6 个点位传递，张家口赛区在张家口阳原泥河湾遗址公园、张北德胜村、张家口工业文化主题公园、崇礼富龙滑雪场、张家口大境门遗址传递 5 个点位传递；冬残奥会火炬传递活动 3 月 2—4 日，北京赛区在天坛公园、世园公园、冬奥组委驻地、八达岭古长城等 10 个点位传递。张家口赛区在张家口桥东区创坝工业园区、涿鹿黄帝城、张家口市民广场、崇礼太舞滑雪场、蔚县暖泉古镇、怀来官厅水库湿地公园 6 个点位举行。

13.2.2.2 服务产品

国家气象中心服务产品：制定印发《国家气象中心关于 2 月 2—4 日专项活动气象保障服务实施方案的函》，在全球预报系统 GOPASS 中新增希腊采火气象保障服务功能，实现希腊详细地理区划、高精度地形、观测站点等查询功能。针对境外火种采集气象服务，制作发布《专项活动气象服务专报》，内容包括希腊奥林匹亚及雅典的天气趋势（逐日、逐 12 h）预报、取火仪式和火种交接仪式阶段的分时段要素预报及关注与建议。针对境内火炬启动及传递气象服务，制作发布《火炬接力气象服务专报》内容包括火炬传递举办城市的天气趋势

（逐日、逐 12 h、逐时）及交通气象预报、火炬传递相关点位的分时段多要素预报，及关注与建议。

北京市气象局服务产品：制定印发《2022 年冬奥会北京地区火炬传递气象服务方案》和《2022 年冬残奥会北京地区火炬传递气象服务方案》，在北京市气象台决策服务系统中新增火炬传递保障服务功能，实现了任意时段、任意点位、任意时间分辨率、任意气象要素组合的预报产品自动化生成与智能化组合发布。《火炬传递气象服务专报（逐 12 h）》与《火炬传递气象服务专报（逐时）》内容包括火炬传递活动点火仪式、传递不同时段天气情况综述，各传递点位逐 1 h、逐 12 h 天气、气温、风向、风力、阵风风力、能见度及体感温度等各种气象要素变化情况。

河北省气象局服务产品：制作《北京 2022 年张家口赛区冬奥会火炬接力气象服务专报》11 期：自 2022 年 1 月 23 日起提供张家口赛区专项活动举办地 2 月 2—4 日天气预报及历史同期天气情况，提示高影响天气风险；自 1 月 27 日起提供张家口赛区专项活动举办地天气预报、交通气象、风险提示以及 2 月 2—4 日逐 12 h 要素预报；自 1 月 30 日起提供张家口赛区专项活动举办地天气预报、交通气象、5 个火炬传递点位 2 月 2—4 日逐 12 h 要素预报；2 月 1—2 日提供火炬传递点位逐 1 h 天空状况、气温、风向、平均风力、阵风风力、能见度和体感温度等要素预报。制作《北京 2022 年张家口赛区冬残奥会圣火采集和火炬接力气象服务专报》8 期：自 2022 年 2 月 23 日起提供张家口赛区专项活动举办地 3 月 2—4 日天气预报、历史同期天气情况、交通气象、风险提示以及 3 月 2—4 日逐 12 h 要素预报；自 2 月 27 日起提供张家口赛区专项活动举办地天气预报、交通气象、风险提示、6 个火炬传递点位 3 月 2—4 日逐 12 h 要素预报；3 月 1—2 日提供火炬传递点位逐 1 h 天空状况、气温、风向、平均风力、阵风风力、相对湿度和能见度等要素预报。

13.2.2.3　服务方式（渠道 / 频次）

冬奥会境外取火仪式于当地时间 2021 年 10 月 18 日在希腊奥林匹亚举行，火种交接仪式于当地时间 2021 年 10 月 19 日在希腊雅典举行，北京时间 10 月 20 日火种到达中国境内。针对境外取火仪式及火种交接仪式，国家气象中心提前 10 d 开始会商研判并报送《专项活动气象服务专报》，自 2021 年 10 月 9 日、13 日至 18 日，每日 18 时报送减灾司，累计 7 期。

针对冬奥会火炬传递，国家气象中心在活动开始前 10 d 向减灾司报送《冬奥会火炬接力气象服务专报》，自 2022 年 1 月 23 日至 2 月 3 日，累计报送 10 期。北京市气象局在 1 月 26—29 日，每日 17 时发布北京地区当日至 2 月 4 日逐 12 h 气象服务专报，共 4 期；1 月 30—31 日，每日 09 时、17 时发布火炬接力关键点位 2 月 1—4 日逐 12 h 气象服务专报，共 4 期；2 月 1—4 日，每日 09 时、17 时发布火炬接力 6 个关键点位活动时段逐 1 h 气象服务专报，共 7 期。河北省气象局在 1 月 23 日—2 月 2 日期间，每日 17 时发布张家口地区火炬传递时段的天气趋势预测及要素预报，共 11 期。

针对冬残奥会火炬传递，国家气象中心在活动开始前 10 d 向减灾司报送《冬残奥会火炬传递气象服务专报》，自 2022 年 2 月 23 日至 3 月 3 日，累计报送 9 期。北京市气象局在 2 月 23—26 日，每日 17 时发布北京地区当日至 3 月 4 日逐 12 h 气象服务专报，共 4 期；2 月 27—28 日，每日 16 时发布火炬接力关键点位 3 月 2—4 日逐 12 h 气象服务专报，共 2 期；

3 月 1—4 日，每日 11 时、16 时发布火炬接力 10 个关键点位活动时段逐 1 h 气象服务专报，共 8 期。河北省气象局在 2 月 23 日—3 月 2 日，每日 17 时发布张家口地区火种采集及火炬传递时段的天气趋势预测及要素预报，共 8 期。

北京市气象局和河北省气象局的服务产品通过安全邮件、微信等方式向北京市委市政府及河北省委省政府发送、通过政务邮箱向中国气象局发送。

13.2.2.4 服务效果

火炬传递是北京冬奥和冬残奥会顺利成功举办的重要一环，国际关注度高。而火炬传递涉及的人员年龄结构复杂、火炬传递线路和点位分散，对气象条件要求很高。精准研判，助力火炬传递“避风险”顺利完成。针对 4 日下午通州大运河森林公园水上传递活动，1 月 24 日专家组即预判 2 月 2—4 日火炬传递期间有大风天气，提前 3 d 开始针对活动时段的逐 1 h 精细化预报，并针对性提出活动时段平均风力 4 级左右，阵风 6 级左右，关键点位的天空状况、温度、风力预报与实况高度吻合，为指挥部提前准备完善应急方案提供了重要指导作用。2 日、3 日、4 日连续 3 d 紧盯通州大运河地区风力情况，始终维持活动时段平均风力 4 级左右，阵风 6 级左右的预报判断。坚定的预报判断为指挥部果断调整火炬传递方案，采用陆上传递方案提供了准确科学决策依据。增加体感温度预报，多次提示做好临建防风加固和人员防寒保暖。精准服务助力火炬传递工作的提前部署安排。

13.3 赛事气象服务

精细服务，助力冬奥会和冬残奥会各项赛事顺利完成。以尽早尽准尽细的标准，准确预报冬奥会期间 1 月 30 日蒙古国沙尘天气对赛区无影响、2 月 4—6 日大风天气和 9—11 日不利扩散天气需关注、12—13 日强降雪和低能见度需防范、14—18 日“好天气”要利用和 19—20 日大风天气要“早安排”等，特别是提前 10 d 研判出 12—13 日强降雪天气过程。准确预报冬残奥会期间 3 月 4 日大风和沙尘天气、7—10 日高温融雪风险、9—10 日不利扩散天气、11—12 日降水天气过程、13 日弱强水天气过程的量级、影响范围、时段。自 2 月 25 日开始逐 1 h 滚动更新发布各场馆预报产品。为官方训练和正赛赛程调整抢抓比赛“窗口期”、赛道处理等提供决策支撑，为实现“全项目参赛”“参赛精彩”提供了有力保障，国际奥委会、北京冬奥组委赞为“一流的气象服务保障”。

不同比赛项目气象风险阈值如表 13.3.1 ～表 13.3.6 所示。

表 13.3.1 雪车雪橇体育项目可能受气象条件的影响

天气 影响	风速	能见度	降水	新增积雪	气温和相对湿度
关键影响决策点		裁判视程＜30 m		6 h 新增积雪深度＞15 cm 或 12 h 新增积雪深度＞30 cm	

续表

影响 \ 天气	风速	能见度	降水	新增积雪	气温和相对湿度
重要影响决策点	≥15 m/s			12 h 新增积雪深度 15～30 cm	气温接近露点温度
考虑因素	13～15 m/s		是否下雨		日平均气温＞4 ℃，相对湿度＜30%（或相对湿度＞65%）

表 13.3.2　高山滑雪体育项目受气象条件的可能影响

影响 \ 要素	瞬时风速（m/s）	新增雪深（cm）	降水量（雨或雨夹雪）（mm）	降水相态	赛道上水平能见度（m）	气温（℃）
Ⅰ级（无风险）	$v \leqslant 11$	$h_2 \leqslant 2$ 或 $h_{24} \leqslant 5$	无降水量		$V_0 \geqslant 500$	$T_0 \leqslant 0$ 或 $T_1 > -16$
Ⅱ级（低风险）	$11 < v \leqslant 14$	$2 < h_2 \leqslant 4$ 或 $5 < h_{24} \leqslant 15$	$R_6 \leqslant 0.2$	雨夹雪、雨或冻雨；雪	$200 \leqslant V_1 < 500$	$0 < T_0 \leqslant 5$ 或 $-18 < T_1 \leqslant -16$
Ⅲ级（中风险）	$14 < v \leqslant 17$	$4 < h_2 \leqslant 6$ 或 $15 < h_{24} \leqslant 30$	$0.2 < R_6 \leqslant 15$	雨夹雪、雨或冻雨；雪	$100 \leqslant V_1 < 200$	$T_0 > 5$ 且 T_1（一半以上雪道）< 0；或 $-20 < T_1 \leqslant -18$
Ⅳ级（高风险）	$v \leqslant 11$	$h_2 \leqslant 2$ 或 $h_{24} \leqslant 5$	无降水量		$V_0 \geqslant 500$	$T_0 \leqslant 0$ 或 $T_1 > -16$

h_2：2 h 新增雪深；h_{24}：24 h 新增雪深；R_6：6 h 降雨量；V_0：雪道整体区域气象能见度；V_1：雪道局部区域气象能见度；T_0：日最高气温；T_1：日最低气温；预计将出现雨夹雪、雨或冻雨现象时，宜结合降水量确定风险等级；预计将出现雪现象时，宜结合新增雪深确定风险等级。

表 13.3.3　跳台滑雪体育项目受气象条件的可能影响

影响 \ 要素	风速	新增积雪	降水	赛道上水平能见度	气温
关键影响决策点	风速＞4 m/s，风向变化＞90° 或上下坡风速差≥4 m/s	赛前或赛时每 1 h 新增积雪 ≥3 cm		＜500 m	气温＜−20 ℃
考虑因素	风速 3～4 m/s，风向变化 45°～90°		有无降水		气温＞0 ℃

表 13.3.4　越野滑雪体育项目受气象条件的可能影响

影响 \ 要素	风速	新增积雪	降水	赛道上水平能见度	气温
关键影响决策点					气温＜−20 ℃
考虑因素				＜100 m（残奥会）	气温＞5 ℃

表 13.3.5　冬季两项体育项目受气象条件的可能影响

影响 \ 要素	风速	新增积雪	降水	赛道上水平能见度	气温
关键影响决策点					气温＜−20 ℃
考虑因素	平均风速＞5 m/s			＜100 m	气温＜−15 ℃，再考虑体感温度

表 13.3.6　自由式 / 单板体育项目受气象条件的可能影响

影响 \ 要素	风速	新增积雪	降水	赛道上水平能见度	气温
关键影响决策点	平均风速＞5 m/s	每 1 h 超过 2 cm（比赛期间）或 6 h 降雪＞10 cm		U 型槽裁判视程＜200 m 单板追逐、自由式追逐及单板平行大回转的视程＜200 m 自由式雪上技巧裁判视程＜300 m	
考虑因素	平均风速 3～5 m/s	自由式滑雪＞0 cm	是否下雨		气温＞5 ℃或气温＜−25 ℃

13.3.1　北京赛区气象保障服务

13.3.1.1　服务需求

首钢滑雪大跳台。首钢滑雪大跳台作为北京赛区唯一一个室外竞赛场馆，赛事服务需求要求高，设计赛事运行、赛事转播、颁奖、后勤保障多个方面。首钢滑雪大跳台赛事服务需求一是来自国内的首钢滑雪大跳台场馆团队、竞赛团队（竞赛长和国内技术官员）、运行指挥部调度中心（MCC）、体育总局等重点部门和领导；二是来自国际的国际冬奥组委、造雪团队（包括国际雪联推荐的二次塑形专家）、竞赛主管、技术代表、各国领队和运动员。具体的服务需求主要是赛事期间重要时段的实况信息和天气预报需求，以对赛事本身影响较大的气象要素关注度最高，如降水、风、温度等要素。

室内场馆。北京赛区还包含 5 个冰上场馆和 4 个非竞赛场馆：国家速滑馆、首都体育馆、国家体育馆、五棵松体育中心、国家游泳中心，北京冬残奥村、国家体育场（鸟巢）、北京颁奖广场、国家冰雪运动训练科研基地。体育总局对各个点位的气象要素有需求和关注。

13.3.1.2　服务产品

按照要求，北京冬奥会和冬残奥会期间预报服务的竞赛场馆及参考气象站点，见表 13.3.7，预报时效、时间隔间和预报要素见表 13.3.8。

表 13.3.7　北京赛区赛事服务场馆及代表气象站点（预报点位）

场馆名称		代表气象站点	代表气象站点站号	代表气象站点代码
竞赛场馆	首钢滑雪大跳台	首钢 1 号站	A51105	BAL
		首钢 2 号站	A51106	BAJ
		首钢 4 号站	A51108	BAE
	国家游泳中心	奥体中心	A1007	NAC
	国家体育馆	奥体中心	A1007	NIS
	五棵松体育中心	五棵松	A1065	WKS
	首都体育馆	紫竹院	A1013	CTS
	国家速滑馆	奥林匹克公园	A1017	NSS
非竞赛场馆	北京冬奥村	奥体中心	A1007	BVL
	国家体育场	奥体中心	A1007	NST
	北京颁奖广场	奥体中心	A1007	BMP
	国家冰雪运动训练科研基地	五棵松	A1065	/

表 13.3.8　场馆天气预报时效、预报时间间隔和预报要素

预报时效	预报时间间隔	预报要素
0～24 h	逐 1 h	天气现象、气温（℃）、相对湿度（%）、湿球温度（计算量）、平均风风向（八方位）、平均风风速（m/s）、阵风风速（m/s）、能见度（m）、降水量（mm）、累计降水量（mm）、降雪量（mm）、累计降雪量（mm）、新增积雪深度（cm）、体感温度（计算量），降水概率
24～72 h	逐 3 h	
4～10 d	逐 12 h	天气现象、最高最低气温、降水概率、最大 / 最小阵风

备注：首钢 2 号、4 号站只针对平均风风向、风速和阵风风速提供未来 24 h 逐 1 h、24～72 h 逐 3 h 预报。

不同服务阶段预报发布时次略有不同，见表 13.3.9。其中 1 月 27 日—3 月 13 日为赛时服务期，全天逐 1 h 提供预报服务产品，并根据天气情况随时更新预报产品，发布灾害性天气提示信息。

表 13.3.9　不同服务阶段的预报发布时次情况

服务时间段	预报场馆	发布次数	发布时次
赛前第一服务期 2021 年 11—12 月	6 个竞赛场馆 8 个点位，4 个非竞赛场馆（备注：其中首钢滑雪大跳台无冬残奥会项目，因此冬奥会结束后不再发布预报产品）	每日 2 次	11 时和 17 时
赛前第二服务期 2022 年 1 月 1—26 日		每日 4 次	07 时、11 时、17 时、23 时
赛时服务期 2022 年 1 月 27 日—3 月 13 日		全天 24 h 逐 1 h	逐 1 h
赛后服务期 2022 年 3 月 14—18 日		每日 2 次	11 时和 17 时

首钢滑雪大跳台：现场预报服务团队通过平台制发站点预报、手工编发场馆通报、PPT 汇报、气象会商、随时沟通回应天气咨询等多种产品和形式满足各方不同服务需求：

（1）预报产品主要以首钢滑雪大跳台场馆 3 个站点 1～10 d 预报（中英文）的形式服务，通过多维度冬奥预报业务平台制作，同步生成发布 ODF 产品（英文）以满足国际冬奥组委的要求。比赛时段按冬奥组委要求每日 2 次提供单板滑雪大跳台和自由式滑雪大跳台 C49 产品。

（2）多种手工编发的天气预报通报（中英文）产品。

（3）领队会上通过 PPT 汇报（英文）形式向竞赛主管、技术代表、各国领队提供天气预报。

（4）首钢滑雪大跳台项目隶属张家口赛区竞赛管理，需参加张家口竞赛气象会商汇报天气预报情况（中文）。

（5）口头天气咨询（中英文），除每日早晨例行询问天气外，还需随时满足来自竞赛主管、技术代表和竞赛团队的天气咨询。

室内场馆：《北京赛区场馆专报》《北京赛区场馆通报》《国家游泳中心温湿预报》。

13.3.1.3　服务方式（渠道 / 频次）

首钢滑雪大跳台：现场预报服务团队赛时逐 1 h 滚动更新发布站点预报产品（中英文），主要通过冬奥气象服务网站（olympic.weather.com.cn）、冬奥智慧气象 APP、冬奥气象综合可视化系统、微信群（场馆团队）等方式提供。以满足竞赛主管、技术代表、各国运动员等随时查看天气预报的需求，同步生成发布 ODF 产品（英文）以满足国际冬奥组委的要求。并每日向体育总局提供场馆 1～10 d 预报（中英文），以 $2+n$（固定每日 2 次，随时更新）频次向场馆团队提供预报产品。

手工编发的今明 2 d 天气预报文字、今日天气情况，每日 1 次通过微信向场馆运行团队提供。

手工编发未来 3 d 赛事期间具体预报，每日 1 次提供给运行指挥部调度中心（MCC）。

按赛程安排，现场参加领队会并以 PPT 汇报（英文）形式向竞赛主管、技术代表、各国领队讲解赛期天气预报。每日 1 次通过瞩目参加张家口竞赛气象会商汇报天气。除每日早晨例行询问天气外，还需随时满足来自竞赛主管、技术代表和竞赛团队的天气咨询（中英文）。

室内场馆：以气象服务专报和天气通报的形势提供服务。

在各个场馆的服务产品制作发布频次上，预报服务团队逐 1 h 滚动更新发布预报产品，主要通过网站、运行指挥部调度中心微信群等方式提供。向体育总局提供 5 个冰上场馆和 4 个非竞赛场馆 1～10 d 预报（中英文），自 1 月 30 日至 21 日 08 时，共发布预报产品 513 期。

自 21 日 08 时调整为每日 07 时、09 时、17 时发布场馆预报，至 25 日 08 时共发布预报产品 524 期。

25 日 08 时再次调整为逐 1 h 发布，至 3 月 14 日 00 时共发布预报产品 924 期。

3 月 6—12 日每日 11 时，提供国家游泳中心温湿预报产品，通过微信提供给体育部。

13.3.1.4　服务效果

首钢滑雪大跳台：现场预报服务团队对国内外工作人员（包括国际雪联竞赛主管、技术代表、二次塑形专家，竞赛长、国内技术官员、志愿者）做了满意度调查，共收集英文版调查报告 7 份、中文版调查报告 14 份，满意度达到 100%。2 位二次塑形专家分别给出了“Thank you. Really nice! And super important for us.（谢谢。真的很棒！这对我们来说非常重要。）”和“Great service！ Would recommend.（非常棒的服务！好的建议。）”的评价。荷兰籍国际雪联技术代表用“an amazing job（一项了不起的工作）”来评价现场气象预报服务工作，用“very nice, helpful and professional（很好，很有帮助，很专业）”来谈自己的感受。最后一次领队会上，国际雪联技术代表再次对气象工作表示赞扬和感谢。首钢滑雪大跳台场馆给冬奥气象中心发来感谢信，赞扬现场气象预报服务团队的“贴身”服务，“为赛事顺利开展提供有力的决策基础，助力中国双金”。

室内场馆：针对北京赛区的各个场馆和点位的气象服务保障工作，精细准确，并且根据体育总局临时增加的服务需求，及时高效地给予满足，工作得到来自北京市体育总局相关领导的表扬和认可。

13.3.1.5　首钢滑雪大跳台场馆气象保障服务案例

（1）天气实况和对比赛的影响情况

2022 年 2 月 7 日首钢大跳台场馆白天受到偏东风影响，当天进行了自由式滑雪大跳台的资格赛，比赛结束后谷爱凌接受采访时提到她第二跳失误的动作受到了风的影响。2022 年 2 月 13 日凌晨到夜间，首钢滑雪大跳台场馆降中雪，累计降水量为 4.4 mm，积雪深度达到 8 cm。虽然没有影响比赛日程，但对赛道、场馆运行都造成了很大影响。

（2）气象保障服务情况

提前沟通，做好全面准备，根据不同天气对比赛的影响实时更新预报结论，精细化贴心服务。首钢大跳台现场气象预报服务团队在进入闭环之初就积极与竞赛长和竞赛团队沟通天气对比赛运行的影响，研判未来赛期天气。通过沟通更加明确比赛赛程可能受到大风、强降雪、降雨和高温融雪的影响，在预报中就此类高影响天气加强关注，提早沟通。

1 月 31 日，来自国际雪联的竞赛主管和技术代表进场，气象团队与他们进行详细对接。给他们介绍气象观测站点观测要素、可提供的预报产品和更新频次以及气象信息的查询方式等，并就领队会上气象汇报的内容和形式进行沟通确认。他们对气象团队逐 1 h 更新预报、提供预报的方式和领队会上的 PPT 天气汇报表示肯定。

2 月 7 日的自由式滑雪大跳台资格赛结束后，谷爱凌接受采访时提到，她第二跳失误的动作受到了风的影响。首钢现场服务团队通过风向风力的精细化分析，敏感意识到中午前后的偏东风对运动员做出高水平动作有不利影响，下午的领队会上，特意提示各国领队注意比赛阶段偏东风的影响。8 日的风向实况证明，团队提供了准确的天气预报，首钢现场服务团队以精准的天气预报为选手助力。2 月 14 日最后一次领队会上，预报 15 日决赛日有东北风转东南风，也就风向预报与竞赛主管进行详细沟通，竞赛主管明确表示，偏东风带来运动员滑行时的迎面风，减缓运动员起跳的速度，不利于运动员的高水平发挥并且可能带来更多危险，进一步证实了首钢气象服务团队前期的分析。15 日风向的准确预报振奋人心，中国选手再次获得一枚金牌，精准天气预报助力首钢滑雪大跳台成为双金场馆。

针对 2 月 13—14 日降雪过程，首钢现场气象服务团队从 2 月 3 日开始就“盯上”了此次过程，提前 9 d 便与技术代表沟通此次降雪过程，并提示有可能出现短时间的雨夹雪。随着降雪过程的临近，降水相态和降水量更加明确，2 月 9 日提示技术主管 12—13 日降雪量调大，累积降雪量可能超过 5 mm，他对预报员实时跟进预报调整情况表示肯定。基于前期的积极沟通，2 月 10 日 15:30 冬奥组委体育部副部长王艳霞同志主持首钢滑雪大跳台气象服务专题会，首钢气象团队在会上汇报未来降雪的预报情况，王副部长对后期应对工作做出指示。为了应对降雪，场馆对观众席的座椅都做了覆盖，二次塑形专家也做好了赛道除雪、压雪的应对准备。在服务保障中，积极调整服务策略，为了便于外国团队的理解，及时在领队会上做出调整，将降雪预报以积雪深度表述。预报积雪深度将达到 6～10 cm，实况降雪深度达到 8 cm，准确预报使场馆运行团队的准备更有针对性。2 月 12 日早上，根据短临实况监测，及时调整预报，早晨便与技术代表沟通，说明 12 日白天只有零星飘雪，主要降雪过程在夜间。12 日晚上将后期降雪开始时间调整到 13 日早晨。13 日白天随着降雪开始，紧盯实况，观测雪花形态，调整积雪深度预报。上午雪花为树枝型，积雪效率高，中午前后及时观测到雪花转为板状和针状，预报中调低积雪效率。13 日下午与竞赛主管沟通降雪结束时间，准确预报降雪在 21 时后结束，为二次塑形专家整理雪道的时间安排提供帮助。为了深入了解降雪的影响，采访国外二次塑形专家和运动员，专家表示在前期气象预报基础上，他们早就做好了应对准备；运动员表示自然降水会使雪质发黏，他们要不断调整打蜡。

（3）服务经验总结

“五年磨一剑”，从无到有建设冬奥气象预报服务团队。严选队员，吸纳培养骨干预报员；实地考察，沉浸式体验现场天气；世界杯气象保障，赛事演练观摩，积累实战经验；实践出真知，实战练兵，预报准确率不断提升；天气研究，实现低空风预报从无到有的科学认知；针对性培训学习，提升国际化气象服务水平。

团队带来无穷的力量，首钢现场服务团队保障任务的圆满完成离不开冬奥北京气象中心大团队的支持。

13.3.2　延庆赛区气象保障服务

13.3.2.1　场馆群指挥中心气象保障服务

（1）服务需求

延庆场馆群指挥中心：延庆赛区共有涉奥场所近 100 个，涵盖比赛场馆、保障设施、住宿设施、餐饮及食材供应基地、定点医院和隔离点、交通设施、媒体设施及摄像点位、安保设施等，延庆场馆群运行指挥中心统筹调度区域市指挥中心国家高山滑雪中心、国家雪车雪橇中心、延庆冬奥村、阪泉综合服务中心、外围保障团队、医疗保障组、综合保障组、延庆场馆群安保指挥中心（延庆赛区综合交通调度中心）、颁奖等 10 个部门，从 2022 年 1 月 4 日小闭环开始至冬残奥会结束，每日早晚 2 次召开调度会研究部署延庆赛区各项工作，确保赛事组织、场馆运行、赛会服务、媒体运行和安全保障等各项工作有序高效、平稳运行，明确要求每日场馆群指挥中心早晚调度由延庆区气象局首个发言汇报多点位的天气情况，提供气象服务产品，同时根据需求变化进行及时调整，尤其是在有天气过程时，加密提供的服务产品频次和点位。

（2）服务产品

表 13.3.10　冬奥会期间服务产品

专报名称	服务点位	服务频次	预报间隔	预报要素	发布时段
场馆群运行指挥中心气象服务专报	1. 国家雪车雪橇中心（1 个点位） 2. 国家高山滑雪中心（5 个点位） 3. 阪泉综合服务中心（1 个点位） 4. 延庆冬奥村 / 冬残奥村（1 个点位） 5. 延庆城区（1 个点位）	每日 3 次 如遇特殊天气逐 1 h 发布	逐 3 h	天气现象、气温（℃）、平均风风向、平均风风速（m/s）、能见度（m）、降水量（mm）、体感温度（℃）	07 时、12 时、17 时，根据实际要求加密

表 13.3.11 冬残奥会期间服务产品

专报名称	服务点位	服务频次	预报间隔	预报要素	发布时段
场馆群运行指挥中心气象服务专报	1. 国家雪车雪橇中心（1 个点位） 2. 国家高山滑雪中心 6 个点位（竞速赛道 3 个点位、竞技赛道 3 个点位） 3. 阪泉综合服务中心（1 个点位） 4. 延庆冬奥村 / 冬残奥村（1 个点位） 5. 延庆城区（1 个点位） 6. 延庆残奥颁奖广场的预报服务	每日 3 次 如遇特殊天气逐 1 h 发布	逐 3 h	天气现象、气温（℃）、平均风风向、平均风风速（m/s）、能见度（m）、降水量（mm）、体感温度（℃）	07 时、12 时、17 时，根据实际要求加密

（3）服务方式（渠道 / 频次）

主要方式为场馆群指挥中心早晚例会发言汇报、微信群发送服务专报，遇高影响天气电话向主要领导及负责人汇报，针对 2 月 11—14 日的降雪过程，驻场阪泉综合服务中心开展现场服务，针对 2 次大风天气、1 次沙尘天气以及 6—10 日气温较常年同期显著偏高的情况，在服务群里发布了有针对性的提示信息。

（4）服务效果

冬奥会和冬残奥会期间，围绕延庆赛区竞赛场馆、非竞赛场馆等 5 个区域 10 个点位累计提供气象服务专报 312 余期，现场服务 3 d，为赛区扫雪铲冰、交通、物资及人员运送和颁奖准备的指挥调度、决策实施以及带妆演练提供精细化的气象服务。得到指挥中心各级领导的高度认可，时任延庆场馆群指挥中心主任、区委书记穆鹏多次表扬气象服务保障工作，并称赞气象服务团队是冬奥的“先行官”，2 月 5 日“气象服务保障非常重要，气象人在预报天气的同时，也和竞赛团队一起找到了比赛的窗口期，保障了赛程的圆满顺利，体现了气象最大的价值所在。”2 月 6 日“今天第一个就要表扬气象，今天的气象服务保障做得非常好！”。延庆场馆群运行团队在冬奥会后发来感谢信，感谢延庆区气象局在冬奥延庆赛区筹办、举办工作中付出的艰辛和努力。

13.3.2.2 赛事气象保障服务

（1）服务需求

国家雪车雪橇中心：国家雪车雪橇中心是结合自然地形和延庆本地气候条件设计的生态赛馆，拥有独特的“地形气候保护系统”，具有世界上独具特色的 360° 回旋弯赛道，安装了遮阳棚、挡风帘，能够有效保护赛道不受阳光、减弱风雪的影响。赛道配有灯光照明，低能见度等天气对赛事无影响。浮尘天气对赛道的影响不大。总体来说，国家雪车雪橇场馆赛道制冰和雪车雪橇赛事均重点关注气温、湿度和风的变化情况，特别是以下几种情况：

严寒天气。当气温低于 −20 ℃时，由于运动员比赛时着装少，要考虑对运动员身体的影响。

湿度较大。湿度的变化，会影响赛道冰面质量。如果接近饱和，赛道表面会结一层霜。这样会影响滑行速度，对于雪橇来说，需要选择不同滑行配置，以提高滑行速度。

大风天气。大风天气对遮阳帘有明显影响，可能造成遮阳帘下端固定处撕裂（2021 年对遮阳帘进行了调整，具体 10—11 月测试赛期间跟进了解）。国际雪车雪橇联合会的规则中规定，当风速超过 9.8 m/s 时，会对比赛有一定影响，技术代表和赛场长将决定训练、比赛程序是否进行；但从 2020 年 10 月预认证活动和 2021 年 2 月测试赛来看，场馆如一条卧龙位于阳坡上，赛道墙体高达 10～12 m；无论是对于北风还是南风，都有明显阻挡减弱作用。从西大庄科气象站风监测来看，9.8 m/s 这个阈值对于延庆赛区国家雪车雪橇中心不适用。经分析，若平均风 9.8 m/s，那么阵风可达 13～15 m/s。这次测试赛，将进一步关注大风风速阈值，为冬奥会比赛做好准备。

雨雪天气。由于赛道是半封闭设计，雨雪对赛道没有太大的影响。但 3 号道路用于运输设备，若出现大雪或者道路结冰导致封路时，会影响运输。

需要指出的是，观众观赛基本处于露天环境，直接受到野外气象条件的影响，需考虑山区寒冷天气、大风、降雪等天气带来的可能影响。

国家高山滑雪中心：11 月国家高山滑雪中心进入赛道造雪期。因此，从赛道造雪到 2—3 月赛事运行长达 5 个月的期间，不同阶段对气象要素的关注点有所侧重。

赛场造雪和压雪期间，关注气温、湿度以及大风对造雪的可能影响。

赛道准备（包括制造冰状雪道、雪道维护等）、安装 A 网和 B 网等赛场运维关注重点是低温、大风及降雪等。

赛事运行期间，赛事受气象条件的可能影响。特别需要关注大风天气可能对缆车正常运行的影响。基于 2019—2020 年冬季的了解，可能造成缆车停运的阈值：当缆车索道上设置的风速仪监测到阵风风向与缆车索道平行时，风速达到 18 m/s；当风向与缆车索道成 45 ℃夹角时，风速到达 16 m/s；当风向与缆车索道垂直时，当风速到达 14 m/s。这 3 种情况下，缆车面临停运可能性，特别是当连续 6 次报警提醒后，结合当天大风预报情况，综合判断并决定缆车停运。

（2）服务产品

① 预报点位

按照要求，北京冬奥会和冬残奥会期间预报服务的竞赛场馆及参考气象站点，见表 13.3.12。

表 13.3.12　北京赛区和延庆赛区赛事服务场馆及代表气象站点（预报点位）

场馆名称			代表气象站点	代表气象站点站号	代表气象站点代码
国家高山滑雪中心	竞速赛道	滑降起点 1	竞速 1 号站	A1701	YPS

续表

场馆名称			代表气象站点	代表气象站点站号	代表气象站点代码
国家高山滑雪中心	竞速赛道	超级大回转起点 1	竞速 3 号站	A1703	YPW
		第三起跳点	竞速 5 号站	A1705	YPT
		滑降结束区	竞速 8 号站	A1708	YPF
	竞技赛道	竞技起点	竞技 1 号站	A1710	YTS
		竞技中点	竞技 2 号站	A1711	YTM
		竞技终点	竞技 3 号站	A1712	YTF
国家雪车雪橇中心	西大庄科		西大庄科	A1489	YXD

需要说明的是，如果高山滑雪中心场馆的代表气象站点数据缺失，有备份站点或便携站的，启用备份数据。西大庄科气象站是国家雪车雪橇中心场馆的代表气象站。冬奥村设有便携站，作为西大庄科气象站的备份站，显示在北京市气象信息综合显示系统（LDAD）中。

② 预报时效、时间隔间和预报要素

表 13.3.13 场馆天气预报时效、预报时间间隔和预报要素

预报时效	预报时间间隔	预报要素
0～24 h	逐 1 h	天气现象、气温（℃）、相对湿度（%）、湿球温度（计算量）、平均风风向（八方位）、平均风风速（m/s）、阵风风速（m/s）、能见度（m）、降水量（mm）、累计降水量（mm）、降雪量（mm）、累计降雪量（mm）、新增积雪深度（cm）、体感温度（计算量），降水概率
24～72 h	逐 3 h	
4～10 d	逐 12 h	天气现象、最高最低气温、降水概率、最大 / 最小阵风

③服务时间段及预报发布时次

根据雪车雪橇竞赛团队需求，不同服务阶段略有不同，见表 13.3.14。其中 9 月 5—30 日赛道制冰阶段，每日 17 时提供预报服务产品；10 月 1 日—11 月 30 日每日 07 时、17 时提供预报服务产品。根据天气情况随时更新预报产品，发布灾害性天气提示信息。

表 13.3.14 不同服务阶段的预报发布时次情况

服务时间段	预报场馆	发布次数	发布时次
赛前第一服务期 2021 年 11—12 月	2 个竞赛场馆 8 个点位， 2 个非竞赛场馆	每日 2 次	11 时和 17 时

续表

服务时间段	预报场馆	发布次数	发布时次
赛前第二服务期 2022 年 1 月 1—26 日	2 个竞赛场馆 8 个点位， 2 个非竞赛场馆	每日 4 次	07 时、11 时、 17 时、23 时
赛时服务期 2022 年 1 月 27 日—3 月 13 日	2 个竞赛场馆 8 个点位， 2 个非竞赛场馆	全天 24 h 逐 1 h	逐 1 h
赛后服务期 2022 年 3 月 14—18 日	2 个竞赛场馆 8 个点位， 2 个非竞赛场馆	每日 2 次	11 时和 17 时

（3）服务方式（渠道）

除了场馆现场有预报服务人员提供现场口头汇报、简报、电话、手台、打印张贴纸质产品等服务方式外，所有的场馆实时天气监测信息和场馆预报产品、场馆通报内容等可以通过冬奥气象服务网站（olympic.weather.com.cn）、冬奥智慧气象 APP、冬奥气象综合可视化系统。相关雪车雪橇和高山滑雪场馆的服务微信群等服务端进行浏览和查阅。

（4）服务效果

雪车雪橇场馆竞赛专家诺蒙兹评价道："气象服务团队提供的场馆天气预报非常及时并且非常的通俗易懂，需要关注的重点天气一目了然，我不需要从大量的天气信息中找重点，因为他们都把重点天气和提示就放在首页，我们的场馆气象服务非常完美。"赛道制冰主管理查德评价道："他们提供的天气预报非常精准，说刮大风就刮大风，说下雪就下雪吗，我和我的团队每天都会查看场馆天气预报，他们做得很好。"设施经理杨晋凯，车橇场馆秘书长刘建辉等，都称赞气象服务完美、专业、及时。

延庆赛区高山滑雪主裁判马库斯·瓦尔德纳赞不绝口："预报非常专业，非常棒！我们叫那位女士'天气女孩'。我们以为风会大的时候，她说风会小，果然就小了，这简直是不可能的事！"女子竞赛主任皮特表示"预报专业，很好地助力比赛"。国际雪联新闻传播总监珍妮·维德克表达了对中国气象团队的赞许："他们的预报一直很准确，值得我们信任。"

（5）延庆赛区高山滑雪场馆气象保障服务案例

① 天气实况和赛程调整情况

2022 年 2 月 18 日下午至 20 日，延庆赛区高山滑雪中心场馆出现大风天气；19 日风速最强，其中早晨到傍晚竞技结束区阵风超过 11 m/s；20 日早晨风速降至 5～7 m/s，上午风速缓慢加大，11 时极大风达到 14.4 m/s。因 19 日大风天气，原定于 2 月 19 日进行的高山滑雪混合团体赛延期至 20 日 09 时开始进行。最终抓住了 2 h 比赛窗口期，赛事顺利完成。

团体赛道名称为"彩虹"，意味着各路高手在赛道上滑出一道道彩虹。起点海拔高度 1 603 m，结束海拔高度为 1 487 m，垂直落差仅为 116 m，海拔高度并不高，垂直落差也不大，但是赛道最突出的特点，就是观众可以全程欣赏到运动员之间直接比拼的刺激画面，谁快谁就得分，简单明了。

② 气象保障服务情况

针对此次大风天气过程，延庆赛区采取了滚动跟进式气象服务。提前 8 d（11 日）

开始跟进更新服务此次大风过程。提前 4 d（15 日）开始滚动跟进 19 日山顶最大阵风（20～25 m/s）的定量预报，团体起点 19 日 8～13 m/s。18 日更新预报：19 日白天山顶阵风 16～22 m/s，夜间最大 24 m/s；竞技中点、竞技结束区 11—13 时阵风 10～13 m/s。19 日跟进 20 日早晨至中午团队赛道的阵风预报，早晨相关平稳，风速小，上午风速逐渐加大，小时最大阵风 10～13 m/s。

团体赛道短，原考虑风速大些，对比赛影响不大。但 18 日下午竞赛主任和仲裁、技术专家现场布置赛道时，发现赛道出现明显的上坡风。这样的风向会使旗门向赛道的上坡方向明显的倒伏，有可能给高速下滑的运动员造成一定的安全风险。16 时气象联动决策会时，预报 19 日风速更强，且风向还是持续上坡风。针对这种情况，竞赛主任和仲裁们对旗门布局进行了调整，5 个环均进行了剪切，有利于空气流动，不兜风，减少倒伏幅度。

19 日 10—13 时团队赛道结束区即竞技结束区气象自动站阵风超过 11 m/s，且风向吹向赛道上坡的方向。因为大风原因，高山滑雪混合团体比赛从 2 月 19 日 10 时推迟到 11 时，而后又推迟到 12 时举行，最后不得不延期到 2 月 20 日上午举行。19 日 12 时竞赛日程调整委员会召开会议时，根据提供的预报，20 日风速比 19 日弱，早晨时风速最小。基于气象部门提供的预报信息和北京冬奥组委领导的决策，赛事延期至 20 日 09 时开始，07 时仲裁开始检查赛道。这已经是能够开始的最早时间了。

据说一些参赛队原本已经订购了 20 日返程的机票，不得不因为延期的比赛退改签。然而比赛面临的最大尴尬是 20 日冬奥会就闭幕了，如果因为天气原因无法开赛，那有可能成为冬奥史上为数不多的甚至绝无仅有的无法在闭幕之前完赛的冬奥会项目。

为了给北京冬奥会画上一个完美的句号，冬奥气象服务团队再次发挥了“神算子”作用，基于气象监测系统和天气系统，认真研判，19 日 3 次加密会商，22 时中央气象台、北京市气象台、延庆赛区和现场四方加密研判。第二天从早晨到上午，如我们所预期，早晨相对平稳，仲裁体验会很好；跟着上午风速缓慢增加。2 h 的比赛窗口期抓住了，所有比赛项目全部完赛了，所有金牌都颁发了，没有留下遗憾。

③ 服务经验总结

领导高度重视是这次服务成功的关键。中国气象局副局长余勇亲自部署，22 时四方联动加密会商，明确的预报结论给竞赛团队增加信心。在全面分析天气系统的基础上，延庆赛区包括激光测风雷达、风廓线和自动站等加密探测信息，北京睿图－睿思 67 m 精细场馆阵风模拟产品、国家气象中心 STNF 站点阵风释用预报产品等，在赛道定点定量预报上发挥了有力支撑作用。高水平团队是服务成功的有力保证，从前方工作组到场馆预报中心到场馆现场服务，从中央气象台到北京市气象台，整个气象服务团队充分发挥了严谨科学的预报水平和服务能力，团结协作、勇于担当、主动作为，受到了北京冬奥组委领导、场馆领导、赛事组织方等的充分肯定和一致好评。

13.3.3 张家口赛区气象保障服务

13.3.3.1 服务需求

第 24 届冬季奥林匹克运动会于 2022 年 2 月在北京和张家口两地联合举办，张家口崇礼赛区将举办越野滑雪、北欧两项、冬季两项、单板滑雪、自由式滑雪、跳台滑雪 6 个大项、51 个小项室外雪上项目。赛区室外雪上项目受天气影响极大，大风、低温、降雪、低能见度、沙尘、高温融雪均对比赛和场地运行造成较大影响，因此张家口赛区气象服务团队面临赛事保障的巨大需求和压力。

张家口赛区气象服务团队最主要的服务对象为场馆竞赛运行团队，竞赛运行团队会根据天气情况进行赛事日程变更。根据降雪的量级以及起止时间，指挥调度国内外技术官员对赛道进行清理，因此对天气预报的精细化和准确度要求极高。另一个主要需求来源为山地运行团队，一是人工造雪对气温、相对湿度等气象要素的要求；二是缆车运行对风力的预报需求，一旦风向风速达到阈值将无法运行；三是赛道用雪雪质保障需求，太阳辐射、较高温度会造成赛道用雪的湿化甚至融化，沙尘天气会进一步加剧赛道用雪变质。

13.3.3.2　服务产品

云顶场馆群和古杨树场馆群的服务产品可分为制式统一的服务产品和有针对性的特色场馆服务产品等两类，主要分为场馆通报、天气高影响提示、天气预报、领队会汇报 PPT、造雪气象条件服务材料和天气实况服务材料等。

场馆通报：对场馆群的气象信息进行总体分析，以文字描述为主，主要阐述气象的客观信息，赛时每日 3 次定时提供，另外根据天气变化以及领导需要可以增加提供频次。场馆通报主要由天气预报中心预报员制作完成，现场气象服务团队会同站点预报一同发布。在实际服务中如预报和实况不一致，根据天气实况对结论稍作调整，场馆群气象秘书会对场馆通报进行再加工。针对顺风、逆风、侧风的风向预报，国家跳台滑雪中心的气象团队增加了跳台场馆的方位图。

天气高影响提示：对高影响天气进行重点提示，包括对赛事影响和对场馆运行的影响，例如大风、降温、沙尘天气对场馆管理、临建设施的影响，提示服务保障人员防寒保暖、提前巡视供热供暖供电设备，及时做好维护等；降雪天气对交通影响，及时做好铲冰除雪等。

天气预报：云顶场馆群冬奥会期间有 4 个预报站点，冬残奥会期间预报站点为 2 个，国家跳台滑雪中心有 2 个预报站点，国家越野滑雪中心有 2 个预报站点，国家冬季两项中心有 1 个预报站点。站点预报由天气预报中心预报员制作更新，现场气象服务团队会在公告栏、微信群等方式进行发布。

领队会汇报 PPT：气象服务团队 2022 年北京冬奥会、冬残奥会期间，在领队会以及山地运行会议上，预报结论和天气影响提示往往以幻灯片形式呈现。此外，国外专家也会提出一些个性化或者定制性的需求，往往以图片形式直接通过现场服务系统生成图片后发送。

造雪气象条件服务材料。提供未来 72 h 场馆精细化气象要素预报产品，主要针对湿球温度进行分析，提供造雪气象条件预报技术支撑。

天气实况服务材料：提供气温、雪温、风向风速等气象实况，为赛事服务、体育播报做支撑。天气监测实况信息包括国家越野滑雪中心指挥室在竞赛办公室开放时间，逐 30 min 发布雪温观测信息。

每日运行情况报告：提供当日天气实况和第 2 天气象预报，并分析对赛事是否产生影响。

《北京冬奥会和冬残奥会张家口赛区雪质风险服务专报》基于冬奥赛区精细化预报数据，在 2022 年北京冬奥会和冬残奥会赛时阶段开展雪质风险等级和雪温预报服务。

13.3.3.3 服务方式（渠道 / 频次）

由于各场馆的需求、工作要求和赛事不同性质，决定了服务的方式有所区别，可分为统一的服务方式和各场馆定制服务渠道。

（1）统一的服务方式（渠道 / 频次）

一是北京冬奥会和冬残奥会气象服务网站、手机客户端。

二是每日 16 时与北京冬奥会和冬残奥会组委会体育部气象的联合会商。每日 1 次，重大高影响天气时，各业务领域加密会商。

三是赛前领队会的英文现场汇报。领队会的时间会根据各自场馆的赛事安排分开进行。

四是各场馆公示栏、公告板张贴气象服务产品和场馆通报。每日 07 时、11 时、17 时在公示栏张贴中英双语的站点预报以及场馆通报；高影响天气时，会加密张贴和服务。

五是各场馆专属的气象微信群，面对不同的用户、业务领域的微信群，及时发布各项服务材料和高影响天气信息。遇有降雪、大风等高影响天气或临时需求，通过微信群及时开展相关服务。每日 17 时，通过微信群，向山地运行团队的外籍专家发送英文的造雪气象条件服务材料和场馆通报。

六是通过微信，按时将“日运行报告”报送场馆运行和体育业务领域。

七是通过邮件将《北京冬奥会和冬残奥会张家口赛区雪质风险服务专报》报送给张家口赛区气象服务保障前方工作组、张家口赛区运行指挥部综合办公室、张家口市冬奥会城市运行和环境建设管理指挥部等部门，频次为每 3 d 制作 1 期，冬残奥会赛时期间频次为每 1 d 制作 1 期。

（2）各场馆定制的服务渠道

云顶场馆群指挥室：一是作为指挥室成员每日参加早晚例会和 VOC 调度会；二是根据天气情况不定时《天气高影响提示》，并以云顶场馆群“运行团队情况报告”的形式报送指挥室领导。

国家跳台滑雪中心：一是根据天气情况不定时制作《高影响天气提示》，向跳台场馆运行团队、竞赛主任、竞赛长汇报；二是每日与“防风网团队”负责人沟通其每日的开启、闭合时间，以确保其正赛期间的正常工作。

国家冬季两项中心：与场馆竞赛组织人员现场会商。

国家越野滑雪中心（指挥室）：通过微信、布告栏发布和张贴逐 30 min 的天气监测实况信息和雪温观测数据。

13.3.3.4 服务效果

（1）云顶场馆群

冬奥冬残奥气象服务保障期间，云顶场馆群现场气象服务团队共发布 6 期《天气高影响提示》，均获得场馆群主任层批示，其中，场馆执行主任李莉主任批示 4 次。在冬奥会即将结束之时，李莉主任对云顶气象团队给予高度评价“云顶气象团队专业水准高，预报业务精，工作作风硬，为赛事举办提供了非常有价值的气象信息。有力保障了场馆赛事运行，望再接再厉，再创辉煌。”

受天气影响，云顶滑雪公园冬奥会期间，共有两项比赛一项官方训练进行了赛事日程变更，冬残奥会期间，有一项比赛和一项官方训练进行了竞赛日程变更。准确及时的预报服务工作受到了竞赛团队的高度评价：

自由式滑雪竞赛主任 Roby——No matter what the weather was, you and your colleagues where the best thing about the forecast. Thank you so much for helping us all. Great job!!!（无论天气如何，气象团队始终提供了最棒的天气预报。非常感谢你们的帮助，了不起的工作！！！）。

自由式滑雪技术代表 Josh（2 月 19 日留言）——To Dora, Yue，Woody: You are the best! The weather service was amazing. Thanks for the best Olympics ever!（你们是最棒的！气象服务工作很出色！感谢有史以来最棒的奥运盛会！）。

单板滑雪竞赛主任 Uwe（2 月 18 日留言）——Thank you! Amazing to work with you!（感谢你们！非常高兴与你们一起工作！）。

前冬奥会竞赛主任、北京冬奥会顾问 Joe（由竞赛副主任高森转述）——云顶的气象服务团队非常棒，这是之前冬奥会所没有经历过的，一是预报精准，为竞赛开展以及日程变更提供了坚实的支撑；二是团队非常敬业，信息沟通顺畅，无论任何时候需要天气预报信息都会得到，而在平昌冬奥会预报员很少跟竞赛主任或者技术代表进行沟通。

（2）国家跳台滑雪中心

气象团队每日 3 次发布跳台起跳点和着陆点 2 个点位的中英文天气预报和场馆通报，累计发布、张贴场馆通报 66 份，站点预报 220 份。自 2021 年 11 月 2 日开始，累计向山地运行团队的外籍专家发送英文预报 111 份。

在冬奥会即将结束之时，山地运行团队的外籍专家 John Aalberg 对跳台气象团队给予了高度评价：“I also want to say that you have provided excellent and accurate forecasts during the whole Games.With 25 years experience working in and with Olympic and Paralympic Organizing Committees，I can say that you have been one of the very best forecast teams I have worked with.（我想说的是，在整个奥运会期间，你们提供了非常出色和精准的预测。在 25 年的奥运会和残奥会组委会工作经验中，我可以说你们是我合作过的最好的预测团队之一。）”气象团队的工作得到了场馆常务副主任、竞赛主任、竞赛长等场馆多位领导、相关业务领域和外籍专家的极大赞扬和认可。

（3）国家冬季两项中心

准确预报 2 月 13 日强降雪、2 月 14—15 日大风降温、2 月 17 日降雪、2 月 19 日大风低温及 3 月 4 日大风、扬沙等重要天气过程，为 2 月 15 日、2 月 19 日两项比赛、3 月 4 日官方训练日程调整提供了决策支撑。

各级领导和外籍专家高度关注场馆气象预报工作，并对赛事气象预报服务给予高度评价。体育部部长佟立新多次表示，气象团队提供了精准的气象预报，对竞赛组织提供了有力支持；冬季两项场馆主任戎均文对气象工作给予高度认可，多次对气象预报提出表扬；冬奥会竞赛主任博鲁特和冬残奥会竞赛主任雷恩对气象预报准确率高度认可，多次表示气象团队做出了完美的工作；山地运行团队专家约翰对气象预报给予山地运行的支持表示感谢，赞扬气象团队卓越的工作。

（4）国家越野滑雪中心

天气预报准确，精细，提前量在 24 h 以上，完全满足赛事和赛会需求。受天气影响的赛程调整非常成功，受到场馆运行各领域的一致好评，并表示真诚的感谢。越野仲裁委员会和国际雪联对我们的评价是“我们从未接收到如此精准的预报，及时、精准和友好”。

此外，共计制作《北京冬奥会和冬残奥会张家口赛区雪质风险服务专报》23 期，经实况与预报结果对比检验表明：冬残奥期间雪表温度 11—16 时准确率达到 100%，全时次为 85%～90%；5 cm 雪温准确率达到 80%，10 cm 为 60%～80%。雪质等级准确率云顶为 91%，古杨树为 100%。特别是在应对 3 月 6—13 日的异常升温过程的气象保障服务中，实现逐时 0 cm、5 cm、10 cm 雪温预报和逐日雪质风险服务，通过精确地雪质观测数据和模型分析判别为比赛适宜窗口期预报和云顶赛区 12 日赛事调整提供了有力支撑，满足了冬奥赛区赛道雪质特殊服务需求，为赛事安排调整提供决策依据。

13.3.3.5 典型服务案例

（1）云顶场馆群气象保障服务案例

① 天气实况和赛程调整情况

2022 年 2 月 12 日夜间至 13 日夜间，云顶场馆群降大雪，累计降水量为 6.7～8.3 mm，赛道最低能见度不足 200 m。雪强较大的 2 个时段为 13 日 9—13 时和 17—21 时。受强降雪和低能见度天气影响，13 日、14 日、15 日的自由式坡面障碍技巧资格赛和决赛改期至 14 日、15 日、16 日，13 日的女子空中技巧资格赛改期至 14 日。

② 气象保障服务情况

根据天气系统演变，采取递进式气象服务，逐步明确天气过程强度、影响程度和应该采取的应对措施。

针对此次强降雪天气过程，云顶场馆群气象服务团队加强前后方预报员会商，提前 5 d 向场馆群指挥室和赛事运行团队报送《天气高影响提示》，指出：12—13 日，将有中到大雪（4～10 mm），同时受降雪影响，赛场能见度较低，最低能见度降至 500 m 以下。场馆群执行主任李莉、秘书长马轩根据提示信息，要求各业务领域做好相关工作。同国际雪联技术官员每天召开会议专题研讨天气对赛事的影响，国际雪联技术代表 Josh 向国际奥委会发去邮件，提醒 OBS 等部门做好赛事变更的准备。团队连续 3 d 参加体育气象山地运行协调会议，通报降雪过程不同时段降雪演变特点，据此竞赛团队制定了赛道清雪专项工作方案，协调了近 200 人的队伍为开展工作做好准备。

2 月 11 日，在场馆群晚例会上，团队对降雪的起止时间、过程量级以及变化趋势进行了详细说明。佟立新部长和李莉主任分别进行了指挥调度，场馆群全员集结待命，确保第一时间降雪、第一时间清雪、第一时间做好塑形准备，保障道路畅通、赛道正常投用，还同步研究制定了赛程变更方案。

2 月 13 日，云顶场馆群现场气象服务团队加强值班值守，气象秘书逐 2 h 向闭环内（外）指挥室更新降雪实况和降雪趋势。赛场预报员借助天气雷达、卫星以及自动站等多源实况资料为佟立新部长以及技术代表 Josh 实时滚动提供短临预报。由于天气变化与团队给出的预报结论完全一致，原定 12 时决定自由式滑雪障碍技巧当天比赛是否继续，国际雪联依据降雪持续的预报结论，10：30 就发布了赛事变更的通告。

2 月 13 日国际奥委会、北京冬奥组委召开主题为“赛事半程运行总结”新闻发布会。发布会上，杨树安副主席提到：“开赛至今，气象部门为赛事提供了精准的天气预报，这对赛事顺利运行至关重要。比如大家看到的今天的降雪，早在 2 月 4 日气象部门已经有了预测，2 d 前基本确定了每个场馆降雪的时段和量级，据此，组委会很早就发布了天气预警信息，并组织进行提前应对。”气象部门为北京冬奥组委赛事组织运行及各参赛运动员提供了一流的气象服务。国际奥委会体育部副部长伊琳娜对气象服务做出高度评价，认为气象预报很准确。

③ 服务经验总结

高效联动协同机制提供了有力保证。以赛事和场馆运行保障为目标，建立中国气象局 - 河北省气象局 - 张家口赛区气象中心 - 现场气象服务团队之间的上下联动机制，确保气象保障服务步调一致，信息统一。省级各业务单位冬奥专班、前方工作组其他团队与现场气象服务团队协同配合，有力保障了现场团队随时能呼叫到“炮火”支援。编制了云顶场馆群气象服务保障方案，并根据方案定期模拟演练保障细节，确保各项工作准备充分。

精密精准监测预报系统提供了强大支撑。张家口赛区气象中心始终坚持以“提高预报准确率”为中心，科学谋划站网布局，深入研究赛场气象特征，科学总结预报着眼点，并基于机器学习、CFD、大涡模拟等技术方法，开发精细化客观预报产品，为做好赛场气象保障服务发挥了关键作用。

高水平服务团队奠定了坚实基础。冬奥气象保障服务任务重、要求高。几年来，持续的冬训将队员们锤炼成了一只特别能吃苦、特别能战斗、特别能奉献的服务团队。他们善于团结协作、勇于担当、主动作为。前后方预报员加强会商，科学研判，主动对接服务需求，受到了场馆领导、赛事组织方以及各国领导的一致好评。

（2）古杨树场馆群气象保障服务案例

① 赛程调整情况

冬奥会期间，冬季两项项目共计调整竞赛日程 2 次，分别是原定于 2 月 15 日 17 时开始的男子 4×7.5 km 接力赛由于低温原因调整至 2 月 15 日 14 时 30 分开始，原定于 2 月 19 日 17 时开始的女子 12.5 km 集体出发由于低温和大风原因调整至 2 月 18 日 15 时开始。

② 调整前后天气实况对比

2 月 15 日男子 4×7.5 km 接力赛原定比赛时段（17 时—18 时 30 分）平均气温为 −18.7 ℃，2 min 平均风速为 2.9 m/s，10 min 最大阵风平均为 5 m/s，平均体感温度为 −20.9 ℃；2 月 15 日调整后比赛时段（14 时 30 分—16 时）平均气温为 −16.4 ℃，2 min 平均风速为 3.6 m/s，10 min 最大阵风平均为 7.2 m/s，平均体感温度为 −19.1 ℃（逐 10 min 实况数据见表 13.3.15）。

赛程调整后赛时气温较原定比赛时段气温明显偏高，体感温度偏高 1.8 ℃，由于 15 日当天风力整体适宜比赛，因此气温是影响比赛进行的首要关注点，从实况数据来看，本次赛程调整有效降低了比赛低温风险。

表 13.3.15　2 月 15 日原计划比赛时段和调整后比赛时段气象实况数据

原计划比赛时段					调整后比赛时段				
观测时间	气温（℃）	2 min 平均风速（m/s）	10 min 极大风风速（m/s）	体感温度（℃）	观测时间	气温（℃）	2 min 平均风速（m/s）	10 min 极大风风速（m/s）	体感温度（℃）
17:00	−18	2.9	5.2	−20.3	14:30	−16.1	5.5	8.8	−20.5
17:10	−18.2	2.4	5.9	−19.8	14:40	−16.3	3.6	8.2	−19.1
17:20	−17.9	2.8	4.7	−20	14:50	−16.3	3.7	6.5	−19.2
17:30	−18.3	2.7	5.9	−20.3	15:00	−16.2	2.6	8.2	−17.9
17:40	−18.7	3.2	5	−21.4	15:10	−16.1	2.6	6.6	−17.8
17:50	−18.8	2.9	5	−21.1	15:20	−16.2	3.1	6.5	−18.5
18:00	−19.2	2.7	4.6	−21.3	15:30	−16.5	4.1	6.3	−19.8
18:10	−19	3.2	4.1	−21.7	15:40	−16.6	3.9	7.1	−19.8
18:20	−19.4	2.5	4.7	−21.3	15:50	−16.8	3.9	7.9	−20
18:30	−19.7	3.3	5.3	−21.3	16:00	−16.8	2.7	6	−18.7
平均值	−18.7	2.9	5	−20.9	平均值	−16.4	3.6	7.2	−19.1

2 月 19 日女子 12.5 km 集体出发原定比赛时段（17—18 时）平均气温为 −16.9 ℃，2 min 平均风速为 5.1 m/s，10 min 最大阵风风速平均为 11.2 m/s，平均体感温度为 −20.9 ℃；2 月 18 日调整后比赛时段（15—16 时）平均气温为 −14.5 ℃，2 min 平均风速为 4.9 m/s，10 min 最大阵风风速平均为 10 m/s，平均体感温度为 −18.2 ℃（逐 10 min 实况数据见表 13.3.16）。

赛程调整后赛时气温较原定比赛时段气温明显偏高，体感温度偏高 2.7 ℃，且 18 日比赛时段风力较 19 日比赛时段略有下降，19 日比赛全程体感温度均低于 −20 ℃，虽然气温接近 15 日调整后比赛时段，但是由于风力较大，体感温度对运动员有较大的风险，比赛调整很有必要，并且 19 日是冬季两项最后一个比赛日，比赛项目观众多，影响大，更改日程完成比赛意义重大。

表 13.3.16　2 月 19 日原计划比赛时段和 2 月 18 日调整后比赛时段气象实况数据

原计划比赛时段					调整后比赛时段				
观测时间	气温（℃）	2 min 平均风速（m/s）	10 min 极大风风速（m/s）	体感温度（℃）	观测时间	气温（℃）	2 min 平均风速（m/s）	10 min 极大风风速（m/s）	体感温度（℃）
17:00	−16.2	8.8	12.7	−22.4	15:00	−14.1	5.6	10.8	−18.2
17:10	−16.6	6.9	12.1	−21.9	15:10	−14.2	4.9	10.1	−17.9

续表

原计划比赛时段					调整后比赛时段				
观测时间	气温（℃）	2 min 平均风速（m/s）	10 min 极大风风速（m/s）	体感温度（℃）	观测时间	气温（℃）	2 min 平均风速（m/s）	10 min 极大风风速（m/s）	体感温度（℃）
17:20	−16.7	3.8	13.7	−19.8	15:20	−14.3	5.3	10.4	−18.3
17:30	−16.9	3.2	11.3	−19.4	15:30	−14.7	5	9.9	−18.5
17:40	−17.1	4.6	10.9	−20.9	15:40	−14.5	5	10.7	−18.3
17:50	−17.3	3.5	8.2	−20.2	15:50	−14.8	5.3	9.8	−18.8
18:00	−17.3	4.9	9.5	−21.4	16:00	−14.9	3.5	8.3	−17.5
平均值	−16.9	5.1	11.2	−20.9		−14.5	4.9	10	−18.2

③ 预报与实况对比

2 月 14 日 11 时场馆预报显示 15 日 14 时场馆气温为 −14 ℃（实况 −15.7 ℃），平均风速为 5 m/s（实况 5.1 m/s），最大阵风风速为 10 m/s（9.7 m/s），体感温度为 −18 ℃（−19.7 ℃）；17 时场馆气温为 −17 ℃（实况 −18 ℃），平均风速为 4 m/s（实况 2.9 m/s），最大阵风风速为 8 m/s（5.9 m/s），体感温度为 −20 ℃（−20.3 ℃）。

从 14 日预报与实况对比分析，气温预报较实况略偏高，14 时风力预报与实况基本一致，17 时风力较实况略高，体感温度预报准确，气象预报为赛程变更提供了可靠参考依据。

2 月 17 日 07 时场馆预报显示 18 日 14 时场馆气温为 −10 ℃（实况 −13.2 ℃），平均风速为 5 m/s（实况 3.5 m/s），最大阵风风速为 10 m/s（12 m/s），体感温度为 −13 ℃（−15.6 ℃）；19 日 17 时场馆气温为 −17 ℃（实况 −16.2 ℃），平均风速为 7 m/s（实况 8.8 m/s），最大阵风风速为 12 m/s（12.7 m/s），体感温度为 −22 ℃（−22.4 ℃）。

从 17 日预报与实况对比分析，17 日预报对 18 日比赛时段预报气温偏高，平均风速偏大，阵风接近，体感温度略偏高；19 日预报结论与实况基本一致，而且 19 日全天最高气温 −16 ℃，体感温度均低于 −20 ℃，预报情况与实况一致性很好，充分说明 19 日全天均不存在适合比赛的窗口期，因此对比赛调整至 18 日举行服务效果理想。

④ 服务经验总结

熟悉各项比赛气象风险阈值，气象风险阈值作为关系到项目参赛运动员人身安全和项目能否如期进行的重要依据，是赛事气象服务的重要先决条件，如冬季两项比赛由于运动员需要在室外进行长距离滑行，并且要在比赛中开展四轮静态射击，因此冬季两项对低温和体感温度都有明确的气象风险阈值，当气温低于 −20 ℃或气温低于 −15 ℃，体感温度低于 −20 ℃时，项目需要停止、改期或取消。熟悉气象风险阈值对气象预报员开展精细化气象预报制作，开展高影响天气时段重点分析提供支持，并且对现场预报员服务竞赛主任、技术代表等专家提供关注点。

加强与竞赛主任、技术代表、仲裁委员会的合作关系建立，冬季两项自 2 月 4 日开赛以来，与竞赛主任（RD）Borut 建立了很好的合作关系，及时向竞赛主任提供气象服务产品，并对气象预报产品做好解释和说明，尽快让竞赛主任建立对气象团队预报产品的信任，提升预报产品的决策支撑作用。

按照需求科学采取服务方法，充分了解竞赛主任的需求，特别是涉及日程调整时，预报服务必要时可在阈值上下进行调整，为竞赛主任对日程调整的建议提供更为充分的支撑，进一步加强竞赛主任的信任。

加强与其他相关部门的合作，特别是山地运行、铲冰除雪、场馆管理等核心利益相关方，加强与相关部门的合作可以充分提升气象在场馆工作中的地位和作用，场馆运行围绕赛事，赛事围绕气象，及时向其他部门通报气象预报对场馆应对极端天气、赛程调整等情况有很重要的作用，充分发挥气象服务在场馆工作的重要作用。

13.3.4　冬奥组委气象服务

13.3.4.1　服务需求

从运行指挥部调度中心（MCC）角度看，场馆运行组织对于极端天气预警信息和灾害性天气提示信息极为关注，需要气象预警和提示服务有足够的提前量，要求提前 7～10 d 提供趋势预报，保证场馆运行团队能够提前做好恶劣天气的应对准备，尤其是关注大风、降雪、低温等天气对航班抵离、交通保障、场馆清废、电力运行、临时设施等业务领域的影响。

从竞赛指挥组前方指挥部（SOC）角度看，竞赛日程变更调整和竞赛组织工作必须依靠天气进行安排，各项竞赛组织决策对气象预报的精细化要求极高，要求预报发布时间至少提前 3 d，位置精确到场馆及赛道指定位置，并判断竞赛日程或官方训练日程时段内天气对于比赛（训练）的影响。对于可能影响竞赛日程正常进行的天气，则要求天气预报时间精确到分钟，空间上具体到赛道，预报内容详细到量，预报发布和更新的频率更高。

13.3.4.2　服务产品

根据国际奥委会、国际残奥委会要求，以及北京冬奥组委体育部、对外联络部、新闻宣传部、规划建设部、技术部、运动会服务部、文化活动部、物流部、场馆管理部、安保部、交通部、开（闭）幕式工作部等部门工作需要，赛时为北京冬奥组委总部及竞赛指挥组前方指挥部提供的气象服务信息包含以下内容：（1）场馆天气实况（中英文）；（2）运行指挥部调度中心（MCC）气象服务专报（中英文）；（3）场馆天气通报（中英文）；（4）首都机场气象服务专报；（5）气象灾害预警信号；（6）重要天气报告；（7）赛区气候预测服务专报；（8）交通气象服务专报；（9）雪上项目未来 3 天竞赛日程或官方训练日程时段内气象预报（英文）；（10）赛区每日竞赛－气象专题会商结论；（11）调度中心大屏预报；（12）北京冬奥会和冬残奥会气象筹备工作简报；（13）冬奥气象服务网站数据统计报告；（14）赛区气候预测服务专报，包括递进式滚动提供各赛区季节、月、延伸期气候预测产品，季节气候预测产品主要关注季节气温、降水趋势，月气候预测产品主要关注月和各旬气温、降水趋势，延伸期预测产品主要关注 11～30 d 延伸期气候趋势及降水、冷空气、强降温主要天气过程。

13.3.4.3　服务方式（渠道 / 频次）

在运行指挥部调度中心和竞赛指挥组前方指挥部接入气象专线，每日专人 24 h 驻场值班，随时向运行指挥部各工作机构、竞赛日程变更委员会提供天气咨询；每日 07 时、17 时通过“冬奥通 APP”、微信、调度中心大屏向运行指挥部调度中心、竞赛指挥组提供 2 次气象服务专报、场馆天气通报、赛区天气预报，不定时提供气象灾害预警信号、重要天气报告、赛区气候预测服务专报、交通气象服务专报；每日 16 时通过电子邮件向国际奥委会、国际残奥委会提供未来 3 d 竞赛日程或官方训练日程时段内气象预报；每日 16 时通过瞩目系统进行赛区竞赛－气象专题会商；每日向北京冬奥组委副主席杨树安呈送北京冬奥会和冬残奥会筹备工作简报、冬奥气象服务网站数据统计报告等相关材料。上述信息的及时提供，使得北京冬奥组委及地方政府决策部门能够及时、准确、全面地掌握天气情况，顺利开展各部门的联动协调工作，确保奥运期间赛事组织和城市运行安全有序。

13.3.4.4　服务效果

冬奥会期间，受天气影响，竞赛日程变更委员会共召开 12 次视频会议，对 11 个小项（高山滑雪男子滑降和女子大回转、自由式滑雪男子和女子坡面障碍技巧，自由式滑雪女子空中技巧、冬季两项男子 4 × 7.5 km 接力、北欧两项越野滑雪男子个人 10 km、越野滑雪男子和女子团体短距离传统技术、冬季两项女子 12.5 km 集体出发、高山滑雪混合团体）的日程延期或提前 9 次。此外，还有 3 个小项（高山滑雪男子大回转和女子滑降、越野滑雪 50 km 集体出发）的日程因降雪、大风、低温、低能见度原因推迟 3 次，官方训练活动（高山滑雪滑降和全能、自由式滑雪 U 型场地技巧、跳台滑雪女子标准台）因降雪、大风和低能见度原因提前、推迟或取消 8 次。残奥会期间，受天气影响，竞赛日程变更委员会召开 3 次视频会议，残奥高山滑雪全能、回转和大回转，残奥单板滑雪坡面回转比赛受高温、降雨影响提前 3 次。受大风影响，官方训练活动（残奥高山滑雪、残奥单板滑雪和残奥冬季两项）推迟、提前或取消 5 次。

尽管赛事期间天气复杂，出现多次不利于比赛的天气过程，但在中国气象局的精心部署下，在冬奥气象中心的统一指挥下，指挥部调度中心、竞赛指挥组前方指挥部现场气象服务组不畏艰难、踔厉前行，一方面提高服务的敏锐性和超前性，赛前赛时充分了解、分析冬奥组委各部门对气象服务的需求，在服务过程中灵活调整服务内容和形式，准确把握服务对象的关键诉求，成功保障北京冬奥会全部赛事在规定赛程期内高质量完成，赛事气象服务得到北京冬奥组委有关领导、国际奥委会、国际残奥委会、国际奥林匹克转播公司和国际冬季单项体育联合会官员的高度赞扬；另一方面充分利用并发挥驻场气象人员面对面沟通解释反馈的优势作用，在与杨树安副主席、相关国际组织、竞赛指挥组相关负责人当面沟通解释天气变化时，做到主动热情、高效严谨、精准无误，最大程度争取理解、形成合力。在整个赛前及比赛期间，提供了大量的预报服务产品，当面讲解百余次，随时答询领导关心关切问题，并利用服务工作间隙，主动与国际奥委会官员、竞赛指挥部相关负责人等了解各方对气象服务的反馈意见，并第一时间研究解决（图 13.3.1～图 13.3.2）。正是通过这种“面对面、零距离”的直接沟通，第一时间向杨树安副主席、竞赛指挥组、竞赛日程变更委员会反馈冬奥气象团队的宝贵工作成果，最终将冬奥气象组织工作的贴心、行动的高效、工作的严谨体现出来。

对此，国际国内社会各界给予了北京冬奥会、冬残奥会气象工作高度评价，认为气象服务为冬奥成功举办提供了至关重要的保障，充分展现了精准气象预报对竞赛组织工作的核心优势。2 月 13 日上午，国际奥委会、北京冬奥组委举行新闻发布会，冬奥组委副主席杨树安评价北京冬奥会提供了“一流的气象服务保障”，与“一流的竞赛场馆、一流的运动员、一流的竞赛组织运行、一流的医疗救治服务”统一概括为“五个一流”。在 2 月 17 日竞赛日程变更委员会会议上，国际奥委会体育部部长吉特·麦克康奈尔特别强调，2 月 16 日自由式滑雪坡面障碍技巧、越野滑雪团体短距离比赛、高山滑雪官方训练日程调整非常成功，当天转播效果很好，国际奥林匹克公司给予了高度评价，认为气象预报可靠；同时，国际雪联、国际冬季两项联盟以及相关场馆团队也认为风和温度的预报很准确。

图 13.3.1 主运行中心竞赛指挥组人员合影

图 13.3.2 竞赛指挥组前方指挥部人员合影

13.3.5　中国体育代表团气象保障服务

13.3.5.1　服务需求

三大赛区中国队参赛的雪上项目赛场 1～7 d 天气概况，个别雪上项目赛场未来 24 h 逐 1 h 预报及训练比赛前 2 h 至结束时段内逐 10 min 预报，中国队参赛队伍赛前至赛后转地起止点和沿途天气预报。

13.3.5.2　服务产品

每天固定 3 次推送 3 个赛区 25 个比赛场馆《天气通报和预报》及《天气预报简报》。针对高影响天气制作《赛区天气综述和影响提示》。赛场未来 24 h 逐 1 h 预报和未来 2 h 逐 10 min 预报产品。

13.3.5.3　服务方式（渠道 / 频次）

赛事期间，建立三大赛区雪上项目保障工作微信群和重点项目保障工作微信群，通过微信工作群推送预报信息和产品。在服务产品制作发布频次上，每天固定 3 次（08 时、12 时、18 时）推送 3 个赛区 25 个比赛场馆《天气通报和预报》及每天 1 次《天气预报简报》（20 时）。训练和比赛前 1 h（重点比赛项目赛前 2 h）制作场馆未来 2 h 逐 10 min 预报产品，30 min 滚动制作 1 次，直至训练比赛结束。

13.3.5.4　服务效果

赛后，参与满意度调查的国家队领队和教练对气象保障服务工作均非常满意，认为对队伍训练和比赛非常有帮助，对预报产品推送及时性、方式和数量、准确性的满意度为 100%。此外，有多人留言表示本次气象保障工作专业、周到、完美，希望今后继续进行体育和气象领域的合作，加强气象预报与国家重大体育赛事的融合。

13.4　专项气象服务

13.4.1　交通气象服务

中国气象局公共气象服务中心针对冬奥会火炬传递专项工作，配合国家气象中心提供交通气象服务，为交通部门做好参加开幕式人员和参赛人员转运提供交通运行气象保障服务。

北京市气象局、河北省气象局持续开展“靶向式、跟进式”定制化交通专项气象服务，强化服务意识，主动对接需求，精心制定方案，细化工作措施。加强寒潮、降雪、雾、霾等重大天气过程的部门联调联动，围绕交通运输和指挥调度等做好日常气象服务保障工作。

13.4.1.1　服务需求

早在 2021 年 10 月，北京市气象局、河北省气象局均开展冬奥交通需求对接研讨，整理城市运行保障部、市交通委、市交管局等多部门气象服务需求，建立冬奥交通气象服务机制。针对交通点位及高影响天气，做好降雪服务产品设计，为冬奥交通运行保障部门应对降雪天气应和做好重要交通点位的保障服务提供依据。

北京冬奥交通气象服务主要有 3 个方面：北京市冬奥交通保障指挥调度中心全网实现“交通 + 气象”联调联动数据融合服务；冬奥会及冬残奥会火炬接力沿途交通气象服务保障；城市运行交通气象服务保障。此外还包括加密领导人出行沿线的道路交通气象服务。

其中，北京市冬奥交通保障指挥调度中心为迎接冬奥建立了 2022 年北京冬奥会交通安保一体化平台，希望对接气象数据实现提供三大赛区 19 个场馆和 16 个重要交通枢纽的气象实况、天气预报和预警信息。

为及时掌握火种采集、火种汇集暨火炬传递起跑仪式、火炬传递期间的气象情况，保障冬奥和冬残奥会火炬接力活动顺利进行，北京市委办公厅高度重视火炬接力活动举行时间前后 5 d 天气变化，具体到活动点位的大风、降水、低能见度（雾、霾）、低温等气象条件的气候背景分析。火炬传递经过朝阳、海淀、石景山、顺义、延庆 5 个区政府分别提出具体的需求。

城市运行及环境保障组提出北京中心城区、朝阳、海淀、石景山、延庆各区的天气预报，针对京礼、京藏、京新等北京城区通往延庆、张家口及怀柔酒店群沿途高速交通进行风险预报、气候预测、天气预警、10 d 预报和高影响天气跟踪服务。

河北省气象局交通气象服务主要围绕两方面展开：一是牵头联合北京赛区气象服务中心、中国气象局公共气象服务中心组织做好冬奥交通产品提供工作；二是保障城市运行的交通气象服务工作。

张家口交通综合运行协调与应急指挥中心（TOCC）对赛区及周边高速公路、国省干道沿线、交通枢纽等交通代表点的实况、预报产品提出需求，希望获得数据以及产品服务。

对于张家口赛区、崇礼、张家口、京礼、京藏、京新、张承等周边高速公路和国省干道沿线的天气情况，河北省交通厅也提出了服务需求。

13.4.1.2 服务产品

（1）公共气象服务中心产品

冬奥专项保障交通气象预报产品、冬奥专项活动保障会商产品、冬奥火炬传递交通气象预报产品、全国主要公路气象预报、重大公路气象预警。

（2）北京市气象局产品

① 北京市冬奥交通保障指挥调度中心信息传输

2022 年北京冬奥会交通安保一体化平台中，利用河北省制作、共享的冬奥交通产品，通过气象数据接口，提供冬奥三大赛区（北京、延庆、张家口）、19 个场馆、16 个重要交通枢纽（高铁站、机场、客运枢纽等），58 个重要酒店（国家会议中心大酒店、北京北辰洲际酒店、北京裕龙大酒店等）的气象实况、天气预报和预警（图 13.4.1）。站点实况时间分辨率逐 5 min，格点实况时间分辨率逐 10 min，预报时间分辨率逐 1 h。

图 13.4.1　2022 年北京冬奥会交通安保一体化平台

此外，在北京市冬奥交通保障指挥调度中心展示平台中展示了冬奥气象服务网站（olympic.weather.com.cn）中交通模块。可提供高速、国道、交通枢纽、汽车客运站等站点的实况、24 h 及 72 h 预报服务。

② 冬奥会及冬残奥会火炬接力沿途交通气象服务保障

冬奥火炬传递过程中，2022 年 1 月 19 日—2 月 3 日逐日滚动预报 2 月 2—4 日京藏、京新、京礼、五环、六环高速，国省干道以及专项活动道路沿线途径关键点的天气预报（图 13.4.2）。

图 13.4.2　冬奥火炬传递交通气象服务关注点

冬残奥火炬传递 2022 年 2 月 24 日—3 月 3 日逐日滚动预报 3 月 2—4 日期间关键点道路沿线天气预报（图 13.4.3）。

图 13.4.3 冬残奥火炬传递交通气象服务关注点

③ 冬奥交通气象服务专报

2021 年 11 月 1 日起，向冬奥交通保障指挥调度中心、市交通委、市交管局、首发集团发布《冬奥交通气象服务专报》，每日滚动预报未来 3 d 北京市天气情况及京礼、京藏、京新等冬奥专用道路气象风险等级。遇降雪、大雾、大风等恶劣天气前发布《高影响天气冬奥交通气象服务专报》，提前预判降水、低能见度、大风等高影响天气，发布重要交通沿线和重要交通枢纽的高影响天气开始和结束时间、强度（降水量、积雪深度、低能见度、大风等级）及影响范围。高影响天气发生过程中，根据天气走势提供天气跟踪服务，包括当前天气实况和未来天气变化情况。期间，针对降雪天气，提前发布《扫雪铲冰气象专报》，预报降雪起始及结束时间，降雪量，积雪深度等，为道路扫雪铲冰应急措施和人员安排提供气象保障。

2022 年 1 月 25 日，北京市气象局与河北省气象局联合发布《京冀冬奥高速公路交通气象服务专报》，京藏、京新、京礼高速公路途径关键点未来 24 h 天气预报及交通气象风险提示。

针对北京冬奥交通气象服务，截止到 2022 年 3 月 15 日共发布交通类专报 218 期。

（3）河北省气象局产品

① 冬奥交通实况及预报产品

河北省气象服务中心负责冬奥交通气象服务实况及预报产品站点信息确定、产品清单制定、站点预报及实况产品生成。通过气象数据接口，提供冬奥三大赛区（北京、延庆、张家口）及周边高速公路、国省干道沿线、交通枢纽等 124 个交通代表点的实况、预报产品，通过省际共享与北京气象局进行产品共享，于冬奥服务网站、APP 交通页面进行展示和服务，同时推送至张家口交通综合运行协调与应急指挥中心（TOCC）、省交通厅。

实况主数据源为北京市气象局 RISE 分析场，逐 1 h 更新涉奥高速及周边国省干道沿线代表点的天气实况；包括气温、降水量、风向、风速、相对湿度、天气现象、能见度。

预报主数据源为京津冀智能预报产品，内容未来 72 h 内涉奥高速及周边国省干道沿线代表点气象要素预报产品。其中，0～24 h（时间分辨率 1 h、空间分辨率 1 km）24～72 h（时间分辨率 3 h、空间分辨率 1 km），预报要素包括气温、降水量、风向、风速、相对湿度、天气现象、能见度。

② 冬奥交通气象服务专报

河北省气象局提前预判降水、低能见度、大风等高影响天气，提供交通关键点未来 24 h 逐 1 h 天气预报，以及重要交通沿线和重要交通枢纽的高影响天气开始和结束时间、强度（降水量、积雪深度、低能见度、大风等级）及影响范围，并给出高影响天气风险提示，形成每日更新的《冬奥交通气象服务专报》。高影响天气发生过程中，根据天气走势提供天气跟踪服务，对交通气象服务专报加密发布，包括当前天气实况和未来天气变化情况。

2022 年 1 月 25 日起，北京市气象局与河北省气象局联合发布《京冀冬奥高速公路交通气象服务专报》，京藏、京新、京礼高速公路途径关键点未来 24 h 天气预报及交通气象风险提示。

13.4.1.3　服务方式（渠道 / 频次）

（1）公共气象服务中心产品服务方式

①1 月 27 日—2 月 3 日，制作冬奥会火炬传递期间北京、河北两地交通气象预报 8 期，冬奥专项活动保障会商材料 4 次，为国家气象中心牵头组织的火炬传递气象服务专报提供交通气象服务产品。

② 配合交通部门做好参加开幕式人员和参赛人员转运交通运行保障，每日滚动制作发布“全国主要公路气象预报”，共计 14 期；针对强降雪、大雾天气，联合交通运输部路网中心制作《重大公路气象预警》3 期。

（2）北京市气象局、河北省气象局产品服务方式

冬奥交通产品通过省际共享供冬奥网站、APP 调用展示，通过 ftp 推送至张家口交通综合运行协调与应急指挥中心（TOCC）、省交通厅。实况产品每小时更新；预报产品每日更新 2 次。在北京市冬奥交通保障指挥调度中心的 2022 年北京冬奥会交通安保一体化平台中，实现实况监测、预报、预警信息逐 5 min 数据更新，冬奥气象服务网站和 APP 逐分钟更新。

每日 1 次制作火炬接力沿途交通气象服务产品，通过加密邮件传送到中国气象局国家气象中心汇总，统一对外发布。交通气象服务专报每日通过微信、邮件、传真、电话等多种服务方式为北京市交管局、北京市交通委、首发集团张家口赛区城市运行和环境建设管理指挥部、交通综合运行协调与应急指挥中心提供专报，服务赛会城市运营和交通管理。遇重大天气过程加密至每日 4 期。

13.4.1.4　服务效果

为网站、APP 定制的交通产品保障了冬奥会、冬残奥会期间，稳定的气象数据传输为赛会城市交通管理提供有力决策依据。

共计发布交通气象服务专报 436 期，其中联合制发高速公路气象服务专报 55 期，为赛会各阶段城市运行提供了有力的交通气象保障。

在气象服务满意度调查问卷中市交管局特别强调稳定的气象数据传输为交通指挥中心决策提供有力支撑。北京市交通委员会肯定了疫情条件下极端天气交通应急保障任务。冬奥、冬残奥火炬传递经过北京、河北，全程无缝连接省、市气象服务，保障火炬传递顺利抵达开幕现场。

13.4.2 航空气象服务

13.4.2.1 服务需求

北京市红十字会紧急救援中心关于冬奥会直升机医疗救援的气象保障需求主要包括：①赛区天气实况，包括风速、风向、能见度、温度、湿度、气压；②直升机机组在进驻延庆、张家口地区前 3 d，气象保障单位开始每日向直升机保障团队提供延庆、张家口赛区当日及后续 3～5 d 的天气预报与天气趋势分析；③冬奥赛时，赛前 2 h 提供当天天气预报，天气有变化时及时更新提供气象数据。

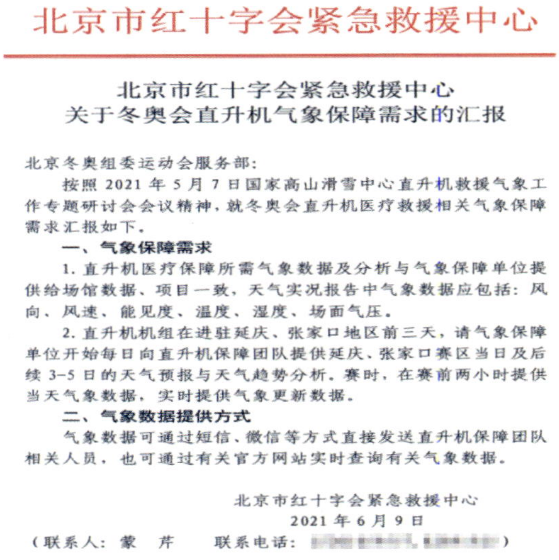

北京市红十字会紧急救援中心

北京市红十字会紧急救援中心
关于冬奥会直升机气象保障需求的汇报

北京冬奥组委运动会服务部：

按照 2021 年 5 月 7 日国家高山滑雪中心直升机救援气象工作专题研讨会会议精神，就冬奥会直升机医疗救援相关气象保障需求汇报如下。

一、气象保障需求

1. 直升机医疗保障所需气象数据及分析与气象保障单位提供给场馆数据、项目一致，天气实况报告中气象数据应包括：风向、风速、能见度、温度、湿度、场面气压。

2. 直升机机组在进驻延庆、张家口地区前三天，请气象保障单位开始每日向直升机保障团队提供延庆、张家口赛区当日及后续 3-5 日的天气预报与天气趋势分析。赛时，在赛前两小时提供当天气象数据，实时提供气象更新数据。

二、气象数据提供方式

气象数据可通过短信、微信等方式直接发送直升机保障团队相关人员，也可通过有关官方网站实时查询有关气象数据。

北京市红十字会紧急救援中心
2021 年 6 月 9 日
（联系人：蒙　芹　　联系电话：[redacted]）

图 13.4.4　北京冬奥直升机救援气象保障需求

13.4.2.2 服务产品

《冬奥气象实况监测》：主要为延庆赛区和张家口赛区气象实况监测信息，包括风向、风速、能见度、温度、湿度和气压。

《延庆赛区直升机救援气象服务专报》：内容包括未来 6 h 天气预报，以及高山滑雪停机坪、延庆保温机库、北京大学第三医院延庆院区未来 6 h 逐 1 h 天气要素预报。

《延庆赛区气象专报》：主要内容为高山滑雪中心未来 3 d 天气预报，包括天气现象、风速、风向、最高和最低气温。

《张家口赛区直升机救援气象服务专报》：内容包括未来 24 h 天气预报，以及云顶滑雪场停机坪、古杨树滑雪场停机坪、张家口保温机库、北京大学第三医院崇礼院区未来 24 h 逐 1 h 天气要素预报。

《高影响天气直升机救援气象专报》：遇强降雪、大风、低能见度等高影响天气制作，主要内容为天气过程描述及重要位置积冰、颠簸等气象风险预报。

13.4.2.3 服务方式（渠道 / 频次）

直升机救援气象保障团队与北京红十字会 999 救援中心建立了每日早间沟通更新气象需求、晚沟通反馈服务效果的机制。各类气象产品服务方式如下。

实况监测信息通过冬奥气象服务网站和 APP 提供，逐 1 min 更新。专报产品均通过专项微信群发布。《延庆赛区直升机救援气象服务专报》每日 3 次（07 时、11 时、17 时）提供。《延庆赛区气象专报》每日 2 次（07 时、17 时）提供。《张家口赛区直升机救援气象服务专报》每日 1 次（17 时）提供。《高影响天气直升机救援气象专报》根据天气情况不定期提供。

13.4.2.4 服务效果

冬奥和冬残奥期间共发布专报 165 期，为直升机医疗救援备勤、起飞降落、悬停救援等工作提供了专业气象保障，气象服务的准确性、及时性和针对性均获得北京红十字会 999 救援中心冬奥直升机救援医疗保障团队“特别满意”的肯定。

13.4.3 森林草原火险气象服务

中国气象局公共气象服务中心针对冬奥会和冬残奥会赛区森林和草原安全，为应急管理部做好赛区森林草原防火工作提供森林草原防灭火气象保障服务。

13.4.3.1 服务需求

赛区专业服务：配合应急管理部做好赛区周边森林草原防灭火气象保障服务。

火险决策服务：参加国家森林草原防灭火指挥部办公室召开的 2022 年“两会”和冬残奥会期间、春夏季全国森林草原火险形势会商。

13.4.3.2 服务产品

未来一周冬奥赛区森林草原火险气象预报产品、全国森林草原火险加密服务产品、2022 年“两会”和冬残奥会期间全国森林草原火险预报产品。内容主要包括全国及冬奥会和冬残奥会赛区卫星监测热源点情况、气象预报、森林草原火险气象趋势及防范建议等，为应急管理、林业和草原等防灭火部门部署防火工作提供支撑。

13.4.3.3 服务方式（渠道 / 频次）

冬奥期间，每周为应急管理部提供“未来一周森林火险气象预报”，包含冬奥赛区天气预报及森林火险预报，共 4 期。

2021 年 7 月—2022 年 3 月，每月 14 日为应急管理部提供未来 2 周森林火险气象预报，共 10 期。

2022 年 2 月 22 日，为国家森林草原防灭火指挥部办公室提供“2022 年‘两会’和冬残奥会期间全国森林草原火险预报”。

13.4.3.4 服务效果

综合考虑前期火灾情况、冬奥期间的气象条件以及祭扫、出游活动等人为火源风险，积极与应急管理部加密会商研判，及时传递重要天气信息，并针对专项活动提供保障会商材料，为防火部门提供决策参考，圆满完成冬奥期间森林草原预报服务保障工作。

13.4.4 能源保供气象服务

13.4.4.1 服务需求

冬奥会举办地张家口、延庆都属于高寒高海拔地区，用能需求与天气变化关系紧密，能源保供压力很大，同时本届奥运全部使用绿电，需要赛事期间风电、光伏发电能够应发尽发。所以冬奥会举办期间，还需要针对北京、张家口两地加强精准的气象服务，并针对风电、光伏发电负荷预测提供气象服务，助力绿色办奥。

13.4.4.2 服务产品

中国气象局公共气象服务中心针对服务需求，制作包含赛事区域的风力、光伏发电气象条件预报、无风无光时长预报、电线覆冰厚度预报产品；制作《能源电力气象条件预报》《能源保供气象服务专报》等专报。相关产品及专报对华北地区气候趋势、风力光伏发电气象条件，无风无光时长、电线覆冰厚度、电力负荷情况及气象对能源保供影响进行服务提示。

13.4.4.3 服务方式（渠道 / 频次）

在冬奥期间，产品及《能源电力气象条件预报》每周 2 次通过邮件形式对国家电网华北分部调度控制中心等决策用户进行及时发布；《能源保供气象服务专报》在国家能源局电力安全风险管控工作会上进行发布。

13.4.4.4 服务效果

相关产品及专报对华北地区风力、光伏发电气象条件，电力负荷情况及气象对能源保供影响进行服务提示，助力冬奥会绿色电力的安全稳定供应，为冬奥会新能源发电调度及能源保供工作提供气象支撑。

13.5 赛区城市运行气象服务

13.5.1 北京赛区城市运行气象保障服务

13.5.1.1 服务需求

2022 年北京冬奥会和冬残奥会城市运行的保障服务需求主要来自冬奥会城市运行及环

境保障部、城市运行与设施保障组、开（闭）幕式服务保障指挥部、北京市城市管理委员会、延庆赛区外围和城市运行服务保障指挥部、朝阳区运行保障指挥部和各区政府等部门和领导。

服务需求主要包括北京市及各区未来 10 d 以内预报，中心城区、延庆、海淀、朝阳、石景山、昌平、怀柔、顺义、大兴区未来 24 h 分区预报，大风强降温、寒潮等高影响天气背景下的供暖专项服务，雨雪天气的道路结冰和扫雪铲冰专项服务，空气质量和环境气象预报，北京地区热电气调度会决策支撑，森林防火气象服务，延庆冬奥村（冬残奥村）、阪泉综合服务中心、冬奥加氢站、石景山首钢园区、昌平居庸关长城景区、顺义赛马场集结区、冬奥签约酒店区等重要点位的城市运行气象专项服务保障。

13.5.1.2　服务产品

城市运行气象专项服务产品：包括全市各区大雾、大风、暴雪、持续低温、道面结冰、沙尘等高影响天气预警信号；针对延庆冬奥村（冬残奥村）、阪泉综合服务中心、冬奥加氢站、石景山首钢园区、昌平居庸关长城景区、顺义赛马场集结区、签约酒店区等点位的各类《气象服务专报》，主要提供以上各点位所在辖区未来 24 h 逐 3 h 和逐 1 h、未来 72 h 及以上的逐 12 h 预报。

供暖专项服务产品：包括《北京地区供暖服务未来十天预报》，提供北京地区、密云、平谷、怀柔、房山未来 10 d 的日平均气温、日最高气温、日最低气温和常年日平均气温；《供暖气象服务专报》，遇强降温、持续低温等高影响天气时，发布过程影响时间、量级、区域及影响预报；《北京供暖季天气气候趋势预测服务专报》，提供月气候趋势、延伸期 10～30 d、旬预报等不同时间尺度的预测情况。

道路结冰及扫雪铲冰服务产品：包括《扫雪铲冰气象服务专报》，遇雨雪天气等高影响天气时，发布雨雪强度、范围、时间、积雪深度、道路结冰风险等预报信息及影响提示；石景山等各区提供首钢大跳台园区《冬季防路面结冰气象服务专报》，针对积雪深度、道路结冰风险等预报信息及影响提示。

空气质量和环境气象服务产品：主要为全市和各区提供的《未来一周大气污染扩散条件形势预报》。

森林防火气象服务产品：主要为全市及各区提供《森林火险气象服务专报》提示服务和《延庆森林火险气象月报》。

13.5.1.3　发布方式（渠道 / 频次）

城市运行气象专项服务产品通过安全邮件、电话、传真等方式发布，每日 2 次，如遇高影响天气，通过微信服务群逐 1 h 滚动跟踪服务。北京市气象服务中心和各区气象局共发布各类专项服务产品达 3 000 多份。此外，研发了冬奥城市运行气象决策服务网站，实时提供五大场馆、两个关键区域的气象实况和预报信息，支撑城市运行及环境保障组决策。在重要时间节点，于冬奥北京城市运行及环境保障调度中心开展现场保障服务。

供暖专项服务产品，《北京地区供暖服务未来十天预报》每日 11 时微信群发布；《供暖气象服务专报》是遇强降温、持续低温、雨雪天气等高影响天气时，通过微信群、传真发布，举办阶段，市级发布 17 期。每旬滚动发布延伸期预报和旬预报，每月发布月气候趋势产品。

道路结冰及扫雪铲冰服务产品，《扫雪铲冰气象服务专报》和《冬季防路面结冰气象服务专报》是遇强降温、持续低温、雨雪天气等高影响天气时，通过微信群、传真发布。举办阶段，市级共发布 5 期。

空气质量和环境气象服务产品主要为《未来一周大气污染扩散条件形势预报》，举办阶段每周发布 1 次，通过微信群、传真发布，关键时间点、或有变化提前沟通会商。

森林防火气象服务产品，举办阶段每日提供《森林火险等级》服务提示；每月底提供下月《森林火险气象月报》。通过微信群、传真发布。

13.5.1.4　服务效果

精致服务，全方位保障城市安全运行。气象部门与市区两级赛事运行保障部门建立“一户一策”服务模式，实现了城市运行指挥中心、三大赛区赛事场馆、关键作业点位、重点交通枢纽、999 急救中心等气象信息共享和平台融入，为总体调度、交通保畅、能源保供、扫雪铲冰、森林防火、高山赛场直升机应急救援、签约酒店、加氢站等不同场景提供专属服务，成为各项赛事保障工作指挥调度的“前哨站”，应急处置“指示灯”。

冬奥城市运行保障“一户一策”的服务模式，实现了气象服务与各行业的信息深度融合和融入式服务机制，精致服务，助力赛区运行“保畅通”，为能源保供、扫雪铲冰、森林防火、空气质量等方面提供了高质量的专属服务。

北京市气象局和各区气象局均收到来自市级、区级城市运行保障指挥部的感谢信、锦旗和对赛事期间城市运行气象保障服务的高度肯定。如冬奥赛事期间的供暖气象专项服务，根据及时有效的气象预报服务信息，市城管委发布 2 期“升温令”，为冬奥供热保障服务中能源生产调度、应急预案部署等工作提供了科学依据，城管委一级巡视员蒋志辉表示：“气象服务保障工作非常卓越，为市领导决策提前供热和延长停热提供了准确的天气预报，造福了全市的老百姓！我代表城市管理委衷心地感谢你们！”

精致的服务工作也获得了多项荣誉，其中包括由城市运行及环境保障组推荐的 1 个“冬奥会、冬残奥会北京市先进集体”和 2 名“冬奥会、冬残奥会北京市先进个人”。在冬奥城市运行及环境保障工作“两美两星”评选中，北京市气象探测中心、气象服务中心、京津冀环境气象中心获得“最美城市运行及环境保障团队”，全市气象部门 5 人获得“城市运行及环境保障之星”。

13.5.2　延庆赛区城市运行气象保障服务

13.5.2.1　服务需求

2022 年北京冬奥会和冬残奥会延庆赛区城市运行的保障服务需求主要来自延庆赛区外围和城市运行服务保障指挥部，服务 2 处（值班调度处、综合处）、6 组（城市运行和环境保障组、生态环境保障组、交通保障组、赛事综合保障组、人力资源及志愿者组、新闻宣传及文化活动组），具体对接部门主要有区冬奥办、区城市管理指挥中心、区城委管、区生态环境局、区交通局、区文化和旅游局、区委组织部、区委宣传部、区应急局、区体育局、延庆团区委等部门，以及延庆赛区冬奥加氢站、冬奥签约酒店等重要保障点位。

服务需求主要包括延庆城区，京张高铁延庆站，京礼高速阪泉综合服务中心、海陀收费站，延庆冬奥村（冬残奥村），国家雪车雪橇中心，国家高山滑雪中心竞速赛道滑降起点、结束区，竞技赛道起点、结束区等点位的预报。具体为当天逐 3 h 预报；未来 72 h 逐 12 h 预报；延庆气候趋势预测服务专报；未来一周大气污染扩散条件形势预报以及未来 10 d 延庆地区天气预报；预计有降雨、降雪天气时，发布扫雪铲冰气象服务专报信息；高影响天气及时发布预警信号及提示；根据赛事需求，逐 1 h 发布各类实况服务信息以及其他专项活动气象服务保障。

13.5.2.2　服务产品

表 13.5.1 延庆赛区城市运行气象保障服务产品

序号	产品名称	包含内容	时空分辨率	服务对象
1	北京 2022 年冬奥会和冬残奥会气象服务专报	本区天气预报综述、6 点位（延庆城区、阪泉综合服务中心、延庆冬奥村（冬残奥村）、国家雪车雪橇中心、国家高山滑雪中心竞速赛道滑降起点、结束区（竞技赛道起点、结束区）精细化预报（气象要素：天气现象、气温、体感温度、风向、风速、降水量、能见度）	08—24 时，逐 3 h 预报；未来 3 d 逐 12 h 预报	延庆赛区外围和城市运行服务保障指挥部值班调度处、综合处
2	北京 2022 年冬奥会和冬残奥会城市运行及环境保障组气象服务专报	本区天气预报综述、3 点位（延庆城区、国家雪车雪橇中心、国家高山滑雪中心竞技结束区）精细化预报（气象要素：天气现象、气温、体感温度、风向、风速、降水量、能见度）	08—24 时，逐 3 h 预报；未来 3 d 逐 12 h 预报	延庆赛区城市运行及环境保障组
3	北京 2022 年冬奥会和冬残奥会交通保障组气象服务专报	本区天气预报综述、3 点位（延庆高铁站、阪泉综合服务中心、海陀收费站）精细化预报（气象要素：天气现象、气温、体感温度、风向、风速、降水量、能见度）	08—24 时，逐 3 h 预报；未来 3 d 逐 12 h 预报	延庆赛区交通保障组
4	生态环境保障组空气气象服务专报	延庆地区未来一周大气污染扩散条件形势预报以及未来 10 d 延庆地区具体天气预报	0～240 h，逐 12 h，延庆区天气预报	延庆赛区生态环境保障组
5	北京 2022 年冬奥会和冬残奥会天气实况服务专报	延庆城区、冬奥村 / 冬残奥村、高山滑雪中心（竞速起点、结束区或者竞技起点、结束区）的天气实况（天空状况、平均风向风力、阵风、气温）	08—18 时期间逐 1 h	延庆赛区指挥部相关处、组

续表

序号	产品名称	包含内容	时空分辨率	服务对象
6	北京 2022 年冬奥会和冬残奥会冬奥住宿点气象服务专报	延庆城区、国家雪车雪橇中心、国家高山滑雪中心竞技结束区精细化预报（气象要素：天气现象、气温、体感温度、风向、风速、降水量、能见度）	未来 3 d 逐 12 h 预报	延庆赛区 26 家涉奥签约住宿点位
7	北京 2022 年冬奥会和冬残奥会加氢站气象服务专报	延庆城区、康庄镇、大榆树镇、阪泉综合服务中心、海陀收费站 5 个点位天气预报（气象要素：天气现象、气温、风向、风速、能见度）	未来 3 d 逐 12 h 预报	延庆赛区 5 座加氢站
8	森林火险气象服务日报与月报	森林火险等级服务提示；延庆地区前期天气气候概况和本月气候预测	每日 17 时，每月 1 日	延庆区应急局
9	降水信息快报	延庆全区范围雪量统计	根据天气情况，逐 1 h、3 h、过程累计降雪量	延庆赛区指挥部相关处、组，区应急局
10	观赛气象服务专报	冬奥观赛点位观赛时段的精细化天气预报（气象要素：天气现象、气温、体感温度、风向、风速、降水量、能见度）	根据观赛安排，不定时发布	延庆区委宣传部
11	冬奥会和冬残奥会火炬传递气象服务专报	延庆八达岭长城、世界葡萄博览园；八达岭古长城、北京世园公园天气预报	根据需求	延庆区委组织部、区体育局、团区委
12	供暖气象服务专报	延庆地区未来 10 d 天气预报（天气现象、最高、最低气温和平均气温）以及去年同期最高、最低和平均气温实况。	供暖期每日 17 时	延庆区城管委

13.5.2.3 服务方式（渠道 / 频次）

表 13.5.2 延庆赛区城市运行气象保障服务方式

序号	产品名称	服务渠道	服务频次 \ 总期数
1	调度汇报发言材料	视频汇报	每日延庆赛区场馆群、区外围和城市运行保障调度会 08 时、17 时，共 127 期
2	气象服务专报	微信	2022 年 1 月 22 日—3 月 20 日每日 08 时、18 时各 1 期，共 116 期

续表

序号	产品名称	服务渠道	服务频次\总期数
3	城市运行及环境保障组气象服务专报	微信	2022 年 1 月 22 日—3 月 20 日每日 08 时、18 时各 1 期，共 116 期
4	交通保障组气象服务专报	微信	2022 年 1 月 22 日—3 月 20 日每日 08 时、18 时各 1 期，共 116 期
5	生态环境保障组空气气象服务专报	微信	2022 年 1 月 3 日—1 月 24 日每周 1 期；1 月 26—3 月 17 日每日 1 期。共 57 期
6	天气实况服务专报	微信	根据需求发布，共 554 期
7	冬奥住宿点气象服务专报	微信	2022 年 1 月 23 日—3 月 16 日每日 18 时，共 53 期
8	加氢站气象服务专报	微信	2022 年 12 月 29 日—3 月 13 日每日 18 时，共 76 期
9	森林火险气象服务日报与月报	微信	日报 17 时、月报 1 日，共 60 期
10	降水信息快报	微信	非定时（根据需求加密），共 70 期
11	观赛气象服务专报	微信	非定时（根据需求），共 29 期
12	冬奥会和冬残奥会火炬传递气象服务专报	微信	根据需求，共 34 期
13	供暖气象服务专报	微信	日报 17 时，共 58 期

13.5.2.4 服务效果

自 2022 年 1 月启动闭环状态起，每日早晚参加区外围和城市运行保障指挥部调度会，至 3 月 13 日共计参加 111 次调度会，每次都首个发言汇报天气，带班区领导根据赛事运行，结合天气预报有针对性进行部署，区各部门根据天气预报做应对准备。

冬奥会和冬残奥会期间，延庆区经历了 2 月 4—5 日大风、12—13 日降雪、14—15 日降温、17—18 日降雪、19—20 日大风和 3 月 3—4 日大风沙尘、7—12 日显著回暖等高影响天气过程，聚焦“赛事保畅通、城市保运行、应急保安全”，制发城市运行各类气象服务专报共计 1 500 余期，为延庆区交通运输、铲冰除雪、酒店住宿、森林防火、大气环境、群众观赛、应急处置和疫情防控等城市运行安全提供优质气象服务保障，有力保障了冬奥会和冬残奥会顺利平稳运行，取得显著服务效益。

实例：圆满保障冬残奥火炬传递仪式活动。八达岭古长城是冬残奥会火种采集和传递点位之一，由于地处山区，局部地形条件特殊，附近没有自动气象站。为此，延庆区气象局提前勘察现场，选择代表性位置建设便携自动站，严密监视气象数据，分析研判该点位的局地风要素变化特征，提前精准预报彩排和 3 月 2 日上午正式采集火种时段阵风较大，为指挥部做周密部署提前应对提供有力决策依据，区领导高度肯定并赞扬气象保障有力！

延庆区副区长颛孙永麒指出，气象局暴雪天气预报精准，是交通行业按照冬奥标准实现保畅通任务的重要保障。延庆赛区城市运行和环境组表示："真心感谢气象团队，给我们的保障团队提供最有利的气象决策支撑，你们是真正的幕后英雄。小海陀的智慧气象和火炬传递点的临时气象站以及每一份专报和气象分析，给了我们统筹调度莫大的底气，谢谢！"。

13.5.3 张家口赛区城市运行气象保障服务

13.5.3.1 服务需求

2022 年北京冬奥会和冬残奥会张家口赛区城市运行的保障服务需求主要来自张家口市冬奥会城市运行和环境建设管理指挥部、河北省委办公厅、河北省应急管理厅、国家气象中心、中国气象局应急减灾与公共服务司、中国气象局环境气象中心、北京市委宣传部、张家口市应急管理局、国网冀北电力有限公司张家口供电公司等部门和领导。

服务需求主要包括张家口市区、崇礼区及冬奥村未来 3 d 气精细化预报及未来一周天气趋势预报，寒潮大风、强降温、降雪、沙尘等灾害性天气的预警及风险提示，降雪实况统计分析，空气质量和环境气象预报，张家口赛区电力调度运维决策支撑气象服务和系列文化活动专项气象服务。

13.5.3.2 服务产品

表 13.5.3 张家口城市运行气象保障服务产品

序号	产品名称	包含内容	时空分辨率	服务对象
1	张家口赛区系列文化活动专题气象服务	系列文化活动期间天气概述，逐 1 h 精细化预报（气象要素：天气现象、气温、风向、最大风速、降水），服务建议	逐 1 h	张家口市火炬接力后勤保障组、张家口市委宣传部
2	张家口赛区气象服务专报	未来 3 d 天气预报，市区、崇礼、冬奥村未来 24 h 预报及逐 1 h 精细化预报（气象要素：天气现象、气温、风向、最大风速、降水），服务建议	24～72 h，逐 1 h，站点预报	河北省冬奥运行保障指挥部、张家口市冬奥会城市运行和环境建设管理指挥部、河北省委办公厅
3	气象风险预警服务	重要天气信息提示、灾害性天气预警及防御指南	根据需求确定	河北省冬奥运行保障指挥部、张家口市冬奥会城市运行和环境建设管理指挥部
4	张家口电力气象服务专报	张家口市区及各县区未来 24 h 天气形势分析及预报，未来一周天气展望和提示	24 h，逐 12 h，市区及各县区天气预报	张家口市冬奥会城市运行和环境建设管理指挥部、国网冀北电力有限公司张家口供电公司

续表

序号	产品名称	包含内容	时空分辨率	服务对象
5	张家口电力气象信息快报	定点区域天气实况及形势分析	根据需求确定	张家口市冬奥会城市运行和环境建设管理指挥部、国网冀北电力有限公司张家口供电公司
6	张家口电力重要气象专报	重要天气信息提示、灾害性天气预警及防御指南	根据需求确定	张家口市冬奥会城市运行和环境建设管理指挥部、国网冀北电力有限公司张家口供电公司
7	“张垣电力气象”微信公众号	崇礼奥运赛场及其周围输电线路杆塔、变电站气象要素实况查询、未来 72 h 逐 12 h 天气预报、气象灾害预警提醒	根据需求确定	张家口市冬奥会城市运行和环境建设管理指挥部、国网冀北电力有限公司张家口供电公司
8	专题气象服务	张家口市区、崇礼区未来 7 d 天气趋势、服务建议和逐日精细化预报（气象要素：天气现象、气温、风向、风速）	未来 7 d，逐 24 h 预报	河北省应急管理厅、张家口市应急管理局
9	安全保卫气象信息专报	张家口市区、崇礼区未来 3 d 天气趋势、影响和逐日精细化预报（气象要素：天气现象、气温、风向、风速、空气质量）	72 h，逐 24 h 预报	国家气象中心气象服务室，中国气象局减灾司应急减灾处
10	降雪服务专报	张家口全市范围雪量统计	24 h，12 h，1 h	河北省冬奥运行保障指挥部、张家口市冬奥会城市运行和环境建设管理指挥部
11	张家口市空气质量一周预报	张家口和崇礼区未来 7 d 空气质量等级及 $PM_{2.5}$ 浓度预报结果	7 d，逐 24 h	中国气象局环境气象中心
12	非注册媒体采访服务专题	张家口 14 个县区未来 7 d 逐日天气趋势预报和逐日精细化预报（天空状况、风向风力、温度）	72 h，逐 24 h 预报	张家口市冬奥会城市运行和环境建设管理指挥部宣传媒体及文化组

13.5.3.3 服务方式（渠道 / 频次）

表 13.5.4 张家口城市运行气象保障服务产品

序号	产品名称	服务渠道	服务频次 / 总期数
1	张家口赛区系列文化活动专题气象服务	微信	2 月 3 日、4 日、18 日、19 日、20 日各 1 期，共 14 期
2	张家口赛区气象服务专报	微信	07、11、17 时，共 112 期
3	气象风险预警服务	微信	2 月 8 日、2 月 28 日、3 月 3 日、3 月 4 日、3 月 15 日、3 月 16 日、3 月 17 日、3 月 25 日，共 9 期
4	张家口电力气象服务专报	微信	17 时、非定时（有重大天气过程时 07 时、11 时加密制作），共 90 期
5	张家口电力气象信息快报	微信	非定时（根据需求制作），共 2 期
6	张家口电力重要气象专报	微信	非定时（有重大天气过程时制作），共 3 期
7	“张垣电力气象”微信公众号	微信	逐日逐时
8	专题气象服务	微信	10 时，共 44 期
9	安全保卫气象信息专报	政务邮	2 月 8—20 日 14 时，共 13 期
10	降雪服务专报	微信	非定时（根据需求加密），共 20 期
11	张家口市空气质量一周预报	政务邮	11 时，共 34 期
12	非注册媒体采访服务专题	微信	16 时，共 39 期

13.5.3.4 服务效果

冬奥会和冬残奥会期间，张家口市经历了 2 月 4—5 日、12—13 日、14—15 日、17—18 日、19—20 日和 3 月 3—4 日、7—10 日、11—12 日等降雪、降温、大风、沙尘、显著回暖、降雨等高影响天气过程，制发城市运行气象专报等服务材料共计 407 期，各类气象信息及时融入城市运行各领域，为铲冰除雪、交通、电力、通信、安保、供暖、供气、供水、临建设施安全防护、群众观赛等方方面面提供了准确预报服务，精准预报服务气象风险降到最低，有力保障了冬奥会和冬残奥会顺利平稳运行，取得显著服务效益。

实例：1 月、2 月 12—13 日强降雪降温过程精准预报服务。赛会服务组提前 4 d（8 d）发布《气象风险预警服务》专报，预报 12—13 日全市中到大雪局部暴雪，提示降雪降温天气将给交通、电力、通信、临建等设施设备可能带来风险，建议提前巡查防范做好维护维修。河北省委常委、原张家口市委书记武卫东作出批示，并于 10 日上午主持召开冬奥专题调度会，进一步研究部署铲冰除雪等工作，确保冬奥赛事顺利举办。降雪期间，《城市运行气象服务专报》由原来每日 3 次加密到 2 h 1 次、《交通气象服务专报》由原来每日 1 次加密到 3 h 1 次，同时，逐 1 h 提供《降雪服务专报》。该次过程全市平均降雪量为 5.0 mm，涿鹿武家沟降雪量最大，为 11.5 mm，张家口赛区越野 2 号站为 10.2 mm。高频次精细化的气象预报服务，为冬奥会平稳运行提供有力支撑。

电力、交通、通信等部门反馈信息看，各部门都依据气象信息提前进行周密部署，有效降低强降雪带来的风险。张承高速、延崇高速、张家口高速交警等多个部门来函反馈："气象服务产品对天气变化预判准确度高、信息详细，特别是对 12—13 日这次强降雪过程预报非常准确，为我们科学部署打下坚实基础，在冬奥保畅方面发挥重要作用"。

实例：2 月、3 月 3—4 日大风沙尘和 11—12 日雨雪天气预报准确服务及时。针对 3 月 4 日的大风沙尘天气，3 日和 4 日上午发布 2 期《气象风险预警服务》，对大风、沙尘天气给出预报预警，提前为城市运行提供精准气象信息，为冬残奥会城市平稳运行和系列文化活动提供有力气象支撑。对于 3 月 11—12 日雨雪过程，赛会服务组提前 3 d 跟进式预报，对雨雪相态、雨雪时间、量级准确预报，为道路交通保畅、电力、通信等设施维护等提前进行服务，确保各领域平稳顺利运行。张家口赛区宣传媒体与文化组发来感谢信："精准预报服务，为科学部署，高质量完成各项冬奥文化活动发挥了重要作用。"

13.6　公众气象服务

13.6.1　服务需求

冬奥会及冬残奥会期间播出的《体育气象》节目是按照各个比赛项目的日程安排，以中国气象局冬奥气象中心、北京市气象局、河北省气象局共同编写的《雨雪霏霏 冰舞冬奥》为蓝本制作的系列冬奥气象科普宣传节目。公众不仅在气象科普卡通吉祥物"霏霏"的带领下以及主持人生动的讲解下学习和了解到相关的冬奥气象科普知识，还能欣赏到画面精彩形象的 3D 动画视频，从比赛项目的起源、比赛项目的特点、场地、气象条件的影响、历史事件、比赛项目的装备等的介绍，让公众在动、静之中能够轻松愉快地了解冬奥会，了解冰雪运动并爱上冰雪运动。

2021 年 1 月 11 日，北京市气象服务中心联合北京广播电视台科教频道共同打造了一档气象类科普专题节目《气象观天下》。该节目融合天气气候资讯和气象科普知识，为市民提供近期高影响天气解读、重大活动气象服务保障、交通出行、健康气象、文化旅游、重要节日以及二十四节气等多维度的气象服务信息，深度挖掘拓展首都气象影视服务发展领域，以首善标准和首都站位，在创新创优中引领价值取向，彰显首都媒体的影响力、公信力和传播力。节目开播后，受到业内人士和广大观众的一致好评，并获评 2021 年度北京广播电视局第一季度创新创优节目称号。

长期以来，北京市气象局作为首都城市运行保障的重要部门，多次为首都重大活动的顺利进行提供有力的气象服务保障，几代首都气象工作者为此奉献了青春和热血。由于日常各档电视天气预报节目时长较短，无法制作专题报道节目，而《气象观天下》栏目的开播，为全新视角报道冬奥会以及冬奥会气象服务提供了崭新的播出平台。

13.6.2 服务产品

冬奥会和冬残奥会期间，利用政务新媒体手段（微博、微信、头条号等）发布可视化服务产品“冬奥三大赛区（北京、延庆、张家口）天气预报”，为社会公众提供赛区及场馆预报服务。

在气象科普方面，以 # 聚焦 2022 年北京冬奥 # 为话题发布 5 期冬奥气象科普图文“冬奥气象全知道”系列产品，包括《北京赛区》《延庆赛区》《张家口赛区》《赛事项目与气象条件》《公众气象服务》，各个赛区的气象条件对冬奥赛事、观赛体验的影响、视频产品《雪山上的“听风者”》。以 # 相约冬奥 #、# 冬奥气象 100 问 # 为话题，发布“冬奥及冬残奥小课堂”系列短视频产品，包括《残奥越野滑雪》《高山滑雪》《大跳台》《单板滑雪》《自由式滑雪》《冬季两项》《北欧两项》《为什么风向对造雪机造雪还有影响》《为什么冬奥会雪上项目必备防晒霜》《为什么冬奥会应急救援需要气象服务》《为什么说冬奥气象保障不只服务于赛事》《为什么暖身调味的胡椒会退出冬奥会菜谱》《为什么同是滑雪 越野滑雪和高山滑雪的鞋却不同》《为什么手持风速仪是冬奥气象观测小明星》《为什么北京冬奥会一些滑雪比赛安排在晚上》等。以 # 北京冬奥会观赛攻略 # 为话题，发布“冬奥公众智慧观赛气象指数”AI 气象服务机器人视频播报产品，为冬奥现场观赛公众及服务人员提供穿衣、感冒、冻伤、护目镜、防晒等人体感受、健康防护建议、出行影响等服务提示。

13.6.2.1 《体育气象》冬奥特别节目

（1）节目形式

冬奥会和冬残奥会期间的体育气象节目均在虚拟演播室中进行录制，虚拟场景是以提前设计好的具有各种冬奥体育元素作为场景，以主持人全景站播的形式为观众进行科普讲解。同时，在主持人身旁通过节目开窗的形式配合主持人展示冬奥吉祥物在冬奥会和冬残奥会各个比赛项目中的 3D 动画视频，兼顾科学性、趣味性、知识性，利用网络平台传播冬奥气象科普宣传，把自然科学、人文科学、体育科技这种看似繁杂的专业知识生动形象地展示出来，帮助公众更快理解主持人所表述的内容，进一步提高了冬奥体育气象节目的知识性和趣味性。

（2）节目内容

该系列节目是基于 2022 年北京冬奥会比赛项目与气象条件密不可分的特点，从冬季的大风、气温、降雨、降雪、能见度以及湿度等气象要素给比赛项目带来的各种不利影响出发，详细科普了参赛运动员在什么样的天气条件下才能在冬奥会和冬残奥会的冰雪项目中取得更优异的比赛成绩。

根据《体育气象》节目的播出时间以及比赛项目的日程安排，在 2022 年 2 月 4—20 日、3 月 4—13 日期间先后策划、撰稿及录制完成 28 期北京 2022 年冬奥会和冬残奥会《体育气象》节目，并在北京广播电视台（BRTV）及《冬奥纪实》频道播出，取得极高的收视率及关注效果。

冬奥会期间录制的《体育气象》节目分别是《自由式滑雪——概述》《单板滑雪——概

述》《冬季两项——概述》《越野滑雪——概述》《北欧两项——概述》《高山滑雪——概述》《雪车雪橇——概述 1》《跳台滑雪——概述 1》《高山滑雪——能见度》《雪车雪橇——概述 2》《高山滑雪——气温》《跳台滑雪——概述 2》《雪车雪橇——赛道》《高山滑雪——风》《自由式滑雪——大风、能见度》《北欧两项——气象条件》《自由式滑雪——气温、降水》《越野滑雪——气象条件》共 18 期。

冬残奥会期间录制的《体育气象》节目分别是《冰上运动——制冰原理》《冰壶——气象条件》《冰球——气象条件》《冬季两项——大雾》《高山滑雪——自动气象站》《高山滑雪——冰状雪赛道》《单板滑雪——赛道》《越野滑雪和高山滑雪鞋的不同》《冰上运动——制冰师》《越野滑雪——轻易不会改期》共 10 期。

13.6.2.2 《气象观天下》冬奥专题节目

从 2021 年 1 月 14 日到 2022 年 4 月 26 日,《气象观天下》栏目共播出 75 期冬奥专题节目，追踪报道冬奥会的各类新闻热点，内容包括场馆建设、科技奥秘、比赛项目以及冬奥主题旅游打卡地等丰富有趣的服务内容，其中 5 期为冬奥气象科普专题节目，分别为：

①冬奥气象预报员——海陀追雪人；

②冬奥气象预报员——爬冰卧雪“观天”忙；

③观云测风护冬奥；

④冬奥“冷”知识；

⑤最是冰雪映丹心 观云测风护冬奥。

13.6.3 服务方式（渠道 / 频次）

新媒体主要以微博、微信形式发布，三大赛区预报产品、观赛指数产品、科普视频产品每日发布 1 次，气象科普图文及其他视频产品不定期发布。

电视节目《体育气象》，播出频道为北京电视台冬奥纪实频道，播出时间为每日 21:46；《气象观天下》播出频道为北京电视台科教频道，播出时间为每周一至周五 14:30。

13.6.4 服务效果

针对观众、电视转播商、媒体记者等提供户外体感温度、非竞赛场馆风力预报等。在微博、抖音、快手等新媒体平台全渠道发布三大赛区场馆天气预报、冬奥公众观赛指数预报和冬奥冰雪项目气象科普视频等，为公众更好地了解冰雪运动、场馆天气信息提供了直观、精准的气象服务。

服务期间，“三大赛区天气预报”视频产品累计阅读量 135 万。“冬奥公众智慧观赛气象指数”产品提供了北京冬奥会和冬残奥会期间的公众气象服务，丰富了公众观赛气象服务产品的种类和形态，相关产品阅读总量为 246 万。冬奥气象科普产品旨在提升全民科学素养，了解冬奥及冬季运动科普知识，累计阅读量为 3 888 万，仅在 2022 年 2 月 7—19 日通过中国天气新媒体发布的《冬奥项目系列动画》10 期，总观看量就达到 3 620 万。

（1）《天天体育》栏目组反馈

2022 冬奥冬残奥期间气象局发挥专业优势，为我们制作了两档全新改版的体育气象节目，节目中运用了很多虚拟动画技术配合冬奥项目的特点，推出了赛场场馆天气预报。主持人出镜部分每天为观众科普介绍当天比赛项目的特点规则，观众反响很好，加上赛事的烘托，收视率比平时有了很大的提高。两档节目配合我们节目播出都提前录制完成传输到台里，在此向合作多年的气象局相关部门表示感谢！（北京广播电视台体育节目中心 王速（体育新闻主编））

（2）《气象观天下》栏目组反馈

科教频道《气象观天下》栏目，自 2021 年 1 月 11 日开播，至今一共制作播出了冬奥系列节目 60 多期。虽然是个新的栏目，但节目组充分认识到冬奥报道的重要性。

第一阶段，节目从解读气候与冬奥的关系着手，向观众介绍冬奥场馆建设中遇到的气象问题，采访冬奥气象预报员，与这些海陀“追雪人”一起爬冰卧雪上山观天，还有主持人前往滑雪场参加滑雪体验，邀请专家手把手传授滑雪知识。

在总结第一阶段的经验基础上，从 3 月开始，节目组对冬奥报道进行了全面升级，并制定了新的规划，并把每周二作为冬奥系列节目的固定时段。冬奥报道内容也从冬奥场馆到冬奥赛事再到冬奥抗疫、环保及无障碍理念等，全方位覆盖了冬奥各方面的知识。

冬奥会举办期间，回归气象问题，策划了冬奥气象保障专题访谈、揭秘气象与冬奥的关系专题以及冬奥会的气象科技专题。节目播出反馈良好，点击率破万。

节目除了科普冬奥知识，让冰雪运动走入百姓生活，还注重从旅游、文化、改善民生等方面提供贴心服务。比如，记者带着观众去打卡冬奥场馆，实地感受冬奥场馆带给我们的震撼；在 2021 年五一、国庆等长假前推出冬奥旅游专线，向观众推荐假日出游好去处，将冬奥理念实实在在融入到百姓生活的点点滴滴中。这类节目的收视率都在 0.2 左右。

可以骄傲地说，《气象观天下》的冬奥系列节目在同类节目中都是出类拔萃的，也因此受到北京冬奥组委的关注，在全台其他频道中也产生了很大影响，提升了栏目及频道的影响力和美誉度。

13.7 部门气象服务

13.7.1 面向冬奥组委

2022 年 2 月 8 日，国家气象中心首席预报员张芳华参加了由中国气象局副局长余勇主持的竞赛指挥组气象服务保障专题会议，向杨树安副主席等领导汇报冬奥会期间的高影响天气预报，重点针对 2 月 12—13 日强降雪过程，详细介绍了各赛区的降雪起止时间、降雪量和积雪深度预报，并就组委会关心的后期天气趋势预报发表意见，精准及时的预报为赛事组织安排提供了科学依据和宝贵的调整时机。随后，2 月 10 日张芳华首席参加首钢大跳台气象服务专题会议，针对该场馆 12—13 日降雪天气开始时间和量级补充发表预报意见。3 月 2 日，国家气象中心首席预报员张芳华参加竞赛指挥组冬残奥会气象保障服务专题会议，会前与主汇报人（MOC 首席预报员何娜）充分会商，提供参考意见；会上补充介绍中央气象台专家组对冬残奥会期间高影响天气过程的预报意见，较好发挥了国家级技术指导作用。

13.7.2　面向北京市委

1 月 27 日，国家气象中心首席预报员张芳华跟随中国气象局副局长余勇、北京市气象局局长张祖强等领导，赴北京市政府参加北京冬奥会运行指挥部第 55 次专题调度会，并作补充发言，向蔡奇书记汇报冬奥会开幕式天气，提出弱冷空气影响的可能性和不确定性；期间，北京市气象局局长张祖强参加北京市冬奥指挥部每日专题会议，及时汇报解读天气情况，为指挥部全面了解天气信息、及时调度提供科学支撑参考。

13.7.3　面向公安部

自 1 月 17 日起，国家气象中心首席预报员张芳华多次参加公安部“北京冬奥会安保总指挥部社会面治安管控工作组焰火燃放安全监督工作专班专家组”工作会议，审议完成冬奥会和冬残奥会的开、闭幕式焰火燃放安全评估报告，上呈国务院和冬奥组委会；赴国家体育场踏勘焰火燃放现场，从气象条件对焰火燃放安全影响的角度提出意见和建议；在开、闭幕式及其演练等关键时间节点，及时向专家组通报天气变化，为焰火安全布设和燃放提供可靠的天气信息，得到相关领导和专家肯定。同时，孟庆涛高级工程师亲赴湖南，配合专家组完成多次特效焰火白天、夜间及雨天点火试验和多倍火药破坏性试验。

13.7.4　面向生态环境部

冬奥空气质量保障进入攻坚阶段后，应生态环境部邀请，自 1 月 26 日起，国家气象中心每日派员至北京市生态环境局现场办公，开展空气质量预报预测工作，针对 2 月 8—11 日和 17—18 日的静稳天气过程均给出准确预报，为生态环境部门精准实施区域联防联控措施提供了重要参考依据。2 月 26 日国家气象中心首席预报员桂海林向生态环境部部长黄润秋报告指出，3 月 8—10 日北京将出现一次明显污染过程，建议在输送通道地区给予一定管控，有效降低了大气污染对冬奥赛区影响。此外，围绕北京周边省、市气象部门参与当地空气质量联防联控服务需求，升级改造中央气象台业务内网环境气象版块，组织专题会商，根据参加生态环境部门的会商结论，每日制作京津冀及周边地区空气质量预报产品，为周边省、市提供技术支持和结论参考，共同努力保障赛区空气质量整体保持在优良水平。“北京蓝”成为冬奥会靓丽底色，得到国际国内社会一致好评。

13.7.5　面向外交部

冬奥会举办期间，国家气象中心针对北京地区 2 月 1—7 日天气，提前 18 d 向外交部报送《2 月 1 日至 7 日北京地区天气趋势》专报，内容包括天气情况、风力、气温、能见度、温度、相对湿度、降雨（雪）等。自 2022 年 1 月 20 日—2 月 4 日，累计报送 16 期。

13.7.6　面向应急管理部

中国气象局冬奥气象中心作为北京冬奥会应急救援指挥部成员单位，多次派专家参加冬奥会安保救援保障工作，研判冬奥会应急救援风险，汇报冬奥期间气候预测、开（闭）幕式天气情况等，精准预报获得应急管理部部长黄明和应急管理部消防救援局局长琼色的高度肯定。同时，中国气象局与应急管理部建立了冬奥气象数据共享机制，从 2022 年 1 月 6 日起实时向应急管理部提供北京、延庆、张家口 3 个赛区 52 个站点的场馆预报产品和冬奥赛道站逐 1 h 实况数据，为进一步做好冬奥应急救援安保工作，提升风险防范、辅助决策和应急救援技术保障能力提供支撑。

13.8 人工影响天气服务

13.8.1 北京冬奥会人工影响天气需求

北京冬奥会是世界性体育比赛，同时也成为重要的国际文化、经济和政治的交流活动。受全球气候变暖影响，2022 年北京冬奥会也可能面临温哥华冬奥会曾经的缺雪困境。根据赛事要求，届时赛道造雪、保雪等将通过大量人工造雪来满足。但赛道周边自然景观需要通过人工增雪等进行补充完善。此外，在冬残奥会阶段气温回升有可能会形成降雨，对赛事赛道造成不利影响，因此，还需要加强人工消减雨等科学试验，应对赛事降雨的不利影响。

13.8.2 人影保障流程

13.8.2.1 作业启动

（1）提前 3 d 根据预报，如果活动当日无降雪过程或预报当天有降雪，达中雪及以上量级（大于 2.5 mm/d），人工影响天气工作原则上不启动，但要做好应急准备。

（2）提前 3 d 根据预报，如果活动当日有降雪过程，达小雪及以下（小于 2.5 mm/d）量级，根据当天天气变化实况，适时启动地面作业力量（常规作业点、临时作业点），根据指令进行人影作业响应，飞机待命，做好应急准备。

（3）提前 3 d 根据预报，如果预报活动当日有降雪过程，达小雪及以下（小于 2.5 mm/d）量级，属于稳定性天气，根据当天天气变化实况，适时启动地面作业力量（常规作业点、临时作业点）、空中作业飞机按照作业指令联合实施作业响应。

13.8.2.2 作业区域选择

根据降水系统移动路径，由远及近梯次开展人工影响天气保障作业。

（1）系统距离重点保护区 90～180 km，启动第一道防线作业力量，进行提前降水催化。针对降水系统来向选择不同区域响应，例如：降水系统来向正西，则第 1，8 象限内开展作业，第 2，7 象限准备；降水系统来向西南，则第 7，8 象限内开展作业，第 1，6 象限准备，以此类推。

（2）系统移至距重点保护区 60～90 km，启动第二道防线作业力量，进行过量延迟降水催化。响应、预备区域选择同上。

（3）系统移至距重点保护区 30～60 km，启动第三道防线作业力量，进行过量延迟降水催化。响应、预备区域选择同上。

13.8.2.3　组织实施

（1）作业过程预报和计划

① 制作

时间：提前 72 h。

内容要求：分析影响保障区 500 hPa、700 hPa、850 hPa 的高度场、风场、相对湿度、水汽通量预报；地面气压场、温度、降水预报；对流有效位能、*K* 指数预报等产品，有作业条件时编制飞机和地面作业计划。飞机作业计划包括作业飞机部署、作业时段和作业区域，开展作业前准备等。地面作业计划包括地面作业时段、作业区域、作业站点、弹药准备等。

② 发布

审批后发布三号指令。

三号指令内容：影响保障区的降水系统影响时段及范围，要求空 - 地观测和作业做好设备、人员、弹药等相关准备工作。

（2）作业条件预报和预案

① 制作

时间：提前 48 h。

内容要求：分析降雪落区和量级；预报与实况对比；影响保障区的云系演变趋势；云垂直宏微观结构和作业条件；制作飞机作业预案，主要包括作业区域、作业时段、作业部位、催化方式等；制作地面作业预案，主要包括作业区域及高度、作业时段、作业方式和弹药准备等。

② 发布

审批后发布二号指令。

二号指令内容：明确地面观测人员进驻时间，制定并上报飞机观测和作业预案，召开联合会商，商议具体事宜或提供指导意见等。

（3）联合会商

时间：提前 24 h 组织召开。

具体流程：主要包括会商准备、天气形势预报发言、人影作业条件预报和方案设计发言、总结发言等 4 个主要部分。

① 会商准备

根据会商时间提前 24～12 h 进行联线测试；会商开始前半小时通知各单位联合会商参加人员到位，在联合会商之前确保会商系统等设备正常运行；会商参与及发言人员准备就绪。

② 天气形势预报发言

分析未来 24 h 可能出现降水天气系统起始时间、水汽条件配置（850 hPa、700 hPa、500 hPa 各层水汽含量，液态水含量，相对湿度等）、动力条件配置（850 hPa、700 hPa、500 hPa 各层风向，风速，垂直速度等）、天气系统移动方向、降水落区和量级、各家模式预报降水起始时间和降水量等有利条件和不利条件以及模式预报的不确定性等。

③ 人影作业条件和方案设计发言

分析未来 24 h 内受上述天气系统影响下的保障区域云系发展演变、云降水宏微观结构（云系覆盖范围及移向移速等）、作业条件分析（云顶和云底高度、700 hPa、850 hPa、900 hPa 风向风速以及温度、过冷水分布区域、量级以及持续时间、冰粒子浓度和分布区域等）、提出保障区域具体作业方案建议。

④ 总结发言

汇总各发言单位天气形势预报、作业条件分析和方案设计结果，确定此次天气过程人影保障作业条件、作业方式（飞机、火箭）、作业区域（飞机作业区、火箭、高炮作业点选择）、作业时间、催化作业量、飞机和地面作业高度、飞机观测与作业详细飞行方案等具体作业参数，并形成联合会商意见。

发布：联合会商后经审批发布一号指令。

（4）作业监测预警和方案

明确监测预警流程和方案，分析云系性质和结构、作业目的、作业区域、作业时段和催化方式。为地面作业方案，包括作业目的、作业时段、作业站点、装备类型、作业方式、作业参数等提供参考依据；为飞机作业方案，包括作业云系类型、作业区域（目标区）、作业对象（目标云）、作业时段、作业部位、催化方式、催化剂量、飞行航线、备降机场等提供有效指导产品。

根据指挥中心发布的三号、二号、一号指令，分别对地面设备和信息网络进行不同要求的保障以及实时监测预警产品发布，为指挥人员作业方案调整和作业指挥提供决策参考。

三号指令：检查北京冬奥会赛区范围内 X 波段偏振雷达、风廓线雷达、云雷达、微波辐射计、微雨雷达等地面设备，信息网络和数据传输系统，确保正常。

二号指令：提供 X 波段偏振雷达、风廓线雷达、云雷达、微波辐射计、微雨雷达、雷达外推、卫星等设备相应的监测预警产品，信息网络和设备现场保障人员全部到位。

一号指令：进入现场监测预警状态，监测预警人员分成 2 组，24 h 值守，根据要求进行监测预警报发布。

观测区域无降水时，3 h 滚动制作发布监测预警报；出现降水时，半小时滚动制作发布监测预警报，空地开展作业时，需加密发布，监测预警报制作时效为 10 min。监测预警具体流程见图 13.8.1。

（5）作业实施

① 指挥体系

由人工影响天气联合指挥调度中心，负责人工影响天气工作的统筹指导和指挥协调，区分空中、地面作业分别构建四级作业指挥体系。

② 指挥方式

人影联合指挥中心通过书面、电话通知或任务部署会的形式，向联合方案组、空中作业组、地面作业组下达指令。

空中作业组与各机场作业指挥部通过电话或传真的形式进行指令下达和情况上报。

地面作业组与各地面作业点通过移动电话或北斗用户机进行指令下达和情况上报。

联合方案组与地面作业点通过移动电话或北斗用户机方式进行信息沟通。

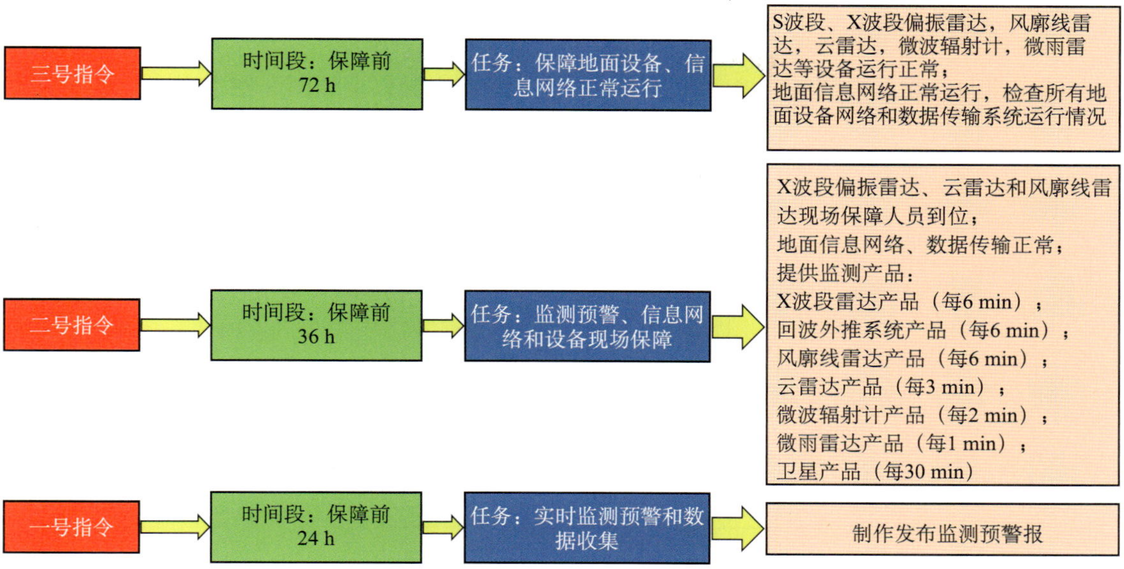

图 13.8.1 监测预警实施具体流程

人工作业涉及作业过程预报、作业条件监测与识别、作业方案设计、决策指挥、效果评估等诸多技术环节，作业条件选择是否合适，指挥作业是否科学、及时，都将直接影响到作业的最终效果。为切实提高人影作业的科学性、有效性和总体效益，依托已取得的气象现代化成果和建立的业务系统平台，努力实现对人影作业指挥规范化、作业流程标准化。

③ 作业指令

人影作业指令分为三级，并按数字大小逐步升级，依次为：三号令、二号令和一号令，作业指令由联合指挥调度中心下达。

三号指令为预先准备指令，提前 72 h 下达，主要明确预计作业时间、作业区域、任务单位、准备内容及完成时限。具体流程为：空中作业组提供短期滚动预报→联合方案组提前 1～2 d 会同空中作业组、地面作业组制定作业预案，形成作业方案请示报告→呈报联合指挥调度中心审阅→呈报协调机制审核批复→联合指挥调度中心接到批复后发布 3 号指令→空中、地面作业组和空域保障组→各机场作业指挥部。

二号指令为直接准备指令，通常提前 48 h 下达，主要明确空中作业时间、作业区域、作业方式、飞行准备、飞机探测及飞机作业计划安排，地面作业区域和作业点位等内容，检验作业装备及通信装备。具体流程为：空中作业组提供最新预报→联合方案组细化修订作业方案→呈报联合指挥调度中心审批，发布 2 号指令→空中、地面作业组和空域保障组→各机场作业指挥部→机上作业组和地面作业点。

一号指令为作业指令，提前 24 h 下达，主要明确空中、地面作业区域和开始、结束时间，播撒作业方案等内容。

空中具体流程为：空中作业组提供最新预报→联合方案组修订完善方案→呈报联合指挥调度中心审批，发布一号指令→空中作业组和空域保障组→有关机场作业指挥部接到指令后，制作飞行航线计划，申请空域→任务作业飞机按照指令规定实施作业。

地面具体流程为：空中作业组提供最新预报→联合方案组修订完善方案→呈报联合指挥调度中心审批，发布一号指令→地面作业组和空域保障组→地面作业组接到命令后，申请作业空域→地面作业点按照指令规定实施作业，作业完毕上报作业情况（图 13.8.2）。

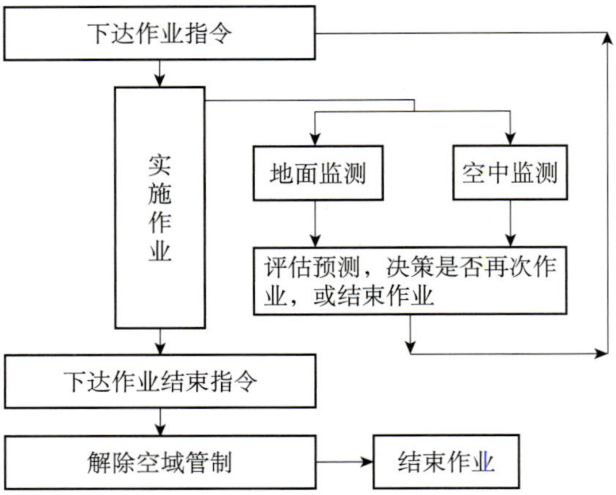

图 13.8.2　地面作业实施阶段工作流程

④ 实时指挥

a. 地面跟踪识别作业步骤

利用监测预警阶段给出的实时监测结果制作地面作业方案。内容包括作业区、−5 ℃高度、过冷水含量等。

当影响系统进入作业区后，根据北京市人工影响天气雷达作业指挥等模块进一步选择具体作业点（定点）、作业时间（定时）和作业量（定量）。

当作业点准备就绪，通过电台或 IP 电话向市指挥中心进行作业空域申请。

接到作业空域申请后，通过北京市人影作业空域申请模块进行实时作业申请和批复指挥。明确作业仰角、方位角和作业用弹量。

作业结束后通过北京市人影作业空域申请模块作业点终端上报作业信息，经过区人影指挥中心审核，市人影指挥中心确认后完成作业信息上报，并同步在北京市人影综合业务平台上显示。

b. 飞机跟踪识别作业步骤

根据地面监测预警阶段的实时监测结果制作飞机作业方案。内容包括拟作业区编号、−5 ℃高度、过冷水含量等。

飞机根据方案预定时间申请空域，放飞后打开所有探测和通信设备，飞机起飞并按航线进入预定作业区，开展水平和垂直云物理探测，并向地面指挥中心报告天气实况和作业条件，根据反馈和飞机回传信息及时调整或优化作业方案。

当影响系统进入作业区后，通过空地指挥系统引导飞机进入拟作业云层，如果飞机探测结果显示作业条件较好，地面指挥飞机开始定量作业。

飞机登机作业人员及时向地面反馈作业情况，并报告空中天气条件，根据回传数据和地面雷达观测结果，指挥是否继续作业并更新作业方案。

飞机作业结束后，拷贝飞机探测数据，填报作业信息，通过省级人影综合业务信息实时上报系统上报作业信息。

（6）作业效果评估

作业结束后，及时上报作业信息，并通过作业过程合理性分析、物理检验、数值模拟检验等关键技术和手段进行作业效果评估和总结。

① 作业过程合理性分析

利用实时收到的详细人影作业信息（地面作业信息应包含仰角、方位角等），结合 0 ℃层高度判断飞机和地面火箭、高炮的作业合理性。其中 0 ℃层高度由邻近的探空数据给出，通过分析沿弹道轨迹的雷达剖面，结合卫星云图和雷达回波水平分布，逐条判断每次地面人工增雨 / 雪作业的合理性（图 13.8.3）。

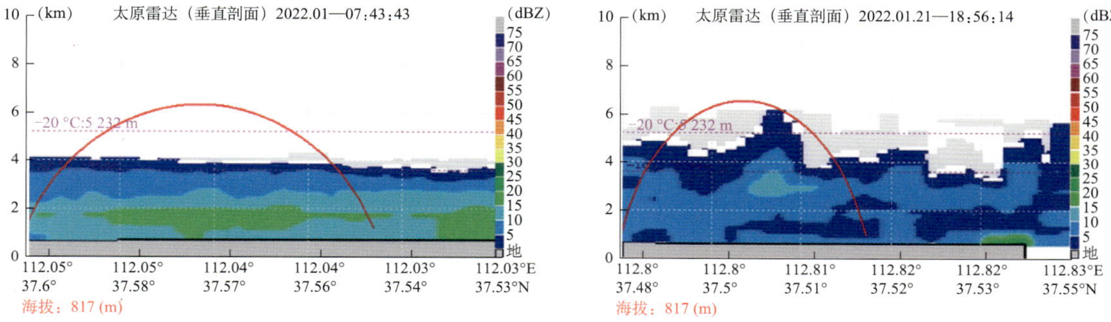

图 13.8.3　2 次高炮作业弹道轨迹叠加雷达回波剖面示意图

② 物理检验技术

a. 飞机播云响应的识别技术

人工催化后的云体变化常常淹没在复杂的自然演变当中，不易被观测发展。2017 年以来，北京市人工影响天气中心、河北省人工影响天气中心针对冬季降雪云系催化效果进行了大量外场试验及技术探索，一是设计实施了多次飞机催化回穿试验，目的是发现催化对云内微物理过程的影响，科学探测云中微物理量催化响应，以此来明确人工影响的直接效果或物理效应；另一方面，通过对冬季降雪云系实施人工催化后的降水量变化情况，发现催化后云中一系列物理变化的最终结果。

在长期飞机增雪业务实践中，北京市和河北省人工影响天气中心逐渐建立起一套行之有效的作业及催化响应探测方案。在冬季低槽或回流天气系统影响下，华北平原上空常出现中低云，并且在中低云中含有丰富的过冷水和极少量的冰晶，利用飞机针对这种含有丰富过冷水的中低云开展小范围圆形连续催化，可以通过机载探测设备观测到明显的云粒子冰晶化物理响应，结合卫星、雷达、雨滴谱仪等多源观测资料，可以获得全链条催化效果的物理证据。

b. 影响区和作业效果的快速定量估算技术

根据自由大气中的物质传输扩散方程，针对高炮、火箭、飞机等不同作业方式，考虑不同云系的湍流交换系数，提出相应的扩散传输计算方程，并推导出其解析解，建立不同催化方式的催化扩散方案。并在此基础上开展作业影响区的定量计算和作业效果的快速评估。

③ 数值评估技术

数值模拟评估是检验人影催化作业效果的重要技术手段，北京冬奥会人影保障是针对特定目标区的催化作业，有关特定目标区的催化作业数值模拟及评估技术在此次保障过程中进行了大量应用并不断改进。

具体流程如图 13.8.4 中模式检验部分所示，主要包括实际催化作业过程结束后的无催化控制试验，并将模拟结果与观测结果（卫星、雷达、降雨量等）进行对比分析，通过调整模拟的相关参数，使模拟结果能再现云和降水的主要演变特征。然后在模拟较成功的基础上，根据实际作业信息（空基、地基作业量，作业时间等）运行催化模式，为解决模拟结果与实际云系可能存在时空偏差的问题，利用雷达、卫星观测的结果与控制试验模拟的结果进行对比和匹配，选择同实际作业相匹配的作业位置和作业时段进行催化模拟研究。催化模拟的结果与控制试验模拟结果进行对比分析，定量评估作业效果，重点关注催化前后云中水成物浓度以及地面降水量的变化，并通过微物理过程的比较，分析作业效果产生的机制等。

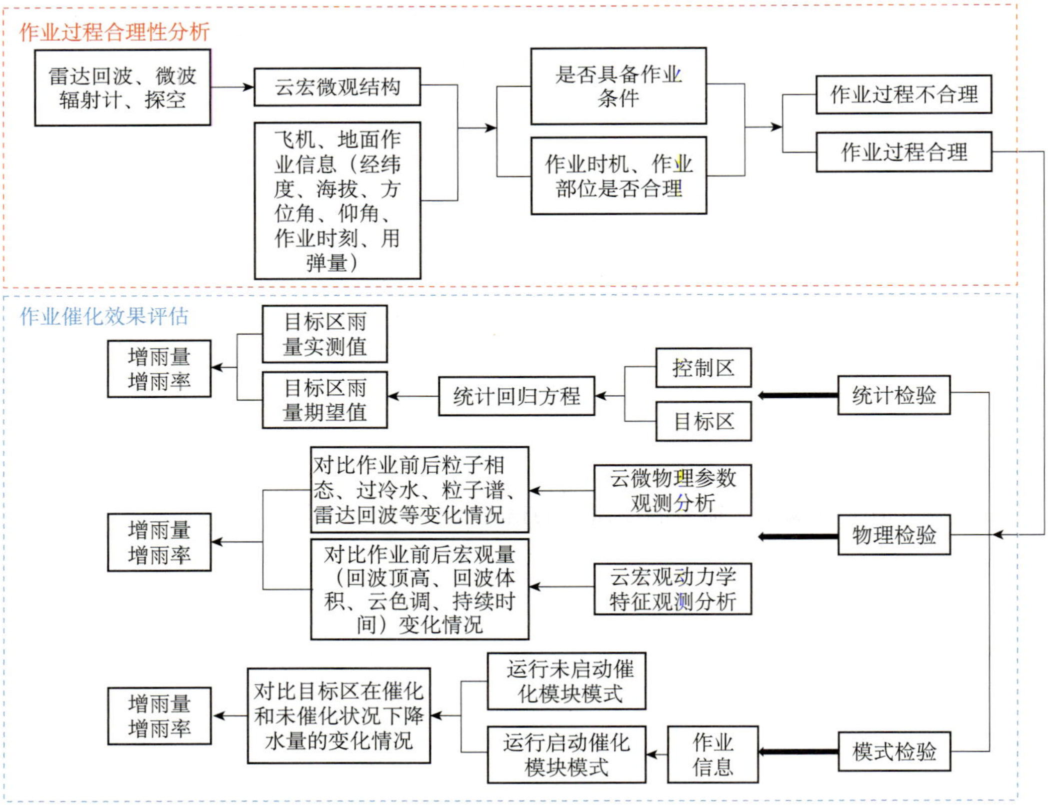

图 13.8.4　作业效果评估流程图

13.8.3 增雪保障作业方案设计

北京 2022 年冬奥会和冬残奥会将在北京赛区、延庆赛区和张家口赛区举行，计划使用 26 个场馆。赛区位于中国华北地区，受大陆性季风气候影响，冬季干燥寒冷。主要针对冬奥会可能出现的不利天气，采用人工影响天气技术，在北京及周边设置多道防线，根据北京冬奥服务保障人影业务需求，重点制定了北京冬奥会延庆和张家口赛区的人工增雪作业方案，实施空中、地面联合人工影响天气作业，减轻或排除不利天气对冬奥会造成的影响，为冬奥会圆满举行创造有利天气条件和提供应急保障。

13.8.3.1 作业区域划分

为了确保赛区周边景观效果，人工增雪以冬奥会延庆赛区和张家口赛区（赛道中心长和宽均为 10 km，见图 13.8.5 中彩色方框 Y 和 Z）为固定目标区。为了更好地开展试验检验和效果评估，选择下垫面基本相似且降雪量相关性较高的相邻区域（见图 13.8.5 中的黑色方框 Yc 和 Zc）为对比区。根据历史统计分析降雪天气系统影响路径，作业区域设定为固定目标区降雪系统上游（10～100 km）区域（见图 13.8.5 中的黑色饼形）。作业效果评估主要以物理检验为主。

13.8.3.2 联合作业方案设计

在满足北京冬奥会赛区人工增雪催化作业条件时启动作业，原则上在作业过程中可以采取随机催化试验的方式进行。

（1）催化作业启动条件

目前基于观测结果提出人工增雪催化作业启动条件如下。

① 天气类型：低槽、低涡、东风回流。

② 温度：700 hPa≤−8 ℃，850/900 hPa≤−5 ℃。

③ 过冷水含量（LWC）：>0.05 g/m^3。

④ 积分过冷水含量（IWC）：>0.05 mm。

⑤ 风场：700 hPa 风向为西、西南或东南。850 hPa、900 hPa 风向为西南或东南。

⑥ 云顶高度：≥3 000 m（飞机）；云底高度：≤1 000 m（高山地基）。

⑦ 云顶温度应大致满足“播云温度窗”的指标（−24～−5 ℃）。

（2）催化作业要求

① 对目标区进行催化试验不能超过 4 h，这是根据 NCAR 多年观测结果对目标区液态水、降水持续时间多大于 4 h 且充分考虑了最小化播撒对气象条件和对比区的影响，并且预留足够的云响应及探测云响应时间。

② 每次作业试验 4 h 结束后需要进行缓冲冷却 4 h 的时间。根据 2007—2008 年 NCAR 观测的冰核探测结果，在目标区的催化实验催化剂污染最长可以持续停留 4 h。因此，确定了 4 h 的催化时间和冷却时间。

③ 在催化试验中，对同一区域不得连续催化 4 次。

④ 作业试验中的作业信息一定要对效果评估人员保密，以满足真实的效果评估。

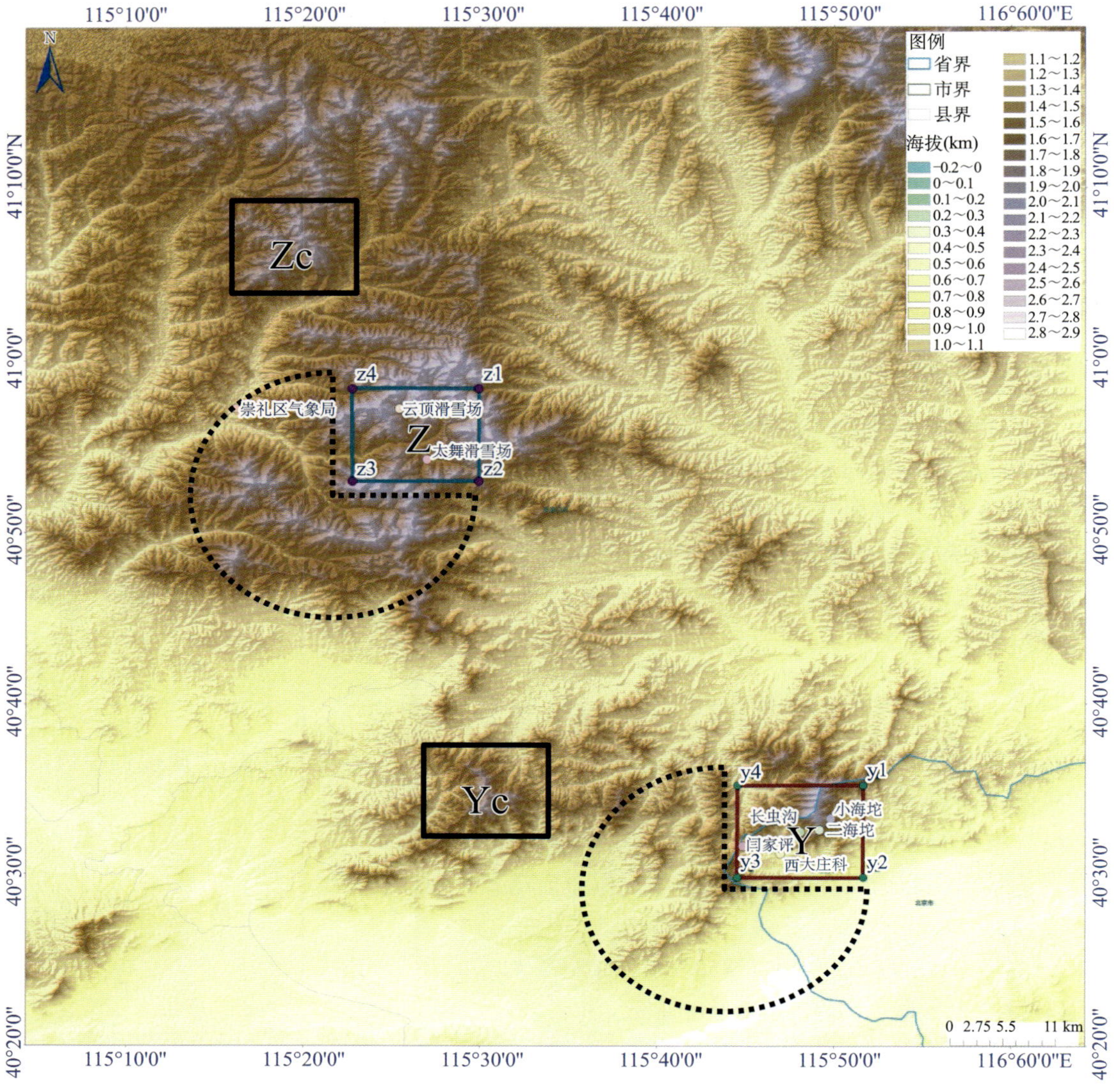

图 13.8.5　北京冬奥会人影服务保障固定目标区

（彩色方框 Y 和 Z 分别为 10 km×10 km 的延庆赛区和张家口赛区；黑色方框 Yc 和 Zc 分别为固定目标区 Y 和 Z 的对比区；虚线饼形为延庆赛区和张家口赛区系统上游作业区域）

⑤ 高山地基作业时在固定目标区的上游山区的迎风坡由海拔从低向高依次多轮次作业，一轮作业至少 6 根烟条，一个作业点连续作业时间一般不超过 4 h。

⑥ 飞机作业时在固定目标区上游 20～100 km 区域垂直风向做“8”或“之”字形（建议作业间隔水平距离 3～6 km）进行大量催化（建议 4～6 根），一次催化作业时间不超 2 h。

（3）催化作业预案

① 地面催化作业预案

根据主要降雪天气系统和低层水汽和风向等要素，设计以下 2 种作业预案（表 13.8.1，图 13.8.6）。

表 13.8.1　2 种地面催化作业预案

天气系统	预案编号	区域和作业点	催化量（根 / 次）	催化时间（h）	催化间隔（h）
低槽 低涡	G1	西南上游区域 北京：马鞍山	6	≤4	4
东风 回流	G2	偏东上游区域 北京：张山营，海陀山 3	6	≤4	4

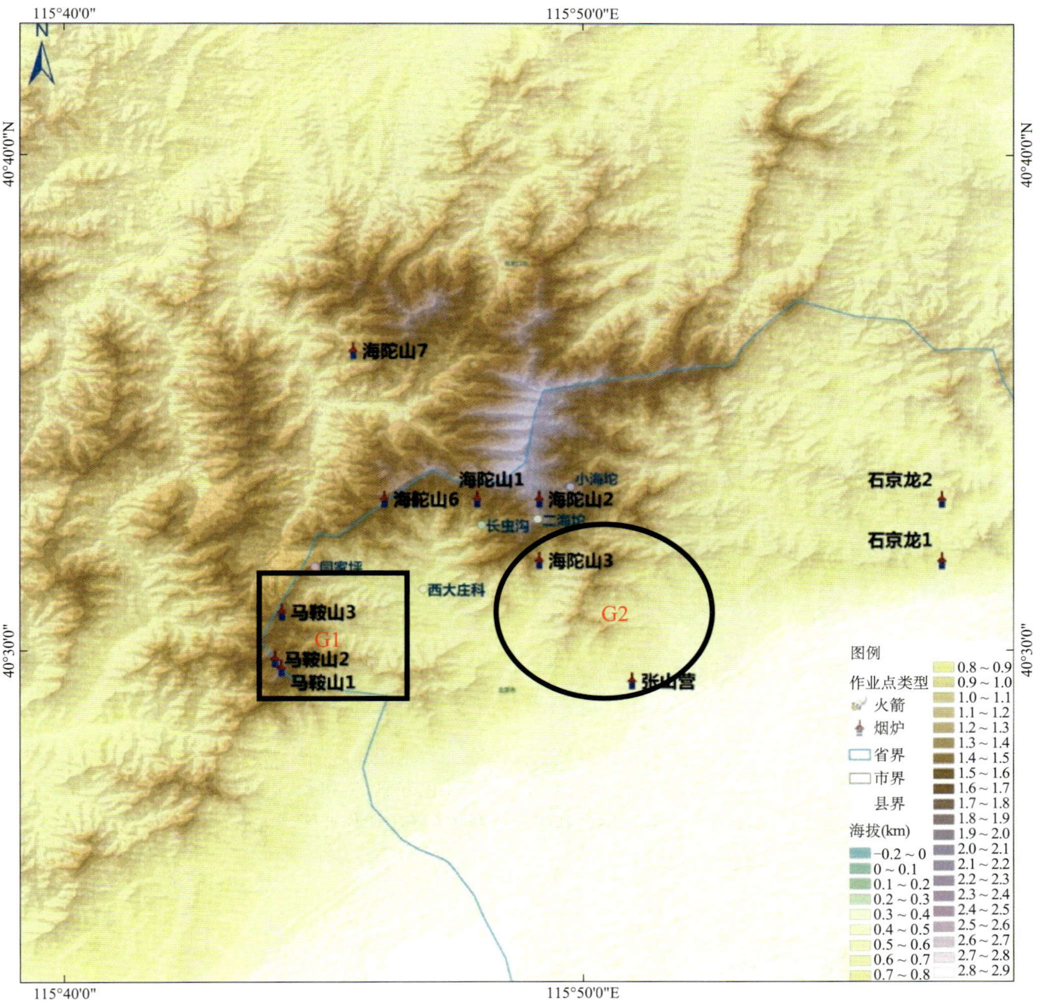

图 13.8.6　地面催化作业预案作业区域选择（方框为预案 G1 和圆圈为预案 G2）

② 飞机催化作业预案

以北京冬奥会延庆赛区和张家口赛区为固定目标区，在其上游区域进行飞机催化作业，重点根据高空风向设计具体预案如表 13.8.2 和图 13.8.7 所示。

表 13.8.2　不同风向飞机催化作业预案

高空风向	预案编号	作业区域	催化量（根 / 次）	催化时间（h）	催化间隔（h）	作业方式
偏西风	Y1/Z1	西部上游 10～100 km 区域	4～6	≤2	2	垂直风向“8/ 之”字形
西南风	Y2/Z2	西南上游 10～100 km 区域	4～6	≤2	2	垂直风向“8/ 之”字形
偏南风	Y3/Z3	南部上游 10～100 km 区域	4～6	≤2	2	垂直风向“8/ 之”字形

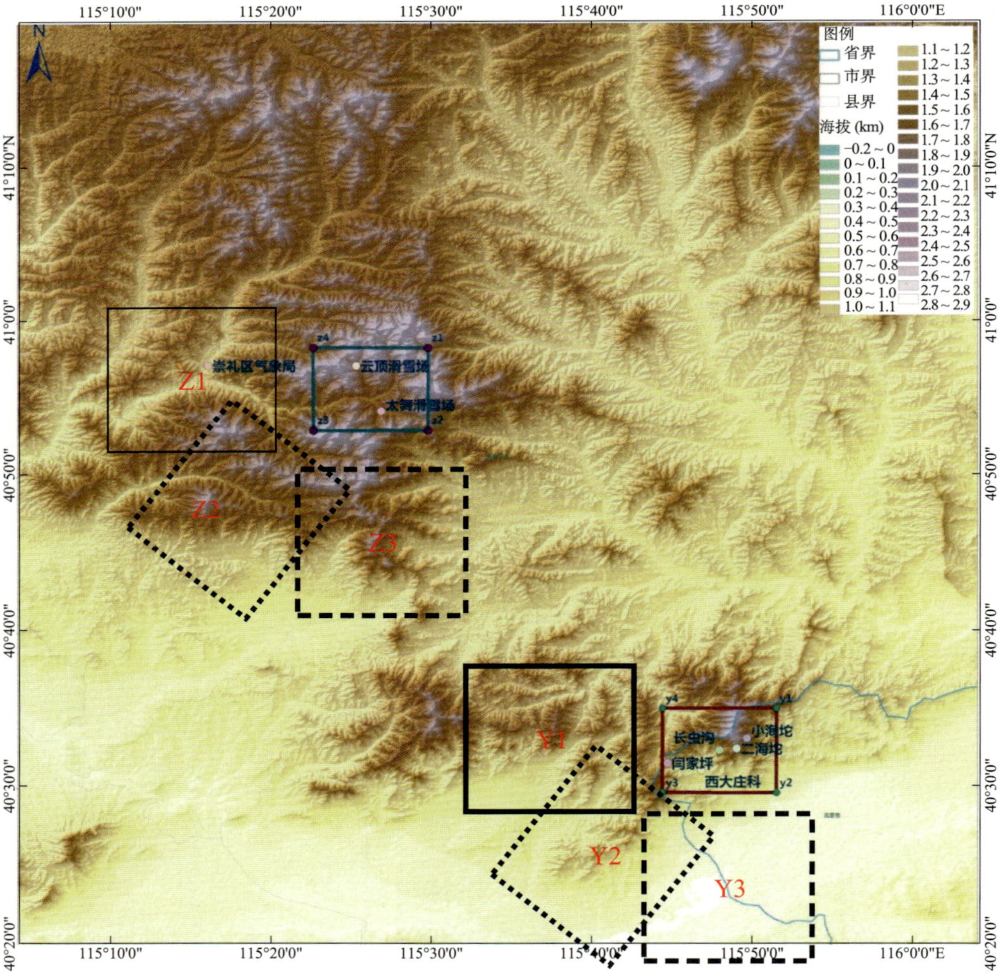

图 13.8.7　飞机催化作业预案作业区域
（Y 开头代表延庆赛区，Z 开头代表张家口赛区）

13.8.4　人影保障实施

13.8.4.1　人影服务情况

按照北京冬奥会赛时和开（闭）幕式保障要求，联合指挥中心部署地面、飞机作业力量和相关人员在岗待命，及时研判天气状态，做好保障准备。在活动举办期间，总共开展了 4 次开（闭）幕式服务保障，持续开展云物理和人影作业条件观测，组织 5 次联合会商，制作并发布作业过程专报、作业潜势专报和监测预警专报等指导产品 21 期，下达 9 次人影服务保障指令，确保了北京冬奥会开（闭）幕式的顺利进行。

13.8.4.2　典型案例

针对北京冬奥会开幕式（2 月 4 日）的人影保障，联合指挥中心于 2 月 3 日上午发布重大活动人影服务保障三号指令，部署保障区域、保障时段、空地作业力量做好观测和作业准备；3 日下午发布重大活动人影服务保障二号指令，明确将召开联合会商、发布会商重点。期间针对天气状况，发布一期作业过程专报、一期作业潜势专报和一期监测预警专报。4 日上午由联合指挥中心主持召开北京市、天津市、河北省、山西省人工影响天气中心以及中国气象局人工影响天气中心联合会商，对天气形势准确研判，保障力量时刻待命，确保了北京冬奥会开幕式顺利进行。

针对 2 月 28 日华北出现的小雪天气过程，联合指挥中心启动了冬残奥赛区景观人工增雪综合观测和催化试验，发布人影作业条件预报和作业预案建议专报 3 期，人影作业潜势过程预报 1 期；2 月 28 日协调北京市和河北省开展人工增雪作业。河北省 28 日白天组织 4 个作业点，累计开展 4 轮次地面作业，燃烧地基烟条 10 根。北京空中国王（B-3587）飞行 1 个架次，28 日 07:30 起飞，10:30 落地，燃烧 9 根烟条；空中国王（B-3586）飞行 1 个架次，28 日 08:03 起飞，09:28 落地，未作业。飞行轨迹见图 13.8.8。

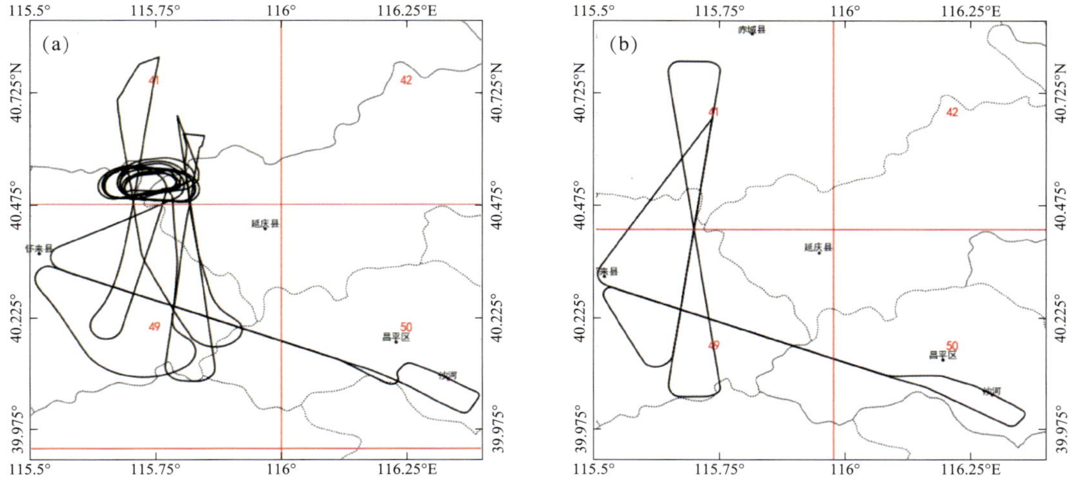

图 13.8.8　2022 年 2 月 28 日北京空中国王（B-3587）(a) 和北京空中国王（B-3586）(b) 飞行轨迹图

河北省的运-12（B-3765）飞行1个架次，28日07:44起飞，09:25落地，燃烧28根烟条；空中国王（B-3523）飞行1个架次，28日08:15起飞，11:23落地，燃烧36根烟条。飞机作业详情见表12.7.2，飞行轨迹见图13.8.9。

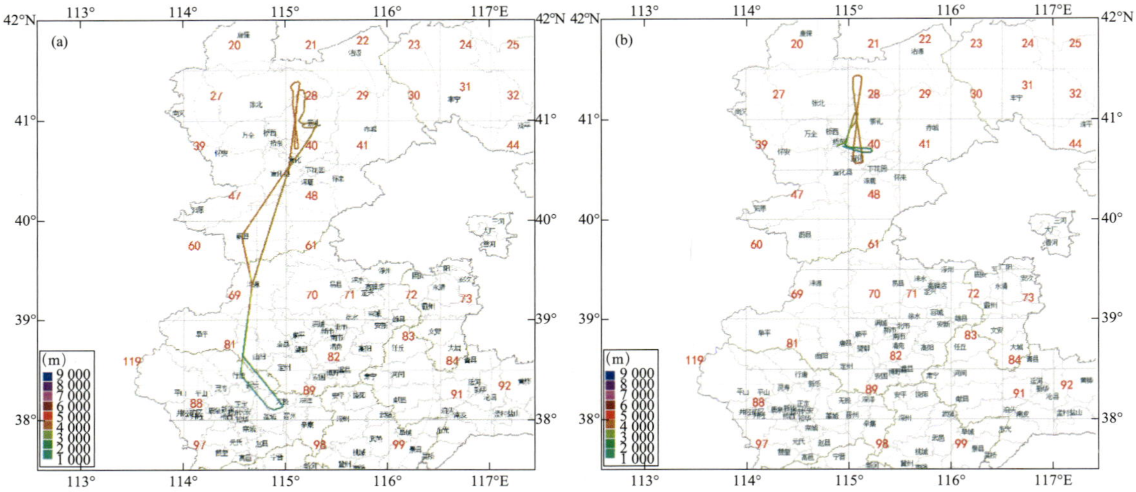

图13.8.9　2022年2月28日河北空中国王（B-3523）飞机（a）和运-12（B-3765）（b）飞机飞行轨迹图

估算此次作业累计影响面积约为3.0万km^2，累积增加降水75.2万～112.7万t。通过本次试验演练，联合指挥中心熟悉了演练流程和技术步骤，为冬残奥会正式演练保障提供了支持（图13.8.10）。

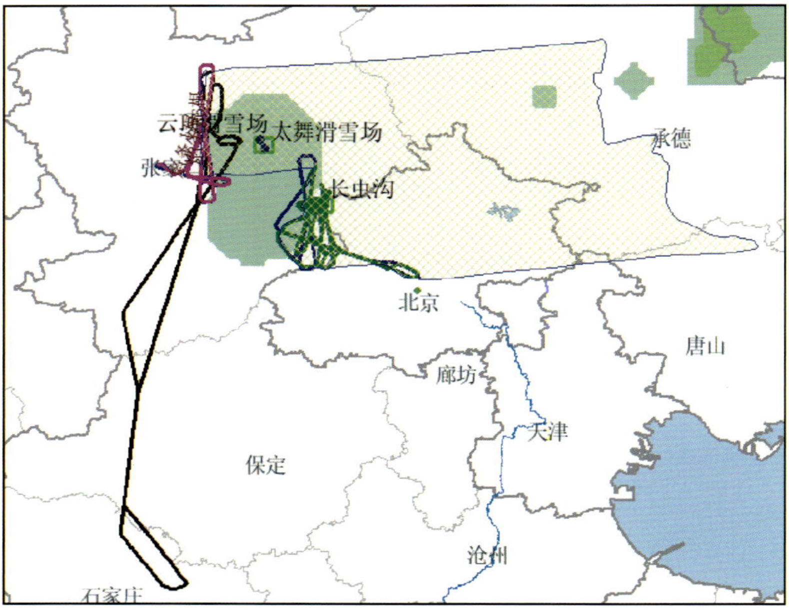

图13.8.10　2022年2月28日累积雨量叠加地面作业影响区

（图中黑色线条为飞行轨迹，红色和紫色数字分别为地面火箭和烟条作业用量，阴影部分为作业影响区）

第 14 章　冬奥气象服务系统

“云 + 端”部署核心业务系统，毫秒级数据响应支撑三地多赛区应用。建成的冬奥气象服务网站、冬奥气象数据服务系统、冬奥智慧气象 APP、冬奥现场气象服务系统、冬奥气象综合可视化系统、冬奥气候风险评估和气候预测系统、冬奥航空气象服务系统、冬奥智能气象服务文字产品生成系统、冬奥公路交通专项气象服务产品及系统、雪务专项气象风险评估系统等服务业务系统，实现“北京开发、京冀互备、三地共用”，有效提升预报服务精细化智能化集约化水平。

14.1　冬奥气象服务网站

14.1.1　概述

北京 2022 年冬奥会和冬残奥会气象服务网站（以下简称“冬奥气象服务网站”）是面向国际奥委会、冬奥组委和赛事管理和参赛者、教练员、公众观赛群体及媒体报道等用户提供全天 24 h 的奥运气象信息服务的网站，是代表中国气象局对外提供冬奥公众气象服务唯一、权威的网站（图 14.1.1）。

图 14.1.1　冬奥气象服务网站（北京赛区竞赛场馆示意）

2021 年 10 月起，冬奥气象服务网站正式代表中国气象局对外提供冬奥公众气象服务，通过奥组委“冬奥通 APP”、北京 2022 冬奥会冬残奥会主运行中心（MOC）、中国气象局冬奥综合指挥系统、中国天气网、比赛现场及三地（北京、延庆、张家口）冬奥村二维码多个出口进行应用。

冬奥气象服务网站全面对接用户需求，全方位展示现代化气象监测与预报能力，全面提供覆盖冬奥三大赛区 52 个站点精细化预报，赛时期间采取了最高级别安全防护，运行稳定，保证了冬奥赛事保障零事故，中英文冬奥气象服务网站全站点击量超过百万。

14.1.2 建设情况

冬奥气象服务网站的建设从立项、开发、测试到正式上线，历时 4 年。

2018 年，由华风集团北京天译科技有限公司具体实施冬奥公众气象服务网站建设。建设实施期间，华风集团对国际承建冬奥赛事国家的气象服务官方网站进行调研，与冬奥组委、冬奥气象中心多次沟通需求与定位。

2019 年，冬奥气象服务网站初步搭建形成，分别于 2020 年 2 月 1 日—3 月 20 日、2021 年 2—3 月在“相约北京”系列冬季体育赛事期间正式投入应用，面向全网开放并顺利完成测试。

2021 年，按照中国气象局 2022 年北京冬奥会气象服务专题协调会会议精神，对冬奥气象服务网站建设内容及页面展示部分进行 5 次改版设计，分别于 2021 年 3 月、5 月、7 月邀请专家进行多次深度咨询并根据专家意见优化升级网站，保障冬奥气象服务网站内容准确性，提高用户体验。

最终形成的冬奥气象服务网站整体包括面向用户提供 PC 端、移动端中英双语 4 个版本的服务，网站涵盖首页、赛区实况、比赛项目、天气分析图、周边天气、科普等 8 个频道，数据内容包括场馆实况、场馆预报、灾害天气、交通实况、交通预报、云图、雷达、天气分析图、城镇预报和科普知识共 10 大类 59 种数据。

为了满足冬奥赛事气象服务所需，面向公众展示高精度数据服务产品，网站将以冬奥赛场为核心建设的 440 余套分钟级观测实况数据（图 14.1.2）、百米级逐 10 min 更新的预报产品全部接入，全面展示三大赛区（北京、延庆、张家口）12 个比赛场馆、6 个非竞赛场馆，共计 59 个站点多要素逐 1 min、逐 5 min、逐 10 min、逐 30 min、逐 60 min 实况。32 个站点 0～24 h（逐 1 h）、24～72 h（逐 3 h）、4～10 d（逐 12 h）预报，并提供实时下载功能。

网站接入并展示风云四号多种类卫星云图、华北区域及海陀山等 4 个单站雷达图、地面天气分析及 100～925 hPa 分析图；实现通过 GIS 直观展示三大赛区 12 个比赛场馆和 6 个非竞赛场馆的灾害性天气提示信息；提供 124 个高速、国道、交通枢纽、汽车客运站、机场天气服务（图 14.1.2—14.1.3）；为北京、河北及全国省会城市周边共 68 个城镇提供 72 h 逐 3 h 预报服务；并采用视频形式科普天气对冬奥运动的影响。

网站搭建了冬奥气象服务网站数据监控平台，针对网站各相关数据到达、数据传输等情况进行实时监控。对数据延迟、未更新情况实现报警机制，使值班人员能够第一时间发现问题并处理、上报。

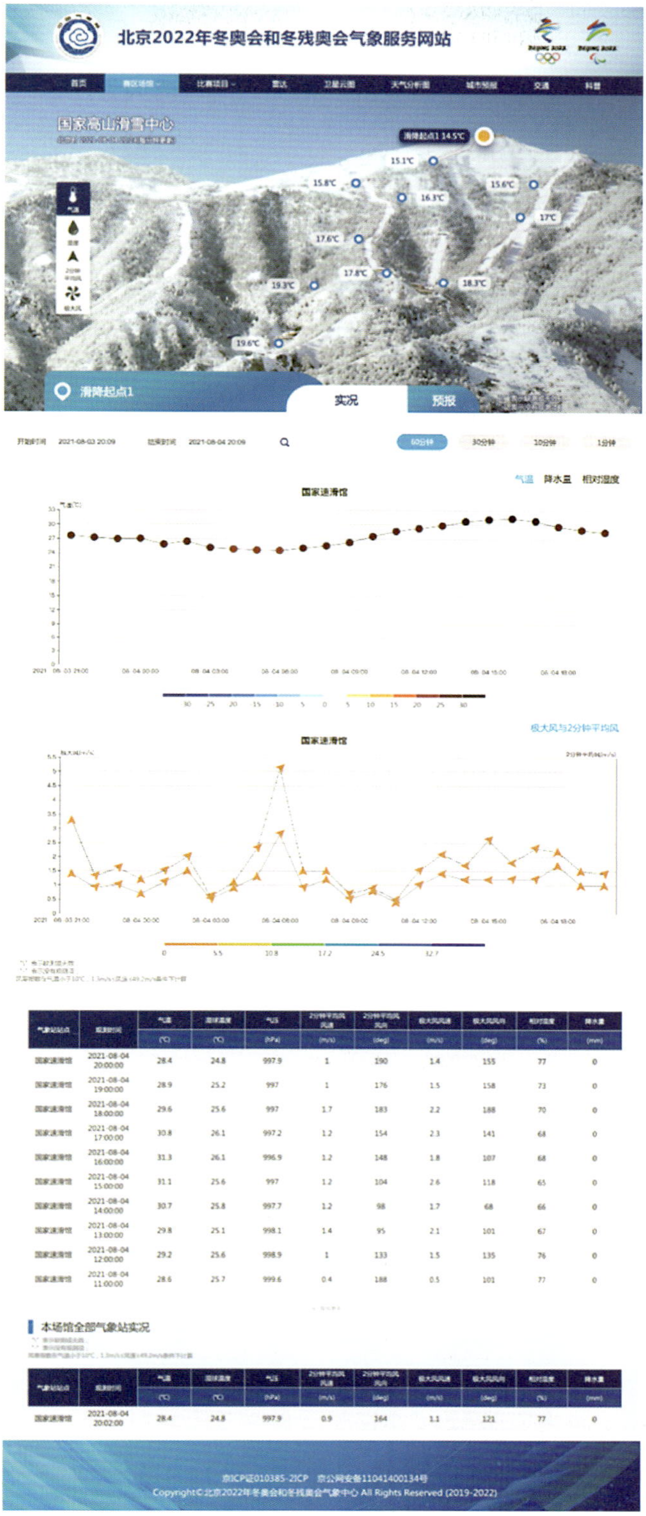

图 14.1.2　延庆赛区国家高山滑雪中心气象观测站点分钟级实况数据展示

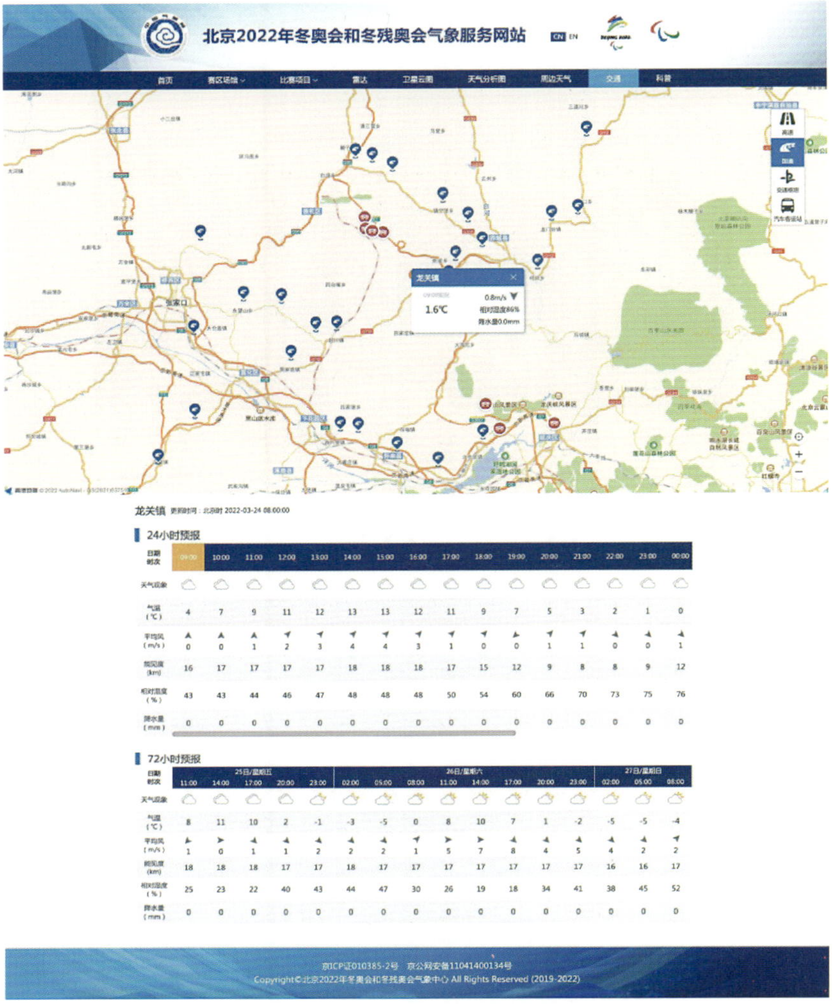

图 14.1.3　冬奥交通气象服务数据展示

冬奥气象服务网站整体建设共投入 31 人。经过 2019—2021 年 3 年测试运行，冬奥气象服务网站已实现稳定安全运行，满足赛时服务保障要求。

华风集团在中国气象局减灾司及冬奥办统一组织下，制定《冬奥气象服务网站气象保障服务应急预案》等多个应急保障预案。同时网站采用主备站冗余方式，保障网站安全运行，按照冬奥气象中心关于规范冬奥气象观测站名称和备份机制的通知，针对冬奥观测数据异常情况，包括整站数据延迟更新、部分要素缺失、部分要素奇异值等，制订详细的备份规则和订正策略，保障网站气象信息准确、及时、稳定。

网络信息安全采用最高级别保障。统一进行了 CDN 加速保障，可抵御最高 10 GbDDos 攻击。启用 Web 应用层防火墙 WAF 安全防护设施对攻击进行拦截，对应用层面的攻击起到安全防护作用。

2021 年年底，网站参与多次国家级大规模赛前应急演练，充分锻炼应急保障人员，使其能够在面对各种突发情况时知道如何快速解决、冷静应对。

14.1.3 服务情况

冬奥赛时期间，整个冬奥团队加强值班值守，1 月 15 日起至 3 月 16 日启动 7×24 h 到岗值班，责任落实到专人、专岗，定期巡检。与国家气象信息中心、国家气象中心、国家卫星气象中心、中国气象局大气探测中心、中国气象局公共气象服务中心、北京市气象局等上下游业务单位建立微信联系通道，发现问题第一时间与上游直接运维人员联系，共同解决。加强安全防护，华风集团由专业技术人员和重保服务公司联合保障网络安全，赛时期间提供网站安全防护、监控、安全事件处理等重保服务，确保冬奥会赛时期间冬奥气象服务网站安全稳定运行。

冬奥会和冬残奥会期间，网站成功拦截 8.7 万余次各类攻击行为，单日最高攻击次数达 6.3 万次。攻击来源美国、乌克兰、新加坡、俄罗斯、韩国以及中国北京、云南、上海、浙江、河南、江苏、河北、香港、广东、湖南、江西、海南、安徽等地，所有攻击均被成功拦截处置。

1 月 25 日—3 月 15 日，冬奥会气象服务网站中英文全站累计页面浏览量达 100.5 万次，独立用户数约 73.5 万人。其中，中文站页面总浏览量约 91.3 万次，总独立用户数约 67.4 万人；英文站页面总浏览量约 9.2 万次，总独立用户数约 6.1 万人，英文站浏览量及用户 87% 以上来源于移动端（图 14.1.4）。

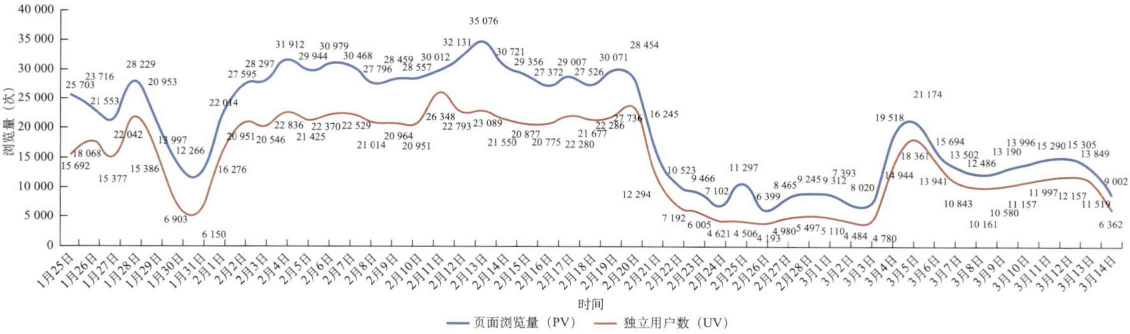

图 14.1.4 冬奥气象服务网站（中英文全站）浏览量趋势图

14.2 冬奥组委 ODF 和 C49 专项数据服务

14.2.1 概述

北京市气象局根据奥运会数据源（Olympic Data Feed，ODF）、ORIS 和 PRIS 气象服务产品需求及相关技术要求，完成天气 ODF 消息制作并将消息通过互联网发送至 ODF 平台指定地址，向利益相关者提供天气预报和现场天气产品。

天气 ODF 消息包括以下 4 类：

① DT_VEN_COND：包含当日（06—21 时逐 1 h）、未来 1～2 d（逐 3 h）、未来 3～5 d（逐 12 h）的预报信息和当日实况信息。

② DT_WEATHER：相应比赛项目的场地或比赛赛道沿线逐 1 h 的天气实况信息。

③ DT_PDF（C49）：每个比赛场馆的天气预报 C49（PDF）报告。

④ DT_WEA_ALERT：当前天气预警信息。

14.2.2 建设情况

14.2.2.1 信息标准核定

（1）确定服务范围（表 14.2.1～表 14.2.2）

表 14.2.1 冬奥会天气 ODF 消息服务范围

消息类型	ALP	BOB	BTH	CCS	CUR	FRS	FSK	IHO	LUG	NCB	SBD	SJP	SKN	SSK	STK
DT_VEN_COND	Y	Y	Y	Y	Y	Y	Y	Y	Y	Y	Y	Y	Y	Y	Y
DT_WEATHER	Y	Y	Y	Y	Y	Y	N	N	Y	Y	Y	Y	Y	Y	Y
DT_PDF（C49）	Y	Y	Y	Y	N	Y	N	N	Y	Y	Y	Y	Y	Y	Y

表 14.2.2 冬残奥会天气 ODF 消息服务范围

	pALP	pBTH	pCCS	pCUR	pIHO	pSBD
DT_VEN_COND	Y	Y	Y	Y	Y	Y
DT_WEATHER	Y	Y	Y	Y	N	Y
DT_PDF（C49）	Y	Y	Y	N	N	Y

（2）确定代表站

在京冀两地冬奥赛区的每个室外场地或赛道建立了多个气象站，需要根据具体需求确定天气 ODF 消息要使用的代表站。经冬奥组委技术部及 ORIS 工作组向 IF（International Federation，国际单项体育联合会）确认了天气 ODF 消息的具体站点，并将此标准在后期平台开发及预报服务中应用。

（3）确定要素

天气 ODF 消息中除包含我国常规气象业务的观测及预报信息外，还有一些非常规内容，对于 ODF 信息标准中一些偏离实际的情况，经过与冬奥组委技术部、国际奥委会 ODF 经理或 IF 协商解决方案，具体如下。

① SSK：ODF 要求室内气压数据；但场地内无气压数据观测。在测试活动期间，经 TD 同意，使用了室外气压。

② 冰温、冰况及雪温、雪况：天气 ODF 消息中需求的冰温、冰况及雪温、雪况数据非气象常规观测量，而是由赛场内专业设备测量产生，对于此部分数据经由冬奥组委技术部协调，由场馆志愿者在比赛时间内将每小时的数据传输至北京市气象局指定地址。

14.2.2.2 业务流程

（1）DT_VEN_COND（含 DT_WEA_ALERT）

冬奥多维度预报系统自动采集冬奥预报团队制作的各场馆预报结论及各场馆代表站实况信息，生成相应的 DT_VEN_COND 信息，并根据发送时间频次要求，每日 00 时及 06—21 时逐 1 h 发送至 ODF 信息系统指定地址。

（2）DT_WEATHER

冬奥统一数据环境将接收的特殊观测要素 CSV 文件数据（冰条件、冰温度、雪条件、雪温度）进行接收处理后与相关项目气象代表站实况观测数据合并，自动生成每个项目的 DT_WEATHER 信息，发送至 ODF 信息系统指定地址。

（3）DT_PDF（C49）

冬奥现场服务系统调取冬奥统一数据环境中的各场馆预报结论，生成相应的 DT_PDF（C49）信息模板，经冬奥现场服务人员核对后进行信息发布。确认后信息将根据赛时服务需求发送至 ODF 信息系统指定地址。

14.2.3 服务情况

14.2.3.1 信息发布统计

2022 年 1 月 27 日—2 月 20 日冬奥会期间，共计面向 12 个冬奥场馆 19 类比赛项目提供天气 ODF 信息服务，其中 DT_VEN_COND 发送 4 375 条信息，DT_WEATHER 发送 661 条信息，DT_PDF（C49）发送 234 条信息，DT_WEA_ALERT 发送 20 条信息。

2 月 27 日—3 月 13 日冬残奥会期间，共计面向 5 个冬奥场馆 5 类比赛项目提供天气 ODF 信息服务，其中 DT_VEN_COND 发送了 971 条信息，DT_WEATHER 发送 115 条信息，DT_PDF（C49）发送了 114 条信息。

14.2.3.2 信息应用情况

天气 ODF 信息服务方包括：

（1）国内外各赛事转播商订阅天气 ODF 信息服务。

（2）国家奥委会 myInfo、北京冬奥会官方网站和 OCS 等冬奥组委相关网站实时显示了 DT_PDF (C49) 信息。

（3）冬奥内部业务系统（CIS 系统、PSCB 系统、TVG 系统）实时显示各比赛项目的 DT_WEATHER 信息。

14.3 冬奥智慧气象 APP

14.3.1 概述

“冬奥智慧气象 APP”（图 14.3.1）是一款为 2022 年北京冬季奥林匹克运动会提供气象信息服务的移动端（智能手机和平板电脑）专用气象 APP 产品。这款 APP 产品授权安装用户为国内外 IOC（国际奥委会）官员、冬奥会相关管理部门官员、赛会的组织与管理者、运动员与教练员，以及关注冬奥会比赛进程的指定用户。

为了做好冬奥会与冬残奥会整个赛会期间的气象服务工作，需要满足不同类型的用户群体、多种服务场景下的定制化气象服务需求。移动端的信息传播渠道是当前使用规模最大的方式，特别是智能手机的普及应用，让运行在手机上的应用程序成为接收信息服务的首选。而在冬奥气象信息的服务形式上，移动端 APP 开发尚属空白。

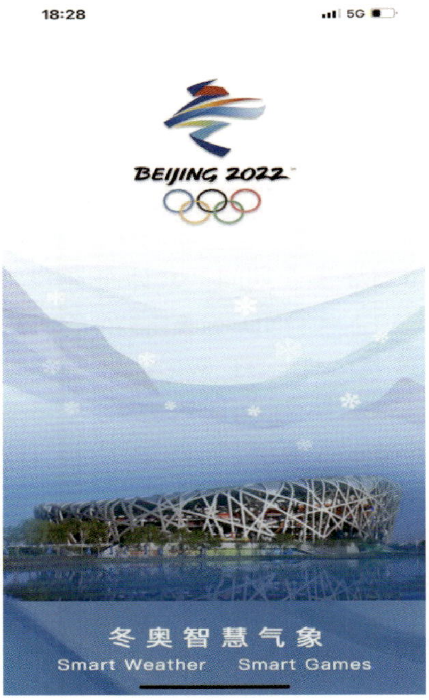

图 14.3.1 “冬奥智慧气象 APP”启动页

14.3.2 建设情况

“冬奥智慧气象 APP”项目的主要建设内容为建设可应用于 IOS 和 Android 系统下的移动端气象信息服务平台，实现中文和英文两个语种的专用气象 APP。2020 年 7 月开始，在减灾司和计财司支持下，北京市气象局配套自筹经费，联合河北省气象局等启动“冬奥智慧气象 APP”的开发与建设，组建了一支由北京市气象局主要领导、分管局领导及职能处室负责人为组员的项目管理小组，同时又组建了一支由北京市气象服务中心联合北京市气象信息中心、北京城市气象研究院、北京市气候中心、冬奥办等多个部门技术骨干为组员的项目实施小组（图 14.3.2）。

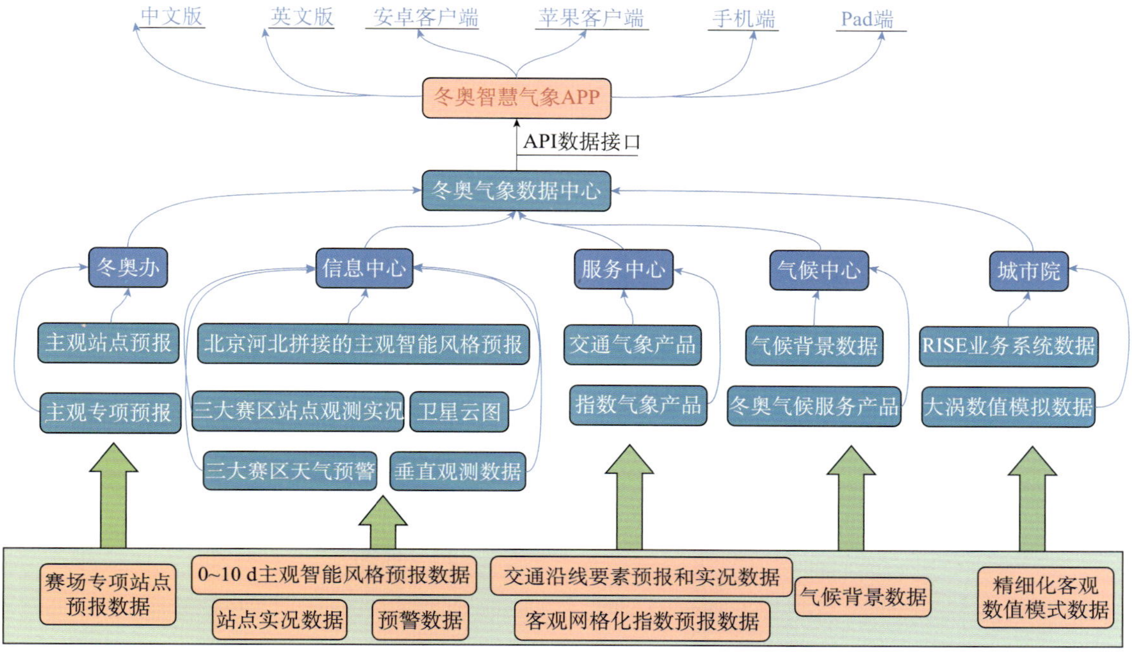

图 14.3.2　“冬奥智慧气象 APP”数据需求设计思维导图

从立项建设到 2020—2021 年度“相约北京”冬奥测试赛的时间只有不到 5 个月，而“冬奥智慧气象 APP”的建设一切从“零”开始。“时间紧、任务重、要求高”，必须管理科学、策略合理、多种措施并举的情况下才能在这么短的时间内上线试用，这对项目执行团队来说是极大的挑战。在北京市气象局党组坚强的领导下，项目执行团队成员团结一致、不计成本、辛勤付出之下，实现了“相约北京”冬奥测试赛前 Android 系统中文版 APP 的成功上线并投入业务试用，在整个测试赛中积累了大量宝贵的改进意见（图 14.3.3）。

图 14.3.3　邀请专家进行业务准入评审

“冬奥智慧气象 APP”完全采用原生开发，应用 Android 系统和 IOS 系统架构下业界主流的开发语言，优先考虑应用中的流畅性和科技感。从开发到上线开展服务共经过了四个版本的更新迭代，最终形成涵盖北京、延庆、张家口三大赛区的监测实况、精细化天气预报、预警、冬奥专题气象产品、交通气象预报、冬奥科技成果展示等功能，并创新性采用“实况预报一体化”的信息流展现方式，让使用者通过“一张图”上的交互操作就可以查看到所有冬奥场馆的气象信息（图 14.3.4）。为了能够提供高精度的赛场气象信息，“冬奥智慧气象 APP”接入了秒级快速更新的监测数据和“百米级、分钟级”预报数据，拼接出京津冀范围内空间分辨率为 1 km、时间分辨率为逐 1 h 的未来 72 h 智能网格预报作为 APP 的背景数据，有效支撑了移动端基于位置的精细化气象服务。

“冬奥智慧气象 APP”的成功开发与上线服务，离不开社会各界力量的鼎力相助。为了在最短时间内寻找到一家合适的开发公司，项目实施团队组建后的第一项工作就是面向社会公开招募优秀的气象专业 APP 开发公司，广泛借助社会力量，集智集优、借力助力（图 14.3.5）。

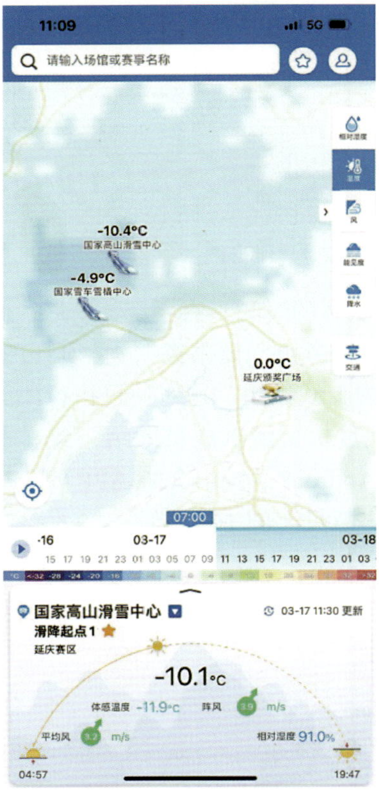

图 14.3.4 国家高山滑雪中心实况预报一体化显示

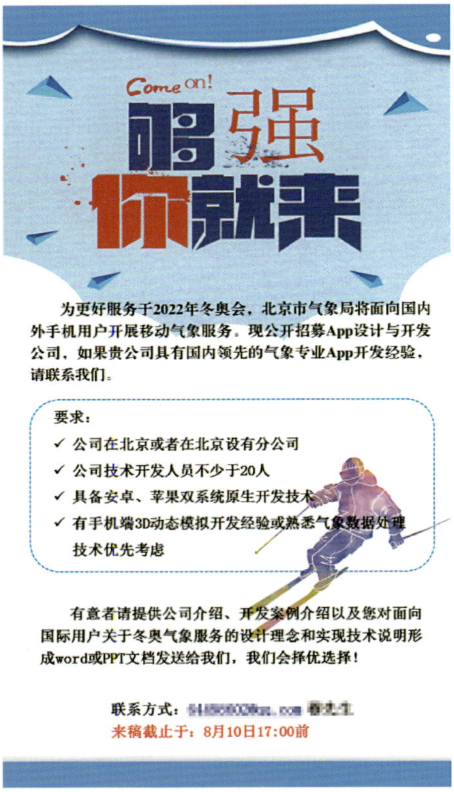

图 14.3.5 “冬奥智慧气象 APP”开发招募海报

14.3.3 服务情况

“冬奥智慧气象 APP”经过 2021 年 2—3 月、2021 年 10—12 月两次集中测试应用，并经过了 4 个版本的迭代开发之后，于 2022 年 1 月 25 日正式封版，并在 2022 年 1 月 26 日正式进入运维服务和重点保障期。

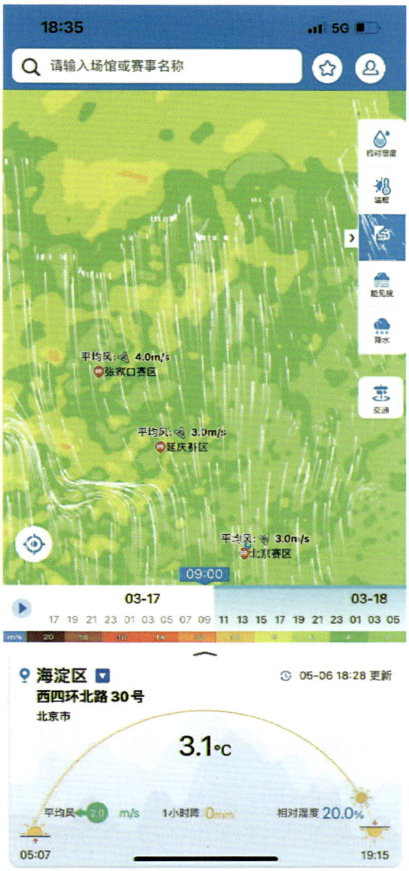

图 14.3.6　国家高山滑雪中心模拟滑雪功能　　图 14.3.7　京津冀“一张网”拼接效果图

在 2021 年 2 月 11 日，大年三十的早上，推出了第一个 Android 简易版的“冬奥智慧气象 APP”安装包，开始交给正在冬奥现场进行冬奥测试赛演练保障的值班员试用。从第一版推出来之后，完成一个功能就上线一个功能，由项目内部人员和 APP 测试人员进行试用，通过试用发现问题后就立即改正，然后继续发布 APP 更新安装包再次进行试用，如此循环反复，力求推出一款好用又好看的“冬奥智慧气象 APP”。

2022 年 1 月 26 日开始，在 2022 年北京冬奥会正式开幕之前，“冬奥智慧气象 APP”进入真正的服务期。由于是为指定用户授权安装的专用气象 APP，我们并没有进行公开宣传，只是通过参与冬奥相关工作的内部人员在工作之中进行了小范围推广。按照上线前的规划评估，我们部署了最多可支持 2 400 人左右的并发访问服务带宽和服务器，并准备了详细的应急备份措施，确保在服务过程中不会出现中断和不稳定问题。同时，也联合第三方安全测评机构进行了软件的安全加固与性能测试工作。

截至 3 月 16 日，“冬奥智慧气象 APP”总下载量达 2 770 次，其中中文版下载量达

2 392 次，英文版下载量达 378 次。北京“冬奥智慧气象 APP”总访问量为 33 091 人次，其中中文版访问量为 26 206 人次，英文版访问量为 6 885 人次（图 14.3.8）。

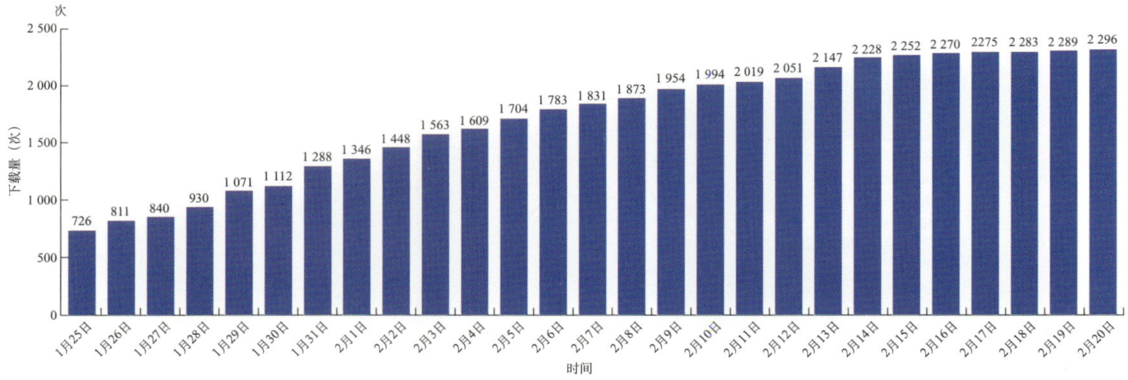

图 14.3.8 “冬奥智慧气象 APP”用户下载量趋势图

从 2022 年 1 月 25 日正式上线服务开始，到 2022 年 2 月 20 日冬奥会胜利闭幕，是第一个重点服务期。其中，2 月 4 日的开幕式、2 月 13 日的降雪过程和 2 月 20 日的闭幕式，是对冬奥智慧气象 APP 的巨大考验。因为重大活动举办以及重要天气出现时都会带来用户访问数量的激增，这个时候是 APP 服务最容易出现问题的时期。在我们项目执行团队的通力配合和严密监控之中，有效地保证了这款专用气象 APP 的服务质量。从 2 月 21 日到 3 月 5 日冬残奥会开幕期间，是我们冬奥气象服务的转换期，“冬奥智慧气象 APP”也同时进行服务转换。启动界面、赛事日历、赛会标识、赛场地点的气象数据等都要随着调整。这个转换期只有一周的时间，2 月 26 日就正式启动冬残奥会的气象服务了。

“冬奥智慧气象 APP”为 2 770 个用户提供了冬奥相关的专用气象信息服务，通过随身携带的智能手机就可以随时随地开展冬奥保障的指挥调度工作，服务效果和能力得到了提升，也为北京市气象局在重大活动保障中开展移动端气象服务积累了宝贵经验。

14.4 冬奥现场气象服务系统

14.4.1 概述

冬奥现场气象服务系统是冬奥现场气象服务团队开展预报服务产品制作和可视化分析的工作平台，也是气象部门向全世界展示“百米级、分钟级”科技冬奥研究成果的窗口。该系统作为北京 2022 年冬奥会气象保障七大核心业务平台之一，为北京、延庆、张家口三大赛区，以及冬奥主运行中心（MOC）气象服务团队成员高效率制作发布规范化的冬奥站点预报、场馆通报、C49 报告（奥林匹克成绩信息服务）等气象服务产品提供强有力的支撑。同时，作为可视化平台在冬奥主运行中心、国家体育总局等冬奥决策部门实时运行。该系统在

2021 年“相约北京”系列冬季体育赛事测试活动、冬奥会和冬残奥会赛事正式保障期间运行稳定、响应高效，为冬奥气象保障工作提供强有力的支撑。

14.4.2　建设情况

冬奥现场气象服务系统采用微服务架构，逻辑结构可分为基础设施层、数据层、服务层、应用层和用户层五个层次。系统技术架构采用技术栈进行开发，前端界面设计基于 VUE 整合 Element UI 的方式，后端基于分布式数据库作为底层数据支撑，采用微服务架构实现系统服务松耦合，并根据冬奥每项业务需求独立部署，以实现业务应用的快速响应和迭代更新。以三维 WEBGIS 引擎实现“百米级、分钟级”冬奥场馆预报及高分辨率模式产品展示，同时融合地理信息以及大量的卫星影像数据和地形数据，实现更加直观、准确的数据分析和展示，并通过对 Cesium 引擎渲染性能的优化，提升三维可视化展示的流畅度。采用 Kafka 分布式消息系统，驱动冬奥产品生成引擎，通过预设模板将场馆预报数据批量生成中英双语、多类型、多样式的冬奥预报服务产品，为奥组委、气象网站、现场团队等提供不同的预报服务产品及数据（图 14.4.1）。

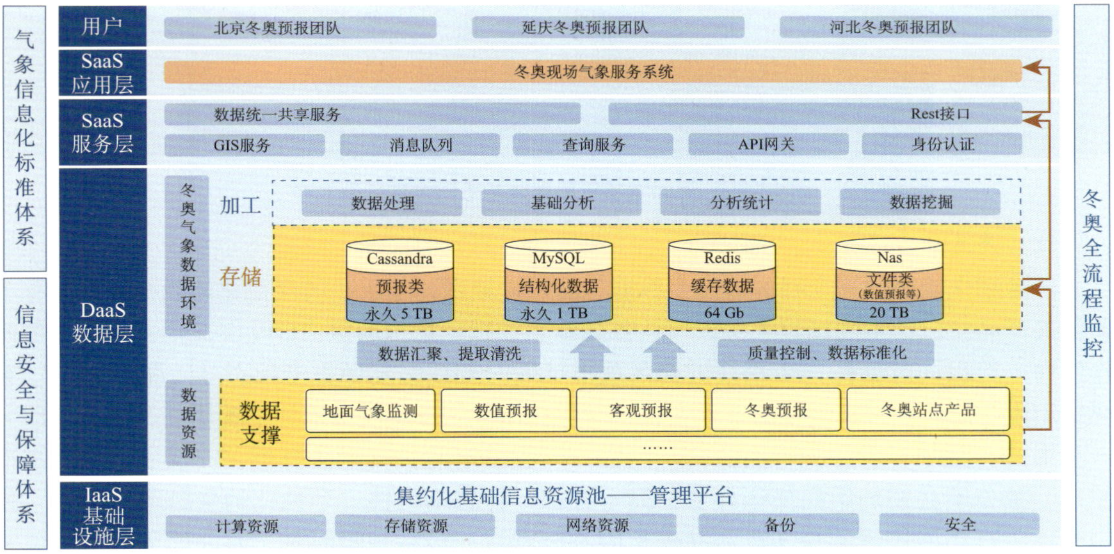

图 14.4.1　冬奥现场气象服务系统框架设计图

根据现场气象服务的需求，冬奥现场气象服务系统主要包括可视化分析、产品制作发布和系统管理三大部分。

（1）可视化分析

可视化分析作为气象部门与决策用户交互的重要组成部分，结合赛场、缆车线路、赛道，以时序图、廓线图等方式实现不同产品的展示，为现场团队分析冬奥复杂地形微尺度气象条件以及开展预报服务的解释应用提供重要支撑，并在冬奥主运行中心和国家体育局等决策部门实时运行。该部分主要包括智能预报、大涡模拟、赛区服务、专项服务 4 个子模块。其中，智能预报集成展示中国气象局全球和中尺度模式、北京城市气象研究院区域模式、欧洲数值预报中心 EC 模式等三大类数值模式预报产品，以及“百米级、分钟级”科技冬奥产品；大涡模拟根据 EC、CMA-MESO 等模式的天气背景场，从 93 类大涡模拟分析场中自动优先匹配历史模拟风场；赛区预报模块实现不同赛区实况、主观预报产品的查看和展示；专项服务模块对接了交通、航空、环境等子系统的专项产品，以及各赛区冬奥会期间同期气候分析统计结果（图 14.4.2）。

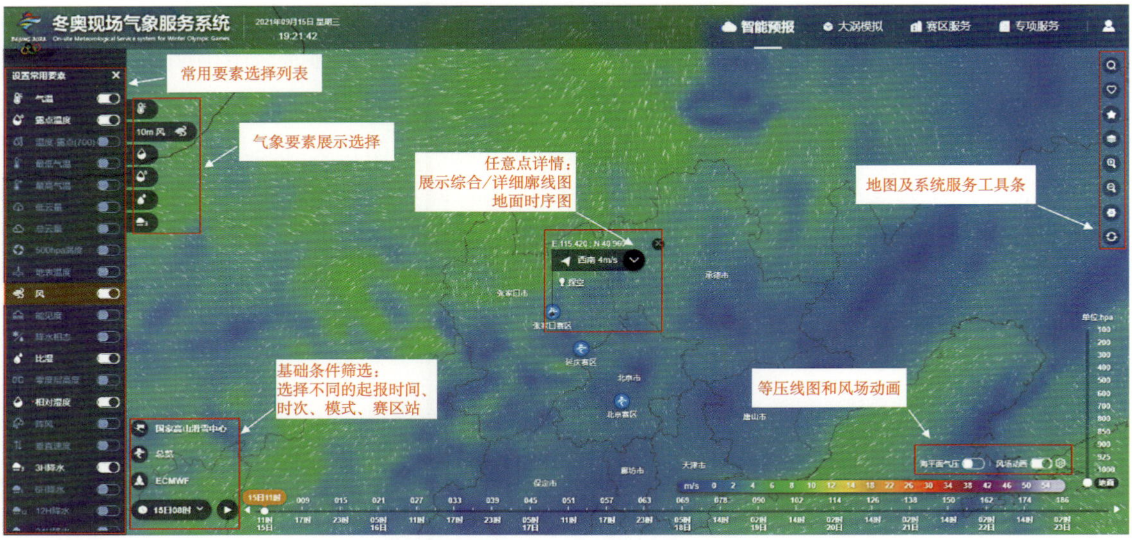

图 14.4.2　冬奥现场气象服务系统的智能预报界面

（2）产品制作

产品制作按照“三个赛区，一个标准”的设计原则，基于冬奥规范化的模板制作发布气象服务产品，包括不同场馆灾害天气、冬奥站点预报、场馆通报、C49 实况报表等产品的制作发布，可以同时支持三个赛区近百名预报员同时在线编发冬奥专项产品（图 14.4.3）。系统采用固定模板和模板组合的方式实现定制化和应急服务：一方面，借鉴历届冬奥会气服务产品形式，凝练赛事相关产品的共性内容，形成固定的冬奥产品模板，实现一次配置多次使用，减少不必要的中间操作环节；另一方面，针对临时性、个性化的气象服务需求，使用模块组合功能快速实现冬奥产品模板的临时配置，包括预报时长、时间间隔、关注要素等的选择和调整，使得不修改程序的前提下完成定制化模板的生成和设置。同时，系统采用 Kafka 分布式消息系统，驱动冬奥产品生成引擎，通过预设模板将场馆预报数据批量生成多类型、多样式的中英双语冬奥预报服务产品，为奥组委、冬奥气象官方网站、现场团队等提供不同的预报服务产品及数据。此外，该模块具备中英文切换、智能文字编辑、多站预报配置组合等功能；还可以针对不同赛事按需定制 C49 天气报告模板，实现自动发布（图 14.4.4）。同时，建成站点预报的实时检验模块检验主观预报产品准确率，不断积累预报经验。

图 14.4.3　冬奥现场气象服务系统产品制作界面

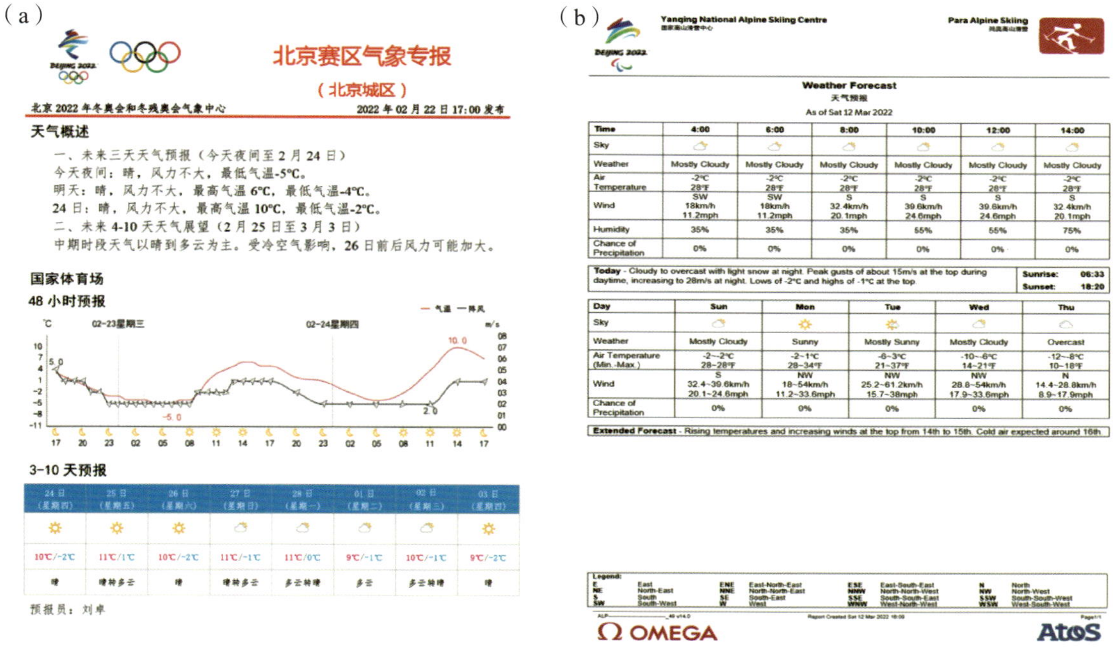

图 14.4.4　冬奥城区气象服务产品（a）及 C49 报告（b）

（3）系统管理

实现管理本系统所需要管理功能，主要包括模板管理、阈值管理和预报查询 3 个模块。模板管理配置各类产品的中英文模板、生成类型、文件命名、发布渠道等。阈值管理可对各赛区场馆进行要素阈值范围设置，包括气温、平均风、阵风、能见度、湿度和降水量等气象要素的警告级、注意级和关注级。预报查询支持查询已发布的站点预报、场馆通报、多站预报 PDF 内容，可对 PDF 产品进行查看以及下载功能。

14.4.3 服务情况

冬奥现场气象服务系统从 2017 年开始建设，历经近 5 年的精心打磨，并根据冬奥气象服务需求的调整不断优化，稳定性、便捷性和智能化水平不断提高，强有力支撑了赛事调度中心和三大赛区的现场预报员在场馆现场的气象联动会和领队会上的天气咨询工作（图 14.4.5），包括随时调阅场馆天气、任意要素赛道站点对比显示、场馆范围山脊至山脚空间风的变化等，快速生成场馆通报、C49 天气报告、灾害性天气提示等，形象、直观、快速、准确。该系统在 2021 年“相约北京”系列冬季体育赛事测试活动，以及北京冬奥会正式保障期间运行稳定、响应高效，前后共产生数万个气象服务产品，为举办一届“精彩、卓越、非凡”的奥运盛会提供了重要支撑。

图 14.4.5 高山滑雪中心场馆现场预报员在气象决策联动会上介绍天气
投影仪上显示的冬奥现场服务系统的场馆风变化

14.5 冬奥气象综合可视化系统

14.5.1 概述

冬奥气象综合可视化系统是冬奥气象服务的核心业务系统，系统定位于实现冬奥气象服务综合信息展示，能够提供 3 个冬奥赛区分钟级三维立体观测数据、百米级数值预报产品、赛区精细预报、赛区服务专报以及冬奥业务综合监控报告等综合查询显示，是冬奥预报服务人员查看气象数据资料的重要平台。近 3 年来，系统根据预报服务人员需求持续进行 3 个版本升级，精细打磨完善交互式体验和多项功能，有效满足了冬奥预报服务人员的业务需求，在冬奥气象服务中发挥了重要作用（图 14.5.1—14.5.2）。

图 14.5.1 冬奥气象综合业务可视化系统首页

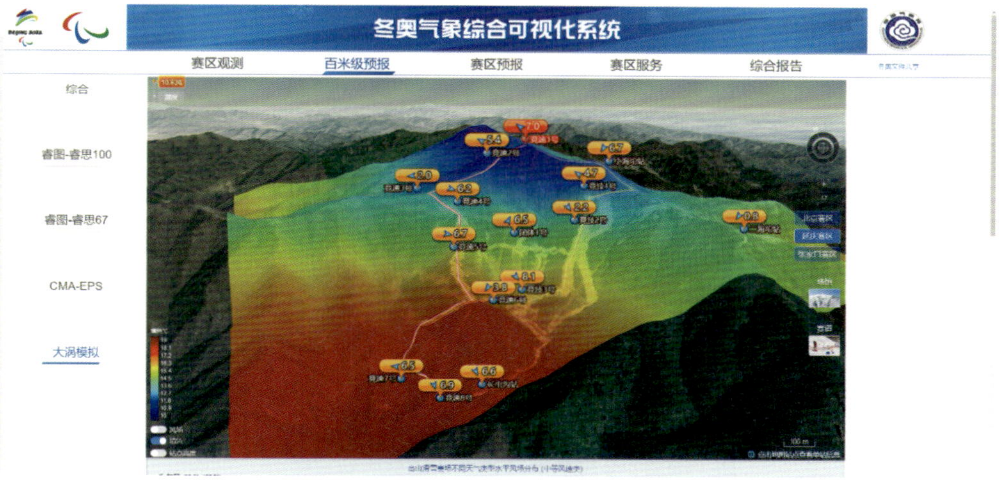

图 14.5.2 冬奥气象综合业务可视化系统大涡模拟

冬奥气象综合可视化系统包括赛区观测、百米级预报、赛区预报、赛区服务和综合报告5个功能模块，涵盖了针对冬奥气象服务开展的气象观测、精细化数值预报、场馆预报、气象服务产品以及冬奥系统运行监控5部分内容（图 14.5.3）。

14.5.2 建设情况

系统开发按照冬奥气象服务系统“北京开发、京冀互备、三地共用”集约化建设部署的工作思路，由北京市气象局牵头进行系统开发并统一部署。系统开发遵循气象大数据云平台集约化建设理念，基于微服务技术架构和统一数据环境平台，基于 SpringBoot 框架，系统采用 B/S 结构，支持 Chrome、FireFox、Edge 主流浏览器访问，并通过 Nginx 进行负载均衡，实现高并发访问。后端针对格点数据进行分块处理，采用 Cassandra 分布式存储方式。数据服务接口基于 gRPC 框架，提供自动站、格点预报等相关数据的查询服务。

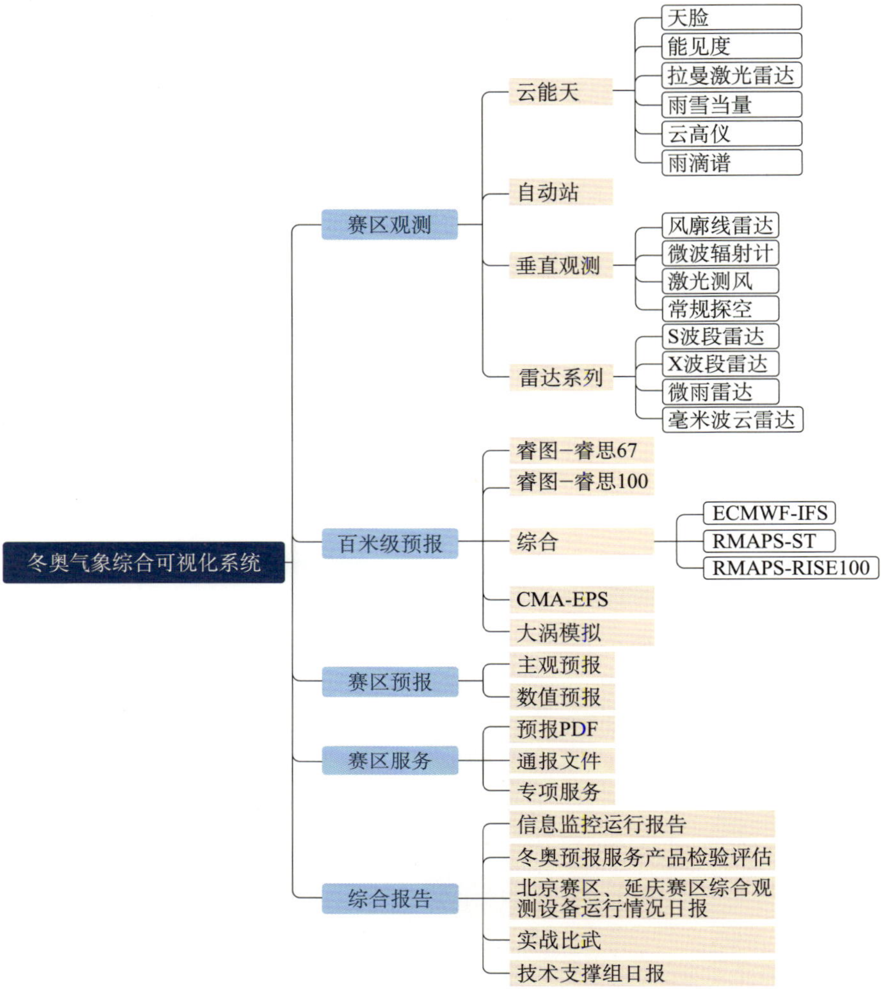

图 14.5.3　冬奥气象综合可视化系统功能框图

冬奥气象综合可视化系统先后经过 3 个版本的升级完善，从 2019 年冬奥测试赛开始，每年根据冬奥气象服务团队需求和新增业务情况，优化升级一个版本。

（1）2019 年 7 月设计开发第 1 版本

第 1 版本重点实现冬奥自动站数据的多要素解码和数据显示（图 14.5.4）。冬奥自动站数据包括更多的非常规要素，国家气象信息中心设计了冬奥气象自动站数据格式模板。经过多次商讨，确定了冬奥自动站综合表格、自动站时序图显示、自动站和 RMAPS 综合显示方式，采用二维 WebGIS 作为基础地理信息。

（2）2020 年 12 月发布第 2 版本

第 2 版本重点实现格点预报基于三维地形的数据显示，系统采用 Cesium 的 3DGIS 作为基础地理信息系统，实现自动站、RMAPS 等数据基于海陀山和崇礼场馆山地地形的三维直观显示，显著提高系统三维显示效果（图 14.5.5）。

图 14.5.4　冬奥气象综合业务可视化系统第 1 版

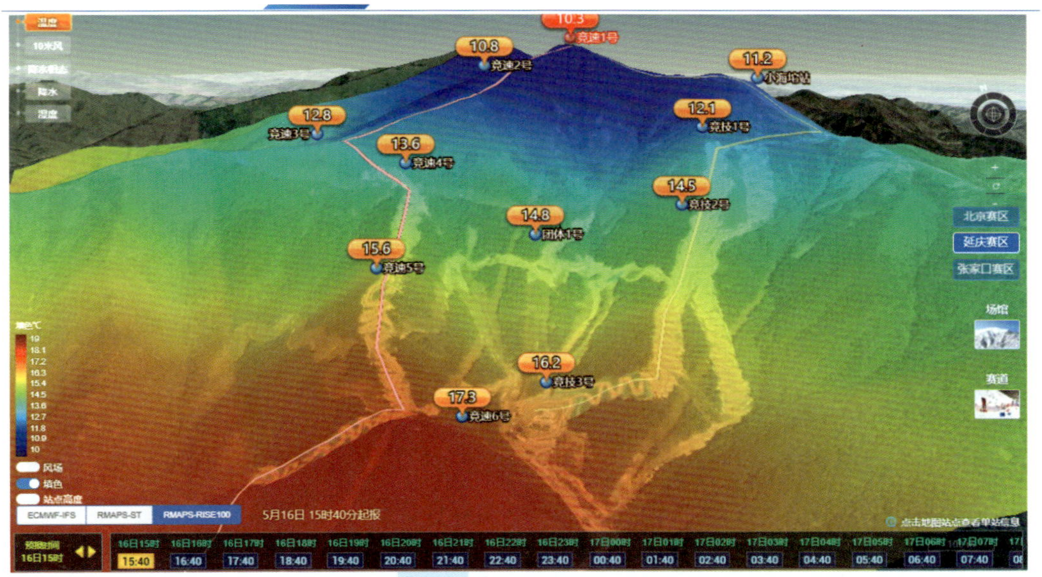

图 14.5.5　冬奥气象综合业务可视化系统第 2 版

（3）2021 年 12 月发布第 3 版本

第 3 版本也是冬奥服务正式运行版本。系统在前两个版本功能的基础上，主要做了如下调整：

增加了重点针对海陀山地区开展的垂直观测设备数据显示，包括拉曼激光雷达、雨雪当量、云高仪、雨滴谱、激光测风雷达、微雨雷达、毫米波云雷达等特种观测设备；根据冬奥预报服务团队的需求，调整了场馆预报的显示方式，参照要素影响赛事的阈值，对要素预报的显示方式进行调整；增加睿思 100 m、睿思 67 m、CMA-EPS 针对冬奥气象服务开发的精细化格点预报产品图的显示（图 14.5.6）。

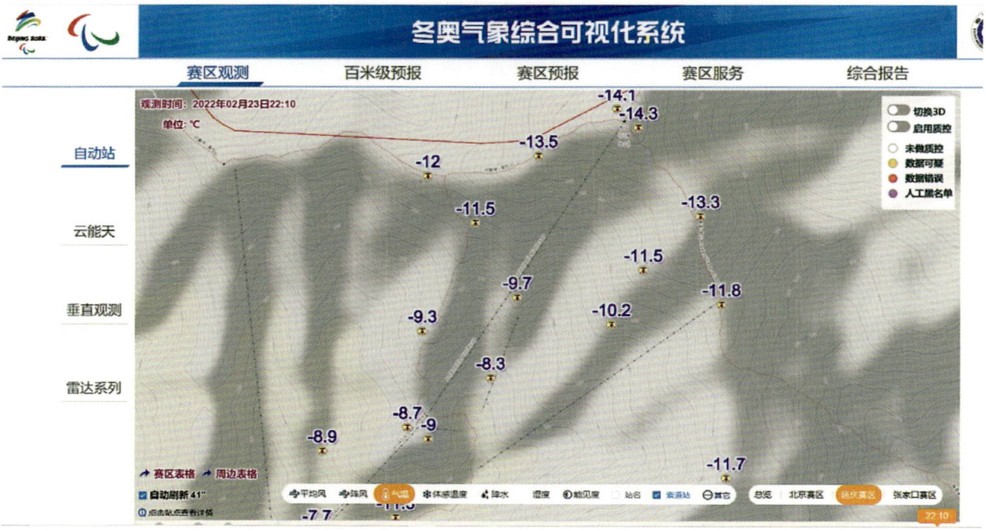

图 14.5.6　冬奥气象综合业务可视化系统第 3 版

冬奥气象综合可视化系统 3 年来不断升级过程，是根据预报服务需求和展示效果诉求，持续运用信息显示技术不断升级的过程；是持续提升使用体验、系统性能不断完善的过程。从二维 GIS 升级到三维 GIS，在海陀山地区直观展示 RMAPS 预报要素基于地形的叠加，展示山脊、山谷温度的差异和风的流向等。预报员需要查询近 3 年任意时间段的自动站观测数据进行同期对比，3 年的逐 1 min 自动站数据近 1.8 亿条，为了提高查询性能，进行了优化 SQL 查询语句、历史和实时保障表的分表设计、数据库读写分离技术等。通过应用 WebGL 前端展示技术，提高格点数据的显示平滑度和显示效率，提升使用体验。

14.5.3　服务情况

根据“北京开发、京冀互备、三地共用”的原则，为国家级气象业务单位、河北冬奥气象中心业务人员开通了冬奥气象综合可视化系统访问权限，并提供给冬奥组委等用户使用。同时系统在河北气象数据中心进行备份部署，主备双套系统运行，确保系统运行稳定。

北京、延庆、张家口三个赛区场馆通过 100 M 冬奥气象专线与冬奥北京气象中心直连，冬奥预报服务团队人员在场馆访问系统具有跟局域网用户同样的使用体验。冬奥气象综合可视化系统强有力支撑了赛事调度中心和三大赛区的现场预报员以及相关预报人员，随时快速查阅场馆实时天气和历史天气信息，冬奥场馆加密观测资料显示和睿思百米和 67 m 的场馆空间和赛道站点的图片快速浏览显示，大大方便了预报员在海量信息中的快速浏览和调阅，既节约了时间又方便查询。无论是某一时刻场馆空间或某一站点，以及任一站点的时间序列，因用户可读性强，容易理解，直接给赛事组织管理人员显示，或截图放微信群进行服务，服务效果都非常好。

14.6 冬奥气候风险评估和气候预测系统

14.6.1 概述

冬奥气候风险评估和气候预测系统包括冬奥气候风险评估子系统和冬奥气候预测子系统。其中，冬奥气候风险评估子系统基于精细的气象观测数据利用多种统计方法建立起气候风险评估模型，涵盖气候风险查询、检索及产品制作分发，可以实现影响冬奥赛事的气候风险综合评估功能。冬奥气候预测子系统可以实现冬奥赛区气候监测、气候诊断分析、延伸期－月－季节气候预测产品制作，为北京冬奥会和冬残奥会期间北京赛区和延庆赛区气候预测服务提供基础支撑。

14.6.2 建设情况

冬奥气候风险子系统和冬奥气候预测子系统的系统交互界面均采用 B/S 架构，逻辑结构按照前台、中台、后台进行划分，框架结构上分为 WEB 应用、后端应用和微服务三部分，前台与中台进行数据交互，以便按照时间自动或者按指令生成相应的服务产品。冬奥气候风险评估子系统包括冬奥气候风险一张图以及冬奥气候风险业务支撑系统两大部分，分为赛场及邻近地区历史资料对比分析模块、赛事风险评估模块、服务产品制作和管理模块三个部分。冬奥气候预测子系统主要包括气候诊断分析、模式（季节气候模式、次季节模式、月动力延伸模式）产品展示和解释应用、后台管理等模块。

14.6.3 服务情况

基于冬奥气候风险评估和气候预测系统，利用自动气象站逐 1 h 数据详细分析北京冬奥会和冬残奥会赛区各年度赛期同期气象条件，评估赛区同期气象风险和雪上项目精细化大风风险，有力支撑了《北京 2022 年冬奥会和冬残奥会赛区气象条件及气象风险分析报告》的编写，为确定最佳比赛时段、完赛日期等提供重要科学依据。针对 2021 年相约北京系列冬季体育赛事期间出现的阶段性高温、大风沙尘等高影响天气，及时撰写冬奥核心赛区历史极端高温融雪风险分析报告和冬奥赛区大风、沙尘复杂天气形势分析报告，为上级决策和舆情应对提供了有力的技术支撑。

冬奥会和冬残奥会赛事期间，及时向北京冬奥组委、中国气象局应急减灾与公共服务司等部门提供国家体育场内外历史 2 月气温比较、历史同期各赛区降水量、赛区 5 级及以上阵风实况等分析报告。在延伸期时段提前研判出 2 月 13 日降雪降温过程和 2 月 19 日降温过程，为赛事组织和调整赢得了充分的准备时间，获得决策部门高度肯定。

14.7 冬奥航空气象服务系统

14.7.1 概述

本系统基于冬奥赛区直升机救援对气象服务的需求和值班人员服务保障经验定制开发，主要使用者为直升机救援气象业务人员。系统主要功能包括展示赛区及周边区域天气实况，实时报警危险天气，制作发布积冰、颠簸等航空定制风险等级预报产品和直升机起降点，京津冀区域飞行气象条件分析报告的功能。

14.7.2 建设情况

冬奥会航空气象服务保障系统建设实现了多源气象观测遥感数据的显示、监测、高值报警功能；网格预报、数值模式预报的显示、基于航空指标算法的加工功能；常规和临时航空气象服务专题的生成、审核、发布功能；航空危险天气个例入库功能；多行业用户分类管理功能（气象服务人员、机组和地面保障人员）。可以提供全面的实况、预报资料，为值班人员做好航空气象保障服务提供坚实支撑；提供多种主客观预报产品，辅助飞行机组、地面保障人员决策。

平台基于自定义的各类气象要素警戒阈值，自动实时检索有无各类气象要素超过警戒值的突发性、高威胁天气，如果有，则在平台首页以闪烁图标、声音、弹窗等多种方式提醒值班员注意。平台读入全球数值模式、精细化的本省高分辨率数值模式资料的图形化显示，并能将这些数值模式的资料进行二次加工，基于积冰、颠簸的算法，处理生成相应的航空气象风险预报产品。进而为冬奥直升机救援重要位置和航线提供了《起降点飞行气象条件分析》《固定航线飞行气象条件分析》《京津冀区域飞行气象条件分析》三大类常规分析专题，以点、线、面有机结合的形式，完全满足了延庆和张家口赛区冬奥直升机救援气象保障需求。

14.7.3 服务情况

冬奥会和冬残奥会期间，直升机救援气象保障团队使用冬奥航空气象服务系统预报天气并制作各类气象专报，为圆满完成直升机救援气象保障工作提供了重要支撑。

14.8 冬奥智能气象服务文字产品生成系统

14.8.1 概述

文本自动生成本身就是自然语言处理的难点，而冬奥气象服务文本自动生成则更是对高效、精准、标准化等方面有着更高的要求。由于现有国内外文本生成技术在专项语料库、服务热点发现、语篇生成等方面并不具备可迁移性，迫切需要以冬奥气象服务需求为出发点，深刻剖析文本生成特征，构建服务冬奥的专项文本自动生成模型，开展相关关键技术研究与实践探索。为此，课题组综合知识图谱、机器学习、自然语言生成等 AI 技术，参照国际冰雪赛事气象服务文本要求，对涉及文本生成的基础语料、描述内容、句式结构和篇章结构进行了提取分析。

面向冬奥 13 个竞赛及非竞赛场馆，采用“一馆一策”策略，构建冬奥智能气象服务文字产品生成模型，开展赛区及场馆气温、风、降雪等综合天气专报的中英文服务专报自动化、智能化、按需生成，研发形成的智能气象服务文字产品生成系统，面向 MOC（冬奥主运行中心）及北京、延庆及张家口三大赛区应用。

14.8.2 建设情况

面向延庆赛区、张家口赛区、北京赛区及 MOC 运行中心，三大赛区 13 个竞赛场馆及非竞赛场馆，研发冬奥智能气象服务文本自动生成系统，为赛区现场服务团队提供逐 1 h、定时制作的中英文气象专报，开展气象实况预报数据的实时处理、服务热点识别和文稿自动加工，实现多站点气温、降雪、风及阵风等赛区关注的气象要素的自动提取、实时加工制作，极大提升了各类专项服务的工作效率，可根据赛区具体要求制作逐 1 h、每日 2～3 次或紧急应急状态等气象服务及雪务气象服务保障能够实现赛区冬奥气象服务文稿的定时、自动创作。

2021 年测试赛期间前夕，团队提交测试赛应用申请，经专家评审及中心同意，相关成果通过试用申请。测试赛期间对接延庆冬奥现场服务系统运维团队，集中修改输入 / 输出接口，联合部署环境，加密打包系统，以“智能预报文字”功能模块集成到冬奥现场服务系统中。先期实现延庆两大赛区智能预报文字测试赛前系统集成，同时开展古杨树、跳台滑雪中心等 6 个场馆气象服务中英文专报的自动化、智能化加工与服务。2021 年 6 月，根据冬奥现场服务团队需求，新增 MOC，北京赛区场馆气象服务专报制作需求，研发团队集中攻坚开发，并经过大量测试稿件完善优化、听取现场服务团队意见。历经一年的打磨优化，功能日趋成熟稳定，能够满足赛区日常通报制作要求，于 2021 年 9 月正式封版并集成至冬奥现场服务系统（图 14.8.1）。

自 2021 年 10 月 1 日起，伴随冬奥现场系统入驻冬奥场馆，冬奥智能气象服务文字产品生成系统即开展相关试用及服务。联合一线现场预报人员，共建“智能提取文字”微信群，制定冬奥会及冬残奥会人员保障值班机制，为冬奥会相关赛事服务提供技术支撑。自系统正式部署应用以来，累计接受一线预报员专报结构调整、预报站点调整、气象要素变更等功能修改 90 余项，研发人员第一时间根据变更需求，调整研发系统功能，先后累计更新部署 15 版，确保一线预报员能用上、用得好，有效保障了一线气象服务工作。

14.8.3 服务情况

据一线预报人员反馈，自测试赛及正式比赛以来，该系统能够智能自动完成通报近 80% 的内容，预报员仅需要进行校对和部分内容的修改；能实现时段内气温、风等极值的智能提取，较此前完全人工编写通报不仅高效且提高了准确度；已协助现场服务人员，在日常逐 1 h、每日 2～3 次或重大天气服务应急状态等情况下开展气象服务支撑，累计制作专报超 1 000 余期。据一线预报员反馈，能够智能自动地完成场馆专报，不仅高效且准确度较好，大大提高了一线预报员的业务工作效率，在多次开幕式演练、雪务保障及正式活动期间发挥

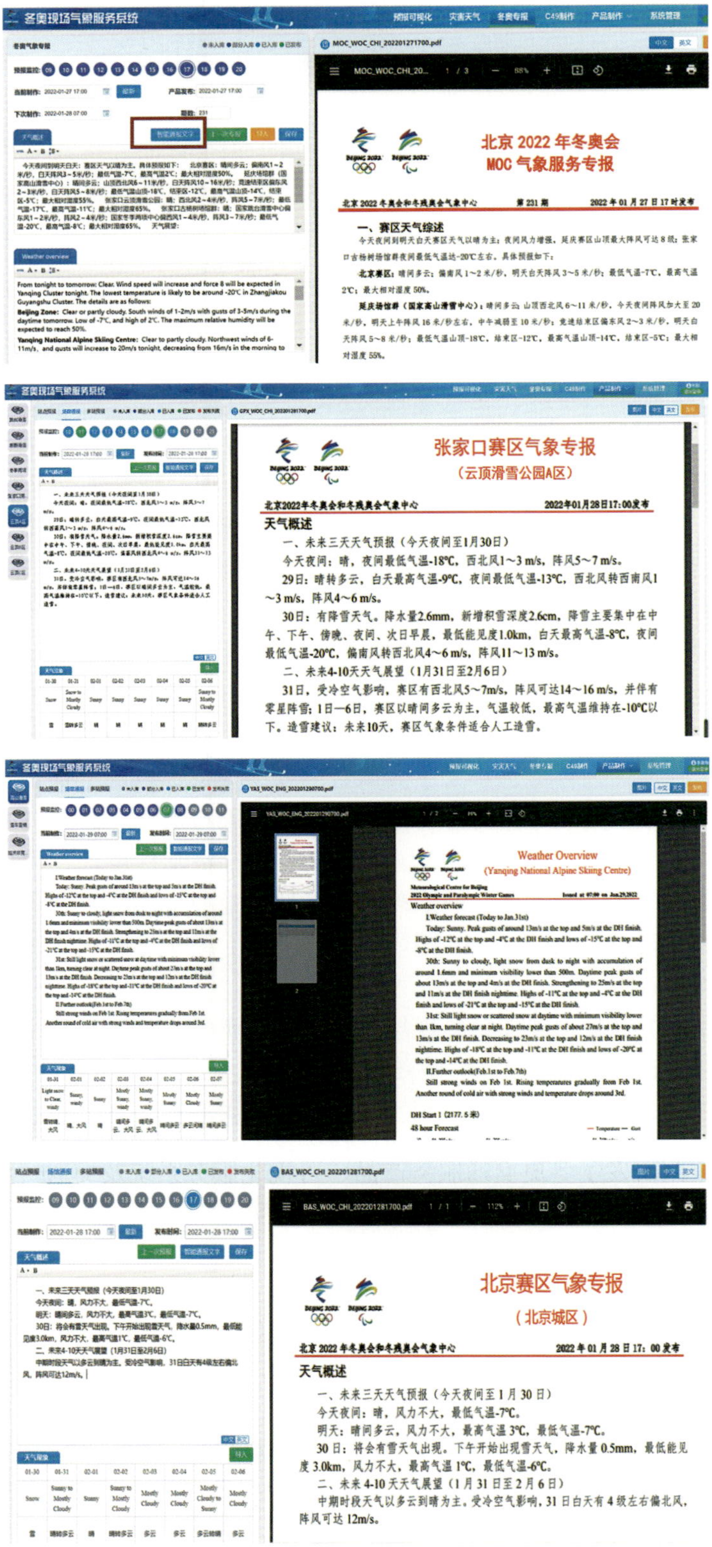

图 14.8.1　冬奥智能气象服务文字产品生成系统在各赛区服务情况

重要作用，及时有效地保障了场馆通报的正常发布，获一线预报员广泛好评，成为专报制作的“必点按钮”。

14.9　冬奥公路交通专项气象服务产品及系统

14.9.1　概述

2022年冬奥会赛场位于“北京—延庆—张家口”一带，转场高速主要包括兴延高速—延崇路、京藏高速—张承高速、备用高速路这三条高速路。三条高速路途径地形复杂，包括城区道路、城郊道路、山区道路、连续下坡道路、风带等多种不同地理环境条件的道路。

从北京市气象局、河北省气象局气象服务中心、北京市交通委、河北省交通部门了解到，冬奥会举办时段，转场高速公路对低能见度、冰雪、大风等天气较为敏感，加上地形复杂、沿途交通气象站稀少、能见度站点观测数据不能满足道路交通安全运行保障的需求，有必要研发针对低能见度、冰雪、大风天气的实况、短临、短期和风险预警专项气象服务产品，以保障冬奥期间的公路交通安全运行。

14.9.2　专项交通服务产品研发

采用人工智能等技术研发实况、短临、短期预报交通服务产品。冬奥公路交通气象服务产品采用人工智能和天气学结合方法研发实况和短临预报产品、采用多模式集成和误差订正方法研发未来72 h逐1 h预报产品。

针对能见度，采用了卫星识别雾区和站点能见度观测相结合的能见度等级判断方法；针对路面结冰，研究了根据采集到的热谱地图辅助判断路面结冰的方法；针对雨雪相态，研发了多源数据融合随机森林机器学习判别方法；针对下雨和大风预报，研发了深度学习超分辨降尺度预报方法。

综合气象实况、预报和道面状况、道路形态等信息，研发了低能见度、大风、下雨、下雪、路面结冰的公路交通气象灾害风险预警产品。

针对北京2022年冬奥会和冬残奥会，对接北京市、张家口市气象局气象服务服务中心和冬奥交通网站定制研发了冬奥交通服务产品、可视化服务系统及交通气象服务专报。

14.9.3　建设情况

（1）冬奥公路交通气象风险调查

从北京市交通委了解到，在冬奥举办时段，冬奥公路交通风险主要有低能见度、降雪、路面结冰等，从河北交通部门了解到冬奥公路交通风险类型和北京市交通委了解到的情况类似，但河北的团雾发生频次远高于北京。本研究专题通过实景图像调查了冬奥公路交通风险点，包括落石塌方、雨雪天气减速慢行、隧道、连续拐弯等。本研究专题采集了这些位置点的经纬度、高程坐标，并将这些点设置为气象服务关键点。

（2）完成冬奥公路交通实况和短临气象服务产品研发

本专题通过离散站点平流方程模型、随机森林方法卫星资料融合模型、信任传播算法等算法模型，结合数值模式和机器学习方法，将 CIMISS 地面气象数据、DEM 数据、10 min 葵花 8 卫星数据进行综合分析，研发了到 1 km 间隔道路点和气象隐患点的实况和短临气象服务产品。

（3）研发冬奥公路交通短期预报气象服务产品

完成冬奥公路交通短期预报气象服务产品研发。本专题通过实况数据插补等方法弥补高速公路桩点实况数据缺乏问题，通过温度误差订正算法订正连续型变量的预报偏差，通过降水误差订正算法订正非连续型变量的预报偏差，通过多模型集成算法，集成了中国全球数值预报（CMA-MESO）、美国国家环境预报中心（NCEP）、日本模式预报（RJTD）、欧洲数值预报中心（ENMWF）等多模式预报，研发了到 1 km 间隔道路点和气象隐患点的 0～3 d 逐 1 h 预报气象服务产品。

（4）研发冬奥公路交通灾害风险预警气象服务产品

本专题结合气象低能见度、道路形态、交通流量等资料，研发了冬奥公路交通低能见度灾害风险等级划分方法；基于降雪量和气温、道路形态、交通流量等资料，研发了冬奥公路交通降雪天气灾害风险等级划分方法；融合降水量、气温、地表温度、风速、道路形态、交通流量等资料，研发了冬奥公路交通路面结冰风险等级划分方法；综合以上方法，加工了冬奥公路 1 km 间隔道路点和气象隐患点的气象灾害风险预警产品。

14.9.4 服务情况

公路交通服务专项产品，冬奥会和冬残奥会期间以数据产品、可视化服务系统、交通服务专报等方式向张家口市气象局气象服务中心、北京市气象局气象服务中心、北京 2022 冬残奥会气象服务官方网站提供交通气象服务支撑。

根据冬奥办要求制作了 128 个关键点的实况和 0～3 d 逐 1 h 预报产品，包含气温、风向、风速、相对湿度、降水量 5 个要素，产品作为冬奥交通气象服务网站备用产品，由系统自动调用，保障了冬奥交通气象服务的稳定。

根据张家口市气象局的要求制作了 693 个桩点及关键点的逐 1 h 实况、短临、短期产品以及实况预警产品，包含气温、风速、能见度、相对湿度、降水量、降水相态、道路结冰 7 个要素。其中预警产品有低能见度风险预警、大风风险预警、降雪风险预警、道路结冰风险预警，降雨风险预警，此外添加了冬奥场馆数据专报下载模块。北京 2022 年冬奥会举办期间，产品为张家口市局气象服务中心的交通和直升机救援服务提供了重要参考。

根据北京市气象局的要求制作了 1 200 个桩点和关键点与北京市 1 km 格点的逐 1 h 实况、短临、短期产品以及实况预警产品，包含气温、风速、能见度、相对湿度、降水量、降水相态、道路结冰 7 个要素。其中预警产品有低能见度风险预警、大风风险预警、降雪风险预警、道路结冰风险预警、降雨风险预警。产品在北京市交通委、交管局等部门交通气象服务中发挥了支撑作用。

14.10　雪务专项气象风险评估系统

14.10.1　概述

雪务气象风险评估系统为冬奥雪务气象保障系统项目建设内容之一（图 14.10.1）。该系统基于冬奥赛区专用数据环境中现有的气象观测资料、积雪观测试验资料、高分辨预报资料，进行数据处理与质量控制，依据以上信息资料，建立雪质风险判别指标，综合分析造雪适宜性气象条件、赛事气象风险条件和雪层质变与融雪风险条件，进行适宜性造雪等级、气候风险等级和雪质变化等级的研判，实现赛事用雪风险精细化天气预报和赛道用雪风险等级预报，为冬奥赛区赛事造雪、用雪、储雪提供气象保障的服务任务。

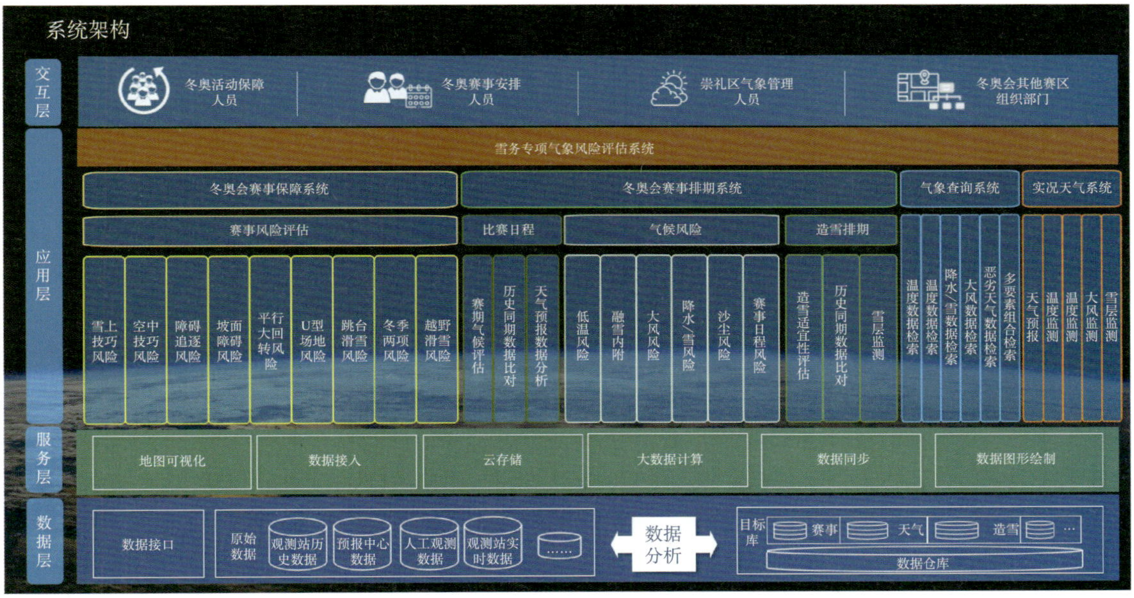

图 14.10.1　雪务专项气象风险评估系统功能架构图

14.10.2　建设情况

该系统采用前后端分离的模式，前端采用 easyui、jquery 框架，Spring boot 作为后端微服务框架，摒弃繁琐笨重的 XML 配置方式，通过配置类实现与 SSO（Single Sign On）单点登录和一期门户的无缝对接。系统主要有实况数据监控、数据管理、数据查询、风险分析、赛事风险管理、赛事用雪风险预报、造雪适宜性预报、气象风险分析报告制作等功能模块组成。完成了积雪特性数据与气象要素之间相关关系的统计分析、积雪雪质特性变化临界评估指标的建立以及融雪风险等级评估模型的构建等目标，对赛事气候风险等级和雪质变化等级研判、赛事用雪风险预报、风险产品的制作和气象评估业务开展等冬奥雪务保障任务的完成提供了强有力的支撑。

（1）首页展示

对崇礼各个赛区包括温度、湿度、风速风向、降水情况的天气实况及未来 7 d 和 30 d 的预报结果进行实时展示，其中 7 d 预报结果使用的是空间分辨率 1 km 智能网格预报数据，包含温度、降水、湿度、气压等要素，30 d 的预报结果使用的是空间分辨率 9 km 的预报数据，同样包含温度、降水、湿度、气压等要素（图 14.10.2）。这些预报结果可用于造雪适宜性分析、赛事风险等级计算、雪质风险预警研判功能的实现。不同赛区的天气实况可通过主界面示意图实现任意切换。

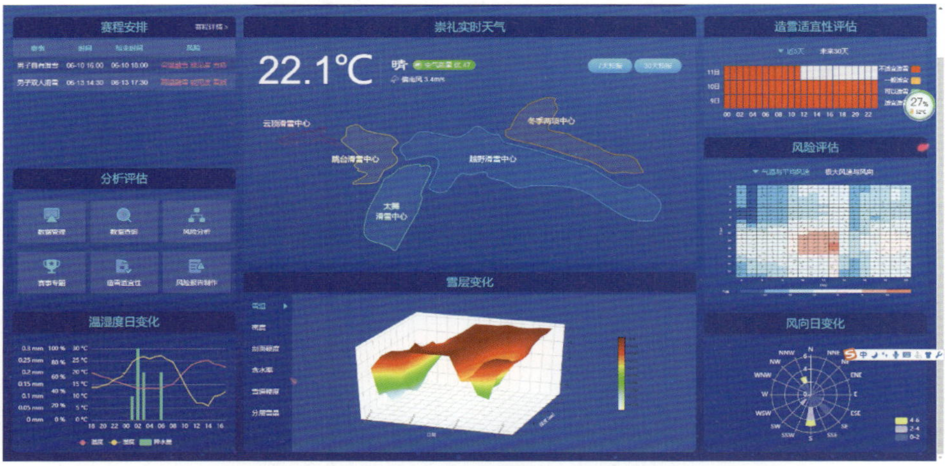

图 14.10.2　雪务专项气象风险评估系统主界面展示图

（2）数据管理

对云顶滑雪中心、古杨树跳台、冬季两项、越野中心气象数据的查询、处理、任意比赛时段的组合查询、统计计算，对数据量庞大的秒级风实现分钟统计、日统计的全需求计算要求。对雪层数据进行管理，包括雪层数据上传、雪晶图片上传、首页展示数据时间段设置、数据同步、数据上传日志等功能选项（图 14.10.3）。

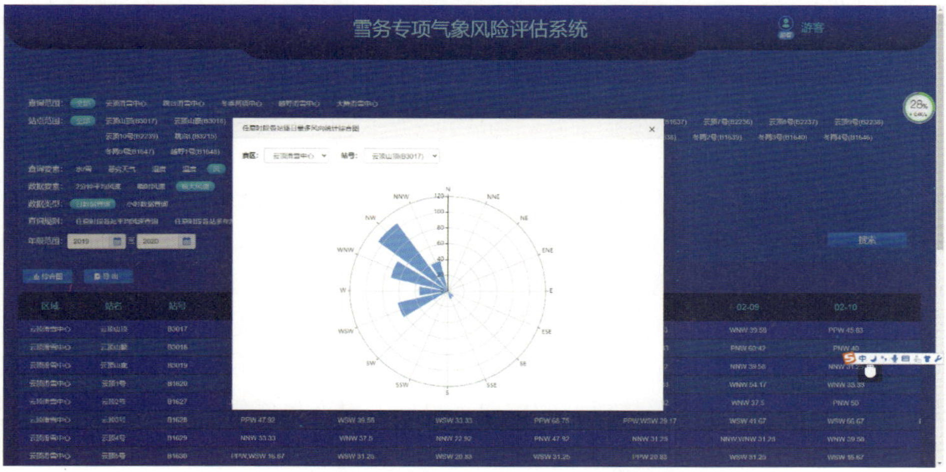

图 14.10.3　雪务专项气象风险评估系统数据管理界面

（3）赛事用雪风险预报

按照“一项一策”要求，分析建立张家口赛区不同赛事高温融雪、强降雪、降雨、大风、沙尘暴等高影响天气阈值（图 14.10.4）。基于冬奥站点预报和河北智能网格产品，依据不同赛事气象风险阈值，评估选定时段赛事风险情况，实现赛事风险分级预警。可针对不同赛事的气象风险统计和概率统计进行分析，可根据不同赛事关联不同的代表站（可多选）。评估结果支持导出。

图 14.10.4　雪务专项气象风险评估系统赛事专题相关界面

（4）造雪适宜性气象条件预报

建立基于湿球温度的人工造雪气象指标体系，利用造雪适宜性指标及历史气象数据对各赛区的赛期造雪适宜性条件综合评估，根据预报数据对未来各赛区造雪适宜性情况进行预估，发布未来 0～10 d 人工造雪适宜性预报产品，对可能不达标的区域和时段发布预警，产品可导出并支持图形化展示（图 14.10.5）。

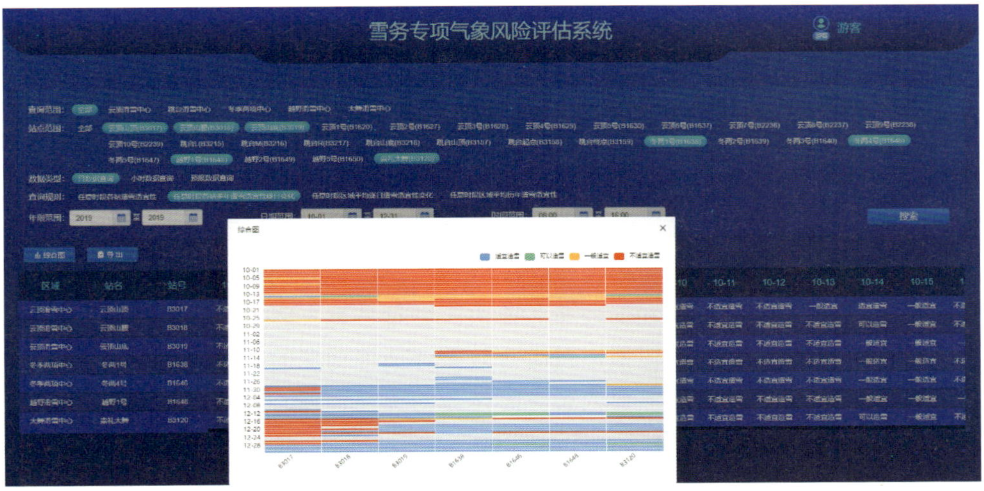

图 14.10.5　雪务专项气象风险评估系统造雪适宜性评估相关界面

（5）风险报告产品制作

辅助冬奥评估报告编写工作，提供了包括风险分析、统计图表、风险图的评估报告智能生成功能（图 14.10.6）。报告生成后，统计图表及对应的统计数据均实现可视化。

图 14.10.6 雪务专项气象风险评估系统报告图表及统计数据查询

14.10.3 服务情况

基于该系统实现了赛区地面气象观测、雷达实况、“百米级、分钟级”数值模式等产品的可视化显示，实现了“一项一策”的赛事风险产品以及人工造雪风险产品动态更新和赛区气象条件风险评估报告的一键制作。自 2022 年 2 月 4 日冬奥会开幕至 2022 年 3 月 13 日冬残奥会闭幕，共计制作《北京冬奥会和冬残奥会张家口赛区雪质风险服务专报》23 期，经检验表明，全时次雪质等级预报准确率超过了 90%，特别是在应对 3 月 6—13 日的异常升温过程气象保障服务中，实现了逐时逐层雪温预报和逐日雪质风险预报服务，通过精确的系统预测结果为比赛适宜窗口期的预报和云顶赛区 12 日赛事调整提供了有力支撑，极佳地满足了冬奥赛区赛道雪质特殊服务需求，为赛事安排调整提供了有力的决策依据。

14.11 冬奥人影服务系统

14.11.1 决策指挥系统

按照人工影响天气实时业务和保障业务要求，针对冬奥人影保障业务需求，建设具备识别、指挥、监控、保障场景仿真模拟以及综合效果评估等功能的“高效、统一、直接指挥到底”的人影决策指挥平台，实现冬奥人影保障作业的统一管理、统一指挥、统一调度，达到“看得清、听得见、调得动”的效果。具体如下。

（1）多源数据采集处理

通过河北省气象局、北京市气象局和内蒙古自治区气象局已有专有网络，与各省已有的 CIMISS、MICAPS 等业务系统数据产品输出接口无缝对接，实现所需气象常规观测数据、特种观测数据、模式预报产品数据、指导产品等实时获取、存储以及处理。同时，构建降雪云系实时监测及人影三维决策指挥系统专题数据库（图 14.11.1），为系统业务正常运行及作业检验提供完整的数据支持。

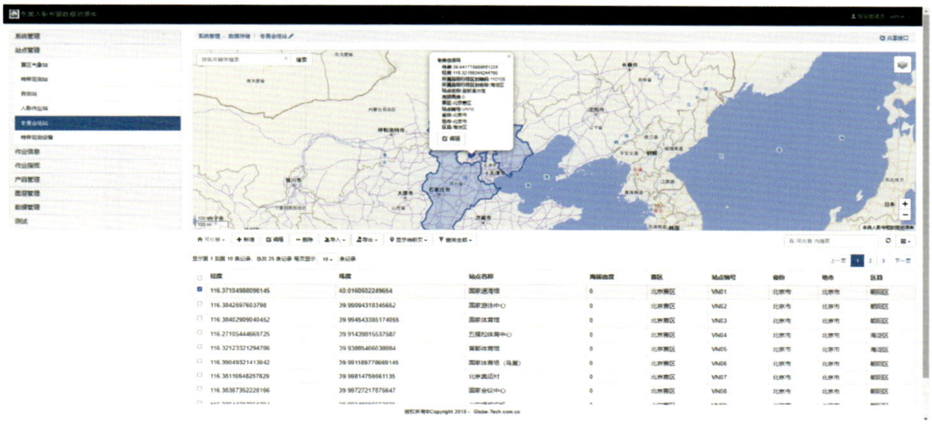

图 14.11.1　冬奥人影专题库

（2）多源数据融合三维可视化

根据冬奥人影保障需求，实现人影保障所需基础站点、飞行区、安全射界、社会经济、防区防线等基础信息的地理查询和显示；实现人影作业条件监测所需气象实况、预报、模式、特种及飞机等数据的三维融合可视化查询、分析及展示（图 14.11.2）。

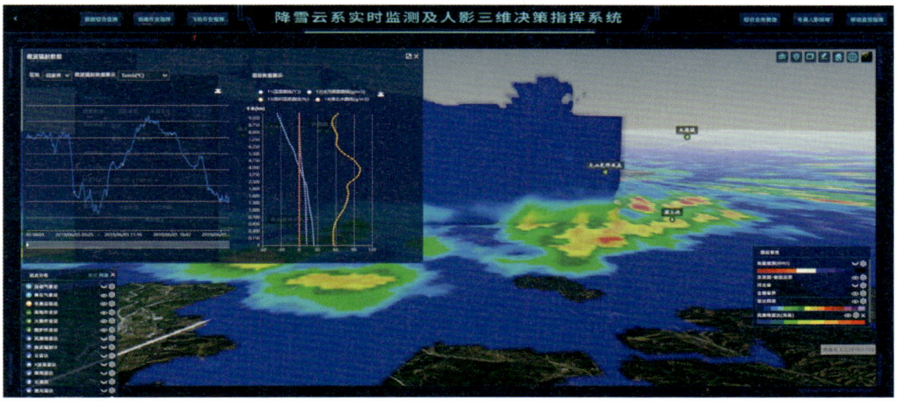

图 14.11.2　多源数据融合三维可视化

（3）降雪云系及雪情监测

利用风云、MODIS、葵花等多源卫星遥感数据，基于雪情监测分析模型，实现赛区包括雪量、积雪分布等雪情反演，判断赛区周边景观雪分布，为人影增雪作业提供科学决策（图 14.11.3）。

图 14.11.3　降雪云系及雪情监测

（4）指导产品自动交互制作技术

基于人影过程、潜力、条件、快讯、简报等产品制作规范，研发产品制作自动化流程，实现产品的人机交互快速制作发布。同时可实现产品的查询、查看、下载等（图 14.11.4）。

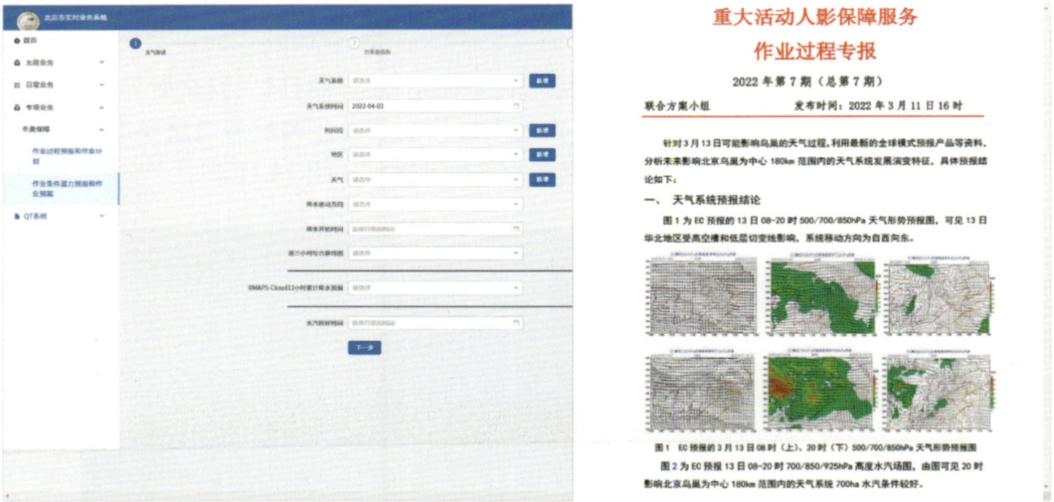

图 14.11.4　指导产品自动交互制作技术

（5）人工增雪三维可视化融合指挥

① 作业预警

作业预警主要是按照作业参数指标和模型，基于实时雷达、模式等数据，实现地面作业站点识别、作业方位角仰角用弹量参数计算以及作业指令发布。同时实现飞机作业航线设计及指令制作发布（图 14.11.5）。

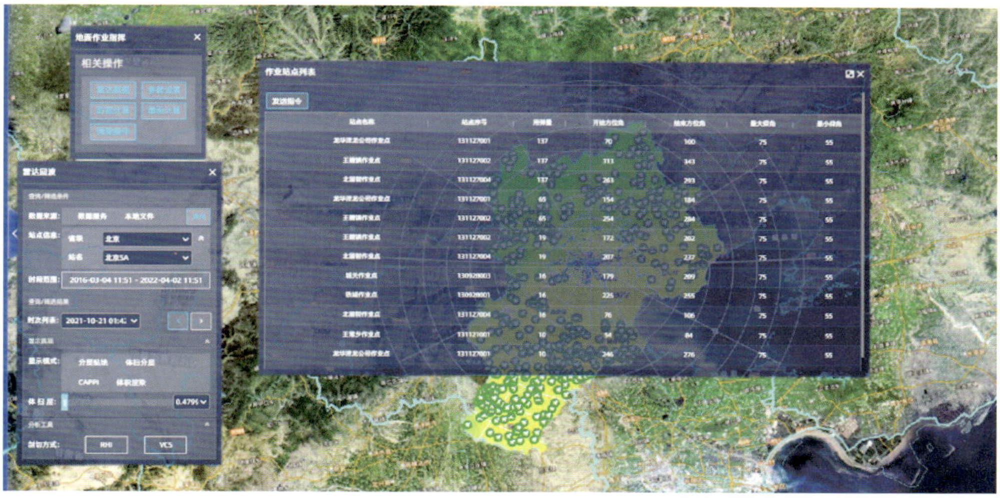

图 14.11.5　作业预警界面

② 地面作业指挥调度

地面作业调度指挥主要是根据地面作业预警结果，基于作业终端、视频监控等手段，实现作业参数一键式发布、作业点的调度指挥，同时可实现作业轨迹仿真模拟（图 14.11.6）。

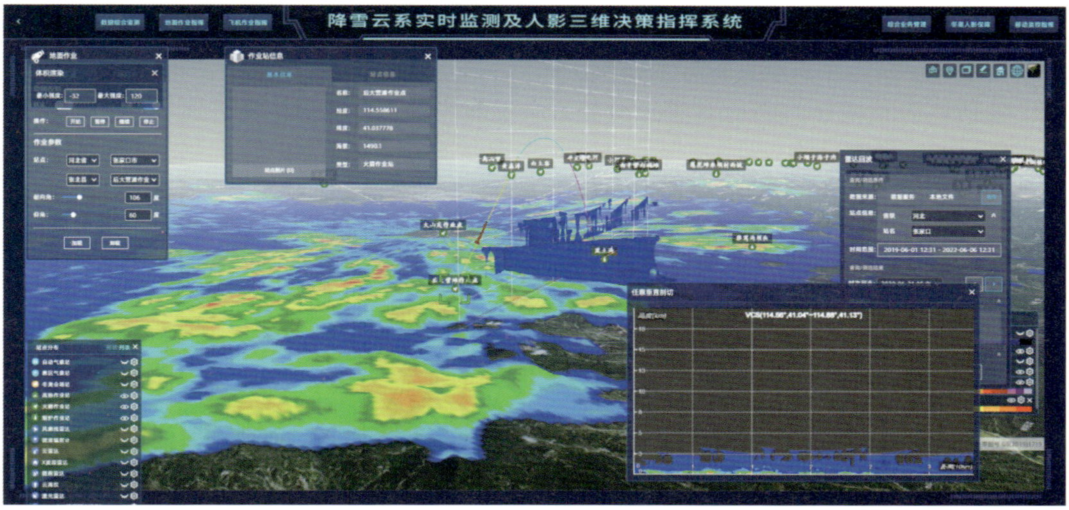

图 14.11.6　地面作业指挥调度界面

③ 飞机作业指挥调度

飞机作业调度指挥主要包括飞机监控、烟条控制以及影响分析。飞机监控是实现飞机基本信息、实时轨迹和机载探测数据查看，空地信息交互，气象雷达云图等数据融合可视化显示等。烟条控制是实现地面控制飞机烟条的点火及状态实时监控查看。影响分析是根据飞机催化剂播撒扩散模型，基于三维可视化渲染仿真模拟，实现催化剂实时扩散效果的影响分析（图 14.11.7）。

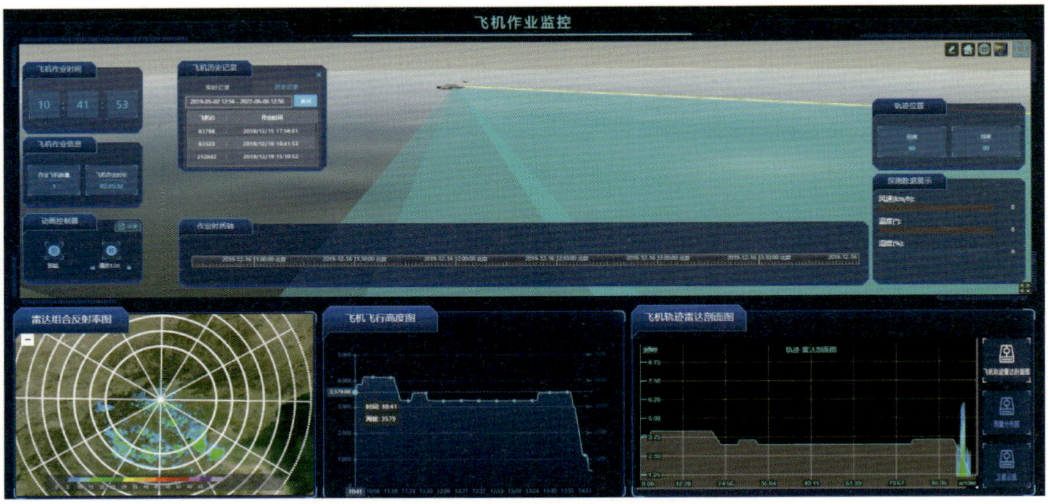

图 14.11.7　飞机作业指挥调度界面

④ 移动作业监控指挥终端

移动作业监控指挥终端主要功能包括用户权限管理、气象监测、指导产品、跟踪监控和作业实施以及作业完成和信息管理共计五大功能模块（图 14.11.8）。

其中用户权限管理包括用户登录信息、意见反馈、清理缓存、检查更新以及系统设置等功能。

气象监测包括雷达产品、卫星云图、卫星反演产品以及降雪量显示查看等功能；

指导产品包括过程预报作业计划、潜势预报作业预案、条件预报作业方案等显示查看功能；

跟踪监控和作业实施主要包括作业指令实时发布、地面作业监控、飞机作业监控三大板块。其中地面和飞机作业监控中可以实现作业状态实时查询、作业过程录像以及安全射界确认等功能；作业指令可以实现作业指令接收、指令确认、作业准备、空域申请状态查询、安全射界确认、作业实施、作业过程录像、作业状态更新功能等。

作业完成和信息管理主要包括地面作业信息上报、飞机作业信息上报、地面作业信息审核、飞机作业信息审核、作业信息统计分析、气象科普六大版块，实现了地面和飞机作业信息审核、上报、查询、统计等功能。

图 14.11.8　移动作业监控指挥终端

（6）作业效果可视化评估检验

作业效果评估主要包括统计检验、模式检验。统计检验包括单次区域对比检验（图 14.11.9）和年度回归统计检验（图 14.11.10）。模式检验主要为基于扩散影响效果的评估检验（图 14.11.11 ～图 14.11.12）。

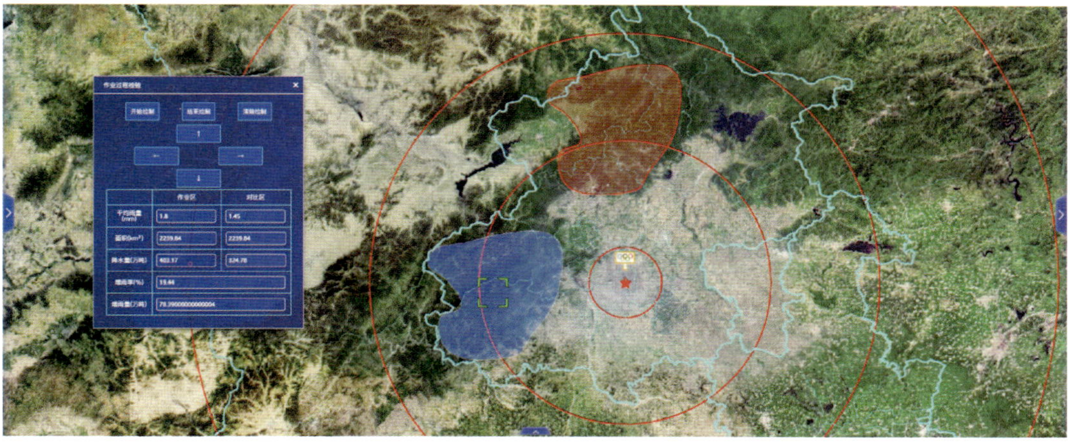

图 14.11.9　单次区域对比检验评估

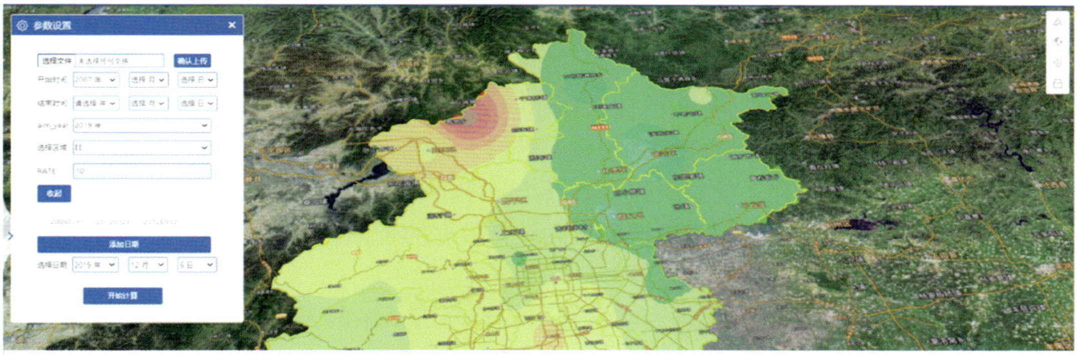

各分区2021年逐月和累计的人工增水量（单位：mm）

2021年	1月	2月	3月	4月	5月	6月	7月	8月	9月	10月	11月	12月	累计
E1(西北)	0	2.9686	7.166	7.9124	12.2663	36.913	41.497	55.3992					164.122512
E2(东北)	0	2.4492	5.2685	4.01208	16.8515	39.7689	28.786	21.016					118.15218
E3(中部)	0	0.0583	9.6873	9.0393	12.9854	26.0545	31.1968	55.4758					144.497388
E4(东部)	0	0.0574	1.8176	1.6192	8.0903	27.0109	15.6162	14.5075					68.719086
E5(西南)	0	0	2.0438	1.9354	0.7053	4.3443	1.8861	2.43139					13.3462875

图 14.11.10　年度回归统计检验评估

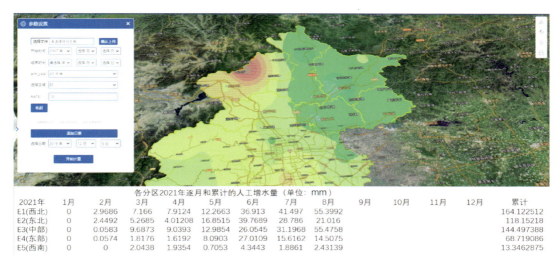

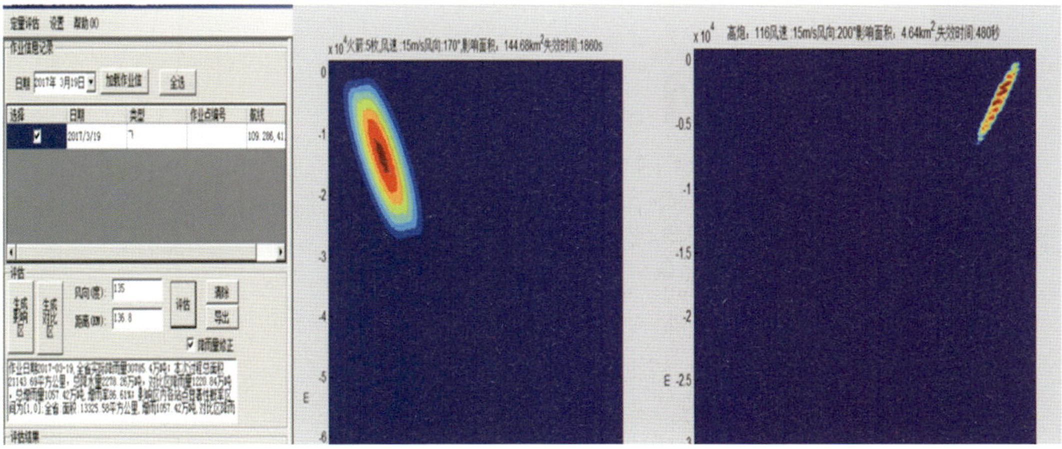

图 14.11.11　地面作业模式检验评估

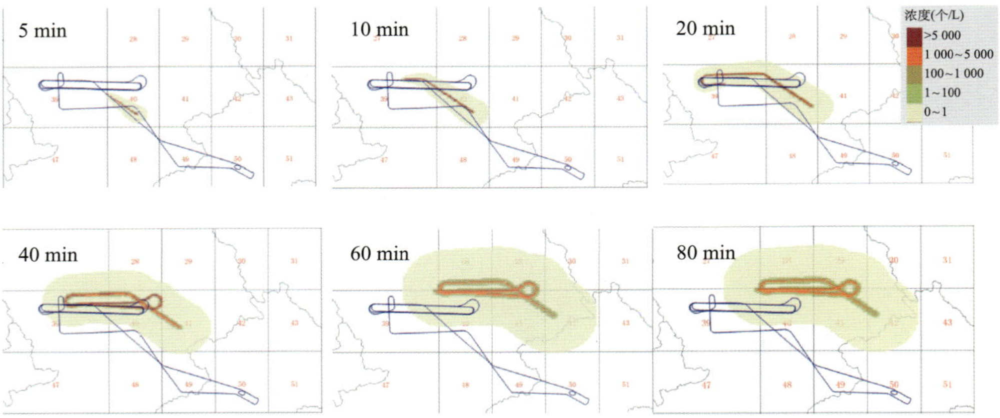

图 14.11.12　飞机作业模式检验评估

（7）作业信息动态可视化管理

基于作业信息实时数据同步技术，实现包括作业信息、飞机探测信息以及用户权限等管理。

作业信息管理主要实现飞机和地面作业信息填报。按照时间、行政区划、作业站点名称、作业目的、作业工具等任意条件的查询、统计、分析等；同时可实现面向上级部门、效果评估等所需格式要求的作业信息快速生成导出（图 14.11.13）。

飞机探测信息管理主要实现飞机机载探测设备数据的查询、统计等管理（图 14.11.14）。

（8）云降水精细处理分析与特定目标决策指挥

紧密围绕北京冬奥会人影服务需求，对于自然降雪云系的云降水过程实时精细分析技术，是赛区增雪作业成功的基础。同时，复杂地形特定目标云水资源耦合开发决策指挥技术，是赛区景观增雪作业指挥的关键。基于科研项目创建的特定目标区云水资源耦合开发利用关键技术和实时业务流程，形成服务于北京冬奥会人影保障的云降水精细处理分析与特定目标云水资源耦合开发分析决策技术（图 14.11.15）。主要技术如下。

图 14.11.13　地面作业信息管理界面

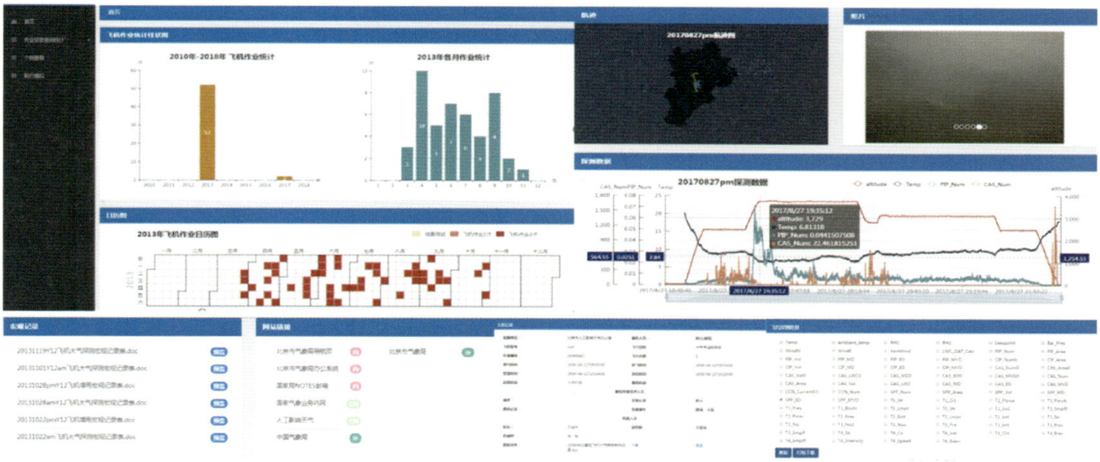

图 14.11.14　飞机探测信息管理

① 云水资源评估产品集成显示和综合分析。典型区域（华北及北京冬奥会赛区）云水资源诊断和数值评估产品集成显示，包括逐月、逐年云水资源、水凝物降水效率、水凝物更新期等物理量。实现云水资源诊断评估产品的空间分析、区域统计分析等功能。为了解赛区及作业区域内冬季水凝物循环和转化特性提供依据。

② 特定目标区云水资源耦合开发决策指挥。基于“集云水资源精细中短期预报—耦合开发预案设计与开发效果预估—‘星－空－地’云水资源实时监测和耦合开发方案设计—作业实施—开发效果物理和数值综合评估”的特定目标区云水资源耦合开发利用关键技术，首次实现以赛区为特定目标的人工增雪作业决策指挥和效果分析等人影“五段”业务功能。

③ 云水资源精细中短期预报与作业计划／预案。基于 CPEFS-LAPS、CPEFS-MEM-SEED 等精细预报产品的叠加显示和综合分析功能，实现华北及北京冬奥会赛区 3 km 水平分辨率云水资源与作业条件精细预报，具备云水资源预报量的中短期预报能力，提前 7～1 d 给出云水资源、水凝物降水效率、更新周期等 9 个预报量。制作特定目标区增雪的作业计划、作业预案。

④ 作业预案与方案效果预估。基于飞机／火箭／高炮／烟炉等不同催化作业方式下催化剂播撒、扩散和传输过程的仿真模拟，实现多种催化剂类型、多种催化方案（飞机、高炮、火箭）的特定目标区增雪方案的效果预估。

⑤ 云水资源精细监测分析。基于星－空－地等各类观测，创建和发展了云物理特征参数的提取和四维云结构融合分析技术，提高了降雪云系的人影云物理监测分析能力。实现云光学厚度、人影目标云分类、过冷水潜势区等 FY-4 卫星反演云参数产品以及毫米波云雷达、X 波段双偏振多普勒雷达、风廓线雷达等地基特种观测产品的实时显示、统计分析等功能。

⑥ 增雪作业飞机作业方案智能设计。实现以北京冬奥会赛区、山区等不同需求对象为特定目标云水资源利用落区，实现“充分－连片－接续播撒”的特定目标耦合开发飞机方案设计和多轮次连排－成片－接续的地面作业的智能设计。

⑦ 飞机和地面增雪作业跟踪监控。实现飞机和地面作业信息动态显示，动态跟踪和监控飞机、地面作业，动态分析作业过程中云物理参数以及催化状况，跟踪作业云系演变，为

北京冬奥会服务期间的作业开展跟踪监控，及时发布监测预警专报。

⑧增雪作业效果检验评估。针对冬季赛区联合增雪试验、北京冬奥会人影实战保障作业，实现基于催化剂扩散计算的区域移动多参量开发效果物理检验作业效果的数值模拟评估。

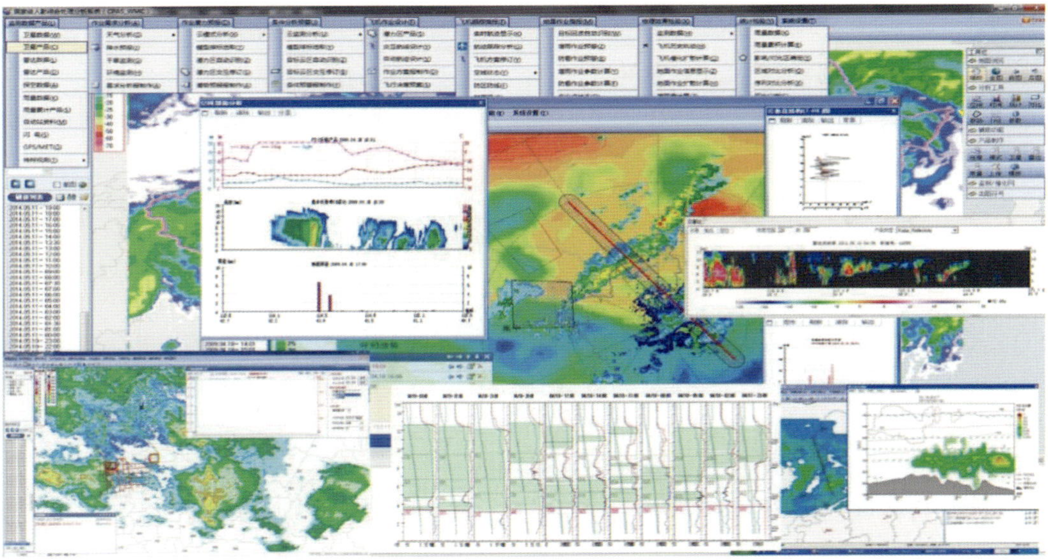

图 14.11.15　云降水精细分析技术与综合显示分析

（9）人影综合信息采集与处理分析

人影综合信息系统应用在冬奥服务保障中，此系统是实时集成全国人影作业信息、发布国家级人影作业指导产品的业务共享发布系统（图 14.11.16），其主要功能包括：①实时收集

图 14.11.16　人影综合信息系统界面

全国上传的人影飞机和地面作业信息及人影作业简报，并对其进行整理和统计，实现按不同类型（省份、时序、作业类型）查看和管理作业信息；②通过对接人影云降水特征参量加工处理分系统（CPAS-CPPS），实时采集云降水人影模式（CPEFS）预报产品和自主研发的监测产品，实现相应云降水产品的实时显示和滚动发布；③实时采集飞机作业轨迹、探测和催化信息，通过数据格式转换和处理，实现对飞机作业的实时监控；④通过对接云降水精细处理分析分系统（CPAS-CPAAS），实时制作和上传人影作业指导产品和质量评估产品，实现人影业务产品的共享发布。

14.11.2　人影保障安全管理系统

（1）作业弹药物联网信息化管理

人影作业物联网技术实现对人影作业装备和弹药全生命周期的监控和管理。该系统基于Web、GIS平台、GPS技术，采用B/S和C/S架构相结合的方式进行搭建，并根据用户权限提供差异化使用环境（图14.11.17）。该系统以气象业务内网和移动通信网络为依托，以弹药流转流向为脉络，以弹药安全管理为重点，具有对弹药监管业务多个环节信息的跟踪、查询和统计分析的综合管理等功能。该系统的功能模块主要包括弹药采购计划管理、弹药订单管理、弹药信息管理、系统管理、终端管理、信息管理、基础配置等。人影作业物联网系统完成全程管理人影弹药的生产、存储、运输、作业各个环节，实现全程扫描火箭信息、故障报警、运输状态和路线跟踪，保证了信息的准确高效及安全性，减少人工干预。保障期间，人影弹药物联网信息采集终端覆盖率100%，使用率100%。弹药100%进入物联网系统。充分利用人员作业物联网技术对赛区人影作业装备和弹药实时动态监控，有效提高了冬奥保障期间北京、河北人影业务规范化和信息化建设水平，提升了作业安全监管能力和提高冬奥服务社会效益。人影作业物联网流程如图14.11.18。

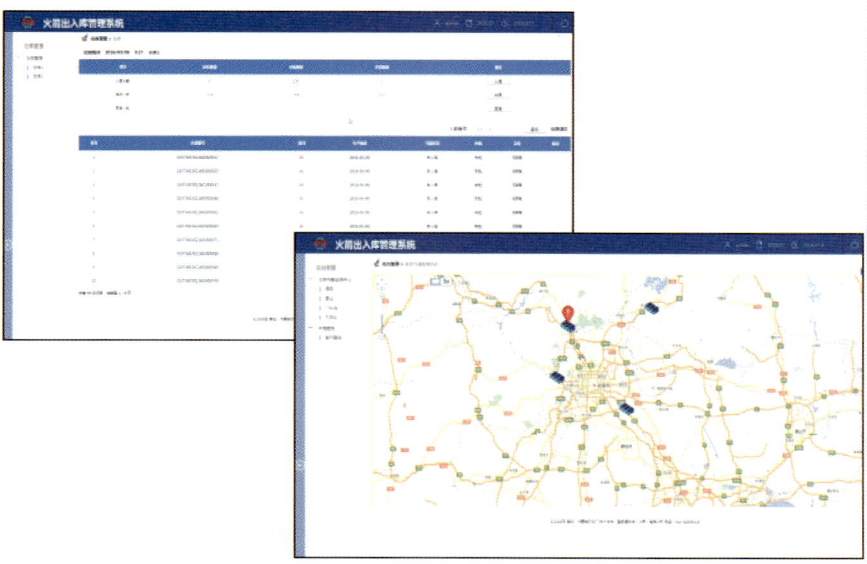

图14.11.17　人影作业物联网系统

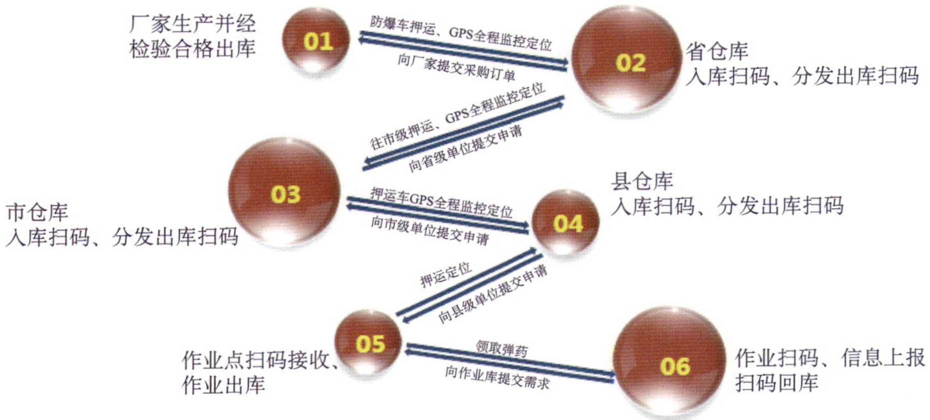

图 14.11.18　人影作业物联网流程

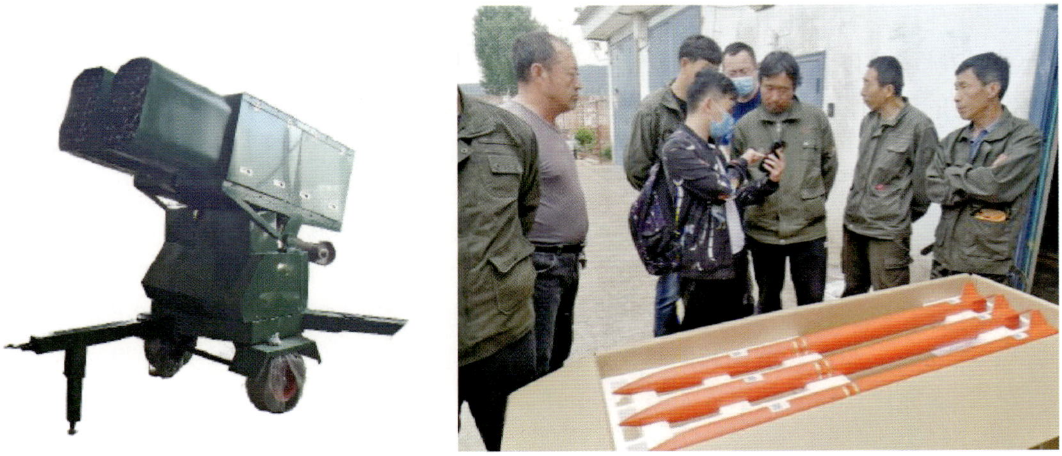

图 14.11.19　作业装备自动化及数据采集

（2）作业监控管理

为全力做好北京冬奥会气象服务保障期间人影作业监控管理工作，按照“预防为主、安全第一”的方针，充分利用全方位作业安全监控技术，加强人影作业监控管理工作，确保各项工作安全有序进行。

① 地面作业监控

作业点安装具有联网报警功能的入侵报警、视频监控等技术手段的防范系统、作业点围墙上增加红外对射装置，其中，库房安装入侵报警、视频监控装置；库区及重要通道应安装周界报警、视频监控装置。

通信设施终端应连接至或安装在报警值班室；报警信息的对外发送、本地储存、声光提示、与视频监控系统联动等应采用自动方式；报警值班室内应张贴报警联系电话，且值守人员在报警值班室内任何部位均能方便看见。报警、视频监控、通信器材等应符合国家有关标准；报警、视频监控、通信器材应能在使用现场环境条件下稳定工作，并应达到工程设计要求（图 14.11.20）。

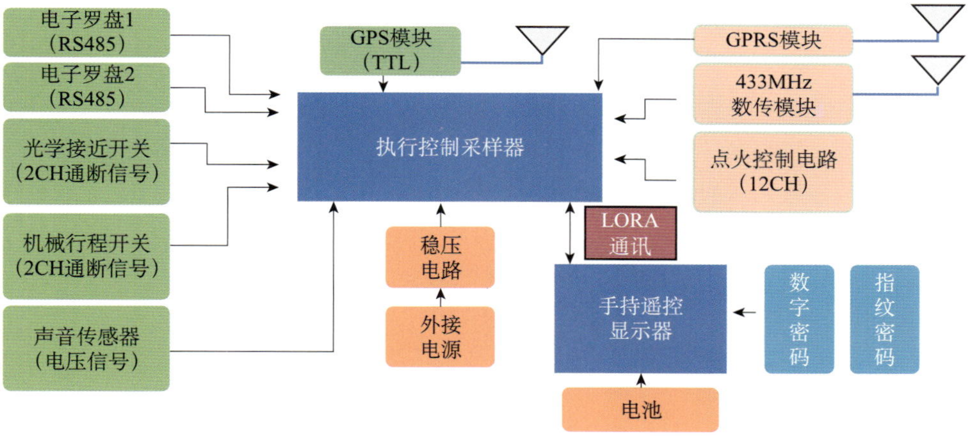

图 14.11.20 火箭发射控制器组成框图

参与保障的火箭发射系统全部加装安全锁定装置（图 14.11.21），及时更新与检修作业装备。

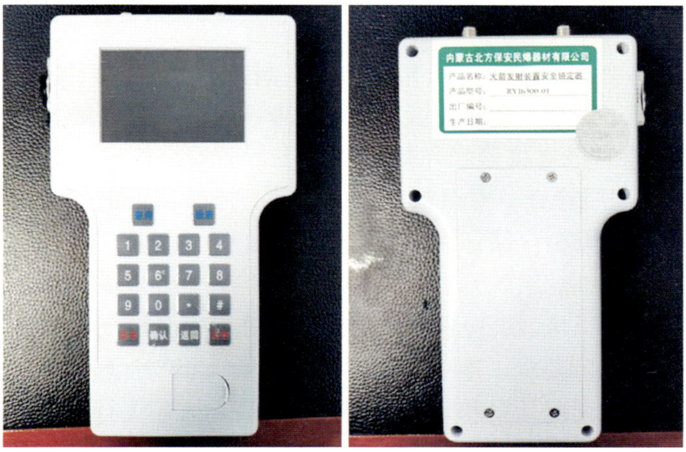

图 14.11.21 火箭发射安全锁定装置

储存库治安防范系统出现故障，应在 48 h 内恢复功能。在修复期间应采取有效的安全应急措施，并于 24 h 内报单位上级主管部门和公安部门。

各人影作业点配备专业保安员对人影装备、弹药进行 24 h 看守，对人影作业点设施开展不定时外巡视检查，及时发现、整改治安隐患，并有检查、整改记录。

发挥人影安全管理平台的监管作用，重点加强对作业装备、弹药存储运输、作业点防雷设施等重点环节安全隐患的排查整改。开展安全操作培训，确保冬奥保障地面作业人员熟练掌握安全知识，严格按照技术流程和操作规范执行保障任务。每日通过人影作业视频系统对全市固定作业点作业人员和安保人员在岗情况进行抽查，并将抽查情况向各区气象局进行通报，要求按照相关管理规定进一步加强固定作业点值守，并对检查中发现的问题进行及时整改（图 14.11.22）。

图 14.11.22　人影视频监管界面

② 飞机作业监控

一是根据保障任务需求，机组人员精心组织，制定总体计划、飞机指挥、通信、后勤、装备等保障预案和方案。绘制进场作业区航线、作业区基本飞行方法。

二是飞机增雨作业时严格按照操作规程进行飞行前安全检查，制定《飞行前安全检查单》，飞行前登机人员按照检查单对机载设备、吊挂、播撒器等进行检查。机载设备维护材料（酒精和丙酮）利用防爆柜存储，保障飞机安全。

三是开展飞机作业培训。组织开展一系列人工影响天气作业安全警示教育活动，包括事故案例学习、航空安全知识培训、应急培训、应急演练和安全检查等内容。

四是按照人影作业保障要求，空中作业时，为作业飞机与运输机之间配备不小于 300 m 的高度差，科学制定空域调配预案和飞行指挥预案，认真监控飞行动态，精心指挥，确保作业安全实施。

③ 北京市人影空域管理指挥平台

为建成以智慧人影为重要标志的重大活动人影空域管理指挥平台体系，建成国际一流、首个针对重大活动的人影综合保障网，北京市人工影响天气中心逐步形成指挥、监控、保障作业点弹药监管等人影空域管理指挥平台。

④ 人影保障活动的作业信息实时传输技术

飞机采用北斗技术，充分利用北斗系统实时将飞机作业信息传输到指挥中心，指挥人员结合卫星、雷达、机载探测设备的观测数据，研判作业区域天气条件，及时调整作业方案，确保飞机作业安全。火箭发射架装备及安全锁手持台使用 4G 技术，对作业全流程进行信息采集的集成系统技术（图 14.11.23）。

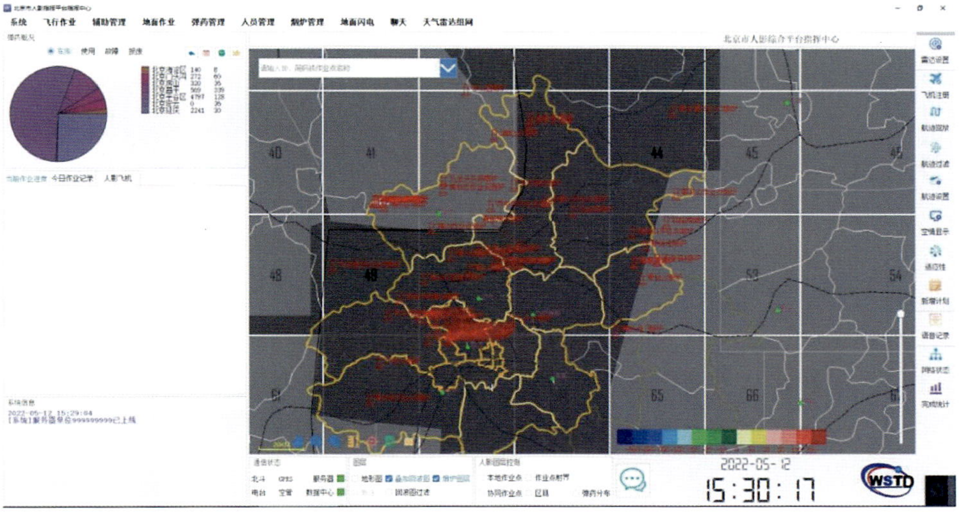

图 14.11.23　人影空域管理指挥平台界面

第 15 章　服务经验总结

15.1　奥林匹克大家庭气象服务

气象服务人员的主要任务是为北京冬奥组委执行副主席和竞赛指挥组相关负责人提供贴身气象服务。同时，代表气象部门在前方工作组履行职责，提供赛程变更的气象依据。气象服务人员需要动态掌握竞赛日程调整，及时调整会商重点和服务策略，尤其到了赛会后期，关系到北京冬奥会的金牌能否全部如数发出，可调整的空间越来越小，预报的提前量显得尤为重要。一是要密切保持与后方专家团队，以及各赛区场馆现场服务团队的会商和沟通，随时掌握现场情况，并保持结论的一致性。二是需要对海量的气象信息进行分析和提炼，并结合赛程，以及各项赛事对各气象要素的影响阈值，从短时临近、短期、中期、长期预报中提炼可能对比赛或官方训练有影响的关键气象信息。三是要通过图表进行对比分析展示、汇报，尽量做到图文并茂，通俗易懂，让现场决策人员及时抓住气象关键信息，高效地为赛事运行指挥调度提供科学支撑。

15.2　MOC 指挥决策气象服务

冬奥主运行中心（MOC）承担了 3 个赛区的决策调度，气象服务保障工作主要体现在“早、全、细、准”四个方面。即，提示要“早”：运行指挥调度涉及的部门多，需要气象预警和提示服务有足够的提前量，尤其关注大风、降雪、低温等高影响天气；信息要“全”：主运行中心涉及冬奥保障的方方面面，包括赛事、开幕式、航班抵离、场馆清废、电力运行等业务领域，气象信息及提示考虑要全面；服务要“细”：气象服务对象多，尤其需要针对决策层领导及前方工作组提供服务，比如水立方冰壶比赛时段就需要关注精细化温湿预报；回答要“准”：三大赛区高影响天气的起止时间、强度、影响范围，以及可能带来的不利影响的提示对决策层的提前工作部署至关重要，回答准确、反应及时是对首席预报员的基本要求。

15.3　赛事现场气象服务

从冬奥申办成功到筹备期间，气象部门开始着手山地精细天气预报技术研发和团队建设，时间上非常紧张。最终冬奥会和冬残奥会的预报服务圆满成功，离不开自2017年开始的连续4个冬季的赛区实地预报训练。训练大大帮助了预报员掌握和理解并做好赛区尺度的精细天气预报；COMET的北京冬奥天气预报技术培训，为预报员快速领会山地气象理论，奠定了很好的基础；与加拿大温哥华预报员面对面交流，很好学习了冬奥气象服务经验；赛事观摩，亲身全流程现场体验赛事服务流程，了解国际同行的服务情况。北京冬奥气象服务保障筹备阶段，从2019年开始，预报员与研发人员形成了良好的反馈和互动机制，预报员开始试用研发的技术产品，并将问题不断反馈给研发人员；研发人员不断检验和改进，形成了良性的互动。全面助力了预报员们的快速成长，增强了预报员们的自信心，加强了和赛事组织方的沟通，增进了信任和理解，为冬奥会和冬残奥会正式气象服务奠定了基础。这些都得益于从冬奥会经验的一届一届传承，也促使、激励我们的气象服务在前几届的基础上做得更好。也正是如此，有了北京冬奥会的“百米级、分钟级”气象保障，被北京冬奥组委评价为“一流的气象服务保障”。

15.4 城市运行气象服务

针对冬奥会期间城市运行服务保障要求高、支撑服务部门多、服务产品种类多等特点，气象部门统筹分析研判，制定总体工作方案和专项工作方案，细化和明确属地化气象保障服务需求和任务。同时，气象部门与赛事运行保障部门建立“一户一策”服务模式，建立完善了交通、能源、环卫等不同行业用户的服务需求清单，构建预报服务、科技创新、产品研发、应急联动等工作机制，研发了道路温度和结冰、供暖分区预报、直升机颠簸和积冰指数等专项服务产品，初步实现气象服务与各行业的信息深度融合和融入式服务机制，以及城市运行指挥中心、三大赛区赛事场馆、关键作业点位、重点交通枢纽、999急救中心等气象信息共享和平台融入，为城市安全运行总体调度、交通保畅、能源保供、扫雪铲冰、森林防火、高山赛场直升机应急救援、冬奥记者参访活动、签约酒店、加氢站等不同场景提供专属服务产品，成为各项赛事保障工作指挥调度的“前哨站”、应急处置“指示灯”。

15.5 人工影响天气保障服务

北京冬奥会人影服务保障时间跨度长，精准度要求高，并且从未在冬季开展过重大活动人影保障工作。人影专项工作组深入调研保障需求，组织两院院士、资深云物理专家对冬春季人影消减雪工作任务献计献策，利用数值模拟开展催化剂扩散传输影响区模拟，制订不同作业预案，并根据冬季降雪云系冷层不够深厚，提出采用绿色催化剂液氮开展催化作业的新思路。通过实际操作、技术攻关、协同行动、定量分析，获取了冬季人工影响天气一手作业数据，对冬季作业技术指标、岗位技能、作业组织流程等方面进行系统探索，积累全天候任务保障经验。鉴于作业需求多样、云条件复杂性，还需加快发展适应性更高的更先进的作业技术和新型装备，增强保障能力。发展高效、安全、机动、智能的地面作业装备，推进新型装备列装，提高地面作业装备现代化水平。

北京冬奥会对人影科学技术的多需求、高标准向人影服务保障业务能力提出了前所未有的挑战。2017 年冬季以来，北京市人工影响天气中心、河北省人工影响天气中心、中国气象局人工影响天气中心、中国科学院大气物理研究所等多家机构联合进行北京冬奥会人工增雪试验，针对复杂地形条件下特定目标区人工增雪技术、人工增雪效果评估和检验技术等工作集中攻关，获得大量宝贵的赛区山区降雪综合立体观测试验的一手新资料，填补了空白；获得华北地区冬季云水资源气候特征、降雪云系微物理特征的新认识，揭示降雪形成机制；建立了面向赛区的特定目标人工影响天气的成套关键技术。取得了一批高水平并有实用价值的科研成果，并成功地转化在冬奥人影服务保障业务，为圆满完成冬奥人影保障任务和今后长期开展冬季增雪工作提供了科技支撑。但在降雪云系的精准预报，基于多源观测资料的增雪作业条件融合处理、快速、精准识别，增雪作业效果的实时识别和评估技术等方面仍然十分不足，还需继续加强机理和关键技术研究，强化监测预报技术集成应用，提高决策指挥的科技支撑能力。

附　录

附录 A　北京冬奥会和冬残奥会气象观测建设历程

表 A1　冬奥地面气象观测站建设历程

序号	时间	里程碑事件 / 关键活动
		北京及延庆赛区
1	2014 年 9 月	西大庄科、长虫沟、小海陀、二海陀站完成建设
2	2016 年 12 月—2017 年 2 月	2016—2017 年冬季延庆赛区加密观测试验
3	2017 年 11 月	单板跳台滑雪观测站网完成建设
4	2017 年 11 月	延庆高山滑雪赛区竞速 1、2、3、8 号站及竞技赛道站完成建设
5	2017 年 12 月—2018 年 2 月	2017—2018 年冬季延庆赛区加密观测试验
6	2018 年 11 月	竞速 4、5、6、7 号站完成建设
7	2018 年 12 月—2019 年 3 月	2018—2019 年冬季延庆赛区加密观测试验
8	2019 年 8 月	延庆周边自动气象站新建及升级改造完成
9	2019 年 9 月	S1 站点迁站完成
10	2019 年 12 月	“十四冬”保障应急备份站建设完成
11	2019 年 12 月—2020 年 3 月	2019—2020 年冬季延庆赛区加密观测试验
12	2020 年 8 月	北京赛区场馆站升级改造完成
13	2021 年 1 月	新需求山顶站建设完成
		张家口赛区
1	2014 年 10 月	建成太舞、云顶山顶、云顶山腰、云顶山底气象站
2	2014 年 11 月	建成跳台 L、跳台 M、跳台 R、跳台山底气象站
3	2016 年 9 月	建成跳台起点、跳台终点、跳台山顶气象站，完成跳台 L、跳台 M、跳台 R、跳台山底气象站改建

续表

序号	时间	里程碑事件 / 关键活动
4	2016 年 11 月	完成太舞气象站迁建
5	2017 年 8 月 16 日	《2022 年冬奥会张家口赛区综合气象观测网建设工程（赛区周边 7 要素区域气象观测站建设）实施方案》获河北省气象局批复
6	2017 年 10 月 31 日	建成云顶 1、2、3、4、5、6 号气象站
7	2017 年 11 月 5 日	建成越野 1、2、3 号及冬季两项 1、2、3、4、5 号气象站
8	2018 年 5 月 9 日	气象综合观测系统赛区周边区域气象站设备购置安装项目（70 套 7 要素气象站）完成公开招标
9	2018 年 7 月	完成云顶 5 号、跳台起点、跳台山底气象站迁建
10	2018 年 9 月	气象综合观测系统赛区周边区域气象站设备购置安装项目（70 套 7 要素气象站）建设完成
11	2018 年 10 月	建成云顶 7、8、9、10 号气象站
12	2018 年 12 月 20 日	气象综合观测系统赛区周边区域气象站设备购置安装项目（70 套 7 要素气象站）完成项目验收
13	2019 年 4 月 21 日	编制完成《冬奥会移动气象应急保障监测系统建设项目实施方案》
14	2019 年 4 月	完成跳台山底、跳台 R、跳台终点气象站迁建
15	2019 年 5 月 9 日	《冬奥会移动气象应急保障监测系统建设项目实施方案》获河北省气象局批复
16	2019 年 6 月	完成云顶 1、2、7、8、10 号气象站迁建
17	2019 年 8 月 30 日	完成冬奥会移动气象应急保障监测系统建设项目 1 套气象装备应急保障系统和 16 套便携式自动气象站购置项目公开招标
18	2019 年 10 月	建成云顶 11、12、13、14、15 号及云顶大酒店气象站；完成云顶山腰气象站迁建
19	2019 年 11 月	建成云顶 16 号气象站
20	2019 年 12 月	冬奥会移动气象应急保障监测系统建设项目 1 套气象装备应急保障系统和 16 套便携式自动气象站交付
21	2020 年 8 月 18 日	完成云顶 6 号气象站改建
22	2020 年 8 月 31 日	完成冬奥会移动气象应急保障监测系统建设项目验收
23	2020 年 10 月 29 日	完成冬季两项 1 号气象站迁建
24	2021 年 6 月	完成冬季两项 5 号、越野 3 号气象站迁建

续表

序号	时间	里程碑事件 / 关键活动
25	2021 年 8 月	建成云顶 17、18 号及大跳台起跳点、标准台起跳点、跳台起跳点、跳台 K 点气象站；完成跳台 M、跳台起点、跳台终点和云顶 13、16 号气象站迁建，跳台起点、跳台终点、冬季两项 1 号气象站风传感器改为超声风，越野 1 号站改建为固定站
26	2021 年 11 月 14 日	建成张家口赛区冬奥村气象站
27	2021 年 12 月 14 日	建成张家口赛区颁奖广场气象站
28	2021 年 12 月	完成赛事核心区原有 36 个气象站风传感器加热改造

表 A2　冬奥垂直观测系统建设历程

序号	时间	里程碑事件 / 关键活动
		延庆赛区
1	2014 年 11 月	闫家坪自动站完成建设
2	2016 年 11 月	闫家坪、西大庄科架设云雷达和风廓线雷达
3	2017 年 1 月	闫家坪开展降雪粒子形状微观采样
4	2019 年 11 月 29 日	首次开展空—地基的降雪云系垂直探测
5	2020 年 7 月	怀来东花园站升级更新了 X 波段双线偏振雷达
6	2020 年 8 月 3 日	考察延庆赛区观测场地周边的观测环境
7	2020 年 8 月	根据观测场地考察结果，确定冬奥延庆赛区垂直观测方案
8	2020 年 9 月 10 日	安装竞速 6 号站、竞速 3 号站的测风激光雷达
9	2020 年 11 月	张山营站架设 X/Ka/W 三波长雷达和雨雪监测仪
10	2020 年 11 月 3 日	安装竞技 1 的测风激光雷达
11	2020 年 11 月 19 日	考察自动探空仪的观测场地
12	2020 年 12 月 3 日	竞速 6 号站、竞技 1 号站测风激光雷达通电、安装涡度相关系统
13	2020 年 12 月 4 日	竞速 3 号站测风激光雷达通电、安装涡度相关系统
14	2020 年 12 月 8 日	安装西大庄科的云雷达、微波辐射计、2DVD 雨滴谱仪
15	2020 年 12 月 15 日	涡动相关系统安装通信模块
16	2020 年 12 月 17 日	维护竞速 3 号站和竞技 1 号站的测风激光雷达
17	2020 年 12 月 29 日	安装竞技 3 号站的微波辐射计
18	2021 年 1 月 5 日	更换涡度相关系统通信模块、维护竞速 6 号站测风激光雷达

续表

序号	时间	里程碑事件 / 关键活动
19	2021 年 1 月 12 日	检查竞速 6 号站测风激光雷达信号干扰问题
20	2021 年 1 月 20 日	维护涡度相关系统通信模块、西大庄科云高仪
21	2021 年 2—3 月	冬奥延庆赛区垂直观测系统试运行
22	2021 年 2 月 8 日	云雷达数据诊断和激光器更换
23	2021 年 3 月 1 日	云雷达观测波形调整，解决噪声积累问题
24	2021 年 3 月 31 日	云雷达数据上传软件搜索和上传时间调整，解决冬奥平台显示间断和滞后问题
25	2021 年 5 月	解决竞速 6 号站、竞技 1 号站激光测风雷达信号干扰问题
26	2021 年 6—9 月	三台激光测风雷达协同观测技术业务化实现
27	2021 年 9 月 26—30 日	安装三台备份激光测风雷达
28	2021 年 11 月	张山营增加 Ka 云雷达、风廓线雷达、激光测风雷达、拉曼激光雷达、微雨雷达、雨滴谱仪、云高仪等，建成云降水综合观测站
29	2021 年 11 月	精细三维风场产品显示设计
30	2022 年 1—3 月	冬奥会期间垂直观测系统运维保障
		张家口赛区
1	2018 年 3 月 14 日	编制完成《崇礼云雷达建设项目实施方案》
2	2018 年 3 月 20 日	编制完成《崇礼微波辐射计建设项目实施方案》
3	2018 年 4 月 26 日	编制完成《崇礼 GNSS/MET 站建设项目实施方案》
4	2018 年 5 月 7 日	《崇礼云雷达建设项目实施方案》《崇礼微波辐射计建设项目实施方案》获河北省气象局批复
5	2018 年 5 月 23 日	《崇礼 GNSS/MET 站建设项目实施方案》获河北省气象局批复
6	2018 年 5 月 25 日	编制完成《崇礼风廓线雷达建设项目可行性研究报告》
7	2018 年 5 月 28 日	编制完成《崇礼多普勒激光测风雷达建设项目可行性研究报告》
8	2018 年 6 月 12 日	《崇礼风廓线雷达建设项目可行性研究报告》《崇礼多普勒激光测风雷达建设项目可行性研究报告》获河北省气象局批复
9	2018 年 6 月 19 日	气象综合观测系统崇礼微波辐射计设备购置安装项目完成公开招标
10	2018 年 6 月 20 日	气象综合观测系统崇礼云雷达设备购置安装项目完成公开招标
11	2018 年 8 月	完成崇礼 GNSS/MET 站建设

续表

序号	时间	里程碑事件 / 关键活动
12	2018 年 9 月	按照河北省冬奥办、省发展和改革委员会冬奥项目建设进度要求，经河北省气象局协调，在崇礼区气象局临时布设一部风廓线雷达，完成崇礼微波辐射计项目建设
13	2018 年 10 月	完成崇礼云雷达项目建设
14	2018 年 10 月 22 日	完成崇礼 GNSS/MET 站建设项目验收
15	2019 年 3 月 13 日	编制完成《崇礼风廓线雷达建设项目实施方案》《崇礼多普勒激光测风雷达建设项目实施方案》
16	2019 年 4 月 12 日	由中国气象局政府采购中心组织完成崇礼多普勒激光测风雷达建设项目公开招标
17	2019 年 6 月 18 日	由中国气象局政府采购中心组织完成崇礼风廓线雷达建设项目公开招标
18	2019 年 8 月	完成崇礼多普勒激光测风雷达建设
19	2019 年 9 月 26 日	崇礼风廓线雷达、多普勒激光测风雷达建设项目通过河北省气象局组织的验收
20	2019 年 11 月 14 日	完成崇礼微波辐射计、云雷达设备购置安装项目验收

表 A3　冬奥天气雷达建设历程

序号	时间	里程碑事件 / 关键活动
		海陀山 S 波段天气雷达
1	2017 年 2 月	北京市园林绿化局批复《关于同意在大海坨山顶建设天气雷达站的复函》
2	2017 年 6 月 2 日	北京市无线电管理局正式批复《北京市气象局海坨山 S 波段天气雷达使用频率通知书》（京无管频〔2017〕50 号）
3	2017 年 6 月 27 日	北京市气象局批复《北京市气象探测中心山洪地质灾害防治气象保障工程 2017 建设项目可行性研究报告》（京气函〔2017〕161 号）
4	2017 年 11 月 16 日	按照中国气象局单一来源方式，完成海陀山天气雷达设备采购
5	2018 年 3 月 22 日	北京市规划和国土资源管理委员会批复《关于延庆区海坨山天气雷达站项目有关意见的函》（京规划国土函〔2018〕634 号）
6	2018 年 5 月 9 日	海陀山天气雷达选址报告通过专家论证
7	2018 年 6 月 29 日	北京市发展和改革委员会批准北京市气象局《气象服务能力提升和冬奥会气象服务保障工程》项目可研报告（京发改（审）〔2018〕216 号）
8	2018 年 7 月 9 日	中国气象局综合观测司批复选址工作报告（气测函〔2018〕93 号）

续表

序号	时间	里程碑事件 / 关键活动
9	2018 年 10 月 18 日	完成海陀山天气雷达出厂验收
10	2018 年 12 月 6 日	北京市生态环境局批复海陀山天气雷达站建设环评报告（京环审〔2018〕171 号）
11	2018 年 12 月 28 日	北京市发展和改革委员会批准北京市气象局《气象服务能力提升和冬奥会气象服务保障工程》项目初步设计概算（京发改（审）〔2018〕623 号）
12	2019 年 2 月 18 日	完成海陀山天气雷达站项目建设招评工作
13	2019 年 3 月 1 日	北京市气象局召开海陀山天气雷达站建设项目启动会
14	2019 年 6 月 10 日	海陀山天气雷达站破土动工建设
15	2019 年 7 月 25 日	海陀山天气雷达站机房主体封顶
16	2019 年 9 月 17 日	海陀山天气雷达站建设工程预验收
17	2019 年 11 月 15 日	海陀山天气雷达系统及数据传输、供电完成联调联试，实现雷达实时探测数据落地北京市气象信息中心，雷达系统具备运行基本条件
18	2020 年 4 月 10 日	在北京市气象局门户网站完成海陀山新一代天气雷达建设项目竣工环境保护验收公示，未收到相关异议信息反馈
19	2020 年 6 月	北京市气象探测中心依据《新一代天气雷达系统业务验收规定》和《新一代天气雷达系统现场验收测试大纲》相关规定组织开展雷达运行测试，并向中国气象局气象探测中心提交了测试运行期间的“海陀山新一代天气雷达系统设备运行情况报告”
20	2020 年 7 月 10 日	完成北京（海陀山）新一代天气雷达（CINRADSA-D）系统现场测试工作
21	2020 年 8 月 25 日	完成北京（海陀山）新一代天气雷达（CINRADSA-D）系统现场验收工作
22	2020 年 12 月 16 日	完成北京（海陀山）新一代天气雷达（CINRADSA-D）系统业务试运行验收工作
23	2021 年 1 月 1 日	北京（海陀山）新一代天气雷达（CINRADSA-D）系统投入业务运行，纳入中国气象局考核
24	2021 年 8 月 31 日	完成海陀山天气雷达站五方现场竣工验收
康保 S 波段天气雷达		
1	2017 年 3 月 6 日	《冬奥会与冰雪经济气象保障工程——康保 SA 双偏振雷达站基础设施项目可行性研究报告》获河北省气象局批复
2	2017 年 3 月 11 日	河北省发展和改革委员会下达康保 SA 双偏振雷达站基础设施项目投资计划
3	2017 年 8 月 10 日	河北省政府专题会议同意实施康保 SA 双偏振雷达站基础设施建设

续表

序号	时间	里程碑事件 / 关键活动
4	2017 年 9 月 5 日	张家口市行政审批局对《康保 SA 双偏振天气雷达站工程环境影响报告表》出具审批意见
5	2017 年 9 月 8 日	康保县发展和改革局出具项目前期工作函
6	2017 年 9 月 28 日	康保县国土资源局出具项目用地预审意见
7	2017 年 10 月 16 日	《冬奥会与冰雪经济气象保障工程——康保 SA 双偏振雷达站基础设施项目可行性研究报告》获康保县发展和改革局批复
8	2017 年 10 月 18 日	康保县行政审批局对雷达站基础设施建设项目招标方案予以核准
9	2018 年 1 月 11 日	完成康保雷达站基础设施建设工程勘察和设计公开招标
10	2018 年 4 月 13 日	康保县国土资源局颁发项目不动产权证
11	2018 年 5 月 24 日	康保县住房和城乡建设局颁发项目乡村建设规划许可证
12	2018 年 6 月 25 日	完成康保雷达站基础设施建设工程施工和监理公开招标
13	2018 年 7 月 6 日	康保县住房和城乡建设局出具项目设计方案审查意见
14	2018 年 7 月 9 日	康保县住房和城乡建设局出具项目施工登记函
15	2018 年 7 月 25 日	康保县住房和城乡建设局颁发项目建筑工程施工许可证
16	2018 年 10 月	完成康保雷达楼主体封顶和雷达基础构件安装
17	2019 年 6 月 27 日	康保雷达系统通过中国气象局气象探测中心组织的出厂测试
18	2019 年 10 月	完成康保雷达楼二次结构和装修，建成门卫车库、配电室；完成雷达吊装、安装及供配电、网络设备安装调试
19	2019 年 11 月	完成康保雷达调试，具备开机条件
20	2020 年 1 月	康保雷达系统完成双偏振技术改造
21	2020 年 5 月 1 日	康保雷达正式开机试运行
22	2020 年 6 月 6 日	康保雷达系统通过中国气象局气象探测中心组织的现场测试验收
23	2020 年 10 月 30 日	完成康保雷达站道路、院落填土、硬化、监控等辅助工程建设，完成雷达站基础设施项目备案验收
24	2021 年 12 月 21 日	完成康保雷达试运行业务验收

注：海陀山，在项目建设阶段名为“海坨山”。

表 A4　冬奥 X 波段天气雷达建设历程

序号	时间	里程碑事件 / 关键活动
		延庆千家店 X 波段天气雷达
1	2019 年 2 月	北京市发展和改革委员会关于批准北京市 X 波段双偏振多普勒天气雷达组网建设项目（二期）项目建议书（代可行性研究报告）的函（京发改（审）〔2019〕21 号）
2	2020 年 12 月	取得变更环境影响报告书的批复，千家店雷达开始建设
3	2021 年 6 月	完成千家店雷达吊装，通电、配套设施及网络，投入试运行
4	2021 年 9 月	完成环评验收和千家店雷达现场测试
5	2021 年 11 月	完成项目现场验收
6	2022 年 5 月	完成业务准入
		怀来东花园车载 X 波段天气雷达
1	2018 年 12 月 28 日	北京市发展和改革委员会批准北京市气象局《气象服务能力提升和冬奥会气象服务保障工程》项目初步设计概算（京发改（审）〔2018〕623 号）
2	2019 年 5 月	完成招标采购，签订合同及补充协议
3	2020 年 9 月 3 日	完成整体安装，开始标定、调试和试运行，各项指标稳定、偏振参数正常，数据实时传回北京市气象局信息中心
4	2020 年 9 月 29 日	该雷达通过初步验收，系统进入试运行阶段
5	2022 年 5 月	完成业务准入
		崇礼车载 X 波段双偏振天气雷达
1	2018 年 3 月 13 日	编制完成《崇礼 X 波段双偏振天气雷达建设项目实施方案》
2	2018 年 5 月 7 日	《崇礼 X 波段双偏振天气雷达建设项目实施方案》获河北省气象局批复
3	2018 年 7 月 16 日	完成气象综合观测系统崇礼 X 波段双偏振天气雷达设备采购项目公开招标
4	2019 年 1 月	完成项目建设交付
5	2019 年 4 月 4 日	完成项目验收

附录 B 北京冬奥会和冬残奥会探测新装备新技术成果

序号	名称	主要特点 / 功能	创新性和先进性
		冬奥探测新设备成果	
1	加热超声风	在 11 个高山赛道站新增加热超声风传感器作为传统机械风备份	解决延庆赛区站点在低温高湿环境下机械风易被冻结的问题，不间断提供稳定的风观测数据，已在多次雨雪天气过程中发挥显著的效益
2	高精度测风自动站	该自动气象站具有精度为 0.01 m/s 的超声风传感器，该传感器精度更高、结构更加紧凑，设备对周围整体布局影响更小	实现风速测量精度从 0.1 m/s 提升到 0.01 m/s，满足开（闭）幕式活动对风观测要素精细化的需求
3	自动站状态监控模块	可获取采集器自身供电电压状态、太阳能充电电压、蓄电池小时电量、采集器存储芯片工作状态、通信模块当前网络信号强度等多种状态信息与运行参数	首次在海陀山部分自动气象站加装该模块，具备自动气象站状态信息获取、程序远程升级、远程控制等功能，对于提升维护维修时效及保障数据质量有重要意义
4	山地便携气象观测综合架	延庆区海陀山南坡下垫面极为复杂，多为杂乱巨石构成的陡壁，无法采用较为成熟的常规地面气象观测系统结构基础和建设方式来完成赛事气象服务观测系统建设，根据梯度气象观测系统布设站址的实际建设和探测环境，组织设计了适用于复杂山地下垫面的气象观测综合架	在野外复杂下垫面应用场景中具有极高的适用性自动气象站各类设备基础可拆卸，便于进行运输、组装和站址迁移；基础可结合需要随时进行扩展或缩减，便于观测要素新增与调整；同时配置多块耐低温蓄电池，进一步提升了恶劣环境工作的可靠性以及基础结构的稳定性
5	机载冰核采集器	可以获得大气中不同高度上冰核浓度和成分，进而研究冰晶降雪等机制，已在北京 2 架飞机上安装试用	国内暂无相关便携式机载冰核采集设备，完全属于自我研发，同时国际上在线的测量设备过于庞大，无法安装在飞机上

续表

序号	名称	主要特点 / 功能	创新性和先进性
6	雨滴谱风挡仪	可以有效提高水平风对降水粒子数浓度和粒子半径测量的影响	风挡结构更加坚固，外沿延伸长度更大，风挡单片间隔设计更科学
7	一种多角度太阳辐射传感器安装支架	解决太阳辐射传感器的支架无法同时测量多个角度太阳辐射的问题，可以实现东、东南、南、西南、西、西北、北、东北八个角度监测太阳辐射	该设备无同类支架
8	可测量冬季降雪微观相态的装置	能够真实测量降雪颗粒的雪晶形态、尺度以及凇附程度等，提高了观测效率以及观测准确度	本实用新型结构简单，操作方便，测量结果真实可靠，可就地进行观测用来观测研究地面降雪粒子微物理属性及演变特征，为降雪数值模式改进、云物理学理论研究和人工影响天气等方面提供一定的科学基础和参考依据
9	一种冰核浓度测量系统	研发了一种冰核浓度测量系统，并制作出成品，研发了一种新型的浸润冻结核化机制冰核测量装置（freezing ice nucleation detector array，FINDA），用于检测浸润冻结核化机制的冰核数浓度谱，定量评估降水（雨、雪、雹等）和大气中的冰核浓度	本技术创新设计了基于 96 孔聚丙烯酶标板（PCR 板）的密封式实验冷台，并利用红外热成像仪对冷台样品水平温差进行了测量及动态温度校准，对降温控制、冻结识别及数据解析进行了自动化软件集成作为对该装置的性能检验，进行了超纯水的冻结温度检验，测量并分析讨论了北京地区两次降雪样品的冰核谱；另外，通过滤膜采样分析检测了北京海陀山区大气冰核的数浓度谱并与在线连续流扩散云室（BJ-CFDC）进行了对比
10	一种自然降落至地面的冰晶观测温度控制系统	研发了一种用于在地面观测雪花冰晶时，为保持雪花冰晶整体结构不受环境温度影响而发生变化的温度控制系统，其能保持雪花在下落至设备后，在低温环境下保持雪花结构，以便后续对雪花的观测	本设备创新采用半导体制冷方式，实现雪花采集面板的迅速制冷降温，在室外低温环境下，最低制冷温度可低至 −40 ℃同时配备温度传感器，可通过温控器实现对采集面板的温度控制，进而能够有效地保持降落在采集面板的雪花冰晶的整体结构
		冬奥探测（新技术）成果	
1	测风激光雷达协同观测	在冬奥延庆赛区 3 个站点分别部署同型号测风激光雷达	可实现对 2 km×2 km 范围内的山地开展垂直分辨率 50 m、水平分辨率 100 m 的观测，并反演获取垂直立体精细化三维风场

续表

序号	名称	主要特点 / 功能	创新性和先进性
2	秒级风、分钟极大风观测程序	通过升级自动气象站采集器程序及改进传感器探测技术，优化算法，每秒采集一次风向风速瞬时值，每分钟挑取 60 s 内的最大风速值及其对应风向，作为分钟极大风输出，实时服务赛事冬奥预报团队及赛事全程	常规自动气象站一般输出小时极大风，应用本技术可实现每分钟极大风的数据输出；常规自动气象站每分钟输出一组瞬时风向风速数据，应用本技术可以实现每分钟六十组各秒瞬时风向风速数据的观测与数据传输
3	天气雷达无人值守远程监控体系	兼顾冬奥气象保障及首都城市防灾减灾需求，部署雷达标准输出控制器、远程综合控制系统	实现核心组件运行状态实时监视及远程控制，提升远程运维监控、保障效率
4	自动站通信供电双备份	通信传输方式采用北斗 +4G 双路、供电系统采用太阳能 + 交流电	确保复杂山地环境中的自动站多要素数据稳定传输，实现应急通信及电源 24 h 热备份
5	基于 X/Ka 双波长雷达的降雪云系水凝物粒子相态识别技术	利用 X/Ka 双波长雷达可以对降雪云系进行水凝物粒子分类，主要分为过冷云雾、雪花、霰、雪 + 霰等，其识别出的水凝物粒子相态分布有助于了解降雪云系中冻结、凝华和冰晶粒子的攀附增长等物理过程	（1）双偏振 X 波段雷达和 Ka 云雷达数据融合和质量控制技术更优； （2）另一方面该算法通过了飞机的原位观测验证，其识别结果可信度很高
6	车载 X 波段偏振雷达作业指挥系统	可以实时处理 X 波段偏振雷达数据，提供雷达基本产品和二次产品，包括粒子相态、增雨（雪）潜力分布等	粒子相态识别准确度更高，经过了大量长期地面和飞机的空—地基验证，增雨雪潜力产品经过了数值模拟合理性分析
7	飞机实时监测系统	可以实时监测飞机作业轨迹、作业区域，实时下传气象要素数据进而实时评估作业区的大气稳定度、温度层结等情况，大幅度改进特殊保障区低频率的探空误差	国内各省人影作业飞机具有监测飞机轨迹，但是实时下传气象要素数据还是较少，而并入到整个气象监测系统的更少
8	机载云系遥感探测系统	通过机载 KPR 云雷达和微波辐射计，可以实时获得探测区云系的宏观信息（云高、云厚、强回波区）以及评估整层液水分布，以上数据可以通过海事卫星实时下传，获得特殊保障区云系的垂直信息，改进预报，提高人影作业监测，寻找最佳作业窗口能力	国内暂无成熟的机载遥感观测设备系统，此设备是从国外进口，用于云系的垂直遥感监测，是国内首次引进的，国外很少用于评估液水，指导人影作业，实现业务化

续表

序号	名称	主要特点 / 功能	创新性和先进性
9	激光雷达反演边界层高度方法及参数系统	基于激光雷达观测，采用的核心算法建立在小波协方差方法基础上，自动判识最优参数组合反演边界层高度，随大气条件动态变化	基于激光雷达的自动识别适应局地大气条件变化的最优参数组合，获得边界层高度，更加有效和精确
10	冰核气溶胶来源后向轨迹分析与绘图系统	本系统适用于冰核气溶胶来源后向轨迹数据的分析与绘图，能够批量读取处理后向轨迹数据，根据用户需求输出后向轨迹综合图；输出单一高度每天 24 h 的逐小时后向 36 h 轨迹图，每天 1 张图，并合并输出到 1 个 pdf 文件；把数据时间处理为北京时间，输出不同高度的每天 24 h 的逐小时后向 36 h 轨迹图，每个高度 1 张图，一天 3 张图横向分布，逐天并合并输出到 1 个 pdf 文件；提取、处理、拼接并绘图冰核每日两个设备的谱分布，并绘制三个高度的 24 h 轨迹图，每天共 4 张图，逐天并合并输出到 1 个 pdf 文件；计算匹配冰核数浓度、PM_{10}、$PM_{2.5}$、气溶胶数浓度与后向轨迹数据，分别绘制其 36 h 后向轨迹综合图	目前市面上无同类软件，本软件程序功能广，操作方便，满足日常降雪观测中的业务和科研需要
11	大气冰核外场协同观测研究数据综合分析与绘图系统	本系统适用于大气冰核外场协同观测多种设备数据的处理分析和绘图，包括冰核观测仪、环境颗粒物分析仪、空气动力学粒径谱仪、激光雷达、风廓线雷达等设备的数据，系统主要功能包括：读取大气冰核数据，提取 −20 ℃、−25 ℃、−30 ℃温度下的冰核数浓度，定义冰核采样时间，并计算每个温度下连续采样的平均冰核数浓度冰核数据绘图读取协同观测的气溶胶、自动站、激光雷达、风廓线雷达数据计算粒径大于 500 nm 的颗粒物的数浓度，计算环境气溶胶谱的时间序列数据，根据采样时段计算空气动力学粒径谱仪的采样时段值绘制协同观测各设备和冰核的匹配时间序列图	目前市面上无同类软件，本软件程序功能广，操作方便，满足日常业务和科研需要

续表

序号	名称	主要特点 / 功能	创新性和先进性
12	冬季降雪外场协同观测研究数据综合分析与绘图系统	本系统适用于冬季降雪外场协同观测多种设备数据的处理分析和绘图，对批量能见度仪原始数据进行预处理，并绘制时间序列图；对自动气象站的原始数据进行读取和质控，绘制整个观测时期的常规要素时间序列图；绘制整个观测期自动站的降水、能见度仪和雾滴谱仪的综合时间序列图；根据用户选择的降雪日，绘制风场垂直结构风羽图；根据用户选择的降雪日过程，绘制微波辐射计中温度、相对湿度、液水含量、水汽密度的垂直结构时间演变；根据用户选择的降雪日，绘制气象要素、能见度、雾滴谱、雨滴谱综合信息时间演变	目前市面上无同类软件，本软件程序功能广，操作方便，满足日常降雪观测中的业务和科研需要

附录 C　北京冬奥会和冬残奥会重大天气过程纪要

序号	起止时间	天气类型	过程概述
2022 年北京冬奥会期间主要高影响天气过程			
1	2 月 4—6 日	大风	受冷空气影响，赛区出现大风天气，其中，北京赛区有 3～4 级偏北风，阵风 5～6 级，局地 7 级；延庆赛区 4 级左右偏北风，阵风 7～9 级，山顶最大阵风 10 级（28.1 m/s）；张家口赛区阵风 5～6 级，山顶 7 级
2	2 月 12—14 日	降雪和低能见度	受高空槽、低层低涡切变线、边界层偏东风和地面倒槽等系统共同影响，赛区出现明显降雪天气，主要降雪时段为 13 日；北京赛区累计降雪量 5 mm，新增积雪深度 6～8 cm；延庆赛区出现大雪，局地暴雪，其中竞速结束区累计降雪量 11.2 mm，西大庄科累计降雪量 13.3 mm；新增积雪深度 10～12 cm，局地 20 cm；山顶最低能见度不足 100 m；张家口赛区出现大雪，累计降雪量 8～10 mm，最大新增积雪深度 15～20 cm，最低能见度不足 100 m
		降温和大风	12—14 日，延庆和张家口赛区平均气温下降 9～13 ℃，延庆赛区 14 日白天最高气温降至 −20～−15 ℃，张家口赛区云顶场馆群最高气温降至 −20 ℃上下；北京城区平均气温下降 6～8 ℃，最高气温低至 0 ℃以下；14 日赛区出现大风天气，延庆赛区山顶最大阵风 9 级（24 m/s）
3	2 月 15—16 日	低温	受前期降雪和补充冷空气影响，赛区气温持续维持较低状态，15 日达到最低，其中，张家口赛区平均气温偏低 10 ℃左右，延庆赛区和北京赛区偏低 8 ℃左右；张家口赛区最低气温 −25～−23 ℃，延庆赛区最低气温 −22 ℃上下，两赛区最高气温 −15 ℃上下，期间赛区风力整体不太大，延庆赛区高海拔站点有 5～6 级阵风，山顶最大阵风 7～8 级
4	2 月 17 日	降雪	受高空槽影响，张家口赛区出现小到中雪，降雪量 2～4 mm，新增积雪深度 3～5 cm；延庆赛区出现小雪，降雪量 1 mm 左右，新增积雪深度 1 cm 左右；北京城区基本无降雪
5	2 月 18—20 日	大风	受冷空气影响，赛区出现大风天气；张家口赛区出现 6～7 级阵风，跳台山顶最大阵风 9～10 级；延庆赛区阵风 6～8 级，山顶站最大阵风 11 级（29.9 m/s）；北京赛区阵风 5～6 级；19 日，张家口和延庆赛区气温下降 8～10 ℃；20 日气温回升

续表

序号	起止时间	天气类型	过程概述
2022 年北京冬残奥会期间主要高影响天气过程			
1	3 月 3—5 日	大风和沙尘	受冷空气影响，赛区出现持续大风天气，其中，延庆赛区有 4～6 级偏北风，阵风 7～9 级，山顶最大阵风 12 级（35.9 m/s）；张家口赛区 4 级左右偏北风，阵风 6～7 级；3 日夜间至 4 日上午，受沙尘天气影响，张家口城区 PM_{10} 浓度 500～600 μg/m^3，最低能见度 6 km，崇礼 PM_{10} 浓度 667 μg/m^3，云顶场馆群最低能见度 4～5 km；延庆城区最低能见度约 9 km，PM_{10} 浓度接近 200 μg/m^3，延庆赛区最低能见度 1～2 km，PM_{10} 峰值浓度 510 μg/m^3；北京赛区最低能见度 5 km，PM_{10} 浓度超过 300 μg/m^3
2	3 月 7—10 日	显著升温	受高压脊影响，赛区出现明显升温过程，平均气温累计升温幅度达 10 ℃以上，10 日达到最高值，张家口赛区最高气温达 9～15 ℃，最低气温 1～3 ℃；延庆赛区最高气温 8～16 ℃，最低气温 -1～4 ℃，气温显著高于常年同期
		低能见度（霾）	受持续静稳天气及低层偏东气流影响，赛区相对湿度和 $PM_{2.5}$ 浓度逐渐升高，能见度下降，北京赛区最低能见度 1～2 km，延庆赛区高海拔站点和张家口赛区云顶场馆群等最低能见度小于 1 km，个别时间甚至不足 100 m
3	3 月 11—12 日	雨雪和低能见度	受高空槽和切变线等系统影响，11 日夜间至 12 日早上，张家口、延庆和北京赛区先后出现明显雨雪天气，降水相态复杂，高海拔山区为雪，低海拔山区为雨夹雪或雨，平原地区为雨；张家口赛区累计降水量 6～8 mm，积雪深度 5～8 cm；延庆赛区累计降水量 2～5 mm，北京赛区累计降水量 2～4 mm；雨雪期间，能见度明显下降，北京城区最低能见度 2～4 km，延庆赛区竞速赛道和张家口赛区云顶场馆群最低能见度不足 50 m

附录 D　SMART-FDP 示范计划正式运行期产品列表（单位按首字母排序）

单位名称	产品分类	产品简称（代码）	类型	要素	分辨率	预报时效	预报时间间隔	预报更新频率	技术方法简介
北京市气象局	次公里级网格预报	RMAPS-ST（含格点平面、空间剖面、模式探空 3 类）	数值预报模式	10 m 风速风向，10 m 阵风风速，2 m 气温，2 m 相对湿度，降水，云量，积雪深度	1 km	0～24 h	1 h	3 h	基于先进的天气研究预报数值模式及局地资料快速更新循环三维变分同化技术，实现京津冀区域次公里级网格数值预报
	次公里级网格客观分析或短临预报	RMAPS-RISE	融合预报系统	10 m 风速风向，2 m 气温，2 m 相对湿度，降水，降水相态，雪线高度	500 m	0～12 h	1 h	10 min	基于多源数据快速融合、复杂地形自适应降尺度、数值模式偏差订正等技术，实现京津冀地区 500 m 分辨率、10 min 更新的 0～12 h 短临无缝隙预报（正在扩展至 24 h 预报）
	次百米级网格客观分析或短临预报	RMAPS-RISE（含格点平面、站点直接插值 2 类）	融合预报系统	10 m 风速风向，2 m 气温，2 m 相对湿度	100 m	0～12 h	1 h	10 min	基于多源数据快速融合、复杂地形自适应降尺度、数值模式偏差订正等技术，实现冬奥山地赛区（100 km×100 km 范围）100 m 分辨率、10 min 更新的 0～12 h 短临无缝隙预报（正在扩展至 24 h 预报）
	赛场站点预报	RMAPS-ST	AI 专项站点预报	10 m 风速风向，10 m 阵风风速，2 m 气温，2 m 相对湿度，降水	/	0～24 h	1 h	3 h	基于相似集合理论（AnEn）和 RMAPS-ST 数值模式数据的冬奥全部站点解释应用产品；站点预报技巧较模式原始预报提升显著，站点预报误差大幅降低

续表

单位名称	产品分类	产品简称（代码）	类型	要素	分辨率	预报时效	预报时间间隔	预报更新频率	技术方法简介
成都信息工程大学	次百米级网格客观预报	WiNS	数值预报模式	10 m 风速风向，降水（雪），能见度，2 m 气温，2 m 相对湿度	100 m	0～12 h	10 min	12 h	基于区域大气模式 RAMS，利用再分析数据和观测资料，提供 100 m 分辨率 0～12 h 预报
中国科学院大气物理研究所	次公里级网格预报	IAP-SD3	数值预报模式	10 m 风速风向，2 m 气温，2 m 相对湿度，降水量，降水相态，降雪量，积雪深度，云量，地表温度，地面气压，地面以上 1 000 m 高度雷达反射率因子，位势高度，比湿，相对湿度，温度，风	1 km	0～72 h	1 h	24 h	空间分辨率：全球平均 9 km，京津冀地区 1 km；时间分辨率：逐小时预报，提供 72 h 预报产品 00Z 全球初始场：GFS；优势：48～72 h 及以上预报准确率高；地表风的预测能力强；基于国产芯片和加速器技术，可在 2 h 完成 10 d 预报
气象大数据实验室	赛场站点预报	MOML	AI 专项站点预报	10 m 风速风向，阵风风速，2 m 气温，2 m 相对湿度	/	0～240 h	0～24 h 为 1 h 间隔，24～240 h 为 3 h 间隔	3 h	模式输出机器学习（MOML）方法，利用机器学习对 ECMWF 模式预报数据进行后处理得到气象要素预报结果
	次公里级网格预报	MOML	AI 格点预报	10 m 风速风向，阵风风速，2 m 气温，2 m 相对湿度，降水量，能见度	1 km	0～240 h	0～24 h 为 1 h 间隔，24～240 h 为 3 h 间隔	12 h	MOML 格点预报是在 MOML 站点预报基础上计算模式残差，得到订正后模式格点预报结果，然后结合模式数据进行机器学习降尺度，得到高分辨率格点预报结果

续表

单位名称	产品分类	产品简称（代码）	类型	要素	分辨率	预报时效	预报时间间隔	预报更新频率	技术方法简介
河北省气象局	次百米级网格客观分析或短临预报	INCA-HR	融合预报系统	风速风向，阵风风速	50 m	0～2 h	1 h	1 h	基于模式预报和地面观测资料，利用地形处理技术和多源资料融合技术，获得风分析及预报
广东省气象局	次公里级网格预报	GZ-500 m	数值预报模式	2 m 气温，2 m 相对湿度，降水，降水类型，10 m 风速风向，阵风，能见度	500 m	0～24 h	1 h	12 h	基于华南区域 1 km 模式，采用三维参考大气和预估校正结合动力框架，建立的京津冀区域 500 m 模式，每天运行两次
	赛场站点预报	GZ-3 km	数值预报模式站点解释应用	2 m 气温，2 m 相对湿度，降水，10 m 风速风向，阵风，能见度	/	0～72 h	1 h	3 h	基于华南区域 3 km 模式，建立京津冀地区逐 3 h 更新预报未来 72 h 的预报系统，经过后处理生成赛场站点预报
中国气象局公共气象服务中心	次百米级网格客观分析	CARAS-HRF	数值预报模式	风速风向，阵风风速，总降水量，能见度，气温，地表湿度，露点温度，相对湿度，积雪深度，地面气压	100 m	0 h	/	10 min	将 LAPS-STMAS 模式参数本地化、引入精细化地形并改进算法，制作山地赛区 100 m 分辨率逐 10 min 更新的分析场产品，包括 13 个要素，延迟 7 min 生成
	次公里级网格预报	AIW-PMKG	AI 预报方法	气温，湿度，风速风向，降水，降水相态	1 km	1～24 h	1 h	1 h	利用深度学习方法，对 ECMWF 和智能网格预报降尺度，集成和基于实况的滚动订正

续表

单位名称	产品分类	产品简称（代码）	类型	要素	分辨率	预报时效	预报时间间隔	预报更新频率	技术方法简介
中国气象局公共气象服务中心	赛场站点预报	OCF	专项站点预报	气温，相对湿度，降水，风速风向，阵风风速，降水相态，能见度，天气现象，风寒指数	/	0～72 h 逐 1 h，72～240 h 逐 3 h	12 h	12 h	利用数值预报释用技术，对多个模式进行空间降尺度至赛场站点上，滚动误差订正和滚动变权重系数集成站点预报，再应用时间降尺度至逐小时
国家电投风电产业创新中心电力气象研究所	次百米级网格短临预报	YUFENG	动力降尺度方法	10 m 风速风向	30 m	0～24 h	1 h	3 h	采用中尺度与 CFD 降尺度嵌套，将睿图 ST 中尺度数据与 CFD 模型进行对接，充分考虑地形地貌对近地层风流场的影响，将天气预报动力降尺度到赛道具体点位，利用气象观测数据对降尺度预报结果进行 MOS 订正，得到最终预报结果
北京墨迹风云科技有限公司	次公里级网格预报	MOJI-AIHRWF	AI 格点预报方法	10 m 风速风向，2 m 气温，2 m 相对湿度，总降水量，地面气压	1 km	0～24 h	1 h	6 h	基于 ECMWF 模式预报，并融合了京津冀地区常规气象观测数据，通过 AI 算法加工得到格点级预报产品，该系统利用机器学习算法中的特征选择方法进行气象大数据挖掘，获得相应模型和算法中最优性能特征集，以此为基础建立针对冬季相关天气要素的 AI 客观订正模型
	次百米级网格客观分析或短临预报	MOJI-AIHRWF	AI 格点及站点预报方法	降水相态，地面以上 1 000 m 高度雷达反射率因子	100 m	0～20 min	1 min	6 min	基于雷达数据和自动观测站点数据，利用人工智能技术加工的一套百米级的降水格点预报产品，目前该产品已在墨迹天气 APP 端业务化运行

续表

单位名称	产品分类	产品简称（代码）	类型	要素	分辨率	预报时效	预报时间间隔	预报更新频率	技术方法简介
中国气象科学研究院	次公里级网格预报	CAMS-SAFES	客观融合订正方法	2 m 气温，2 m 相对湿度，10 m 东西风，10 m 南北风，总降水量，能见度	1 km	0～36 h	1 h	12 h	采用多模式集合加改进后的贝叶斯模型平均（BMA）订正方法
	站点预报	CAMS-SAFES	客观订正方法	2 m 气温，2 m 相对湿度，10 m 东西风，10 m 南北风，总降水量，能见度	/	0～36 h	1 h	12 h	利用自主提出的自适应概率区间法对 BMA 进行改进，继而对 ECMWF 全球模式，GRAPES 模式（3 km），RMAPS 模式（3 km）结果进行应用订正
国家气象中心	次公里级网格预报	GMOSRR	格点客观预报方法	温，湿，风	1 km	0～24 h	1 h	1 h	基于 MOS 订正的客观预报方法
		rucQPF2 h	AI 格点预报方法	降水	1 km	0～2 h	10 min	10 min	基于 AI 的降水滚动更新
		rucQPF36 h	AI 格点预报方法	降水	1 km	0～36 h	1 h	1 h	基于 AI 的降水滚动更新
		PTYPEF	格点客观预报方法	降水相态（包括雨、雨夹雪、雪和冻雨），新增积雪	1 km	0～240 h	3 h	12 h	基于 Cobb 和最优概率阈值判别技术的新增积雪深度和相态产品

续表

单位名称	产品分类	产品简称（代码）	类型	要素	分辨率	预报时效	预报时间间隔	预报更新频率	技术方法简介
国家气象中心	赛场站点预报	STNF	专项站点预报	站点气温，平均风和阵风	/	0～36 h	1 h	每日 08:00 和 20:00（北京时）	基于 ECMWF 模式预报以及复杂地形多维插值和机器学习订正方法的站点预报
		STNF	专项站点预报	站点气温，平均风和阵风	/	36～72 h 为 1 h 间隔，72～240 h 为 3 h 间隔		每日 08:00 和 20:00（北京时）	基于 ECMWF 模式预报以及 MOS 的站点预报
		STNMF	专项站点预报	站点平均风，极大风	/	11～14 d	6 h	每日 08:00 和 20:00（北京时）	基于 ECMWF 模式预报以及 BP 神经网络的风站点预报
		STNPROB	专项站点预报	降水、温度、风等常规要素的风险阈值	/	0～240 h	6 h	每日 08:00 和 20:00（北京时）	基于 ECMWF 模式预报以及一致排序的概率预报技术
		PTYPEAN	专项站点预报	降水相态	/	0～240 h	3 h	12 h	基于 ECMWF 模式预报以及最优概率阈值的相态判别
		NSD	专项站点预报	站点新增积雪	/	0～240 h	3 h	12 h	基于 ECMWF 模式预报以及 Cobb 的新增积雪深度产品

续表

单位名称	产品分类	产品简称（代码）	类型	要素	分辨率	预报时效	预报时间间隔	预报更新频率	技术方法简介
国家气象中心	赛场站点预报	EPSAN	专项站点预报	最高最低气温，降水，最大风速，湿度集合平均标准化异常度，标准化异常度概率，成员标准化异常度，异常天气影响矩阵	/	0～72 h 逐 3 h，72～240 h 逐 6 h		12 h	基于 ECMWF 集合预报和历史气候的站点异常天气产品
上海市气象局	次公里级网格预报	WARMS	数值预报模式	10 m 风速风向，2 m 气温，2 m 露点温度，2 m 相对湿度，降雪量，总降水量，能见度，全模式层组合雷达反射率因子	1 km	0～24 h	1 h	12 h	预报模式系统基于 ADAS-WRF 建立，背景场为 NCEP_GFS 分析场，通过 ADAS 系统同化观测资料
中国气象局数值预报中心	次公里级网格预报	GRAPES（含格点平面、空间剖面、模式探空 3 类）	数值预报模式	风速风向，阵风，气温，相对湿度，露点温度，降雪量，总降水量，降水相态，零度层高度，低云量，总云量，地表温度，地面气压，能见度，可降水量，全模式层组合雷达反射率	1 km	0～24 h	1 h	3 h	基于 GRAPES-Meso 3 km 业务系统，通过提高模式动力框架计算精度和稳定性，引进更为精细的下垫面资料，选择调试物理过程参数化方案组合，建立覆盖京津冀的重点区域 1 km 分辨率的 GRAPES 冬奥高分辨数值预报系统

续表

单位名称	产品分类	产品简称（代码）	类型	要素	分辨率	预报时效	预报时间间隔	预报更新频率	技术方法简介
中国气象局数值预报中心	次公里级网格预报	GRAPES-BLD	多模式集成方法	10 m 风速风向，2 m 气温，2 m 相对湿度	1 km	0～36 h	1 h	6 h	对GRAPES模式体系中的GRAPES_1 km/GRAPES_3 km/GRAPES_9 km/GRAPES-GFS 模式通过空间时间降尺度、误差订正和多模式集成等客观方法，得到次公里尺度格点要素预报
	次百米级网格预报	GRAPES	动力降尺度方法	10 m 风速风向	100 m	0～24 h	10 min	3 h	采用 CALMET 动力降尺度方法，根据质量和动量守恒原理，考虑地形动力学效应、坡面流地形阻塞效应以及日变化强迫等，产生基于GRAPES_1 km 模式的次百米精细化风场
	赛场站点预报	GRAPES-BLD	站点客观预报方法	2 m 气温，2 m 相对湿度，10 m 风速风向，总降水量，降雪量，阵风	/	0～240 h	0～36 h 逐 1 h，36～120 h 逐 3 h，120～240 h 逐 6 h	6 h	对GRAPES模式体系中的GRAPES_1 km/GRAPES_3 km/GRAPES-GFS 模式通过站点三维插值、误差订正和多模式集成等客观方法，得到赛场站点要素预报
中国气象局气象探测中心	次公里级网格客观分析	RTOAS_500 m	多尺度变分分析方法	风速风向，温度，相对湿度，露点温度，地面气压，比湿	500 m	0 h	/	地面：15 min；高空：1 h	采用多尺度变分分析技术，进一步的改进在于针对不同尺度的天气过程，调整逐步订正、局部变分和粗细网格计算过程的变量参数，有效融合多源观测数据同时提供更丰富准确的天气动力信息
	次百米级网格客观分析	RTOAS_50 m			50 m				

续表

单位名称	产品分类	产品简称（代码）	类型	要素	分辨率	预报时效	预报时间间隔	预报更新频率	技术方法简介
国家气象信息中心	次公里级网格客观分析	ART-OWG	多源融合方法	2 m 气温，2 m 相对湿度，10 m 风速风向，降水，总云量	1 km	0 h	/	1 h	要素采用地形偏差订正、多重网格变分技术；降水采用“PDF+BMA+降尺度 +OI”偏差订正及融合分析技术；云量采用逐步订正融合分析技术，融合区域数值预报产品、静止气象卫星和天气雷达观测数据，生成云量融合分析结果
国家气象信息中心	次百米级网格客观分析	ART-OWG	多源融合方法	2 m 气温，2 m 相对湿度，10 m 风速风向，能见度，降水，总云量	100 m	0 h	/	10 min	温湿采用机器学习降尺度订正和多重网格融合技术；风速、能见度采用 WRF 区域模拟加多重网格变分融合技术；降水采用 OI 融合分析技术，生成地面快速网格化分析降水；云量采用逐步订正融合分析技术，融合区域数值预报产品、高频次卫星和雷达观测数据，生成云量融合分析结果
93110 部队	次公里级网格预报	KJAINWP	数值预报模式	风速风向，阵风，气温，湿度，比湿，降雪量，总降水量，降水相态，地面气压，全模式层雷达组合反射率因子	1 km	0～48 h	1 h	6 h	以全球模式预报场为背景场，采用先进同化方法，实现逐小时同化常规观测和雷达等资料，完成 1 日 4 次京津冀地区 48 h 次公里网格预报

续表

单位名称	产品分类	产品简称（代码）	类型	要素	分辨率	预报时效	预报时间间隔	预报更新频率	技术方法简介
93110部队	赛场站点预报	KJAINWP	AI专项站点预报	气温，相对湿度，平均风速风向，阵风风速，降水量，降雪量，降水相态，地面气压	/	0～48 h	1 h	6 h	基于KJAINWP模式格点产品，采用lightGBM和XGBoost等多种机器学习方法对模式一级格点产品进行后处理订正，预报频次与格点预报保持一致

附录 E 北京冬奥会和冬残奥会因天气原因调整日程情况表

日程变更	案例	变更原因	影响后果 / 用户评价	累计次数
冬奥会因天气原因调整官训、比赛日程情况				
推迟或中断	案例 1：国家高山滑雪中心速度赛道 2 月 4 日，原计划 11:00 举行的高山滑雪滑降第二次官方训练推迟 1 小时	大风	赛事顺利进行，杨树安表示：气象窗口期抓得不错	7
	案例 8：国家高山滑雪中心技术赛道 2 月 13 日，原计划 13:45 举行的高山滑雪男子大回转第二轮比赛推迟 1 小时 15 分钟	降雪	受赛道积雪影响，原计划 2 月 13 日 13:45—16:05 举行的高山滑雪男子大回转比赛，推迟至 15:00	
	案例 9：国家高山滑雪速度赛道 2 月 14 日，原计划 11:00 举行的高山滑雪女子滑降第三次官方训练推迟 2 小时进行	降雪	受赛道积雪影响，原计划 2 月 14 日 11:00—13:10 举行的高山滑雪女子滑降第三次官方训练，推迟至 13:00—15:10	
	案例 11：云顶滑雪公园 U 型场地技巧赛道 2 月 14 日，原计划 09:30 举行的自由式滑雪 U 型场地技巧官方训练推迟 1 小时 30 分钟	降雪	受降雪影响，原计划 2 月 14 日 09:30—12:30 举行的自由式滑雪 U 型场地技巧官方训练推迟至 11:00—14:00	
	案例 15：国家高山滑雪中心竞速赛道 2 月 15 日，原计划 11:00 举行的高山滑雪女子滑降比赛推迟半小时进行	大风	受大风影响，原计划 2 月 15 日 11:00—13:15 举行的高山滑雪女子滑降比赛，推迟至 11:30—13:45	
	案例 16：国家高山滑雪中心竞速赛道 2 月 16 日，原计划 10:30 举行的高山滑雪女子全能滑降官方训练推迟 1 小时 30 分钟	大风	受大风影响，原计划 2 月 16 日 10:30—12:00 举行的高山滑雪女子全能滑降官方训练推迟至 12:00—13:30	

续表

日程变更	案例	变更原因	影响后果 / 用户评价	累计次数
推迟或中断	案例 19：国家越野滑雪中心 2 月 19 日，原计划 14:00—16:55 举行的越野滑雪男子 50 公里集体出发比赛推迟 1 小时进行	大风	受大风影响，体感温度较低，原计划 2 月 19 日 14:00—16:55 举行的越野滑雪男子 50 公里集体出发比赛推迟 1 小时，在 15:00—16:55 举行	
延期	案例 3：国家高山滑雪中心速度赛道 2 月 6 日，原计划 11:00 举行的高山滑雪滑降比赛连续推迟 3 次，13:00 决定比赛延期，并于 14:00 召开北京冬奥会第一次竞赛日程变更委员会会议，决定延期比赛	大风	（1）受强风影响，2 月 6 日高山滑雪男子滑降比赛延期至 2 月 7 日 12:00—13:30；2 月 7 日高山滑雪女子大回转比赛时间调整为第一轮 9:00—11:00，第二轮 14:30—16:00； （2）杨树安强调，今天的情况就是对气象的考验，要密切观测、加强预报	
	案例 7：云顶滑雪公园坡面障碍技巧赛道 2 月 13 日，原计划 10:00—12:00 举行的自由式滑雪女子坡面障碍技巧资格赛延期至 2 月 14 日	降雪、低能见度	（1）受降雪、低能见度影响，原计划 2 月 13 日 10:00—12:00 举行的自由式滑雪女子坡面障碍技巧资格赛延期，12 时，竞赛日程变更委员会会议决定，2 月 13—15 日的比赛活动将顺延至 14—16 日； （2）2 月 13 日，国际奥委会、北京冬奥组委召开主题为“赛事半程运行总结”新闻发布会，总结赛事前半程情况和亮点工作发布会上，杨树安提到，开赛至今，气象部门为赛事提供了精准的天气预报，这对赛事顺利运行至关重要，比如大家看到的今天的降雪，早在 2 月 4 日气象部门已经有了预测，2 d 前基本确定了每个场馆降雪的时段和量级，据此，组委会很早就发布了天气预警信息，并组织进行提前应对，气象部门为北京冬奥组委赛事组织运行及各参赛运动员提供了一流的气象服务； （3）国际奥委会体育部副部长伊琳娜对气象服务做出高度评价，认为气象预报很准确	4
	案例 10：云顶滑雪公园空中技巧赛道 2 月 13 日，原计划 19:00 举行的自由式滑雪女子空中技巧比赛延期至 2 月 14 日 15:00 举行	降雪	受降雪影响，赛道积雪无法及时清除，原计划 2 月 13 日 19:00—20:15 举行的自由式滑雪女子空中技巧比赛，推迟至 2 月 14 日 15:00—16:30	

续表

日程变更	案例	变更原因	影响后果 / 用户评价	累计次数
延期	案例 18：国家高山滑雪中心 2 月 19 日，原计划 11:00 举行的高山滑雪混合团体比赛延期至 2 月 20 日 09:00 举行	大风	受大风影响，原计划 2 月 19 日 11:00—13:15 举行的高山滑雪混合团体比赛延期至 2 月 20 日 09:00—11:15 举行	
提前	案例 5：国家高山滑雪中心速度赛道 2 月 12 日，高山滑雪女子全能滑降官方训练与女子滑降第一次官方训练合并进行	大风	为最大程度降低后续天气对于 2 月 17 日高山滑雪全能比赛的影响，国际雪联决定高山女子全能滑降官方训练与女子滑降第一次官方训练合并进行，所有高山滑雪女子全能运动员必须参加 2 月 12 日高山滑雪女子滑降第一次官方训练	6
	案例 12：国家冬季两项中心 2 月 15 日原计划 17:00 举行的冬季两项男子 4×7.5 km 接力比赛提前 2 小时 30 分钟进行	低温	受低温影响，原计划 2 月 15 日 17:00—18:30 举行的冬季两项男子 4×7.5 km 接力比赛提前 2 小时 30 分举行，提前至 14:30—16:00	
	案例 13：国家越野滑雪中心 2 月 15 日原计划 19:00 举行的北欧两项越野滑雪男子个人 10 公里比赛提前半小时进行	低温	受低温影响，原计划 2 月 15 日 19:00—19:50 举行的北欧两项越野滑雪男子个人 10 公里比赛提前半小时举行，提前至 18:30—19:20，受此影响，北欧两项越野滑雪官方训练提前半小时，调整为 17:15—18:15	
	案例 14：国家越野滑雪中心 2 月 16 日原计划 17:00 举行的越野滑雪男子 / 女子团体短距离（传统技术）资格赛，19:00 举行的越野滑雪男子 / 女子团体短距离（传统技术）决赛分别提前 1 小时 25 分钟进行	低温	受低温影响，2 月 16 日越野滑雪男子 / 女子团体短距离（传统技术）竞赛日程提前，其中资格赛由 2 月 16 日 17:00—18:30 调整为 15:15—16:45，决赛由 2 月 16 日 19:00—20:20 调整为 17:15—18:35	
	案例 17：国家冬季两项中心 2 月 19 日，原计划 17:00 举行的冬季两项女子 12.5 公里集体出发比赛提前 1 d 进行	低温	受低温影响，原计划 2 月 19 日 17:00—17:55 举行的冬季两项女子 12.5 公里集体出发比赛提前 1 d，在 2 月 18 日 15:00—15:45 举行	

续表

日程变更	案例	变更原因	影响后果 / 用户评价	累计次数
提前	案例 20：国家越野滑雪中心 2 月 20 日，原计划 14:30—16:40 举行的越野滑雪女子 30 公里集体出发比赛提前 3 小时 30 分钟举行		受大风影响，2 月 20 日越野滑雪女子 30 公里集体出发比赛提前 3 小时 30 分钟举行，在 11:00 开赛	
取消	案例 2：国家高山滑雪中心速度赛道 2 月 5 日，原计划 11:00 举行的高山滑雪男子滑降第三轮官方训练取消	大风	受大风天气影响且无窗口期，仅出发 3 名运动员，仲裁决定取消高山滑雪男子滑降第三次官方训练由于官方训练取消，仲裁允许运动员再进行一轮赛道视察	3
	案例 4：国家跳台滑雪中心 2 月 4 日，原计划 12:10 举行的跳台滑雪女子标准台第二次官方训练、第三轮训练取消	阵风	受阵风影响，原计划 2 月 4 日 12:10 举行的跳台滑雪女子标准台第二次官方训练、第三轮训练临时决定取消，运动员出发时间明显延长，第二轮训练于 12：29 结束	
	案例 6：国家高山滑雪中心速度赛道 2 月 13 日，原计划 11:00 举行的高山滑雪女子滑降第二次官方训练取消	低能见度、降雪	受低能见度和赛道积雪影响，原计划 2 月 13 日 11:00—13:10 举行的高山滑雪女子滑降第二次官方训练取消	
冬残奥会因天气原因调整官训、比赛日程情况				
推迟或中断	案例 2：国家高山滑雪中心速度赛道 原计划 3 月 1 日 10:00 开始的残奥高山滑雪滑降第一次官方训练推迟半小时进行	大风	受大风影响，原计划 3 月 1 日 10:00—13:00 残奥高山滑雪滑降第一次官方训练推迟半小时进行，10:30 开始，14:40 结束	2
	案例 3：国家高山滑雪中心速度赛道 原计划 3 月 2 日 10:00 开始的残奥高山滑雪滑降第二次官方训练推迟 1 小时进行	大风	受大风影响，原计划 3 月 2 日 10:00—13:00 残奥高山滑雪滑降第二次官方训练推迟 1 小时进行，11:00 开始，14:05 结束	
提前	案例 1：国家高山滑雪中心速度赛道 原计划 3 月 1—4 日残奥高山滑雪滑降自由滑训练（非官方训练）、官方训练整体提前 1 d	大风	受 3 月 4 日大风影响，原计划 3 月 1—4 日残奥高山滑雪滑降自由滑训练、官方训练整体提前 1 d，调整至 2 月 28—3 月 3 日进行	5

续表

日程变更	案例	变更原因	影响后果 / 用户评价	累计次数
提前	案例 4：国家冬季两项中心 原计划 3 月 4 日残奥冬季两项女子 6 公里 / 男子 6 公里（短距离）官方训练提前 1 d		受 3 月 4 日大风影响，原计划 3 月 4 日残奥冬季两项女子 6 公里 / 男子 6 公里（短距离）官方训练提前 1 d，调整至 3 月 3 日进行	
	案例 6：国家高山滑雪中心速度赛道和技术赛道 原计划 3 月 8 日残奥高山滑雪全能比赛提前 1 d	高温	受 3 月 8 日高温影响，原计划 3 月 8 日残奥高山滑雪全能比赛提前 1 d，调整至 3 月 7 日进行	
	案例 7：云顶滑雪公园 原计划 3 月 12 日残奥单板滑雪坡面回转比赛提前 1 d	降雨	受 3 月 12 日降雨预报影响，原计划 3 月 12 日残奥单板滑雪坡面回转比赛提前 1 d，调整至 3 月 11 日进行	
	案例 8：国家高山滑雪中心技术赛道 原计划 3 月 10—13 日残奥高山滑雪回转、大回转比赛当天提前举行	高温	受 3 月 10—13 日高温影响，为了减少融雪带来的危险和相对保证比赛的公平，原计划 3 月 10—13 日残奥高山滑雪回转、大回转比赛当天提前举行，当天比赛均调整至 8:30 开赛；3 月 12 日调整为残奥高山回转女子比赛，3 月 13 日调整为残奥高山回转男子比赛	
取消	案例 5：云顶滑雪公园 原计划 3 月 4 日残奥单板滑雪障碍追逐官方训练取消	大风	受大风天气影响，3 月 4 日残奥单板滑雪障碍追逐官方训练取消，3 月 5 日残奥单板滑雪障碍追逐官方训练由 1 个单元（11:00—13:00）调整为 2 个单元（9:30—11:00，13:00—15:00）	1

附录 F　北京冬奥会和冬残奥会气象服务产品清单

气象服务保障类别	产品名称	服务对象
申办阶段气象服务	《2022 年冬奥会申办地北京延庆、河北崇礼气候条件分析报告》	北京冬奥组委
	延庆赛区 2015—2016 年冬奥会期间气象要素统计分析——雪车雪橇	北京冬奥组委
	水立方区域冬奥会期间气象要素统计分析——冰壶场地选址	北京冬奥组委
	冬奥考察气象服务专报	国际雪联官员、国际奥委会评估考察延庆考察团、北京冬奥组委延庆运行中心、延庆区委区政府相关领导和保障活动相关负责人
	海陀山地区各站气象数据	北京冬奥组委延庆运行中心、延庆区委区政府相关领导和保障活动相关负责人
	迎接国际奥委会评估团气象服务专报、申奥一周天气气象服务专报	张家口市委办、市政府办、市申奥办
筹办阶段气象服务	延庆赛区 2015—2016 年冬奥会期间气象要素统计分析——雪车雪橇	北京冬奥组委
	水立方区域冬奥会期间气象要素统计分析——冰壶场地选址	北京冬奥组委
	雪务实验气象分析报告——延庆赛区	北京冬奥组委
	冬奥延庆赛区人工造雪窗口期气象条件分析报告	北京冬奥组委
	索道建设方需要的大风分析	北京冬奥组委
	2018 年冬奥赛事日程气象风险分析	北京冬奥组委
	测试赛期间延庆赛区历史极端高温（融雪风险）分析	冬奥气象中心综合协调办公室
	北京 2022 年冬奥会和冬残奥会火炬接力传递阶段气候背景分析	北京冬奥组委文化活动部火炬传递处
	2021 年国际雪车雪橇联合会考察气象服务专报（滚动提供）	延庆区考察保障指挥部

续表

气象服务保障类别	产品名称	服务对象
筹办阶段气象服务	2017 年张家口赛区崇礼雪务实验气象分析报告	北京北控京奥建设有限公司、冬奥组委
	测试赛气象服务专报、冬奥会测试活动气象服务专报、灾害性天气提示信息	河北省冬奥运行保障指挥部、张家口市冬奥会城市运行和环境建设管理指挥部
	北京赛区场馆预报（中英文）、北京赛区场馆通报（中英文）	赛事组委会
	“相约北京”测试赛场馆群指挥部气象服务专报	延庆赛区场馆群指挥中心
	延庆赛区未来 10 d 天气预报、延庆赛区未来 24 h 天气预报、延庆赛区气候趋势预测、延庆赛区汛期微信服务	北京市重大办延庆处、延庆赛区建设方、延庆区政府
	延庆赛区核心区加密短临预报和现场咨询	北控京奥公司专人
开（闭）幕式气象保障服务	北京 2022 年冬奥会和冬残奥会开（闭）幕式气候风险评估报告、北京 2022 年冬奥会开幕式国家体育场风场模拟与评估分析报告	北京冬奥组委开（闭）幕式工作部
	极端天气（高影响天气）对北京 2022 年冬奥会和冬残奥会开（闭）幕式的影响分析和应对措施	北京冬奥组委
	极端天气事件对冬奥开（闭）幕式影响风险分析	北京市应急管理局
	国家体育场未来 10 d 天气预报、国家体育场 2 月 4 日下午天气预报（滚动提供）、北京冬奥会和冬残奥会开（闭）幕式天气预报（活动当天重点时段）	中办、国办，北京冬奥组委、应急管理部、北京市委市政府、北京冬奥组委开（闭）幕式工作部
	国家体育场未来 3 d 预报	北京冬奥组委开（闭）幕式工作部
	国家体育场内（外）风速精细化分析	北京冬奥组委开（闭）幕式工作部
火炬传递气象保障服务	北京 2022 年冬奥会和冬残奥会火炬接力传递阶段气候背景分析	北京冬奥组委文化活动部火炬传递处
	北京 2022 年冬奥会火炬接力沿途各地点近十年（2012—2021 年）同期高影响天气气候背景分析	北京市委办公厅、市政府办公厅

续表

气象服务保障类别	产品名称	服务对象
火炬传递气象保障服务	火炬传递气象服务专报（关键地区逐 12 h）、火炬传递气象服务专报（关键地区逐小时）	中办、国办，北京冬奥组委、应急管理部、北京市火炬传递指挥部、张家口市火炬接力后勤保障组、张家口市委宣传部
	冬奥北京火炬传递交通气象服务专报（滚动更新 2022 年 2 月 2—4 日火炬沿途关键点预报）、冬残奥会北京火炬传递交通气象服务专报（滚动更新 2022 年 3 月 2—4 日火炬沿途关键点预报）	中国气象局
赛事气象服务	城区场馆天气通报（中英文版）、城区场馆气象服务专报（中英文版）、城区场馆站点预报（中英文版）、北京冬奥会气象服务（赛区天气）专报、北京冬残奥会气象服务（赛区天气）	国际冬奥组委、场馆运行团队、MCC
	首钢滑雪大跳台站点预报（中英文版）	场馆运行团队、竞赛团队、各国运动队、MCC
	首钢滑雪大跳台 ODF 预报、单板滑雪大跳台 C49 报告、自由式滑雪大跳台 C49 报告	国际冬奥组委
	北京 2022 年延庆冬奥会和冬残奥会场馆群指挥中心气象服务专报、北京 2022 年冬奥会和冬残奥会延庆赛区阪泉综合服务中心气象服务专报	延庆赛区场馆群指挥中心
	国家雪车雪橇中心场馆通报（中英文版）、国家雪车雪橇中心场馆站点预报（中英文版）、国家高山滑雪中心场馆通报（中英文版）、国家高山滑雪中心场馆站点预报（中英文版）	国家雪车雪橇场馆运行、赛事运行等相关领导、竞赛主任、技术官员、教练员和运动员等
专项气象服务	冬奥气象实况监测、延庆赛区直升机救援气象服务专报、张家口赛区直升机救援气象服务专报、高影响天气直升机救援气象专报、延庆赛区气象专报	北京市红十字会紧急救援中心
	冬奥和冬残奥交通气象服务专报、高影响天气交通气象服务专报	北京市交通委员会、北京市公安局公安交通管理局、北京市首都公路发展集团有限公司
	专项活动交通逐小时预报	气象台专项活动

续表

气象服务保障类别	产品名称	服务对象
专项气象服务	京冀冬奥高速公路交通服务专报	中国气象局
	未来一周冬奥赛区森林草原火险气象预报、全国森林草原火险加密服务产品	应急管理部
	2022 年“两会”和冬残奥会期间全国森林草原火险预报	国家森林草原防灭火指挥部办公室
	能源电力气象条件预报	国家电网华北分部调度控制中心
	能源保供气象服务专报	国家能源局
城市运行气象服务	冬奥会和冬残奥会城市运行气象服务专报	冬奥城市运行及环境保障组、北京市城市管理委员会
	三大赛区第二日预报	冬奥城市运行及环境保障组
	北京扫雪铲冰气象服务专报	北京市城市管理委员会
	供暖气象服务专报	延庆区城市管理委员会
	北京 2022 年冬奥会和冬残奥会城市运行及环境保障组气象服务专报	延庆赛区城市运行及环境保障组
	北京 2022 年冬奥会和冬残奥会交通保障组气象服务专报	延庆赛区交通保障组
	气候预测服务专报	延庆赛区外围保障和城市运行指挥部
	北京 2022 年冬奥会和冬残奥会气象服务专报（冬奥综合处、值班调度处）	延庆赛区冬奥综合处、值班调度处
	北京 2022 年冬奥会和冬残奥会冬奥住宿点气象服务专报	延庆赛区签约酒店
	北京 2022 年冬奥会和冬残奥会加氢站气象服务专报	延庆赛区加氢站
	北京 2022 年冬奥会和冬残奥会天气实况服务专报	延庆赛区外围保障和城市运行指挥部相关处、组
	北京 2022 年冬奥会和冬残奥会扫雪铲冰气象服务专报	延庆赛区城市运行及环境保障组
	生态环境保障组空气气象服务专报（周报）	延庆赛区生态环境保障组
	北京 2022 年冬奥会和冬残奥会森林火险气象服务月报	延庆区应急管理局

续表

气象服务保障类别	产品名称	服务对象
城市运行气象服务	气象服务专报（北京 2022 年冬奥会开（闭）幕式）	延庆赛区外围保障和城市运行指挥部相关处
	北京 2022 年冬奥会和冬残奥会观众观赛气象服务专报	延庆区委宣传部、延庆赛区人力资源及志愿者组
	北京 2022 年冬奥会和冬残奥会 HJT 点燃仪式气象服务专报	延庆区委组织部、区城市管理委员会、区体育局
公众气象服务	冬奥气象科普	面向公众
	冬奥会、残奥会场馆预报	面向公众
	《冬奥气象预报员——海陀追雪人》	面向公众
	《冬奥气象预报员——爬冰卧雪“观天”忙》	面向公众
	《观云测风护冬奥》《冬奥“冷”知识》	面向公众
	《高山滑雪—自动气象站》	面向公众
	《最是冰雪映丹心 观云测风护冬奥》	面向公众
	《跳台滑雪—概述》《自由式滑雪—概述》《单板滑雪—概述》	面向公众
	《冰球—气象条件》《冬季两项—大雾》	面向公众

附录 G　北京冬奥会和冬残奥会天气和风险分析报告节选

G1　赛区气候特征

北京 2022 年冬奥会和冬残奥会将在北京赛区、延庆赛区和张家口赛区举行，计划使用 26 个场馆。赛区位于中国华北地区，受大陆性季风气候影响，冬季干燥寒冷。

1. 北京赛区气候特征

北京赛区（以朝阳气象观测站为代表站）7 月气温全年最高，月平均最高气温可达 31.1 ℃；1 月气温全年最低，月平均最低气温为 −8.4 ℃。7 月是北京赛区全年降水最多的月份（降水量 163.8 mm），12 月为全年降水最少的月份（降水量 1.8 mm）。北京赛区 2 月和 3 月平均气温分别为 −0.2 ℃（变化范围：−5.5～5.8 ℃）和 6.3 ℃（变化范围：0.4～12.3 ℃）；月降水量分别为 3.9 mm 和 9.4 mm（图 G1.1）。

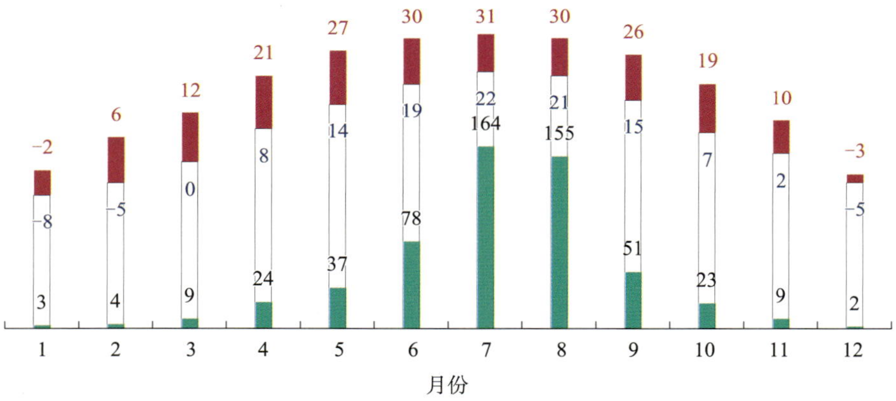

图 G1.1　北京赛区逐月平均气温变化范围（单位：℃，红色柱状图）及降水量（单位：mm，绿色柱状图）

北京赛区近 10 年（2012—2021 年）冬奥会（2 月 4—20 日，下同）和冬残奥会（3 月 4—13 日，下同）同期的平均气温分别为 −0.1 ℃和 5.6 ℃，冬奥会期间平均气温较近 30 年的历史平均值（图 G1.2）略偏高，冬残奥会期间较常年偏高 1.1 ℃。北京赛区冬奥会和冬残奥会同期的极端最高气温分别为 20.9 ℃和 23.2 ℃。冬奥会和冬残奥会同期的最大日降水量分别为 24.5 mm（2020 年 2 月 14 日）和 25.5 mm（2007 年 3 月 4 日）（表 G1.1）。

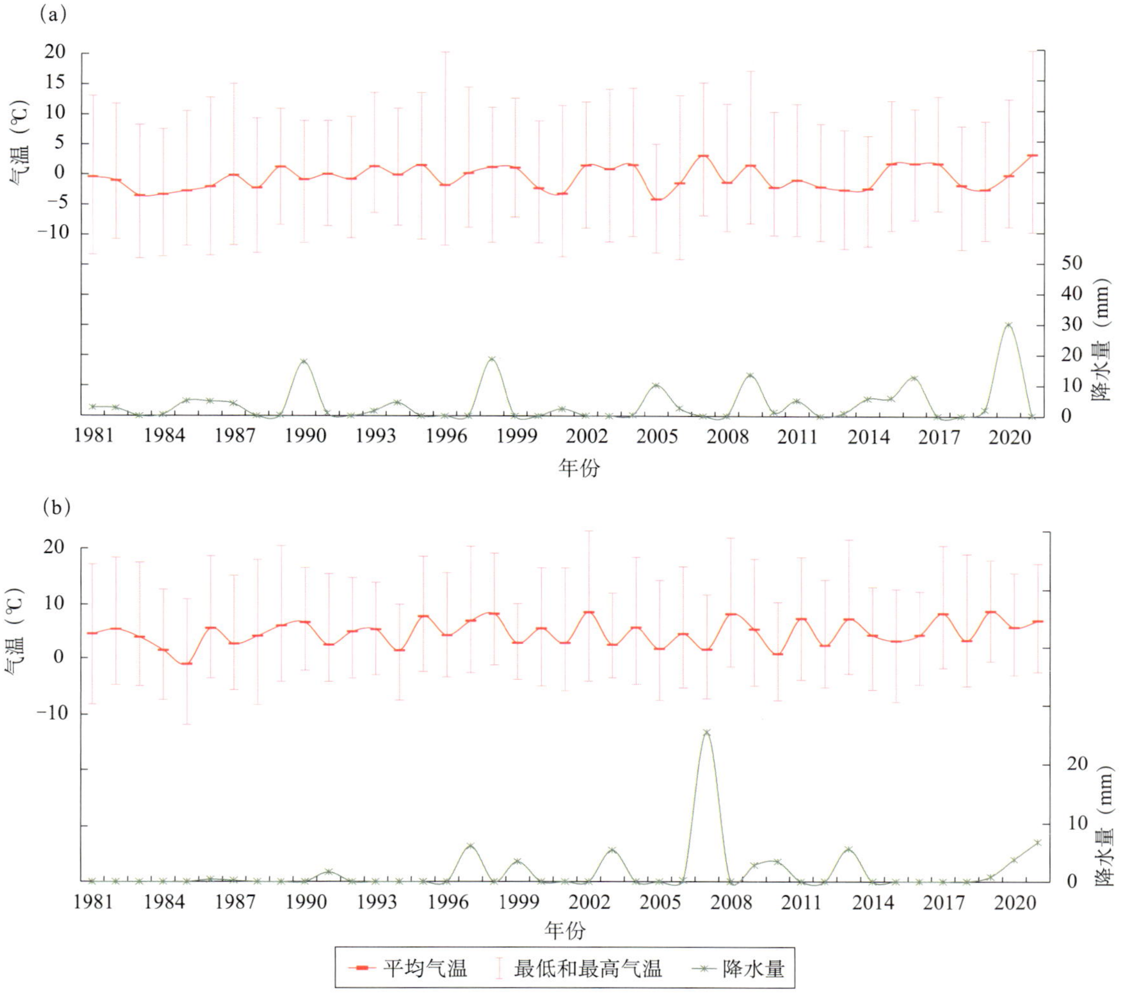

图 G1.2　北京赛区冬奥会（a）和冬残奥会（b）同期逐年气温（平均、最低和最高）、降水量

表 G1.1　北京赛区冬奥会和冬残奥会同期气象记录

要素			冬奥会（2 月 4—20 日）数值	冬奥会（2 月 4—20 日）日期	冬残奥会（3 月 4—13 日）数值	冬残奥会（3 月 4—13 日）日期
北京赛区	平均气温（℃）	最高	9.3	2021-02-20	14.4	2017-03-11
		最低	−8.7	2001-02-04	−5.0	1985-03-05
	最高气温（℃）	最高	20.9	2021-02-20	23.2	2002-03-11
		最低	−6.6	2001-02-04	−0.8	2010-03-08
	最低气温（℃）	最高	4.1	1998-02-20	8.1	2021-03-11
		最低	−14.0	2006-02-04	−11.7	1985-03-06

续表

要素			冬奥会（2月4—20日）		冬残奥会（3月4—13日）	
			数值	日期	数值	日期
北京赛区	海平面气压（hPa）	最高	1 045.1	1996-02-19	1 039.3	2010-03-08
		最低	999.4	1996-02-13	1 003.0	2004-03-09
	相对湿度（%）	最小	8.0	1996-02-19	11.0	2015-03-09
	风速（m/s）	最大	10.8	1991-02-20	8.5	1996-03-07
	瞬时风速（m/s）	极大	20.8	2007-02-13	24.0	2001-03-06
	日降水量（mm）	最大	24.5	2020-02-14	25.5	2007-03-04
	积雪深度（cm）	最大	8.0	2005-02-16	11.0	2007-03-04

注：数据分析时段为 1981—2021 年，气候数据资料来自于朝阳气象观测站（站号：54433），海拔高度 35 m，位于北京城区。

2. 延庆赛区气候特征

延庆赛区（以延庆气象观测站为代表站）7 月气温全年最高，月平均最高气温可达 29.0 ℃；1 月气温全年最低，月平均最低气温为 −14.1 ℃。7 月是延庆赛区全年降水最多的月份（平均降水量 123.0 mm），1 月为全年降水最少的月份（平均降水量 1.9 mm）。延庆赛区 2 月和 3 月平均气温分别为 −4.1 ℃（变化范围：−10.2～3.3 ℃）和 2.8 ℃（变化范围：−3.6～9.8 ℃），山区昼夜温差较大；月平均降水量分别为 3.4 mm 和 9.2 mm，平均降水日数分别为 2.2 d 和 3.8 d（图 G1.3）。

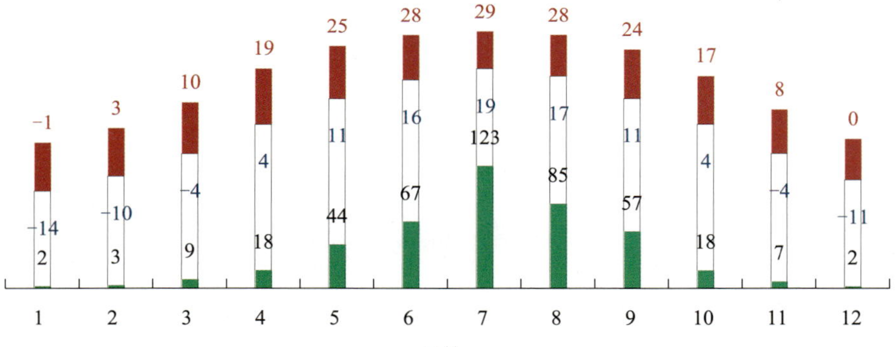

图 G1.3　延庆赛区逐月平均气温变化范围（单位：℃，红色柱状图）及降水量（单位：mm，绿色柱状图）

延庆赛区近 10 年（2012—2021 年）冬奥会和冬残奥会期间的平均气温分别为 −3.8 ℃和 2.0 ℃，比近 30 年的历史平均值分别偏高 0.6 ℃和 1.1 ℃（图 G1.4）。延庆赛区冬奥会和冬残奥会同期的极端最高气温分别为 19.7 ℃（2021 年 2 月 20 日）和 22.1 ℃（2018 年 3 月 13 日）。冬奥会和冬残奥会同期的最大日降水量分别为 12.6 mm（2020 年 2 月 14 日）和 21.5 mm（2007 年 3 月 4 日）（表 G1.2）。

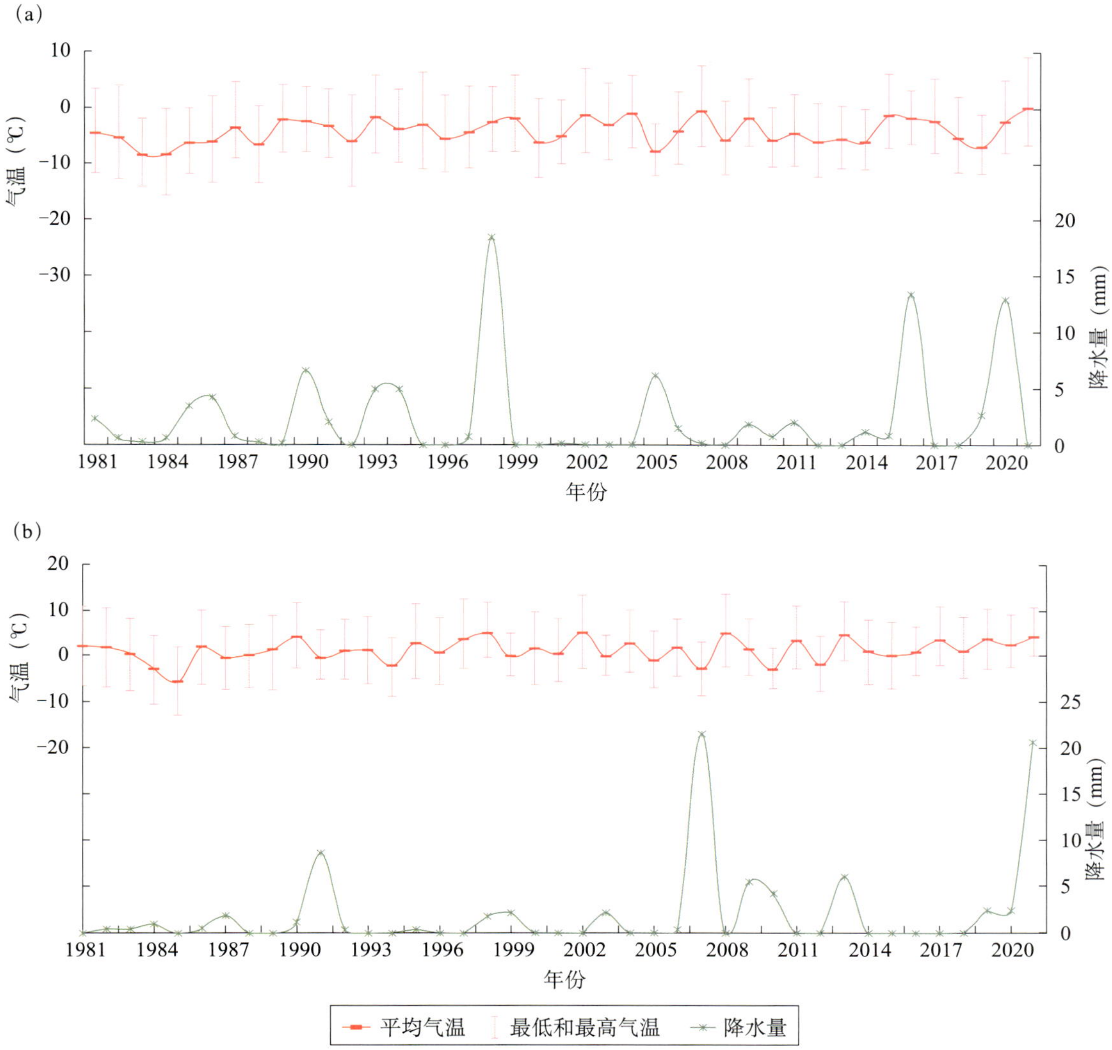

图 G1.4　延庆赛区冬奥会（a）和冬残奥会（b）同期逐年气温（平均、最低和最高）、降水量

表 G1.2　延庆赛区冬奥会和冬残奥会同期气象记录

要素			冬奥会（2 月 4—20 日）		冬残奥会（3 月 4—13 日）	
			数值	日期	数值	日期
延庆赛区	平均气温（℃）	最高	8.2	2021-02-20	10.8	2008-03-10
		最低	−13.6	1983-02-18	−9.2	2007-03-06
	最高气温（℃）	最高	19.7	2021-02-20	22.1	2018-03-13
		最低	−9.8	1985-02-17	−4.9	1988-03-06
	最低气温（℃）	最高	1.3	2004-02-20	5.1	2021-03-12
		最低	−23.3	1985-02-20	−17.7	2007-03-06

续表

要素			冬奥会（2月4—20日）		冬残奥会（3月4—13日）	
			数值	日期	数值	日期
延庆赛区	海平面气压（hPa）	最高	1 047.5	1996-02-19	1 040.0	2010-03-08
		最低	1 002.1	1996-02-13	1 003.0	2004-03-09
	相对湿度（%）	最小	13.0	2014-02-04	10.0	2000-03-06
	风速（m/s）	最大	7.3	1991-02-20	7.3	1988-03-07，1995-03-11
	瞬时风速（m/s）	极大	20.6	2004-02-13	20.6	2004-03-10
	日降水量（mm）	最大	12.6	2020-02-14	21.5	2007-03-04
	积雪深度（cm）	最大	8.0	1986-02-17	17.0	2007-03-04

注：数据分析时段为1981—2021年，气候数据资料来自于延庆气象观测站（站号：54406），海拔高度487.9 m，位于延庆区。

3. 张家口赛区气候特征

张家口赛区（以崇礼气象观测站为代表站）7月气温全年最高，月平均最高气温为26.2 ℃；1月气温全年最低，月平均最低气温为−20.7 ℃。7月是全年降水最多的月份（平均降水量107.6 mm），1月为全年降水最少的月份（平均降水量4.4 mm）。2月和3月平均气温分别为−10.0 ℃（变化范围：−16.6～−1.5 ℃）和−2.4 ℃（变化范围：−8.9～5.0 ℃）；月平均降水量分别为5.7 mm和12.1 mm，平均降水日数分别为6.3 d和7.0 d（图G1.5）。

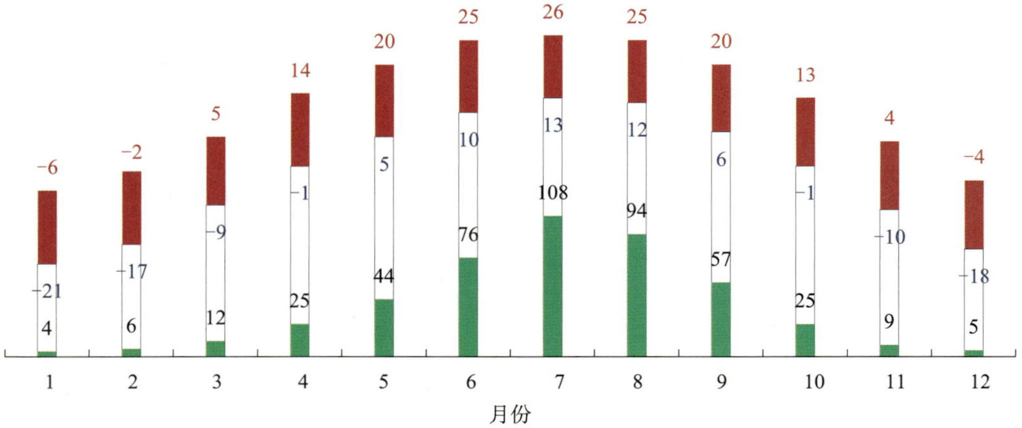

图G1.5　张家口赛区逐月平均气温变化范围（单位：℃，红色柱状图）及降水量（单位：mm，绿色柱状图）

张家口赛区近10年（2012—2021年）冬奥会和冬残奥会同期的平均气温分别为−10.7 ℃和−4.3 ℃，比近30年的历史平均值分别偏低和偏高0.3 ℃和0.4 ℃（图G1.6）。张家口赛区冬奥会和冬残奥会同期的极端最高气温分别为 13.9 ℃（2004 年 2 月 19 日）和 20.4 ℃（2018 年 3 月 13 日）。冬奥会和冬残奥会同期的日最大降水量分别为 8.2 mm（1962 年 2 月 10 日）和 14.9 mm（2007 年 3 月 4 日）（表 G1.3）。

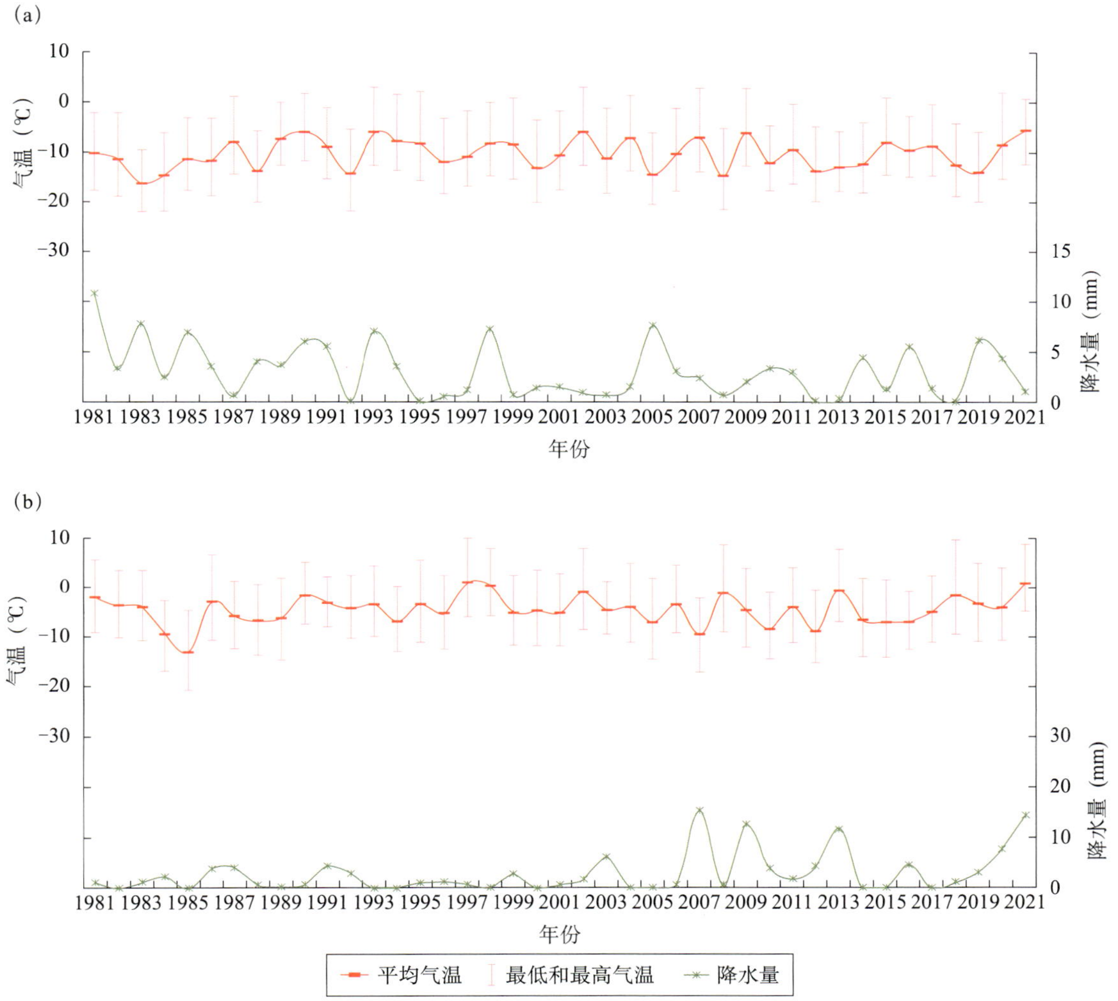

图 G1.6　张家口赛区冬奥会（a）和冬残奥会（b）同期逐年气温（平均、最低和最高）、降水量

表 G1.3　张家口赛区冬奥会和冬残奥会比赛同期气象记录

要素			冬奥会（2 月 4—20 日）		冬残奥会（3 月 4—13 日）	
			数值	日期	数值	日期
张家口赛区	平均气温（℃）	最高	3.0	2004-02-19	7.1	2018-03-13
		最低	−24.3	1964-02-11	−17.8	1971-03-12
	最高气温（℃）	最高	13.9	2004-02-19	20.4	2018-03-13

续表

要素			冬奥会（2月4—20日）		冬残奥会（3月4—13日）	
			数值	日期	数值	日期
张家口赛区	最高气温（℃）	最低	−18.5	1968-02-19 1968-02-20 1977-02-15	−12.6	2007-03-5
	最低气温（℃）	最高	−1.0	1998-02-20	2.2	1997-03-13
		最低	−32.4	1978-02-15	−27.7	2007-03-06
	海平面气压（hPa）	最高	1 045.2	2019-02-16	1 040.4	2015-03-09
		最低	1 010.0	2021-02-20	1 010.8	2018-03-13
	相对湿度（%）	最小	22.0	1974-02-19	12.0	1960-03-12
	风速（m/s）	最大	7.0	1962-02-17	7.3	1968-03-04
	瞬时风速（m/s）	极大	18.3	2018-02-10	19.9	2013-03-09
	日降水量（mm）	最大	8.2	1962-02-10	14.9	2007-03-04
	积雪深度（cm）	最大	22.0	1982-02-04 至 1982-02-08	18.0	1979-03-05

注：数据分析时段：海平面气压2014—2021年，极大风速2005—2021年，最大风速1972—2021年，其余要素1960—2021年。气候数据资料来自于崇礼气象观测站（站号：54304），海拔高度1246.7 m，位于崇礼区。

G2 主要影响天气类型

根据多年气象资料的统计分析，在冬奥会和冬残奥会期间，对赛事造成影响的天气类型主要有以下六种。

1. 类型 I——来自西北的干冷空气

该类型为冬奥会和冬残奥会期间常见的天气。当强盛的西西伯利亚冷空气南侵时，往往带来西北大风和降温天气。

2. 类型 II——来自偏北路经的冷空气

该类型将对赛事产生较大影响，但出现频次较少。来自极地的冷空气沿着偏北路径快速南下，会使赛区温度骤降，出现偏北大风，山区降雪的概率较大。

3. 类型Ⅲ——来自南方的暖湿空气

该类型易导致降水天气发生。主要表现为华北地区的暖湿气流不断加强，地面有低压发展，同时冷空气从偏西方向进入低压后部，易出现大雪甚至暴雪的天气。

4. 类型Ⅳ——来自东北方向的冷空气

该类型与华北地形相关，主要表现为冷空气从东北南下，从偏东方向进入北京地区，形成一个冷空气楔，低层暖湿空气沿冷空气爬升，造成降水天气。

5. 类型Ⅴ——来自偏西方向的弱冷空气

该类型表现为来自偏西方向的弱冷空气，与弱冷锋或地面弱辐合系统相配合，可形成弱降水天气。

6. 类型Ⅵ——来自偏南方向的暖空气

该类型受来自南方的暖气团影响，偏南气流强劲且偏干，配合晴朗少云的天空状况，导致赛区白天气温快速升高，伴有融雪风险发生。

G3 2021 年冬奥会和冬残奥会同期主要影响天气

1. 冬奥会同期主要影响天气

2021 年 2 月 4—20 日，主要有两次明显冷空气活动。受Ⅰ类至Ⅳ类、Ⅵ类天气影响，赛区先后出现降水、大风降温、持续升温等天气过程。

（1）受Ⅰ类和Ⅱ类天气的影响，出现大风、降温

北京赛区　首钢 2 号站（A1106 站，起跳点，离地面高度约 25 m）阵风超过 10 m/s 的日数有 7 d，其中 2 min 平均风速最大值为 8.2 m/s（2 月 16 日 14 时），阵风风速最高达 19.3 m/s（2 月 16 日 09 时）。

延庆赛区　2 月 4—5 日、15—16 日、19—20 日，滑降起点附近（A1701 站，海拔高度 2 194.0 m）2 min 平均风速最大值为 16.5 m/s（2 月 14 日 20 时），阵风风速最大值为 28.9 m/s（2 月 16 日 20 时）。16 日 09 时出现赛时同期的最低气温，为 −25.2 ℃。

张家口赛区　2 月 4—5 日、14 日夜间至 16 日、19—20 日，云顶滑雪公园雪上技巧赛道起点附近（B1620 站，海拔高度 1 923.7 m）2 min 平均风速最大值为 10.5 m/s（2 月 15 日 15 时），阵风风速最高达 21.4/s（2 月 19 日 12 时）；古杨树场馆群跳台滑雪起点左侧（B3215 站，海拔高度 1 758.7 m）2 min 平均风速最大值为 17.0 m/s（2 月 19 日 13 时），阵风风速最高达 25.4 m/s（2 月 19 日 16 时）。17 日 07 时在云顶 3 号站（B1628 站，海拔高度 2 075.8 m）出现赛期同期（本赛期）最低气温，为 −28.1 ℃。

（2）受Ⅲ类和Ⅳ类天气影响，出现明显降水

北京赛区　14 日出现小雨，首钢滑雪大跳台降雨量 0.1 mm。

延庆赛区　14 日和 15 日分别出现小到中雪。国家高山滑雪中心山顶降雪最大降雪量 4.3 mm，竞速结束区附近 2.0 mm；国家雪车雪橇中心降雪 2.0 mm。14 日下午和 15 日傍晚，高山滑雪中心能见度明显下降，山顶能见度低于 100 m。

张家口赛区　2 月 14—16 日，赛区出现明显降雪。云顶滑雪公园场馆群降水量为 2.7～3.3 mm，古杨树场馆群降水量为 1.7～2.2 mm。

（3）受Ⅵ类天气影响，气温持续上升

北京赛区　首钢滑雪大跳台（A1105 站，地面自动站）白天高温超过 10 ℃的日数有 6 d，超过 5 ℃的日数有 14 d，最高达 20.1 ℃（2 月 20 日 15 时 40 分）。

延庆赛区　2 月 18—20 日，白天气温持续回升。20 日白天气温升至最高，其中高山滑雪中心竞速赛道起点（A1701 站，海拔高度 2 177.5 m）气温升至 3.9 ℃、竞速赛道结束区（A1708 站，海拔高度 1 310 m）升至 12.7 ℃、国家雪车雪橇中心（A1489 站，海拔高度 928 m）为 16.7 ℃。0 ℃线高度逐日升高，19 日早晨位于 1 700 m 左右，20 日早晨升至 1 900 m 左右。

张家口赛区　2 月 18—20 日，气温持续回升。20 日出现赛期同期（本赛期）最高气温，云顶滑雪公园雪上技巧赛道起点附近（B1620 站，海拔高度 1 923.7 m）气温最高升至 7.6 ℃，古杨树场馆群 3.75 公里赛道最低点附近（B1650 站，海拔高度 1 622.8 m）气温最高升至 9.6 ℃。20 日夜间古杨树场馆群最低气温高于 0 ℃。

2. 冬残奥会同期主要影响天气

2021 年 3 月 4—13 日，冷空气势力较弱，赛区气温波动中相对平稳，风力不强；受两次Ⅲ类天气影响，弱冷空气带来雨雪和低能见度天气。

延庆赛区　5 日下午出现降雪，山顶最大降雪量 2.4 mm，结束区附近 1.0 mm；由于风小湿度大，5 日下午至 6 日中午高山滑雪中心能见度较差，赛道能见度低于 100 m。11 日夜间、12 日早晨至下午持续降水，其中山顶降雪，结束区附近出现雨或雨夹雪转雪；山顶最大降雪量 33.0 mm，结束区附近降雪量 22.6 mm。降水期间，能见度较差，赛道能见度低于 100 m。

张家口赛区　12 日白天普降暴雪，云顶滑雪公园降水量为 15.0～17.8 mm，古杨树场馆群降水量为 12.6～15.7 mm。

3. 赛事服务情况

2021 年 2 月 16—26 日“相约北京”系列冬季体育赛事在延庆赛区和张家口赛区进行。期间，基于对大风降温、降水和持续升温等天气的准确预报和服务，3 项官方训练取消，11 项比赛项目调整赛程。

G4 2021 年冬奥会和冬残奥会赛期同期气象条件分析

1. 延庆赛区气候风险

延庆赛区 2 月和 3 月份存在多种气象风险，包括低温、融雪、大风、降雨、沙尘、低能见度等。为了分析延庆赛区可能存在的影响冬奥会、冬残奥会的极端气候事件，我们选取了建站时间较长、距离赛区最近的延庆气象站（海拔高度 488 m）的资料来进行分析。

融雪。延庆气象站历史上 2 月份极端最高气温达 19.2 ℃（1966 年 2 月 28 日），日最高气温高于 5 ℃的日数最多达 27 d（2002 年 2 月）。3 月份延庆气象站高温风险明显增大，极端最高气温为 28.3 ℃（2002 年 3 月 31 日），最高气温高于 5 ℃日数最多达 31 d（1961、1993、2019 年）。

大风。2 月份延庆气象站大风日数（瞬时风速达到或超过 17 m/s 或目测估计风力达到或超过 8 级的风为大风）最多达 12 d（1966 年 2 月），日极大风速 24.6 m/s（2004 年 2 月 25 日），风险较大。3 月份大风日数最多达 18 d（1962 年 3 月），极大风速达 23.7 m/s（2020 年 3 月 18 日）。由于延庆气象站海拔高度比延庆赛区赛道低，实际赛区山顶的风力更大。

降水。延庆气象站 2 月份基本上以降雪为主，日最大降雪量 17.2 mm（1979 年 2 月 22 日，雪），最多降雪日数 8 d（2005 年）。降雪偏多将给赛场运维与交通带来压力。3 月份日最大降水量 21.5 mm（2007 年 3 月 4 日，为雨夹雪），最多降水日数 9 d（1987 年，其中 4 d 降雨，3 d 降雪，2 d 雨夹雪）。降雨对赛场的影响很大。

沙尘和沙尘暴。延庆气象站的扬沙天气 2 月份为 4 d，出现在 1963 和 1966 年；3 月份最多为 6 d，出现在 1965 年。沙尘暴 2 月和 3 月份最多天数分别为 7 d 和 8 d，分别出现在 1960 年和 1962 年。

延庆赛区气象风险较多，每种气象风险极端情况的出现都将给比赛带来重大影响，有些风险不仅影响赛场运维和运动员参赛，对观众观赛的影响也不容忽视。

2. 张家口赛区气候风险

2 月和 3 月份，张家口赛区气象风险种类与延庆地区基本一致。为了分析张家口赛区可能存在的影响冬奥会和冬残奥会的气候风险，选取了建站时间较长距离赛区最近的崇礼气象站（海拔高度 1 246.7 m）的资料进行分析。

低温。崇礼气象站历史上 2 月份极端最低气温 −32.4 ℃（1978 年 2 月 15 日），最低气温低于 −15 ℃日数最多达 27 d（1964、1968、1972 年）。3 月份极端最低气温 −27.7 ℃（2007 年 3 月 6 日），最低气温低于 −15 ℃的日数最多达 19 d（1970 年 3 月）。由于崇礼气象站海拔高度比张家口赛区赛道低，气温高于赛区赛道附近，因此张家口赛区低温风险也不容忽视。

融雪。崇礼气象站历史上 2 月份极端最高气温达 15.3 ℃（1992 年 2 月 28 日），日最高气温高于 5 ℃的日数最多为 14 d（2007、2021 年）。3 月份崇礼气象站高温风险明显增大，极端最高气温为 21.5 ℃(1969 年 3 月 26 日)，日最高气温高于 5 ℃日数最多为 28 d（1997 年）。

大风。2 月份崇礼气象站大风日数最多达 12 d（1966 年），日极大风速 18.3 m/s（2018 年 2 月 10 日），大风风险较大。3 月份大风日数最多达 12 d（1966 年），极大风速达 21.2 m/s（2020 年 3 月 18 日）。

降水。崇礼气象站2月份基本上以降雪为主，日最大降雪量19.9 mm（1979年2月22日，雪），最多降雪日数 17 d（1968、1981、1998 年），降雪的偏多将给赛场的运维、交通带来压力。3 月份崇礼地区降雨的风险略微加大，但仍然以降雪为主，日最大降雪量为 17.4 mm（2010 年 3 月 14 日），最多降雪日数 17 d（1980 年）。

沙尘和沙尘暴。崇礼气象站沙尘天气 2 月份较少，3 月份较多。2 月，扬沙天气最多出现 2 d（1987、2009 年），沙尘暴仅出现过 1 d（1960 年 2 月 24 日）；3 月，扬沙最多为 7 d（2002 年），沙尘暴历史累计出现 8 d。

附录 H　北京冬奥会和冬残奥会赛事气象服务产品样例

（北京城区）

北京 2022 年冬奥会和冬残奥会气象中心　　2022 年 02 月 22 日 17:00 发布

天气概述

一、未来三天天气预报（今天夜间至 2 月 24 日）
今天夜间：晴，风力不大，最低气温-5℃。
明天：晴，风力不大，最高气温 6℃，最低气温-4℃。
24 日：晴，风力不大，最高气温 10℃，最低气温-2℃。
二、未来 4-10 天天气展望（2 月 25 日至 3 月 3 日）
中期时段天气以晴到多云为主。受冷空气影响，26 日前后风力可能加大。

国家体育场

48 小时预报

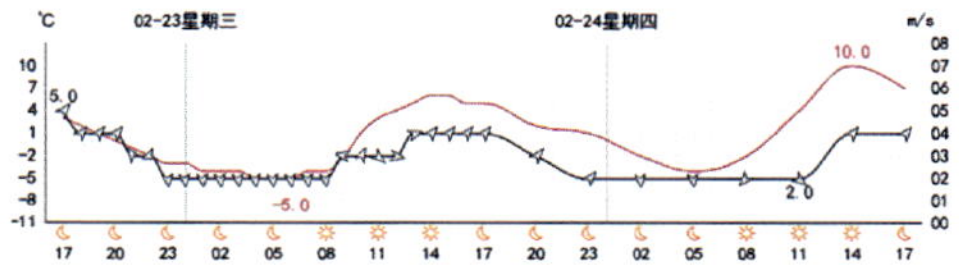

3-10 天预报

24 日（星期四）	25 日（星期五）	26 日（星期六）	27 日（星期日）	28 日（星期一）	01 日（星期二）	02 日（星期三）	03 日（星期四）
10℃/-2℃	11℃/1℃	10℃/-2℃	11℃/-1℃	11℃/0℃	9℃/-1℃	10℃/-1℃	9℃/-2℃
晴	晴转多云	晴	晴转多云	多云转晴	多云	多云转晴	晴

预报员：刘卓

Meteorological Centre for Beijing
2022 Olympic and Paralympic Winter Games　　Issued at 17:00 on Feb.22,2022

Weather overview

I. Weather forecast (Tonight to Feb.24th)
Tonight:Clear. Gentle breeze. The low is predicted to be -5°C.
Tomorrow: Sunny. Gentle breeze. The high will be 6°C, with the low of -4°C.
24th: Sunny. Gentle breeze. The high will be 10°C, with the low of -2°C.
II. Weather outlook for the next 4-10 days(Feb.25th to Mar.3rd)
The weather for the next 4-10 days is mainly sunny or partly cloudy. Cold air will bring possible rising winds around 26th.

National Stadium

48 hour Forecast

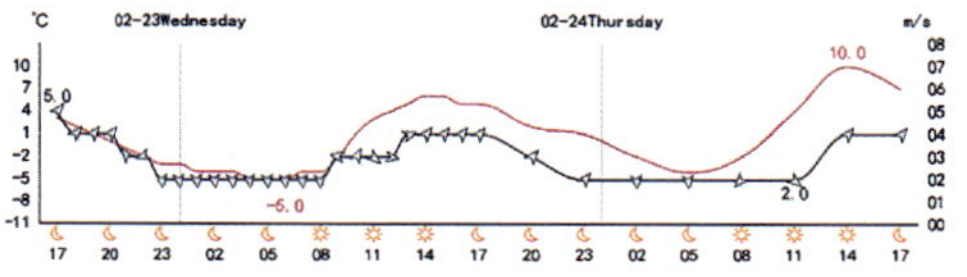

3-10 Days Forecast

24 (Thu.)	25 (Fri.)	26 (Sat.)	27 (Sun.)	28 (Mon.)	01 (Tue.)	02 (Wed.)	03 (Thu.)
10°C/-2°C	11°C/1°C	10°C/-2°C	11°C/-1°C	11°C/0°C	9°C/-1°C	10°C/-1°C	9°C/-2°C
Sunny	Sunny to Cloudy	Sunny	Sunny to Cloudy	Cloudy to Sunny	Cloudy	Cloudy to Sunny	Sunny

Forecaster: Liu Zhuo

图 H.1　北京城区场馆天气通报中文版和英文版

北京 2022 年冬奥会
MOC 气象服务专报

北京 2022 冬奥会和冬残奥会气象中心　　第 285 期　　2022 年 02 月 23 日 17 时发布

一、赛区天气综述

今天夜间到明天白天：赛区天气以晴为主，气温继续回升。具体预报如下：

北京赛区： 晴；明天白天西南风 1 米/秒，阵风 3～5 米/秒；最低气温-4℃，最高气温 10℃；最大相对湿度 40%。

延庆场馆群（国家高山滑雪中心）： 晴；明天白天山顶西北风 5～10 米/秒，阵风 9～15 米/秒；竞速结束区东南风 2～4 米/秒，阵风 5～9 米/秒；最低气温山顶-14℃，结束区-6℃，最高气温山顶-8℃，结束区 0℃；最大相对湿度 50%。

张家口云顶滑雪公园： 晴；偏西风 3～4 米/秒，阵风 5～9 米/秒；最低气温-14℃，最高气温-7℃；最大相对湿度 45%。

张家口古杨树场馆群： 晴；偏东风 2～4 米/秒，阵风 3～9 米/秒；最低气温-17℃，最高气温-2℃；最大相对湿度 60%。

天气展望：

2 月 26 日、28 日和 3 月 4 日前后，赛区有三次冷空气活动，气温明显下降，风力增大。其他时段赛区以晴为主，气温回升。

二、城市天气预报（今天夜间至明天夜间）

城市	时段		天气	气温 白天最高/夜间最低	风向	风力
北京	23 日	夜间	晴	-6℃	西南风	小于 3 级
	24 日	白天	晴	9℃	西南风	小于 3 级
		夜间	晴	-5℃	西南风	小于 3 级
延庆	23 日	夜间	晴	-13℃	西风	小于 3 级
	24 日	白天	晴	7℃	西南风	小于 3 级
		夜间	晴	-12℃	西风	小于 3 级
张家口	23 日	夜间	晴	-13℃	西风	3-4 级
	24 日	白天	晴	4℃	西风	3-4 级
		夜间	晴	-10℃	西风	3-4 级
崇礼	23 日	夜间	晴	-17℃	西风	3-4 级
	24 日	白天	晴	1℃	西风	3-4 级
		夜间	晴	-14℃	西风	3-4 级

三、城市天气展望

1. 北　京

25 日 星期五	26 日 星期六	27 日 星期日	28 日 星期一	01 日 星期二
多云	晴	晴转多云	多云	晴
12/0℃	10/-4℃	12/-2℃	12/-1℃	10/-3℃
南风转西北风	西北风转西风	南风转北风	西北风转北风	西南风
3-4 级	小于 3 级	小于 3 级	4-5 转 3-4 级	3-4 转小于 3 级

2. 延　庆

25 日 星期五	26 日 星期六	27 日 星期日	28 日 星期一	01 日 星期二
多云	晴	晴转多云	多云	晴
10/-6℃	7/-6℃	11/-4℃	7/-6℃	8/-7℃
西风	西风	西南风转西风	西北风	西风
小于 3 级	小于 3 级	小于 3 级	3-4 转小于 3 级	小于 3 级

3. 张家口

25 日 星期五	26 日 星期六	27 日 星期日	28 日 星期一	01 日 星期二
晴转多云	晴	晴	多云转晴	晴
6/-8℃	3/-8℃	7/-5℃	3/-10℃	5/-8℃
西北风	西北风	东南风	西北风	东南风
4-5 级	4-5 转 3-4 级	小于 3 级	4-5 级	小于 3 级

4. 崇　礼

25 日 星期五	26 日 星期六	27 日 星期日	28 日 星期一	01 日 星期二
晴转多云	晴	晴	小雪转晴	晴
3/-16℃	-1/-15℃	3/-13℃	-2/-17℃	0/-15℃

西北风	西北风	东南风	西北风	东南风
4~5 级	4~5 转 3~4 级	小于 3 级	4~5 级	小于 3 级

风速等级对应关系:
0 级:0.0~0.2米/秒; 1 级:0.3~1.5米/秒; 2 级:1.6~3.3米/秒; 3 级:3.4~5.4米/秒;
4 级:5.5~7.9 米/秒; 5 级:8.0~10.7 米/秒; 6 级:10.8~13.8 米/秒; 7 级:13.9~17.1 米/秒;
8 级:17.2~20.7 米/秒; 9 级:20.8~24.4 米/秒; 10 级:24.5~28.4 米/秒; 11 级:28.5~32.6 米/秒; 12 级:>32.6 米/秒

下次发布时间: 2022 年 02 月 24 日 07 时

最新天气预报信息可通过如下网站或 APP 获取: https://olympic.weather.com.cn/

图 H.2　北京 2022 年冬奥会 MOC 气象服务专报(中文版)

Olympic Winter Games Beijing 2022
MOC Weather Overview

Meteorological Centre for the
2022 Olympic and Paralympic Winter Games　　Issued at 17:00 on Feb 23 2022

Ⅰ. Venues Weather Overview

From tonight to tomorrow: Clear with rising temperatures. The details are as follows:

Beijing Zone: Clear. Southwest wind of 1m/s with gusts of 3 to 5m/s during the daytime tomorrow. Low -4℃, and high 10℃. Maximum humidity 40%.

Yanqing National Alpine Skiing Centre: Clear. During the daytime tomorrow, northwest winds of 5 to 10m/s with gusts of 9 to 15m/s at the top. Southeast winds of 2 to 4m/s with gusts of 5 to 9m/s at the DH finish. Low -14℃ at the top and -6℃ at the DH finish. High -8℃ at the top and 0℃ at the DH finish. Maximum humidity 50%.

Zhangjiakou Genting Snow Park: Clear. Northwest winds of 3 to 4m/s with gusts of 5 to 9m/s. Low -14℃, and high -7℃. Maximum humidity 45%.

Guyangshu Venue Cluster: Clear. East winds of 2 to 4m/s with gusts of 3 to 9m/s. Low -17℃, and high -2℃. Maximum humidity 60%.

Weather outlook:

There will be three rounds of cold air in competition areas on Feb. 26, Feb. 28 and around Mar. 4 respectively, which will bring strong wind gusts and decreasing temperatures. In other times, clear with rising temperatures will be in the competition areas.

Ⅱ. City Weather Forecast – Tonight to tomorrow night

City	Time		Weather	Temperature Day high/Night low	Wind direction	Beaufort wind scale
Beijing	Feb 23	Night	Clear	-6℃	Southwest	≤3
	Feb 24	Day	Sunny	9℃	Southwest	≤3
		Night	Clear	-5℃	Southwest	≤3
Yanqing	Feb 23	Night	Clear	-13℃	West	≤3
	Feb 24	Day	Sunny	7℃	Southwest	≤3
		Night	Clear	-12℃	West	≤3
Zhangjiakou	Feb 23	Night	Clear	-13℃	West	3-4
	Feb 24	Day	Sunny	4℃	West	3-4
		Night	Clear	-10℃	West	3-4
Chongli	Feb 23	Night	Clear	-17℃	West	3-4
	Feb 24	Day	Sunny	1℃	West	3-4
		Night	Clear	-14℃	West	3-4

Ⅲ. City Weather Outlook

1. Beijing

Date	Feb 25 Fri	Feb 26 Sat	Feb 27 Sun	Feb 28 Mon	Mar 01 Tue
Weather	Mostly Cloudy	Sunny	Sunny to Mostly Cloudy	Mostly Cloudy	Sunny
Temp.(℃)	12/0℃	10/-4℃	12/-2℃	12/-1℃	10/-3℃
Wind direction	South to Northwest	Northwest to West	South to North	Northwest to North	Southwest
Beaufort wind scale	3-4	≤3	≤3	4-5 to 3-4	3-4 to ≤3

2. Yanqing

Date	Feb 25 Fri	Feb 26 Sat	Feb 27 Sun	Feb 28 Mon	Mar 01 Tue
Weather	Mostly Cloudy	Sunny	Sunny to Mostly Cloudy	Mostly Cloudy	Sunny
Temp.(℃)	10/-6℃	7/-6℃	11/-4℃	7/-6℃	8/-7℃
Wind direction	West	West	Southwest to West	Northwest	West
Beaufort wind scale	≤3	≤3	≤3	3-4 to ≤3	≤3

3. Zhangjiakou

Date	Feb 25 Fri	Feb 26 Sat	Feb 27 Sun	Feb 28 Mon	Mar 01 Tue
Weather	Sunny to Mostly Cloudy	Sunny	Sunny	Mostly Cloudy to Sunny	Sunny
Temp.(℃)	6/-8℃	3/-8℃	7/-5℃	3/-10℃	5/-8℃
Wind direction	Northwest	Northwest	Southeast	Northwest	Southeast
Beaufort wind scale	4-5	4-5 to 3-4	≤3	4-5	≤3

4. Chongli

Date	Feb 25 Fri	Feb 26 Sat	Feb 27 Sun	Feb 28 Mon	Mar 01 Tue
Weather	Sunny to Mostly Cloudy	Sunny	Sunny	Light snow to Sunny	Sunny
Temp.(℃)	3/-16℃	-1/-15℃	3/-13℃	-2/-17℃	0/-15℃

Wind direction	Northwest	Northwest	Southeast	Northwest	Southeast
Beaufort wind scale	4-5	4-5 to 3-4	≤3	4-5	≤3

Beaufort Wind Force Scale:
Force 0 : 0.0-0.2 m/s;　1 : 0.3-1.5 m/s;　2 : 1.6-3.3 m/s;　3 : 3.4-5.4 m/s;　4 : 5.5-7.9 m/s;　5 : 8.0-10.7 m/s;
6 : 10.8-13.8 m/s;　7 : 13.9-17.1 m/s;　8 : 17.2-20.7 m/s;　9 : 20.8-24.4 m/s;　10 : 24.5-28.4 m/s;　11 : 28.5-32.6 m/s; 12 : >32.6 m/s

Next issued at: 07:00 on Feb 24 2022

For more weather information, please visit the website or the application:

https://olympic.weather.com.cn/en_dongao/

图 H.3　北京 2022 年冬奥会 MOC 气象服务专报英文版

北京非竞赛场馆

（北京颁奖广场 48.0 米）

北京 2022 年冬奥会和冬残奥会气象中心　　2022 年 03 月 03 日 17:00 发布

24 小时预报

日期	第 1 日（03 日/星期四）							第 2 日（04 日/星期五）																	
时次	17	18	19	20	21	22	23	00	01	02	03	04	05	06	07	08	09	10	11	12	13	14	15	16	17
天气现象																									
气温(℃)	10	9	8	7	6	5	4	3	3	2	2	2	2	3	3	4	6	8	10	11	11	12	12	11	11
平均风(m/s)	2	2	2	2	2	1	1	1	2	2	2	2	2	2	3	3	4	5	6	6	6	6	5	5	4
阵风风速	4	4	3	3	3	3	3	3	3	3	3	3	3	4	6	7	9	12	14	14	14	14	12	11	9

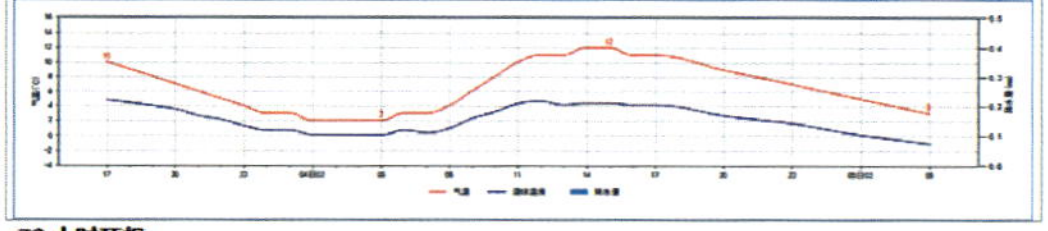

72 小时预报

日期	04 日		第 3 日（05 日/ 星期六）								第 4 日（06 日/ 星期日）						
时次	20	23	02	05	08	11	14	17	20	23	02	05	08	11	14	17	20
天气现象																	
气温(℃)	9	7	5	3	4	8	11	9	7	4	1	4	8	10	11	7	3
相对湿度(%)	20	25	25	30	30	15	10	15	20	25	25	30	30	30	25	30	35
平均风(m/s)	3	2	1	1	2	2	2	1	1	1	1	1	1	2	2	2	1
阵风风速(m/s)	7	5	3	3	4	6	8	5	3	3	3	3	3	4	4	4	3
新增雪深(cm)	0	0	0	0	0	0	0	0	0	0	0	0	0	0	0	0	0
累积雪深(cm)	0	0	0	0	0	0	0	0	0	0	0	0	0	0	0	0	0
降水量(mm)	0	0	0	0	0	0	0	0	0	0	0	0	0	0	0	0	0
累积降水量(mm)	0	0	0	0	0	0	0	0	0	0	0	0	0	0	0	0	0
能见度(km)	20	25	25	25	25	20	20	20	20	20	20	20	20	20	20	20	20
体感温度(℃)	9	8	5	3	5	9	11	9	7	4	1	4	8	11	11	8	3

4-10 天预报

日期	06 日	07 日（星期一）		08 日（星期二）		09 日（星期三）		10 日（星期四）		11 日（星期五）		12 日（星期六）		13 日
白天/夜间	夜间	白天	夜间	白天	夜间	白天	夜间	白天	夜间	白天	夜间	白天	夜间	白天
天气现象														
气温(℃)	-1	15	2	15	2	16	5	18	4	15	5	10	4	11

预报员：　　下次制作时间：2022-03-03 18:00

Non competition venues

(Beijing Medal Plaza 48.0m)

Meteorological Centre for the
2022 Olympic and Paralympic Winter Games　　Issued at 17:00 on Mar. 03, 2022

24 hour forecast

Date	Day 1 (03 /Thu.)							Day 2 (04 /Fri.)																	
Time	17	18	19	20	21	22	23	00	01	02	03	04	05	06	07	08	09	10	11	12	13	14	15	16	17
Weather																									
Temp.(℃)	10	9	8	7	6	5	4	3	3	2	2	2	2	3	3	4	6	8	10	11	11	12	12	11	11
Wind(m/s)	2	2	2	2	2	1	1	1	2	2	2	2	2	2	3	3	3	4	6	6	6	6	6	5	4
Wind Gust(m/s)	4	4	3	3	3	3	3	3	3	3	3	3	3	4	6	7	8	12	14	14	15	14	12	11	9

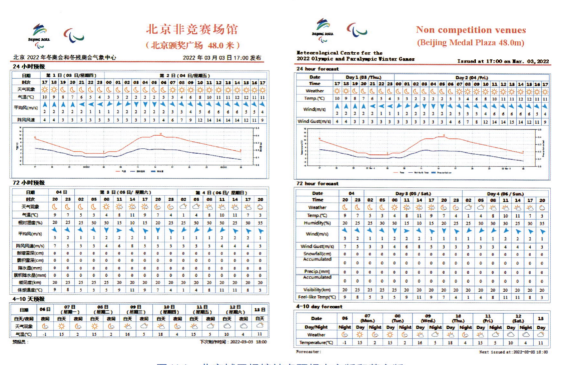

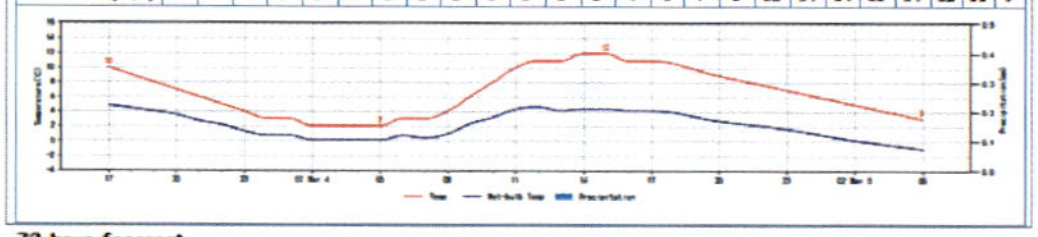

72 hour forecast

Date	04		Day 3 (05 / Sat.)								Day 4 (06 / Sun.)						
Time	20	23	02	05	08	11	14	17	20	23	02	05	08	11	14	17	20
Weather																	
Temp.(℃)	9	7	5	3	4	8	11	9	7	4	1	4	8	10	11	7	3
Humidity(%)	20	25	25	30	30	15	10	15	20	25	25	30	30	30	25	30	35
Wind(m/s)	3	2	1	1	2	2	2	1	1	1	1	1	1	2	2	2	1
Wind Gust(m/s)	7	5	3	3	4	6	8	5	3	3	3	3	3	4	4	4	3
Snowfall(cm)	0	0	0	0	0	0	0	0	0	0	0	0	0	0	0	0	0
Accumulated	0	0	0	0	0	0	0	0	0	0	0	0	0	0	0	0	0
Precip.(mm)	0	0	0	0	0	0	0	0	0	0	0	0	0	0	0	0	0
Accumulated	0	0	0	0	0	0	0	0	0	0	0	0	0	0	0	0	0
Visibility(km)	20	25	25	25	25	20	20	20	20	20	20	20	20	20	20	20	20
Feel-like Temp(℃)	9	8	5	3	5	9	11	9	7	4	1	4	8	11	11	8	3

4-10 day forecast

Date	06	07 (Mon.)		08 (Tue.)		09 (Wed.)		10 (Thu.)		11 (Fri.)		12 (Sat.)		13
Day/Night	Night	Day	Night	Day	Night	Day	Night	Day	Night	Day	Night	Day	Night	Day
Weather														
Temperature(℃)	-1	15	2	15	2	16	5	18	4	15	5	10	4	11

Forecaster:　　Next issued at: 2022-03-03 18:00

图 H.4　北京城区场馆站点预报中文版和英文版

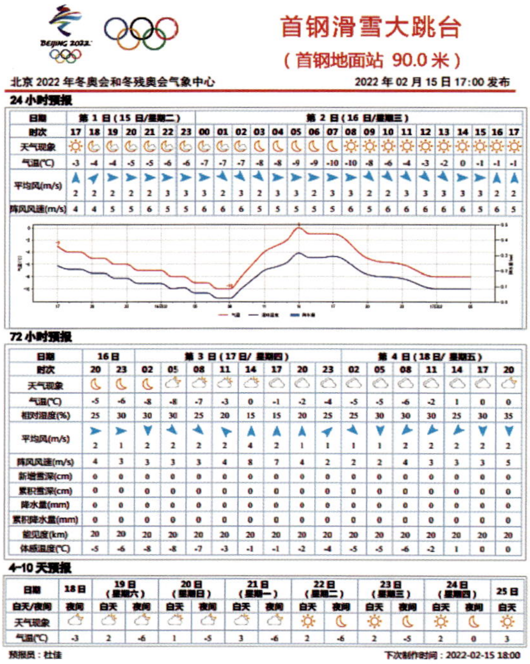

首钢滑雪大跳台

（首钢地面站 90.0 米）

北京 2022 年冬奥会和冬残奥会气象中心　　2022 年 02 月 15 日 17:00 发布

24 小时预报

日期	第 1 日（15 日/星期二）							第 2 日（16 日/星期三）																	
时次	17	18	19	20	21	22	23	00	01	02	03	04	05	06	07	08	09	10	11	12	13	14	15	16	17
天气现象																									
气温(℃)	-3	-4	-4	-5	-5	-6	-6	-7	-7	-7	-8	-8	-9	-9	-10	-10	-8	-6	-4	-3	-2	0	-1	-1	-1
平均风(m/s)	2	2	2	2	2	3	3	3	2	3	2	3	3	2	3	3	2	2	3	3	3	3	3	2	2
阵风风速(m/s)	4	4	5	5	6	5	5	6	6	6	5	5	5	5	5	6	5	6	6	6	6	6	5	6	5

72 小时预报

日期	16 日		第 3 日（17 日/ 星期四）								第 4 日（18 日/ 星期五）						
时次	20	23	02	05	08	11	14	17	20	23	02	05	08	11	14	17	20
天气现象																	
气温(℃)	-5	-6	-8	-8	-7	-3	0	-1	-2	-4	-5	-5	-6	-2	1	0	0
相对湿度(%)	25	30	30	30	25	20	15	15	20	25	25	30	30	30	25	30	35
平均风(m/s)	2	1	2	2	2	2	4	2	1	1	1	1	2	2	2	2	2
阵风风速(m/s)	4	3	3	3	3	4	8	7	4	2	2	2	4	3	3	3	5
新增雪深(cm)	0	0	0	0	0	0	0	0	0	0	0	0	0	0	0	0	0
累积雪深(cm)	0	0	0	0	0	0	0	0	0	0	0	0	0	0	0	0	0
降水量(mm)	0	0	0	0	0	0	0	0	0	0	0	0	0	0	0	0	0
累积降水量(mm)	0	0	0	0	0	0	0	0	0	0	0	0	0	0	0	0	0
能见度(km)	20	20	20	20	20	20	20	20	20	20	20	20	20	20	20	20	20
体感温度(℃)	-5	-6	-8	-8	-7	-3	-1	-1	-2	-4	-5	-5	-6	-2	1	0	0

4–10 天预报

日期	18 日	19 日（星期六）		20 日（星期日）		21 日（星期一）		22 日（星期二）		23 日（星期三）		24 日（星期四）		25 日
白天/夜间	夜间	白天	夜间	白天	夜间	白天	夜间	白天	夜间	白天	夜间	白天	夜间	白天
天气现象														
气温(℃)	-3	2	-6	1	-5	3	-6	2	-6	2	-5	2	0	3

预报员：杜佳　　下次制作时间：2022-02-15 18:00

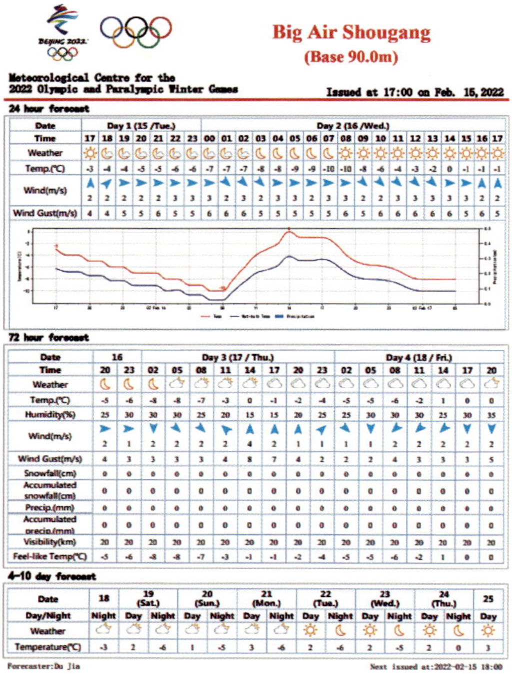

Big Air Shougang

(Base 90.0m)

Meteorological Centre for the 2022 Olympic and Paralympic Winter Games　　Issued at 17:00 on Feb. 15, 2022

24 hour forecast

Date	Day 1 (15 /Tue.)							Day 2 (16 /Wed.)																	
Time	17	18	19	20	21	22	23	00	01	02	03	04	05	06	07	08	09	10	11	12	13	14	15	16	17
Weather																									
Temp.(℃)	-3	-4	-4	-5	-5	-6	-6	-7	-7	-7	-8	-8	-9	-9	-10	-10	-8	-6	-4	-3	-2	0	-1	-1	-1
Wind(m/s)	2	2	2	2	2	3	3	3	2	3	2	3	3	2	3	3	2	2	3	3	3	3	3	2	2
Wind Gust(m/s)	4	4	5	5	6	5	5	6	6	6	5	5	5	5	5	6	5	6	6	6	6	6	5	6	5

72 hour forecast

Date	16		Day 3 (17 / Thu.)								Day 4 (18 / Fri.)						
Time	20	23	02	05	08	11	14	17	20	23	02	05	08	11	14	17	20
Weather																	
Temp.(℃)	-5	-6	-8	-8	-7	-3	0	-1	-2	-4	-5	-5	-6	-2	1	0	0
Humidity(%)	25	30	30	30	25	20	15	15	20	25	25	30	30	30	25	30	35
Wind(m/s)	2	1	2	2	2	2	4	2	1	1	1	1	2	2	2	2	2
Wind Gust(m/s)	4	3	3	3	3	4	8	7	4	2	2	2	4	3	3	3	5
Snowfall(cm)	0	0	0	0	0	0	0	0	0	0	0	0	0	0	0	0	0
Accumulated snowfall(cm)	0	0	0	0	0	0	0	0	0	0	0	0	0	0	0	0	0
Precip.(mm)	0	0	0	0	0	0	0	0	0	0	0	0	0	0	0	0	0
Accumulated precip.(mm)	0	0	0	0	0	0	0	0	0	0	0	0	0	0	0	0	0
Visibility(km)	20	20	20	20	20	20	20	20	20	20	20	20	20	20	20	20	20
Feel-like Temp(℃)	-5	-6	-8	-8	-7	-3	-1	-1	-2	-4	-5	-5	-6	-2	1	0	0

4–10 day forecast

Date	18	19 (Sat.)		20 (Sun.)		21 (Mon.)		22 (Tue.)		23 (Wed.)		24 (Thu.)		25
Day/Night	Night	Day	Night	Day	Night	Day	Night	Day	Night	Day	Night	Day	Night	Day
Weather														
Temperature(℃)	-3	2	-6	1	-5	3	-6	2	-6	2	-5	2	0	3

Forecaster:Du Jia　　Next issued at:2022-02-15 18:00

图 H.5　首钢滑雪大跳台站点预报中文版和英文版

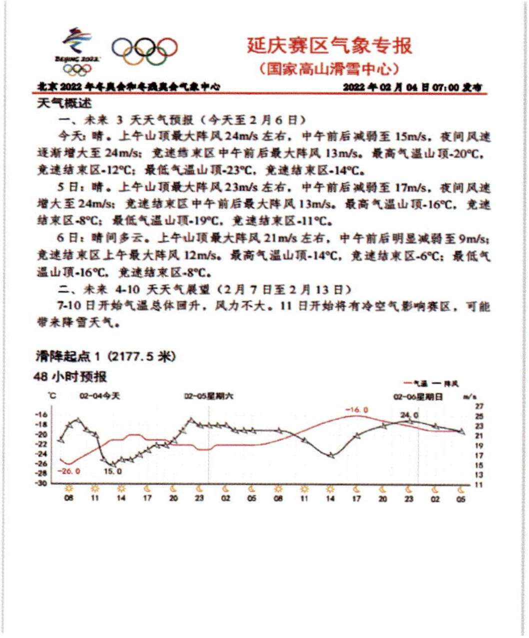

延庆赛区气象专报

（国家高山滑雪中心）

北京 2022 年冬奥会和冬残奥会气象中心　　2022 年 02 月 04 日 07:00 发布

天气概述

一、未来 3 天天气预报（今天至 2 月 6 日）

今天：晴。上午山顶最大阵风 24m/s 左右，中午前后减弱至 15m/s，夜间风速逐渐增大至 24m/s；竞速结束区中午前后最大阵风 13m/s。最高气温山顶-20℃，竞速结束区-12℃；最低气温山顶-23℃，竞速结束区-14℃。

5 日：晴。上午山顶最大阵风 23m/s 左右，中午前后减弱至 17m/s，夜间风速增大至 24m/s；竞速结束区中午前后最大阵风 13m/s。最高气温山顶-16℃，竞速结束区-8℃；最低气温山顶-19℃，竞速结束区-11℃。

6 日：晴间多云。上午山顶最大阵风 21m/s 左右，中午前后明显减弱至 9m/s；竞速结束区上午最大阵风 12m/s。最高气温山顶-14℃，竞速结束区-6℃；最低气温山顶-16℃，竞速结束区-8℃。

二、未来 4-10 天天气展望（2 月 7 日至 2 月 13 日）

7-10 日开始气温总体回升，风力不大。11 日开始将有冷空气影响赛区，可能带来降雪天气。

滑降起点 1（2177.5 米）

48 小时预报

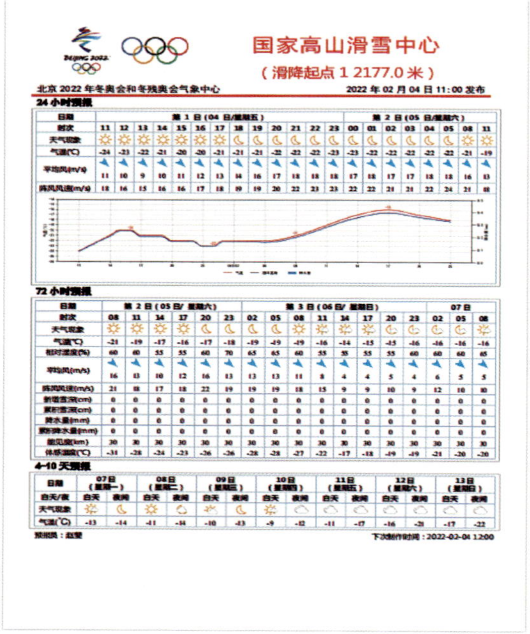

国家高山滑雪中心

（滑降起点 1 2177.0 米）

北京 2022 年冬奥会和冬残奥会气象中心　　2022 年 02 月 04 日 11:00 发布

24 小时预报

日期	第 1 日（04 日/星期五）													第 2 日（05 日/星期六）							
时次	11	12	13	14	15	16	17	18	19	20	21	22	23	00	01	02	03	04	05	08	11
天气现象																					
气温(℃)	-24	-23	-22	-21	-20	-20	-21	-21	-21	-22	-22	-22	-23	-23	-22	-22	-22	-22	-22	-21	-19
平均风(m/s)	11	10	9	10	11	12	13	14	16	17	18	18	18	17	18	17	17	18	18	16	13
阵风风速(m/s)	18	16	15	16	16	17	18	19	19	20	22	23	23	22	22	21	21	22	24	21	18

72 小时预报

日期	第 2 日（05 日/ 星期六）						第 3 日（06 日/ 星期日）								07 日		
时次	08	11	14	17	20	23	02	05	08	11	14	17	20	23	02	05	08
天气现象																	
气温(℃)	-21	-19	-17	-16	-17	-18	-19	-19	-19	-16	-14	-15	-15	-16	-16	-16	-16
相对湿度(%)	60	60	55	55	60	70	65	65	60	55	55	55	55	60	60	60	65
平均风(m/s)	16	13	10	12	16	13	13	13	11	8	4	4	5	4	6	5	5
阵风风速(m/s)	21	18	17	18	22	19	19	19	18	15	9	9	10	9	12	10	10
新增雪深(cm)	0	0	0	0	0	0	0	0	0	0	0	0	0	0	0	0	0
累积雪深(cm)	0	0	0	0	0	0	0	0	0	0	0	0	0	0	0	0	0
降水量(mm)	0	0	0	0	0	0	0	0	0	0	0	0	0	0	0	0	0
累积降水量(mm)	0	0	0	0	0	0	0	0	0	0	0	0	0	0	0	0	0
能见度(km)	30	30	30	30	30	30	30	30	30	30	30	30	30	30	30	30	30
体感温度(℃)	-31	-28	-24	-23	-26	-26	-28	-28	-27	-22	-17	-18	-19	-19	-21	-20	-20

4–10 天预报

日期	07 日（星期一）		08 日（星期二）		09 日（星期三）		10 日（星期四）		11 日（星期五）		12 日（星期六）		13 日（星期日）	
白天/夜	白天	夜间	白天	夜间	白天	夜间	白天	夜间	白天	夜间	白天	夜间	白天	夜间
天气现象														
气温(℃)	-13	-14	-11	-14	-10	-13	-9	-12	-11	-17	-16	-21	-17	-22

预报员：[illegible]　　下次制作时间：2022-02-04 12:00

Zhangjiakou National Ski Jumping Centre

(Ski Jumping Start 1706.0m)

Meteorological Centre for the 2022 Olympic and Paralympic Winter Games

Issued at 17:00 on Feb. 17, 2022

24 hour forecast

Date	Day 1 (17 /Thu.)							Day 2 (18 /Fri.)																	
Time	17	18	19	20	21	22	23	00	01	02	03	04	05	06	07	08	09	10	11	12	13	14	15	16	17
Weather																									
Temp.(℃)	-12	-12	-12	-13	-13	-13	-13	-13	-12	-12	-12	-13	-13	-13	-14	-14	-13	-13	-12	-12	-11	-11	-12	-12	-13
Wind(m/s)	2	2	2	1	1	1	1	1	1	1	1	1	2	2	2	2	2	2	2	2	3	3	3	2	2
Wind Gust(m/s)	5	4	4	3	3	3	3	3	3	3	3	3	4	4	4	4	4	5	5	5	6	6	6	5	5

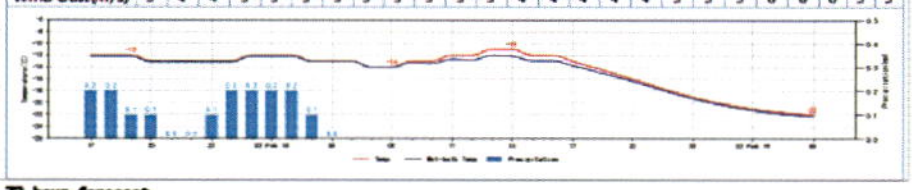

72 hour forecast

Date	18		Day 3 (19 / Sat.)								Day 4 (20 / Sun.)						
Time	20	23	02	05	08	11	14	17	20	23	02	05	08	11	14	17	20
Weather																	
Temp.(℃)	-16	-19	-21	-22	-21	-18	-16	-17	-20	-21	-22	-21	-20	-15	-11	-13	-16
Humidity(%)	65	65	60	55	55	50	40	45	50	65	65	60	65	60	55	55	60
Wind(m/s)	2	2	2	2	2	2	3	3	2	2	2	2	2	3	3	2	2
Wind Gust(m/s)	4	4	5	5	4	4	6	5	4	3	3	4	4	5	6	5	4
Snowfall(cm)	0	0	0	0	0	0	0	0	0	0	0	0	0	0	0	0	0
Accumulated snowfall(cm)	2	2	2	2	2	2	2	2	2	2	2	2	2	2	2	2	2
Precip.(mm)	0	0	0	0	0	0	0	0	0	0	0	0	0	0	0	0	0
Accumulated precip.(mm)	1.6	1.6	1.6	1.6	1.6	1.6	1.6	1.6	1.6	1.6	1.6	1.6	1.6	1.6	1.6	1.6	1.6
Visibility(km)	20	20	20	20	20	20	20	20	20	20	20	20	20	20	20	20	20
Feel-like Temp(℃)	-17	-20	-22	-23	-22	-19	-18	-19	-21	-22	-23	-22	-21	-17	-13	-14	-17

4-10 day forecast

Date	20	21 (Mon.)		22 (Tue.)		23 (Wed.)		24 (Thu.)		25 (Fri.)		26 (Sat.)		27
Day/Night	Night	Day	Night	Day	Night	Day	Night	Day	Night	Day	Night	Day	Night	Day
Weather														
Temperature(℃)	-18	-10	-20	-12	-18	-6	-16	-5	-15	-4	-14	-3	-12	-2

Forecaster:Chen Lei　　Next issued at:2022-02-17 18:00

National Ski Jumping Centre

Meteorological Centre for Beijing 2022 Olympic and Paralympic Winter Games

Issued at 17:00 on Feb.17,2022

Weather overview

I. Weather forecast (This nightfall to Feb. 19)

This nightfall to tonight: Overcast with light snow, the amount of snowfall at 1 to 2 mm with the accumulated snow depth of 1 to 3 cm, the lowest visibility at around 1 km. Lows at −14 ℃. East winds at 1 to 2 m/s with gusts of 4 to 5 m/s turning to 3 to 4 m/s. On the mountain top of ZSJ, south winds turning to west winds at 3 to 5 m/s with gusts of 7 to 9 m/s.

Feb. 18: Cloudy to clear. Highs at −11 ℃ with lows at −22 ℃. East winds at 2 to 3 m/s with gusts of 4 to 6 m/s. On the mountain top of ZSJ, west winds at 3 to 5 m/s with gusts of 10 to 12 m/s.

Feb. 19: Clear or sometimes cloudy. Highs at −16 ℃ with lows at −22 ℃. East winds at 2 to 3 m/s with gusts of 4 to 6 m/s. On the mountain top of ZSJ, west winds at 6 to 8 m/s with gusts of 12 to 14 m/s.

II. Weather outlook for the next 4-10 days (Feb. 20 to Feb. 26)

It will be clear or sometimes cloudy, east winds at 2 to 4 m/s with gusts of 4 to 6 m/s, temperatures ranging from −18 ℃ to −11 ℃ on Feb.20. After that, it will be cloudy with patchy snow and strong winds on Feb.21. From Feb.22 to Feb.26, clear or sometimes cloudy.

Conditions for artificial snowmaking: Conducive to artificial snowmaking during this period.

(Representative station: Ski Jumping Start station)

Ski Jumping Start

48 hour Forecast

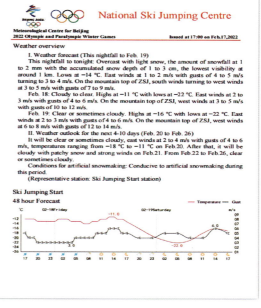

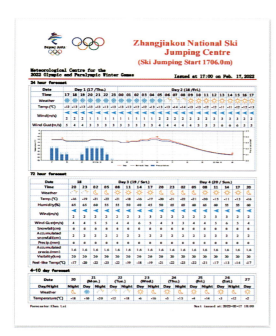

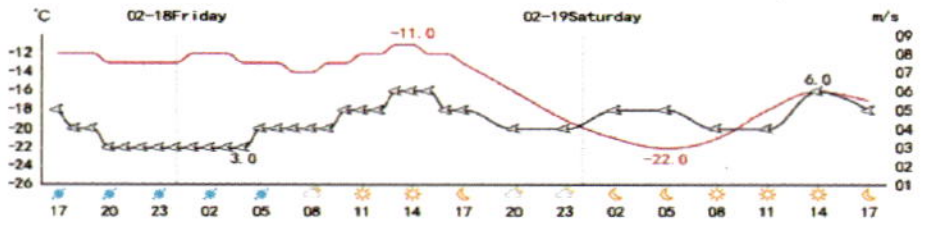

图 H.6　延庆赛区气象专报中文版和英文版

Weather High Impact Notice

天气高影响提示

云顶场馆群气象服务团队　　第4期　　2022 年2月16日14时发布

2月17—19日云顶场馆群将先后出现降雪和大风降温天气

受冷空气影响，预计17日—19 日，云顶场馆群将先后出现降雪和大风降温天气过程。

降雪：累计降雪量为2～4毫米（小到中雪），新增积雪深度为3～6厘米。**降雪时段出现在17日上午至18日早晨**。降雪期间，赛场能见度降低，最小能见度降至500米以下。

大风：18日傍晚至19日，风力较大，有西北风4～6米/秒，阵风10～12米/秒。

降温：17日至18日白天，气温有所回升。18日夜间，气温将再次明显下降，19日早晨，最低气温将降至- 24℃左右。

20日，云顶场馆群以晴间多云天气为主，风力较大，有西风4～6米/秒，阵风10～13米/秒；气温有所回升，白天最高气温为-14～-13℃，夜间最低气温为-19～-18℃。

建议：团队要提前部署，做好交通管理和扫雪铲冰等相关工作，同时还要防范低能见度天气的影响，驾驶人员要减速慢行，确保道路通畅和交通安全；降雪、低能见度和大风天气可能对训练和比赛带来一定的气象风险，竞赛团队要积极做好应对准备工作；运动员、工作人员、观众要注意防寒保暖，避免冻伤。

制作：孔凡超 姬雪帅 石文伯 张骁瑞 刘华悦 钱倩霞 张曦丹　　签发：李宗涛

图 H.7　张家口赛区《高影响天气提示》

附录Ⅰ 北京冬奥会和冬残奥会专项气象服务产品样例

北京延庆赛区
直升机救援气象服务专报

北京2022年冬奥会和冬残奥会气象中心　　2022年03月03日07时发布

天气概述

今天白天延庆赛区晴，午后滑降起点最大阵风11m/s左右，竞速结束区最大阵风10m/s左右；滑降起点最高气温-1℃，竞速结束区最高气温5℃。

延庆保温机库：

时间/要素	天气现象	能见度（km）	风向	阵风(m/s)	气温(℃)	相对湿度(%)
08时	晴	25	东	3	-4	50
09时	晴	25	东南	4	-1	40
10时	晴	25	东南	5	2	30
11时	晴	25	东南	5	5	30
12时	晴	25	南	5	7	20
13时	晴	25	南	5	8	20

国家高山滑雪中心停机坪：

时间/要素	天气现象	能见度（km）	风向	阵风(m/s)	气温(℃)	相对湿度(%)
08时	晴间多云	30	东	3	-5	40
09时	晴	30	南	4	-3	35
10时	晴	30	南	4	-1	35
11时	晴	30	南	5	0	30
12时	晴	30	南	6	2	30
13时	晴	30	南	8	3	25

延庆区医院：

时间/要素	天气现象	能见度（km）	风向	阵风(m/s)	气温(℃)	相对湿度(%)
08时	晴	25	东	6	1	30
09时	晴	25	东南	5	2	30
10时	晴	25	东南	5	3	30
11时	晴	25	东南	5	5	30
12时	晴	25	南	5	7	20
13时	晴	25	南	5	8	20

制作：齐晨　　审核：王华

图 I.1　延庆赛区直升机救援气象服务专报（关键点未来 6 h 逐小时预报）

直升机救援
气象服务专报

北京 2022 年冬奥会和冬残奥会河北气象中心　第 17 期　2022 年 03 月 13 日 18 时发布

未来 24 小时天气预报：

今天夜间到明天白天张家口市多云间阴有小雪或雨夹雪转晴。今天后半夜至明天上午云顶滑雪场停机坪、古杨树停机坪、张家口保温机库、北医三院崇礼院区有西到西北风 3～4 级，阵风 5～6 级，其它时段平均风力 2～3 级；气温方面，云顶滑雪场停机坪-5～4℃，古杨树停机坪-4～5℃，张家口保温机库-4～9℃，北医三院崇礼院区-5～12℃；以上地区降雪时段能见度在 11～15km 之间，其它时段均在 18～22km 之间。

云顶滑雪场停机坪：

要素/时间	天气现象	气温(℃)	相对湿度(%)	能见度(km)	风向	平均风速(m/s)
19 时	多云	1	75	18	东南	1
20 时	雪	0	94	15	东南	1
21 时	雪	0	98	15	东南	1
22 时	雪	-1	97	12	东南	1
23 时	雪	-2	96	11	东南	2
00 时	雪	-2	93	12	西南	3
01 时	雪	-2	97	14	西	4
02 时	雪	-3	94	14	西	4
03 时	雪	-3	75	15	西	4
04 时	多云	-4	72	18	西	4
05 时	多云	-4	68	18	西北	5
06 时	多云	-4	65	19	西北	6
07 时	多云	-4	62	20	西北	6
08 时	多云	-5	58	20	西北	5
09 时	多云	-4	53	20	西北	6
10 时	多云	-2	47	21	西北	6
11 时	晴	-1	43	21	西北	5
12 时	晴	1	39	22	西	4
13 时	晴	2	37	22	西	4
14 时	晴	4	35	22	西	3
15 时	晴	3	33	22	西	3
16 时	晴	3	32	22	西	4
17 时	晴	3	33	22	西	3
18 时	晴	2	37	22	西	2

09 时	晴	1	53	20	西	6
10 时	晴	3	48	21	西	6
11 时	晴	5	43	21	西	5
12 时	晴	5	39	22	西	5
13 时	晴	6	36	22	西	4
14 时	晴	7	34	22	西	4
15 时	晴	8	31	22	西	4
16 时	晴	9	30	22	西	4
17 时	晴	8	32	22	西	3
18 时	晴	7	37	22	西	3

北京大学第三医院崇礼院区：

要素/时间	天气现象	气温(℃)	相对湿度(%)	能见度(km)	风向	平均风速(m/s)
19 时	多云	7	58	20	东南	5
20 时	多云	5	97	19	东南	4
21 时	多云	3	93	18	东南	2
22 时	阴	1	99	18	东南	2
23 时	雪	0	93	14	东南	2
00 时	雪	-1	95	12	东南	3
01 时	雪	-1	96	13	东南	3
02 时	雪	-2	85	14	西	4
03 时	阴	-2	84	18	西北	5
04 时	多云	-3	82	19	西北	5
05 时	多云	-4	81	20	西北	5
06 时	晴	-5	82	20	西北	6
07 时	晴	-5	82	20	北	5
08 时	晴	-4	78	21	北	5
09 时	晴	-1	66	21	西北	5
10 时	晴	3	51	21	西北	5
11 时	晴	6	38	22	西北	5
12 时	晴	8	29	22	西北	5
13 时	晴	9	25	22	西北	4
14 时	晴	10	23	22	西北	4
15 时	晴	11	22	22	西北	4
16 时	晴	12	22	22	南	4
17 时	晴	11	25	22	南	3
18 时	晴	10	30	22	南	3

报：张家口赛区城市运行和环境建设管理指挥部、北京市红十字会急诊抢救中心、北京市气象服务中心

制作：赵海江 王跃峰 李越　　审核：贾小卫　　签发：卢建立
联系电话：0313-4072610

图 I.2　张家口赛区直升机救援气象服务专报（关键点未来 24 h 逐小时预报）

高影响天气直升机救援气象专报

北京 2022 年冬奥会和冬残奥会气象中心　　2022 年 02 月 11 日 16 时发布

12-13 日有强降雪 直升机积冰风险高

一、天气综述

12 日到 14 日上午本市有强降雪过程，12 日上午降雪量较小，下午降雪逐渐增强，12 日傍晚到 13 日夜间，冬奥延庆赛区降雪强度较大，累积降雪量 5-10 毫米，积雪深度 6-11 厘米，局地降雪量可达 10 毫米以上，最大积雪深度可达 10-20 厘米；降雪期间能见度不足 500 米，局地低于 100 米，直升机积冰风险极高。12 日夜间到 13 日夜间，平原地区降雪明显，累积降雪量 5-10 毫米，积雪深度 5-10 厘米，最低能见度不足 1 公里，直升机积冰风险很高。请注意防范强降雪、低能见度、积冰对救援工作的不利影响。

二、气象风险预报

点位	气象风险	影响时间
保温机库	积冰风险高	12 日 17 时-14 日 08 时
延庆区医院	积冰风险高	12 日 17 时-14 日 08 时
停机坪	积冰风险极高	12 日 17 时-14 日 11 时
山顶	积冰风险极高	12 日 17 时-14 日 14 时

制作：金晨曦　　审核：王华

联系电话：010-68400565

图 1.3　高影响天气直升机救援气象专报（高影响天气过程风险预报）

冬奥交通气象服务专报

北京2022年冬奥会和冬残奥会气象中心　　2022年02月28日10时发布

28日下午到夜间有4级左右偏北风 阵风7、8级

一、天气综述

28日上午山区有零星小雪或雨夹雪，降雪量不足0.5毫米，傍晚转晴。受冷空气影响，28日下午自西北向东南有4级左右偏北风，阵风7、8级；平原地区傍晚前后风力开始加大，后半夜风力逐渐减弱；西部山区较大阵风持续至明天早晨。

二、今天白天到夜间北京分区精细化天气预报

区域	时间	天空状况	气温（℃）	风向	风力（级）	湿度（%）
中心城区	白天	多云间阴，傍晚转晴	11	北	2级转4级	30
	夜间	晴间多云	2	北	4级	50
海淀	白天	多云间阴，傍晚转晴	12	北	2级转4级	30
	夜间	晴间多云	0	北	5级	50
朝阳	白天	多云间阴，傍晚转晴	12	北	2级转4级	30
	夜间	晴间多云	2	北	5级	45
石景山	白天	多云间阴，傍晚转晴	12	北	2级转4级	30
	夜间	晴间多云	-2	北	4级	55
顺义	白天	多云间阴，傍晚转晴	11	北	2级转4级	40
	夜间	晴间多云	-1	北	4级	55
延庆	白天	多云间阴（有零星小雪或雨夹雪，傍晚转晴	12	西	3、4级	20
	夜间	晴间多云	-4	北	5级	60

制作：潘昕浓　　审核：赵娜

联系电话：010-68400565

三、交通风险预报及落区图

28日下午自西北向东南有4级左右偏北风，阵风7、8级；平原地区傍晚前后风力开始加大，后半夜风力逐渐减弱；西部山区较大阵风持续至明天早晨。较大阵风对市内交通出行有较大影响，请注意防范。

高速路	气象风险	影响时间
京礼高速	阵风8级左右	28日14时至1日08时
京藏高速	阵风8级左右	28日14时至1日08时
京新高速	阵风8级左右	28日14时至1日08时
京开高速	阵风7级	28日14时至1日05时
北四环	阵风7级	28日14时至1日05时
北五环	阵风7级	28日14时至1日05时
北六环	阵风7级	28日14时至1日05时
阜石路	阵风7级	28日14时至1日05时
首都机场高速	阵风7级	28日14时至1日05时

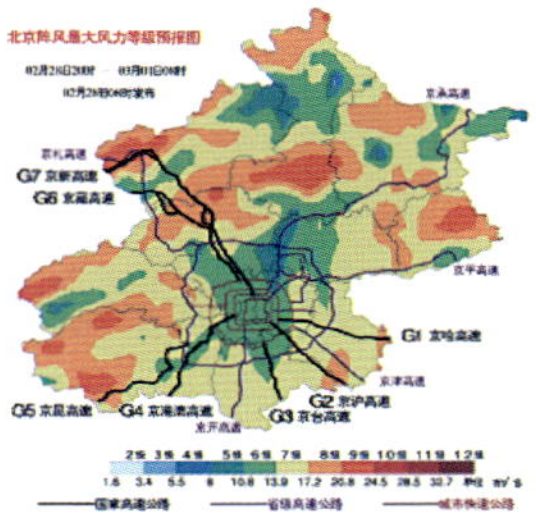

制作：潘昕浓　　审核：赵娜

联系电话：010-68400565

图 1.4　冬奥交通气象服务专报

冬残奥高影响天气交通气象服务专报

北京2022年冬奥会和冬残奥会气象中心　　2022年03月11日10时发布

今天夜间到明天上午有降水 能见度较差

一、天气综述

今天白天西部、北部山区有雨夹雪或小雪，降水量0-2毫米；夜间到明天中午（12日02-11时）全市有小雨，山区雨夹雪，预计全市平均降水量3-6毫米，西部北部4-8毫米，降水期间能见度较差，同时伴有降温，对交通出行有不利影响。

二、今天白天到夜间北京分区精细化天气预报

区域	时间	天空状况	气温（℃）	风向	风力（级）	湿度（%）
中心城区	白天	阴	15	北转东	2、3级	25
	夜间	阴有小雨	5	东转北	1、2级	100
海淀	白天	阴	15	北转东	2、3级	40
	夜间	阴有小雨	5	东转北	1、2级	100
朝阳	白天	阴	15	北转东	2、3级	25
	夜间	阴有小雨	5	东转北	1、2级	100
石景山	白天	阴	14	北转东	2、3级	40
	夜间	阴有小雨	4	东转北	1、2级	100
顺义	白天	阴	14	北转东	2、3级	30
	夜间	阴有小雨	4	东转北	1、2级	100
延庆	白天	阴有小雨，山区雨夹雪	11	北转东	2、3级	60
	夜间	阴有小雨，山区雨夹雪或雪	2	东转北	1、2级	100

制作：董颜　　审核：尤焕苓
联系电话：010-68400565

三、交通风险预报及落区图

今天夜间到明天中午全市有小雨，高海拔山区有雨夹雪或小雪，影响京新、京藏、京礼等部分路段，降水导致路面湿滑、能见度下降，对交通出行有不利影响，请注意防范。

高速路	交通风险	影响时间	气象风险	影响时间
京礼高速	道路湿滑	12日02-11时	低能见度	11日20时-12日08时
京藏高速	道路湿滑	12日02-11时	低能见度	11日20时-12日08时
京新高速	道路湿滑	12日02-11时	低能见度	11日20时-12日08时
京开高速	道路湿滑	12日02-11时	低能见度	12日02时-12日11时
北四环	道路湿滑	12日02-11时	无	
北五环	道路湿滑	12日02-11时	无	
北六环	道路湿滑	12日02-11时	低能见度	11日20时-12日08时
阜石路	道路湿滑	12日02-11时	无	
首都机场高速	道路湿滑	12日02-11时	无	

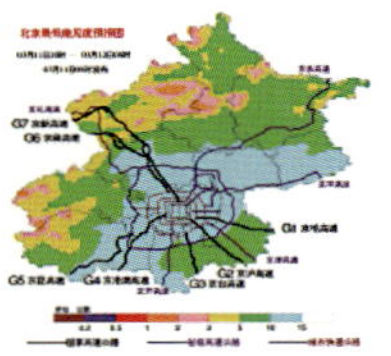

制作：董颜　　审核：尤焕苓
联系电话：010-68400565

图 I.5　冬残奥高影响天气交通气象服务专报

北京 2022 冬奥会和冬残奥会 扫雪铲冰气象服务专报

北京 2022 年冬奥会和冬残奥会延庆气象服务分中心　　第 1 期　　2022 年 2 月 8 日 16 时

一、天气预报

根据最新气象资料分析，延庆区 21 日夜间将先后出现明显降雪、大风和强降温、低能见度天气，预报结论基本维持不变，需特别关注降雪的极端性。延庆区气象台已于 21 日 14 时 30 分发布暴雪黄色、14 时 40 分发布寒潮蓝色、14 时 50 分大风黄色、15 时道路结冰黄色预警信号。此次天气过程具有以下特点：

一是暴雪极端性。21 日夜间，大部分地区降雪量为 15～20 毫米，积雪深度 15～20 厘米，为暴雪；局地 20～30 毫米，积雪深度 25～30 厘米，为大暴雪；冬奥核心区降雪量 20～30 毫米，积雪深度 20～30 厘米，为大暴雪。

21 日夜间，受降雪影响，能见度低于 1 公里，部分时段局地不足 500 米；21 日夜间将出现道路结冰。

二是气温下降幅度大、风力大。21 日夜间气温明显下降，21 日夜间 18℃。22 日气温达到最低点，22 日最高最低气温城区为-15～-10℃，国家雪车雪橇中心-18～-15℃，海陀山山顶-22～-18℃。24 日起气温缓慢回升。

21 日午后风力逐渐增大，22 日为风力最大时段，大部分地区有 5 级偏北风，阵风 7 级左右；高海拔山区最大阵风可达 10 级以上。22 日夜间风力逐渐减弱。

制作：张文荟、朱利苹　　审核：王燕娜、伍永学　　签发：闫巍

1. 延庆城区

时段		天气	降水量（mm）	风向、风速	气温（℃）	体感温度（℃）	能见度（公里）
21 日	夜间	阴有暴雪	15～20	偏北风 4、5 级，阵风 7、8 级	-18	-31	<1
22 日	白天	阴有小雪或零星小雪转多云	<0.1	偏北风 4、5 级，阵风 7、8 级	-10	-21	4～8
	夜间	多云间阴	1～2	偏北风 3、4 级，阵风 5、6 级	-15	-26	3～6
23 日	白天	多云转阴	<0.5	北转南风 2、3 级	-6	-13	4～6
	夜间	阴	0	南转北风 1、2 级	-10	-16	2～5
24 日	白天	阴转晴	0	北转南风 2、3 级	-2	-8	3～6

2. 国家雪车雪橇中心

时段		天气	降水量（mm）	风向、风速	气温（℃）	体感温度（℃）	能见度（公里）
21 日	夜间	阴有大暴雪到特大暴雪	20～35	偏西风 5、6 级，阵风 10、11 级	-24	-15	<1
22 日	白天	小雪转多云	1	西北风 5、6 级，阵风 10、11 级	-21	-17	1～3 转>10
	夜间	多云转晴	0	东北风 4、5 级，阵风 9、10 级	-23	-17	>10
23 日	白天	多云间晴	0	偏南风 3、4 级，阵风 5、6 级	-18	-15	>10
	夜间	多云间晴	0	偏西风 4、5 级，阵风 6、7 级	-20	-17	>10 转 4～6
24 日	白天	多云间晴	0	西北风 3、4 级，阵风 5、6 级	-13	-19	4～6

3. 国家高山滑雪中心竞技结束区

时段		天气	降水量（mm）	风向、风速	气温（℃）	体感温度（℃）	能见度（公里）
21 日	夜间	阴有大暴雪到特大暴雪	20～35	东南风 5、6 级，阵风 8、9 级	-11	-23	1～3
22 日	白天	小雪转多云	1	东南风 5、6 级，阵风 8、9 级	-4	-14	1～6
	夜间	多云转晴	0	东北风 4、5 级，阵风 7、8 级	-7	-17	2～8
23 日	白天	多云转阴	0	东南风 3、4 级，阵风 5、6 级	-5	-13	2～6
	夜间	阴有小雪	<0.1	东南风 2、3 级	-8	-15	1～4
24 日	白天	阴有小雪	<0.1	东南风 2、3 级	-3	-9	2～5

制作：张文荟、朱利苹　　审核：王燕娜、伍永学　　签发：闫巍

图 I.6　北京 2022 年冬奥会和冬残奥会扫雪铲冰气象服务专报

生态环境保障组空气气象服务专报
（周 报）

生态环境保障组　　（第17期）　　2022年1月24日

经区生态环境局与区气象局会商，结合气象条件、空气质量形势进行研判，预报如下：

一、未来一周空气质量概况

预计未来一周延庆地区空气质量以良为主。其中1月25日凌晨将出现一次污染过程，需加强本地的污染源管控。

表1　未来一周空气质量预报概况表

日期	AQI	日均等级	首要污染物
1月25日	75-105	良-轻度污染	$PM_{2.5}$
1月26日	23-53	优-良	$PM_{2.5}$
1月27日	25-55	优-良	$PM_{2.5}$
1月28日	40-70	优-良	$PM_{2.5}$
1月29日	45-75	优-良	$PM_{2.5}$
1月30日	46-76	优-良	$PM_{2.5}$
1月31日	80-110	良-轻度污染	$PM_{2.5}$

二、具体预报形势

1月25日，晴，-10-3℃，偏西风1-3级。受冷空气影响，我区扩散条件转好，霾天气逐渐减弱。凌晨时段受前一日污染滞留叠加本地高湿静稳

- 1 -

影响，颗粒物浓度较高；自早间起风力逐渐增强，大气扩散条件转好，颗粒物浓度有下降趋势；晚间风力减缓，叠加晚高峰影响，颗粒物浓度可能有所回升。预计当日空气质量为良或轻度污染，首要污染物为$PM_{2.5}$。

1月26日，晴间多云，-11-1℃，偏西风转偏北风1-2级。我区持续受西北冷空气影响，污染进一步清除。日间随风速逐渐增大，颗粒物浓度有减缓趋势；午后风向转变，风速减小，近地面颗粒物有所升高。预计今日空气质量为优或良，首要污染物为$PM_{2.5}$。

1月27日，多云，-11-1℃，偏南风转东北风1-2级。凌晨至早间受弱偏北风影响，大气扩散条件较差，颗粒物浓度有升高风险；上午风向转为偏南风，部分时段或有污染回流，后随风力增强，颗粒物浓度有下降时段；晚间风力减缓，叠加晚高峰影响，颗粒物浓度可能有所回升。预计今日空气质量为优或良，首要污染物为$PM_{2.5}$。

1月28日，多云转晴，-12-3℃，西北风转东北风1-2级。日间风力持续较弱，风向较为紊乱，部分时段或有气流辐合，大气扩散条件较差。预计今日空气质量为优或良，首要污染物为$PM_{2.5}$。

1月29日，晴，-12-3℃，偏南风转偏北风1-2级。日间大气扩散条件持续较差，污染物不易扩散。预计今日空气质量为优或良，首要污染物为$PM_{2.5}$。

1月30日，多云转阴天，-12-0℃，东北风转东南风1-2级。受高压后部控制，凌晨至早间风速较小，大气扩散条件较差，颗粒物浓度易堆积；

- 2 -

上午风力逐渐增强，颗粒物浓度有下降趋势；下午风力减缓，部分时段或有南部污染传输，晚间叠加晚高峰影响，颗粒物浓度可能有上升趋势。预计今日空气质量为优或良，首要污染物为$PM_{2.5}$。

1月31日，阴，-14~0℃，偏西风转偏北风1-2级。受弱低压控制，我区扩散条件较为不利。凌晨至早间湿度较高、风速较小，高湿静稳明显，$PM_{2.5}$浓度有升高时段；日间大气扩散条件持续较差，部分时段受偏南上风向污染传输影响，颗粒物浓度较高，空气质量以轻度污染为主。预计当日空气质量为良或轻度污染，首要污染物为$PM_{2.5}$。

三、逐日污染形势分析

1月25日，晴，-10-3℃，偏西风1-3级。预计当日空气质量为良或轻度污染，首要污染物为$PM_{2.5}$。AQI：75-105。

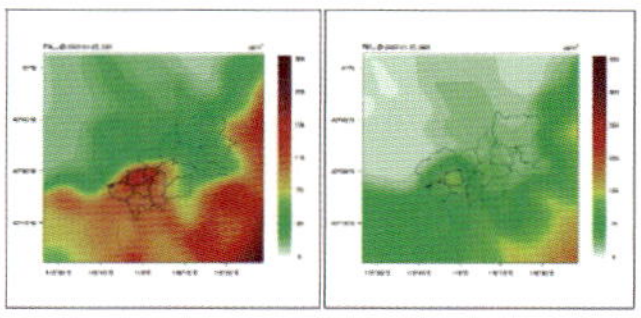

图1　1月25日颗粒物日均预报图

1月26日，晴间多云，-11-1℃，偏西风转偏北风1-2级。预计今日空气质量为优或良，首要污染物为$PM_{2.5}$。AQI：23-53。

- 3 -

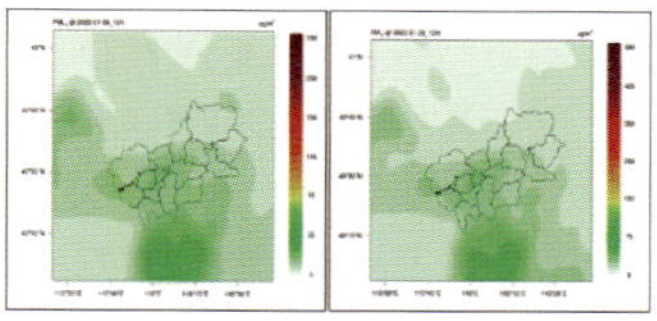

图2　1月26日颗粒物日均预报图

1月27日，多云，-11-1℃，偏南风转东北风1-2级。预计今日空气质量为优或良，首要污染物为$PM_{2.5}$。AQI：25-55。

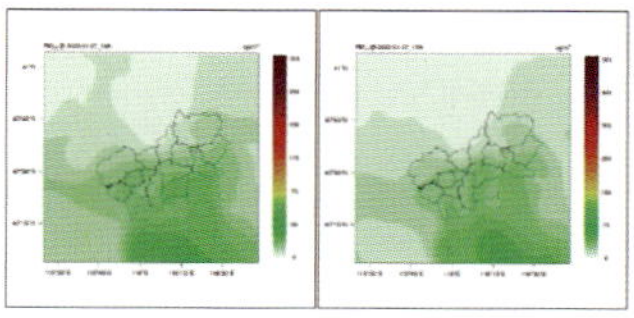

图3　1月27日颗粒物日均预报图

1月28日，多云转晴，-12-3℃，西北风转东北风1-2级。预计今日空气质量为优或良，首要污染物为$PM_{2.5}$。AQI：40-70。

- 4 -

图 I.7　生态环境保障组空气气象服务专报（周报）

北京 2022 冬奥会和冬残奥会

森林火险气象服务月报

北京 2022 年冬奥会和冬残奥会延庆气象服务分中心　第 1 期　2022 年 1 月 27 日 14 时

2022 年 1 月 28 日–2 月 15 日天气预测

一、1 月 28 日–2 月 5 日天气综述

未来 10 天延庆地区天气以晴到多云为主。其中 30-31 日有一次冷空气过程，将有大风降温，并将有小雪天气。（具体预报见附件）

二、未来 11–20 天降水、气温及天气过程预测

预计 2022 年 2 月 6 日–2 月 15 日，延庆区降水量为 1 毫米左右，常年同期（1991-2020 年平均值，下同）为 2.5 毫米。平均气温为-2℃左右，接近常年同期（-2℃）。具体天气过程如下：

2 月 7-8 日：有四、五级偏北风，气温下降 3～4℃；

2 月 10 日前后：气象条件不利于空气污染物扩散；

2 月 11-12 日：有小雪，降水量为 1 毫米左右，雪后有四级左右偏北风。

三、未来 21–30 天降水、气温及天气过程预测

预计 2022 年 2 月 16 日–2 月 25 日，延庆区降水量为 2 毫米左右，常年同期为 1.9 毫米。平均气温为 0～1℃，比常年同期（0℃）略偏高。具体天气过程如下：

2 月 16-17 日：有小雪，降水量为 2 毫米左右，雪后有四级左右偏北风；

2 月 21 日前后：有三、四级偏北风；

2 月 23 日前后：气象条件不利于空气污染物扩散。

制作：王　猛　　审核：王燕娜、任永学　　签发：闫　巍

附件：1 月 28–2 月 5 日具体天气预报：

27 日夜间：晴间多云，南转北风 2、3 级，最低气温-12℃。

28 日白天：晴间多云，北转南风 2、3 级，最高气温 2℃。

28 日夜间：晴间多云，南转北风 2、3 级，最低气温-11℃。

29 日白天：晴间多云，北转南风 2、3 级，最高气温 2℃。

29 日夜间：晴转多云，南转北风 1、2 级，最低气温-9℃。

30 日白天：多云转阴有零星小雪，北转南风 2、3 级，最高气温-1℃。

30 日夜间：阴有零星小雪转多云，南转北风 2 级转 3、4 级，最低气温-8℃。

31 日白天：多云间晴，偏北风 4 级左右，最高气温 2℃。

31 日夜间：多云转晴，偏北风 3、4 级，最低气温-8℃。

2 月 1 日白天：晴间多云，偏北风 2、3 间 4 级，最高气温 0℃。

2 月 1 日夜间：晴间多云，偏北风 2、3 级，最低气温-10℃。

2 日白天：晴转多云，北转南风 2、3 级，最高气温 2℃。

2 日夜间：多云，南转北风 2 级左右，最低气温-10℃。

3 日白天：多云，北转南风 2、3 级，最高气温 1℃。

3 日夜间：多云，南转北风 2 级左右，最低气温-10℃。

4 日白天：多云，北转南风 2、3 级，最高气温 2℃。

4 日夜间：多云，南转北风 2 级左右，最低气温-9℃。

5 日白天：多云，北转南风 2、3 级，最高气温 2℃。

5 日夜间：多云转晴，南转北风 2 级左右，最低气温-9℃。

（我们将密切关注天气形势的变化，及时提供气象服务信息，适时更新发布气象预警信息）

制作：王　猛　　审核：王燕娜、任永学　　签发：闫　巍

图 I.8　北京 2022 年冬奥会和冬残奥会森林火险气象服务月报

人影作业潜势过程预报

——冬奥专项保障

第 1 期（2022 年总第 3 期）

中国气象局人工影响天气中心　2022 年 1 月 19 日 11 时

1 月 21–22 日增雪作业潜势过程预报

一、天气和降水过程分析

天气系统和降水预报结果显示：2022 年 1 月 21 日傍晚至 22 日上午，受高空槽、低层偏南气流系统影响，预计**河北张家口赛区、北京延庆赛区自西向东有一次小雪天气过程**。此次低层有明显偏南水汽输送，但动力条件稍弱。预计以稳定性降雪为主。典型时刻天气系统和降水预报见图 1。

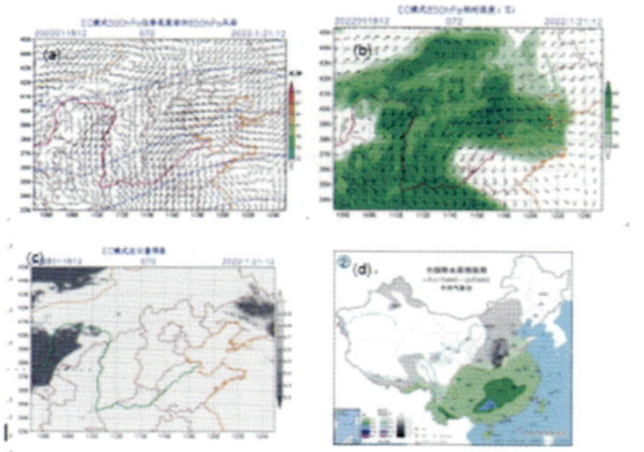

图 1　2022 年 1 月 21 日 20 时 EC 模式的 500hPa 位势高度和 850hPa 风场（a）、850hPa 相对湿度场（b）、总云量场（c）、中央气象台 24 小时降水量预报图（d）。

二、作业潜势预报

作业过程潜势预报结果显示：2022 年 1 月 21 日夜间至 22 日上午，冬奥赛区及周边 100km 范围**将出现 90%以上的过冷水潜势**，过冷水潜势大值区高度位于**1–2.5km**，具有一定的冷云增雪作业条件。

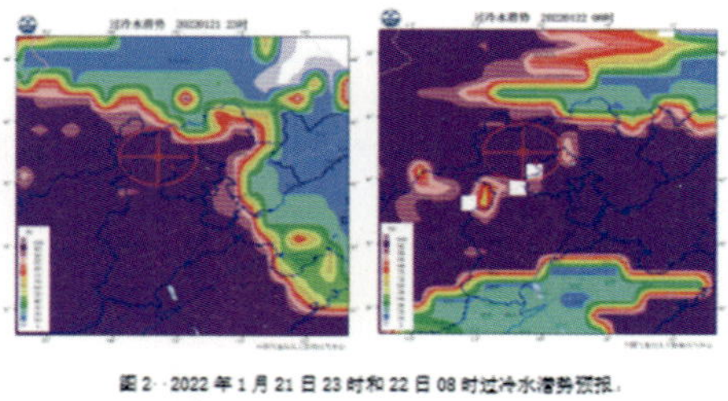

图 2　2022 年 1 月 21 日 23 时和 22 日 08 时过冷水潜势预报。

红色小圆圈为崇礼赛区、红色方框为延庆赛区的示意位置，红色大圆圈半径 100km。

四、作业过程建议

综合分析显示，**2022 年 1 月 21 日傍晚至 22 日上午，受高空槽、低层偏南气流影响，河北张家口赛区、北京延庆赛区将出现小雪天气，具有明显的冷云增雪作业潜势**。建议提前做好增雪作业准备，滚动监视云降水变化和作业条件，根据实际情况适时组织开展作业。

制作：孙晶　　审核：周毓荃　　签发：赵志强

图 I.9　人影作业潜势过程预报